Georgii · Stochastik

Hans-Otto Georgii

Stochastik

Einführung in die Wahrscheinlichkeitstheorie
und Statistik

4., überarbeitete und erweiterte Auflage

W
DE
G

Walter de Gruyter
Berlin · New York

Prof. Dr. Hans-Otto Georgii
Mathematisches Institut
LMU München
Theresienstr. 39
80333 München

Mathematics Subject Classification 2000: 60-01; 62-01

∞ Gedruckt auf säurefreiem Papier, das die US-ANSI-Norm über Haltbarkeit erfüllt.

ISBN 978-3-11-021526-7

Bibliografische Information der Deutschen Nationalbibliothek

Die Deutsche Nationalbibliothek verzeichnet diese Publikation in der Deutschen
Nationalbibliografie; detaillierte bibliografische Daten sind im Internet
über http://dnb.d-nb.de abrufbar.

Printed in Germany.
Einbandgestaltung: Martin Zech, Bremen.
Druck und Bindung: AZ Druck und Datentechnik GmbH, Kempten.

Vorwort

Überall herrscht Zufall – oder was wir dafür halten. Und zwar keineswegs nur beim Lotto oder Roulette, wo er gezielt herausgefordert wird, sondern auch in wesentlichen Bereichen unseres Alltags. Wenn zum Beispiel Schadenshäufigkeiten zur Kalkulation von Versicherungsprämien genutzt werden oder aktuelle Aktien-Charts zur Depotumschichtung, wenn sich Fahrzeuge an einer Kreuzung oder Datenpakete in einem Internet-Router stauen, wenn Infektionen sich ausbreiten oder Bakterien resistente Mutanten bilden, wenn Schadstoffkonzentrationen gemessen oder politische Entscheidungen aufgrund von Meinungsumfragen getroffen werden – immer ist eine gehörige Portion Zufall im Spiel, und immer geht es darum, das Zufallsgeschehen zu analysieren und trotz Unsicherheit rationale Schlussfolgerungen zu ziehen. Genau dies ist die Zielsetzung der Stochastik, der „Mathematik des Zufalls". Die Stochastik ist daher eine höchst angewandte Wissenschaft, die konkret vorgegebene Fragen zu beantworten sucht. Zugleich ist sie aber auch echte Mathematik – mit systematischem Aufbau, klaren Konzepten, tiefen Theoremen und manchmal überraschenden Querverbindungen. Dieses Zusammenspiel von Anwendungsnähe und mathematischer Präzision und Eleganz gibt der Stochastik ihren spezifischen Reiz, und eine Vielzahl natürlicher Fragestellungen bestimmt ihre lebhafte und vielseitige Entwicklung.

Dieses Lehrbuch gibt eine Einführung in die typischen Denkweisen, Methoden und Ergebnisse der Stochastik. Es ist hervorgegangen aus einem zweisemestrigen Vorlesungszyklus, den ich wiederholt am Mathematischen Institut der Universität München gehalten habe. Es richtet sich an Studierende der Mathematik ab dem dritten Semester und ebenso an Naturwissenschaftler und Informatiker, welche die Stochastik nicht nur anwenden, sondern auch von ihrer mathematischen Seite her verstehen wollen. Die beiden Teilbereiche der Stochastik – Wahrscheinlichkeitstheorie und Statistik – sind wegen ihrer jeweils eigenen Zielsetzung und Methodik in zwei separaten Teilen dargestellt, aber mit Absicht in einem Band gleichberechtigt vereinigt. Denn einerseits baut die Statistik auf den wahrscheinlichkeitstheoretischen Konzepten und Modellen auf, andrerseits braucht die Wahrscheinlichkeitstheorie die Statistik für den Brückenschlag zur Realität. Bei der Auswahl des Stoffes habe ich mich bewusst auf die zentralen Themen beschränkt, die zum Standardkanon der entsprechenden mathematischen Vorlesungen gehören. (Es ist unvermeidlich, dass deshalb mancher den ein oder anderen aktuellen Akzent vermisst wird, etwa die Resampling-Methoden der Statistik.) Die Standardthemen jedoch werden in der gebotenen Ausführlichkeit behandelt. Statt eines Einstiegs mit diskreten Modellen, die bereits im Gymnasialunterricht einen breiten

Raum einnehmen, wird gleich zu Beginn der allgemeine (maßtheoretische) Rahmen abgesteckt und motiviert, und auch sonst werden von Fall zu Fall einige eher theoretische Aspekte diskutiert. Insgesamt bleibt der maßtheoretische Apparat jedoch auf das absolut Notwendige beschränkt, und im Vordergrund steht die Vermittlung der stochastischen Intuition.

Der Stoff dieses Textes umfasst etwas mehr als zwei vierstündige Vorlesungen. Wer das Buch im Selbststudium liest, wird deshalb eine Auswahl treffen wollen. Vielerlei Möglichkeiten bieten sich an. Zur ersten Orientierung kann man sich ganz auf die Begriffsbildungen, Sätze und Beispiele konzentrieren und die Beweise übergehen. Dies ist insbesondere ein gangbarer Weg für Nichtmathematiker. Zum tieferen Verständnis gehört natürlich die Auseinandersetzung mit einer repräsentativen Auswahl von Beweisen. Wer sich mehr für die Theorie interessiert und schon konkrete Anwendungen im Kopf hat, kann umgekehrt einen Teil der Beispiele weglassen. Wer möglichst schnell zur Statistik vordringen will, kann sich in Teil I auf die Kernaussagen der Anfangsabschnitte bis einschließlich 3.4 sowie 4.1, 4.3, 5.1 und 5.2 beschränken. Das Herzstück von Teil II sind die Abschnitte 7.1–5, 8.1–2, 9.2, Kapitel 10, sowie 11.2 und 12.1. Insgesamt kann es dem Überblick dienlich sein, im Zweifelsfall eine Textpassage zu überspringen und erst bei Bedarf dorthin zurückzukehren. Zur Klärung der Bezeichnungskonventionen empfiehlt sich ein Blick auf Seite 393.

Die Übungsaufgaben sind jeweils am Kapitelende zusammengefasst. Wie üblich dienen sie teils der Anwendung, teils der Abrundung und Ergänzung des Stoffes. Der Schwierigkeitsgrad variiert entsprechend, ist aber absichtlich nicht kenntlich gemacht. Am besten ist es, sich diejenigen Aufgaben herauszupicken, die am ehesten das Interesse wecken, und sich an einer Lösung zumindest zu versuchen. Einem weit verbreiteten Wunsch entsprechend, habe ich in diese 4. Auflage Lösungsskizzen für einen Teil der Aufgaben aufgenommen; diese Aufgaben sind durch [L] markiert. Ich hoffe, dass die für den Lerneffekt wichtige eigene Aktivität der Leser dadurch nicht zurückgedrängt, sondern befördert wird.

Wie jedes Lehrbuch speist sich auch dieses aus mehr Quellen, als ich im Einzelnen zurückverfolgen kann. Offenkundig ist aber, dass ich viele Anregungen den klassischen Texten von U. Krengel [47] sowie K. Krickeberg und H. Ziezold [49] verdanke, welche die Einführungsvorlesungen in Stochastik an deutschen Universitäten nachhaltig geprägt haben. Zahlreiche Anregungen erhielt ich ferner von meinen Münchner Stochastik-Kollegen Peter Gänßler und Helmut Pruscha sowie von allen, welche im Laufe der Jahre als Assistenten die betreffenden Übungen betreut haben: Peter Imkeller, Andreas Schief, Franz Strobl, Karin Münch-Berndl, Klaus Ziegler, Bernhard Emmer, Stefan Adams und Thomas Richthammer. Ihnen allen gilt mein herzlicher Dank. Hinweise von Lesern erbitte ich an georgii@lmu.de. Meinen Studenten danke ich für ihre Fragen, die mich zu ergänzenden Erläuterungen angeregt haben, und dem Verlag und insbesondere Herrn Robert Plato für die konstante Unterstützung.

München, im Mai 2009   *Hans-Otto Georgii*

Inhalt

Zufall und Mathematik

Was ist Stochastik? Im altgriechischen Lexikon findet man

στόχος	(stóchos)	das Ziel, die Mutmaßung
στοχαστικός	(stochastikós)	scharfsinnig im Vermuten
στοχάζομαι	(stocházomai)	etwas erraten, erkennen, beurteilen

Gemäß dem heutigen Sprachgebrauch kann man sagen:

Stochastik ist die Lehre von den Gesetzmäßigkeiten des Zufalls.

Das scheint zunächst ein Widerspruch in sich zu sein, denn im täglichen Leben spricht man gerade dann von Zufall, wenn man keine Gesetzmäßigkeiten erkennen kann. Bei genauerer Überlegung erkennt man jedoch, dass sich der Zufall durchaus an gewisse Regeln hält: Wenn man zum Beispiel eine Münze sehr oft wirft, wird niemand daran zweifeln, dass sie in ungefähr der Hälfte der Fälle „Kopf" zeigt. Dies ist offenbar eine Gesetzmäßigkeit im Zufall, die sogar als solche allgemein akzeptiert ist. Trotzdem ist die Meinung weit verbreitet, dass solche Gesetzmäßigkeiten zu vage sind, als dass sie präzise, oder womöglich sogar mathematisch, erfasst werden könnten.

Faszinierenderweise hält die Mathematik aber auch für solche scheinbar regellosen Phänomene eine exakte Sprache bereit, die es erlaubt, Gesetzmäßigkeiten im Zufall präzise zu formulieren und zu beweisen. Die oben genannte Erfahrung, dass bei häufigem Münzwurf „Kopf" in ungefähr der Hälfte der Fälle erscheint, wird so zu einem mathematischen Theorem: dem Gesetz der großen Zahl. Die Stochastik ist das Teilgebiet der Mathematik, das die geeignete Sprache zur Behandlung zufälliger Geschehnisse zur Verfügung stellt und die Regeln in der scheinbaren Regellosigkeit aufspürt. Dieses Lehrbuch soll ihre grundlegenden Prinzipien und wichtigsten Ergebnisse darstellen.

*

Was ist eigentlich Zufall? Das ist eine philosophische Frage, die noch keineswegs geklärt ist: Ob „Gott würfelt" oder gerade nicht (wie Albert Einstein apodiktisch feststellte), ob Zufall nur scheinbar ist und auf unserer Unkenntnis beruht, oder ob der Zufall doch ein der Natur inhärentes Phänomen ist, darauf hat man noch keine definitiven Antworten.

Es gibt aber gute Gründe, die Frage nach dem „Zufall an sich" auszuklammern: Wir können nie das Universum als Ganzes betrachten, sondern immer nur einen bestimmten, relativ kleinen Ausschnitt. Uns interessiert also immer nur ein ganz konkretes, spezielles Geschehen. Selbst wenn sich dieses Geschehen zum Teil aus den Rahmenbedingungen der vorgegebenen Situation erklären lassen sollte (so wie wir die Augenzahl beim Würfel bereits vorhersehen könnten, wenn wir nur genau genug wüssten, wie der Würfel geworfen wird) – selbst dann ist es einfach viel praktischer, und einer Beschreibung des Geschehens aus menschlicher Erfahrungsperspektive viel angemessener, wenn wir uns auf den Standpunkt stellen, es werde vom Zufall gesteuert. Diese Art Zufall umschließt dann beides: sowohl eine möglicherweise naturinhärente Indeterminiertheit, als auch unsere (eventuell prinzipielle) Unkenntnis über die genauen Rahmenbedingungen der Situation.

*

Wie kommt nun die Mathematik ins Spiel? Sobald klar ist, welche konkrete Situation, welcher Ausschnitt der Wirklichkeit untersucht werden soll, kann man versuchen, alle relevanten Aspekte in einem mathematischen Modell zu erfassen. Typischerweise

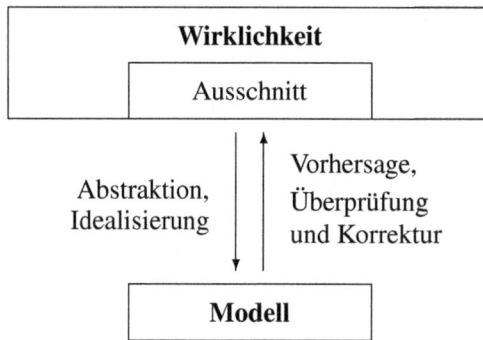

```
┌─────────────────────────────────────┐
│            Wirklichkeit             │
│      ┌───────────────────────┐      │
│      │      Ausschnitt       │      │
└──────┤                       ├──────┘
       │           ↑           │
 Abstraktion,      │      Vorhersage,
 Idealisierung     │      Überprüfung
       │           │      und Korrektur
       ↓           │
       ┌───────────────────────┐
       │         Modell        │
       └───────────────────────┘
```

geschieht dies

> ▷ durch *Abstraktion* von eventuellen „schmutzigen" Details, d. h. durch „gedankliche Glättung" der Situation, und andrerseits

> ▷ durch *mathematische Idealisierung*, d. h. durch eine Erweiterung der Situation mit Hilfe gedanklicher oder formaler Grenzprozesse, die es erlauben, die relevanten Phänomene schärfer herauszuarbeiten.

Das fertige Modell kann dann mathematisch untersucht werden, und die Ergebnisse müssen anschließend an der Wirklichkeit überprüft werden. Dies kann gegebenenfalls zu einer Korrektur des Modells führen. Die Bildung des richtigen Modells ist im Allgemeinen eine heikle Angelegenheit, die viel Fingerspitzengefühl erfordert und außerhalb der eigentlichen Mathematik liegt. Es gibt aber einige Grundregeln, und diese sind ebenfalls Gegenstand dieses Textes.

*

Die Stochastik gliedert sich in zwei gleichberechtigte Teilbereiche, die Wahrscheinlichkeitstheorie und die Statistik. Aufgabe der Wahrscheinlichkeitstheorie ist die Beschreibung und Untersuchung von konkret gegebenen Zufallssituationen. Die Statistik sucht Antworten auf die Frage, welche Schlussfolgerungen man aus zufälligen Beobachtungen ziehen kann. Dazu benötigt sie natürlich die Modelle der Wahrscheinlichkeitstheorie. Umgekehrt braucht die Wahrscheinlichkeitstheorie die Bestätigung durch den Vergleich von Modell und Realität, der durch die Statistik ermöglicht wird. Teil I dieses Buches bietet eine Einführung in die grundlegenden Konzepte und Resultate der Wahrscheinlichkeitstheorie. In Teil II folgt dann eine Einführung in Theorie und Methoden der Mathematischen Statistik.

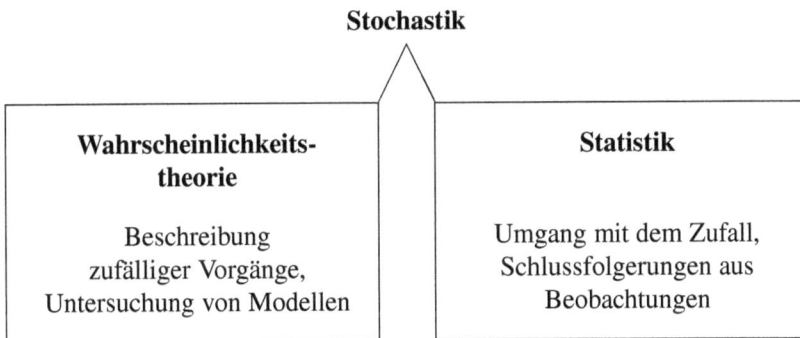

Stochastik

Wahrscheinlichkeits-theorie	**Statistik**
Beschreibung zufälliger Vorgänge, Untersuchung von Modellen	Umgang mit dem Zufall, Schlussfolgerungen aus Beobachtungen

Teil I

Wahrscheinlichkeitstheorie

1 Mathematische Beschreibung von Zufallssituationen

In diesem Kapitel geht es um einige Grundsatzfragen: Wie kann man ein konkret gegebenes Zufallsgeschehen mathematisch beschreiben? Was sind die allgemeinen Eigenschaften solch eines stochastischen Modells? Wie beschreibt man einen Teilaspekt eines gegebenen Modells? Diese Fragen führen zu den fundamentalen Begriffen „Wahrscheinlichkeitsraum" und „Zufallsvariable". In diesem Zusammenhang müssen auch einige technische, anfangs vielleicht etwas unangenehme Fragen geklärt werden; dies hat jedoch den Vorteil, dass wir uns in den späteren Kapiteln auf das Wesentliche konzentrieren können.

1.1 Wahrscheinlichkeitsräume

Die Konstruktion eines mathematischen Modells für eine konkrete Anwendungssituation geschieht in drei Schritten auf folgende Weise.

1.1.1 Festlegung eines Ergebnisraums

Will man das Wirken des Zufalls beschreiben, so steht am Anfang die Frage: Was kann in der vorliegenden Situation passieren? Und was davon ist eigentlich von Interesse? All die Möglichkeiten, die man in Betracht ziehen will, werden dann in einer Menge Ω zusammengefasst. Diese Vorgehensweise versteht man am besten anhand von Beispielen.

(1.1) Beispiel: *Einmaliges Würfeln.* Wirft man einen Würfel auf eine Tischplatte, so gibt es für ihn unendlich viele mögliche Ruhelagen. Man ist aber nicht an seiner genauen Position, und erst recht nicht an der genauen Handbewegung beim Werfen interessiert, sondern nur an der gezeigten Augenzahl. Die interessanten Ergebnisse liegen daher in der Menge $\Omega = \{1, \dots, 6\}$. Durch die Beschränkung auf dieses Ω wird der irrelevante Teil der Wirklichkeit ausgeblendet.

(1.2) Beispiel: *Mehrmaliges Würfeln.* Wenn der Würfel n-mal geworfen wird und man an der Augenzahl bei jedem einzelnen Wurf interessiert ist, liegen die relevanten Ergebnisse im Produktraum $\Omega = \{1, \dots, 6\}^n$; für $\omega = (\omega_1, \dots, \omega_n) \in \Omega$ und $1 \le i \le n$ ist ω_i die Augenzahl beim i-ten Wurf.

Vielleicht ist man aber gar nicht an der genauen Reihenfolge der Würfe interessiert, sondern nur an der Häufigkeit der einzelnen Augenzahlen. In diesem Fall wählt man die Ergebnismenge

$$\widehat{\Omega} = \left\{ (k_1, \ldots, k_6) \in \mathbb{Z}_+^6 : \sum_{a=1}^{6} k_a = n \right\}.$$

Dabei ist $\mathbb{Z}_+ = \{0, 1, 2, \ldots\}$ die Menge der nichtnegativen ganzen Zahlen, und k_a steht für die Anzahl der Würfe, bei denen die Augenzahl a fällt.

(1.3) Beispiel: *Unendlich oft wiederholter Münzwurf.* Bei n Würfen einer Münze wählt man analog zum vorigen Beispiel die Ergebnismenge $\Omega = \{0, 1\}^n$ (sofern man an der Reihenfolge der Ergebnisse interessiert ist). Wenn man sich aber nun entschließt, die Münze noch ein weiteres Mal zu werfen: Muss man dann wieder ein neues Ω betrachten? Das wäre ziemlich unpraktisch; unser Modell sollte daher nicht von vornherein auf eine feste Zahl von Würfen beschränkt sein. Außerdem interessiert man sich besonders für Gesetzmäßigkeiten, die erst für große n, also im Limes $n \to \infty$ deutlich hervortreten. Deswegen ist es oft zweckmäßig, ein idealisiertes Modell zu wählen, in dem unendlich viele Würfe zugelassen sind. (Als Analogie denke man an den mathematisch natürlichen Übergang von den endlichen zu den unendlichen Dezimalbrüchen.) Als Menge aller möglichen Ergebnisse wählt man dann den Raum

$$\Omega = \{0, 1\}^{\mathbb{N}} = \left\{ \omega = (\omega_i)_{i \in \mathbb{N}} : \omega_i \in \{0, 1\} \right\}$$

aller unendlichen Folgen von Nullen und Einsen.

Wie die Beispiele zeigen, muss man sich beim ersten Schritt der Modellbildung darüber klar werden, welche Teilaspekte des zu beschreibenden Zufallsgeschehens man unterscheiden und beobachten will, und welche idealisierenden Annahmen eventuell zweckmäßig sein können. Dementsprechend bestimmt man eine Menge Ω von relevanten Ergebnissen. Dieses Ω nennt man den *Ergebnisraum* oder *Stichprobenraum*.

1.1.2 Festlegung einer Ereignis-σ-Algebra

Im Allgemeinen ist man nicht an dem genauen Ergebnis des Zufalls interessiert, sondern nur am Eintreten eines *Ereignisses*, das aus bestimmten Einzelergebnissen besteht. Solche Ereignisse entsprechen Teilmengen von Ω.

(1.4) Beispiel: *Ereignis als Menge von Ergebnissen.* Das Ereignis „Bei n Würfen einer Münze fällt mindestens k-mal Zahl" wird beschrieben durch die Teilmenge

$$A = \left\{ \omega = (\omega_1, \ldots, \omega_n) \in \Omega : \sum_{i=1}^{n} \omega_i \geq k \right\}$$

des Ergebnisraums $\Omega = \{0, 1\}^n$.

Unser Ziel ist die Festlegung eines Systems $\mathscr{F}$ von Ereignissen, so dass man jedem Ereignis $A \in \mathscr{F}$ in konsistenter Weise eine Wahrscheinlichkeit $P(A)$ für das Eintreten von A zuordnen kann.

Warum so vorsichtig: Kann man denn nicht *allen* Teilmengen von Ω eine Wahrscheinlichkeit zuordnen, also $\mathscr{F}$ mit der Potenzmenge $\mathscr{P}(\Omega)$ (d.h. der Menge aller Teilmengen von Ω) gleichsetzen? Das ist in der Tat ohne Weiteres möglich, solange Ω abzählbar ist, im allgemeinen Fall allerdings nicht mehr. Dies zeigt der folgende Unmöglichkeitssatz.

(1.5) Satz: Die Potenzmenge ist zu groß, Vitali 1905. *Sei $\Omega = \{0, 1\}^{\mathbb{N}}$ der Ergebnisraum des unendlich oft wiederholten Münzwurfes. Dann gibt es <u>keine</u> Abbildung $P : \mathscr{P}(\Omega) \to [0, 1]$ mit den Eigenschaften*

(N) Normierung: $P(\Omega) = 1$.

(A) σ-Additivität: *Sind $A_1, A_2, \ldots \subset \Omega$ paarweise disjunkt, so gilt*

$$P\left(\bigcup_{i \geq 1} A_i\right) = \sum_{i \geq 1} P(A_i),$$

d.h. bei unvereinbaren Ereignissen addieren sich die Wahrscheinlichkeiten.

(I) Invarianz: *Für alle $A \subset \Omega$ und $n \geq 1$ gilt $P(T_n A) = P(A)$; dabei ist*

$$T_n : \omega = (\omega_1, \omega_2, \ldots) \to (\omega_1, \ldots, \omega_{n-1}, 1 - \omega_n, \omega_{n+1}, \ldots)$$

die Abbildung von Ω auf sich, welche das Ergebnis des n-ten Wurfes umdreht, und $T_n A = \{T_n(\omega) : \omega \in A\}$ das Bild von A unter T_n. (Dies drückt die Fairness der Münze und die Unabhängigkeit der Würfe aus.)

Beim ersten Lesen ist nur dies Ergebnis wichtig. Den folgenden Beweis kann man zunächst überspringen.

Beweis: Wir definieren eine Äquivalenzrelation $\sim$ auf Ω wie folgt: Es sei $\omega \sim \omega'$ genau dann, wenn $\omega_n = \omega'_n$ für alle hinreichend großen n. Nach dem Auswahlaxiom existiert eine Menge $A \subset \Omega$, die von jeder Äquivalenzklasse genau ein Element enthält.

Sei $\mathscr{S} = \{S \subset \mathbb{N} : |S| < \infty\}$ die Menge aller endlichen Teilmengen von $\mathbb{N}$. Als Vereinigung der abzählbar vielen endlichen Mengen $\{S \subset \mathbb{N} : \max S = m\}$ mit $m \in \mathbb{N}$ ist $\mathscr{S}$ abzählbar. Für $S = \{n_1, \ldots, n_k\} \in \mathscr{S}$ sei $T_S := \prod_{n \in S} T_n = T_{n_1} \circ \cdots \circ T_{n_k}$ der Flip zu allen Zeiten in S. Dann gilt:

▷ $\Omega = \bigcup_{S \in \mathscr{S}} T_S A$, denn zu jedem $\omega \in \Omega$ existiert ein $\omega' \in A$ mit $\omega \sim \omega'$, und also ein $S \in \mathscr{S}$ mit $\omega = T_S \omega' \in T_S A$.

▷ Die Mengen $(T_S A)_{S \in \mathscr{S}}$ sind paarweise disjunkt, denn wenn $T_S A \cap T_{S'} A \neq \emptyset$ für $S, S' \in \mathscr{S}$, so gibt es $\omega, \omega' \in A$ mit $T_S \omega = T_{S'} \omega'$ und also $\omega \sim T_S \omega = T_{S'} \omega' \sim \omega'$. Nach Wahl von A gilt dann $\omega = \omega'$ und daher $S = S'$.

Wenden wir nacheinander die Eigenschaften (N), (A), (I) von P an, so ergibt sich hieraus

$$1 = P(\Omega) = \sum_{S \in \mathscr{S}} P(T_S A) = \sum_{S \in \mathscr{S}} P(A)\,.$$

Dies ist unmöglich, denn unendliches Aufsummieren der gleichen Zahl ergibt entweder 0 oder ∞. $\diamond$

Was tun nach diesem negativen Resultat? An den Eigenschaften (N), (A) und (I) können wir nicht rütteln, denn (N) und (A) sind unverzichtbare elementare Forderungen (bloß endliche Additivität wäre unzureichend, wie sich bald zeigen wird), und (I) ist charakteristisch für das Münzwurf-Modell. Nun hat aber der obige Beweis gezeigt, dass die Probleme offenbar nur entstehen bei ziemlich ausgefallenen, „verrückten" Mengen $A \subset \Omega$. Als einziger Ausweg bietet sich daher an, Wahrscheinlichkeiten nicht für sämtliche Mengen in $\mathscr{P}(\Omega)$ zu definieren, sondern nur für die Mengen in einem geeigneten Teilsystem $\mathscr{F} \subset \mathscr{P}(\Omega)$, das die „verrückten" Mengen ausschließt. Glücklicherweise zeigt sich, dass dies für Theorie und Praxis vollkommen ausreichend ist. Insbesondere werden wir in Beispiel (3.29) sehen, dass eine Funktion P mit den Eigenschaften (N), (A) und (I) auf einem geeigneten, ausreichend großen $\mathscr{F}$ tatsächlich definiert werden kann.

Welche Eigenschaften sollte das System $\mathscr{F}$ vernünftigerweise haben? Die Minimalforderungen sind offenbar die in folgender

Definition: Sei $\Omega \neq \varnothing$. Ein System $\mathscr{F} \subset \mathscr{P}(\Omega)$ mit den Eigenschaften

    (a) $\Omega \in \mathscr{F}$

    (b) $A \in \mathscr{F} \;\Rightarrow\; A^c := \Omega \setminus A \in \mathscr{F}$ („logische Verneinung")

    (c) $A_1, A_2, \ldots \in \mathscr{F} \;\Rightarrow\; \bigcup_{i \geq 1} A_i \in \mathscr{F}$ („logisches Oder")

heißt eine σ-*Algebra* in Ω. Das Paar $(\Omega, \mathscr{F})$ heißt dann ein *Ereignisraum* oder ein *messbarer Raum*.

Aus diesen drei Eigenschaften ergibt sich sofort, dass sich auch weitere Mengenoperationen in einer σ-Algebra ausführen lassen: Wegen (a) und (b) ist $\varnothing \in \mathscr{F}$, also wegen (c) für $A, B \in \mathscr{F}$ auch $A \cup B = A \cup B \cup \varnothing \cup \cdots \in \mathscr{F}$, $A \cap B = (A^c \cup B^c)^c \in \mathscr{F}$, und $A \setminus B = A \cap B^c \in \mathscr{F}$. Ebenso gehören Durchschnitte von abzählbar vielen Mengen in $\mathscr{F}$ wieder zu $\mathscr{F}$.

Das σ im Namen σ-Algebra hat sich eingebürgert als ein Kürzel für die Tatsache, dass in (c) abzählbar unendliche (statt nur endliche) Vereinigungen betrachtet werden. Mit endlichen Vereinigungen ist man nicht zufrieden, weil man auch asymptotische Ereignisse betrachten will wie zum Beispiel {Münze zeigt „Zahl" für unendlich viele Würfe} oder {die relative Häufigkeit von „Zahl" strebt gegen 1/2, wenn die Anzahl der Würfe gegen ∞ strebt}. Solche Ereignisse lassen sich nicht durch endliche Vereinigungen, wohl aber durch abzählbar unendliche Vereinigungen (und Durchschnitte) ausdrücken.

An dieser Stelle wollen wir kurz innehalten, um die drei mengentheoretischen Ebenen zu unterscheiden, auf denen wir uns jetzt bewegen; siehe Abbildung 1.1. Unten befindet sich die Menge Ω aller Ergebnisse ω. Darüber liegt die Ereignis-Ebene $\mathcal{P}(\Omega)$; deren *Elemente* sind *Teilmengen* der untersten Ebene Ω. Dieses Prinzip wird dann noch einmal wiederholt: σ-Algebren sind *Teilmengen* von $\mathcal{P}(\Omega)$, also *Elemente* der obersten Ebene $\mathcal{P}(\mathcal{P}(\Omega))$.

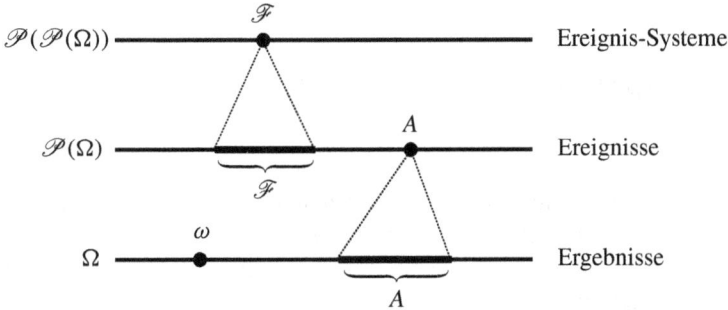

Abbildung 1.1: Die drei begrifflichen Ebenen der Stochastik.

Wie legt man eine σ-Algebra in Ω fest? Zunächst wählt man ein System $\mathcal{G}$ von „guten", d. h. besonders einfachen oder natürlichen Mengen, deren Wahrscheinlichkeit man gut einschätzen kann. Dieses System wird dann so weit vergrößert, bis man eine σ-Algebra erhält. Genauer verwendet man das folgende Konstruktionsprinzip.

(1.6) Bemerkung und Definition: *Erzeugung von σ-Algebren.* Ist $\Omega \neq \varnothing$ und $\mathcal{G} \subset \mathcal{P}(\Omega)$ beliebig, so gibt es genau eine kleinste σ-Algebra $\mathcal{F} = \sigma(\mathcal{G})$ in Ω mit $\mathcal{F} \supset \mathcal{G}$. Dieses $\mathcal{F}$ heißt die *von $\mathcal{G}$ erzeugte σ-Algebra*, und $\mathcal{G}$ heißt dann ein *Erzeuger von $\mathcal{F}$*.

Beweis: Sei Σ das System aller σ-Algebren $\mathcal{A}$ in Ω mit $\mathcal{A} \supset \mathcal{G}$. ($\Sigma$ ist also eine Teilmenge der obersten Ebene in Abbildung 1.1.) Σ ist nichtleer, denn es gilt $\mathcal{P}(\Omega) \in \Sigma$. Also können wir setzen $\mathcal{F} := \bigcap_{\mathcal{A} \in \Sigma} \mathcal{A}$. Man verifiziert sofort, dass $\mathcal{F}$ die Eigenschaften (a)–(c) einer σ-Algebra besitzt. $\mathcal{F}$ gehört also zu Σ und ist offenbar dessen kleinstes Element. Das war zu zeigen. $\diamond$

Hier sind drei Standardbeispiele für dieses Erzeugungsprinzip.

(1.7) Beispiel: *Potenzmenge.* Sei Ω abzählbar und $\mathcal{G} = \{\{\omega\} : \omega \in \Omega\}$ das System der ein-elementigen Teilmengen von Ω. Dann ist $\sigma(\mathcal{G}) = \mathcal{P}(\Omega)$. Denn jedes $A \in \mathcal{P}(\Omega)$ ist abzählbar, nach Axiom (c) gilt also $A = \bigcup_{\omega \in A}\{\omega\} \in \sigma(\mathcal{G})$.

(1.8) Beispiel und Definition: *Borel'sche σ-Algebra.* Sei $\Omega = \mathbb{R}^n$ und

$$\mathcal{G} = \left\{ \prod_{i=1}^{n} [a_i, b_i] : a_i < b_i, \ a_i, b_i \in \mathbb{Q} \right\}$$

das System aller achsenparallelen kompakten Quader in $\mathbb{R}^n$ mit rationalen Eckpunkten. Dann heißt $\mathcal{B}^n := \sigma(\mathcal{G})$ (zu Ehren von Émile Borel, 1871–1956) die *Borel'sche*

σ-*Algebra* auf $\mathbb{R}^n$ und jedes $A \in \mathscr{B}^n$ eine *Borel-Menge*; im Fall $n = 1$ schreiben wir einfach $\mathscr{B}$ statt $\mathscr{B}^1$. Die Borel'sche σ-Algebra ist sehr viel größer als diese Definition zunächst erkennen lässt. Es gilt nämlich:

(a) Jede offene Menge $A \subset \mathbb{R}^n$ ist Borelsch. Denn jedes $\omega \in A$ besitzt eine Umgebung $Q \in \mathscr{G}$ mit $Q \subset A$, es gilt also $A = \bigcup_{Q \in \mathscr{G}, Q \subset A} Q$. Dies ist eine Vereinigung von abzählbar vielen Mengen in $\mathscr{B}^n$. Die Behauptung folgt deshalb aus Eigenschaft (c) einer σ-Algebra.

(b) Jedes abgeschlossene $A \subset \mathbb{R}^n$ ist Borelsch, denn A^c ist ja offen und also nach (a) Borelsch.

(c) $\mathscr{B}^n$ lässt sich leider nicht konstruktiv beschreiben. Es besteht keineswegs nur aus abzählbaren Vereinigungen von Quadern und deren Komplementen. Um bei $\mathscr{B}^n$ anzukommen, muss man vielmehr den Vorgang des Hinzunehmens von Komplementen und abzählbaren Vereinigungen so oft wiederholen wie es abzählbare Ordinalzahlen gibt, also überabzählbar oft; vgl. etwa [13], S. 444 ff., oder [8], pp. 24, 29. Das macht aber nichts. Es genügt zu wissen, dass $\mathscr{B}^n$ „praktisch alle vorkommenden" Mengen in $\mathbb{R}^n$ enthält, aber nicht alle: Die Existenz nicht-Borel'scher Mengen ergibt sich aus Satz (1.5) und dem Beweis von Satz (3.12).

Wir benötigen außerdem die folgenden beiden Fakten:

(d) Die Borel'sche σ-Algebra $\mathscr{B} = \mathscr{B}^1$ auf $\mathbb{R}$ wird außer von dem System $\mathscr{G}$ der kompakten Intervalle auch erzeugt vom System

$$\mathscr{G}' = \{]-\infty, c] : c \in \mathbb{R} \}$$

aller abgeschlossenen linksseitig unendlichen Intervalle. Denn wegen (b) gilt $\mathscr{G}' \subset \mathscr{B}$ und daher (infolge der Minimalität von $\sigma(\mathscr{G}')$) auch $\sigma(\mathscr{G}') \subset \mathscr{B}$. Umgekehrt enthält $\sigma(\mathscr{G}')$ alle halboffenen Intervalle $]a, b] =]-\infty, b] \setminus]-\infty, a]$, somit auch alle kompakten Intervalle $[a, b] = \bigcap_{n \geq 1}]a - \frac{1}{n}, b]$, also auch die von diesen erzeugte σ-Algebra $\mathscr{B}$. Ebenso wird $\mathscr{B}$ auch von den offenen linksseitig unendlichen Intervallen erzeugt, und in gleicher Weise auch von den rechtsseitig unendlichen abgeschlossenen oder offenen Intervallen.

(e) Für $\varnothing \neq \Omega \subset \mathbb{R}^n$ ist das System $\mathscr{B}^n_\Omega = \{ A \cap \Omega : A \in \mathscr{B}^n \}$ eine σ-Algebra auf Ω; sie heißt die *Borel'sche σ-Algebra auf Ω*.

(1.9) Beispiel und Definition: *Produkt-σ-Algebra.* Sei Ω ein kartesisches Produkt von Mengen E_i, d.h. $\Omega = \prod_{i \in I} E_i$ für eine Indexmenge $I \neq \varnothing$. Sei $\mathscr{E}_i$ eine σ-Algebra auf E_i, $X_i : \Omega \to E_i$ die Projektion auf die i-te Koordinate, und $\mathscr{G} = \{ X_i^{-1} A_i : i \in I, A_i \in \mathscr{E}_i \}$ das System aller Mengen in Ω, die durch ein Ereignis in einer einzelnen Koordinate bestimmt sind. Dann heißt $\bigotimes_{i \in I} \mathscr{E}_i := \sigma(\mathscr{G})$ die *Produkt-σ-Algebra* der $\mathscr{E}_i$ auf Ω. Im Fall $E_i = E$ und $\mathscr{E}_i = \mathscr{E}$ für alle i schreibt man auch $\mathscr{E}^{\otimes I}$ statt $\bigotimes_{i \in I} \mathscr{E}_i$. Beispielsweise ist die Borel'sche σ-Algebra auf $\mathbb{R}^n$ gerade die n-fache Produkt-σ-Algebra der Borel-σ-Algebra $\mathscr{B} = \mathscr{B}^1$ auf $\mathbb{R}$, d.h. es gilt $\mathscr{B}^n = \mathscr{B}^{\otimes n}$; vgl. Aufgabe 1.3.

Der zweite Schritt in der Modellbildung lässt sich nun folgendermaßen zusammenfassen: Satz (1.5) erzwingt die Einführung einer σ-Algebra $\mathscr{F}$ von Ereignissen in Ω. Zum Glück ist die Wahl von $\mathscr{F}$ meistens kanonisch. In diesem Buch kommen nur die folgenden *drei Standardfälle* vor:

▷ *Diskreter Fall:* Ω ist höchstens abzählbar. Dann setzt man $\mathscr{F} = \mathscr{P}(\Omega)$.

▷ *Reeller Fall:* $\Omega \subset \mathbb{R}^n$. Dann wählt man $\mathscr{F} = \mathscr{B}^n_\Omega$.

▷ *Produkt-Fall:* $\Omega = \prod_{i \in I} E_i$, und jedes E_i trägt eine σ-Algebra $\mathscr{E}_i$. Dann wird $\mathscr{F} = \bigotimes_{i \in I} \mathscr{E}_i$ gesetzt.

Ist eine σ-Algebra $\mathscr{F}$ in Ω festgelegt, so heißt jedes $A \in \mathscr{F}$ ein *Ereignis* oder eine *messbare Menge*.

1.1.3 Wahrscheinlichkeitsbewertung der Ereignisse

Der entscheidende Punkt der Modellbildung kommt jetzt: Gesucht ist zu jedem $A \in \mathscr{F}$ eine Maßzahl $P(A) \in [0, 1]$, die den Grad der Wahrscheinlichkeit von A angibt. Sinnvollerweise soll das so geschehen, dass gilt:

(N) Normierung: $P(\Omega) = 1$.

(A) σ-Additivität: Für paarweise disjunkte Ereignisse $A_1, A_2, \ldots \in \mathscr{F}$ gilt

$$P\left(\bigcup_{i \geq 1} A_i\right) = \sum_{i \geq 1} P(A_i).$$

(Paarweise Disjunktheit bedeutet, dass $A_i \cap A_j = \varnothing$ für $i \neq j$.)

Definition: Sei $(\Omega, \mathscr{F})$ ein Ereignisraum. Eine Funktion $P : \mathscr{F} \to [0, 1]$ mit den Eigenschaften (N) und (A) heißt dann ein *Wahrscheinlichkeitsmaß* oder auch eine *Wahrscheinlichkeitsverteilung*, kurz *Verteilung* (oder etwas altmodisch ein *Wahrscheinlichkeitsgesetz*) auf $(\Omega, \mathscr{F})$. Das Tripel $(\Omega, \mathscr{F}, P)$ heißt dann ein *Wahrscheinlichkeitsraum*.

Die Eigenschaften (N) und (A) sowie die Nichtnegativität eines Wahrscheinlichkeitsmaßes heißen manchmal auch die *Kolmogorov'schen Axiome*, denn es war Andrej N. Kolmogorov (1903–1987), der 1933 den Nutzen des Maß-Begriffes für die mathematische Grundlegung der Wahrscheinlichkeitstheorie hervorhob und so einen entscheidenden Anstoß zur Entwicklung der modernen Wahrscheinlichkeitstheorie gab.

Zusammenfassend halten wir fest: Die Konstruktion eines mathematischen Modells für ein bestimmtes Zufallsgeschehen besteht in der Wahl eines geeigneten Wahrscheinlichkeitsraumes. Der heikelste Punkt dabei ist im Allgemeinen die Wahl des Wahrscheinlichkeitsmaßes P, denn dies enthält die eigentlich relevante Information über das Zufallsgeschehen. Wie man dabei vorgehen kann, werden wir in Kapitel 2 und auch später an vielen Beispielen vorführen. An dieser Stelle erwähnen wir nur noch das elementare aber ausgeartete Beispiel eines Wahrscheinlichkeitsmaßes, welches eine Zufallssituation ohne Zufall beschreibt.

(1.10) Beispiel und Definition: *Deterministischer Spezialfall.* Ist $(\Omega, \mathscr{F})$ ein beliebiger Ereignisraum und $\xi \in \Omega$, so wird durch

$$\delta_\xi(A) = \begin{cases} 1 & \text{falls } \xi \in A\,, \\ 0 & \text{sonst} \end{cases}$$

ein Wahrscheinlichkeitsmaß δ_ξ auf $(\Omega, \mathscr{F})$ definiert. Es beschreibt ein Zufallsexperiment mit sicherem Ergebnis ξ und heißt die *Dirac-Verteilung* oder die *Einheitsmasse im Punkte* ξ.

Wir beenden diesen Abschnitt mit ein paar Bemerkungen zur

Interpretation von Wahrscheinlichkeitsmaßen: Das Konzept eines Wahrscheinlichkeitsraumes gibt keine Antwort auf die philosophische Frage, was Wahrscheinlichkeit eigentlich ist. Üblich sind

(a) *die naive Interpretation:* Die „Natur" ist sich nicht sicher, was sie tut, und $P(A)$ ist der Grad der Sicherheit, mit der sie sich für das Eintreten von A entscheidet.

(b) *die frequentistische Interpretation:* $P(A)$ ist die relative Häufigkeit, mit der A unter den gleichen äußeren Bedingungen einzutreten pflegt.

(c) *die subjektive Interpretation:* $P(A)$ ist der Grad der Sicherheit, mit dem ich aufgrund meiner persönlichen Einschätzung der Lage auf das Eintreten von A zu wetten bereit bin.

(Die Interpretationen (a) und (c) sind dual zueinander, die Unsicherheit wechsel von der Natur zum Beobachter.)

Welche Interpretation vorzuziehen ist, kann nicht generell gesagt werden, sondern hängt von der Problemstellung ab: Bei unabhängig wiederholbaren Experimenten bieten sich (a) und (b) an; der amerikanische Wetterbericht (mit Vorhersagewahrscheinlichkeiten) basiert offenbar auf (b), ebenso die Wahrscheinlichkeiten im Versicherungswesen. Die vor dem 23.3.2001 gestellte Frage „Mit welcher Wahrscheinlichkeit wird durch den Absturz der Raumstation ‚Mir' ein Mensch verletzt" verwendet wegen der Einmaligkeit des Ereignisses offensichtlich die subjektive Interpretation (c). Eine umfassende, sehr anregend geschriebene historisch-philosophische Diskussion des Wahrscheinlichkeitsbegriffs findet sich bei Gigerenzer et al. [28].

Erfreulicherweise hängt die Gültigkeit der mathematischen Aussagen über ein Wahrscheinlichkeitsmodell nicht von ihrer Interpretation ab. Die Mathematik wird nicht durch die Begrenztheiten menschlicher Interpretationen relativiert. Dies sollte allerdings nicht in der Weise missverstanden werden, dass die Mathematik sich in ihren „Elfenbeinturm" zurückziehen dürfe. Die Stochastik lebt von der Auseinandersetzung mit konkret vorgegebenen Anwendungsproblemen.

1.2 Eigenschaften und Konstruktion von Wahrscheinlichkeitsmaßen

Zuerst diskutieren wir eine Reihe von Konsequenzen, die sich aus der σ-Additivitäts-eigenschaft (A) von Wahrscheinlichkeitsmaßen ergeben.

(1.11) Satz: Rechenregeln für Wahrscheinlichkeitsmaße. *Jedes Wahrscheinlich-keitsmaß P auf einem Ereignisraum $(\Omega, \mathscr{F})$ hat für beliebige Ereignisse $A, B, A_1, A_2, \ldots \in \mathscr{F}$ die Eigenschaften*

  (a) $P(\varnothing) = 0$,

  (b) Endliche Additivität: $P(A \cup B) + P(A \cap B) = P(A) + P(B)$, *und also insbesondere $P(A) + P(A^c) = 1$,*

  (c) Monotonie: $A \subset B \Rightarrow P(A) \leq P(B)$,

  (d) σ-Subadditivität: $P\left(\bigcup_{i \geq 1} A_i\right) \leq \sum_{i \geq 1} P(A_i)$,

  (e) σ-Stetigkeit: *Wenn* $A_n \uparrow A$ *(d.h. $A_1 \subset A_2 \subset \cdots$ und $A = \bigcup_{n=1}^{\infty} A_n$) oder $A_n \downarrow A$, so gilt $P(A_n) \to P(A)$ für $n \to \infty$.*

Beweis: (a) Da die leere Menge zu sich selbst disjunkt ist, besteht die Folge $\varnothing, \varnothing, \ldots$ aus paarweise disjunkten Mengen. Die σ-Additivitätseigenschaft (A) liefert also in diesem (etwas verrückten) Grenzfall

$$P(\varnothing) = P(\varnothing \cup \varnothing \cup \cdots) = \sum_{i=1}^{\infty} P(\varnothing).$$

Diese Gleichung kann aber nur im Fall $P(\varnothing) = 0$ erfüllt sein.

(b) Nehmen wir zuerst an, dass A und B disjunkt sind. Da die Eigenschaft (A) nur für unendliche Folgen formuliert ist, fügen wir zu A und B noch die leere Menge unendlich oft hinzu und erhalten aus (A) und Aussage (a)

$$P(A \cup B) = P(A \cup B \cup \varnothing \cup \varnothing \cup \cdots) = P(A) + P(B) + 0 + 0 + \cdots.$$

Die Wahrscheinlichkeit verhält sich also additiv beim Zerlegen eines Ereignisses in endlich viele disjunkte Teile. Im allgemeinen Fall gilt daher

$$P(A \cup B) + P(A \cap B) = P(A \setminus B) + P(B \setminus A) + 2P(A \cap B)$$
$$= P(A) + P(B).$$

Die zweite Behauptung ergibt sich mit $B = A^c$ aus der Normierungsannahme (N).

(c) Für $B \supset A$ gilt $P(B) = P(A) + P(B \setminus A) \geq P(A)$ wegen (b) und der Nichtnegativität von Wahrscheinlichkeiten.

(d) Wir können $\bigcup_{i \geq 1} A_i$ als Vereinigung disjunkter Mengen darstellen, indem wir jedes A_i ersetzen durch den Teil von A_i, der noch in keinem „früheren" A_j enthalten war. Aus (A) und (c) folgt dann

$$P\left(\bigcup_{i \geq 1} A_i\right) = P\left(\bigcup_{i \geq 1}\left(A_i \setminus \bigcup_{j < i} A_j\right)\right) = \sum_{i \geq 1} P\left(A_i \setminus \bigcup_{j < i} A_j\right) \leq \sum_{i \geq 1} P(A_i).$$

(e) Im Fall $A_n \uparrow A$ ergibt sich aus der σ-Additivität (A) und der endlichen Additivität (b) mit $A_0 := \varnothing$

$$P(A) = P\Big(\bigcup_{i \geq 1}(A_i \setminus A_{i-1})\Big) = \sum_{i \geq 1} P(A_i \setminus A_{i-1})$$

$$= \lim_{n \to \infty} \sum_{i=1}^{n} P(A_i \setminus A_{i-1}) = \lim_{n \to \infty} P(A_n).$$

Der Fall $A_n \downarrow A$ folgt hieraus, indem man Komplemente bildet und (b) verwendet. $\diamond$

Eine weitere wichtige Folgerung aus der σ-Additivität ist die Tatsache, dass ein Wahrscheinlichkeitsmaß bereits durch seine Werte auf einem Erzeuger der σ-Algebra festgelegt ist.

(1.12) Satz: Eindeutigkeitssatz. *Sei* $(\Omega, \mathscr{F}, P)$ *ein Wahrscheinlichkeitsraum, und es gelte* $\mathscr{F} = \sigma(\mathscr{G})$ *für ein Erzeugendensystem* $\mathscr{G} \subset \mathscr{P}(\Omega)$. *Ist* $\mathscr{G}$ *$\cap$-stabil in dem Sinn, dass mit* $A, B \in \mathscr{G}$ *auch* $A \cap B \in \mathscr{G}$, *so ist* P *bereits durch seine Einschränkung* $P|_{\mathscr{G}}$ *auf* $\mathscr{G}$ *eindeutig bestimmt.*

Obwohl wir den Eindeutigkeitssatz wiederholt benötigen werden, sollte man den folgenden Beweis wegen seiner indirekten Methodik beim ersten Lesen überspringen.

Beweis: Sei Q ein beliebiges Wahrscheinlichkeitsmaß auf $(\Omega, \mathscr{F})$ mit $P|_{\mathscr{G}} = Q|_{\mathscr{G}}$, und sei weiter $\mathscr{D} = \{A \in \mathscr{F} : P(A) = Q(A)\}$. Dann gilt:

(a) $\Omega \in \mathscr{D}$

(b) Sind $A, B \in \mathscr{D}$ und $A \subset B$, so gilt $B \setminus A \in \mathscr{D}$

(c) Sind $A_1, A_2, \ldots \in \mathscr{D}$ paarweise disjunkt, so ist $\bigcup_{i \geq 1} A_i \in \mathscr{D}$

Und zwar folgt (a) aus (N), (c) aus (A) und (b) daraus, dass $P(B \setminus A) = P(B) - P(A)$ für $A \subset B$. Ein System $\mathscr{D}$ mit den Eigenschaften (a)–(c) heißt ein *Dynkin-System* (nach dem russischen Mathematiker E. B. Dynkin, *1924). Nach Voraussetzung gilt $\mathscr{D} \supset \mathscr{G}$. Deshalb umfasst $\mathscr{D}$ auch das von $\mathscr{G}$ erzeugte Dynkin-System $d(\mathscr{G})$. Wie in Bemerkung (1.6) ist $d(\mathscr{G})$ definiert als das kleinste Dynkin-System, welches $\mathscr{G}$ umfasst; die Existenz solch eines kleinsten Dynkin-Systems ergibt sich genau wie dort. Das folgende Lemma wird zeigen, dass $d(\mathscr{G}) = \sigma(\mathscr{G}) = \mathscr{F}$. Folglich gilt $\mathscr{D} = \mathscr{F}$ und somit $P = Q$. $\diamond$

Zum Abschluss des Beweises fehlt noch folgendes

(1.13) Lemma: Erzeugtes Dynkin-System. *Für ein $\cap$-stabiles Mengensystem* $\mathscr{G}$ *gilt* $d(\mathscr{G}) = \sigma(\mathscr{G})$.

Beweis: Da $\sigma(\mathscr{G})$ als σ-Algebra erst recht auch ein Dynkin-System ist und $d(\mathscr{G})$ minimal ist, gilt $\sigma(\mathscr{G}) \supset d(\mathscr{G})$. Wir zeigen, dass umgekehrt auch $d(\mathscr{G})$ eine σ-Algebra ist. Denn daraus folgt dann $\sigma(\mathscr{G}) \subset d(\mathscr{G})$ wegen der Minimalität von $\sigma(\mathscr{G})$.

1. Schritt: $d(\mathscr{G})$ ist $\cap$-stabil. Denn $\mathscr{D}_1 := \{A \subset \Omega : A \cap B \in d(\mathscr{G})$ für alle $B \in \mathscr{G}\}$ ist offensichtlich ein Dynkin-System, und weil $\mathscr{G}$ $\cap$-stabil ist, gilt $\mathscr{D}_1 \supset \mathscr{G}$. Wegen der Minimalität von $d(\mathscr{G})$ folgt hieraus $\mathscr{D}_1 \supset d(\mathscr{G})$, d.h. es gilt $A \cap B \in d(\mathscr{G})$ für alle $A \in d(\mathscr{G})$ und $B \in \mathscr{G}$.

Genauso ist auch $\mathcal{D}_2 := \{A \subset \Omega : A \cap B \in d(\mathcal{G})$ für alle $B \in d(\mathcal{G})\}$ ein Dynkin-System, und nach dem soeben Gezeigten gilt $\mathcal{D}_2 \supset \mathcal{G}$. Also gilt auch $\mathcal{D}_2 \supset d(\mathcal{G})$, d.h. $A \cap B \in d(\mathcal{G})$ für alle $A, B \in d(\mathcal{G})$.

2. *Schritt:* $d(\mathcal{G})$ ist eine σ-Algebra. Denn seien $A_1, A_2, \ldots \in d(\mathcal{G})$. Dann ist nach dem ersten Schritt für alle $i \geq 1$

$$B_i := A_i \setminus \bigcup_{j<i} A_j = A_i \cap \bigcap_{j<i} \Omega \setminus A_j \in d(\mathcal{G}) \,,$$

und die B_i sind paarweise disjunkt. Daher ist auch $\bigcup_{i \geq 1} A_i = \bigcup_{i \geq 1} B_i \in d(\mathcal{G})$. $\diamond$

Wie konstruiert man ein Wahrscheinlichkeitsmaß auf einer σ-Algebra $\mathcal{F}$? Aufgrund des Eindeutigkeitssatzes stellt sich diese Frage so: Unter welchen Voraussetzungen kann eine Funktion P auf einem geeigneten Erzeugendensystem $\mathcal{G}$ zu einem Wahrscheinlichkeitsmaß auf der erzeugten σ-Algebra $\sigma(\mathcal{G})$ fortgesetzt werden?

Eine befriedigende Antwort hierauf gibt ein Satz der Maßtheorie, der Fortsetzungssatz von Carathéodory, vgl. etwa [5, 16, 18, 26]; hier wollen wir jedoch nicht darauf eingehen. Um allerdings die Existenz von nichttrivialen Wahrscheinlichkeitsmaßen auch auf nicht-diskreten Ergebnisräumen sicherstellen zu können, müssen und wollen wir die Existenz des Lebesgue-Integrals als bekannt voraussetzen. Was wir benötigen, ist die folgende

(1.14) Tatsache: *Lebesgue-Integral.* Für jede Funktion $f : \mathbb{R}^n \to [0, \infty]$, welche die Messbarkeitseigenschaft

(1.15) $\{x \in \mathbb{R}^n : f(x) \leq c\} \in \mathcal{B}^n$ für alle $c > 0$

erfüllt (mehr dazu in Beispiel (1.26) unten), kann das *Lebesgue-Integral* $\int f(x)\,dx \in [0, \infty]$ so erklärt werden, dass Folgendes gilt:

(a) Für jede Riemann-integrierbare Funktion f stimmt $\int f(x)\,dx$ mit dem Riemann-Integral von f überein.

(b) Für jede Folge $f_1, f_2, \ldots$ von nichtnegativen messbaren Funktionen wie oben gilt

$$\int \sum_{n \geq 1} f_n(x)\,dx = \sum_{n \geq 1} \int f_n(x)\,dx \,.$$

Ein Beweis dieser Aussagen findet sich in zahlreichen Analysis-Büchern wie z.B. Forster [24] oder Königsberger [45]. Wie Aussage (a) zeigt, kommt man bei konkreten Berechnungen oft mit der Kenntnis des Riemann-Integrals aus. Das Riemann-Integral erfüllt jedoch nicht die (für uns essentielle) σ-Additivitätsaussage (b), welche äquivalent ist zum Satz von der monotonen Konvergenz; man vergleiche dazu auch den späteren Satz (4.11c).

Das Lebesgue-Integral liefert insbesondere einen vernünftigen Volumenbegriff für Borelmengen in $\mathbb{R}^n$. Bezeichne dazu

(1.16) $1_A(x) = \begin{cases} 1 & \text{falls } x \in A \,, \\ 0 & \text{sonst} \end{cases}$

die *Indikatorfunktion* einer Menge A. Dann definiert man das Integral über $A \in \mathscr{B}^n$ durch

$$\int_A f(x)\,dx := \int 1_A(x)f(x)\,dx\,,$$

und speziell für $f \equiv 1$ folgt aus (1.14b):

(1.17) Bemerkung und Definition: *Lebesgue-Maß.* Die Abbildung $\lambda^n : \mathscr{B}^n \to [0, \infty]$, die jedem $A \in \mathscr{B}^n$ sein n-dimensionales Volumen

$$\lambda^n(A) := \int 1_A(x)\,dx$$

zuordnet, erfüllt die σ-Additivitätseigenschaft (A), und es gilt $\lambda^n(\varnothing) = 0$. Folglich ist λ^n ein „Maß" auf $(\mathbb{R}^n, \mathscr{B}^n)$. Es heißt das ($n$-dimensionale) *Lebesgue-Maß auf* $\mathbb{R}^n$. Für $\Omega \in \mathscr{B}^n$ heißt die Einschränkung λ^n_Ω von λ^n auf $\mathscr{B}^n_\Omega$ das *Lebesgue-Maß auf* Ω.

Wir werden wiederholt sehen, dass aus der Existenz des Lebesgue-Maßes die Existenz von vielen interessanten Wahrscheinlichkeitsmaßen gefolgert werden kann. Hier wollen wir das Lebesgue-Maß benutzen, um das (im diskreten Fall evidente) Konstruktionsprinzip von Wahrscheinlichkeitsmaßen durch Dichten auf den stetigen Fall zu übertragen.

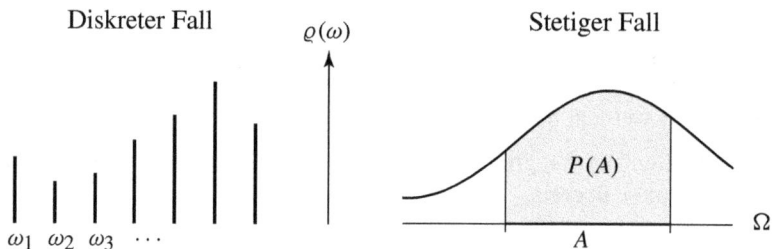

Abbildung 1.2: Links: Stabdiagramm einer Zähldichte. Rechts: Dichtefunktion; deren Integral über ein Ereignis A ergibt die Wahrscheinlichkeit $P(A)$.

(1.18) Satz: Konstruktion von Wahrscheinlichkeitsmaßen durch Dichten.

(a) Diskreter Fall: *Ist Ω abzählbar, so vermitteln die Gleichungen*

$$P(A) = \sum_{\omega \in A} \rho(\omega) \ \text{ für } A \in \mathscr{P}(\Omega)\,, \quad \rho(\omega) = P(\{\omega\}) \ \text{ für } \omega \in \Omega$$

eine umkehrbar eindeutige Beziehung zwischen den Wahrscheinlichkeitsmaßen P auf $(\Omega, \mathscr{P}(\Omega))$ und den Folgen $\rho = (\rho(\omega))_{\omega \in \Omega}$ in $[0, 1]$ mit $\sum_{\omega \in \Omega} \rho(\omega) = 1$. Jede solche Folge ρ heißt eine Zähldichte.

(b) *Stetiger Fall: Ist* $\Omega \subset \mathbb{R}^n$ *Borelsch, so bestimmt jede Funktion* $\rho : \Omega \to [0, \infty[$
mit den Eigenschaften

(i) $\{x \in \Omega : \rho(x) \le c\} \in \mathscr{B}_{\Omega}^n$ *für alle* $c > 0$ (vgl. (1.15))

(ii) $\int_{\Omega} \rho(x)\, dx = 1$

genau ein Wahrscheinlichkeitsmaß P *auf* $(\Omega, \mathscr{B}_{\Omega}^n)$ *vermöge*

$$P(A) = \int_A \rho(x)\, dx \quad \text{für } A \in \mathscr{B}_{\Omega}^n$$

(aber nicht jedes P *ist von dieser Form).* ρ *heißt dann die* Dichtefunktion *von* P *oder eine* Wahrscheinlichkeitsdichte.

Beweis: Der diskrete Fall liegt auf der Hand. Im stetigen Fall ergibt sich die Behauptung unmittelbar aus der obigen Tatsache (1.14b), denn für paarweise disjunkte Mengen A_i gilt ja $1_{\bigcup_{i \ge 1} A_i} = \sum_{i \ge 1} 1_{A_i}$. $\diamond$

Als elementares Beispiel für die Konstruktion von Wahrscheinlichkeitsmaßen durch Dichten erwähnen wir hier schon die Gleichverteilungen, die wir in Abschnitt 2.1 noch ausführlicher diskutieren werden.

(1.19) Beispiel und Definition: *Die Gleichverteilungen.* Ist Ω endlich, so heißt das Wahrscheinlichkeitsmaß zur konstanten Zähldichte $\rho(\omega) = 1/|\Omega|$ (bei dem also alle $\omega \in \Omega$ mit gleicher Wahrscheinlichkeit eintreten) die (diskrete) *Gleichverteilung* auf Ω und wird mit $\mathcal{U}_{\Omega}$ bezeichnet.
Ist andrerseits $\Omega \subset \mathbb{R}^n$ eine Borelmenge mit Volumen $0 < \lambda^n(\Omega) < \infty$, so heißt das Wahrscheinlichkeitsmaß auf $(\Omega, \mathscr{B}_{\Omega})$ mit der konstanten Dichtefunktion $\rho(x) = 1/\lambda^n(\Omega)$ die (stetige) *Gleichverteilung* auf Ω; sie wird ebenfalls mit $\mathcal{U}_{\Omega}$ bezeichnet.

Die umkehrbar eindeutige Beziehung zwischen einem Wahrscheinlichkeitsmaß und seiner Zähldichte im diskreten Fall überträgt sich leider nicht auf den stetigen Fall: Einerseits besitzt nicht jedes Wahrscheinlichkeitsmaß auf einer Borelmenge $\Omega \subset \mathbb{R}^n$ eine Dichtefunktion; andrerseits bestimmen zwei Wahrscheinlichkeitsdichten dasselbe Wahrscheinlichkeitsmaß, wenn sie sich nur auf einer Menge vom Lebesgue-Maß null unterscheiden. So gilt z. B. $\mathcal{U}_{]0,1[} = \mathcal{U}_{[0,1]}$.
Weiter halten wir fest, dass sich jedes Wahrscheinlichkeitsmaß P auf einer Borelmenge $\Omega \subset \mathbb{R}^n$ auch als Wahrscheinlichkeitsmaß auf ganz $\mathbb{R}^n$ auffassen lässt. Genauer: Ist P ein Wahrscheinlichkeitsmaß auf $(\Omega, \mathscr{B}_{\Omega}^n)$ mit Dichtefunktion ρ, so lässt sich P offenbar identifizieren mit dem Wahrscheinlichkeitsmaß $\bar{P}$ auf $(\mathbb{R}^n, \mathscr{B}^n)$ zur Dichtefunktion $\bar{\rho}$ mit $\bar{\rho}(x) = \rho(x)$ für $x \in \Omega$ und $\bar{\rho}(x) = 0$ sonst; denn es gilt $\bar{P}(\mathbb{R}^n \setminus \Omega) = 0$, und auf $\mathscr{B}_{\Omega}^n$ stimmt $\bar{P}$ mit P überein. Diese Identifizierung werden wir oft stillschweigend vornehmen. Ein Analogon hat man auch im diskreten Fall: Ist $\Omega \subset \mathbb{R}^n$ abzählbar und P ein Wahrscheinlichkeitsmaß auf $(\Omega, \mathscr{P}(\Omega))$ mit Zähldichte ρ, so kann man P identifizieren mit dem Wahrscheinlichkeitsmaß $\sum_{\omega \in \Omega} \rho(\omega)\, \delta_{\omega}$, welches auf $(\mathbb{R}^n, \mathscr{B}^n)$ (oder sogar $(\mathbb{R}^n, \mathscr{P}(\mathbb{R}^n))$) definiert ist; hier ist δ_{ω} das Diracmaß aus (1.10).

Natürlich lassen sich diskrete und stetige Wahrscheinlichkeitsmaße auch miteinander kombinieren. Zum Beispiel wird durch

$$(1.20) \qquad P(A) = \tfrac{1}{3}\, \delta_{-1/2}(A) + \tfrac{2}{3}\, \mathcal{U}_{]0,1/2[}(A)\,, \quad A \in \mathscr{B},$$

ein Wahrscheinlichkeitsmaß auf $(\mathbb{R}, \mathscr{B})$ definiert, welches zu zwei Dritteln auf dem Intervall $]0, 1/2[$ „gleichmäßig verschmiert" ist und dem Punkt $-1/2$ noch die Extrawahrscheinlichkeit $1/3$ gibt.

1.3 Zufallsvariablen

Kehren wir kurz zurück zum ersten Schritt der Modellbildung in Abschnitt 1.1.1. Die Wahl des Ergebnisraums Ω hängt davon ab, welchen Ausschnitt des Zufallsgeschehens ich für relevant halte. Wie groß oder klein ich diesen Ausschnitt wähle, ist eine Frage der *Beobachtungstiefe*.

(1.21) Beispiel: *n-maliger Münzwurf.* Ich kann entweder das Ergebnis von jedem einzelnen Wurf registrieren; dann ist $\Omega = \{0, 1\}^n$ der geeignete Ergebnisraum. Oder ich beobachte nur die Anzahl, wie oft „Zahl" gefallen ist. Mein Ergebnisraum ist dann $\Omega' = \{0, 1, \ldots, n\}$. Der zweite Fall entspricht einer geringeren Beobachtungstiefe. Der Übergang von der größeren zur geringeren Beobachtungstiefe wird beschrieben durch die Abbildung $X : \Omega \to \Omega'$, welche jedem $\omega = (\omega_1, \ldots, \omega_n) \in \Omega$ die Summe $\sum_{i=1}^{n} \omega_i \in \Omega'$, also die „Anzahl der Erfolge" zuordnet.

Wir sehen daran: Der Übergang von einem bestimmten Ereignisraum $(\Omega, \mathscr{F})$ zu einem Modellausschnitt $(\Omega', \mathscr{F}')$ mit geringerem Informationsgehalt wird vermittelt durch eine Abbildung zwischen den Ergebnisräumen Ω und Ω'. Im allgemeinen Fall muss man von solch einer Abbildung fordern:

$$(1.22) \qquad\qquad A' \in \mathscr{F}' \;\Rightarrow\; X^{-1}A' \in \mathscr{F},$$

d. h. alle Ereignisse bei der geringeren Beobachtungstiefe lassen sich durch die Urbildabbildung X^{-1} zurückführen auf Ereignisse bei der größeren Beobachtungstiefe. Die Situation wird durch Abbildung 1.3 veranschaulicht.

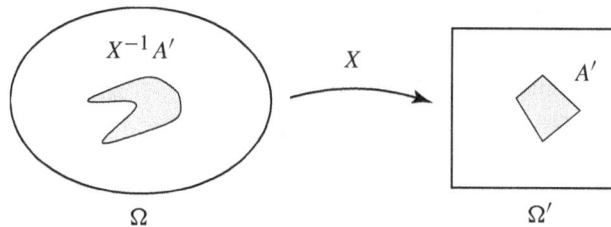

Abbildung 1.3: Zur Definition von Zufallsvariablen. Das Urbild eines Ereignisses in Ω' ist ein Ereignis in Ω.

Definition: Seien $(\Omega, \mathscr{F})$ und $(\Omega', \mathscr{F}')$ zwei Ereignisräume. Dann heißt jede Abbildung $X : \Omega \to \Omega'$ mit der Eigenschaft (1.22) eine *Zufallsvariable von* $(\Omega, \mathscr{F})$ *nach* $(\Omega', \mathscr{F}')$, oder auch ein *Zufallselement von* Ω' oder *messbar*.

Im Folgenden verwenden wir für Urbilder vorwiegend die suggestive Schreibweise

$$(1.23) \qquad \{X \in A'\} := \{\omega \in \Omega : X(\omega) \in A'\} = X^{-1}A' \,.$$

Als Erstes wollen wir festhalten, dass Bedingung (1.22) im diskreten Fall keine Rolle spielt, weil sie automatisch erfüllt ist.

(1.24) Beispiel: *Zufallsvariablen auf diskreten Räumen.* Ist $\mathscr{F} = \mathscr{P}(\Omega)$, so ist *jede* Abbildung $X : \Omega \to \Omega'$ eine Zufallsvariable.

Im allgemeinen Fall ist das folgende Kriterium nützlich.

(1.25) Bemerkung: *Messbarkeitskriterium.* In der Situation der Definition werde $\mathscr{F}'$ erzeugt von einem Mengensystem $\mathscr{G}'$, d. h. es sei $\mathscr{F}' = \sigma(\mathscr{G}')$. Dann ist $X : \Omega \to \Omega'$ bereits dann eine Zufallsvariable, wenn die Bedingung $X^{-1}A' \in \mathscr{F}$ nur für alle $A' \in \mathscr{G}'$ gilt.

Beweis: Das System $\mathscr{A}' := \{A' \subset \Omega' : X^{-1}A' \in \mathscr{F}\}$ ist eine σ-Algebra, die nach Voraussetzung $\mathscr{G}'$ umfasst. Da nach Voraussetzung $\mathscr{F}'$ die kleinste solche σ-Algebra ist, gilt auch $\mathscr{A}' \supset \mathscr{F}'$, und das bedeutet, dass X die Bedingung (1.22) erfüllt. $\diamond$

(1.26) Beispiel: *Reelle Zufallsvariablen.* Sei $(\Omega', \mathscr{F}') = (\mathbb{R}, \mathscr{B})$. Dann ist eine Abbildung $X : \Omega \to \mathbb{R}$ bereits dann eine Zufallsvariable, wenn alle Mengen der Form $\{X \le c\} := X^{-1}]-\infty, c]$ zu $\mathscr{F}$ gehören, und ebenfalls, wenn $\{X < c\} := X^{-1}]-\infty, c[\in \mathscr{F}$ für alle $c \in \mathbb{R}$. Dies folgt unmittelbar aus Bemerkung (1.25) und Aussage (1.8d).

Oft ist es praktisch, auch sogenannte numerische Funktionen mit Werten in $\overline{\mathbb{R}} = [-\infty, \infty]$ zu betrachten. $\overline{\mathbb{R}}$ wird versehen mit der von den Intervallen $[-\infty, c]$, $c \in \mathbb{R}$, erzeugten σ-Algebra. (Man überlege sich, wie diese mit der Borel'schen σ-Algebra in $\mathbb{R}$ zusammenhängt.) Eine numerische Funktion $X : \Omega \to \overline{\mathbb{R}}$ ist daher genau dann eine Zufallsvariable, wenn $\{X \le c\} \in \mathscr{F}$ für alle $c \in \mathbb{R}$.

(1.27) Beispiel: *Stetige Funktionen.* Sei $\Omega \subset \mathbb{R}^n$ und $\mathscr{F} = \mathscr{B}_\Omega^n$. Dann ist jede stetige Funktion $X : \Omega \to \mathbb{R}$ eine Zufallsvariable. Denn für jedes $c \in \mathbb{R}$ ist $\{X \le c\}$ abgeschlossen in Ω, gehört also gemäß Beispiel (1.8be) zu $\mathscr{B}_\Omega^n$. Die Behauptung folgt somit aus Beispiel (1.26).

Der nächste Satz beschreibt ein wichtiges Prinzip zur Erzeugung neuer Wahrscheinlichkeitsmaße, welches wir wiederholt ausnutzen werden.

(1.28) Satz: *Verteilung einer Zufallsvariablen. Ist X eine Zufallsvariable von einem Wahrscheinlichkeitsraum $(\Omega, \mathscr{F}, P)$ in einen Ereignisraum $(\Omega', \mathscr{F}')$, so wird durch*

$$P'(A') := P(X^{-1}A') = P(\{X \in A'\}) \quad \text{für } A' \in \mathscr{F}'$$

ein Wahrscheinlichkeitsmaß P' auf $(\Omega', \mathscr{F}')$ definiert.

Zur Vereinfachung der Schreibweise werden wir in Zukunft bei Ausdrücken der Gestalt $P(\{X \in A'\})$ die geschweiften Klammern weglassen und einfach $P(X \in A')$ schreiben.

Beweis: Wegen (1.22) ist die Definition von P' sinnvoll. Ferner erfüllt P' die Bedingungen (N) und (A), denn es ist $P'(\Omega') = P(X \in \Omega') = P(\Omega) = 1$, und sind $A'_1, A'_2, \ldots \in \mathscr{F}'$ paarweise disjunkt, so sind auch die Urbilder $X^{-1}A'_1, X^{-1}A'_2, \ldots$ paarweise disjunkt, und deshalb gilt

$$P'(\bigcup_{i \geq 1} A'_i) = P(X^{-1} \bigcup_{i \geq 1} A'_i) = P(\bigcup_{i \geq 1} X^{-1}A'_i)$$

$$= \sum_{i \geq 1} P(X^{-1}A'_i) = \sum_{i \geq 1} P'(A'_i).$$

Also ist P' ein Wahrscheinlichkeitsmaß. $\diamond$

Definition: (a) Das Wahrscheinlichkeitsmaß P' in Satz (1.28) heißt die *Verteilung von X bei P* oder das *Bild von P unter X* und wird mit $P \circ X^{-1}$ bezeichnet. (In der Literatur findet man auch die Bezeichnungen P_X oder $\mathscr{L}(X; P)$. Das $\mathscr{L}$ steht für englisch *law* bzw. französisch *loi*.)

(b) Zwei Zufallsvariablen heißen *identisch verteilt*, wenn sie dieselbe Verteilung haben.

An dieser Stelle muss darauf hingewiesen werden, dass der Begriff „Verteilung" in der Stochastik in inflationärer Weise verwendet wird. Außer in dem eben eingeführten Sinn verwendet man ihn auch allgemein als ein Synonym für Wahrscheinlichkeitsmaß. (Denn jedes Wahrscheinlichkeitsmaß ist die Verteilung einer Zufallsvariablen, nämlich einfach der Identitätsabbildung des zugrunde liegenden Ω.) Davon unterschieden werden müssen die beiden Begriffe „Verteilungsfunktion" und „Verteilungsdichte", die sich auf den Fall $(\Omega', \mathscr{F}') = (\mathbb{R}, \mathscr{B})$ beziehen und hier noch abschließend eingeführt werden sollen.

Jedes Wahrscheinlichkeitsmaß P auf $(\mathbb{R}, \mathscr{B})$ ist eindeutig festgelegt durch die Funktion $F_P(c) := P(]-\infty, c])$ für $c \in \mathbb{R}$. Denn wegen Aussage (1.8d) und dem Eindeutigkeitssatz (1.12) stimmen zwei Wahrscheinlichkeitsmaße auf $(\mathbb{R}, \mathscr{B})$ genau dann überein, wenn sie auf allen Intervallen $]-\infty, c]$ übereinstimmen. Insbesondere ergibt sich, dass die Verteilung einer reellwertigen Zufallsvariablen X auf einem Wahrscheinlichkeitsraum $(\Omega, \mathscr{F}, P)$ durch die Funktion $F_X(c) := P(X \leq c)$ mit $c \in \mathbb{R}$ eindeutig festgelegt ist. Diese Beobachtung motiviert die folgende

Definition: Ist P ein Wahrscheinlichkeitsmaß auf der reellen Achse $(\mathbb{R}, \mathscr{B})$, so heißt die Funktion $F_P : c \to P(]-\infty, c])$ von $\mathbb{R}$ nach $[0, 1]$ die (kumulative) *Verteilungsfunktion von P*. Ist ferner X eine reelle Zufallsvariable auf einem Wahrscheinlichkeitsraum $(\Omega, \mathscr{F}, P)$, so heißt $F_X(c) := P(X \leq c)$ die (kumulative) *Verteilungsfunktion von X*.

Definitionsgemäß gilt also $F_X = F_{P \circ X^{-1}}$. Jede Verteilungsfunktion $F = F_X$ ist monoton wachsend und rechtsstetig und hat das asymptotische Verhalten

(1.29) $\lim_{c \to -\infty} F(c) = 0$ und $\lim_{c \to +\infty} F(c) = 1$.

Dies folgt unmittelbar aus Satz (1.11); vgl. Aufgabe 1.16. Abbildung 1.4 zeigt ein Beispiel. Bemerkenswerterweise ist *jede* Funktion mit diesen Eigenschaften die Verteilungsfunktion einer Zufallsvariablen auf dem (mit der Gleichverteilung aus Beispiel (1.19) versehenen) Einheitsintervall. Der Begriff „Quantil" im Namen dieser Zufallsvariablen wird in Teil II, der Statistik, eine wichtige Rolle spielen; siehe die Definition auf Seite 233.

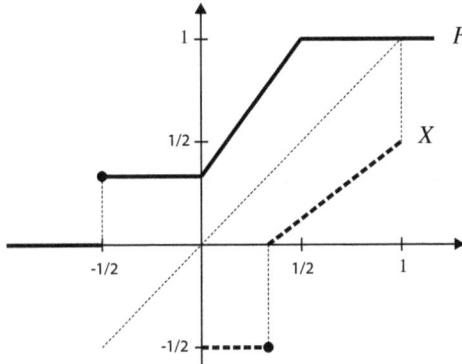

Abbildung 1.4: Verteilungsfunktion F (fett) und Quantil-Transformation X (gestrichelt) des Wahrscheinlichkeitsmaßes $\frac{1}{3}\delta_{-1/2} + \frac{2}{3}\mathcal{U}_{]0,1/2[}$ aus (1.20). Die gepunkteten Hilfslinien verdeutlichen, dass X aus F durch Spiegelung an der Diagonalen hervorgeht. Die Werte an den Sprungstellen sind durch Punkte markiert.

(1.30) Proposition: Quantil-Transformation. *Zu jeder monoton wachsenden, rechtsstetigen Funktion F auf $\mathbb{R}$ mit dem Grenzverhalten (1.29) existiert eine reelle Zufallsvariable X auf dem Wahrscheinlichkeitsraum $(]0, 1[, \mathscr{B}_{]0,1[}, \mathcal{U}_{]0,1[})$ mit $F_X = F$, nämlich die „Quantil-Transformation"*

$$X(u) = \inf\{c \in \mathbb{R} : F(c) \geq u\}, \ u \in \,]0, 1[.$$

Beweis: Wegen (1.29) gilt $-\infty < X(u) < \infty$ für alle $0 < u < 1$. De facto ist X eine linksstetige Umkehrabbildung von F; vgl. Abbildung 1.4. Es gilt nämlich $X(u) \leq c$ genau dann, wenn $u \leq F(c)$; denn wegen der Rechtsstetigkeit von F ist das Infimum in der Definition von X de facto ein Minimum. Insbesondere gilt $\{X \leq c\} = \,]0, F(c)] \cap \,]0, 1[\, \in \mathscr{B}_{]0,1[}$. Zusammen mit Beispiel (1.26) zeigt dies einerseits, dass X eine Zufallsvariable ist. Andrerseits hat die Menge $\{X \leq c\}$ das Lebesgue-Maß $F(c)$. Also besitzt X die Verteilungsfunktion F. ◇

Weil jedes Wahrscheinlichkeitsmaß P auf $(\mathbb{R}, \mathscr{B})$ durch seine Verteilungsfunktion eindeutig festgelegt ist, lässt sich die Proposition auch so aussprechen: Jedes P auf $(\mathbb{R}, \mathscr{B})$ ist die Verteilung einer Zufallsvariablen auf dem Wahrscheinlichkeitsraum $(]0, 1[, \mathscr{B}_{]0,1[}, \mathcal{U}_{]0,1[})$. Diese Tatsache wird sich für uns wiederholt als nützlich erweisen.

Der Zusammenhang zwischen Verteilungsfunktionen und Dichtefunktionen wird durch den Begriff der Verteilungsdichte hergestellt.

(1.31) Bemerkung und Definition: *Existenz einer Verteilungsdichte.* Sei X eine reelle Zufallsvariable auf einem Wahrscheinlichkeitsraum $(\Omega, \mathscr{F}, P)$. Ihre Verteilung $P \circ X^{-1}$ besitzt genau dann eine Dichtefunktion ρ, wenn

$$F_X(c) = \int_{-\infty}^{c} \rho(x)\, dx \quad \text{für alle } c \in \mathbb{R}.$$

Solch ein ρ heißt eine *Verteilungsdichte* von X. Insbesondere besitzt $P \circ X^{-1}$ genau dann eine stetige Dichtefunktion ρ, wenn F_X stetig differenzierbar ist, und dann ist $\rho = F'_X$. Dies folgt direkt aus (1.8d) und dem Eindeutigkeitssatz (1.12).

Aufgaben

1.1 Seien $(\Omega, \mathscr{F})$ ein Ereignisraum, $A_1, A_2, \ldots \in \mathscr{F}$ und

$$A = \{\omega \in \Omega : \ \omega \in A_n \text{ für unendlich viele } n\}.$$

Zeigen Sie: (a) $A = \bigcap_{N \geq 1} \bigcup_{n \geq N} A_n$, (b) $1_A = \limsup_{n \to \infty} 1_{A_n}$.

1.2 Sei Ω überabzählbar und $\mathscr{G} = \{\{\omega\} : \omega \in \Omega\}$ das System der ein-elementigen Teilmengen von Ω. Zeigen Sie: $\sigma(\mathscr{G}) = \{A \subset \Omega : A \text{ oder } A^c \text{ ist abzählbar}\}$.

1.3^L Zeigen Sie: Die Borel'sche σ-Algebra $\mathscr{B}^n$ auf $\mathbb{R}^n$ stimmt überein mit $\mathscr{B}^{\otimes n}$, dem n-fachen Produkt der Borel'schen σ-Algebra $\mathscr{B}$ auf $\mathbb{R}$.

1.4 Zeigen Sie: Für jedes höchstens abzählbare $\Omega \subset \mathbb{R}^n$ gilt $\mathscr{B}^n_\Omega = \mathscr{P}(\Omega)$.

1.5 Seien E_i, $i \in \mathbb{N}$, abzählbare Mengen und $\Omega = \prod_{i \geq 1} E_i$. Bezeichne $X_i : \Omega \to E_i$ die Projektion auf die i-te Koordinate. Zeigen Sie: Das System

$$\mathscr{G} = \big\{\{X_1 = x_1, \ldots, X_k = x_k\} : k \geq 1, \ x_i \in E_i\big\} \cup \{\varnothing\}$$

ist ein $\cap$-stabiler Erzeuger der Produkt-σ-Algebra $\bigotimes_{i \geq 1} \mathscr{P}(E_i)$.

1.6^L Seien $(\Omega_i, \mathscr{F}_i)$, $i = 1, 2$, zwei Ereignisräume und $\omega_1 \in \Omega_1$. Zeigen Sie: Für jedes $A \in \mathscr{F}_1 \otimes \mathscr{F}_2$ liegt der „ω_1-Schnitt" $A_{\omega_1} := \{\omega_2 \in \Omega_2 : (\omega_1, \omega_2) \in A\}$ von A in $\mathscr{F}_2$, und für jede reelle Zufallsvariable f auf $(\Omega_1 \times \Omega_2, \mathscr{F}_1 \otimes \mathscr{F}_2)$ ist $f(\omega_1, \cdot)$ eine Zufallsvariable auf $(\Omega_2, \mathscr{F}_2)$.

1.7^L *Einschluss-Ausschluss-Prinzip.* Sei $(\Omega, \mathscr{F}, P)$ ein Wahrscheinlichkeitsraum und $A_i \in \mathscr{F}$, $i \in I = \{1, \ldots, n\}$. Für $J \subset I$ sei

$$B_J = \bigcap_{j \in J} A_j \cap \bigcap_{j \in I \setminus J} A_j^c;$$

dabei sei ein Durchschnitt mit leerer Indexmenge $= \Omega$. Zeigen Sie:

(a) Für alle $K \subset I$ gilt

$$P\Big(\bigcap_{k \in K} A_k\Big) = \sum_{K \subset J \subset I} P(B_J).$$

(b) Für alle $J \subset I$ gilt

$$P(B_J) = \sum_{J \subset K \subset I} (-1)^{|K \setminus J|} P\Big(\bigcap_{k \in K} A_k\Big).$$

Was bedeutet dies für $J = \varnothing$?

1.8 *Bonferroni-Ungleichung.* Verifizieren Sie für beliebige Ereignisse $A_1, \ldots, A_n$ in einem Wahrscheinlichkeitsraum $(\Omega, \mathscr{F}, P)$ die Ungleichung

$$P\Big(\bigcup_{i=1}^{n} A_i\Big) \geq \sum_{i=1}^{n} P(A_i) - \sum_{1 \leq i < j \leq n} P(A_i \cap A_j).$$

1.9 Ein gewisser Chevalier de Méré, der mit seinen Spielproblemen und deren Lösungen durch Pascal in die Geschichte der Wahrscheinlichkeitstheorie eingegangen ist, wunderte sich einmal Pascal gegenüber, dass er beim Werfen mit 3 Würfeln die Augensumme 11 häufiger beobachtet hatte als die Augensumme 12, obwohl doch 11 durch die Kombinationen 6-4-1, 6-3-2, 5-5-1, 5-4-2, 5-3-3, 4-4-3 und die Augensumme 12 durch genauso viele Kombinationen (welche?) erzeugt würde. Kann man die Beobachtung des Chevalier de Méré als „vom Zufall bedingt" ansehen oder steckt in seiner Argumentation ein Fehler? Führen Sie zur Lösung dieses Problems einen geeigneten Wahrscheinlichkeitsraum ein.

1.10 Im Sechserpack eines Kakaotrunks sollte an jeder Packung ein Trinkhalm sein, der jedoch mit Wahrscheinlichkeit $1/3$ fehlt, mit Wahrscheinlichkeit $1/3$ defekt ist und nur mit Wahrscheinlichkeit $1/3$ gut ist. Sei A das Ereignis „Mindestens ein Trinkhalm fehlt und mindestens einer ist gut". Geben Sie einen geeigneten Wahrscheinlichkeitsraum an, formulieren Sie das Ereignis A mengentheoretisch, und bestimmen Sie seine Wahrscheinlichkeit.

1.11 ^{L} Anton und Brigitte vereinbaren ein faires Spiel über 7 Runden. Jeder zahlt € 5 als Einsatz, und der Gewinner erhält die gesamten € 10. Beim Stand von 2 : 3 muss das Spiel abgebrochen werden. Anton schlägt vor, den Gewinn in diesem Verhältnis zu teilen. Soll Brigitte sich darauf einlassen? Stellen Sie dazu ein geeignetes Modell auf und berechnen Sie die Gewinnwahrscheinlichkeit von Brigitte!

1.12 *Geburtstagsparadox.* Sei p_n die Wahrscheinlichkeit, dass in einer Klasse von n Kindern wenigstens zwei am gleichen Tag Geburtstag haben. Vereinfachend sei dabei angenommen, dass kein Kind am 29. Februar geboren ist und alle anderen Geburtstage gleich wahrscheinlich sind. Zeigen Sie (unter Verwendung der Ungleichung $1 - x \leq e^{-x}$)

$$p_n \geq 1 - \exp\left(-n(n-1)/730\right),$$

und bestimmen Sie ein möglichst kleines n mit $p_n \geq 1/2$.

1.13 ^{L} *Das Rencontre-Problem.* Anton und Brigitte vereinbaren das folgende Spiel: Von zwei fabrikneuen identischen Sätzen Spielkarten zu je 52 Karten wird einer gründlich gemischt. Beide Stapel werden verdeckt nebeneinander gelegt. Anschließend wird immer die jeweils oberste Karte des einen Stapels zusammen mit derjenigen des anderen Stapels aufgedeckt. Brigitte wettet (um einen Einsatz von € 10), dass bei diesem Verfahren mindestens einmal zwei identische Karten erscheinen werden. Anton dagegen meint, dies sei doch „ganz unwahrscheinlich" und wettet dementsprechend dagegen. Wem gestehen Sie die besseren Chancen zu? Stellen Sie ein geeignetes Modell auf und berechnen Sie die Gewinnwahrscheinlichkeit von Anton. *Hinweis:* Verwenden Sie Aufgabe 1.7b; die dabei auftretende Summe dürfen Sie durch die entsprechende unendliche Reihe approximieren.

1.14 Seien $X, Y, X_1, X_2, \ldots$ reelle Zufallsvariablen auf einem Ereignisraum $(\Omega, \mathscr{F})$. Zeigen Sie:

(a) $(X, Y) : \Omega \to \mathbb{R}^2$ ist eine Zufallsvariable.

(b) $X + Y$ und XY sind Zufallsvariablen.

(c) $\sup_{n \in \mathbb{N}} X_n$ und $\limsup_{n \to \infty} X_n$ sind Zufallsvariablen (mit Werten in $\overline{\mathbb{R}}$).

(d) $\{X = Y\} \in \mathscr{F}$, $\{\lim_{n \to \infty} X_n \text{ existiert}\} \in \mathscr{F}$, $\{X = \lim_{n \to \infty} X_n\} \in \mathscr{F}$.

1.15 ^{L} Sei $(\Omega, \mathscr{F}) = (\mathbb{R}, \mathscr{B})$ und $X : \Omega \to \mathbb{R}$ irgendeine reelle Funktion. Zeigen Sie:

(a) Ist X stückweise monoton (d. h. $\mathbb{R}$ zerfällt in höchstens abzählbar viele Intervalle, auf denen X jeweils monoton wächst oder fällt), so ist X eine Zufallsvariable.

(b) Ist X differenzierbar mit (nicht notwendig stetiger) Ableitung X', so ist X' eine Zufallsvariable.

1.16 *Eigenschaften einer Verteilungsfunktion.* Sei P ein Wahrscheinlichkeitsmaß auf $(\mathbb{R}, \mathscr{B})$ und $F(c) = P(]{-\infty}, c])$ für $c \in \mathbb{R}$ seine Verteilungsfunktion. Zeigen Sie: F ist monoton wachsend und rechtsstetig, und es gilt (1.29).

1.17 Betrachten Sie die beiden Fälle

(a) $\Omega = [0, \infty[$, $\rho(\omega) = e^{-\omega}$, $X(\omega) = (\omega/\alpha)^{1/\beta}$ für $\omega \in \Omega$ und $\alpha, \beta > 0$,

(b) $\Omega =]{-\pi/2}, \pi/2[$, $\rho(\omega) = 1/\pi$, $X(\omega) = \sin^2 \omega$ für $\omega \in \Omega$.

Zeigen Sie jeweils, dass ρ eine Wahrscheinlichkeitsdichte und X eine Zufallsvariable auf $(\Omega, \mathscr{B}_\Omega)$ ist, und berechnen Sie die Verteilungsdichte von X bezüglich des Wahrscheinlichkeitsmaßes P mit Dichte ρ. (Die Verteilung von X im Fall (a) heißt die *Weibull-Verteilung* zu α, β, im Fall (b) die *Arcussinus-Verteilung*.)

1.18 ^{L} *Transformation in die Gleichverteilung.* Beweisen Sie folgende Umkehrung von Proposition (1.30): Ist X eine reelle Zufallsvariable mit *stetiger* Verteilungsfunktion $F_X = F$, so ist die Zufallsvariable $F(X)$ auf $]0, 1[$ gleichverteilt. Zeigen Sie ferner, dass die Stetigkeit von F hierfür notwendig ist.

2 Stochastische Standardmodelle

Nach der Beschreibung der mathematischen Struktur stochastischer Modelle im vorigen Kapitel soll jetzt diskutiert werden, wie man in konkreten Zufallssituationen ein jeweils passendes Modell findet. Dies ist eine fundamentale und oft recht diffizile Frage, welche eine Gratwanderung zwischen Realitätsnähe und mathematischer Analysierbarkeit erfordert. Hier allerdings wollen wir uns auf einige klassische Beispiele beschränken, in denen das adäquate Modell auf der Hand liegt. Gleichzeitig werden dabei einige grundlegende Wahrscheinlichkeitsverteilungen und ihre typischen Anwendungen vorgestellt. Diese Verteilungen bilden die Bausteine für viele der später untersuchten komplexeren Modelle.

2.1 Die Gleichverteilungen

Es gibt zwei verschiedene Typen von Gleichverteilung: die diskreten Gleichverteilungen auf endlichen Mengen, und die stetigen Gleichverteilungen auf Borel'schen Teilmengen des $\mathbb{R}^n$.

2.1.1 Diskrete Gleichverteilungen

Wir beginnen mit dem einfachsten Fall eines Zufallsexperiments mit nur endlich vielen möglichen Ausgängen, d. h. mit einem endlichen Ergebnisraum Ω. Man denke etwa an den mehrmaligen Wurf einer Münze oder eines Würfels. In diesen und vielen anderen Beispielen ist es aus Symmetriegründen naheliegend anzunehmen, dass alle einzelnen Ausgänge $\omega \in \Omega$ gleichberechtigt, also gleich wahrscheinlich sind. Wegen Satz (1.18a) bedeutet dies, dass das Wahrscheinlichkeitsmaß P durch die *konstante* Zähldichte $\rho(\omega) = 1/|\Omega|$ (mit $\omega \in \Omega$) definiert werden sollte. Dies führt auf den Ansatz $P = \mathcal{U}_\Omega$, wobei

(2.1) $\qquad \mathcal{U}_\Omega(A) = \dfrac{|A|}{|\Omega|} = \dfrac{\text{Anzahl der „günstigen" Fälle}}{\text{Anzahl der möglichen Fälle}} \quad$ für alle $A \subset \Omega$.

Definition: Das durch (2.1) definierte Wahrscheinlichkeitsmaß $\mathcal{U}_\Omega$ auf $(\Omega, \mathscr{P}(\Omega))$ heißt die *(diskrete) Gleichverteilung* auf Ω. (Die Bezeichnung $\mathcal{U}_\Omega$ erinnert an „uniform distribution".) Manchmal nennt man $(\Omega, \mathscr{P}(\Omega), \mathcal{U}_\Omega)$ auch einen *Laplace-Raum* (nach Pierre Simon Laplace, 1749–1827).

Klassische Beispiele für die Verwendung der Gleichverteilung sind der (mehrmalige) Wurf eines Würfels oder einer fairen Münze, das Zahlenlotto, die Reihenfolge der Karten in einem gut gemischten Kartenstapel, und vieles andere. Wir werden bald (insbesondere in den Abschnitten 2.2 und 2.3) eine Reihe dieser Beispiele behandeln. Ein weniger offensichtliches Beispiel ist das folgende.

(2.2) Beispiel: *Die Bose–Einstein-Verteilung (1924).* Gegeben sei ein System von n nicht unterscheidbaren Teilchen, die sich in N verschiedenen (gleichartigen, aber unterscheidbaren) „Zellen" befinden können. Man kann sich zum Beispiel die Kugeln in den Mulden des syrischen Kalah-Spiels vorstellen, oder – und das war die Motivation von Bose und Einstein – physikalische Teilchen, deren Orts- und Impulsraum in endlich viele Zellen zerlegt ist. Ein (Makro-)Zustand des Systems wird dadurch festgelegt, dass man die Zahl der Teilchen in jeder Zelle angibt. Somit setzt man

$$\Omega = \left\{ (k_1, \dots, k_N) \in \mathbb{Z}_+^N : \sum_{j=1}^{N} k_j = n \right\}.$$

Dieser Ergebnisraum hat die Mächtigkeit $|\Omega| = \binom{n+N-1}{n}$, denn jedes $(k_1, \dots, k_N) \in \Omega$ ist eindeutig charakterisiert durch eine Folge der Form

$$\underbrace{\bullet \cdots \bullet}_{k_1} | \underbrace{\bullet \cdots \bullet}_{k_2} | \cdots | \underbrace{\bullet \cdots \bullet}_{k_N} \quad ,$$

bei der jeweils $k_1, \dots, k_N$ Kugeln durch insgesamt $N-1$ Trennstriche separiert werden. Zur Festlegung eines Zustands kommt es also nur darauf an, n Kugeln (bzw. $N-1$ Trennstriche) aus $n+N-1$ Plätzen auszuwählen. Die Gleichverteilung $\mathcal{U}_\Omega$ auf Ω ist somit gegeben durch $\mathcal{U}_\Omega(\{\omega\}) = 1/\binom{n+N-1}{n}$, $\omega \in \Omega$. Für die sogenannten Bosonen (d. h. Teilchen mit ganzzahligem Spin wie etwa Photonen und Mesonen) steht die Gleichverteilungsannahme mit den experimentellen Ergebnissen in Einklang.

In Physik-Büchern wird meist von der Bose–Einstein-„Statistik" gesprochen. In dieser traditionellen Terminologie bedeutet Statistik so viel wie „Zufallsverteilung" und hat nichts zu tun mit Statistik im heutigen mathematischen Sinn.

2.1.2   Gleichverteilung im Kontinuum

Wir beginnen mit einem Motivationsbeispiel.

(2.3) Beispiel: *Rein zufällige Wahl einer Richtung.* Ein Roulette-Rad werde gedreht. In welche Himmelsrichtung zeigt die Null, wenn das Rad zur Ruhe kommt? Der Winkel mit einer festen Richtung liegt im Intervall $\Omega = [0, 2\pi[$, das mit der Borelschen σ-Algebra $\mathscr{F} := \mathscr{B}_\Omega$ versehen wird. Welches Wahrscheinlichkeitsmaß P beschreibt die Situation? Aus Symmetriegründen sollten für jedes $n \geq 1$ die n Intervalle $[\frac{k}{n} 2\pi, \frac{k+1}{n} 2\pi[$ mit $0 \leq k < n$ die gleiche Wahrscheinlichkeit bekommen, d. h. es sollte gelten

$$P\left(\left[\frac{k}{n}2\pi, \frac{k+1}{n}2\pi\right[\right) = \frac{1}{n} = \int_{\frac{k}{n}2\pi}^{\frac{k+1}{n}2\pi} \frac{1}{2\pi}\,dx$$

für $0 \leq k < n$ und vermöge Addition auch

$$P\left(\left[\frac{k}{n}2\pi, \frac{l}{n}2\pi\right[\right) = \int_{\frac{k}{n}2\pi}^{\frac{l}{n}2\pi} \frac{1}{2\pi}\,dx$$

für $0 \leq k < l \leq n$. Nach Satz (1.12) und (1.18) gibt es genau ein Wahrscheinlichkeitsmaß P mit dieser Eigenschaft, nämlich das Wahrscheinlichkeitsmaß mit der konstanten Dichtefunktion $1/2\pi$ auf $[0, 2\pi[$. Dies P entspricht der natürlichen Vorstellung, dass alle möglichen Richtungen gleichberechtigt sind.

Definition: Sei $\Omega \subset \mathbb{R}^n$ eine Borelmenge mit n-dimensionalem Volumen $0 < \lambda^n(\Omega) < \infty$; vgl. (1.17). Das Wahrscheinlichkeitsmaß $\mathcal{U}_\Omega$ auf $(\Omega, \mathscr{B}^n_\Omega)$ mit konstanter Dichtefunktion $\rho(x) = 1/\lambda^n(\Omega)$, das gegeben ist durch

$$\mathcal{U}_\Omega(A) = \int_A \frac{1}{\lambda^n(\Omega)}\,dx = \frac{\lambda^n(A)}{\lambda^n(\Omega)}, \quad A \in \mathscr{B}^n_\Omega,$$

heißt die *(stetige) Gleichverteilung* oder *gleichförmige Verteilung* auf Ω.

Man beachte, dass $\mathcal{U}_\Omega$ je nach Kontext für eine diskrete oder eine kontinuierliche Verteilung steht. Beide Fälle sind allerdings vollkommen analog: Im diskreten Fall (2.1) werden die Möglichkeiten gezählt, im stetigen Fall werden sie mit dem Lebesgue-Maß gemessen. Das folgende Beispiel für die Verwendung der stetigen Gleichverteilung ist von historischem Interesse und zugleich eine kleine Kostprobe aus der sogenannten stochastischen Geometrie.

(2.4) Beispiel: *Das Bertrand'sche Paradoxon.* In einem Kreis mit Radius $r > 0$ werde „rein zufällig" eine Sehne gezogen. Mit welcher Wahrscheinlichkeit ist sie länger als die Seiten des einbeschriebenen gleichseitigen Dreiecks? (Dies Problem erschien 1889 in einem Lehrbuch des französischen Mathematikers J. L. F. Bertrand, 1822–1900.)

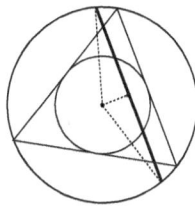

Abbildung 2.1: Zur Geometrie des Bertrand'schen Paradoxons. Der Inkreis des einbeschriebenen gleichseitigen Dreiecks hat den halben Radius.

Die Antwort hängt davon ab, was man unter „rein zufällig" versteht, d. h. nach welchem Verfahren die Sehne tatsächlich gezogen wird.

1. Variante: Die Sehne ist durch ihren Mittelpunkt eindeutig bestimmt (solange dieser nicht gerade der Kreismittelpunkt ist, was vernachlässigt werden kann). Man kann deshalb den Ergebnisraum $\Omega_1 = \{x \in \mathbb{R}^2 : |x| < r\}$ wählen, und es liegt nahe, die „reine Zufälligkeit" der Sehne so zu interpretieren, dass die Gleichverteilung $\mathcal{U}_{\Omega_1}$ das geeignete Wahrscheinlichkeitsmaß ist. Das Ereignis „die Sehne ist länger als die Seiten des einbeschriebenen gleichseitigen Dreiecks" wird dann beschrieben durch die Menge $A_1 = \{x \in \Omega_1 : |x| < r/2\}$, vgl. Abbildung 2.1. Folglich gilt

$$\mathcal{U}_{\Omega_1}(A_1) = \frac{\pi\,(r/2)^2}{\pi r^2} = \frac{1}{4}\,.$$

2. Variante: Die Sehne ist auch festgelegt durch den Winkel, unter dem sie vom Kreismittelpunkt aus zu sehen ist, und die Richtung ihrer Mittelsenkrechten; wegen der Drehsymmetrie des Problems spielt Letztere keine Rolle. Der Winkel liegt im Intervall $\Omega_2 = {]0, \pi]}$. Das relevante Ereignis ist $A_2 = {]2\pi/3, \pi]}$. Legt man auch hier wieder die Gleichverteilung zugrunde, so folgt

$$\mathcal{U}_{\Omega_2}(A_2) = \frac{\pi/3}{\pi} = \frac{1}{3}\,.$$

3. Variante: Die Sehne ist ebenfalls festgelegt durch ihren Abstand vom Kreismittelpunkt sowie die Richtung ihrer Mittelsenkrechten, die man wieder ignorieren kann. Also kann man auch $\Omega_3 = [0, r[$ als Ergebnisraum wählen. Dann ist $A_3 = [0, r/2[$ das betrachtete Ereignis, und man erhält $\mathcal{U}_{\Omega_3}(A_3) = 1/2$.

Zu Bertrands Zeit säte dies scheinbare Paradox Zweifel an der Rechtmäßigkeit nichtdiskreter Wahrscheinlichkeitsräume. Heute ist klar, dass die drei Varianten unterschiedliche Zufallsmechanismen beim Ziehen der Sehne beschreiben, und es ist alles andere als überraschend, dass die gesuchte Wahrscheinlichkeit von der Wahl des Mechanismus abhängt.

Manchem mag diese Auflösung des Paradoxons als billiger Ausweg erscheinen, weil er denkt, dass es doch eine eindeutige „natürliche" Interpretation von „rein zufällig" geben müsste. Dies ist in der Tat (aber nur dann!) der Fall, wenn wir das Problem etwas anders formulieren: „Rein zufällig" gezeichnet werde nicht eine Sehne, sondern eine Gerade, welche den Kreis trifft. Eine solche rein zufällige Gerade wird am natürlichsten durch die dritte Variante beschrieben, denn es lässt sich zeigen, dass nur in diesem Fall die Wahrscheinlichkeit, dass die zufällige Gerade eine Menge A trifft, invariant ist unter Drehungen und Translationen von A.

Als Fazit dieses Beispiels halten wir fest: Die Wahl eines zutreffenden Modells ist keineswegs trivial, selbst in einem so simplen Fall wie hier, wo nur Gleichverteilungen in Frage kommen. Dies ist das zentrale Problem bei allen Anwendungen.

2.2 Urnenmodelle mit Zurücklegen

Die sogenannten Urnenmodelle bilden die einfachste stochastische Modellklasse mit endlichem Ergebnisraum. Sie vergleichen die wiederholte Durchführung eines Zufallsexperiments mit dem wiederholten Ziehen von verschiedenfarbigen Kugeln aus einem

Behälter, für den sich das Wort „Urne" eingebürgert hat. In diesem Abschnitt betrachten wir den Fall, dass die Kugeln nach jedem Zug in die Urne zurückgelegt werden. Der Fall ohne Zurücklegen folgt im nächsten Abschnitt.

2.2.1 Geordnete Stichproben

Wir beginnen mit zwei Beispielen.

(2.5) Beispiel: *Untersuchung eines Biotops.* In einem Teich leben verschiedene Fischarten, und zwar sei E die Menge der vorkommenden Arten. E sei endlich und mindestens zwei-elementig. Die Art $a \in E$ bestehe aus N_a Fischen, die Gesamtzahl aller Fische ist also $\sum_{a \in E} N_a = N$. Es werde n-mal ein Fisch gefangen, z. B. auf Parasiten untersucht, und wieder zurückgeworfen. Wie wahrscheinlich ist eine bestimmte Abfolge der Fischarten in der Stichprobe?

(2.6) Beispiel: *Meinungsbild.* Ein Lokalsender befragt die Passanten in einer Fußgängerzone zu ihrer Meinung zu einer lokalpolitischen Frage wie etwa dem Bau eines Fußballstadions. Sei E die Menge der in der Diskussion befindlichen Standpunkte (mögliche Standorte, grundsätzliche Ablehnung, ...). Es werden n Personen befragt. Wie wahrscheinlich ist eine bestimmte Abfolge von Meinungsäußerungen?

Solche Probleme, bei denen zufällige Stichproben aus einer vorgegebenen Grundgesamtheit gezogen werden, formuliert man gern abstrakt als ein *„Urnenmodell"*: In einer Urne befinden sich Kugeln mit verschiedenen Farben, die ansonsten gleichartig sind. Die Menge der Farben sei E, wobei $2 \le |E| < \infty$. Es werden n Stichproben aus der Urne mit Zurücklegen durchgeführt, d. h. n-mal hintereinander wird eine Kugel der Urne entnommen und wieder zurückgelegt. Uns interessiert die Farbe bei jedem Zug. Der Ergebnisraum ist somit $\Omega = E^n$, mit der σ-Algebra $\mathscr{F} = \mathscr{P}(\Omega)$. Welches Wahrscheinlichkeitsmaß P beschreibt die Situation?

Dazu gehen wir wie folgt vor. Wir nummerieren die Kugeln (in Gedanken) mit den Nummern $1, \ldots, N$; dabei bilden die Kugelnummern mit der Farbe $a \in E$ die Menge $F_a \subset \{1, \ldots, N\}$. Insbesondere gilt $|F_a| = N_a$. Wenn wir die Nummern beobachten könnten, würden wir unser Experiment beschreiben durch den Ergebnisraum $\overline{\Omega} = \{1, \ldots, N\}^n$ (mit der σ-Algebra $\overline{\mathscr{F}} = \mathscr{P}(\overline{\Omega})$), und wegen der Gleichartigkeit der Kugeln würden wir die Gleichverteilung $\overline{P} = \mathcal{U}_{\overline{\Omega}}$ als Wahrscheinlichkeitsmaß zugrunde legen. Die künstliche Vergrößerung der Beobachtungstiefe durch die Nummerierung der Kugeln liefert uns also ein plausibles stochastisches Modell.

Wir gehen nun zum eigentlichen Ereignisraum $\Omega = E^n$ über. Wie wir in Abschnitt 1.3 gesehen haben, müssen wir dazu eine geeignete Zufallsvariable $X : \overline{\Omega} \to \Omega$ konstruieren. Die Farbe beim i-ten Zug wird beschrieben durch die Zufallsvariable

$$X_i : \overline{\Omega} \to E, \quad \bar{\omega} = (\bar{\omega}_1, \ldots, \bar{\omega}_n) \to a \text{ falls } \bar{\omega}_i \in F_a.$$

Die Abfolge der Farben ist dann gegeben durch die n-stufige Zufallsvariable $X = (X_1, \ldots, X_n) : \overline{\Omega} \to \Omega$.

Welche Verteilung hat X? Für jedes $\omega = (\omega_1, \ldots, \omega_n) \in E^n$ gilt

$$\{X = \omega\} = F_{\omega_1} \times \cdots \times F_{\omega_n}$$

und daher

$$\bar{P} \circ X^{-1}(\{\omega\}) = \bar{P}(X = \omega) = \frac{|F_{\omega_1}| \ldots |F_{\omega_n}|}{|\bar{\Omega}|} = \prod_{i=1}^{n} \rho(\omega_i) \, ;$$

dabei ist $\rho(a) = |F_a|/N = N_a/N$ der Anteil der Kugeln der Farbe a.

Definition: Für jede Zähldichte ρ auf E heißt die Zähldichte

$$\rho^{\otimes n}(\omega) = \prod_{i=1}^{n} \rho(\omega_i)$$

auf E^n die *n-fache Produktdichte von* ρ, und das zugehörige Wahrscheinlichkeitsmaß P auf E^n das *n-fache Produktmaß zu* ρ. (Wir führen für P keine gesonderte Bezeichnung ein und verwenden stattdessen die Schreibweise $\rho^{\otimes n}$ ebenfalls für P.)

Im Spezialfall $E = \{0, 1\}$ und $\rho(1) = p \in [0, 1]$ erhält man die Produkt-Zähldichte

$$\rho^{\otimes n}(\omega) = p^{\sum_{i=1}^{n} \omega_i} (1 - p)^{\sum_{i=1}^{n}(1 - \omega_i)}$$

auf $\{0, 1\}^n$, und P heißt (nach Jakob Bernoulli, 1654–1705) das *Bernoulli-Maß* oder die *Bernoulli-Verteilung* für n Alternativ-Versuche mit „Erfolgswahrscheinlichkeit" p.

2.2.2 Ungeordnete Stichproben

Im Urnenmodell interessiert man sich in der Regel nicht so sehr für die (zeitliche) Reihenfolge, in der die Farben gezogen werden, sondern nur dafür, wie viele Kugeln von jeder Farbe gezogen werden (so z. B. in der Situation von Beispiel (2.5) und (2.6)). Dieser (noch) geringeren Beobachtungstiefe entspricht die Ergebnismenge

$$\widehat{\Omega} = \left\{ \vec{k} = (k_a)_{a \in E} \in \mathbb{Z}_+^E : \sum_{a \in E} k_a = n \right\},$$

die aus den ganzzahligen Gitterpunkten im Simplex mit den Ecken $(n\delta_{a,b})_{b \in E}, a \in E$, besteht; vgl. Abbildung 2.3 auf S. 37. Der Übergang nach $\widehat{\Omega}$ wird beschrieben durch die Zufallsvariable

(2.7) $$S : \Omega \to \widehat{\Omega}, \quad \omega = (\omega_1, \ldots, \omega_n) \to \left(S_a(\omega)\right)_{a \in E} ;$$

dabei ist $S_a(\omega) = \sum_{i=1}^{n} 1_{\{a\}}(\omega_i)$ die Häufigkeit, mit welcher die Farbe a in der Stichprobe ω vorkommt. Man nennt $S(\omega)$ das *Histogramm* der Stichprobe $\omega \in E^n$. Es kann graphisch veranschaulicht werden, indem man über jedem $a \in E =$

$\{1, \ldots, |E|\}$ ein Rechteck der Breite 1 und Höhe $S_a(\omega)$ aufträgt; die Gesamtfläche aller Rechtecke ist dann gerade n.

Für $P = \rho^{\otimes n}$ und $\vec{k} = (k_a)_{a \in E} \in \widehat{\Omega}$ erhalten wir nun

$$P(S = \vec{k}) = \sum_{\omega \in \Omega: \, S(\omega) = \vec{k}} \prod_{i=1}^{n} \rho(\omega_i) = \binom{n}{\vec{k}} \prod_{a \in E} \rho(a)^{k_a} .$$

Dabei schreiben wir

(2.8) $$\binom{n}{\vec{k}} = \begin{cases} n! / \prod_{a \in E} k_a! & \text{falls } \sum_{a \in E} k_a = n, \\ 0 & \text{sonst} \end{cases}$$

für den *Multinomialkoeffizienten*, welcher die Mächtigkeit der Menge $\{S = \vec{k}\}$ angibt; im Fall $E = \{0, 1\}$, $\vec{k} = (n - k, k)$ stimmt $\binom{n}{\vec{k}}$ mit dem Binomialkoeffizienten $\binom{n}{k}$ überein.

Definition: Für jede Zähldichte ρ auf E heißt das Wahrscheinlichkeitsmaß $\mathcal{M}_{n,\rho}$ auf $(\widehat{\Omega}, \mathscr{P}(\widehat{\Omega}))$ mit Zähldichte

$$\mathcal{M}_{n,\rho}(\{\vec{k}\}) = \binom{n}{\vec{k}} \prod_{a \in E} \rho(a)^{k_a}$$

die *Multinomialverteilung* für n Stichproben mit Ergebniswahrscheinlichkeiten $\rho(a)$, $a \in E$.

Im Fall $|E| = 3$ wird die Multinomialverteilung durch Abbildung 2.3 (auf S. 37) illustriert. Besonders einfach ist der Fall $E = \{0, 1\}$. Dann kann man nämlich $\widehat{\Omega}$ durch die Ergebnismenge $\{0, \ldots, n\}$ ersetzen, indem man jedes $k \in \{0, \ldots, n\}$ mit dem Paar $(n - k, k) \in \widehat{\Omega}$ identifiziert. Ist $\rho(1) = p \in [0, 1]$, so reduziert sich dann die Multinomialverteilung $\mathcal{M}_{n,\rho}$ auf die *Binomialverteilung* $\mathcal{B}_{n,p}$ auf $\{0, \ldots, n\}$ mit Zähldichte

$$\mathcal{B}_{n,p}(\{k\}) = \binom{n}{k} p^k (1 - p)^{n-k} .$$

Obige Überlegung beschränkt sich nicht auf den Fall, dass die Zähldichte ρ auf E rationale Komponenten hat, wie es im Urnenbeispiel in Abschnitt 2.2.1 der Fall war. Als Ergebnis dieses Abschnitts bekommen wir daher den

(2.9) Satz: Multinomialverteilung des Stichproben-Histogramms. *Ist E eine endliche Menge mit $|E| \geq 2$, ρ eine Zähldichte auf E und $P = \rho^{\otimes n}$ das zugehörige n-fache Produktmaß auf $\Omega = E^n$, so hat die durch (2.7) definierte Zufallsvariable $S : \Omega \to \widehat{\Omega}$ die Verteilung $P \circ S^{-1} = \mathcal{M}_{n,\rho}$. Im Fall $E = \{0, 1\}$, $\rho(1) = p$ bedeutet dies: Für gegebenes $0 \leq p \leq 1$ hat die Zufallsvariable*

$$S : \{0, 1\}^n \to \{0, \ldots, n\}, \quad \omega \to \sum_{i=1}^{n} \omega_i \quad (\text{,,Anzahl der Erfolge``})$$

bezüglich der Bernoulli-Verteilung zu p die Binomialverteilung $\mathcal{B}_{n,p}$.

Die Bedeutung der Binomialverteilung als Verteilung der Erfolge bei einem Bernoulli-Experiment wird im Fall $p = 1/2$ physikalisch illustriert durch das *Galton-Brett*, siehe Abbildung 2.2: Eine Kugel passiert nacheinander n Reihen von Stiften, an denen sie jeweils mit Wahrscheinlichkeit $1/2$ rechts oder links vorbeirollt. Die Wahrscheinlichkeit, dass sie k-mal rechts vorbeirollt, beträgt dann $\mathcal{B}_{n,1/2}(\{k\})$, $0 \le k \le n$; sie landet dann im Fach Nr. k. Sind die Fächer so groß, dass man viele Kugeln durchlaufen lassen kann, so stimmt nach dem Gesetz der großen Zahl (Satz (5.6)) die relative Anzahl der Kugeln in Fach Nr. k ungefähr mit $\mathcal{B}_{n,1/2}(\{k\})$ überein.

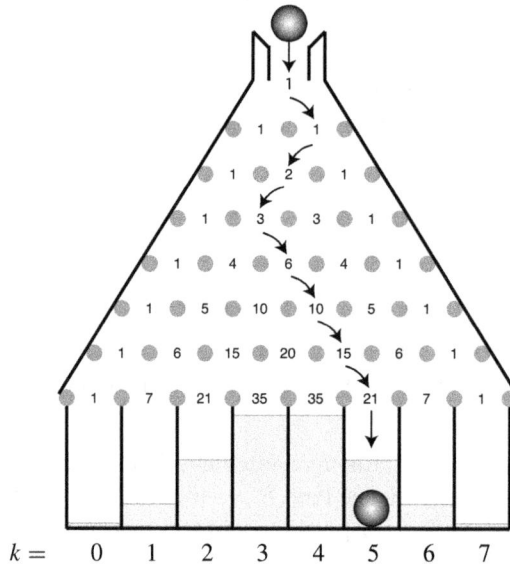

Abbildung 2.2: Das Galton-Brett für $n = 7$. Die Pfeile markieren einen möglichen Weg der Kugel. Die Zahlen bezeichnen die Anzahl aller Wege zu der betreffenden Stelle und bilden gerade das Pascal'sche Dreieck für die Binomialkoeffizienten. In den Fächern ist das Balkendiagramm von $\mathcal{B}_{7,1/2}$ grau hinterlegt.

(2.10) Beispiel: *Kindergeburtstag.* Zu einer Geburtstagsparty treffen sich 12 Kinder, von denen 3 aus A-Dorf, 4 aus B-Dorf und 5 aus C-Dorf stammten. Es wird fünfmal hintereinander ein Glücksspiel gespielt. Die Wahrscheinlichkeit, dass dabei ein Kind aus A-Dorf gewinnt und je zwei Kinder aus B-Dorf und C-Dorf, beträgt dann

$$\mathcal{M}_{5;\frac{3}{12},\frac{4}{12},\frac{5}{12}}(\{(1,2,2)\}) = \frac{5!}{1!\,2!^2}\,\frac{3}{12}\left(\frac{4}{12}\right)^2\left(\frac{5}{12}\right)^2 = \frac{125}{864} \approx 0.14\,.$$

(2.11) Beispiel: *Die Maxwell–Boltzmann-Verteilung.* Wir betrachten wieder die Situation von Beispiel (2.2): n nicht unterscheidbare Teilchen werden auf N Zellen verteilt. Die Zellen gehören zu endlich vielen verschiedenen Energieniveaus aus einer Menge E, und zwar gebe es N_a Zellen vom Niveau a, $a \in E$. Es ist also $N = \sum_{a \in E} N_a$. Wenn wir annehmen, dass die Ununterscheidbarkeit der Teilchen nur an unseren mangelhaften experimentellen Möglichkeiten liegt, die Teilchen aber „in Wirklichkeit" mit $1, \ldots, n$ durchnummeriert werden können, entspricht die Anordnung der Teilchen einer Stichprobe mit Zurücklegen aus einer Urne mit N „Platzkarten", von denen N_a auf einen Platz mit Energieniveau a verweisen. Die Gleichartigkeit der Teilchen und Zellen rechtfertigt die Gleichverteilungsannahme für die „Mikrozustände" in $\overline{\Omega} = \{1, \ldots, N\}^n$. Wir können aber de facto nur den jeweiligen Makrozustand in $\widehat{\Omega}$ beobachten, der für jedes $a \in E$ die Anzahl der Teilchen vom Niveau a angibt. Dieser Makrozustand ist gemäß Satz (2.9) $\mathcal{M}_{n,\rho}$-verteilt zu $\rho(a) = N_a/N$. Dies ist eine klassische Modellannahme der Statistischen Physik, die auf J. C. Maxwell (1831–1879) und L. Boltzmann (1844–1906) zurückgeht, aber nicht anwendbar ist, wenn Quanteneffekte berücksichtigt werden müssen, siehe Beispiele (2.2) und (2.15).

Das letzte Beispiel zeigt insbesondere, dass die Vorstellung vom Ziehen mit Zurücklegen aus einer Urne mit gleichartigen Kugeln von verschiedenen Farben äquivalent ist zur Vorstellung vom Verteilen von Objekten auf gleichberechtigte Plätze mit gewissen Merkmalen, wobei Mehrfachbesetzungen erlaubt sind.

2.3 Urnenmodelle ohne Zurücklegen

2.3.1 Nummerierte Kugeln

In einer Urne seien N nummerierte, ansonsten gleichartige Kugeln. Wir ziehen wieder n-mal, legen jetzt aber die gezogenen Kugeln *nicht* wieder zurück. Wenn wir die Reihenfolge beachten, ist

$$\overline{\Omega}_{\neq} = \left\{\bar{\omega} \in \{1, \ldots, N\}^n : \bar{\omega}_i \neq \bar{\omega}_j \text{ für } i \neq j\right\}$$

der geeignete Ergebnisraum. Wegen der Gleichartigkeit der Kugeln ist es dann natürlich, auf $\overline{\Omega}_{\neq}$ die Gleichverteilung $\bar{P}_{\neq} = \mathcal{U}_{\overline{\Omega}_{\neq}}$ anzusetzen.

Meist ist die Reihenfolge der Züge aber irrelevant, und man beobachtet nur, welche Nummern gezogen wurden; man denke etwa an das Zahlenlotto. In dem Fall ist

$$\widetilde{\Omega} = \left\{\tilde{\omega} \subset \{1, \ldots, N\} : |\tilde{\omega}| = n\right\}$$

die Menge der möglichen Ergebnisse. Sollte man auch $\widetilde{\Omega}$ mit der Gleichverteilung versehen? Der Übergang von $\overline{\Omega}_{\neq}$ nach $\widetilde{\Omega}$ wird vermittelt durch die Zufallsvariable

$$Y : \overline{\Omega}_{\neq} \to \widetilde{\Omega}, \quad Y(\bar{\omega}_1, \ldots, \bar{\omega}_n) = \{\bar{\omega}_1, \ldots, \bar{\omega}_n\},$$

welche ein n-Tupel in die zugehörige (ungeordnete) Menge verwandelt. Tatsächlich ist $\bar{P}_{\neq} \circ Y^{-1}$ die Gleichverteilung auf $\widetilde{\Omega}$, denn für $\omega \in \widetilde{\Omega}$ gilt

$$\bar{P}_{\neq}(Y = \omega) = \frac{|\{Y = \omega\}|}{|\overline{\Omega}_{\neq}|} = \frac{n(n-1) \ldots 1}{N(N-1) \ldots (N-n+1)} = \frac{1}{\binom{N}{n}} = \frac{1}{|\widetilde{\Omega}|}.$$

Wir sehen also: Beim Ziehen ohne Zurücklegen ohne Beachtung der Reihenfolge ist es egal, ob man sich die Kugeln nacheinander oder mit einem Griff gezogen denkt.

2.3.2 Gefärbte Kugeln

Jetzt nehmen wir wieder an, dass die Kugeln mit den Farben aus einer Menge E gefärbt sind, und registrieren nur noch die Kugelfarben, nicht die Nummern. Außerdem ignorieren wir die Reihenfolge. Dies führt uns wie in Abschnitt 2.2.2 zum Ergebnisraum

$$\widehat{\Omega} = \left\{ \vec{k} = (k_a)_{a \in E} \in \mathbb{Z}_+^E : \sum_{a \in E} k_a = n \right\}.$$

(Wegen des Weglassens der Bedingung $k_a \leq N_a$ ist $\widehat{\Omega}$ größer als nötig, aber das macht nichts. Gewisse Ergebnisse bekommen dann eben die Wahrscheinlichkeit 0.) Welches Wahrscheinlichkeitsmaß auf $\widehat{\Omega}$ beschreibt die Situation?

Wie im letzten Abschnitt 2.3.1 gesehen, können wir uns die Kugeln auf einmal gezogen denken. Der Übergang von $\widetilde{\Omega}$ nach $\widehat{\Omega}$ geschieht durch die Zufallsvariable

$$T : \widetilde{\Omega} \to \widehat{\Omega}, \quad T(\tilde{\omega}) := (|\tilde{\omega} \cap F_a|)_{a \in E}$$

wobei $F_a \subset \{1, \ldots, N\}$ wieder die Menge der Kugelnummern der Farbe a bezeichnet. Nun ist aber für jedes $\vec{k} \in \widehat{\Omega}$ die Menge $\{T = \vec{k}\}$ gleichmächtig mit der Menge

$$\prod_{a \in E} \{\tilde{\omega}_a \subset F_a : |\tilde{\omega}_a| = k_a\},$$

denn die Abbildung $\tilde{\omega} \to (\tilde{\omega} \cap F_a)_{a \in E}$ ist eine Bijektion zwischen beiden Mengen. Folglich gilt $P(T = \vec{k}) = \left[\prod_{a \in E} \binom{N_a}{k_a} \right] / \binom{N}{n}$.

Definition: Sei E eine endliche Menge (mit mindestens zwei Elementen), $\vec{N} = (N_a)_{a \in E} \in \mathbb{Z}_+^E$, $N = \sum_{a \in E} N_a$, und $n \geq 1$. Dann heißt das Wahrscheinlichkeitsmaß $\mathcal{H}_{n, \vec{N}}$ auf $(\widehat{\Omega}, \mathscr{P}(\widehat{\Omega}))$ mit der Zähldichte

$$\mathcal{H}_{n, \vec{N}}(\{\vec{k}\}) = \frac{\prod_{a \in E} \binom{N_a}{k_a}}{\binom{N}{n}}, \quad \vec{k} \in \widehat{\Omega},$$

die (allgemeine) *hypergeometrische Verteilung* zu n und $\vec{N}$.

Im Spezialfall $E = \{0, 1\}$ ersetzt man wieder (wie in Abschnitt 2.2.2) $\widehat{\Omega}$ durch $\{0, \ldots, n\}$, und die (klassische) hypergeometrische Verteilung hat dann die Gestalt

$$\mathcal{H}_{n; N_1, N_0}(\{k\}) = \frac{\binom{N_1}{k} \binom{N_0}{n-k}}{\binom{N_1 + N_0}{n}}, \quad k \in \{0, \ldots, n\}.$$

Zusammenfassend halten wir fest: Befinden sich in einer Urne N_a Kugeln der Farbe $a \in E$, und werden daraus n Kugeln rein zufällig entnommen (sukzessiv ohne Zurücklegen oder mit einem Griff), so hat das Histogramm der gezogenen Kugelfarben die hypergeometrische Verteilung $\mathcal{H}_{n,\vec{N}}$.

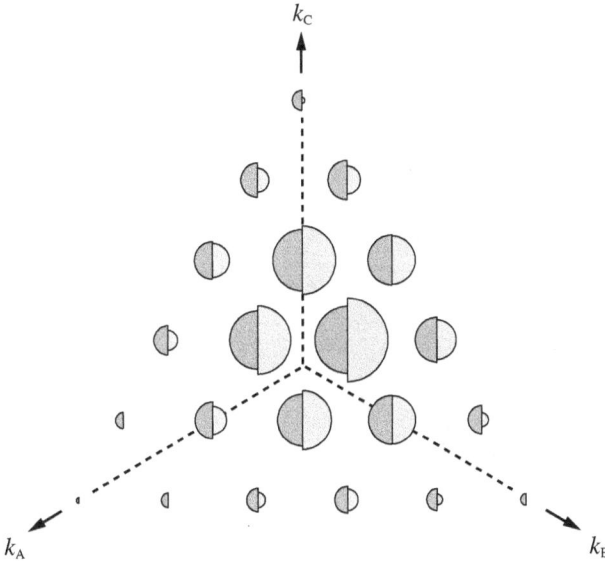

Abbildung 2.3: Vergleich von Multinomial- und hypergeometrischer Verteilung für die Urne aus den Beispielen (2.10) und (2.13): Für jedes $\vec{k} \in \widehat{\Omega}$ ist die Fläche des linken (dunkleren) Halbkreises mit Zentrum $\vec{k}$ proportional zu $\mathcal{M}_{5;\frac{3}{12},\frac{4}{12},\frac{5}{12}}(\{\vec{k}\})$, die des rechten zu $\mathcal{H}_{5,(3,4,5)}(\{\vec{k}\})$. Beim Ziehen ohne Zurücklegen werden die „Spitzen" von $\widehat{\Omega}$ benachteiligt.

(2.12) Beispiel: *Zahlenlotto.* Beim Lotto „6 aus 49" beträgt die Wahrscheinlichkeit für genau vier Richtige $\mathcal{H}_{6;6,43}(\{4\}) = \binom{6}{4}\binom{43}{2}/\binom{49}{6} \approx 9.686 \times 10^{-4}$.

(2.13) Beispiel: *Gruppenvertretung.* In einem 12-köpfigen Gremium sitzen 3 Vertreter/innen der Gruppierung A, 4 der Gruppierung B, und 5 der Gruppierung C. Durch ein Losverfahren wird ein 5-köpfiger Sonderausschuss gebildet. Die Wahrscheinlichkeit, dass dieser Ausschuss ein Mitglied der Gruppe A und je zwei der Gruppen B und C enthält, beträgt dann

$$\mathcal{H}_{5,(3,4,5)}(\{(1,2,2)\}) = \frac{\binom{3}{1}\binom{4}{2}\binom{5}{2}}{\binom{12}{5}} = \frac{5}{22} \approx 0.23 \,.$$

Diese Wahrscheinlichkeit ist (natürlich) verschieden von der Wahrscheinlichkeit im Fall von Beispiel (2.10), wo wir die gleiche Stichprobe aus einer gleichen Urne, aber *mit* Zurücklegen, betrachtet haben; siehe Abbildung 2.3 für einen optischen Vergleich beider Verteilungen. Für eine große Anzahl N von Kugeln sollte es allerdings unerheblich sein, ob man die gezogenen Kugeln zurücklegt oder nicht. Diese Vermutung wird bestätigt durch folgenden

(2.14) Satz: Multinomialapproximation der hypergeometrischen Verteilung. *Sei* $n \geq 1$, E *endlich mit* $|E| \geq 2$, *und* ρ *eine Zähldichte auf* E. *Im Limes* $N \to \infty$, $N_a \to \infty$, $N_a/N \to \rho(a)$ *für* $a \in E$ *strebt dann* $\mathcal{H}_{n,\vec{N}}$ *(punktweise) gegen* $\mathcal{M}_{n,\rho}$.

Beweis: Sei $\vec{k} \in \widehat{\Omega}$ fest. Im Limes $N_a \to \infty$ gilt dann

$$\binom{N_a}{k_a} = \frac{N_a^{k_a}}{k_a!} \frac{N_a(N_a - 1)\ldots(N_a - k_a + 1)}{N_a^{k_a}}$$

$$= \frac{N_a^{k_a}}{k_a!} 1\left(1 - \frac{1}{N_a}\right)\left(1 - \frac{2}{N_a}\right)\ldots\left(1 - \frac{k_a - 1}{N_a}\right) \underset{N_a \to \infty}{\sim} \frac{N_a^{k_a}}{k_a!}.$$

Hier verwenden wir die Schreibweise „$a(\ell) \sim b(\ell)$ für $\ell \to \infty$" für asymptotische Äquivalenz, d. h. für die Aussage „$a(\ell)/b(\ell) \to 1$ im Limes $\ell \to \infty$". Somit gilt

$$\mathcal{H}_{n,\vec{N}}(\{\vec{k}\}) = \left[\prod_{a \in E} \binom{N_a}{k_a}\right] \Big/ \binom{N}{n} \sim \left[\prod_{a \in E} \frac{N_a^{k_a}}{k_a!}\right] \Big/ \frac{N^n}{n!}$$

$$= \binom{n}{\vec{k}} \prod_{a \in E} \left(\frac{N_a}{N}\right)^{k_a} \to \mathcal{M}_{n,\rho}(\{\vec{k}\}),$$

wie behauptet. ◇

(2.15) Beispiel: *Die Fermi–Dirac-Verteilung (1926).* Wir betrachten ein drittes Mal die Teilchensituation von Beispiel (2.2) und (2.11): n ununterscheidbare Teilchen werden auf N Zellen verteilt, die zu verschiedenen Energieniveaus gehören. Und zwar gebe es N_a Zellen vom Niveau $a \in E$. Wir fordern jetzt das „Pauli-Verbot": In jeder Zelle darf höchstens ein Teilchen sitzen, also ist insbesondere $N \geq n$. Dies ist sinnvoll für die sogenannten Fermionen (Teilchen mit halbzahligem Spin), zu denen die Elektronen, Protonen und Neutronen gehören. Die Zellenzuordnung aller Teilchen entspricht dann einem Griff ohne Zurücklegen in eine Urne mit N Platzkarten, von denen N_a auf das Niveau a verweisen. Die vorangehenden Überlegungen zeigen also: Der Makrozustand des Systems, der für jedes a die Anzahl der Teilchen vom Energieniveau a angibt, ist $\mathcal{H}_{n,\vec{N}}$-verteilt mit $\vec{N} = (N_a)_{a \in E}$. Und Satz (2.14) zeigt, dass das Pauli-Verbot irrelevant wird, wenn jedes Energieniveau sehr viel mehr Zellen bereit hält als es Teilchen gibt.

Am letzten Beispiel sehen wir insbesondere: Stichproben ohne Zurücklegen von verschiedenfarbigen, aber ansonsten gleichen Kugeln entsprechen dem Verteilen von Objekten auf verschieden markierte, aber ansonsten gleichberechtigte Plätze mit verbotener Mehrfachbesetzung. Diese Entsprechung wird in Abbildung 2.4 veranschaulicht.

A ●○○
B ●●○○
C ●●○○○

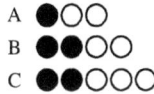

Abbildung 2.4: Äquivalenz des Ziehens ohne Zurücklegen mit dem Verteilen von Objekten ohne Mehrfachbesetzung. Die Situation entspricht der Urne aus Beispiel (2.13). Die besetzten Plätze sind schwarz markiert (wegen der Ununterscheidbarkeit der Plätze einer Zeile jeweils am Zeilenanfang).

2.4 Die Poisson-Verteilungen

Wir beginnen wieder mit einer konkreten Situation.

(2.16) Beispiel: *Versicherungen.* Wie viele Schadensmeldungen erhält z. B. eine Kfz-Haftpflichtversicherung in einem festen Zeitintervall $]0, t]$, $t > 0$? Der Ergebnisraum ist offenbar $\Omega = \mathbb{Z}_+$. Aber welches P ist vernünftig? Dazu machen wir folgende heuristische Überlegung: Wir zerlegen das Intervall $]0, t]$ in n Teilintervalle der Länge t/n. Wenn n groß ist (und also die Teilintervalle kurz sind), ist anzunehmen, dass in jedem Teilintervall höchstens ein Schaden eintritt. Die Wahrscheinlichkeit für solch einen Schadensfall sollte proportional zur Länge des Zeitintervalls sein; wir machen für sie daher den Ansatz $\alpha t/n$ mit einer Proportionalitätskonstanten $\alpha > 0$. Außerdem ist es plausibel, dass das Auftreten eines Schadens in einem Teilintervall nicht davon abhängt, ob in einem anderen Teilintervall ein Schaden auftritt oder nicht. Man kann deshalb so tun, als ob die Schadensfälle in den n Teilintervallen durch n Stichproben mit Zurücklegen aus einer Urne mit einem Anteil $\alpha t/n$ von „Schadenskugeln" ermittelt würden.

Mit Satz (2.9) ergibt sich: Die Wahrscheinlichkeit für k Schadensfälle im Intervall $]0, t]$ ist bei großem n ungefähr gleich $\mathcal{B}_{n, \alpha t/n}(\{k\})$. Das liefert den Ansatz

$$P(\{k\}) := \lim_{n \to \infty} \mathcal{B}_{n, \alpha t/n}(\{k\}), \quad k \in \mathbb{Z}_+,$$

für das gesuchte Wahrscheinlichkeitsmaß P. Dieser Limes existiert tatsächlich:

(2.17) Satz: Poisson-Approximation der Binomialverteilung. *Sei $\lambda > 0$ und $(p_n)_{n \geq 1}$ eine Folge in $[0, 1]$ mit $np_n \to \lambda$. Dann existiert für jedes $k \geq 0$*

$$\lim_{n \to \infty} \mathcal{B}_{n, p_n}(\{k\}) = e^{-\lambda} \frac{\lambda^k}{k!}.$$

Beweis: Genau wie im Beweis von Satz (2.14) erhält man im Limes $n \to \infty$ für jedes $k \in \mathbb{Z}_+$

$$\binom{n}{k} p_n^k (1 - p_n)^{n-k} \sim \frac{n^k}{k!} p_n^k (1 - p_n)^{n-k} \sim \frac{\lambda^k}{k!} (1 - p_n)^n$$

$$= \frac{\lambda^k}{k!} \left(1 - \frac{np_n}{n}\right)^n \to \frac{\lambda^k}{k!} e^{-\lambda}.$$

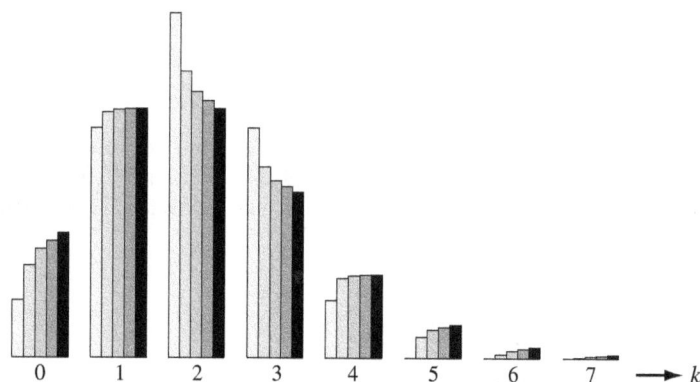

Abbildung 2.5: Die Poisson-Approximation im Fall $\lambda = 2$: Für $k \in \mathbb{Z}_+$ zeigen die Balken von links (hellgrau) nach rechts der Reihe nach $\mathcal{B}_{n,2/n}(\{k\})$ für $n = 4, 8, 16, 32$, und den Limes $\mathcal{P}_2(\{k\})$ (schwarz).

Im zweiten Schritt haben wir ausgenutzt, dass $(1 - p_n)^k \to 1$; die letzte Konvergenz folgt aus der bekannten Approximationsformel für die Exponentialfunktion. $\diamond$

Abbildung 2.5 veranschaulicht die Poisson-Konvergenz; in Satz (5.32) werden wir sehen, dass die Abweichung vom Limes die Größenordnung $1/n$ hat. Die Reihenentwicklung der Exponentialfunktion zeigt, dass der Limes in Satz (2.17) tatsächlich eine Zähldichte auf $\mathbb{Z}_+$ definiert. Das zugehörige Wahrscheinlichkeitsmaß ist eine der fundamentalen Verteilungen der Stochastik:

Definition: Für $\lambda > 0$ heißt das Wahrscheinlichkeitsmaß $\mathcal{P}_\lambda$ auf $(\mathbb{Z}_+, \mathscr{P}(\mathbb{Z}_+))$ mit $\mathcal{P}_\lambda(\{k\}) = e^{-\lambda}\lambda^k/k!$ (nach Siméon-Denis Poisson, 1781–1840) die *Poisson-Verteilung* zum Parameter λ.

Als Ergebnis halten wir fest: Die Poisson-Verteilung $\mathcal{P}_\lambda$ auf $\mathbb{Z}_+$ ist ein natürliches Modell für die Anzahl von rein zufälligen Zeitpunkten in einem Zeitintervall. Typische Anwendungssituationen (außer den Versicherungsfällen) sind die Anzahl der in einer Telefonzentrale eingehenden Anrufe bzw. der über einen Mail-Server geleiteten E-Mails, die Anzahl der Atomzerfalls-Zeitpunkte einer radioaktiven Substanz oder der an einem Schalter ankommenden Kunden, die Anzahl der Fahrzeuge auf einem Straßenabschnitt, und so weiter. Wir werden uns in Abschnitt 3.5 mit dieser Situation noch detaillierter beschäftigen.

2.5 Wartezeit-Verteilungen

2.5.1 Die negativen Binomialverteilungen

Wir betrachten ein Bernoulli-Experiment wie in Abschnitt 2.2.1: Eine Urne enthalte eine Anzahl weißer und schwarzer Kugeln, und zwar einen Bruchteil $0 < p < 1$

von weißen Kugeln. Es wird wiederholt mit Zurücklegen gezogen. Sei $r \in \mathbb{N}$. Wir suchen ein Modell für die Wartezeit bis zum r-ten Erfolg, d.h. bis zum Ziehen der r-ten weißen Kugel. Da mindestens r Ziehungen notwendig sind, betrachten wir die restliche Wartezeit nach r Zügen, oder äquivalent: die Anzahl der Misserfolge vor dem r-ten Erfolg. Der Ergebnisraum ist dann $\Omega = \mathbb{Z}_+$. Welches P beschreibt die Situation?

Auf dem unendlichen Raum $\{0, 1\}^{\mathbb{N}}$ könnten wir die Zufallsvariable

$$T_r(\omega) = \min\left\{ k : \sum_{i=1}^{k} \omega_i = r \right\} - r$$

definieren und P als Verteilung von T_r erhalten. Die Existenz eines unendlichen Bernoulli-Maßes werden wir jedoch erst in Beispiel (3.29) zeigen. Deshalb gehen wir hier etwas heuristischer vor: Für jedes k soll $P(\{k\})$ die Wahrscheinlichkeit für den r-ten Erfolg bei der $(r + k)$-ten Ziehung darstellen, also die Wahrscheinlichkeit für einen Erfolg zur Zeit $k + r$ und genau k Misserfolge vorher. Da es für die Zeitpunkte dieser früheren k Misserfolge genau $\binom{r+k-1}{k}$ Möglichkeiten gibt, liefert das Bernoulli-Maß auf $\{0, 1\}^{k+r}$ hierfür die Wahrscheinlichkeit

$$P(\{k\}) := \binom{r + k - 1}{k} p^r (1 - p)^k = \binom{-r}{k} p^r (p - 1)^k .$$

Dabei ist

(2.18)
$$\binom{-r}{k} = \frac{(-r)(-r - 1) \ldots (-r - k + 1)}{k!}$$

der allgemeine Binomial-Koeffizient, und die letzte Gleichung folgt aus der Identität

$$k! \binom{r + k - 1}{k} = (r + k - 1) \ldots (r + 1) r$$

$$= (-1)^k (-r)(-r - 1) \ldots (-r - k + 1) .$$

Der gefundene Ausdruck für P liefert uns ein wohldefiniertes Wahrscheinlichkeitsmaß auf $\mathbb{Z}_+$, das sogar für reelle Parameter $r > 0$ definiert werden kann. Denn für $r > 0$ und $k \in \mathbb{Z}_+$ ist $\binom{-r}{k}(-1)^k \geq 0$, und nach dem allgemeinen binomischen Satz gilt $\sum_{k \geq 0} \binom{-r}{k} p^r (p - 1)^k = p^r (1 + p - 1)^{-r} = 1$.

Definition: Für $r > 0$ und $0 < p < 1$ heißt das Wahrscheinlichkeitsmaß $\overline{\mathcal{B}}_{r,p}$ auf $(\mathbb{Z}_+, \mathscr{P}(\mathbb{Z}_+))$ mit Zähldichte

$$\overline{\mathcal{B}}_{r,p}(\{k\}) = \binom{-r}{k} p^r (p - 1)^k , \quad k \in \mathbb{Z}_+,$$

die *negative Binomialverteilung* oder (nach Blaise Pascal, 1623–1662) die *Pascal-Verteilung* zu r, p. Insbesondere heißt $\mathcal{G}_p(\{k\}) = \overline{\mathcal{B}}_{1,p}(\{k\}) = p(1 - p)^k$ die *geometrische Verteilung* zu p.

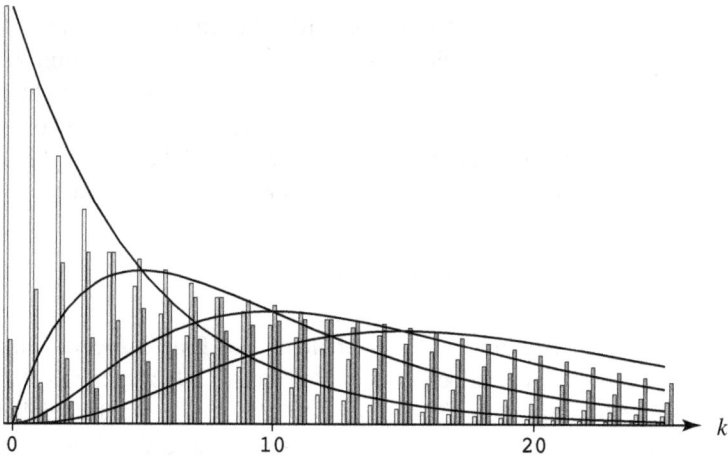

Abbildung 2.6: Die Stabdiagramme der negativen Binomialverteilungen $\overline{\mathcal{B}}_{r,p}$ für $p = 0.2$ und $r = 1$ (hell), $2, 3, 4$ (dunkel), sowie (auf angepasster Skala) die Dichtefunktionen $\gamma_{1,r}$ der Gamma-Verteilungen. Zum Zusammenhang zwischen $\overline{\mathcal{B}}_{r,\alpha/n}$ und $\Gamma_{\alpha,r}$ für $n \to \infty$ siehe Aufgabe 2.13.

Wir haben also gesehen: $\overline{\mathcal{B}}_{r,p}$ ist die Verteilung der (r übersteigenden) Wartezeit auf den r-ten Erfolg bei einem Bernoulli-Experiment zum Parameter p. Insbesondere ist die Wartezeit auf den ersten Erfolg geometrisch verteilt. (Man beachte: Manchmal wird statt $\mathcal{G}_p$ auch die um 1 verschobene Verteilung auf $\mathbb{N} = \{1, 2, \dots\}$ als geometrische Verteilung bezeichnet.) Abbildung 2.6 zeigt die qualitative Gestalt von $\overline{\mathcal{B}}_{r,p}$ für einige Parameterwerte.

2.5.2 Die Gamma-Verteilungen

Wir gehen jetzt über zu kontinuierlicher Zeit. Wie in Abschnitt 2.4 betrachten wir rein zufällige Zeitpunkte auf dem Zeitintervall $]0, \infty[$; wir können wieder an die Zeitpunkte von Schadensmeldungen bei einer Kfz-Versicherung denken. Die Heuristik in Beispiel (2.16) führte uns zu der Annahme, dass für jedes $t > 0$ die Anzahl der Punkte in $]0, t]$ Poisson-verteilt ist zum Parameter αt. Dabei ist $\alpha > 0$ eine feste Proportionalitätskonstante, welche als mittlere Anzahl der Punkte pro Zeit interpretiert werden kann. Wir suchen jetzt ein Modell für den r-ten Zufallszeitpunkt, in Beispiel (2.16) also den Zeitpunkt der r-ten Schadensmeldung. Offenbar ist $(\Omega, \mathscr{F}) = (]0, \infty[, \mathscr{B}_{]0,\infty[})$ ein geeigneter Ereignisraum. Welches Wahrscheinlichkeitsmaß P beschreibt die Verteilung des r-ten Zufallszeitpunkts? Für dies P ist $P(]0, t])$ die Wahrscheinlichkeit, dass der r-te Schadensfall bis zur Zeit t eintritt, also die Wahrscheinlichkeit für mindestens r Schadensfälle in $]0, t]$. Zusammen mit der Poisson-Annahme über die Anzahl der Schadensfälle erhalten wir hieraus den Ansatz

$$P(]0, t]) = 1 - \mathcal{P}_{\alpha t}(\{0, \dots, r-1\})$$

(2.19)
$$= 1 - e^{-\alpha t} \sum_{k=0}^{r-1} \frac{(\alpha t)^k}{k!} = \int_0^t \frac{\alpha^r}{(r-1)!} x^{r-1} e^{-\alpha x} \, dx \, ;$$

die letzte Gleichung ergibt sich durch Differentiation nach t. Bemerkung (1.31) sagt uns deshalb: Das gesuchte P ist gerade das Wahrscheinlichkeitsmaß auf $]0, \infty[$ mit der Dichtefunktion $\gamma_{\alpha,r}(x) = \alpha^r x^{r-1} e^{-\alpha x} / (r-1)!$.

Dass $\gamma_{\alpha,r}$ wirklich eine Wahrscheinlichkeitsdichte ist, sieht man mit Hilfe der *Euler'schen Gammafunktion*

$$\Gamma(r) = \int_0^\infty y^{r-1} e^{-y} \, dy, \quad r > 0 \, .$$

Offenbar ist $\Gamma(1) = 1$, und durch partielle Integration erhält man die bekannte Rekursionsformel $\Gamma(r+1) = r \, \Gamma(r)$. Für $r \in \mathbb{N}$ gilt daher $\Gamma(r) = (r-1)!$ und also (vermöge der Substitution $\alpha x = y$) auch $\int_0^\infty \gamma_{\alpha,r}(x) \, dx = 1$. Eine analoge Wahrscheinlichkeitsdichte erhält man auch für beliebiges reelles $r > 0$.

Definition: Als *Gamma-Verteilung* mit Skalenparameter $\alpha > 0$ und Formparameter $r > 0$ bezeichnet man das Wahrscheinlichkeitsmaß $\Gamma_{\alpha,r}$ auf $(]0, \infty[, \mathscr{B}_{]0,\infty[})$ mit der Dichtefunktion

(2.20)
$$\gamma_{\alpha,r}(x) = \frac{\alpha^r}{\Gamma(r)} x^{r-1} e^{-\alpha x}, \quad x \geq 0 \, .$$

Insbesondere heißt das Wahrscheinlichkeitsmaß $\mathcal{E}_\alpha = \Gamma_{\alpha,1}$ mit der Dichtefunktion $\gamma_{\alpha,1}(x) = \alpha e^{-\alpha x}$ die *Exponentialverteilung* zu α.

Wir sehen also: Für $r \in \mathbb{N}$ beschreibt $\Gamma_{\alpha,r}$ die Verteilung des r-ten Zeitpunkts im Poisson-Modell für rein zufällige Zeitpunkte. Insbesondere ist der erste Zeitpunkt exponentialverteilt zum Parameter α. Hierauf werden wir in Abschnitt 3.5 noch zurückkommen. Die Dichtefunktionen der Gamma-Verteilungen für verschiedene Parameterwerte sind in den Abbildungen 2.6 sowie 9.2 (auf S. 255) dargestellt.

2.5.3 Die Beta-Verteilungen

Wir wollen das Problem der rein zufälligen Zeitpunkte und der Wartezeit auf den r-ten Zeitpunkt jetzt noch etwas anders angehen: Wir nehmen an, die Anzahl der Zeitpunkte in einem vorgegebenen Intervall sei nicht zufällig, sondern fest vorgegeben. Man denke etwa an einen Supermarkt, der an einem festen Tag durch n Großhändler beliefert wird. Zu welchem Zeitpunkt trifft die r-te Lieferung ein?

Wir wählen die Zeiteinheit so, dass die n Lieferungen im offenen Einheitsintervall $]0, 1[$ ankommen sollen. Wenn wir die Großhändler mit den Nummern $1, \dots, n$ versehen, erhalten wir den Ergebnisraum $\Omega =]0, 1[^n$, den wir wie üblich mit der Borel'schen σ-Algebra $\mathscr{B}_\Omega^n$ versehen. Für jedes $1 \leq i \leq n$ und $\omega = (\omega_1, \dots, \omega_n) \in \Omega$ ist dann

$T_i(\omega) := \omega_i$ der Zeitpunkt, zu dem Großhändler Nr. i den Supermarkt erreicht. Wir wollen annehmen, dass keinerlei Vorinformationen über die genauen Lieferzeitpunkte vorliegen, und legen daher die Gleichverteilung $P = \mathcal{U}_\Omega$ als Wahrscheinlichkeitsmaß zugrunde.

Wie lange dauert es typischerweise, bis der Supermarkt r verschiedene Lieferungen erhalten hat? Um diese Frage zu beantworten, müssen wir zuerst die Ankunftszeiten der Großhändler der Reihe nach ordnen. Das ist möglich, weil mit Wahrscheinlichkeit 1 keine zwei Lieferungen zur gleichen Zeit ankommen. Genauer gilt

$$P\left(\bigcup_{i \neq j} \{T_i = T_j\} \right) = 0,$$

denn das fragliche Ereignis ist eine endliche Vereinigung von Hyperebenen in Ω und hat daher das n-dimensionale Volumen 0. Die folgende Begriffsbildung ist daher mit Wahrscheinlichkeit 1 wohldefiniert.

Definition: Die *Ordnungsstatistiken* $T_{1:n}, \ldots, T_{n:n}$ der Zufallsvariablen $T_1, \ldots, T_n$ sind definiert durch die Eigenschaften

$$T_{1:n} < T_{2:n} < \cdots < T_{n:n}, \quad \{T_{1:n}, \ldots, T_{n:n}\} = \{T_1, \ldots, T_n\}.$$

Mit anderen Worten: $T_{r:n}$ ist der r-kleinste unter den Zeitpunkten $T_1, \ldots, T_n$.

Wir bestimmen nun die Verteilung von $T_{r:n}$ für festes $r, n \in \mathbb{N}$. Dazu unterscheiden wir die $n!$ möglichen Anordnungen der n Punkte relativ zueinander und stellen fest, dass diese wegen der Vertauschbarkeit der Integrationsreihenfolge (Satz von Fubini, vgl. etwa [24, 45]) alle denselben Beitrag liefern. Das heißt, für alle $0 < c \leq 1$ gilt

$$P(T_{r:n} \leq c) = n! \int_0^1 dt_1 \ldots \int_0^1 dt_n \, 1_{\{t_1 < t_2 < \cdots < t_n\}} \, 1_{]0,c]}(t_r)$$

$$= n! \int_0^c dt_r \, a(r-1, t_r) \, a(n-r, 1-t_r).$$

Dabei ist

$$a(r-1, s) = \int_0^s dt_1 \ldots \int_0^s dt_{r-1} \, 1_{\{t_1 < t_2 < \cdots < t_{r-1} < s\}} = \frac{s^{r-1}}{(r-1)!}$$

und

$$a(n-r, 1-s) = \int_s^1 dt_{r+1} \ldots \int_s^1 dt_n \, 1_{\{s < t_{r+1} < \cdots < t_n\}} = \frac{(1-s)^{n-r}}{(n-r)!}.$$

Insgesamt ergibt sich also

$$P(T_{r:n} \leq c) = \frac{n!}{(r-1)!\,(n-r)!} \int_0^c ds \, s^{r-1} \, (1-s)^{n-r},$$

und speziell für $c = 1$ folgt $(r - 1)! \, (n - r)!/n! = \mathrm{B}(r, n - r + 1)$. Dabei bezeichnet für $a, b > 0$

$$(2.21) \qquad \mathrm{B}(a, b) = \int_0^1 s^{a-1}(1 - s)^{b-1} \, ds$$

die *Euler'sche Beta-Funktion*. Gemäß Bemerkung (1.31) hat $T_{r:n}$ also die Verteilungs-dichte $\beta_{r,n-r+1}(s) = \mathrm{B}(r, n - r + 1)^{-1} s^{r-1} (1 - s)^{n-r}$ auf $]0, 1[$. Dichtefunktionen dieser Gestalt sind auch für nicht ganzzahlige r und n von Interesse:

Definition: Für $a, b > 0$ heißt das Wahrscheinlichkeitsmaß $\beta_{a,b}$ auf $]0, 1[$ mit der Dichtefunktion

$$(2.22) \qquad \beta_{a,b}(s) = \mathrm{B}(a, b)^{-1} s^{a-1}(1 - s)^{b-1} \,, \quad 0 < s < 1,$$

die *Beta-Verteilung* zu a, b.

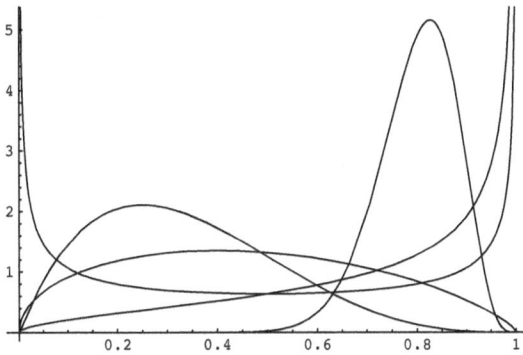

Abbildung 2.7: $\beta_{a,b}$ für $(a, b) = (1/2, 1/2), (3/2, 1/2), (3/2, 7/4), (2, 4), (20, 5)$.

Zusammenfassend halten wir fest: Für $r, n \in \mathbb{N}$ beschreibt $\beta_{r,n-r+1}$ die Verteilung des r-kleinsten unter n rein zufälligen Zeitpunkten im Einheitsintervall. Insbesonde-re ist $\beta_{1,n}(s) = n(1 - s)^{n-1}$ die Verteilungsdichte des ersten Zeitpunkts, und es gilt $\beta_{1,1} = \mathcal{U}_{]0,1[}$. Abbildung 2.7 zeigt die Dichtefunktionen der Beta-Verteilungen für verschiedene Parameterwerte. Man überlege sich, welche Parameterwerte zu welchem Graphen gehören! Die Verteilung $\beta_{1/2,1/2}$ heißt die *Arcussinus-Verteilung*, vgl. Auf-gabe 1.17.

Wir erwähnen hier noch eine charakteristische Eigenschaft der Beta-Funktion, die wir später benötigen werden. Für $a, b > 0$ können wir schreiben

$$a \left(\mathrm{B}(a, b) - \mathrm{B}(a + 1, b) \right) = \int_0^1 a s^{a-1} (1 - s)^b \, ds$$

$$= \int_0^1 s^a \, b(1 - s)^{b-1} \, ds = b \, \mathrm{B}(a + 1, b) \,;$$

die zweite Gleichung ergibt sich mit partieller Integration. Folglich gilt die Rekursionsgleichung

$$(2.23) \qquad\qquad \mathrm{B}(a+1, b) = \frac{a}{a+b}\, \mathrm{B}(a, b)\,.$$

Hieraus lässt sich erahnen, dass die Beta-Funktion eng mit der Gamma-Funktion zusammenhängt, was in der Tat der Fall ist – siehe (9.8) später. Außerdem bekommt man nochmals den oben hergeleiteten expliziten Ausdruck für die Beta-Funktion mit ganzzahligen Parametern.

2.6 Die Normalverteilungen

Unser Ausgangspunkt ist die Frage: Wie könnte eine Gleichverteilung auf einer unendlich-dimensionalen Kugel mit unendlichem Radius aussehen? Sei dazu $v > 0$ und

$$\Omega_N = \{x \in \mathbb{R}^N : |x|^2 \le vN\}$$

die N-dimensionale Kugel mit Mittelpunkt 0 und Radius $\sqrt{vN}$. Es sei ferner $P_N = \mathcal{U}_{\Omega_N}$ die (stetige) Gleichverteilung auf $(\Omega_N, \mathscr{B}^N_{\Omega_N})$ und $X_1 : \Omega_N \to \mathbb{R}, x \to x_1$, die Projektion auf die erste Koordinate. Wir untersuchen die asymptotische Verteilung von X_1 unter P_N im Limes $N \to \infty$.

(2.24) Satz: Normalverteilung als Projektion einer „unendlich-dimensionalen Gleichverteilung", H. Poincaré 1912, E. Borel 1914. *Für alle $a < b$ gilt*

$$\lim_{N\to\infty} P_N(a \le X_1 \le b) = \int_a^b \frac{1}{\sqrt{2\pi v}}\, e^{-x^2/2v}\, dx\,.$$

In der Statistischen Mechanik liefert eine Verschärfung dieses Satzes die Begründung für die „*Maxwell'sche Geschwindigkeitsverteilung*" der Teilchen eines idealen Gases. Ist nämlich $x \in \mathbb{R}^N$ der Vektor der Geschwindigkeiten aller Teilchen, so ist $|x|^2$ proportional zur kinetischen Energie, P_N entspricht gerade dem Liouville-Maß im Geschwindigkeitsraum, und $X_1(x) = x_1$ ist die erste Geschwindigkeitskoordinate des ersten Teilchens. (Statt die kinetische Energie pro Teilchen nach oben durch v zu beschränken, kann man sie auch konstant halten, also die Gleichverteilung auf der Kugeloberfläche betrachten, und erhält dasselbe Ergebnis.)

Beweis: Sei N so groß, dass $Nv > \max(a^2, b^2)$. Dann ergibt sich aus der Definition (1.17) von λ^N und den Rechenregeln für mehrdimensionale Integrale (Satz von Fubini, vgl. [24, 45])

$$P_N(a \le X_1 \le b) = \lambda^N(\Omega_N)^{-1} \int \cdots \int 1_{\left\{a \le x_1 \le b,\ \sum\limits_{i=1}^N x_i^2 \le vN\right\}}\, dx_1 \ldots dx_N$$

$$= \lambda^N(\Omega_N)^{-1} \int_a^b \lambda^{N-1}\Big(B_{N-1}\big(\sqrt{vN - x_1^2}\big)\Big)\, dx_1$$

$$= \lambda^N(\Omega_N)^{-1} \int_a^b \big(vN - x_1^2\big)^{(N-1)/2}\, c_{N-1}\, dx_1\,.$$

Dabei bezeichnet $B_{N-1}(r)$ die Kugel im $\mathbb{R}^{N-1}$ mit Radius r und Mittelpunkt 0, und $c_{N-1} = \lambda^{N-1}(B_{N-1}(1))$ das Volumen der $(N-1)$-dimensionalen Einheitskugel; die zweite Gleichung entsteht durch Integration über die Variablen $x_2, \ldots, x_N$. Genauso erhält man

$$\lambda^N(\Omega_N) = \int_{-\sqrt{vN}}^{\sqrt{vN}} \left(vN - x_1^2\right)^{(N-1)/2} c_{N-1} \, dx_1 \, .$$

Durch Kürzen der Konstanten $c_{N-1}(vN)^{(N-1)/2}$ ergibt sich daher

$$P_N(a \leq X_1 \leq b) = \int_a^b f_N(x) \, dx \Big/ \int_{-\sqrt{vN}}^{\sqrt{vN}} f_N(x) \, dx$$

mit $f_N(x) = (1 - x^2/vN)^{(N-1)/2}$.

Nun können wir den Grenzübergang $N \to \infty$ durchführen, und zwar für Zähler und Nenner getrennt. Nach der bekannten Approximationsformel für die Exponentialfunktion strebt $f_N(x)$ für $N \to \infty$ gegen $e^{-x^2/2v}$, und diese Konvergenz ist gleichmäßig auf jedem kompakten Intervall, also auch auf $[a, b]$. Somit konvergiert das Integral im Zähler gegen $\int_a^b e^{-x^2/2v} \, dx$. Andrerseits gilt die Abschätzung

$$f_N(x) \leq \left(e^{-x^2/vN}\right)^{(N-1)/2} \leq e^{-x^2/4v} \quad \text{für alle } N \geq 2.$$

Für beliebiges $c > 0$ und $N \geq \max(2, c^2/v)$ ist deshalb

$$\int_{-c}^c f_N(x) \, dx \leq \int_{-\sqrt{vN}}^{\sqrt{vN}} f_N(x) \, dx \leq \int_{-c}^c f_N(x) \, dx + \int_{\{|x|>c\}} e^{-x^2/4v} \, dx \, .$$

Lässt man nun erst N und dann c gegen ∞ streben, so konvergieren die Ausdrücke rechts und links, und daher auch das Integral in der Mitte, gegen $\int_{-\infty}^{\infty} e^{-x^2/2v} \, dx$. Der Satz ergibt sich daher aus dem folgenden

(2.25) Lemma: Gauß-Integral. *Es gilt $\int_{-\infty}^{\infty} e^{-x^2/2v} \, dx = \sqrt{2\pi v}$.*

Beweis: Wir fassen das Quadrat des Integrals als zweidimensionales Integral auf und führen dann Polarkoordinaten ein:

$$\left[\int_{-\infty}^{\infty} e^{-x^2/2v} \, dx\right]^2 = \int_{-\infty}^{\infty} dx \int_{-\infty}^{\infty} dy \, e^{-(x^2+y^2)/2v}$$

$$= \int_0^{2\pi} d\varphi \int_0^{\infty} dr \, r e^{-r^2/2v} = -2\pi v \, e^{-r^2/2v} \Big|_{r=0}^{\infty} = 2\pi v \, . \diamond$$

Satz (2.24) besagt, dass sich bei der Projektion einer großen hochdimensionalen Kugel auf eine feste Koordinate als asymptotische Verteilungsdichte eine Funktion der Form $e^{-x^2/2v}/\sqrt{2\pi v}$ ergibt. (Für die Projektion auf mehrere Koordinaten siehe Aufgabe 2.16.) Diese Dichtefunktionen spielen in der Stochastik eine fundamentale Rolle.

Grund dafür ist ein anderer Grenzwertsatz, bei dem sie ebenfalls als asymptotische Verteilungsdichten auftauchen, nämlich der in den Abschnitten 5.2 und 5.3 diskutierte zentrale Grenzwertsatz. Wie wir sehen werden, ergibt sich hieraus insbesondere die maßgebliche Rolle dieser Verteilungen in der Statistik.

Definition: Sei $m \in \mathbb{R}$ und $v > 0$. Das Wahrscheinlichkeitsmaß $\mathcal{N}_{m,v}$ auf $(\mathbb{R}, \mathcal{B})$ mit der Dichtefunktion

$$\phi_{m,v}(x) = \frac{1}{\sqrt{2\pi v}}\, e^{-(x-m)^2/2v}\,, \quad x \in \mathbb{R},$$

heißt die *Normalverteilung* oder *Gauß-Verteilung* mit Erwartungswert m und Varianz v. (Die Rechtfertigung für die Benennung der Parameter m und v erfolgt in Kapitel 4.) $\mathcal{N}_{0,1}$ heißt die *Standard-Normalverteilung*, und $\phi_{m,v}$ heißt auch die *Gauß'sche Glockenkurve*. Sie war bis zum 31.12.2001 auf dem 10 DM-Schein abgebildet, siehe Abbildung 2.8.

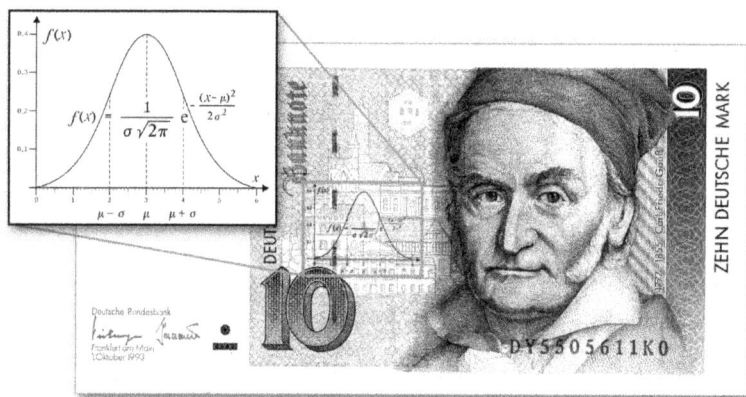

Abbildung 2.8: Porträt von Carl Friedrich Gauß (1777–1855) und die Glockenkurve auf der 10 DM-Banknote, vor der Einführung des Euro.

Aufgaben

2.1 Auf einer Tombola soll ein Glückslos gezogen werden. Die „Glücksfee" soll ein „Sonntagskind" sein. Wie viele Damen müssen mindestens anwesend sein, damit mit 99%iger Sicherheit eine an einem Sonntag geboren ist? Stellen Sie ein geeignetes Modell auf!

2.2[L] Gegeben sei ein System von n ununterscheidbaren Teilchen, die sich in N verschiedenen „Zellen" befinden können, von denen N_a zum Energieniveau $a \in E$ gehören, E eine endliche Menge. Bestimmen Sie unter der Annahme der Bose–Einstein-Verteilung die Wahrscheinlichkeit, mit der sich ein festes Energiehistogramm $\vec{k} = (k_a)_{a \in E}$ einstellt.

2.3[L] Betrachten Sie die Situation des Bertrand'schen Paradoxons und berechnen Sie die Verteilungsdichte des Abstands X der zufälligen Sehne vom Kreismittelpunkt, falls

(a) der Mittelpunkt der Sehne auf der Kreisscheibe Ω_1 gleichverteilt ist,

(b) der Winkel α, unter dem die Sehne vom Kreismittelpunkt aus erscheint, auf dem Intervall Ω_2 gleichverteilt ist.

2.4 *Buffon'sches Nadelproblem* (von G.-L. L. Comte de Buffon 1733 formuliert und 1777 ausführlich analysiert). Auf einer Ebene seien (unendlich viele) parallele Geraden im Abstand a gezogen. Auf die Ebene werde rein zufällig eine Nadel der Länge $l < a$ geworfen. Mit welcher Wahrscheinlichkeit trifft die Nadel eine Gerade? Stellen Sie ein geeignetes Modell auf! (Beschreiben Sie dazu die Lage der Nadel durch den Abstand ihres Mittelpunkts von der nächstgelegenen Geraden und einen geeigneten Winkel.)

2.5 Im Abstand $a > 0$ von einer Geraden befindet sich eine Glühbirne. Diese strahlt gleichmäßig in alle Richtungen, die die Gerade irgendwann treffen. X bezeichne den Auftreffpunkt eines Lichtstrahls auf der Geraden. Zeigen Sie: X hat die Verteilungsdichte $c_a(x) = a/(\pi(a^2 + x^2))$ auf $\mathbb{R}$. Die zugehörige Verteilung heißt (nach A. L. Cauchy, 1789–1857) die *Cauchy-Verteilung* zum Parameter a.

2.6 In der Umgebung von 10 Kernkraftwerken werden je 100 („mit Zurücklegen" ausgewählte) Personen auf eine bestimmte Krankheit hin untersucht, die im Bundesdurchschnitt bei 1% der Bevölkerung vorkommt. Es wird vereinbart, ein Kraftwerk als auffällig zu bezeichnen, falls unter den 100 Personen mindestens 3 dieses Krankheitsbild zeigen.

(a) Wie groß ist die Wahrscheinlichkeit, dass wenigstens ein Kraftwerk auffällig wird, obwohl die Erkrankungswahrscheinlichkeit in der Umgebung aller 10 Kraftwerke gleich groß wie im Bundesdurchschnitt ist?

(b) Wie groß ist die Wahrscheinlichkeit, dass keines auffällig wird, obwohl die Erkrankungswahrscheinlichkeit in der Umgebung aller Kraftwerke 2% beträgt?

2.7[L] *Einfache symmetrische Irrfahrt.* Am Abend eines Wahltags werden die Stimmen für zwei konkurrierende Kandidaten A und B ausgezählt. Beide Kandidaten seien gleich beliebt, d.h. auf jedem Stimmzettel sei A oder B mit jeweils gleicher Wahrscheinlichkeit $1/2$ angekreuzt; insgesamt gebe es $2N$ Stimmen. Sei $X_i = 1$ oder -1 je nachdem, ob die i-te Stimme für A oder B ist. Die Summe $S_j = \sum_{i=1}^{j} X_i$ gibt dann an, wie weit A nach Auszählung von j Stimmen vor B führt (bzw. hinter B zurückliegt). (Die Folge $(S_j)_{j \geq 1}$ heißt einfache symmetrische Irrfahrt.) Sei $1 \leq n \leq N$ und zur Abkürzung $u_n := 2^{-2n} \binom{2n}{n}$. Präzisieren Sie das Modell und zeigen Sie:

(a) Für das Ereignis $G_n = \{S_{2n} = 0, S_{2k} \neq 0$ für $1 \leq k < n\}$ („erster Gleichstand nach Auszählung von $2n$ Stimmen") gilt

$$P(G_n) = 2^{-2n+1} \left[\binom{2n-2}{n-1} - \binom{2n-2}{n} \right] = u_{n-1} - u_n \,.$$

Veranschaulichen Sie sich dazu die Folge $(S_j)_{j \leq 2n}$ durch den Polygonzug durch die Punkte (j, S_j), und stellen Sie eine Bijektion her zwischen den Polygonzügen von $(1, 1)$ nach $(2n - 1, 1)$, welche die horizontale Achse treffen, und den Polygonzügen von $(1, -1)$ nach $(2n - 1, 1)$.

(b) Für das Ereignis $G_{>n} = \{S_{2k} \neq 0$ für $1 \leq k \leq n\}$ („kein Gleichstand während der ersten $2n$ Stimmen") gilt $P(G_{>n}) = u_n$.

2.8 Das Intervall [0, 2] werde in zwei Teile zerlegt, indem in [0, 1] zufällig (gemäß der Gleichverteilung) ein Punkt markiert wird. Sei X das Längenverhältnis l_1/l_2 der kürzeren Teilstrecke l_1 zur längeren Teilstrecke l_2. Berechnen Sie die Verteilungsdichte von X.

2.9 Das Genom der Taufliege Drosophila melanogaster gliedert sich in etwa $m = 7000$ Abschnitte (die anhand des Färbungsmusters der in den Speicheldrüsen befindlichen Riesenchromosomen erkennbar sind). Zur Vereinfachung sei angenommen, dass sich in jedem Abschnitt gleich viele, nämlich $M = 23\,000$ Basenpaare befinden. Das Genom umfasst also $N = mM$ Basenpaare. Durch hochenergetische Bestrahlung werden $n = 1000$ (rein zufällig verteilte) Basenpaare zerstört. Finden Sie ein stochastisches Modell für die Anzahl der zerstörten Basenpaare in allen Genomabschnitten. Berechnen Sie für jedes $1 \leq i \leq m$ die Verteilung der Anzahl Z_i der zerstörten Basenpaare im Abschnitt i und begründen Sie, dass Z_i approximativ Poisson-verteilt ist.

2.10[L] *Projektion der Multinomialverteilung.* Sei E eine endliche Menge, ρ eine Zähldichte auf E, $n \in \mathbb{N}$, und $X = (X_a)_{a \in E}$ eine Zufallsvariable mit Werten in $\widehat{\Omega} = \{\vec{k} = (k_a)_{a \in E} \in \mathbb{Z}_+^E : \sum_{a \in E} k_a = n\}$ und Multinomialverteilung $\mathcal{M}_{n,\rho}$. Zeigen Sie: Für jedes $a \in E$ hat X_a die Binomialverteilung $\mathcal{B}_{n,\rho(a)}$.

2.11[L] *Anzahl der Fixpunkte einer zufälligen Permutation.* An einer Theatergarderobe geben N Personen ihre Mäntel ab. Wegen Stromausfalls werden nach der Vorstellung die Mäntel im Dunkeln in rein zufälliger Reihenfolge zurückgegeben. Sei X die zufällige Anzahl der Personen, die ihren eigenen Mantel zurück erhalten. Berechnen Sie die Verteilung von X, d.h. $P(X = k)$ für jedes $k \geq 0$. Was geschieht im Limes $N \to \infty$? *Hinweis:* Der Fall $k = 0$ entspricht dem Rencontre-Problem aus Aufgabe 1.13. Verwenden Sie wieder Aufgabe 1.7.

2.12 *Banachs Streichholzproblem.* Der polnische Mathematiker Stefan Banach (1892–1945) hatte in beiden Jackentaschen stets jeweils eine Schachtel mit Streichhölzern. Er bediente sich mit gleicher Wahrscheinlichkeit links oder rechts. Wenn er zum ersten Mal eine Schachtel leer vorfand, ersetzte er beide Schachteln durch volle. Berechnen Sie die Verteilung der übrig gebliebenen Streichhölzer nach einem Durchgang (d.h. nach dem Vorfinden einer leeren Schachtel), wenn sich in jeder vollen Schachtel N Streichhölzer befinden.

2.13 *Gamma- und negative Binomialverteilung.* Seien $r \in \mathbb{N}, \alpha > 0, t > 0, (p_n)_{n \geq 1}$ eine Folge in $]0, 1[$ mit $np_n \to \alpha$ und $(t_n)_{n \geq 1}$ eine Folge in $\mathbb{Z}_+$ mit $t_n/n \to t$. Zeigen Sie, dass

$$\Gamma_{\alpha,r}(]0, t]) = \lim_{n \to \infty} \overline{\mathcal{B}}_{r,p_n}(\{0, \dots, t_n\}),$$

und interpretieren Sie dies mit Hilfe von Wartezeiten. *Hinweis:* Zeigen Sie zuerst, dass $\overline{\mathcal{B}}_{r,p}(\{0, 1, \dots, m\}) = \mathcal{B}_{r+m,p}(\{r, r+1, \dots, r+m\})$.

2.14[L] *Gamma- und Beta-Verteilung.* In der Situation von Abschnitt 2.5.3 sei $(s_n)_{n \geq 1}$ eine Folge in $]0, \infty[$ mit $n/s_n \to \alpha > 0$. Zeigen Sie: Für alle $r \in \mathbb{N}$ und $t > 0$ gilt

$$\Gamma_{\alpha,r}(]0, t]) = \lim_{n \to \infty} P(s_n T_{r:n} \leq t).$$

Was bedeutet diese Aussage in Hinblick auf zufällige Punkte auf der Zeitachse?

2.15 *Affine Transformation von Normalverteilungen.* Zeigen Sie: Ist X eine reelle Zufallsvariable mit Normalverteilung $\mathcal{N}_{m,v}$ und sind $a, b \in \mathbb{R}$ mit $a \neq 0$, so hat die Zufallsvariable $aX + b$ die Verteilung $\mathcal{N}_{am+b,a^2v}$.

2.16 *Zum Satz von Poincaré–Borel.* Beweisen Sie die folgende Verschärfung von Satz (2.24): Bezeichnet $X_i : \Omega_N \to \mathbb{R}$ die Projektion auf die i-te Koordinate, so gilt für alle $k \in \mathbb{N}$ und alle $a_i, b_i \in \mathbb{R}$ mit $a_i < b_i$ für $1 \le i \le k$

$$\lim_{N \to \infty} P_N \left(X_i \in [a_i, b_i] \text{ für } 1 \le i \le k \right) = \prod_{i=1}^{k} \mathcal{N}_{0,v} \left([a_i, b_i] \right),$$

d.h. die Projektionen sind asymptotisch unabhängig (im Sinne der späteren Definition in Abschnitt 3.3) und normalverteilt.

3 Bedingte Wahrscheinlichkeiten und Unabhängigkeit

In diesem Kapitel werden einige zentrale Begriffe der Stochastik entwickelt. Ausgehend vom fundamentalen Begriff der bedingten Wahrscheinlichkeit wird zunächst die Konstruktion mehrstufiger Wahrscheinlichkeitsmodelle mit vorgegebenen Abhängigkeitsverhältnissen erläutert. Von besonderem Interesse ist der Fall der Unabhängigkeit, den wir ausführlich diskutieren. Es folgen ein konkretes Modell mit „besonders viel Unabhängigkeit", der Poisson-Prozess, sowie einige Algorithmen zur Simulation von unabhängigen Zufallsvariablen mit vorgegebenen Verteilungen. Abschließend untersuchen wir die Auswirkungen der Unabhängigkeit auf das Langzeit-Verhalten eines unendlich oft wiederholten Zufallsexperiments.

3.1 Bedingte Wahrscheinlichkeiten

Wir beginnen mit einem Motivationsbeispiel.

(3.1) Beispiel: *Stichproben ohne Zurücklegen.* Aus einer Urne mit w weißen und s schwarzen Kugeln werden nacheinander zwei Kugeln ohne Zurücklegen gezogen. Wir denken uns die Kugeln als nummeriert und wählen deshalb als Modell $\Omega = \{(k, l) : 1 \leq k, l \leq w + s, k \neq l\}$ und $P = \mathcal{U}_\Omega$, die Gleichverteilung. Dabei stehen die Nummern $1, \ldots, w$ für weiße und $w + 1, \ldots, w + s$ für schwarze Kugeln. Wir betrachten die Ereignisse

$$A = \{\text{die erste ist Kugel weiß}\} = \{(k, l) \in \Omega : k \leq w\},$$
$$B = \{\text{die zweite Kugel ist weiß}\} = \{(k, l) \in \Omega : l \leq w\}.$$

Vor Beginn des Experiments rechnet man mit Wahrscheinlichkeit

$$P(B) = \frac{w(w + s - 1)}{(w + s)(w + s - 1)} = \frac{w}{w + s}$$

mit dem Eintreten von B. Wenn nun beim ersten Zug eine weiße Kugel gezogen wurde, rechnet man dann immer noch mit derselben Wahrscheinlichkeit $w/(w+s)$ damit, dass auch die zweite Kugel weiß ist? Sicherlich nein! Intuitiv würde man nämlich wie folgt argumentieren: Es befinden sich noch $w - 1$ weiße und s schwarze Kugeln in der Urne, also sollte die Wahrscheinlichkeit jetzt $\frac{w-1}{s+w-1}$ betragen. Das heißt: Durch das Eintreten von A sehen wir uns veranlasst, unsere Wahrscheinlichkeitsbewertung der

Ereignisse zu revidieren, also das Wahrscheinlichkeitsmaß P durch ein neues Wahrscheinlichkeitsmaß P_A zu ersetzen. Vernünftigerweise sollte diese Neubewertung so durchgeführt werden, dass folgende Eigenschaften erfüllt sind:

(a) $P_A(A) = 1$, d.h. das Ereignis A ist jetzt sicher.

(b) Die neue Bewertung der Teilereignisse von A ist proportional zu ihrer ursprünglichen Bewertung, d.h. es existiert eine Konstante $c_A > 0$ mit $P_A(B) = c_A\, P(B)$ für alle $B \in \mathscr{F}$ mit $B \subset A$.

Die folgende Proposition zeigt, dass P_A durch diese beiden Eigenschaften bereits eindeutig festgelegt ist.

(3.2) Proposition: Neubewertung von Ereignissen. *Sei* $(\Omega, \mathscr{F}, P)$ *ein Wahrscheinlichkeitsraum und* $A \in \mathscr{F}$ *mit* $P(A) > 0$. *Dann gibt es genau ein Wahrscheinlichkeitsmaß* P_A *auf* $(\Omega, \mathscr{F})$ *mit den Eigenschaften* (a) *und* (b), *nämlich*

$$P_A(B) := \frac{P(A \cap B)}{P(A)} \quad \textit{für } B \in \mathscr{F}\,.$$

Beweis: P_A erfülle (a) und (b). Dann gilt für alle $B \in \mathscr{F}$

$$P_A(B) = P_A(A \cap B) + P_A(B \setminus A) = c_A\, P(A \cap B)\,,$$

denn wegen (a) ist $P_A(B \setminus A) = 0$. Für $B = A$ folgt $1 = P_A(A) = c_A\, P(A)$, also $c_A = 1/P(A)$. Somit hat P_A die angegebene Gestalt. Umgekehrt ist klar, dass das angegebene P_A (a) und (b) erfüllt. $\diamond$

Definition: In der Situation von Proposition (3.2) heißt für jedes $B \in \mathscr{F}$

$$P(B|A) := \frac{P(A \cap B)}{P(A)}$$

die *bedingte Wahrscheinlichkeit von B unter der Bedingung A* bezüglich P. (Im Fall $P(A) = 0$ setzt man manchmal $P(B|A) = 0$.)

Was bedeutet dies nun für Beispiel (3.1)? Nach Definition gilt

$$P(B|A) = \frac{|B \cap A|}{|\Omega|} \bigg/ \frac{|A|}{|\Omega|} = \frac{|A \cap B|}{|A|} = \frac{w(w-1)}{w(s+w-1)} = \frac{w-1}{s+w-1}\,,$$

d.h. die bedingte Wahrscheinlichkeit hat genau den der Intuition entsprechenden Wert.

Betrachten wir nun die folgende umgekehrte Situation: Die erste Kugel werde blind gezogen, die zweite ist weiß. Mit welcher Sicherheit würde man nun darauf tippen, dass die erste Kugel ebenfalls weiß war? Intuitiv würde man folgendermaßen argumentieren: Weil das Eintreten von B bekannt ist, ist B die Menge der möglichen Fälle und $A \cap B$ die Menge der günstigen Fälle, also kann man mit der Sicherheit

$$\frac{|A \cap B|}{|B|} = \frac{w(w-1)}{w(s+w-1)} = \frac{w-1}{s+w-1}$$

darauf tippen, dass zuvor A eingetreten ist. Dies ist gerade der Wert von $P(A|B)$ gemäß der Definition der bedingten Wahrscheinlichkeit. Wir sehen daran: Obgleich das Ereignis B sicher keinen Einfluss auf das Eintreten von A hat, veranlasst uns die Information über das Eintreten von B zu einer Neubewertung von A, die ebenfalls gerade der bedingten Wahrscheinlichkeit entspricht. Diese Beobachtung führt zu folgender Schlussfolgerung über die

Interpretation bedingter Wahrscheinlichkeiten: Die Berechnung bedingter Wahrscheinlichkeiten erlaubt *keinen* Rückschluss auf etwaige Kausalzusammenhänge zwischen den Ereignissen! Vielmehr bestehen die folgenden Interpretationsmöglichkeiten:

(a) *frequentistisch:* Bei häufiger Wiederholung des Zufallsexperiments ist $P(B|A)$ der Bruchteil der Fälle, in denen B eintritt, in der Gesamtheit aller Fälle, in denen A eintritt.

(b) *subjektiv:* Ist P meine Einschätzung der Lage vor Beginn des Experiments, so ist $P(\cdot|A)$ meine Einschätzung (nicht: nach dem Eintreten von A, sondern:) nachdem ich über das Eintreten von A informiert bin.

Die naive Deutung ist hier ausgelassen, denn sie kommt gefährlich nahe an eine falsche Kausaldeutung.

Zwei elementare Tatsachen über bedingte Wahrscheinlichkeiten sind die folgenden.

(3.3) Satz: Fallunterscheidungs- und Bayes-Formel. *Sei $(\Omega, \mathscr{F}, P)$ ein Wahrscheinlichkeitsraum und $\Omega = \bigcup_{i \in I} B_i$ eine höchstens abzählbare Zerlegung von Ω in paarweise disjunkte Ereignisse $B_i \in \mathscr{F}$. Dann gilt*

(a) *die Fallunterscheidungsformel: Für alle $A \in \mathscr{F}$ gilt*

$$P(A) = \sum_{i \in I} P(B_i) P(A|B_i) \,.$$

(b) *die Formel von Bayes* (1763): *Für alle $A \in \mathscr{F}$ mit $P(A) > 0$ und alle $k \in I$ gilt*

$$P(B_k|A) = \frac{P(B_k) P(A|B_k)}{\sum_{i \in I} P(B_i) P(A|B_i)} \,.$$

Beweis: (a) Aus der Definition der bedingten Wahrscheinlichkeit und der σ-Additivität von P folgt $\sum_{i \in I} P(B_i) P(A|B_i) = \sum_{i \in I} P(A \cap B_i) = P(A)$.
(b) folgt aus (a) und der Definition. $\diamond$

Thomas Bayes (1702–1761) war presbyterianischer Geistlicher (und Mitglied der Royal Society) in England. Seine mathematischen Werke wurden erst 1763 posthum veröffentlicht. Damals sorgte die Bayes-Formel für Aufregung, weil man meinte, mit ihr aus Wirkungen auf Ursachen zurückschließen zu können. Wie oben festgestellt, ist dies jedoch keineswegs der Fall.

Abbildung 3.1 illustriert den Satz. Eine typische (richtige) Anwendung zeigt folgendes Beispiel.

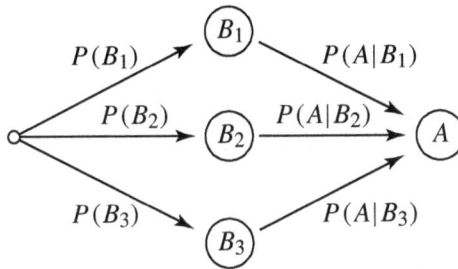

Abbildung 3.1: Zu Satz (3.3): (a) $P(A)$ wird aufgespalten in die Wahrscheinlichkeiten verschiedener Wege nach A. (b) $P(B_k|A)$ ist die Wahrscheinlichkeit des Wegs über B_k im Verhältnis zur Gesamtwahrscheinlichkeit aller Wege nach A. (Entlang jedes Weges multiplizieren sich die Wahrscheinlichkeiten.)

(3.4) Beispiel: *Bewertung medizinischer Verfahren.* Eine Krankheit komme bei 2% der Bevölkerung vor (im Medizin-Jargon: „die Prävalenz der Krankheit beträgt 2%"). Ein diagnostisches Testverfahren spreche bei 95% der Kranken an („Sensitivität des Tests 95%") und bei 10% der Gesunden („Spezifität 90%"). Wie groß ist der prädiktive Wert des positiven Testresultats, d. h. mit welcher Wahrscheinlichkeit ist eine zufällige Person krank, wenn der Test anspricht?

Zur Beantwortung dieser Frage verwenden wir das folgende stochastische Modell: Ω sei die endliche Menge der Bevölkerung und $P = \mathcal{U}_\Omega$ die Gleichverteilung auf Ω. B_1 sei die Menge der Kranken und $B_2 = \Omega \setminus B_1$ die Menge der Gesunden. Schließlich sei A die Menge der Testpositiven. Dann gilt nach Voraussetzung $P(B_1) = 0.02$, $P(B_2) = 0.98$, $P(A|B_1) = 0.95$ und $P(A|B_2) = 0.1$. Gemäß der Bayes-Formel ist also der prädiktive Wert gegeben durch

$$P(B_1|A) = \frac{0.02 \cdot 0.95}{0.02 \cdot 0.95 + 0.98 \cdot 0.1} \lesssim \frac{1}{6} .$$

Die positive Korrektheit des Tests ist also erstaunlich gering. Andrerseits gilt jedoch

$$P(B_1|A^c) = \frac{P(B_1)P(A^c|B_1)}{P(B_1)P(A^c|B_1) + P(B_2)P(A^c|B_2)}$$

$$= \frac{0.02 \cdot 0.05}{0.02 \cdot 0.05 + 0.98 \cdot 0.9} \approx 0.001 ,$$

d. h. es ist extrem unwahrscheinlich, dass ein Testnegativer krank ist; die „negative Korrektheit" des Tests ist also sehr hoch. Der Test ist also geeignet, um das Vorliegen einer Krankheit auszuschließen, während Testpositive weiter beobachtet werden müssen.

Woran liegt es, dass ein Test mit hoher Sensitivität trotzdem eine so geringe positive Korrektheit haben kann? Der Grund hierfür ist die geringe Krankheitswahrscheinlichkeit. Dies wird oft nicht verstanden – auch nicht von Ärzten –, so dass testpositive Patienten vorschnell als krank eingestuft werden, siehe die Untersuchungen in [27]. (Man male sich aus, was das im Fall von Aids oder Brustkrebs für die Patienten bedeutet!) Leicht nachvollziehbar wird der Effekt jedoch, wenn man die Prozentangaben in der Problemstellung (die sich auf jeweils andere Gesamtheiten beziehen) so umformuliert, dass sie sich alle auf die gleiche Population beziehen, siehe Tabelle 3.1. Dann ist offensichtlich, dass zwar von 20 Kranken nur einer nicht erkannt wird, aber von 117 testpositiven Personen die weitaus meisten, nämlich 98, gesund sind. Wenn die Testperson dagegen zu einer Risikogruppe gehört, in der die Krankheit mit Prävalenz 10% auftritt, ist die positive Korrektheit des Tests deutlich höher: Von 185 testpositiven Personen aus dieser Gruppe sind dann 95, also mehr als die Hälfte, krank.

Tabelle 3.1: Vierfelder-Tafel zur Bayes-Formel, bezogen auf eine Populationsgröße von 1000 Personen.

	krank	gesund	Σ
testpositiv	19	98	117
testnegativ	1	882	883
Σ	20	980	1000

Das nächste Beispiel gehört inzwischen zu den bekanntesten stochastischen Denksportaufgaben, und sein korrektes Verständnis wird nach wie vor diskutiert.

(3.5) Beispiel: *Das Türenparadox (oder Ziegenproblem).* Die amerikanische Journalistin Marilyn vos Savant (mit angeblich dem höchsten IQ der Welt) bekam 1990 für ihre Denksport-Kolumne im „Parade Magazine" von einem Leser folgende Aufgabe:

> Suppose you're on a game show, and you're given the choice of three doors. Behind one door is a car, behind the others, goats. You pick a door, say #1, and the host, who knows what's behind the doors, opens another door, say #3, which has a goat. He says to you, "Do you want to pick door #2?" Is it to your advantage to switch your choice of doors?

Ihre Antwort lautete: „Yes, you should switch. The first door has a 1/3 chance of winning, but the second door has a 2/3 chance", und begründete dies appellativ durch einen Hinweis auf das analoge Problem von einer Million Türen, von denen alle bis auf zwei vom Moderator geöffnet werden. Dies entfesselte eine lebhafte Diskussion des Problems in der Öffentlichkeit. Vielfach wurde entgegen gehalten, nach dem Öffnen von Tür 3 hätten die beiden anderen Türen die gleiche Gewinnchance 1/2.

Was ist der Fall? Dazu müssen wir den Sachverhalt präzise interpretieren. Wir nummerieren die drei Türen mit den Zahlen 1, 2, 3. Da die Türen offenbar äußerlich gleich sind, können wir der Gewinntür ohne Einschränkung die Nummer 1 geben. Zwei Türen werden zufällig ausgewählt: vom Spieler und vom Moderator. Diese werden beschrieben durch zwei Zufallsvariablen S und M mit Werten in $\{1, 2, 3\}$. Da der Spieler keinerlei Information über die Gewinntür hat, wird er jede Tür mit gleicher Wahrscheinlichkeit auswählen, also ist S gleichverteilt auf $\{1, 2, 3\}$. In der Aufgabe wird nun angenommen, dass das Ereignis $A := \{S \neq M \neq 1\} = \{M \neq S\} \cap \{M \neq 1\}$ eingetreten ist, und dem Spieler in dieser Situation die Chance gegeben,

Abbildung 3.2: Zum Ziegenproblem.

nochmals eine Tür zu wählen, entweder dieselbe wie vorher oder die verbliebene dritte Tür; siehe Abbildung 3.2. Im ersten Fall beträgt seine bedingte Gewinnwahrscheinlichkeit $P(S = 1|A)$. Um diese zu berechnen, braucht er Informationen über A, also über das Verhalten des Moderators. Welche Informationen stehen zur Verfügung?

Zunächst ist ziemlich klar, dass der Moderator mit Sicherheit niemals die Gewinntür öffnen wird, da sonst das Spiel schon beendet wäre und für die Zuschauer ziemlich witzlos. Dies rechtfertigt die Annahme $P(M \neq 1) = 1$. Weiter lässt sich die Formulierung „opens another door" so interpretieren, dass der Moderator mit Sicherheit nicht die vom Spieler ausgewählte Tür öffnet. Dann ist $P(M \neq S) = 1$ und wegen Satz (1.11b) auch $P(A) = 1$, somit

$$P(S = 1|A) = P(S = 1) = \frac{1}{3}.$$

Entsprechend beträgt die bedingte Gewinnwahrscheinlichkeit, wenn der Spieler bei seiner zweiten Wahl zur dritten Tür ($\neq S, M$) wechselt, gerade $P(S \neq 1|A) = 2/3$. Dies ist genau die Antwort von Marilyn vos Savant, und die Begründung ist überraschend simpel.

Diese Trivialität liegt daran, dass wir den Moderator auf eine feste Verhaltensweise festgelegt haben, dass er also das Spiel immer so durchführt wie beschrieben, und daher das Ereignis A mit Sicherheit eintritt. Dies wiederum hat seinen tieferen Grund darin, dass wir implizit von der frequentistischen Interpretation der bedingten Wahrscheinlichkeiten ausgegangen sind, welche die Wiederholbarkeit des Vorgangs und also feste Regeln voraussetzt. (Diese stillschweigende Annahme zeigt sich besonders deutlich, wenn die Korrektheit von Marilyns Antwort damit begründet wird, man könne das Problem ja am Computer simulieren.) Nun wird der Moderator das Spiel aber nicht nach festen Regeln durchführen (dann gäbe es für Spieler und Zuschauer keinen Überraschungseffekt). Unter diesem Gesichtspunkt ist die subjektive Interpretation angemessener. Also kommt es darauf an, wie der Spieler das Verhalten des Moderators einschätzt. Der Spieler darf sicher wieder vermuten, dass der Moderator nicht die Gewinntür öffnen wird, und also den Ansatz $P(M \neq 1) = 1$ machen. Dann ist auch $P(A|S = 1) = P(M \neq 1|S = 1) = 1$ und somit gemäß der Bayes-Formel (3.3b)

$$(3.6) \qquad P(S = 1|A) = \frac{P(S = 1)\, P(A|S = 1)}{P(S = 1)\, P(A|S = 1) + P(S \neq 1)\, P(A|S \neq 1)}$$

$$= \frac{1/3}{1/3 + (2/3)\, P(A|S \neq 1)} \, .$$

Es kommt also darauf an, wie der Spieler die bedingte Wahrscheinlichkeit $P(A|S \neq 1)$ einschätzt. Wie oben kann er durchaus zu dem Schluss kommen, dass $P(M \neq S) = 1$ und also $P(A) = 1$. Er kann aber auch zum Beispiel davon ausgehen, dass der Moderator jede der beiden Ziegentüren mit gleicher Wahrscheinlichkeit $1/2$ öffnet, egal welchen Wert S der Spieler gewählt hat. (Im Fall $M = S$ würde der Moderator dann zum Beispiel sagen: „Look! You had bad luck. But I give you a second chance, you may pick another door!") Dann ist $P(M = S|S = s) = 1/2$ für $s \in \{2, 3\}$ und daher nach der Fallunterscheidungsformel (3.3a) auch

$$P(M = S|S \neq 1) = \sum_{s=2}^{3} \frac{1}{2} \, P(S = s|S \neq 1) = \frac{1}{2} \, .$$

Infolge der Annahme $P(M \neq 1) = 1$ ergibt sich hieraus die Konsequenz

$$P(A|S \neq 1) = P(M \neq S|S \neq 1) = \frac{1}{2}$$

und deshalb wegen (3.6) $P(S = 1|A) = 1/2$. Dies ist gerade die Antwort der Kritiker!

Ähnlich wie beim Bertrand'schen Paradoxon beruhen die verschiedenen Antworten auf einer unterschiedlichen Interpretation einer unscharf gestellten Aufgabe. Die verschiedenen Standpunkte reduzieren sich auf die Frage, ob das Ereignis A Bestandteil einer festen Spielregel ist oder nicht. Die philosophische Unsicherheit über die Bedeutung bedingter Wahrscheinlichkeiten kommt dabei erschwerend hinzu. Mehr zu diesem Thema findet man zum Beispiel in [27, 33, 36, 54, 61, 67] sowie der dort angegebenen Literatur. Die zum Teil sehr unterschiedliche Darstellung in diesen Quellen zeigt, dass ein wirklicher Konsens offenbar noch nicht erreicht ist.

In unserer obigen Diskussion ist noch offen geblieben, ob Zufallsvariablen S und M mit den jeweils geforderten Eigenschaften überhaupt existieren. Dies wird sich direkt aus dem nun folgenden Abschnitt ergeben.

3.2 Mehrstufige Modelle

Wir betrachten ein Zufallsexperiment, das aus n nacheinander ausgeführten Teilexperimenten besteht. Gesucht sind ein Wahrscheinlichkeitsraum $(\Omega, \mathscr{F}, P)$ für das Gesamtexperiment sowie Zufallsvariablen $(X_i)_{1 \le i \le n}$ auf Ω, welche die Ergebnisse der Teilexperimente beschreiben. Bekannt seien

(a) die Verteilung von X_1,

(b) für jedes $2 \le k \le n$ die bedingten Verteilungen von X_k, wenn die Werte von $X_1, \ldots, X_{k-1}$ bereits bekannt sind.

Mit anderen Worten: Man hat eine Beschreibung für das erste Teilexperiment sowie zu jedem Zeitpunkt für den Übergang zum nächsten Teilexperiment, wenn die Ergebnisse der früheren Teilexperimente bereits vorliegen. Einen Hinweis, wie das Problem angepackt werden kann, liefert folgende

(3.7) Proposition: Multiplikationsformel. *Sei* $(\Omega, \mathscr{F}, P)$ *ein Wahrscheinlichkeitsraum und* $A_1, \ldots, A_n \in \mathscr{F}$. *Dann gilt*

$$P(A_1 \cap \cdots \cap A_n) = P(A_1)\, P(A_2|A_1) \ldots P(A_n|A_1 \cap \cdots \cap A_{n-1})\,.$$

Beweis: Wenn die linke Seite verschwindet, dann ist auch der letzte Faktor rechts gleich null. Andernfalls sind alle bedingten Wahrscheinlichkeiten auf der rechten Seite definiert und von null verschieden. Sie bilden ein Teleskop-Produkt, bei dem sich die aufeinander folgenden Zähler und Nenner gegenseitig wegheben und nur die linke Seite übrig bleibt. $\diamond$

Der folgende Satz beschreibt die Konstruktion von Zufallsvariablen mit den Eigenschaften (a) und (b). Der Einfachheit halber setzen wir voraus, dass jedes Teilexperiment einen höchstens abzählbaren Ergebnisraum hat.

(3.8) Satz: Konstruktion von Wahrscheinlichkeitsmaßen durch bedingte Wahrscheinlichkeiten. *Gegeben seien n abzählbare Ergebnisräume $\Omega_1, \ldots, \Omega_n \ne \varnothing$, $n \ge 2$. Sei ρ_1 eine Zähldichte auf Ω_1, und für $k = 2, \ldots, n$ und beliebige $\omega_i \in \Omega_i$ mit $i < k$ sei $\rho_{k|\omega_1,\ldots,\omega_{k-1}}$ eine Zähldichte auf Ω_k. Sei ferner $\Omega = \prod_{i=1}^{n} \Omega_i$ der Produktraum und $X_i : \Omega \to \Omega_i$ die i-te Projektion. Dann existiert genau ein Wahrscheinlichkeitsmaß P auf $(\Omega, \mathscr{P}(\Omega))$ mit den Eigenschaften*

(a) *Für alle $\omega_1 \in \Omega_1$ gilt $P(X_1 = \omega_1) = \rho_1(\omega_1)$,*

(b) *Für alle $k = 2, \ldots, n$ und alle $\omega_i \in \Omega_i$ gilt*

$$P(X_k = \omega_k | X_1 = \omega_1, \ldots, X_{k-1} = \omega_{k-1}) = \rho_{k|\omega_1,\ldots,\omega_{k-1}}(\omega_k)\,,$$

sofern $P(X_1 = \omega_1, \ldots, X_{k-1} = \omega_{k-1}) > 0$.

Dieses P ist gegeben durch

(3.9) $P(\{\omega\}) = \rho_1(\omega_1)\,\rho_{2|\omega_1}(\omega_2)\,\rho_{3|\omega_1,\omega_2}(\omega_3)\ldots\rho_{n|\omega_1,\ldots,\omega_{n-1}}(\omega_n)$

für $\omega = (\omega_1,\ldots,\omega_n) \in \Omega.$

Gleichung (3.9) wird veranschaulicht durch das Baumdiagramm in Abbildung 3.3.

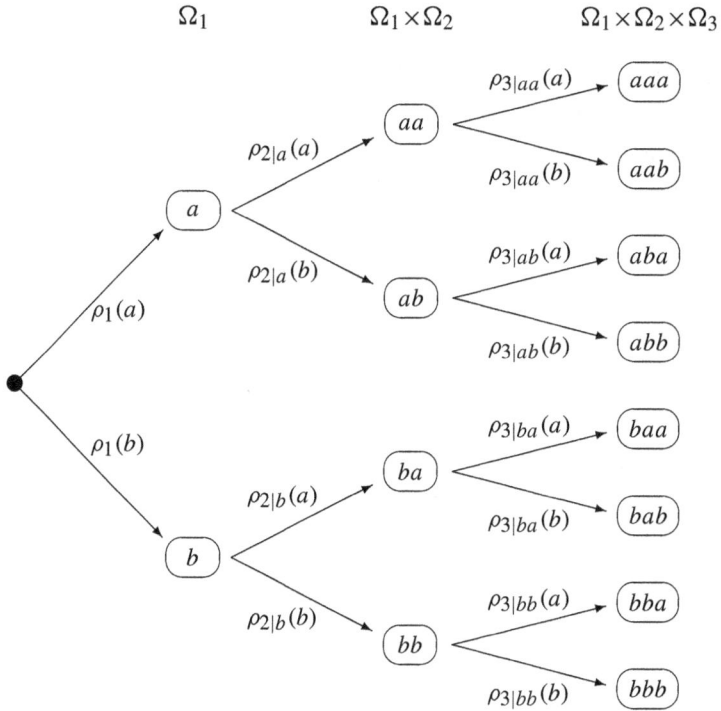

Abbildung 3.3: Baumdiagramm zur Konstruktion mehrstufiger Modelle, hier für $n = 3$ und $\Omega_i = \{a, b\}$. Die Wahrscheinlichkeit eines Tripels in Ω ist das Produkt der Übergangswahrscheinlichkeiten für die Äste entlang des Weges zu diesem Tripel.

Beweis: Das gesuchte P kann nicht anders als durch (3.9) definiert werden. Denn wegen $\{\omega\} = \bigcap_{i=1}^n \{X_i = \omega_i\}$ und den Annahmen (a) und (b) ist (3.9) identisch mit der Multiplikationsformel für die Ereignisse $A_i = \{X_i = \omega_i\}$. Dies beweist die Eindeutigkeit von P.

Sei nun also P durch (3.9) definiert. Dann folgt für alle $1 \le k \le n$ und $\omega_1,\ldots,\omega_k$ durch Summation über $\omega_{k+1},\ldots,\omega_n$

$$P(X_1 = \omega_1,\ldots,X_k = \omega_k) = \sum_{\omega_{k+1}\in\Omega_{k+1},\ldots,\omega_n\in\Omega_n} P(\{(\omega_1,\ldots,\omega_n)\}) =$$

$$= \rho_1(\omega_1) \dots \rho_{k|\omega_1,\dots,\omega_{k-1}}(\omega_k) \sum_{\omega_{k+1} \in \Omega_{k+1}} \rho_{k+1|\omega_1,\dots,\omega_k}(\omega_{k+1}) \dots \sum_{\omega_n \in \Omega_n} \rho_{n|\omega_1,\dots,\omega_{n-1}}(\omega_n) \,.$$

Da $\rho_{n|\omega_1,\dots,\omega_{n-1}}$ eine Zähldichte ist, hat die letzte Summe den Wert 1 und entfällt somit. Nun kann die vorletzte Summe ausgewertet werden und liefert ebenfalls 1. So fortfahrend sieht man, dass die gesamte Mehrfachsumme in der letzten Zeile gleich 1 ist. Für $k = 1$ folgt (a), und eine weitere Summation über ω_1 zeigt, dass die rechte Seite von (3.9) tatsächlich eine Zähldichte ist. Für $k > 1$ ergibt sich

$$P(X_1 = \omega_1, \dots, X_k = \omega_k) = P(X_1 = \omega_1, \dots, X_{k-1} = \omega_{k-1}) \, \rho_{k|\omega_1,\dots,\omega_{k-1}}(\omega_k)$$

und somit (b). $\diamond$

(3.10) Beispiel: *Skatspiel.* Mit welcher Wahrscheinlichkeit bekommt jeder der drei Spieler genau ein Ass? Wie in Abschnitt 2.3.1 festgestellt, können wir uns vorstellen, dass (nach gutem Mischen) jeder Spieler zehn der 32 Karten auf einmal bekommt. (Die restlichen zwei Karten kommen in den „Skat".) Wir beobachten die Anzahl der Asse für jeden Spieler. Dementsprechend wählen wir die Einzel-Ergebnisräume $\Omega_1 = \Omega_2 = \Omega_3 = \{0, \dots, 4\}$ und für das Gesamtexperiment den Produktraum $\Omega = \{0, \dots, 4\}^3$. Das Wahrscheinlichkeitsmaß P auf Ω werde gemäß Satz (3.8) konstruiert zu den (wegen Abschnitt 2.3.2 hypergeometrischen) Übergangswahrscheinlichkeiten

$$\rho_1(\omega_1) = \mathcal{H}_{10;4,28}(\{\omega_1\}) = \binom{4}{\omega_1}\binom{28}{10-\omega_1}\Big/\binom{32}{10} \,,$$

$$\rho_{2|\omega_1}(\omega_2) = \mathcal{H}_{10;4-\omega_1,18+\omega_1}(\{\omega_2\}) \,,$$

$$\rho_{3|\omega_1,\omega_2}(\omega_3) = \mathcal{H}_{10;4-\omega_1-\omega_2,8+\omega_1+\omega_2}(\{\omega_3\}) \,.$$

Für das Ereignis $\{(1, 1, 1)\}$, dass jeder Spieler genau ein Ass bekommt, ergibt sich dann

$$P\big(\{(1, 1, 1)\}\big) = \rho_1(1) \, \rho_{2|1}(1) \, \rho_{3|1,1}(1)$$

$$= \frac{\binom{4}{1}\binom{28}{9}}{\binom{32}{10}} \, \frac{\binom{3}{1}\binom{19}{9}}{\binom{22}{10}} \, \frac{\binom{2}{1}\binom{10}{9}}{\binom{12}{10}} = 10^3 \, \frac{2 \cdot 4!}{32 \cdots 29} \approx 0.0556 \,.$$

(3.11) Beispiel: *Populationsgenetik.* Für ein Gen gebe es die beiden Allele A und a, also bei diploidem Chromosomensatz die Genotypen AA, Aa und aa. In einer Population seien diese Genotypen jeweils mit den relativen Häufigkeiten u, $2v$, w vertreten, wobei $u + 2v + w = 1$. Für das Gen gebe es weder Mutation noch Selektion, und es sei unerheblich für die Partnerwahl. Wie sieht dann die Genotypen-Verteilung in der Nachkommen-Generation aus?

Wir konstruieren ein Wahrscheinlichkeitsmaß P gemäß Satz (3.8) auf dem Produktraum $\{AA, Aa, aa\}^3$, welcher alle möglichen Genotypen von Mutter, Vater, und Nachkomme enthält. Laut Annahme hat der Genotyp ω_1 der Mutter die Verteilung $\rho_1 = (u, 2v, w)$, und der Genotyp ω_2 des Vaters hat dieselbe (bedingte) Verteilung $\rho_{2|\omega_1} = \rho_1$, welche de facto nicht nicht von ω_1 abhängt. Die bedingte Verteilung $\rho_{3|\omega_1\omega_2}(\omega_3)$ des Nachkommengenotyps ω_3 ergibt sich aus der Tatsache, dass je ein Mutter- und Vatergen mit gleicher Wahrscheinlichkeit kombiniert wird; siehe Tabelle 3.2.

Tabelle 3.2: Die Übergangswahrscheinlichkeiten $\rho_{3|\omega_1\omega_2}(AA)$ für den Nachkommengenotyp AA in Abhängigkeit von den Genotypen ω_1, ω_2 von Mutter und Vater.

ω_1	ω_2	$\rho_{3|\omega_1\omega_2}(AA)$
AA	AA	1
	Aa	1/2
Aa	AA	1/2
	Aa	1/4
sonst		0

Wir berechnen nun die Verteilung $P \circ X_3^{-1}$ des Nachkommengenotyps. Mit (3.9) ergibt sich durch Addition über alle möglichen Elterngenotypen

$$u_1 := P(X_3 = AA) = u^2 + 2uv/2 + 2vu/2 + 4v^2/4 = (u + v)^2 .$$

Aus Symmetriegründen folgt weiter $w_1 := P(X_3 = aa) = (w + v)^2$, also auch

$$2v_1 := P(X_3 = Aa) = 1 - u_1 - w_1$$
$$= ((u + v) + (w + v))^2 - (u + v)^2 - (w + v)^2 = 2(u + v)(w + v) .$$

Entsprechend erhalten wir für die Wahrscheinlichkeit u_2 des Genotyps AA in der zweiten Generation

$$u_2 = (u_1 + v_1)^2 = \left((u + v)^2 + (u + v)(w + v) \right)^2$$
$$= (u + v)^2 \left((u + v) + (w + v) \right)^2 = (u + v)^2 = u_1$$

und analog $w_2 = w_1$, $v_2 = v_1$. Dies ist das berühmte *Gesetz von G. H. Hardy und W. Weinberg* (1908): Bei zufälliger Partnerwahl bleiben die Genotypen-Häufigkeiten ab der ersten Nachkommen-Generation unverändert.

Wir wollen jetzt Satz (3.8) ausdehnen auf den Fall, dass unser Zufallsexperiment aus unendlich vielen Teilexperimenten besteht. Die Notwendigkeit dafür tauchte bereits auf bei den Wartezeiten in Bernoulli-Experimenten, da es ja im Prinzip beliebig lange dauern kann, bis der erste Erfolg eintritt.

(3.12) Satz: Konstruktion von Wahrscheinlichkeitsmaßen auf unendlichen Produkträumen. *Zu jedem $i \in \mathbb{N}$ sei $\Omega_i \neq \varnothing$ eine abzählbare Menge. Sei ρ_1 eine Zähldichte auf Ω_1, und für alle $k \geq 2$ und $\omega_i \in \Omega_i$ mit $i < k$ sei $\rho_{k|\omega_1,\ldots,\omega_{k-1}}$ eine Zähldichte auf Ω_k. Sei $\Omega = \prod_{i \geq 1} \Omega_i$, $X_i : \Omega \to \Omega_i$ die Projektion auf die i-te Koordinate, und $\mathscr{F} = \bigotimes_{i \geq 1} \mathscr{P}(\Omega_i)$ die Produkt-σ-Algebra auf Ω. Dann existiert genau ein Wahrscheinlichkeitsmaß P auf $(\Omega, \mathscr{F})$ mit der Eigenschaft*

$$(3.13) \qquad P(X_1 = \omega_1, \ldots, X_k = \omega_k) = \rho_1(\omega_1)\,\rho_{2|\omega_1}(\omega_2)\ldots\rho_{k|\omega_1,\ldots,\omega_{k-1}}(\omega_k)$$

für alle $k \geq 1$ und $\omega_i \in \Omega_i$.

Gleichung (3.13) entspricht der Gleichung (3.9) in Satz (3.8) und ist äquivalent zu den dortigen Bedingungen (a) und (b).

Beweis: Die Eindeutigkeit folgt aus dem Eindeutigkeitssatz (1.12), da

$$\mathscr{G} = \left\{\{X_1 = \omega_1, \ldots, X_k = \omega_k\} : k \geq 1, \; \omega_i \in \Omega_i\right\} \cup \left\{\varnothing\right\}$$

ein $\cap$-stabiler Erzeuger von $\mathscr{F}$ ist; vgl. Aufgabe 1.5.

Für die Existenz machen wir Gebrauch von der Existenz des Lebesgue-Maßes $\lambda = \mathcal{U}_{[0,1[}$ auf dem halboffenen Einheitsintervall $[0, 1[$, vgl. Bemerkung (1.17). Wie in Abbildung 3.4 illustriert, zerlegen wir das Intervall $[0, 1[$ in halboffene Intervalle $(I_{\omega_1})_{\omega_1 \in \Omega_1}$ der Länge $\rho_1(\omega_1)$; wir nennen diese Intervalle die Intervalle der ersten Stufe. Jedes I_{ω_1} zerlegen wir in halboffene Intervalle $(I_{\omega_1\omega_2})_{\omega_2 \in \Omega_2}$ der Länge $\rho_1(\omega_1)\rho_{2|\omega_1}(\omega_2)$; dies sind die Intervalle der zweiten Stufe. So machen wir weiter, d. h. wenn das Intervall $I_{\omega_1\ldots\omega_{k-1}}$ der $(k-1)$-ten Stufe bereits definiert ist, so zerlegen wir es weiter in disjunkte Teilintervalle $(I_{\omega_1\ldots\omega_k})_{\omega_k \in \Omega_k}$ der k-ten Stufe mit der Länge $\lambda(I_{\omega_1\ldots\omega_{k-1}})\,\rho_{k|\omega_1,\ldots,\omega_{k-1}}(\omega_k)$.

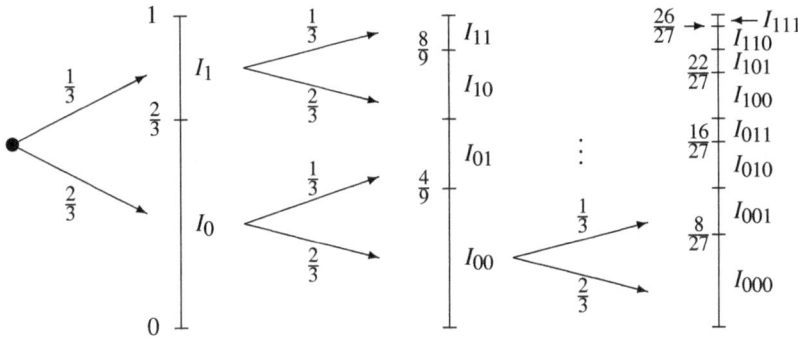

Abbildung 3.4: Die Intervalle der ersten bis dritten Stufe im Fall $\Omega_i = \{0, 1\}$, $\rho_{k|\omega_1,\ldots,\omega_{k-1}}(1) = 1/3$, bei dem die Intervalle sukzessiv im Verhältnis 1:2 geteilt werden. Die Zerlegungspfeile entsprechen den Pfeilen im zugehörigen Baumdiagramm. Es ist $Z(1/2) = (0, 1, 0, \ldots)$.

Für $x \in [0, 1[$ gibt es zu jedem k genau ein Intervall der k-ten Stufe, welches x enthält, d. h. es gibt genau eine Folge $Z(x) = (Z_1(x), Z_2(x), \dots) \in \Omega$ mit $x \in I_{Z_1(x)\dots Z_k(x)}$ für alle $k \geq 1$. (Man kann sich $Z(x)$ als die unendlich lange Postleitzahl vorstellen, die den Punkt x eindeutig charakterisiert.) Die Abbildung $Z : [0, 1[\to \Omega$ ist eine Zufallsvariable; für $A = \{X_1 = \omega_1, \dots, X_k = \omega_k\} \in \mathscr{G}$ ist nämlich

$$Z^{-1}A = \{x : Z_1(x) = \omega_1, \dots, Z_k(x) = \omega_k\} = I_{\omega_1\dots\omega_k} \in \mathscr{B}_{[0,1[}\,,$$

so dass die Behauptung aus Bemerkung (1.25) folgt. Nach Satz (1.28) ist daher $P := \lambda \circ Z^{-1}$ ein wohldefiniertes Wahrscheinlichkeitsmaß auf $(\Omega, \mathscr{F})$, und dieses hat nach Konstruktion die verlangte Eigenschaft. $\diamondsuit$

(3.14) Beispiel: *Pólya'sches Urnenmodell.* Das folgende Urnenmodell geht zurück auf den ungarischen Mathematiker G. Pólya (1887–1985). Betrachtet werde eine Urne mit s schwarzen und w weißen Kugeln. Es wird unendlich oft in die Urne gegriffen, und bei jedem Zug wird die gezogene Kugel sowie c weitere Kugeln der gleichen Farbe wieder zurückgelegt. Der Fall $c = 0$ entspricht also dem Ziehen mit Zurücklegen. Wir sind interessiert an dem Fall $c \in \mathbb{N}$, in dem ein Selbstverstärkungseffekt eintritt: Je größer der Anteil der weißen Kugeln in der Urne ist, desto eher wird wieder eine weiße Kugel gezogen und dadurch der Anteil der weißen Kugeln noch weiter vergrößert. Dies ist ein einfaches Modell für zwei konkurrierende Populationen (und vielleicht auch für die Karriere z. B. von Politikern).

Welcher Wahrscheinlichkeitsraum beschreibt dies Urnenmodell? Wir können genau wie in Satz (3.12) vorgehen. Schreiben wir 1 für „schwarz" und 0 für „weiß", so ist $\Omega_i = \{0, 1\}$ und also $\Omega = \{0, 1\}^{\mathbb{N}}$. Für die Startverteilung ρ_1 gilt offenbar $\rho_1(0) = w/(s+w)$ und $\rho_1(1) = s/(s+w)$ entsprechend den Anteilen der weißen und schwarzen Kugeln in der Urne. Für die Übergangsdichte zur Zeit $k > 1$ erhalten wir analog

$$\rho_{k|\omega_1,\dots,\omega_{k-1}}(\omega_k) = \begin{cases} \frac{s+c\ell}{s+w+c(k-1)} \\ \frac{w+c(k-1-\ell)}{s+w+c(k-1)} \end{cases} \text{falls } \sum_{i=1}^{k-1} \omega_i = \ell \text{ und } \omega_k = \begin{cases} 1 \\ 0. \end{cases}$$

Denn hat man bei den ersten $k - 1$ Mal ℓ schwarze (und also $k - 1 - \ell$ weiße) Kugeln gezogen, so befinden sich in der Urne $s + c\ell$ schwarze und $w + c(k - 1 - \ell)$ weiße Kugeln. Bildet man nun das Produkt dieser Übergangswahrscheinlichkeiten gemäß (3.9), so erhält man zu den Zeiten k mit $\omega_k = 1$ im Zähler nacheinander die Faktoren $s, s + c, s + 2c, \dots$ und zu den Zeiten k mit $\omega_k = 0$ jeweils die Faktoren $w, w + c$, $w + 2c, \dots$ Insgesamt ergibt sich daher für das Wahrscheinlichkeitsmaß P aus Satz (3.12)

$$P(X_1 = \omega_1, \dots, X_n = \omega_n) = \frac{\prod_{i=0}^{\ell-1}(s + ci) \prod_{j=0}^{n-\ell-1}(w + cj)}{\prod_{m=0}^{n-1}(s + w + cm)} \text{ falls } \sum_{k=1}^{n} \omega_k = \ell\,.$$

Bemerkenswerterweise hängen diese Wahrscheinlichkeiten nicht von der Reihenfolge der ω_i ab, sondern nur von ihrer Summe. Man sagt daher, dass die Zufallsvariablen $X_1, X_2, \dots$ bei P *austauschbar verteilt* sind.

Sei nun $S_n = \sum_{k=1}^{n} X_i$ die Anzahl der schwarzen Kugeln nach n Zügen. Da alle ω mit $S_n(\omega) = \ell$ die gleiche Wahrscheinlichkeit haben, erhalten wir

$$P(S_n = \ell) = \binom{n}{\ell} \frac{\prod_{i=0}^{\ell-1}(s+ci) \, \prod_{j=0}^{n-\ell-1}(w+cj)}{\prod_{m=0}^{n-1}(s+w+cm)} \, .$$

Für $c = 0$ ist dies gerade die Binomialverteilung, in Übereinstimmung mit Satz (2.9). Im Fall $c \neq 0$ kann man den Bruch durch $(-c)^n$ kürzen und erhält unter Verwendung der allgemeinen Binomialkoeffizienten (2.18) und der Abkürzungen $a := s/c$, $b := w/c$

$$P(S_n = \ell) = \frac{\binom{-a}{\ell}\binom{-b}{n-\ell}}{\binom{-a-b}{n}} \, .$$

Das durch die rechte Seite definierte Wahrscheinlichkeitsmaß auf $\{0, \dots, n\}$ heißt die *Pólya-Verteilung* zu den Parametern $a, b > 0$ und n. Im Fall $c = -1$, also $-a, -b \in \mathbb{N}$, der dem Ziehen ohne Zurücklegen entspricht, sind dies gerade die hypergeometrischen Verteilungen, wie es nach Abschnitt 2.3.2 ja auch sein muss. Im Fall $a = b = 1$ erhält man die Gleichverteilung. Abbildung 3.5 zeigt die Pólya-Verteilungen zu einigen Parameterwerten. Auffällig ist deren Ähnlichkeit mit den Dichten der Beta-Verteilungen in Abbildung 2.7. Dies ist keine Zufall, siehe Aufgabe 3.4. Das Langzeitverhalten von S_n/n ist Gegenstand von Aufgabe 5.11.

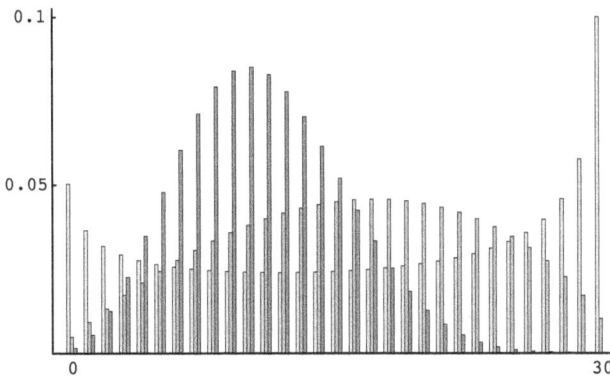

Abbildung 3.5: Stabdiagramme der Pólya-Verteilungen für $n = 30$ in den Fällen $(a, b) = (5/7, 4/7)$ (hell), $(8/4, 7/4)$ (mittel), $(5, 9)$ (dunkel).

3.3 Unabhängigkeit

Intuitiv lässt sich die Unabhängigkeit zweier Ereignisse A und B folgendermaßen umschreiben: Die Einschätzung der Wahrscheinlichkeit des Eintretens von A wird nicht beeinflusst durch die Information, dass B eingetreten ist, und umgekehrt gibt das Eintreten von A keine Veranlassung zu einer Neubewertung der Wahrscheinlichkeit von B. Das bedeutet explizit, dass

$$P(A|B) = P(A) \text{ und } P(B|A) = P(B), \text{ falls } P(A), P(B) > 0.$$

Schreibt man diese Gleichungen in symmetrischer Form, so erhält man die folgende

Definition: Sei $(\Omega, \mathscr{F}, P)$ ein Wahrscheinlichkeitsraum. Zwei Ereignisse $A, B \in \mathscr{F}$ heißen (stochastisch) *unabhängig* bezüglich P, wenn $P(A \cap B) = P(A)P(B)$.

Wir erläutern diesen fundamentalen Begriff anhand von zwei Beispielen.

(3.15) Beispiel: *Stichproben mit und ohne Zurücklegen.* Wir ziehen zwei Stichproben mit Zurücklegen aus einer Urne mit w weißen und s schwarzen (nummerierten) Kugeln. Ein geeignetes Modell ist $\Omega = \{1, \dots, s + w\}^2$ und $P = \mathcal{U}_\Omega$, die Gleichverteilung. Wir betrachten die Ereignisse $A = \{$die erste Kugel ist weiß$\}$ und $B = \{$die zweite Kugel ist weiß$\}$. Dann gilt

$$P(A \cap B) = \frac{w^2}{(s + w)^2} = P(A)\,P(B)\,,$$

also sind A und B unabhängig bezüglich P. Bei anderen Wahrscheinlichkeitsmaßen sind A und B jedoch nicht unabhängig, etwa bei $P' = P(\cdot | \Omega_{\neq}) = \mathcal{U}_{\Omega_{\neq}}$, der Gleichverteilung auf $\Omega_{\neq} = \{(k, l) \in \Omega : k \neq l\}$, die das Ziehen ohne Zurücklegen beschreibt, vgl. Beispiel (3.1). Dann ist

$$P'(A \cap B) = \frac{w(w - 1)}{(s + w)(s + w - 1)} < P'(A)P'(B).$$

Dies unterstreicht die eigentlich evidente, aber manchmal übersehene Tatsache, dass Unabhängigkeit nicht etwa nur eine Eigenschaft der Ereignisse ist, sondern auch vom zugrunde liegenden Wahrscheinlichkeitsmaß abhängt.

(3.16) Beispiel: *Unabhängigkeit trotz Kausalität.* Der Wurf von zwei unterscheidbaren Würfeln wird beschrieben durch $\Omega = \{1, \dots, 6\}^2$ mit der Gleichverteilung $P = \mathcal{U}_\Omega$. Seien

$$A = \{\text{Augensumme ist 7}\} = \{(k, l) \in \Omega : k + l = 7\}\,,$$

$$B = \{\text{erster Würfel zeigt 6}\} = \{(k, l) \in \Omega : k = 6\}\,.$$

Dann ist $|A| = |B| = 6$, $|A \cap B| = 1$, also

$$P(A \cap B) = \frac{1}{6^2} = P(A)\,P(B),$$

obgleich die Augensumme kausal vom Ergebnis des ersten Wurfes abhängt. Dies folgt hier zwar daraus, dass wir 7 (statt z. B. 12) als Wert für die Augensumme verwendet haben. Trotzdem zeigt es:

Unabhängigkeit darf nicht missverstanden werden als kausale Unabhängigkeit, obgleich etwa Beispiel (3.15) das zu suggerieren scheint. Vielmehr meint sie eine proportionale Überschneidung der Wahrscheinlichkeiten, die nichts mit einem Kausalzusammenhang zu tun hat. Sie hängt wesentlich vom zugrunde liegenden Wahrscheinlichkeitsmaß ab. Man beachte auch: Im Fall $P(A) \in \{0, 1\}$ ist A unabhängig von sich selbst.

Als Nächstes betrachten wir die Unabhängigkeit von mehr als nur zwei Ereignissen.

Definition: Sei $(\Omega, \mathscr{F}, P)$ ein Wahrscheinlichkeitsraum und $I \neq \varnothing$ eine beliebige Indexmenge. Eine Familie $(A_i)_{i \in I}$ von Ereignissen in $\mathscr{F}$ heißt *unabhängig* bezüglich P, wenn für jede endliche Teilmenge $\varnothing \neq J \subset I$ gilt:

$$P\left(\bigcap_{i \in J} A_i\right) = \prod_{i \in J} P(A_i).$$

(Der triviale Fall $|J| = 1$ ist hier nur der bequemeren Formulierung halber zugelassen.)

Die Unabhängigkeit einer Familie von Ereignissen ist eine stärkere Forderung als die nur paarweise Unabhängigkeit von je zwei Ereignissen in der Familie, entspricht aber genau dem, was man intuitiv unter gemeinsamer Unabhängigkeit verstehen möchte. Dies wird am folgenden Beispiel deutlich.

(3.17) Beispiel: *Abhängigkeit trotz paarweiser Unabhängigkeit.* Im Modell für einen zweifachen Münzwurf (mit $\Omega = \{0, 1\}^2$ und $P = \mathcal{U}_\Omega$) betrachten wir die drei Ereignisse

$$A = \{1\} \times \{0, 1\} = \{\text{erster Wurf ergibt Zahl}\},$$
$$B = \{0, 1\} \times \{1\} = \{\text{zweiter Wurf ergibt Zahl}\},$$
$$C = \{(0, 0), (1, 1)\} = \{\text{beide Würfe haben das gleiche Ergebnis}\}.$$

Dann ist $P(A \cap B) = 1/4 = P(A) P(B)$, $P(A \cap C) = 1/4 = P(A) P(C)$, und $P(B \cap C) = 1/4 = P(B) P(C)$, also sind A, B, C paarweise unabhängig. Dagegen gilt

$$P(A \cap B \cap C) = \frac{1}{4} \neq \frac{1}{8} = P(A) P(B) P(C),$$

d. h. A, B, C sind abhängig im Sinne der Definition. Dies entspricht genau der Intuition, denn es ist ja $C = (A \cap B) \cup (A^c \cap B^c)$.

Wir gehen nun noch einen Schritt weiter in der Verallgemeinerung: Uns interessiert nicht nur die Unabhängigkeit von Ereignissen, sondern auch die Unabhängigkeit von ganzen Teilexperimenten, d. h. von Zufallsvariablen, die solche Teilexperimente beschreiben.

Definition: Sei $(\Omega, \mathscr{F}, P)$ ein Wahrscheinlichkeitsraum, $I \neq \varnothing$ eine beliebige Index-menge, und für jedes $i \in I$ sei $Y_i : \Omega \to \Omega_i$ eine Zufallsvariable auf $(\Omega, \mathscr{F})$ mit Werten in einem Ereignisraum $(\Omega_i, \mathscr{F}_i)$. Die Familie $(Y_i)_{i \in I}$ heißt *unabhängig* bezüg-lich P, wenn für beliebige Wahl von Ereignissen $B_i \in \mathscr{F}_i$ die Familie $(\{Y_i \in B_i\})_{i \in I}$ unabhängig ist, d. h. wenn für beliebiges endliches $\varnothing \neq J \subset I$ und alle $B_i \in \mathscr{F}_i$ (mit $i \in J$) gilt:

$$(3.18) \qquad P\left(\bigcap_{i \in J} \{Y_i \in B_i\} \right) = \prod_{i \in J} P(Y_i \in B_i).$$

Wie kann man die Unabhängigkeit von Zufallsvariablen nachprüfen? Muss man wirklich alle $B_i \in \mathscr{F}_i$ durchprobieren? Das ist kaum möglich, da man von σ-Algebren in der Regel nur einen Erzeuger explizit kennt. Das folgende Kriterium ist deshalb von essentieller Bedeutung.

(Wer allerdings den Beweis des Eindeutigkeitssatzes (1.12) übersprungen hat, kann auch diesen Beweis übergehen und die anschließenden Ergebnisse nur zur Kenntnis nehmen.)

(3.19) Satz: Kriterium für Unabhängigkeit. *In der Situation der Definition sei zu jedem $i \in I$ ein $\cap$-stabiler Erzeuger $\mathscr{G}_i$ von $\mathscr{F}_i$ gegeben, d. h. es gelte $\sigma(\mathscr{G}_i) = \mathscr{F}_i$. Zum Nachweis der Unabhängigkeit von $(Y_i)_{i \in I}$ genügt es dann, die Gleichung (3.18) nur für Ereignisse B_i in $\mathscr{G}_i$ (statt in ganz $\mathscr{F}_i$) zu verifizieren.*

Beweis: Wir zeigen durch Induktion über n: Gleichung (3.18) gilt für beliebiges end-liches $J \subset I$ und beliebige $B_i \in \mathscr{F}_i$, sofern $|\{i \in J : B_i \notin \mathscr{G}_i\}| \leq n$. Für $n \geq |J|$ ist diese Zusatzbedingung keine Einschränkung und wir bekommen die Behauptung. Der Fall $n = 0$ entspricht gerade der Annahme, dass (3.18) für $B_i \in \mathscr{G}_i$ gilt. Der Induktionsschritt $n \rightsquigarrow n + 1$ geht so:

Seien ein endliches $J \subset I$ und Ereignisse $B_i \in \mathscr{F}_i$ mit $|\{i \in J : B_i \notin \mathscr{G}_i\}| = n + 1$ gegeben. Wir wählen ein $j \in J$ mit $B_j \notin \mathscr{G}_j$ und setzen $J' = J \setminus \{j\}$ sowie $A = \bigcap_{i \in J'} \{Y_i \in B_i\}$. Nach Induktionsannahme gilt $P(A) = \prod_{i \in J'} P(Y_i \in B_i)$, und wir können annehmen, dass $P(A) > 0$ ist, da sonst beide Seiten von (3.18) gleich 0 sind. Wir betrachten die Wahrscheinlichkeitsmaße $P(Y_j \in \cdot \,|A) := P(\cdot\,|A) \circ Y_j^{-1}$ und $P(Y_j \in \cdot) := P \circ Y_j^{-1}$ auf $\mathscr{F}_j$. Diese stimmen nach Induktionsannahme auf $\mathscr{G}_j$ überein, sind also nach dem Eindeutigkeitssatz (1.12) identisch auf ganz $\mathscr{F}_j$. Nach Multiplikation mit $P(A)$ sehen wir also, dass (3.18) für die vorgegebenen Mengen erfüllt ist, und der Induktionsschritt ist abgeschlossen. $\diamond$

Als erste Anwendung erhalten wir eine Beziehung zwischen der Unabhängigkeit von Ereignissen und ihrer zugehörigen Indikatorfunktionen; vgl. (1.16).

(3.20) Korollar: Unabhängigkeit von Indikatorvariablen. *Eine Familie $(A_i)_{i \in I}$ von Ereignissen ist genau dann unabhängig, wenn die zugehörige Familie $(1_{A_i})_{i \in I}$ von Indikatorfunktionen unabhängig ist. Insbesondere gilt: Ist $(A_i)_{i \in I}$ unabhängig und zu jedem $i \in I$ irgendein $C_i \in \{A_i, A_i^c, \Omega, \varnothing\}$ gewählt, so ist auch die Familie $(C_i)_{i \in I}$ unabhängig.*

Beweis: Jede Indikatorfunktion 1_A ist eine Zufallsvariable mit Werten in dem Ereignis-raum $(\{0, 1\}, \mathscr{P}(\{0, 1\}))$, und $\mathscr{P}(\{0, 1\})$ hat den $\cap$-stabilen Erzeuger $\mathscr{G} = \{\{1\}\}$, der als einziges Element die ein-elementige Menge $\{1\}$ enthält. Außerdem gilt $\{1_A = 1\} = A$.

Wenn also $(A_i)_{i \in I}$ unabhängig ist, so erfüllt $(1_{A_i})_{i \in I}$ die Voraussetzung von Satz (3.19). Ist umgekehrt $(1_{A_i})_{i \in I}$ unabhängig, dann sind nach Definition insbesondere die Ereignisse $(\{1_{A_i} = 1\})_{i \in I}$ unabhängig. Obendrein ist dann für beliebige $B_i \subset \{0, 1\}$ die Familie $(\{1_{A_i} \in B_i\})_{i \in I}$ unabhängig. Dies ergibt die Zusatzaussage. $\diamond$

Als Nächstes formulieren wir ein Kriterium für die Unabhängigkeit von endlichen Familien von Zufallsvariablen.

(3.21) Korollar: *Unabhängigkeit endlich vieler Zufallsvariablen. Sei $(Y_i)_{1 \leq i \leq n}$ eine endliche Familie von Zufallsvariablen auf einem Wahrscheinlichkeitsraum $(\Omega, \mathscr{F}, P)$. Dann gilt:*

(a) *Diskreter Fall: Hat jedes Y_i einen abzählbaren Wertebereich Ω_i, so ist $(Y_i)_{1 \leq i \leq n}$ genau dann unabhängig, wenn für beliebige $\omega_i \in \Omega_i$*

$$P(Y_1 = \omega_1, \ldots, Y_n = \omega_n) = \prod_{i=1}^{n} P(Y_i = \omega_i).$$

(b) *Reeller Fall: Ist jedes Y_i reellwertig, so ist $(Y_i)_{1 \leq i \leq n}$ genau dann unabhängig, wenn für beliebige $c_i \in \mathbb{R}$*

$$P(Y_1 \leq c_1, \ldots, Y_n \leq c_n) = \prod_{i=1}^{n} P(Y_i \leq c_i).$$

Beweis: Die Implikation „nur dann" ist in beiden Fällen trivial, und die Richtung „dann" ergibt sich wie folgt:

Im Fall (a) ist nach Beispiel (1.7) $\mathscr{G}_i = \{\{\omega_i\} : \omega_i \in \Omega_i\} \cup \{\varnothing\}$ ein $\cap$-stabiler Erzeuger von $\mathscr{F}_i = \mathscr{P}(\Omega_i)$, und die trivialen Ereignisse $\{Y_i \in \varnothing\} = \varnothing$ brauchen nicht betrachtet zu werden, da sonst beide Seiten von (3.18) verschwinden. Unsere Annahme entspricht somit genau der Voraussetzung von Satz (3.19) im Fall $J = I$. Der Fall $J \subsetneq I$ ergibt sich hieraus durch Summation über ω_j für $j \in I \setminus J$. Die Behauptung folgt daher aus Satz (3.19).

Aussage (b) ergibt sich ebenso, denn nach Beispiel (1.8d) ist $\{]-\infty, c] : c \in \mathbb{R}\}$ ein $\cap$-stabiler Erzeuger der Borel'schen σ-Algebra $\mathscr{B}$. $\diamond$

Es sei angemerkt, dass die Fälle (a) und (b) im Korollar keineswegs disjunkt sind: Jedes Y_i kann einen abzählbaren Wertebereich $\Omega_i \subset \mathbb{R}$ haben. Wegen Aufgabe 1.4 macht es dann aber keinen Unterschied, ob man Y_i als Zufallsvariable mit Werten im Ereignisraum $(\Omega_i, \mathscr{P}(\Omega_i))$ oder im Ereignisraum $(\mathbb{R}, \mathscr{B})$ auffasst, und die Kriterien in (a) und (b) können beide verwendet werden.

(3.22) Beispiel: *Produktmaße.* Sei E eine endliche Menge, ρ eine Zähldichte auf E, $n \geq 2$ und $P = \rho^{\otimes n}$ das n-fache Produktmaß auf $\Omega = E^n$; dies entspricht der Situation von geordneten Stichproben mit Zurücklegen aus einer Urne, in der die Kugelfarben gemäß ρ verteilt sind, siehe Abschnitt 2.2.1. Sei $X_i : \Omega \to E$ die i-te Projektion. Definitionsgemäß gilt dann für beliebige $\omega_i \in E$

$$P\left(X_1 = \omega_1, \ldots, X_n = \omega_n\right) = P\left(\{(\omega_1, \ldots, \omega_n)\}\right) = \prod_{i=1}^{n} \rho(\omega_i)$$

und daher auch (vermöge Summation über ω_j für $j \neq i$) $P(X_i = \omega_i) = \rho(\omega_i)$. Korollar (3.21a) liefert daher die Unabhängigkeit der $(X_i)_{1 \leq i \leq n}$ bezüglich $P = \rho^{\otimes n}$, wie man es beim Ziehen mit Zurücklegen auch intuitiv erwartet.

(3.23) Beispiel: *Polarkoordinaten eines zufälligen Punktes der Kreisscheibe.* Sei $K = \{x = (x_1, x_2) \in \mathbb{R}^2 : |x| \leq 1\}$ die Einheitskreisscheibe und $Z = (Z_1, Z_2)$ eine K-wertige Zufallsvariable (auf einem beliebigen Wahrscheinlichkeitsraum $(\Omega, \mathscr{F}, P)$) mit Gleichverteilung $\mathcal{U}_K$ auf K. Seien $R = |Z| = \sqrt{Z_1^2 + Z_2^2}$ und $\Psi = \arg(Z_1 + iZ_2) \in [0, 2\pi[$ die Polarkoordinaten von Z. (Ψ ist das Argument der komplexen Zahl $Z_1 + iZ_2$, also der Winkel zwischen der Strecke von 0 nach Z und der positiven Halbachse.) Dann gilt für $0 \leq r \leq 1, 0 \leq \psi < 2\pi$

$$P(R \leq r, \Psi \leq \psi) = \frac{\pi r^2}{\pi} \frac{\psi}{2\pi} = P(R \leq r) P(\Psi \leq \psi).$$

Nach Korollar (3.21b) sind R und Ψ daher unabhängig. Man sieht insbesondere: Ψ ist gleichverteilt auf $[0, 2\pi[$, und R^2 ist gleichverteilt auf $[0, 1]$.

Der nächste Satz zeigt, dass die Unabhängigkeit nicht verloren geht, wenn man unabhängige Zufallsvariablen in disjunkten Klassen zusammenfasst und zu neuen Zufallsvariablen kombiniert. Abbildung 3.6 verdeutlicht die Situation.

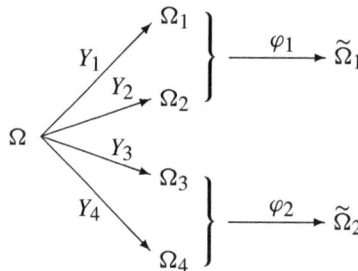

Abbildung 3.6: Disjunkte Klassen von Zufallsvariablen werden zusammengefasst und „weiter verarbeitet".

(3.24) Satz: *Kombination von unabhängigen Zufallsvariablen. Sei $(Y_i)_{i \in I}$ eine unabhängige Familie von Zufallsvariablen auf einem Wahrscheinlichkeitsraum $(\Omega, \mathscr{F}, P)$ mit Werten in beliebigen Ereignisräumen $(\Omega_i, \mathscr{F}_i)$. Sei $(I_k)_{k \in K}$ eine Familie von paarweise disjunkten Teilmengen von I, und für $k \in K$ sei $(\widetilde{\Omega}_k, \widetilde{\mathscr{F}}_k)$ ein beliebiger Ereignisraum und $\widetilde{Y}_k = \varphi_k \circ (Y_i)_{i \in I_k}$ für irgendeine Zufallsvariable $\varphi_k : (\prod_{i \in I_k} \Omega_i, \bigotimes_{i \in I_k} \mathscr{F}_i) \to (\widetilde{\Omega}_k, \widetilde{\mathscr{F}}_k)$. Dann ist die Familie $(\widetilde{Y}_k)_{k \in K}$ unabhängig.*

Beweis: Für $k \in K$ sei $(\widehat{\Omega}_k, \widehat{\mathscr{F}}_k) = (\prod_{i \in I_k} \Omega_i, \bigotimes_{i \in I_k} \mathscr{F}_i)$ und $\widehat{Y}_k := (Y_i)_{i \in I_k} : \Omega \to \widehat{\Omega}_k$ die zugehörige vektorwertige Zufallsvariable. $\widehat{\mathscr{F}}_k$ hat den $\cap$-stabilen Erzeuger

$$\widehat{\mathscr{G}}_k = \left\{ \bigcap_{i \in J}\{X_{k,i} \in B_i\} : \varnothing \neq J \text{ endlich} \subset I_k, \ B_i \in \mathscr{F}_i \right\},$$

wobei $X_{k,i} : \widehat{\Omega}_k \to \Omega_i$ die i-te Projektion bezeichnet. Für endliches $\varnothing \neq L \subset K$ und beliebiges $\widehat{B}_k = \bigcap_{i \in J_k}\{X_{k,i} \in B_i\} \in \widehat{\mathscr{G}}_k$ (mit endlichem $J_k \subset I_k$ und $B_i \in \mathscr{F}_i$) für $k \in L$ gilt nach Voraussetzung

$$P\left(\bigcap_{k \in L}\{\widehat{Y}_k \in \widehat{B}_k\} \right) = P\left(\bigcap_{k \in L} \bigcap_{i \in J_k}\{Y_i \in B_i\} \right)$$

$$= \prod_{k \in L} \prod_{i \in J_k} P(Y_i \in B_i) = \prod_{k \in L} P(\widehat{Y}_k \in \widehat{B}_k).$$

Nach Satz (3.19) ist $(\widehat{Y}_k)_{k \in K}$ daher unabhängig. Folglich ist auch $(\widetilde{Y}_k)_{k \in K}$ unabhängig, denn für beliebige $\widetilde{B}_k \in \widetilde{\mathscr{F}}_k$ ist $\varphi_k^{-1} \widetilde{B}_k \in \widehat{\mathscr{F}}_k$. Die Produktformel (3.18) gilt daher auch für die Ereignisse $\{\widetilde{Y}_k \in \widetilde{B}_k\} = \{\widehat{Y}_k \in \varphi_k^{-1} \widetilde{B}_k\}$. $\diamond$

(3.25) Beispiel: *Partielle Augensummen beim Würfeln.* Seien $M, N \geq 2$ sowie $\Omega = \{1, \ldots, 6\}^{MN}$, $P = \mathcal{U}_\Omega$ die Gleichverteilung, und $X_i : \Omega \to \{1, \ldots, 6\}$ die i-te Projektion. Dann sind nach Beispiel (3.22) und Satz (3.24) die Zufallsvariablen

$$\widetilde{X}_k = \sum_{i=(k-1)M+1}^{kM} X_i, \quad 1 \leq k \leq N,$$

unabhängig.

3.4 Existenz unabhängiger Zufallsvariablen, Produktmaße

Gibt es überhaupt unabhängige Zufallsvariablen? Und wenn ja: Wie konstruiert man sie? Für endlich viele unabhängige Zufallsvariablen haben wir bereits Beispiele gefunden. Wie aber steht es mit der Existenz von unendlich vielen unabhängigen Zufallsvariablen? Diese Frage stellt sich zum Beispiel dann, wenn man ein Modell für den unendlich oft wiederholten Münzwurf bauen möchte, siehe Beispiel (1.3). Nach dem negativen Resultat in Satz (1.5) (welches zeigte, dass wir als σ-Algebra nicht einfach die Potenzmenge nehmen können) bekommen wir hier (bei Verwendung der Produkt-σ-Algebra) ein positives Ergebnis. Wir beschränken uns auf den Fall abzählbar vieler Zufallsvariablen.

(3.26) Satz: Konstruktion unabhängiger Zufallsvariablen mit vorgegebenen Verteilungen. *Sei I eine abzählbare Indexmenge, und für jedes $i \in I$ sei $(\Omega_i, \mathscr{F}_i, P_i)$ ein beliebiger Wahrscheinlichkeitsraum. Dann existieren ein Wahrscheinlichkeitsraum $(\Omega, \mathscr{F}, P)$ und unabhängige Zufallsvariablen $Y_i : \Omega \to \Omega_i$ mit $P \circ Y_i^{-1} = P_i$ für alle $i \in I$.*

Beweis: Da jede Teilfamilie einer unabhängigen Familie von Zufallsvariablen definitionsgemäß wieder unabhängig ist, können wir annehmen, dass I abzählbar unendlich ist, also (vermöge einer geeigneten Abzählung) $I = \mathbb{N}$. Wir gehen schrittweise vor und unterscheiden dazu verschiedene Fälle.

1. Fall: Für alle $i \in \mathbb{N}$ sei Ω_i abzählbar. Dann können wir Satz (3.12) auf die Übergangsdichten $\rho_{k|\omega_1,\ldots,\omega_{k-1}}(\omega_k) = P_k(\{\omega_k\})$ anwenden (die gar nicht von den Bedingungen abhängen), und bekommen Zufallsvariablen $Y_i = X_i$, welche die Gleichung (3.13) erfüllen. Für die gewählten Übergangsdichten ist (3.13) jedoch gleichbedeutend mit dem Unabhängigkeitskriterium in Korollar (3.21a). Die Y_i sind daher unabhängig und haben offensichtlich die gewünschten Verteilungen.

2. Fall: Für alle $i \in \mathbb{N}$ sei $\Omega_i = [0, 1]$ und $P_i = \mathcal{U}_{[0,1]}$ die (stetige) Gleichverteilung auf $[0, 1]$. Dann verschaffen wir uns zunächst gemäß dem ersten Fall eine (mit $\mathbb{N} \times \mathbb{N}$ indizierte) abzählbare Familie $(Y_{i,j})_{i,j \geq 1}$ von unabhängigen, $\{0, 1\}$-wertigen Zufallsvariablen auf einem geeigneten $(\Omega, \mathscr{F}, P)$ mit $P(Y_{i,j} = 1) = P(Y_{i,j} = 0) = 1/2$. Für $i \in \mathbb{N}$ sei dann

$$Y_i = \sum_{j \geq 1} Y_{i,j}\, 2^{-j} = \varphi \circ (Y_{i,j})_{j \geq 1}$$

die Zahl mit Binär-Entwicklung $(Y_{i,j})_{j \geq 1}$. Hierbei ist $\varphi : \{0, 1\}^{\mathbb{N}} \to [0, 1]$ mit $\varphi(y_1, y_2, \ldots) = \sum_{j \geq 1} y_j\, 2^{-j}$ die Abbildung, welche jeder unendlichen Binärfolge die zugehörige reelle Zahl zuordnet. φ ist eine Zufallsvariable bezüglich der zugrunde gelegten σ-Algebren $\mathscr{P}(\{0, 1\})^{\otimes \mathbb{N}}$ und $\mathscr{B}_{[0,1]}$. Denn bezeichnet $X_i : \{0, 1\}^{\mathbb{N}} \to \{0, 1\}$ die i-te Projektion und hat $0 \leq m < 2^n$ die Binär-Darstellung $m = \sum_{k=1}^{n} y_k\, 2^{n-k}$ mit $y_k \in \{0, 1\}$, so gilt

$$\varphi^{-1}\left[\tfrac{m}{2^n}, \tfrac{m+1}{2^n}\right] = \{X_1 = y_1, \ldots, X_n = y_n\} \in \mathscr{P}(\{0, 1\})^{\otimes \mathbb{N}},$$

und dies impliziert wegen Bemerkung (1.25) die Behauptung. Weiter gilt in diesem Fall

$$P\left(Y_i \in \left[\tfrac{m}{2^n}, \tfrac{m+1}{2^n}\right]\right) = P(Y_{i,1} = y_1, \ldots, Y_{i,n} = y_n) = 2^{-n}.$$

Insbesondere folgt (wenn man die Intervalle auf einen Punkt schrumpfen lässt) $P(Y_i = m/2^n) = 0$, und somit durch Addition

$$P\left(Y_i \in \left[\tfrac{m}{2^n}, \tfrac{l}{2^n}\right]\right) = \mathcal{U}_{[0,1]}\left(\left[\tfrac{m}{2^n}, \tfrac{l}{2^n}\right]\right)$$

für $0 \leq m \leq l \leq 2^n$ und $n, i \in \mathbb{N}$. Der Eindeutigkeitssatz (1.12) ergibt daher die

Identität $P \circ Y_i^{-1} = \mathcal{U}_{[0,1]}$. Schließlich impliziert Satz (3.24), dass die Folge $(Y_i)_{i\geq 1}$ unabhängig ist.

3. Fall: Für alle $i \in \mathbb{N}$ sei $\Omega_i = \mathbb{R}$. Gemäß dem zweiten Fall existieren unabhängige Zufallsvariablen $(Y_i)_{i\geq 1}$ auf einem Wahrscheinlichkeitsraum $(\Omega, \mathcal{F}, P)$ mit $P \circ Y_i^{-1} = \mathcal{U}_{[0,1]}$. Wegen $\mathcal{U}_{[0,1]}(]0,1[) = 1$ gilt $P(0 < Y_i < 1$ für alle $i \geq 1) = 1$. In Proposition (1.30) haben wir gesehen, dass die Quantil-Transformation zu jedem Wahrscheinlichkeitsmaß P_i auf $(\mathbb{R}, \mathcal{B})$ eine Zufallsvariable $\varphi_i :]0,1[\to \mathbb{R}$ mit Verteilung $\mathcal{U}_{]0,1[} \circ \varphi_i^{-1} = P_i$ liefert. Die Familie $(\varphi_i \circ Y_i)_{i\geq 1}$ hat dann die gewünschten Eigenschaften, denn sie ist nach Satz (3.24) unabhängig, und es gilt $P \circ (\varphi_i \circ Y_i)^{-1} = \mathcal{U}_{]0,1[} \circ \varphi_i^{-1} = P_i$.

Allgemeiner Fall: Wenn $\Omega_i = \mathbb{R}^d$ oder Ω_i ein vollständiger separabler metrischer Raum ist, lässt sich auf kompliziertere Weise noch ein φ_i wie im dritten Fall finden. Im allgemeinen Fall lässt sich das Existenzproblem jedoch nicht auf die Existenz des Lebesgue-Maßes zurückführen, man braucht dazu mehr Maßtheorie. Darauf gehen wir hier nicht ein, da wir den Satz nur in den bewiesenen Fällen benötigen werden, und verweisen etwa auf Durrett [17], Section 1.4.c, und Dudley [16], Theorem 8.2.2. $\diamond$

(3.27) Korollar: Existenz unendlicher Produktmaße. *Sei $(\Omega_i, \mathcal{F}_i, P_i)$, $i \in I$, eine abzählbare Familie von Wahrscheinlichkeitsräumen und $\Omega = \prod_{i\in I} \Omega_i$, $\mathcal{F} = \bigotimes_{i\in I} \mathcal{F}_i$. Dann gibt es genau ein Wahrscheinlichkeitsmaß P auf $(\Omega, \mathcal{F})$, für welches die Projektionen $X_i : \Omega \to \Omega_i$ unabhängig sind mit Verteilung P_i, d. h. welches die Produktformel*

$$P(X_i \in A_i \text{ für alle } i \in J) = \prod_{i\in J} P_i(A_i)$$

für alle endlichen $\emptyset \neq J \subset I$ und $A_i \in \mathcal{F}_i$ erfüllt.

Definition: P heißt das *Produkt* der P_i und wird mit $\bigotimes_{i\in I} P_i$ oder, wenn $P_i = Q$ für alle $i \in I$, mit $Q^{\otimes I}$ bezeichnet.

Beweis: Die Eindeutigkeit von P folgt aus dem Eindeutigkeitssatz (1.12), da die Mengen $\{X_i \in A_i$ für $i \in J\}$ mit endlichem $\emptyset \neq J \subset I$ und $A_i \in \mathcal{F}_i$ einen $\cap$-stabilen Erzeuger von $\mathcal{F}$ bilden.

Zur Existenz: Seien $(Y_i)_{i\in I}$ gemäß Satz (3.26) unabhängige Zufallsvariablen auf einem Wahrscheinlichkeitsraum $(\Omega', \mathcal{F}', P')$ mit $P' \circ Y_i^{-1} = P_i$. Dann ist $Y = (Y_i)_{i\in I} : \Omega' \to \Omega$ eine Zufallsvariable, denn für alle endlichen $\emptyset \neq J \subset I$ und $A_i \in \mathcal{F}_i$ gilt

$$Y^{-1}\{X_i \in A_i \text{ für } i \in J\} = \{Y_i \in A_i \text{ für } i \in J\} \in \mathcal{F}',$$

woraus nach Bemerkung (1.25) die Behauptung folgt. Also ist die Verteilung $P = P' \circ Y^{-1}$ von Y wohldefiniert, und es gilt

$$P(X_i \in A_i \text{ für } i \in J) = P'(Y_i \in A_i \text{ für } i \in J) = \prod_{i\in J} P'(Y_i \in A_i) = \prod_{i\in J} P_i(A_i).$$

P hat also die verlangte Eigenschaft. $\diamond$

Der obige Beweis zeigt insbesondere den folgenden Zusammenhang zwischen den Begriffen Unabhängigkeit und Produktmaß.

(3.28) Bemerkung: *Unabhängigkeit als Verteilungseigenschaft.* Eine abzählbare Familie $(Y_i)_{i \in I}$ von Zufallsvariablen mit Werten in irgendwelchen Ereignisräumen $(\Omega_i, \mathscr{F}_i)$ ist genau dann unabhängig, wenn

$$P \circ (Y_i)_{i \in I}^{-1} = \bigotimes_{i \in I} P \circ Y_i^{-1},$$

also wenn die *gemeinsame Verteilung* der $(Y_i)_{i \in I}$, d. h. die Verteilung des Zufallsvektors $Y = (Y_i)_{i \in I}$ mit Werten in $\prod_{i \in I} \Omega_i$, gerade das Produkt der einzelnen Verteilungen $P \circ Y_i^{-1}$ ist.

Der folgende Spezialfall der erzielten Ergebnisse ist von besonderem Interesse.

(3.29) Beispiel und Definition: *Kanonisches Produktmodell und Bernoulli-Maß.* Sei $I = \mathbb{N}$ und $(\Omega_i, \mathscr{F}_i, P_i) = (E, \mathscr{E}, Q)$ für alle $i \in \mathbb{N}$. Nach Korollar (3.27) existiert dann der unendliche Produkt-Wahrscheinlichkeitsraum $(E^{\mathbb{N}}, \mathscr{E}^{\otimes \mathbb{N}}, Q^{\otimes \mathbb{N}})$ als sogenanntes *kanonisches Modell* für die unendliche unabhängige Wiederholung eines Experiments, das durch $(E, \mathscr{E}, Q)$ beschrieben wird. Die Projektionsvariablen X_i sind dann unabhängig und identisch verteilt, nämlich mit Verteilung Q. (Dies verallgemeinert das in Abschnitt 2.2.1 eingeführte endliche Produkt von Wahrscheinlichkeitsmaßen auf endlichen Mengen auf unendliche Produkte und beliebige Ereignisräume.)

Im Fall $E = \{0, 1\}$, $Q(\{1\}) = p \in {]0, 1[}$ heißt $Q^{\otimes \mathbb{N}}$ das (unendliche) *Bernoulli-Maß* oder die unendliche *Bernoulli-Verteilung* auf $\{0, 1\}^{\mathbb{N}}$ zur Erfolgswahrscheinlichkeit p. (Seine Existenz auf der Produkt-σ-Algebra $\mathscr{P}(\{0, 1\})^{\otimes \mathbb{N}}$ ist das positive Gegenstück zu dem „No go theorem" (1.5).) Entsprechend heißt eine Folge $(Y_i)_{i \geq 1}$ von $\{0, 1\}$-wertigen Zufallsvariablen eine *Bernoulli-Folge* oder ein *Bernoulli-Prozess zu* p, wenn sie die gemeinsame Verteilung $Q^{\otimes \mathbb{N}}$ besitzt, also wenn

$$P(Y_i = x_i \text{ für alle } i \leq n) = p^{\sum_{i=1}^{n} x_i} (1 - p)^{\sum_{i=1}^{n} (1 - x_i)}$$

für alle $n \geq 1$ und $x_i \in \{0, 1\}$. Die in Abschnitt 2.2.1 eingeführte Bernoulli-Verteilung auf dem endlichen Produkt $\{0, 1\}^n$ ist dann gerade die gemeinsame Verteilung von $(Y_1, \ldots, Y_n)$.

Endliche Produktmaße besitzen genau dann eine Dichtefunktion, wenn alle Faktormaße eine Dichtefunktion besitzen. Genauer gilt das Folgende.

(3.30) Beispiel: *Produktdichten.* Für alle i sei $\Omega_i = \mathbb{R}$ und P_i habe eine Dichtefunktion ρ_i. Dann ist das endliche Produktmaß $P = \bigotimes_{i=1}^{n} P_i$ auf $(\mathbb{R}^n, \mathscr{B}^n)$ gerade das Wahrscheinlichkeitsmaß mit der Dichtefunktion

$$\rho(x) = \prod_{i=1}^{n} \rho_i(x_i) \quad \text{für } x = (x_1, \ldots, x_n) \in \mathbb{R}^n.$$

Denn für beliebige $c_i \in \mathbb{R}$ gilt

$$P(X_1 \leq c_1, \ldots, X_n \leq c_n) = \prod_{i=1}^{n} P_i(]-\infty, c_i])$$

$$= \prod_{i=1}^{n} \int_{-\infty}^{c_i} \rho_i(x_i) \, dx_i = \int_{-\infty}^{c_1} \cdots \int_{-\infty}^{c_n} \rho_1(x_1) \ldots \rho_n(x_n) \, dx_1 \ldots dx_n$$

$$= \int_{\{X_1 \leq c_1, \ldots, X_n \leq c_n\}} \rho(x) \, dx \, .$$

(Das dritte Gleichheitszeichen ergibt sich mit Hilfe des Satzes von Fubini für Mehrfach-Integrale, siehe etwa [24, 45].) Nach dem Eindeutigkeitssatz (1.12) ist daher auch $P(A) = \int_A \rho(x) \, dx$ für alle $A \in \mathcal{B}^n$. (Man beachte: Das unendliche Produktmaß $\bigotimes_{i \geq 1} P_i$ hat keine Dichtefunktion mehr. Das ist schon allein deswegen klar, weil kein Lebesgue-Maß auf $\mathbb{R}^{\mathbb{N}}$ existiert.)

Wir beenden diesen Abschnitt mit einem Begriff, der eng mit dem des Produktmaßes verknüpft ist, nämlich dem der *Faltung*. Zur Motivation seien Y_1, Y_2 zwei unabhängige reellwertige Zufallsvariablen mit Verteilung Q_1 bzw. Q_2 auf $\mathbb{R}$. Gemäß Bemerkung (3.28) hat dann das Paar (Y_1, Y_2) die Verteilung $Q_1 \otimes Q_2$ auf $\mathbb{R}^2$. Andrerseits ist nach Aufgabe 1.14 $Y_1 + Y_2$ ebenfalls eine Zufallsvariable, und es gilt $Y_1 + Y_2 = \mathsf{A} \circ (Y_1, Y_2)$ für die Additionsabbildung $\mathsf{A} : (x_1, x_2) \to x_1 + x_2$ von $\mathbb{R}^2$ nach $\mathbb{R}$. Also hat $Y_1 + Y_2$ die Verteilung $(Q_1 \otimes Q_2) \circ \mathsf{A}^{-1}$. ($\mathsf{A}$ ist stetig und deshalb nach (1.27) eine Zufallsvariable.)

Definition: Seien Q_1, Q_2 zwei Wahrscheinlichkeitsmaße auf $(\mathbb{R}, \mathcal{B})$. Dann heißt das Wahrscheinlichkeitsmaß $Q_1 \star Q_2 := (Q_1 \otimes Q_2) \circ \mathsf{A}^{-1}$ auf $(\mathbb{R}, \mathcal{B})$ die *Faltung* von Q_1 und Q_2.

Mit anderen Worten: $Q_1 \star Q_2$ ist die Verteilung der Summe von zwei beliebigen unabhängigen Zufallsvariablen mit Verteilung Q_1 bzw. Q_2. Im Fall von Wahrscheinlichkeitsmaßen mit Dichten besitzt die Faltung wieder eine Dichte:

(3.31) Bemerkung: *Faltung von Dichten.* In der Situation der Definition gilt:

(a) *Diskreter Fall:* Sind Q_1 und Q_2 de facto Wahrscheinlichkeitsmaße auf $(\mathbb{Z}, \mathcal{P}(\mathbb{Z}))$ mit Zähldichten ρ_1 bzw. ρ_2, so ist $Q_1 \star Q_2$ das Wahrscheinlichkeitsmaß auf $(\mathbb{Z}, \mathcal{P}(\mathbb{Z}))$ mit Zähldichte

$$\rho_1 \star \rho_2(k) := \sum_{l \in \mathbb{Z}} \rho_1(l) \, \rho_2(k - l) \, , \quad k \in \mathbb{Z} \, .$$

(b) *Stetiger Fall:* Haben Q_1 und Q_2 jeweils eine Dichtefunktion ρ_1 bzw. ρ_2, so hat $Q_1 \star Q_2$ die Dichtefunktion

$$\rho_1 \star \rho_2(x) := \int \rho_1(y) \, \rho_2(x - y) \, dy \, , \quad x \in \mathbb{R} \, .$$

Beweis: Im Fall (a) können wir für $k \in \mathbb{Z}$ schreiben

$$Q_1 \otimes Q_2(\mathsf{A} = k) = \sum_{l_1, l_2 \in \mathbb{Z}: \, l_1 + l_2 = k} \rho_1(l_1) \, \rho_2(l_2) = \rho_1 \star \rho_2(k) \,.$$

Im Fall (b) erhalten wir mit Beispiel (3.30) und den Substitutionen $x_1 \leadsto y, x_2 \leadsto x = y + x_2$ durch Vertauschung der Doppelintegrale

$$Q_1 \otimes Q_2(\mathsf{A} \le c) = \int dy \, \rho_1(y) \int dx \, \rho_2(x - y) \, 1_{\{x \le c\}} = \int_{-\infty}^{c} \rho_1 \star \rho_2(x) \, dx$$

für beliebiges $c \in \mathbb{R}$, und die Behauptung folgt aus Bemerkung (1.31). $\diamond$

In einigen wichtigen Fällen bleibt der Typ der Verteilung bei der Bildung von Faltungen erhalten, so zum Beispiel bei den Normalverteilungen:

(3.32) Beispiel: *Faltung von Normalverteilungen.* Für alle $m_1, m_2 \in \mathbb{R}, v_1, v_2 > 0$ gilt $\mathcal{N}_{m_1, v_2} \star \mathcal{N}_{m_2, v_2} = \mathcal{N}_{m_1 + m_2, v_1 + v_2}$, d.h. bei der Faltung von Normalverteilungen addieren sich einfach die Parameter. Die Normalverteilungen bilden daher eine „zweiparametrige Faltungshalbgruppe". Zum Beweis setze man ohne Einschränkung $m_1 = m_2 = 0$. Eine kurze Rechnung zeigt dann, dass für alle $x, y \in \mathbb{R}$

$$\phi_{0, v_1}(y) \, \phi_{0, v_2}(x - y) = \phi_{0, v_1 + v_2}(x) \, \phi_{xu, v_2 u}(y)$$

mit $u = v_1 / (v_1 + v_2)$. Durch Integration über y ergibt sich zusammen mit Bemerkung (3.31b) die Behauptung.

Weitere Beispiele folgen in Korollar (3.36), Aufgabe 3.15 und Abschnitt 4.4.

3.5 Der Poisson-Prozess

Die Existenz von unendlich vielen unabhängigen Zufallsvariablen mit vorgegebener Verteilung versetzt uns in die Lage, das in den Abschnitten 2.4 und 2.5.2 betrachtete Modell für rein zufällige Zeitpunkte zu präzisieren. Aus Abschnitt 2.5.2 wissen wir, dass die Wartezeit auf den ersten Zeitpunkt exponentialverteilt ist, und die Heuristik in Abschnitt 2.4 legt nahe, dass die Differenzen zwischen aufeinander folgenden Punkten unabhängig sind.

Wir machen deshalb folgenden Ansatz: Sei $\alpha > 0$ und $(L_i)_{i \ge 1}$ eine Folge von unabhängigen, gemäß α exponentialverteilten Zufallsvariablen auf einem geeigneten Wahrscheinlichkeitsraum $(\Omega, \mathscr{F}, P)$; Satz (3.26) garantiert die Existenz solch einer Folge. Wir interpretieren L_i als Lücke zwischen dem $(i - 1)$-ten und i-ten Punkt; dann ist $T_k = \sum_{i=1}^{k} L_i$ der k-te zufällige Zeitpunkt; vgl. Abbildung 3.7. Sei

(3.33) $$N_t = \sum_{k \ge 1} 1_{]0, t]}(T_k)$$

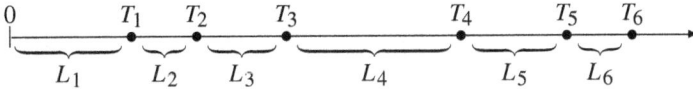

Abbildung 3.7: Zur Definition des Poisson-Prozesses N_t. Die L_i sind unabhängig und exponentialverteilt. Für $t \in [T_k, T_{k+1}[$ ist $N_t = k$.

die Anzahl der Punkte im Intervall $]0, t]$. Für $s < t$ ist dann $N_t - N_s$ die Anzahl der Punkte in $]s, t]$.

(3.34) Satz: Konstruktion des Poisson-Prozesses. *Die N_t sind Zufallsvariablen, und für $0 = t_0 < t_1 < \cdots < t_n$ sind die Differenzen $N_{t_i} - N_{t_{i-1}}$ voneinander unabhängig und Poisson-verteilt zum Parameter $\alpha(t_i - t_{i-1})$, $1 \le i \le n$.*

Definition: Eine Familie $(N_t)_{t \ge 0}$ von Zufallsvariablen mit den in Satz (3.34) genannten Eigenschaften heißt ein *Poisson-Prozess zur Intensität* $\alpha > 0$.

Die Unabhängigkeit der Punkteanzahlen in disjunkten Intervallen zeigt, dass der Poisson-Prozess tatsächlich rein zufällige Zeitpunkte modelliert. Man beachte, dass sich die Beziehung (3.33) auch umkehren lässt: Es gilt $T_k = \inf\{t > 0 : N_t \ge k\}$ für $k \ge 1$, d.h. T_k ist gerade der $k$te Zeitpunkt, an dem der „Pfad" $t \to N_t$ des Poisson-Prozesses um 1 nach oben springt. Die Zeiten T_k heißen deshalb auch die *Sprungzeiten* des Poisson-Prozesses, und $(N_t)_{t \ge 0}$ und $(T_k)_{k \in \mathbb{N}}$ sind zwei verschiedene Beschreibungen desselben mathematischen Objekts.

Beweis: Da $\{N_t = k\} = \{T_k \le t < T_{k+1}\}$ und die T_k wegen Aufgabe 1.14 Zufallsvariablen sind, ist jedes N_t eine Zufallsvariable. Zum Hauptteil des Beweises beschränken wir uns aus schreibtechnischen Gründen auf den Fall $n = 2$; der allgemeine Fall folgt analog.

Sei also $0 < s < t$, $k, l \in \mathbb{Z}_+$. Wir zeigen

$$(3.35) \qquad P(N_s = k, N_t - N_s = l) = \left(e^{-\alpha s} \frac{(\alpha s)^k}{k!}\right)\left(e^{-\alpha(t-s)} \frac{(\alpha(t-s))^l}{l!}\right).$$

Durch Summation über l bzw. k sieht man dann insbesondere, dass N_s und $N_t - N_s$ Poisson-verteilt sind, und ihre Unabhängigkeit folgt dann unmittelbar. Gemäß Beispiel (3.30) hat die Verteilung von $(L_j)_{1 \le j \le k+l+1}$ die Produktdichte

$$x = (x_1, \ldots, x_{k+l+1}) \to \alpha^{k+l+1} e^{-\alpha \tau_{k+l+1}(x)},$$

wobei $\tau_j(x) = x_1 + \cdots + x_j$ gesetzt wurde. Somit ist im Fall $l \ge 1$

$$P(N_s = k, N_t - N_s = l) = P(T_k \le s < T_{k+1} \le T_{k+l} \le t < T_{k+l+1})$$

$$= \int_0^\infty \cdots \int_0^\infty dx_1 \ldots dx_{k+l+1}\, \alpha^{k+l+1} e^{-\alpha \tau_{k+l+1}(x)}$$

$$\cdot 1_{\{\tau_k(x) \le s < \tau_{k+1}(x) \le \tau_{k+l}(x) \le t < \tau_{k+l+1}(x)\}},$$

und im Fall $l = 0$ ergibt sich eine analoge Formel. Wir integrieren schrittweise von innen nach außen. Bei festgehaltenem $x_1, \ldots, x_{k+l}$ liefert die Substitution $x_{k+l+1} \rightsquigarrow z = \tau_{k+l+1}(x)$

$$\int_0^\infty dx_{k+l+1} \, \alpha e^{-\alpha \tau_{k+l+1}(x)} 1_{\{\tau_{k+l+1}(x) > t\}} = \int_t^\infty dz \, \alpha e^{-\alpha z} = e^{-\alpha t} .$$

Bei festgehaltenem $x_1, \ldots, x_k$ liefert die Substitution $y_1 = \tau_{k+1}(x) - s$, $y_2 = x_{k+2}, \ldots,$ $y_l = x_{k+l}$

$$\int_0^\infty \cdots \int_0^\infty dx_{k+1} \ldots dx_{k+l} \, 1_{\{s < \tau_{k+1}(x) \leq \tau_{k+l}(x) \leq t\}}$$

$$= \int_0^\infty \cdots \int_0^\infty dy_1 \ldots dy_l \, 1_{\{y_1 + \cdots + y_l \leq t - s\}} = \frac{(t-s)^l}{l!} .$$

Die letzte Gleichung folgt zum Beispiel durch Induktion über l. (Im Fall $l = 0$ tritt dieses Integral nicht auf und kann formal $= 1$ gesetzt werden.) Für das restliche Integral folgt genauso

$$\int_0^\infty \cdots \int_0^\infty dx_1 \ldots dx_k \, 1_{\{\tau_k(x) \leq s\}} = \frac{s^k}{k!} .$$

Aus allem zusammen ergibt sich

$$P(N_s = k, N_t - N_s = l) = e^{-\alpha t} \, \alpha^{k+l} \, \frac{s^k}{k!} \, \frac{(t-s)^l}{l!}$$

und somit (3.35). $\Diamond$

Der Poisson-Prozess ist das prototypische stochastische Modell für zufällige Zeitpunkte. Er präzisiert den heuristischen Ansatz in Abschnitt 2.4 und liefert uns nebenbei die folgenden Faltungsaussagen.

(3.36) Korollar: Faltung von Poisson- und Gammaverteilungen. *Für beliebige Parameter* $\lambda, \mu > 0$ *gilt* $\mathcal{P}_\lambda \star \mathcal{P}_\mu = \mathcal{P}_{\lambda + \mu}$, *und für* $\alpha > 0$, $r, s \in \mathbb{N}$ *ist* $\Gamma_{\alpha, r} \star \Gamma_{\alpha, s} = \Gamma_{\alpha, r+s}$.

Beweis: Sei $(N_t)_{t \geq 0}$ der oben konstruierte Poisson-Prozess zum Parameter $\alpha > 0$, und sei zunächst $\alpha = 1$. Nach Satz (3.34) sind dann die Zufallsvariablen N_λ und $N_{\lambda + \mu} - N_\lambda$ unabhängig mit Verteilung $\mathcal{P}_\lambda$ bzw. $\mathcal{P}_\mu$, und ihre Summe $N_{\lambda + \mu}$ ist $\mathcal{P}_{\lambda + \mu}$-verteilt. Die erste Behauptung folgt daher aus der Definition der Faltung.

Sei nun α beliebig und $T_r = \sum_{i=1}^r L_i$ der r-te Zeitpunkt des Poisson-Prozesses. Als Summe unabhängiger exponentialverteilter Zufallsvariablen hat T_r die Verteilung $\mathcal{E}_\alpha^{\star r}$. Andrerseits gilt für jedes $t > 0$

$$P(T_r \leq t) = P(N_t \geq r) = 1 - \mathcal{P}_{\alpha t}(\{0, \ldots, r-1\}) = \Gamma_{\alpha, r}(]0, t]) .$$

Dabei folgt die erste Gleichung aus der Definition von N_t, die zweite aus Satz (3.34), und die dritte aus (2.19). Also ist $\mathcal{E}_\alpha^{\star r} = \Gamma_{\alpha, r}$, und daraus folgt die zweite Behauptung. $\Diamond$

Man rechnet übrigens leicht nach, dass die Beziehung $\Gamma_{\alpha, r} \star \Gamma_{\alpha, s} = \Gamma_{\alpha, r+s}$ auch für nicht ganzzahlige r, s gilt, siehe Aufgabe 3.15 und Korollar (9.9).

Als eines der fundamentalen Modelle der Stochastik ist der Poisson-Prozess ein Ausgangspunkt für vielfältige Modifikationen und Verallgemeinerungen. Wir erwähnen hier nur zwei Beispiele.

(3.37) Beispiel: *Der Compound-Poisson-Prozess.* Sei $(N_t)_{t \geq 0}$ ein Poisson-Prozess zu einer Intensität $\alpha > 0$. Wie oben bemerkt, ist für jedes feste $\omega \in \Omega$ der Pfad $t \to N_t(\omega)$ eine stückweise konstante Funktion, welche zu den Zeiten $T_k(\omega)$ einen Sprung der Höhe 1 macht. Wir verändern diesen Prozess jetzt in der Weise, dass auch die Sprunghöhen zufällig werden.

Sei $(Z_i)_{i \geq 1}$ eine Folge von unabhängigen reellen Zufallsvariablen, welche ebenfalls von $(N_t)_{t \geq 0}$ unabhängig sind und alle dieselbe Verteilung Q auf $(\mathbb{R}, \mathscr{B})$ haben. (Solche Zufallsvariablen existieren wegen Satz (3.26).) Dann heißt die Folge $(S_t)_{t \geq 0}$ mit

$$S_t = \sum_{i=0}^{N_t} Z_i, \quad t \geq 0,$$

der *zusammengesetzte* (oder einprägsamer auf Englisch: *Compound-)Poisson-Prozess zur Sprungverteilung Q und Intensität α*. Sind alle $Z_i \geq 0$, so modelliert dieser Prozess zum Beispiel den Verlauf der Schadensforderungen an eine Versicherungsgesellschaft: Die Forderungen werden geltend gemacht zu den Sprungzeitpunkten des Poisson-Prozesses (N_t), und Z_i ist die Höhe des i-ten Schadens. Berücksichtigt man noch die regelmäßigen Beitragszahlungen der Versicherungsnehmer in Form eines stetigen Kapitalzuwachses mit Rate $c > 0$, so wird der Nettoverlust der Versicherungsgesellschaft im Intervall $[0, t]$ beschrieben durch den Prozess $V_t = S_t - ct$, $t \geq 0$. Dies ist ein Grundmodell des Versicherungswesens. Von Interesse ist die

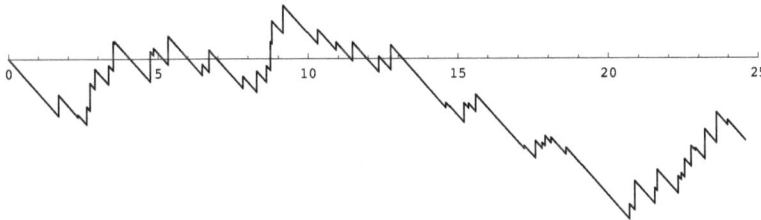

Abbildung 3.8: Simulation des Verlustprozesses (V_t) für $Q = \mathcal{U}_{]0,1[}, \alpha = 2, c = 1.1$.

„Ruinwahrscheinlichkeit" $r(a) = P(\sup_{t \geq 0} V_t > a)$ dafür, dass der Gesamtverlust irgendwann die Kapitalreserve $a > 0$ übersteigt. Da bei der Bildung des Supremums über V_t nur die Sprungzeitpunkte T_k berücksichtigt werden müssen, kann man mit Hilfe der L_i aus Abbildung 3.7 auch schreiben

$$r(a) = P\left(\sup_{k \geq 1} \sum_{i=1}^{k} (Z_i - c L_i) > a \right).$$

Mehr dazu findet man z. B. in [20], Sections VI.5 und XII.5. Abbildung 3.8 zeigt eine Simulation von $(V_t)_{t \geq 0}$.

(3.38) Beispiel: *Der Poisson'sche Punktprozess in* $\mathbb{R}^2$. Bisher haben wir den Poisson-Prozess als ein Modell für zufällige Zeitpunkte in $[0, \infty[$ betrachtet. In vielen Anwendungen interessiert man sich aber auch für zufällige Punkte im Raum. Man denke etwa an die Teilchenpositionen eines idealen Gases oder die Lage der Poren in einem Flüssigkeitsfilm.

Wir beschränken uns hier auf zufällige Punkte in einem „Fenster" $\Lambda = [0, L]^2$ der Ebene. Sei $\alpha > 0$ und $(N_t)_{t \geq 0}$ ein Poisson-Prozess zur Intensität αL mit Sprungzeiten $(T_k)_{k \geq 1}$, sowie $(Z_i)_{i \geq 1}$ eine davon unabhängige Folge von unabhängigen Zufallsvariablen jeweils mit Gleichverteilung $\mathcal{U}_{[0,L]}$ auf $[0, L]$. Dann heißt die zufällige Punktmenge

$$\xi = \big\{ (T_k, Z_k) : 1 \leq k \leq N_L \big\}$$

der *Poisson'sche Punktprozess auf* Λ *zur Intensität* α. (Für eine andere Konstruktion von ξ siehe Aufgabe 3.25.) Zeichnet man um jeden Punkt $(T_k, Z_k) \in \xi$ einen Kreis mit zufälligem Radius $R_k > 0$, so erhält man eine zufällige Menge Ξ, welche *Boole'sches Modell* heißt und in der stochastischen Geometrie als Basismodell zufälliger Strukturen dient. Weiteres dazu findet man z. B. in [52, 68]. Zwei simulierte Realisierungen von Ξ mit konstantem $R_k = 0.5$ und verschiedenem α sind in Abbildung 3.9 dargestellt.

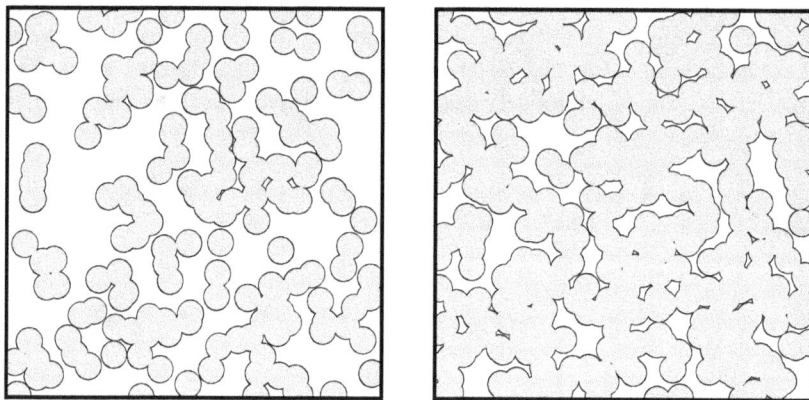

Abbildung 3.9: Simulationen des Boole-Modells: $L = 15$, $\alpha = 0.8$ und 2.

3.6   Simulationsverfahren

Hat man für eine konkrete Anwendungssitutation ein stochastisches Modell entwickelt, so möchte man sich oft einen ersten Eindruck davon verschaffen, wie sich das Modell verhält und ob die erwarteten Phänomene sich in diesem Modell wirklich zeigen. Dazu ist die „experimentelle Stochastik" durch die sogenannte *Monte-Carlo-Simulation* ein nützliches Hilfsmittel; zwei Beispiele dafür haben wir in den Abbildungen 3.8 und 3.9

gesehen. Im Folgenden sollen ein paar grundlegende Simulationsverfahren vorgestellt werden.

Vergegenwärtigen wir uns noch einmal den Beweis von Satz (3.26). Dieser lieferte uns mehr als die bloße Existenz unabhängiger Zufallsvariablen: Im zweiten Fall haben wir gesehen, wie man aus einer Bernoulli-Folge (mit Hilfe der binären Entwicklung) unabhängige $\mathcal{U}_{[0,1]}$-verteilte Zufallsvariablen konstruieren kann, und im dritten Fall, wie man aus letzteren mit Hilfe der Quantil-Transformation (1.30) solche mit beliebiger Verteilung in $\mathbb{R}$ erzeugen kann. Dies waren zwei Beispiele für die allgemeine Frage: *Wie beschafft man sich mit Hilfe von bekannten Zufallsvariablen neue Zufallsvariablen mit bestimmten Eigenschaften?* Diese Frage ist auch das Grundprinzip bei der Computersimulation, bei der man von unabhängigen, auf [0, 1] gleichverteilten Zufallsvariablen ausgeht und sich daraus neue Zufallsvariablen mit den gewünschten Eigenschaften konstruiert. Wir führen dies anhand einiger Beispiele vor. Zuerst zwei einfache Anwendungen der Quantil-Transformation, die in diesem Zusammenhang auch *Inversionsmethode* genannt wird.

(3.39) Beispiel: *Simulation von Binomialverteilungen.* Für $0 < p < 1$ und unabhängige $\mathcal{U}_{[0,1]}$-verteilte Zufallsvariablen $U_1, \dots, U_n$ bilden die Zufallsvariablen $X_i = 1_{\{U_i \leq p\}}$ wegen Satz (3.24) eine Bernoulli-Folge zu p. Nach Satz (2.9) hat daher $S = \sum_{i=1}^n X_i$ die Binomialverteilung $\mathcal{B}_{n,p}$. (Man überlege sich, dass die Konstruktion von X_i ein Spezialfall der Quantil-Transformation ist.)

(3.40) Beispiel: *Simulation von Exponentialverteilungen.* Seien U_i, $i \geq 1$, unabhängige $\mathcal{U}_{[0,1]}$-verteilte Zufallsvariablen und $\alpha > 0$. Dann sind die Zufallsvariablen $X_i = -(\log U_i)/\alpha$ (wegen Satz (3.24) ebenfalls unabhängig und) zum Parameter α exponentialverteilt, denn für alle $c > 0$ gilt $P(X_i \geq c) = P(U_i \leq e^{-\alpha c}) = e^{-\alpha c}$. (Man überzeuge sich wieder, dass auch dies eine leichte Modifikation der Quantil-Transformation ist.)

Kombiniert man das letzte Beispiel mit der Konstruktion des Poisson-Prozesses in Satz (3.34), so erhält man ein bequemes Verfahren zur Simulation von Poisson-verteilten Zufallsvariablen:

(3.41) Beispiel: *Simulation von Poisson-Verteilungen.* Seien U_i, $i \geq 1$, unabhängige $\mathcal{U}_{[0,1]}$-verteilte Zufallsvariablen. Dann sind die Zufallsvariablen $L_i = -\log U_i$ nach dem letzten Beispiel unabhängig und zum Parameter 1 exponentialverteilt. Bezeichnet man mit $T_k = \sum_{i=1}^k L_i$ die k-te Partialsumme, so ist nach Satz (3.34) für jedes $\lambda > 0$ die Zufallsvariable

$$N_\lambda = \min\{k \geq 0 : T_{k+1} > \lambda\} = \min\{k \geq 0 : U_1 \dots U_{k+1} < e^{-\lambda}\}$$

(welche mit der in (3.33) übereinstimmt!) $\mathcal{P}_\lambda$-verteilt. Dies liefert den folgenden Algorithmus zur Simulation einer Poisson-verteilten Zufallsvariablen N_λ, den wir in Pseudo-Code angeben:

$v \leftarrow 1, k \leftarrow -1$
repeat $v \leftarrow U v, \ k \leftarrow k+1$ (Hierbei steht U für eine jeweils
until $v < e^{-\lambda}$ neu erzeugte Zufallszahl in $[0, 1]$.)
$N_\lambda \leftarrow k$

Leider ist die Inversionsmethode nicht immer praktikabel, und zwar dann, wenn
die gewünschte Verteilungsfunktion numerisch nicht ohne Weiteres zugänglich ist.
Eine Alternative bietet dann das folgende allgemeine Prinzip, das auf J. von Neumann
(1903–1957) zurückgeht.

(3.42) Beispiel: *Verwerfungsmethode und bedingte Verteilungen.* Sei $(Z_n)_{n \geq 1}$ eine Folge von unabhängigen Zufallsvariablen auf einem Wahrscheinlichkeitsraum $(\Omega, \mathscr{F}, P)$
mit Werten in einem beliebigen Ereignisraum $(E, \mathscr{E})$ und identischer Verteilung Q,
d. h. es sei $P \circ Z_n^{-1} = Q$ für alle n. Sei $B \in \mathscr{E}$ ein Ereignis mit $Q(B) > 0$. Wie können
wir aus den Z_n eine Zufallsvariable Z^* mit der bedingten Verteilung $Q(\cdot \mid B)$ konstruieren? Die Idee ist die folgende: Wir beobachten die Z_n der Reihe nach, ignorieren alle
n mit $Z_n \notin B$, und setzen $Z^* = Z_n$ für das erste n mit $Z_n \in B$. Genauer: Sei

$$\tau = \inf\{n \geq 1 : Z_n \in B\}$$

der Zeitpunkt des ersten Eintritts in B, oder gleichbedeutend, der Zeitpunkt des ersten
Treffers in der Bernoulli-Folge $1_B(Z_n)$, $n \geq 1$. Gemäß Abschnitt 2.5.1 ist $\tau - 1$
geometrisch verteilt zum Parameter $p = Q(B)$. Insbesondere ist $P(\tau < \infty) = 1$,
d. h. der theoretische Fall, dass $Z_n \notin B$ für alle n und daher $\tau = \infty$, tritt nur mit
Wahrscheinlichkeit 0 ein. Setze $Z^* = Z_\tau$, d. h. $Z^*(\omega) = Z_{\tau(\omega)}(\omega)$ für alle ω mit
$\tau(\omega) < \infty$, und (zum Beispiel) $Z^*(\omega) = Z_1(\omega)$ für die restlichen ω (die de facto
keine Rolle spielen). Dann gilt in der Tat für alle $A \in \mathscr{E}$

$$P(Z^* \in A) = \sum_{n=1}^{\infty} P(Z_n \in A, \ \tau = n)$$

$$= \sum_{n=1}^{\infty} P(Z_1 \notin B, \ldots, Z_{n-1} \notin B, \ Z_n \in A \cap B)$$

$$= \sum_{n=1}^{\infty} (1 - Q(B))^{n-1} Q(A \cap B) = Q(A \mid B),$$

wie behauptet.

Die Verwerfungsmethode lässt sich wie folgt zur Computersimulation von Zufallsvariablen mit existierender Verteilungsdichte verwenden.

(3.43) Beispiel: *Monte-Carlo-Simulation mit der Verwerfungsmethode.* Sei $[a, b]$ ein
kompaktes Intervall und ρ eine Wahrscheinlichkeitsdichte auf $[a, b]$. ρ sei beschränkt,
d. h. es gebe ein $c > 0$ mit $0 \leq \rho(x) \leq c$ für alle $x \in [a, b]$. Seien $U_n, V_n, n \geq 1$,

unabhängige Zufallsvariablen mit Gleichverteilung $\mathcal{U}_{[0,1]}$ auf dem Einheitsintervall. Dann sind die Zufallsvariablen

$$Z_n = (X_n, Y_n) := (a + (b - a)U_n, cV_n)$$

unabhängig mit Gleichverteilung $\mathcal{U}_{[a,b] \times [0,c]}$. Sei

$$\tau = \inf \left\{ n \geq 1 : Y_n \leq \rho(X_n) \right\}$$

und $Z^* = (X^*, Y^*) = (X_\tau, Y_\tau)$. Nach Beispiel (3.42) ist dann Z^* gleichverteilt auf $B = \{(x, y) : a \leq x \leq b, \ y \leq \rho(x)\}$. Folglich gilt für alle $A \in \mathcal{B}_{[a,b]}$

$$P(X^* \in A) = \mathcal{U}_B\big((x, y) : x \in A, \ y \leq \rho(x)\big) = \int_A \rho(x)\, dx \,,$$

d.h. X^* hat die Verteilungsdichte ρ. Die Konstruktion von X^* entspricht dem folgenden simplen, in Pseudo-Code notierten Algorithmus:

```
repeat u ← U, v ← V      (U, V ∈ [0, 1] werden bei jedem Aufruf neu
until cv ≤ ρ(a + (b − a)u)   zufällig erzeugt gemäß U[0,1], unabhängig von-
X* ← cv                      einander und von allem Bisherigen.)
```

(Im Fall einer Zähldichte ρ auf einer endlichen Menge $\{0, \ldots, N - 1\}$ bekommt man einen analogen Algorithmus, indem man die Dichtefunktion $x \to \rho(\lfloor x \rfloor)$ auf dem Intervall $[0, N[$ betrachtet.)

Zur Simulation von normalverteilten Zufallsvariablen kann man die folgende Kombination der Verwerfungsmethode mit einer geeigneten Transformation verwenden.

(3.44) Beispiel: *Polarmethode zur Simulation von Normalverteilungen.* Sei $K = \{x \in \mathbb{R}^2 : |x| \leq 1\}$ die Einheitskreisscheibe und $Z = (Z_1, Z_2)$ eine K-wertige Zufallsvariable mit Gleichverteilung $\mathcal{U}_K$ auf K; Z kann zum Beispiel mit Hilfe der Verwerfungsmethode in Beispiel (3.42) aus einer Folge von Zufallsvariablen mit Gleichverteilung auf $[-1, 1]^2$ gewonnen werden. Sei

$$X = (X_1, X_2) = 2\sqrt{-\log |Z|}\ \frac{Z}{|Z|} \,.$$

Dann sind die Koordinatenvariablen X_1 und X_2 unabhängig und $\mathcal{N}_{0,1}$-verteilt.

Um dies zu zeigen, betrachten wir wie in Beispiel (3.23) die Polarkoordinaten R, Ψ von Z. Wie wir dort gesehen haben, sind R^2 und Ψ unabhängig mit Verteilung $\mathcal{U}_{[0,1]}$ und $\mathcal{U}_{[0,2\pi[}$. Sei $S = \sqrt{-2 \log R^2}$. Dann sind nach Satz (3.24) S und Ψ unabhängig, und S hat die Verteilungsdichte $s \to s\, e^{-s^2/2}$ auf $[0, \infty[$, denn für alle $c > 0$ gilt

$$P(S \leq c) = P(R^2 \geq e^{-c^2/2}) = 1 - e^{-c^2/2} = \int_0^c s\, e^{-s^2/2}\, ds \,.$$

Nun ist offenbar $X = (S \cos \Psi, S \sin \Psi)$, also für alle $A \in \mathscr{B}^2$ vermöge der Transformation zweidimensionaler Integrale in Polarkoordinaten

$$P(X \in A) = \frac{1}{2\pi} \int_0^{2\pi} d\varphi \int_0^\infty ds\, s\, e^{-s^2/2}\, 1_A(s \cos \varphi, s \sin \varphi)$$

$$= \frac{1}{2\pi} \int dx_1 \int dx_2\, e^{-(x_1^2 + x_2^2)/2}\, 1_A(x_1, x_2) = \mathcal{N}_{0,1} \otimes \mathcal{N}_{0,1}(A);$$

die letzte Gleichung ergibt sich aus Beispiel (3.30). Die Unabhängigkeit von X_1 und X_2 folgt somit aus Bemerkung (3.28).

Die obige Konstruktion liefert uns den folgenden Algorithmus zur Erzeugung von zwei unabhängigen $\mathcal{N}_{0,1}$-verteilten Zufallsvariablen X_1, X_2, den wir wieder in Pseudo-Code notieren:

```
repeat
    u ← 2U − 1,  v ← 2V − 1,  w ← u² + v²
until w ≤ 1
a ← √(−2 log w)/w,  X₁ ← au,  X₂ ← av
```
$(U, V \in [0, 1]$ werden bei jedem Aufruf neu und unabhängig erzeugt gemäß $\mathcal{U}_{[0,1]}$.)

In den vorangegangenen Beispielen haben wir jeweils ein Verfahren gefunden, das uns aus unabhängigen $\mathcal{U}_{[0,1]}$-verteilten Zufallsvariablen neue Zufallsvariablen mit einer gewünschten Verteilungsdichte beschert. All diese Verfahren reduzieren das Problem der Simulation von Zufallsvariablen mit einer vorgegebenen Verteilung auf das der Simulation von unabhängigen $\mathcal{U}_{[0,1]}$-Variablen. Wie kann dies geschehen? Dazu die folgende

(3.45) Bemerkung: *Zufallszahlen.* Zufällige Realisierungen von unabhängigen $\mathcal{U}_{[0,1]}$-verteilten Zufallsvariablen heißen *Zufallszahlen.* Sie lassen sich in Tabellen oder im Internet finden. Zum Teil sind diese durch wirklichen Zufall erzeugt, siehe z. B. unter `http://www.rand.org/pubs/monograph_reports/MR1418/index.html`. In der Praxis benutzt man allerdings meist als Ersatz sogenannte *Pseudo-Zufallszahlen*, die alles andere als zufällig, nämlich deterministisch errechnet sind. Ein Standardschema zur Erzeugung von Pseudo-Zufallszahlen ist die folgende *lineare Kongruenzmethode*:

Man wählt einen „Modul" m (zum Beispiel $m = 2^{32}$) sowie (mit viel Geschick) einen Faktor $a \in \mathbb{N}$ und ein Inkrement $b \in \mathbb{N}$. Dann wählt man willkürlich eine „Saat" $k_0 \in \{0, \ldots, m-1\}$ (z. B. in Abhängigkeit vom internen Takt des Prozessors) und setzt iterativ $k_{i+1} = a\, k_i + b \bmod m$. Die Pseudo-Zufallszahlen bestehen dann aus der Folge $u_i = k_i/m, i \geq 1$. Bei geeigneter Wahl von a, b hat die Folge (k_i) genau die Periode m (wiederholt sich also nicht schon nach weniger Iterationen), und besteht außerdem einige statistische Tests auf Unabhängigkeit. (Das ist zum Beispiel der Fall für $a = 69069$, $b = 1$; Marsaglia 1972.) Pseudo-Zufallszahlen stehen in gängigen Programmen bereits standardmäßig zur Verfügung – was einen aber nicht von der Aufgabe befreit zu überprüfen, ob sie im konkreten Fall auch geeignet sind. Zum Beispiel hatte der in den 1960er Jahren recht verbreitete Zufallsgenerator `randu` von IBM (mit $a = 65539$,

$b = 0$, $m = 2^{31}$ und Periode 2^{29}) die Eigenschaft, dass die aufeinander folgenden Tripel (u_i, u_{i+1}, u_{i+2}) in nur 15 verschiedenen parallelen Ebenen des $\mathbb{R}^3$ liegen, was sicher nicht gerade ein Kennzeichen von Zufälligkeit ist! Dass allerdings solche Gitterstrukturen auftreten, liegt in der Natur der linearen Kongruenzmethode. Es kommt nur darauf an, diese Gitterstruktur möglichst fein zu gestalten. Ein Standardwerk zum Thema Pseudo-Zufallszahlen ist Knuth [43].

3.7 Asymptotische Ereignisse

Die Existenz von unendlichen Modellen, wie wir sie in den Sätzen (3.12) und (3.26) sichergestellt haben, ist nicht etwa nur von theoretischem Interesse, sondern eröffnet uns eine ganz neue Perspektive: Es ist jetzt möglich, Ereignisse zu definieren und zu untersuchen, welche das Langzeit-Verhalten eines Zufallsprozesses betreffen.

Sei $(\Omega, \mathcal{F}, P)$ ein Wahrscheinlichkeitsraum und $(Y_k)_{k \geq 1}$ eine Folge von Zufallsvariablen auf $(\Omega, \mathcal{F})$ mit Werten in irgendwelchen Ereignisräumen $(\Omega_k, \mathcal{F}_k)$.

Definition: Ein Ereignis $A \in \mathcal{F}$ heißt *asymptotisch* für $(Y_k)_{k \geq 1}$, wenn für alle $n \geq 0$ gilt: A hängt nur von $(Y_k)_{k > n}$ ab, d.h. es existiert ein Ereignis $B_n \in \bigotimes_{k>n} \mathcal{F}_k$ mit

$$(3.46) \qquad\qquad A = \{(Y_k)_{k>n} \in B_n\}.$$

Sei $\mathscr{A}(Y_k : k \geq 1)$ das System aller asymptotischen Ereignisse.

Man stellt sofort fest, dass $\mathscr{A}(Y_k : k \geq 1)$ eine Unter-σ-Algebra von $\mathcal{F}$ ist; sie heißt die *asymptotische σ-Algebra* der Folge $(Y_k)_{k \geq 1}$. Man könnte nun meinen: Da ein Ereignis $A \in \mathscr{A}(Y_k : k \geq 1)$ nicht von $Y_1, \ldots, Y_n$ abhängen darf, und zwar für alle n, darf A von „gar nichts abhängen", und also muss entweder $A = \Omega$ oder $A = \varnothing$ sein. Das aber stimmt keineswegs! $\mathscr{A}(Y_k : k \geq 1)$ enthält alle Ereignisse, die das asymptotische Verhalten von $(Y_k)_{k \geq 1}$ betreffen. Dies wird in den folgenden Beispielen deutlich.

(3.47) Beispiel: *Limes Superior von Ereignissen.* Für beliebige $A_k \in \mathcal{F}_k$ sei

$$A = \{Y_k \in A_k \text{ für unendlich viele k}\} = \bigcap_{m \geq 1} \bigcup_{k \geq m} \{Y_k \in A_k\}.$$

Man schreibt auch $A = \limsup_{k \to \infty} \{Y_k \in A_k\}$, denn für die Indikatorfunktion gilt $1_A = \limsup_{k \to \infty} 1_{\{Y_k \in A_k\}}$. Jedes solche A ist ein asymptotisches Ereignis für $(Y_k)_{k \geq 1}$, denn ob etwas unendlich oft passiert, hängt nicht von den ersten n Zeitpunkten ab. Genauer sei $n \geq 0$ beliebig und $X_i : \prod_{k>n} \Omega_k \to \Omega_i$ die Projektion auf die Koordinate Nr. i. Dann gehört das Ereignis

$$B_n = \bigcap_{m > n} \bigcup_{k \geq m} \{X_k \in A_k\}$$

zu $\bigotimes_{k>n} \mathcal{F}_k$, und es gilt (3.46).

(3.48) Beispiel: *Existenz von Langzeit-Mittelwerten.* Sei $(\Omega_k, \mathscr{F}_k) = (\mathbb{R}, \mathscr{B})$ für alle k. Dann ist für beliebige $a < b$ das Ereignis

$$A = \left\{ \lim_{N \to \infty} \frac{1}{N} \sum_{k=1}^{N} Y_k \text{ existiert und liegt in } [a, b] \right\}$$

asymptotisch für $(Y_k)_{k \geq 1}$. Denn da die Existenz und der Wert eines Langzeitmittels nicht von einer Verschiebung der Indizes abhängt, gilt für beliebiges $n \geq 0$ die Gleichung (3.46) mit

$$B_n = \left\{ \lim_{N \to \infty} \frac{1}{N} \sum_{k=1}^{N} X_{n+k} \text{ existiert und liegt in } [a, b] \right\};$$

$X_i : \prod_{k>n} \mathbb{R} \to \mathbb{R}$ bezeichnet hier wieder die i-te Projektion. Da jedes solche X_i eine Zufallsvariable bezüglich $\bigotimes_{k>n} \mathscr{B}$ ist, gehört nach Aufgabe 1.14 auch B_n zu dieser σ-Algebra.

Das Bemerkenswerte ist nun, dass für *unabhängige* Zufallsvariablen $(Y_k)_{k \geq 1}$ die Ereignisse in $\mathscr{A}(Y_k : k \geq 1)$ (obgleich im Allgemeinen keineswegs trivial) trotzdem „fast trivial" sind.

(3.49) Satz: Null-Eins-Gesetz von Kolmogorov. *Seien $(Y_k)_{k \geq 1}$ unabhängige Zufallsvariablen auf einem Wahrscheinlichkeitsraum $(\Omega, \mathscr{F}, P)$ mit beliebigen Wertebereichen. Dann gilt für alle $A \in \mathscr{A}(Y_k : k \geq 1)$ entweder $P(A) = 0$ oder $P(A) = 1$.*

Beweis: Sei $A \in \mathscr{A}(Y_k : k \geq 1)$ fest gewählt und $\mathscr{G}$ das System aller Mengen $C \subset \prod_{k \geq 1} \Omega_k$ von der Form

$$C = \{X_1 \in C_1, \dots, X_n \in C_n\}, \quad n \geq 1, \ C_k \in \mathscr{F}_k.$$

$\mathscr{G}$ ist ein $\cap$-stabiler Erzeuger von $\bigotimes_{k \geq 1} \mathscr{F}_k$; siehe das analoge Resultat in Aufgabe 1.5. Für $C = \{X_1 \in C_1, \dots, X_n \in C_n\} \in \mathscr{G}$ ist nach Satz (3.24) die Indikatorfunktion $1_{\{(Y_k)_{k \geq 1} \in C\}} = \prod_{k=1}^{n} 1_{C_k}(Y_k)$ unabhängig von $1_A = 1_{\{(Y_k)_{k>n} \in B_n\}}$. Wegen Satz (3.19) ist daher $(Y_k)_{k \geq 1}$ unabhängig von 1_A. Also ist auch $A = \{(Y_k)_{k \geq 1} \in B_0\}$ unabhängig von $A = \{1_A = 1\}$, d. h. es gilt $P(A \cap A) = P(A)P(A)$ und daher $P(A) = P(A)^2$. Die Gleichung $x = x^2$ hat aber nur die Lösungen 0 und 1. ◇

Man möchte nun entscheiden, welcher der beiden Fälle eintritt. Das ist meist nur im konkreten Einzelfall möglich. Für Ereignisse wie in Beispiel (3.47) gibt es jedoch ein bequemes Kriterium.

(3.50) Satz: Lemma von Borel–Cantelli, 1909/1917. *Sei $(A_k)_{k \geq 1}$ eine Folge von Ereignissen in einem Wahrscheinlichkeitsraum $(\Omega, \mathscr{F}, P)$ und*

$$A := \{\omega \in \Omega : \omega \in A_k \text{ für unendlich viele } k\} = \limsup_{k \to \infty} A_k.$$

(a) *Ist $\sum_{k \geq 1} P(A_k) < \infty$, so ist $P(A) = 0$.*

(b) *Ist $\sum_{k \geq 1} P(A_k) = \infty$ und $(A_k)_{k \geq 1}$ unabhängig, so ist $P(A) = 1$.*

Man beachte, dass Aussage (a) keine Unabhängigkeitsannahme benötigt.

Beweis: (a) Es gilt $A \subset \bigcup_{k \geq m} A_k$ und daher $P(A) \leq \sum_{k \geq m} P(A_k)$ für alle m. Im Limes $m \to \infty$ strebt diese Summe gegen 0, wenn $\sum_{k \geq 1} P(A_k) < \infty$.

(b) Es gilt $A^c = \bigcup_{m \geq 1} \bigcap_{k \geq m} A_k^c$ und daher

$$P(A^c) \leq \sum_{m \geq 1} P\left(\bigcap_{k \geq m} A_k^c \right) = \sum_{m \geq 1} \lim_{n \to \infty} P\left(\bigcap_{k=m}^{n} A_k^c \right)$$

$$= \sum_{m \geq 1} \lim_{n \to \infty} \prod_{k=m}^{n} [1 - P(A_k)]$$

$$\leq \sum_{m \geq 1} \lim_{n \to \infty} \exp\left[-\sum_{k=m}^{n} P(A_k) \right] = \sum_{m \geq 1} 0 = 0,$$

falls $\sum_{k \geq 1} P(A_k) = \infty$. Dabei haben wir ausgenutzt, dass wegen Korollar (3.20) auch die Ereignisse $(A_k^c)_{k \geq 1}$ unabhängig sind, und dass stets $1 - x \leq e^{-x}$. $\diamond$

Das Lemma von Borel–Cantelli wird später in den Abschnitten 5.1.3 und 6.4 für uns wichtig werden. An dieser Stelle begnügen wir uns mit einer einfachen Anwendung auf die Zahlentheorie:

(3.51) Beispiel: *Teilbarkeit durch Primzahlen.* Für jede Primzahl p sei A_p die Menge aller Vielfachen von p. Dann gibt es *kein* Wahrscheinlichkeitsmaß P auf $(\mathbb{N}, \mathscr{P}(\mathbb{N}))$, für welches die Ereignisse A_p unabhängig sind mit $P(A_p) = 1/p$. Denn da $\sum_{p \text{ Primzahl}} 1/p = \infty$, hätte dann das unmögliche Ereignis

$$A = \{ n \in \mathbb{N} : n \text{ ist Vielfaches von unendlich vielen Primzahlen} \}$$

Wahrscheinlichkeit 1.

Aufgaben

3.1 In einem Laden ist eine Alarmanlage eingebaut, die im Falle eines Einbruchs mit Wahrscheinlichkeit 0.99 die Polizei alarmiert. In einer Nacht ohne Einbruch wird mit Wahrscheinlichkeit 0.002 Fehlalarm ausgelöst (z. B. durch eine Maus). Die Einbruchswahrscheinlichkeit für eine Nacht beträgt 0.0005. Die Anlage hat gerade Alarm gegeben. Mit welcher Wahrscheinlichkeit ist ein Einbruch im Gange?

3.2 *Gefangenenparadox.* In einem Gefängnis sitzen drei zum Tode verurteilte Gefangene Anton, Brigitte und Clemens. Mit Hilfe eines Losentscheids, bei dem alle drei die gleiche Chance hatten, wurde eine(r) der Gefangenen begnadigt. Der Gefangene Anton, der also eine Überlebenswahrscheinlichkeit von $1/3$ hat, bittet den Wärter, der das Ergebnis des Losentscheids kennt, ihm einen seiner Leidensgenossen Brigitte und Clemens zu nennen, der oder die sterben muss. Der Wärter antwortet „Brigitte". Nun kalkuliert Anton: „Da entweder ich oder Clemens überleben werden, habe ich eine Überlebenswahrscheinlichkeit von 50%." Würden Sie dem zustimmen? *Hinweis:* Nehmen Sie bei der Konstruktion des Wahrscheinlichkeitsraumes an, dass der Wärter mit gleicher Wahrscheinlichkeit „Brigitte" oder „Clemens" antwortet, falls er weiß, dass Anton der Begnadigte ist.

3.3   Sie fliegen von München nach Los Angeles und steigen dabei in London und New York um. An jedem Flughafen, inklusive München, muss Ihr Koffer verladen werden. Dabei wird er mit Wahrscheinlichkeit p fehlgeleitet. In Los Angeles stellen Sie fest, dass Ihr Koffer nicht angekommen ist. Berechnen Sie die bedingten Wahrscheinlichkeiten dafür, dass er in München bzw. London bzw. New York fehlgeleitet wurde. (Wie immer: Zur vollständigen Lösung gehört die Angabe des Wahrscheinlichkeitsmodells.)

3.4[L] *Beta-Binomial-Darstellung der Pólya-Verteilung.* Betrachten Sie das Pólya'sche Urnen-modell zu den Parametern $a = s/c$, $b = w/c > 0$. Sei S_n die Anzahl der gezogenen schwarzen Kugeln nach n Ziehungen. Zeigen Sie mit Hilfe der Rekursionsgleichung (2.23):

$$P(S_n = \ell) = \int_0^1 dp \, \beta_{a,b}(p) \, \mathcal{B}_{n,p}(\{\ell\})$$

für alle $0 \le \ell \le n$. Das Pólya-Modell ist also äquivalent zu einem Urnenmodell mit Zurücklegen, bei dem das Verhältnis von schwarzen und weißen Kugeln zuvor vom „Schicksal" gemäß einer Beta-Verteilung festgelegt wurde.

3.5   Verallgemeinern Sie das Pólya'sche Urnenmodell auf den Fall, dass die Kugeln mit einer endlichen Menge E von Farben gefärbt sind (statt nur mit den zwei Farben schwarz und weiß), und bestimmen Sie die Verteilung des Histogramms S_n nach n Zügen; vgl. Gleichung (2.7). Können Sie auch die vorige Aufgabe 3.4 auf diesen Fall verallgemeinern? (Die entsprechende Verallgemeinerung der Beta-Verteilung heißt *Dirichlet-Verteilung*.)

3.6   Sei $(\Omega, \mathscr{F}, P)$ ein Wahrscheinlichkeitsraum und $A, B, C \in \mathscr{F}$. Zeigen Sie direkt (d.h. ohne Verwendung von Korollar (3.20) und Satz (3.24)):

(a) Sind A, B unabhängig, so auch A, B^c.

(b) Sind A, B, C unabhängig, so auch $A \cup B$, C.

3.7   In der Zahlentheorie bezeichnet man als *Euler'sche φ-Funktion* die Abbildung $\varphi : \mathbb{N} \to \mathbb{N}$ mit $\varphi(1) = 1$ und $\varphi(n) =$ Anzahl der zu n teilerfremden Zahlen in $\Omega_n = \{1, \dots, n\}$, falls $n \ge 2$. Zeigen Sie: Ist $n = p_1^{k_1} \dots p_m^{k_m}$ die Primfaktorzerlegung von n in paarweise verschiedene Primzahlen $p_1, \dots, p_m$ und Potenzen $k_i \in \mathbb{N}$, so gilt

$$\varphi(n) = n \left(1 - \frac{1}{p_1}\right) \dots \left(1 - \frac{1}{p_m}\right).$$

Hinweis: Betrachten Sie die Ereignisse $A_i = \{p_i, 2p_i, 3p_i, \dots, n\}$, $1 \le i \le m$ in Ω.

3.8[L] Sei X eine reellwertige Zufallsvariable auf einem Wahrscheinlichkeitsraum $(\Omega, \mathscr{F}, P)$. Zeigen Sie, dass X genau dann unabhängig von sich selbst ist, wenn X mit Wahrscheinlichkeit 1 konstant ist, d.h. wenn es ein $c \in \mathbb{R}$ gibt mit $P(X = c) = 1$. *Hinweis:* Betrachten Sie die Verteilungsfunktion von X.

3.9   Seien X, Y unabhängige, zu einem Parameter $\alpha > 0$ exponentialverteilte Zufallsvariablen. Bestimmen Sie die Verteilungsdichte von $X/(X + Y)$.

3.10 Ein System bestehe aus vier gleichartigen, voneinander unabhängigen Komponenten. Es funktioniert, wenn (A und B) oder (C und D) funktionieren.

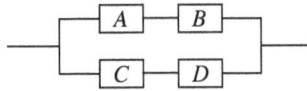

Die Funktionsdauer des Gesamtsystems werde mit T, die der einzelnen Komponenten mit T_k, $k \in \{A, B, C, D\}$ bezeichnet. T_k sei exponentialverteilt zum Parameter α. Zeigen Sie, dass

$$P(T < t) = \left(1 - e^{-2\alpha t}\right)^2.$$

3.11 Beim zweimaligen Wurf mit einem fairen Tetraeder-Würfel, dessen Flächen mit 1, 2, 3, 4 beschriftet seien, bezeichne X die Summe und Y das Maximum der jeweils unten liegenden Augenzahl.

(a) Bestimmen Sie die gemeinsame Verteilung $P \circ (X, Y)^{-1}$ von X und Y.

(b) Konstruieren Sie zwei Zufallsvariablen X' und Y' über einem geeigneten Wahrscheinlichkeitsraum $(\Omega', \mathscr{F}', P')$ mit denselben Verteilungen wie X und Y (d.h. $P \circ X^{-1} = P' \circ X'^{-1}$, $P \circ Y^{-1} = P' \circ Y'^{-1}$), für die jedoch $X' + Y'$ eine andere Verteilung besitzt als $X + Y$.

3.12^L Seien X, Y unabhängige, identisch verteilte Zufallsvariablen mit Werten in $\mathbb{Z}_+$. Es gelte entweder

(a) $P(X = k | X + Y = n) = 1/(n + 1)$ für alle $0 \le k \le n$, oder

(b) $P(X = k | X + Y = n) = \binom{n}{k} 2^{-n}$ für alle $0 \le k \le n$.

Bestimmen Sie die Verteilung von X (und also auch Y).

3.13 *Münzwurfparadox.* Anton sagt zu Brigitte: „Du denkst dir zwei zufällige ganze Zahlen $X, Y \in \mathbb{Z}$ mit $X < Y$. Dann wirfst du eine faire Münze. Wenn sie Zahl zeigt, nennst du mir Y, andernfalls X. Ich muss dann raten, ob die Münze Zahl oder Wappen gezeigt hat. Wenn ich richtig rate, zahlst du mir € 100, sonst kriegst du € 100 von mir." Soll sich Brigitte auf das Spiel einlassen? (Immerhin steht es ihr ja frei, gemäß welcher Verteilung β sie (X, Y) wählen will, und die Chancen, das Ergebnis des Münzwurfs richtig zu erraten, stehen doch wohl bestenfalls 50:50.) Betrachten Sie dazu folgende Ratestrategie von Anton: Anton wählt eine Zähldichte α auf $\mathbb{Z}$ mit $\alpha(k) > 0$ für alle $k \in \mathbb{Z}$ und denkt sich eine zufällige Zahl $Z \in \mathbb{Z}$ mit Verteilung α. Er tippt auf „Münze hat Zahl gezeigt", wenn die von Brigitte genannte Zahl größer oder gleich Z ist, sonst auf „Wappen". Präzisieren Sie das stochastische Modell und berechnen Sie die Gewinnwahrscheinlichkeit von Anton bei gegebenem α und β.

3.14^L *Würfelparadox.* Zwei Würfel W_1 und W_2 seien wie folgt beschriftet:
$$W_1 : 6\ 3\ 3\ 3\ 3\ 3, \qquad W_2 : 5\ 5\ 5\ 2\ 2\ 2.$$
Anton und Brigitte würfeln mit W_1 bzw. W_2. Wer die höhere Augenzahl erzielt, hat gewonnen.

(a) Zeigen Sie, dass Anton die besseren Gewinnchancen hat; wir schreiben dafür $W_1 \succ W_2$.

(b) Brigitte bemerkt dies und schlägt Anton vor: „Ich beschrifte jetzt einen dritten Würfel. Du darfst dir dann einen beliebigen Würfel aussuchen, ich wähle mir einen der beiden anderen." Kann Brigitte den dritten Würfel so beschriften, dass sie in jedem Fall die besseren Gewinnchancen hat (d.h. so dass $W_1 \succ W_2 \succ W_3 \succ W_1$, also die Relation $\succ$ nicht transitiv ist)?

3.15 *Faltung von Gamma- und negativen Binomialverteilungen.* Zeigen Sie:

(a) Für $\alpha, r, s > 0$ gilt $\Gamma_{\alpha,r} \star \Gamma_{\alpha,s} = \Gamma_{\alpha,r+s}$.

(b) Für $p \in {]0,1[}$ und $r, s > 0$ gilt $\overline{\mathcal{B}}_{r,p} \star \overline{\mathcal{B}}_{s,p} = \overline{\mathcal{B}}_{r+s,p}$. (Die Pólya-Verteilung liefert eine nützliche Identität für negative Binomialkoeffizienten.)

3.16^L *Faltung von Cauchy-Verteilungen (Huygens-Prinzip).* Betrachten Sie die Situation von Aufgabe 2.5 und zeigen Sie: Für $a, b > 0$ gilt $c_a \star c_b = c_{a+b}$. Mit anderen Worten: Der Auftreffpunkt des Lichts auf einer Geraden im Abstand $a+b$ von der Glühbirne ist genauso verteilt, wie wenn der Auftreffpunkt X auf der Geraden im Abstand a als unabhängig und gleichmäßig in alle Richtungen strahlende Lichtquelle aufgefasst wird, die auf der zweiten Geraden eine Auslenkung Y beisteuert.

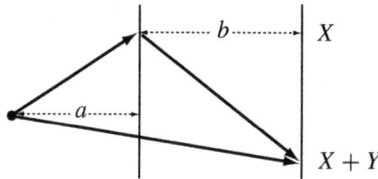

Hinweis: Überzeugen Sie sich zuerst von der Gültigkeit der Partialbruchzerlegung

$$c_a(y)c_b(x-y)/c_{a+b}(x) = \tfrac{b}{a+b}\,\tfrac{x^2+b^2-a^2+2xy}{x^2+(a-b)^2}\,c_a(y) + \tfrac{a}{a+b}\,\tfrac{x^2+a^2-b^2+2x(x-y)}{x^2+(a-b)^2}\,c_b(x-y)$$

und benutzen Sie, dass $\lim_{n\to\infty}\int_{x-n}^{x+n} z\,c_b(z)\,dz = 0$ für alle x.

3.17 *Ausdünnung einer Poisson-Verteilung.* Die Anzahl der Eier, die ein Insekt legt, sei Poisson-verteilt zum Parameter λ. Aus jedem der sich unabhängig voneinander entwickelnden Eier schlüpfe mit Wahrscheinlichkeit p eine Larve. Berechnen Sie die Verteilung der Anzahl der Larven.

3.18 *Ausdünnung eines Poisson-Prozesses.* Sei $\alpha > 0$, $(L_i)_{i\geq 1}$ eine Folge von unabhängigen, zum Parameter α exponentialverteilten Zufallsvariablen, sowie $T_k = \sum_{i=1}^k L_i, k \geq 1$. Sei ferner $(X_k)_{k\geq 1}$ eine von den L_i unabhängige Bernoulli-Folge zum Parameter $p \in {]0,1[}$. Zeigen Sie: Die Zufallsvariablen

$$N_t^X := \sum_{k\geq 1} X_k\,1_{]0,t]}(T_k), \quad t \geq 0,$$

bilden einen Poisson-Prozess zum Parameter $p\alpha$. Insbesondere ist $T_1^X := \inf\{t > 0 : N_t^X \geq 1\}$ exponentialverteilt zum Parameter $p\alpha$.

3.19 *Telegrafenprozess.* Sei $(N_t)_{t\geq 0}$ ein Poisson-Prozess zur Intensität $\alpha > 0$ sowie $Z_t = (-1)^{N_t}$. Zeigen Sie: $P(Z_s = Z_t) = (1 + e^{-2\alpha(t-s)})/2$ für $0 \leq s < t$.

3.20^L *Bernoulli-Folge als diskretes Analogon des Poisson-Prozesses.*

(a) Sei $(X_n)_{n\geq 1}$ eine Bernoulli-Folge zu $p \in {]0,1[}$ sowie

$$T_0 = 0, \quad T_k = \inf\{n > T_{k-1} : X_n = 1\}, \quad L_k = T_k - T_{k-1} - 1$$

für $k \geq 1$. (T_k ist der Zeitpunkt des k-ten Erfolgs, und L_k ist die Wartezeit zwischen dem $(k-1)$-ten und dem k-ten Erfolg.) Zeigen Sie: Die Zufallsvariablen $(L_k)_{k\geq 1}$ sind unabhängig und geometrisch verteilt zum Parameter p.

(b) Seien $(L_i)_{i\geq 1}$ unabhängige, zum Parameter $p \in {]0, 1[}$ geometrisch verteilte Zufallsvariablen. Für $k \geq 1$ sei $T_k = \sum_{i=1}^{k} L_i + k$ sowie für $n \geq 1$

$$X_n = \begin{cases} 1 & \text{falls } n = T_k \text{ für ein } k \geq 1, \\ 0 & \text{sonst.} \end{cases}$$

Zeigen Sie: Die Zufallsvariablen $(X_n)_{n\geq 1}$ bilden eine Bernoulli-Folge zu p.

3.21 Sei $(N_t)_{t\geq 0}$ ein Poisson-Prozess und $0 < s < t$. Berechnen Sie für $0 \leq k \leq n$ die bedingte Wahrscheinlichkeit $P(N_s = k | N_t = n)$.

3.22 Zu einem Servicezentrum mit s verschiedenen Schaltern kommen Kunden zu den Zeitpunkten von unabhängigen Poisson-Prozessen $(N_t^{(i)})_{t\geq 0}$ mit Intensitäten $\alpha(i) > 0$, $1 \leq i \leq s$. Zur Zeit t stellen Sie fest, dass insgesamt n Kunden warten. Wie ist dann das s-Tupel der vor den einzelnen Schaltern wartenden Kunden verteilt?

3.23 [L] *Vergleich unabhängiger Poisson-Prozesse.* Seien $(N_t)_{t\geq 0}$ und $(\tilde{N}_t)_{t\geq 0}$ zwei unabhängige Poisson-Prozesse mit Intensitäten α bzw. $\tilde{\alpha}$ und Sprungzeiten (T_k) bzw. $(\tilde{T}_k)$. Zeigen Sie:

(a) $N_{\tilde{T}_1}$ ist geometrisch verteilt (zu welchem Parameter?).

(b) Die Zufallsvariablen $N_{\tilde{T}_k} - N_{\tilde{T}_{k-1}}$, $k \geq 1$, sind unabhängig und identisch verteilt; dabei sei $\tilde{T}_0 := 0$.

(c) Folgern Sie aus (b), dass $X_n := 1_{\{\tilde{N}_{T_n} > \tilde{N}_{T_{n-1}}\}}$, $n \geq 1$, eine Bernoulli-Folge ist. Inwiefern liefert dies eine Erklärung für (a)?

3.24 Sei $(S_t)_{t\geq 0}$ der Compound-Poisson-Prozess zu einer Sprungverteilung Q und Intensität $\alpha > 0$. Zeigen Sie: Für festes $t > 0$ hat S_t die Verteilung

$$Q_t := e^{-\alpha t} \sum_{n\geq 0} \frac{(\alpha t)^n}{n!} \, Q^{\star n} .$$

Dabei sei $Q^{\star 0} = \delta_0$ die Dirac-Verteilung im Punkte 0.

3.25 [L] *Konstruktion des Poisson-Punktprozesses in $\mathbb{R}^d$.* Sei $\Lambda \subset \mathbb{R}^d$ eine Borelmenge mit $0 < \lambda^d(\Lambda) < \infty$ und $\alpha > 0$. N_Λ sei Poisson-verteilt zum Parameter $\alpha\lambda^d(\Lambda)$, und $(X_k)_{k\geq 1}$ seien gleichverteilt auf Λ. Die Familie $(N_\Lambda, X_1, X_2, \dots)$ sei unabhängig. Für jede Borelmenge $B \subset \Lambda$ bezeichne N_B die Anzahl der $i \leq N_\Lambda$ mit $X_i \in B$:

$$N_B = \sum_{i=1}^{N_\Lambda} 1_B(X_i) .$$

Zeigen Sie: N_B ist eine Zufallsvariable, und für jede Zerlegung $\Lambda = \bigcup_{j=1}^{n} B_j$ von Λ in disjunkte Borelmengen $B_i \in \mathscr{B}_\Lambda^d$ sind die Zufallsvariablen $(N_{B_j})_{1\leq j\leq n}$ unabhängig und Poisson-verteilt zum Parameter $\alpha\lambda(B_j)$. Verwenden Sie außerdem entweder die obige Konstruktion oder die aus Beispiel (3.38) zur Computer-Simulation des Poisson-Punktprozesses in einem Rechteck $\Lambda = [0, L]^2$. (Beide Konstruktionen sind tatsächlich äquivalent. Denn nach dem obigen Resultat ist der Prozess $\bar{N}_t := N_{]0,t]\times[0,L]}$, der nur die ersten Koordinaten aller Punkte registriert, gerade der Poisson-Prozess zur Intensität αL.)

3.26 *Box–Muller-Methode zur Simulation normalverteilter Zufallsvariabler, 1958.* Seien U, V unabhängige, auf $]0, 1[$ gleichverteilte Zufallsvariablen, sowie $R = \sqrt{-2 \log U}$, $X = R \cos(2\pi V)$, $Y = R \sin(2\pi V)$. Zeigen Sie: X, Y sind unabhängig $\mathcal{N}_{0,1}$-verteilt. *Hinweis:* Berechnen Sie zuerst die Verteilungsdichte von R und benutzen Sie dann die Polarkoordinaten-Transformation von Doppelintegralen.

3.27 [L] *Ausfallzeiten.* Bestimmen Sie wie folgt die zufällige Funktionsdauer eines Drahtseils (oder irgendeines anderen technischen Geräts). Für $t > 0$ sei $F(t) := P(]0, t])$ die Wahrscheinlichkeit, dass das Seil im Zeitintervall $]0, t]$ reißt. P besitze eine Dichtefunktion ρ. Die bedingte Wahrscheinlichkeit für einen Seilriss im (differentiellen) Zeitintervall $[t, t+dt[$, wenn es vorher noch nicht gerissen ist, betrage $r(t)\, dt$ für eine stetige Funktion $r : [0, \infty[\to [0, \infty[$. r heißt die *Ausfallratenfunktion*. Leiten Sie aus diesem Ansatz eine Differentialgleichung zur Bestimmung von ρ her. Welche Verteilung ergibt sich im Fall konstanter Ausfallrate r? Im Fall $r(t) = \alpha\beta t^{\beta-1}$ mit Konstanten $\alpha, \beta > 0$ ergibt sich die sogenannte *Weibull-Verteilung* mit Dichtefunktion

$$\rho(t) = \alpha\beta\, t^{\beta-1} \exp[-\alpha\, t^\beta], \quad t > 0.$$

3.28 Bestimmen Sie alle Wahrscheinlichkeitsmaße P auf $[0, \infty[$ mit folgender Eigenschaft: Ist $n \in \mathbb{N}$ beliebig und sind $X_1, \dots, X_n$ unabhängige Zufallsvariablen mit identischer Verteilung P, so hat die Zufallsvariable $n \min(X_1, \dots, X_n)$ ebenfalls die Verteilung P. Stellen Sie dazu als Erstes eine Gleichung für $\overline{F}(t) := P(]t, \infty[)$ auf.

3.29 [L] Seien Y_k, $k \geq 1$, $[0, \infty[$-wertige Zufallsvariablen über einem Wahrscheinlichkeitsraum $(\Omega, \mathscr{F}, P)$. Entscheiden Sie (mit Begründung), welche der folgenden Ereignisse in der asymptotischen σ-Algebra $\mathscr{A}(Y_k : k \geq 1)$ liegen:

$$A_1 = \left\{ \textstyle\sum_{k\geq 1} Y_k < \infty \right\}, \quad A_2 = \left\{ \textstyle\sum_{k\geq 1} Y_k < 1 \right\},$$

$$A_3 = \left\{ \inf_{k\geq 1} Y_k < 1 \right\}, \quad A_4 = \left\{ \liminf_{k\to\infty} Y_k < 1 \right\}.$$

3.30 Sei $(X_k)_{k\geq 1}$ eine Bernoulli-Folge zu $p \in]0, 1[$. Für $n, l \in \mathbb{N}$ bezeichne A_n^l das Ereignis $\{X_n = X_{n+1} = \dots = X_{n+l-1} = 1\}$. Zeigen Sie: Die Folge $(X_k)_{k\geq 1}$ enthält mit Wahrscheinlichkeit 1 unendlich viele Einser-Serien der Länge $\geq l$, d.h. $P(A^l) = 1$ für $A^l = \limsup_{n\to\infty} A_n^l$. Folgern Sie hieraus, dass mit Wahrscheinlichkeit 1 sogar jeweils unendlich viele Einser-Serien beliebiger Länge vorkommen: $P(\bigcap_{l\in\mathbb{N}} A^l) = 1$.

3.31 [L] *Oszillationen der einfachen symmetrischen Irrfahrt,* vgl. Aufgabe 2.7. Seien $(X_i)_{i\geq 1}$ unabhängige, auf $\{-1, 1\}$ gleichverteilte Zufallsvariablen und $S_n = \sum_{i=1}^n X_i$, $n \geq 1$. Zeigen Sie, dass für alle $k \in \mathbb{N}$

$$P\big(|S_{n+k} - S_n| \geq k \text{ für unendlich viele } n\big) = 1.$$

Schließen Sie hieraus, dass $P(|S_n| \leq m \text{ für alle } n) = 0$ für jedes m, und weiter (unter Verwendung der Symmetrie der X_i), dass

$$P\big(\sup_{n\geq 1} S_n = \infty, \ \inf_{n\geq 1} S_n = -\infty \big) = 1.$$

4 Erwartungswert und Varianz

Reellwertige Zufallsvariablen besitzen zwei fundamentale Kenngrößen: den Erwartungswert, der den „mittleren" oder „typischen" Wert der Zufallsvariablen angibt, und die Varianz, welche als Maß dafür dient, wie stark die Werte der Zufallsvariablen typischerweise vom Erwartungswert abweichen. Diese Größen und ihre Eigenschaften sind Gegenstand dieses Kapitels. Als erste Anwendungen des Begriffs des Erwartungswerts behandeln wir das Wartezeitparadox und – als kleine Kostprobe aus der Finanzmathematik – die Optionspreistheorie. Ferner betrachten wir erzeugende Funktionen von ganzzahligen Zufallsvariablen, mit deren Hilfe man (unter anderem) Erwartungswert und Varianz manchmal bequem berechnen kann.

4.1 Der Erwartungswert

Zur Einführung des Erwartungswerts für reellwertige Zufallsvariablen beginnen wir mit dem einfacheren Fall von Zufallsvariablen mit höchstens abzählbar vielen Werten.

4.1.1 Der diskrete Fall

Sei $(\Omega, \mathscr{F}, P)$ ein Wahrscheinlichkeitsraum und $X : \Omega \to \mathbb{R}$ eine reelle Zufallsvariable. X heißt *diskret*, wenn die Wertemenge $X(\Omega) = \{X(\omega) : \omega \in \Omega\}$ höchstens abzählbar ist.

Definition: Sei X eine diskrete Zufallsvariable. Man sagt, X besitzt einen Erwartungswert, wenn

$$\sum_{x \in X(\Omega)} |x| \, P(X = x) < \infty.$$

In dem Fall ist die Summe

$$\mathbb{E}(X) = \mathbb{E}_P(X) := \sum_{x \in X(\Omega)} x \, P(X = x)$$

wohldefiniert und heißt der *Erwartungswert* von X. Man schreibt dann $X \in \mathscr{L}^1(P)$ oder, wenn P nicht hervorgehoben zu werden braucht, $X \in \mathscr{L}^1$.

Es folgen zwei grundlegende Beobachtungen zu dieser Definition.

(4.1) Bemerkung: *Verteilungsabhängigkeit des Erwartungswerts.* Der Erwartungswert hängt ausschließlich von der Verteilung $P \circ X^{-1}$ von X ab. Definitionsgemäß ist nämlich $X \in \mathscr{L}^1(P)$ genau dann, wenn die Identität $\mathrm{Id}_{X(\Omega)}$ auf $X(\Omega)$ zu $\mathscr{L}^1(P \circ X^{-1})$ gehört, und in dem Fall gilt $\mathbb{E}_P(X) = \mathbb{E}_{P \circ X^{-1}}(\mathrm{Id}_{X(\Omega)})$. Aus der Definition des Erwartungswerts ergibt sich insbesondere die folgende physikalische Deutung: Wenn wir $P \circ X^{-1}$ als diskrete Massenverteilung (mit Gesamtmasse 1) auf der (gewichtslosen) reellen Achse $\mathbb{R}$ auffassen, so ist $\mathbb{E}(X)$ gerade der Schwerpunkt von $P \circ X^{-1}$.

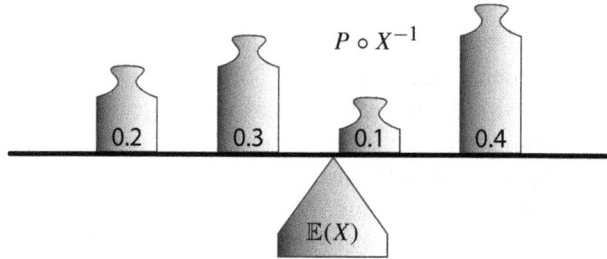

Abbildung 4.1: $\mathbb{E}(X)$ als Schwerpunkt der Massenverteilung $P \circ X^{-1}$.

(4.2) Bemerkung: *Erwartung von nichtnegativen Zufallsvariablen.* Ist X diskret und nichtnegativ, so ist die Summe $\mathbb{E}(X) = \sum_{x \in X(\Omega)} x \, P(X = x)$ stets wohldefiniert, aber eventuell $= +\infty$. Mit anderen Worten: Nichtnegative Zufallsvariablen besitzen immer einen Erwartungswert, sofern man für diesen auch den Wert $+\infty$ zulässt. Dies gilt sogar noch dann, wenn X den Wert $+\infty$ annehmen darf. Die Bedingung für die Existenz des Erwartungswerts einer beliebigen diskreten Zufallsvariablen lässt sich deshalb kurz so formulieren: Es ist $X \in \mathscr{L}^1(P)$ genau dann, wenn $\mathbb{E}(|X|) < \infty$.

Wir berechnen den Erwartungswert in einigen speziellen Fällen.

(4.3) Beispiel: *Indikatorfunktion.* Für $A \in \mathscr{F}$ ist $1_A \in \mathscr{L}^1(P)$ und

$$\mathbb{E}(1_A) = 0 \cdot P(1_A = 0) + 1 \cdot P(1_A = 1) = P(A) \,.$$

Diese Beziehung verknüpft die Begriffe Erwartungswert und Wahrscheinlichkeit.

(4.4) Beispiel: *Abzählbarer Definitionsbereich.* Sei Ω abzählbar. Dann ist jede Zufallsvariable $X : \Omega \to \mathbb{R}$ diskret, und es gilt

$$\sum_{\omega \in \Omega} |X(\omega)| \, P(\{\omega\}) = \sum_{x \in X(\Omega)} |x| \sum_{\omega \in \{X = x\}} P(\{\omega\}) = \sum_{x \in X(\Omega)} |x| \, P(X = x) \,.$$

Folglich ist $X \in \mathscr{L}^1(P)$ genau dann, wenn $\sum_{\omega \in \Omega} |X(\omega)| \, P(\{\omega\}) < \infty$. In diesem Fall kann man wegen der absoluten Konvergenz der Reihe die gleiche Rechnung ohne Betragsstriche wiederholen und erhält die Gleichung

$$\mathbb{E}(X) = \sum_{\omega \in \Omega} X(\omega) \, P(\{\omega\}) \,.$$

(4.5) Beispiel: *Erwartete Anzahl der Erfolge in einem Bernoulli-Experiment.* Sei $X_1, \ldots, X_n$ eine endliche Bernoulli-Folge zur Erfolgswahrscheinlichkeit p sowie $S = \sum_{i=1}^{n} X_i$. Dann ist nach Satz (2.9) $P \circ S^{-1} = \mathcal{B}_{n,p}$, also

$$\mathbb{E}(S) = \sum_{k=0}^{n} k \binom{n}{k} p^k (1-p)^{n-k} = \sum_{k=1}^{n} np \binom{n-1}{k-1} p^{k-1} (1-p)^{n-k}$$

$$= np \sum_{k=1}^{n} \mathcal{B}_{n-1,p}(\{k-1\}) = np \, .$$

(4.6) Beispiel: *Mittlere Wartezeit auf den ersten Erfolg.* Sei $(X_n)_{n \geq 1}$ eine Bernoulli-Folge zur Erfolgswahrscheinlichkeit p sowie $T = \inf\{n \geq 1 : X_n = 1\}$ die Wartezeit auf den ersten Erfolg. Gemäß Abschnitt 2.5.1 ist $T - 1$ geometrisch verteilt, also gilt mit $q = 1 - p$

$$\mathbb{E}(T) = \sum_{k \geq 1} k p q^{k-1} = p \frac{d}{ds} \sum_{k \geq 0} s^k \Big|_{s=q} = p \frac{d}{ds} \frac{1}{1-s} \Big|_{s=q} = p \frac{1}{(1-q)^2} = \frac{1}{p} \, .$$

Im zweiten Schritt haben wir hierbei ausgenutzt, dass Potenzreihen innerhalb ihres Konvergenzbereichs gliedweise differenziert werden dürfen.

Die wichtigsten Eigenschaften des Erwartungswerts sind im folgenden Satz zusammengefasst. Sie sind der Einfachheit halber nur für Zufallsvariablen in $\mathscr{L}^1(P)$ formuliert, gelten aber analog auch für nichtnegative Zufallsvariablen, die auch den Wert $+\infty$ annehmen dürfen, vgl. Bemerkung (4.2).

(4.7) Satz: Rechenregeln für Erwartungswerte. *Seien $X, Y, X_n, Y_n : \Omega \to \mathbb{R}$ diskrete Zufallsvariablen in $\mathscr{L}^1$. Dann gilt:*

(a) Monotonie: *Ist $X \leq Y$, so gilt $\mathbb{E}(X) \leq \mathbb{E}(Y)$.*

(b) Linearität: *Für alle $c \in \mathbb{R}$ ist $cX \in \mathscr{L}^1$ mit $\mathbb{E}(cX) = c\,\mathbb{E}(X)$. Außerdem gilt $X + Y \in \mathscr{L}^1$, und $\mathbb{E}(X+Y) = \mathbb{E}(X) + \mathbb{E}(Y)$.*

(c) σ-Additivität bzw. monotone Konvergenz: *Sind alle $X_n \geq 0$ und ist $X = \sum_{n \geq 1} X_n$, so gilt $\mathbb{E}(X) = \sum_{n \geq 1} \mathbb{E}(X_n)$. Wenn $Y_n \uparrow Y$ für $n \uparrow \infty$, so folgt $\mathbb{E}(Y) = \lim_{n \to \infty} \mathbb{E}(Y_n)$.*

(d) Produktregel bei Unabhängigkeit: *Sind X, Y unabhängig, so ist $XY \in \mathscr{L}^1$, und es gilt $\mathbb{E}(XY) = \mathbb{E}(X)\,\mathbb{E}(Y)$.*

Beweis: (a) Aus der Definition des Erwartungswerts und der σ-Additivität von P ergibt sich die Gleichung

$$\mathbb{E}(X) = \sum_{x \in X(\Omega),\, y \in Y(\Omega)} x \, P(X = x, Y = y) \, ,$$

wobei die Summationsreihenfolge wegen der absoluten Konvergenz der Reihe keine Rolle spielt. Da nach Voraussetzung $P(X = x, Y = y) = 0$ außer wenn $x \leq y$, ist diese Summe nicht größer als

$$\sum_{x \in X(\Omega),\, y \in Y(\Omega)} y\, P(X = x, Y = y) = \mathbb{E}(Y)\,.$$

(b) Die erste Aussage folgt direkt aus der Definition. Die Summe $X + Y$ ist nach Aufgabe 1.14 eine Zufallsvariable und auch diskret, denn ihre Wertemenge ist enthalten im Bild der abzählbaren Menge $X(\Omega) \times Y(\Omega)$ unter der Additionsabbildung. Ferner ist $X + Y \in \mathcal{L}^1$, denn durch Zerlegung in die möglichen Werte von X ergibt sich aus der Dreiecksungleichung

$$\sum_z |z|\, P(X + Y = z) = \sum_{z,x} |z|\, P(X = x, Y = z - x)$$

$$\leq \sum_{z,x} (|x| + |z - x|)\, P(X = x, Y = z - x)\,.$$

Nun substituieren wir y für $z - x$, zerlegen die Summe in die zwei Teile mit $|x|$ und $|y|$, und führen im ersten Teil die Summation über y und im zweiten die über x aus. So landen wir bei der Summe

$$\sum_x |x|\, P(X = x) + \sum_y |y|\, P(Y = y) = \mathbb{E}(|X|) + \mathbb{E}(|Y|)\,,$$

welche nach Voraussetzung endlich ist. Insbesondere sind alle obigen Summen absolut konvergent. Also kann man die gleiche Rechnung ohne Betragsstriche wiederholen und erhält die Additivität des Erwartungswerts.

(c) Wir zeigen die erste Behauptung; die zweite Aussage erhält man, indem man die erste auf $X_n = Y_{n+1} - Y_n$ und $X = Y - Y_1$ anwendet.

Für alle N gilt $X \geq S_N := \sum_{n=1}^N X_n$, also wegen (a) und (b) auch $\mathbb{E}(X) \geq \sum_{n=1}^N \mathbb{E}(X_n)$. Im Limes $N \to \infty$ folgt $\mathbb{E}(X) \geq \sum_{n \geq 1} \mathbb{E}(X_n)$. Zum Beweis der umgekehrten Ungleichung wählen wir ein beliebiges $0 < c < 1$ und betrachten die Zufallsvariable $\tau = \inf\{N \geq 1 : S_N \geq cX\}$. Wegen $S_N \uparrow X < \infty$ ist $\tau < \infty$. Die zufällige Summe $S_\tau = \sum_{n=1}^\tau X_n$ ist eine diskrete Zufallsvariable, denn ihr Wertebereich $S_\tau(\Omega)$ ist offenbar enthalten in der Vereinigung $S(\Omega) := \bigcup_{N \geq 1} S_N(\Omega)$ der Wertebereiche aller S_N, welche gemäß (b) diskret sind. Mit Hilfe von (a), der Definition des Erwartungswerts und der σ-Additivität von P erhalten wir

$$c\,\mathbb{E}(X) \leq \mathbb{E}(S_\tau) = \sum_{x \in S(\Omega)} x \sum_{N \geq 1} P(\tau = N, S_N = x) = \sum_{N \geq 1} \mathbb{E}\big(1_{\{\tau = N\}} S_N\big)\,.$$

Die Summenvertauschung im letzten Schritt ist wegen der Nichtnegativität aller Terme erlaubt. Für den letzten Ausdruck ergibt sich mit (b) und erneuter Summenvertauschung

$$\sum_{N \geq 1} \sum_{n=1}^{N} \mathbb{E}\big(1_{\{\tau=N\}} X_n\big) = \sum_{n \geq 1} \sum_{N \geq n} \sum_{x \in X_n(\Omega)} x \, P(\tau = N, X_n = x)$$

$$= \sum_{n \geq 1} \sum_{x \in X_n(\Omega)} x \, P(\tau \geq n, X_n = x) \leq \sum_{n \geq 1} \mathbb{E}(X_n) \,.$$

Im Limes $c \to 1$ erhalten wir die gewünschte Ungleichung. (Gelegentlich werden wir Eigenschaft (c) auch dann verwenden, wenn X den Wert $+\infty$ annehmen darf. Dass das erlaubt ist, kann man folgendermaßen einsehen. Im Fall $P(X = \infty) = 0$ hat X den gleichen Erwartungswert wie die endliche Zufallsvariable $X \, 1_{\{X<\infty\}}$, und wir können das obige Argument auf die letztere anwenden. Im Fall $P(X = \infty) = a > 0$ ist einerseits definitionsgemäß $\mathbb{E}(X) = \infty$. Andrerseits gibt es zu jedem $K > 0$ wegen der σ-Stetigkeit von P ein $N = N(K)$ mit $P(S_N \geq K) \geq a/2$. Dies impliziert wegen (a)

$$\sum_{n \geq 1} \mathbb{E}(X_n) \geq \mathbb{E}(S_N) \geq K \, P(S_N \geq K) \geq K a/2 \,.$$

Da K beliebig ist, folgt auch $\sum_{n \geq 1} \mathbb{E}(X_n) = \infty$ und damit die gewünschte Gleichung.)

(d) Nach dem gleichen Argument wie in (b) ist XY eine diskrete Zufallsvariable. Sie liegt in $\mathscr{L}^1$ wegen

$$\sum_{z} |z| \, P(XY = z) = \sum_{z \neq 0} |z| \sum_{x \neq 0} P(X = x, Y = z/x)$$

$$= \sum_{x \neq 0, \, y \neq 0} |x| \, |y| \, P(X = x) P(Y = y) = \mathbb{E}(|X|) \, \mathbb{E}(|Y|) < \infty \,.$$

Im zweiten Schritt haben wir die Unabhängigkeit von X und Y ausgenutzt. Wegen der absoluten Konvergenz aller Reihen kann man nun wieder die gleiche Rechnung ohne Betragsstriche wiederholen. $\diamond$

Die Linearität des Erwartungswerts ermöglicht eine einfache alternative Berechnung des Erwartungswerts einer binomialverteilten Zufallsvariablen.

(4.8) Beispiel: *Erwartete Anzahl der Erfolge in einem Bernoulli-Experiment.* In der Situation von Beispiel (4.5) ergibt sich aus Satz (4.7b) und Beispiel (4.3)

$$\mathbb{E}(S) = \sum_{i=1}^{n} \mathbb{E}(X_i) = \sum_{i=1}^{n} P(X_i = 1) = np \,.$$

4.1.2 Der allgemeine Fall

Man möchte natürlich auch für nicht-diskrete Zufallsvariablen einen Erwartungswert definieren. Der kann allerdings nicht mehr direkt als Summe hingeschrieben werden. Deshalb approximiert man eine gegebene Zufallsvariable X durch diskrete Zufallsvariablen $X_{(n)}$ und definiert den Erwartungswert von X als den Limes der Erwartungswerte von $X_{(n)}$.

Für eine reelle Zufallsvariable $X : \Omega \to \mathbb{R}$ und beliebiges $n \in \mathbb{N}$ betrachten wir die $1/n$-Diskretisierung

$$X_{(n)} := \lfloor nX \rfloor / n$$

von X; hier steht $\lfloor x \rfloor$ für die größte ganze Zahl $\leq x$. Es ist also $X_{(n)}(\omega) = \frac{k}{n}$ falls $\frac{k}{n} \leq X(\omega) < \frac{k+1}{n}$, $k \in \mathbb{Z}$; vgl. Abbildung 4.2. $X_{(n)}$ ist offenbar eine diskrete Zufallsvariable.

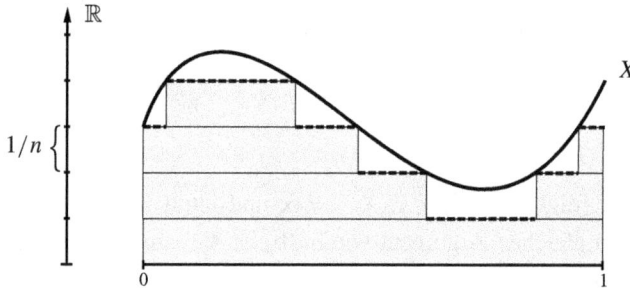

Abbildung 4.2: Eine reelle Zufallsvariable X auf $\Omega = [0, 1]$ und ihre $1/n$-Diskretisierung $X_{(n)}$ (gestrichelt). Ist $P = \mathcal{U}_{[0,1]}$, so ist $\mathbb{E}(X_{(n)})$ gerade der grau markierte Flächeninhalt. Die horizontalen Balken entsprechen der Zerlegung von $\mathbb{E}(X_{(n)})$ in Aufgabe 4.5a.

(4.9) Lemma: Diskrete Approximation des Erwartungswerts.

(a) *Für alle $n \geq 1$ gilt $X_{(n)} \leq X < X_{(n)} + \frac{1}{n}$.*

(b) *Ist $X_{(n)} \in \mathscr{L}^1$ für ein n, so ist $X_{(n)} \in \mathscr{L}^1$ für alle n, und in diesem Fall ist $\mathbb{E}(X_{(n)})$ eine Cauchy-Folge.*

Beweis: Aussage (a) ist offensichtlich. Sie impliziert insbesondere für alle $m, n \geq 1$ sowohl die Ungleichung $X_{(m)} < X_{(n)} + \frac{1}{n}$ als auch die umgekehrte Beziehung $X_{(n)} < X_{(m)} + \frac{1}{m}$. Hieraus folgt zunächst, dass $|X_{(n)}| < |X_{(m)}| + \max\left(\frac{1}{m}, \frac{1}{n}\right)$. Wenn also $X_{(m)} \in \mathscr{L}^1$ für ein m, dann ist wegen Satz (4.7a) sogar $X_{(n)} \in \mathscr{L}^1$ für alle n. Weiter ergibt sich $\mathbb{E}(X_{(m)}) \leq \mathbb{E}(X_{(n)}) + \frac{1}{n}$ und genauso mit vertauschtem m und n, und daher $|\mathbb{E}(X_{(n)}) - \mathbb{E}(X_{(m)})| \leq \max\left(\frac{1}{m}, \frac{1}{n}\right)$. Dies beweist (b). $\diamond$

Das Lemma erlaubt uns folgendes Vorgehen im allgemeinen Fall.

Definition: Sei $X : \Omega \to \mathbb{R}$ eine beliebige reelle Zufallsvariable. Man sagt, X besitzt einen Erwartungswert, wenn $X_{(n)} \in \mathscr{L}^1(P)$ für ein (bzw. alle) $n \geq 1$. In dem Fall heißt

$$\mathbb{E}(X) = \lim_{n \to \infty} \mathbb{E}(X_{(n)})$$

der *Erwartungswert* von X, und man schreibt $X \in \mathscr{L}^1(P)$ bzw. $X \in \mathscr{L}^1$.

In der Integrationstheorie nennt man den so definierten Erwartungswert das Integral von X bezüglich P und bezeichnet ihn mit $\int X \, dP$. Wie in Bemerkung (4.1) ergibt sich:

(4.10) Bemerkung: *Verteilungsabhängigkeit des Erwartungswerts.* Es gilt $X \in \mathscr{L}^1(P)$ genau dann, wenn $\mathrm{Id}_{\mathbb{R}} \in \mathscr{L}^1(P \circ X^{-1})$, und dann ist $\mathbb{E}_P(X) = \mathbb{E}_{P \circ X^{-1}}(\mathrm{Id}_{\mathbb{R}})$, d. h. der Erwartungswert hängt nur von der Verteilung $P \circ X^{-1}$ ab und kann als Schwerpunkt von $P \circ X^{-1}$ gedeutet werden. Zum Beweis genügt es, in der Gleichung

$$\mathbb{E}(X_{(n)}) = \sum_{k \in \mathbb{Z}} \frac{k}{n} \, P\left(\tfrac{k}{n} \leq X < \tfrac{k+1}{n}\right) = \mathbb{E}_{P \circ X^{-1}}\left((\mathrm{Id}_{\mathbb{R}})_{(n)}\right)$$

zum Limes $n \to \infty$ überzugehen.

Wesentlich ist nun, dass für den allgemeinen Erwartungswert die gleichen Rechenregeln gelten wie im diskreten Fall.

(4.11) Satz: Rechenregeln für den Erwartungswert. *Die Rechenregeln* (a)–(d) *in Satz* (4.7) *gelten auch für nicht-diskrete Zufallsvariablen.*

Beweis: (a) Die Monotonie des Erwartungswerts ist evident, denn wegen $X \leq Y$ ist $X_{(n)} \leq Y_{(n)}$ für alle n.

(b) Für $c \in \mathbb{R}$ gilt sowohl $|(cX)_{(n)} - cX| \leq \frac{1}{n}$ als auch $|cX_{(n)} - cX| \leq \frac{|c|}{n}$, also nach Dreiecksungleichung $|(cX)_{(n)} - cX_{(n)}| \leq \frac{1+|c|}{n}$. Mit Satz (4.7a) folgt

$$|\mathbb{E}((cX)_{(n)}) - c\mathbb{E}(X_{(n)})| \leq (1 + |c|)/n \, ,$$

und für $n \to \infty$ folgt die erste Behauptung. Die zweite folgt analog durch diskrete Approximation.

(c) Es genügt wieder, die erste Behauptung zu beweisen. Die Ungleichung $\mathbb{E}(X) \geq \sum_{n \geq 1} \mathbb{E}(X_n)$ ergibt sich genau wie im diskreten Fall aus (b). Zum Beweis der umgekehrten Ungleichung wählen wir ein beliebiges $k \geq 1$ und betrachten die diskreten Zufallsvariablen $Y_{n,k} = (X_n)_{(2^{n+k})}$. Dann gilt $Y_{n,k} \leq X_n < Y_{n,k} + 2^{-n-k}$ und daher

$$\mathbb{E}(X) \leq \mathbb{E}\left(\sum_{n \geq 1}\left[Y_{n,k} + 2^{-n-k}\right]\right) = \sum_{n \geq 1}\mathbb{E}(Y_{n,k} + 2^{-n-k}) \leq \sum_{n \geq 1}\mathbb{E}(X_n) + 2^{-k} \, .$$

Hier haben wir zuerst die Monotonieeigenschaft (a) im allgemeinen Fall ausgenutzt, dann die σ-Additivitätseigenschaft (c) im diskreten Fall (wobei es keine Rolle mehr spielt, ob $\sum_{n\geq 1} Y_{n,k}$ diskret ist, denn der Beweis von Satz (4.7c) kommt wegen der inzwischen bereitgestellten Mittel auch ohne diese Annahme aus), und dann wieder (a) und (b) verwendet. Im Limes $k \to \infty$ ergibt sich die gewünschte Ungleichung.

(d) Da $|(XY)_{(n)} - X_{(n)}Y_{(n)}| \leq \frac{1}{n} + \frac{1}{n}(|X| + |Y| + \frac{1}{n})$ gemäß Dreiecksungleichung, folgt die Behauptung im Limes $n \to \infty$. $\diamond$

Hat P eine Dichtefunktion, so lässt sich $\mathbb{E}_P(X)$ direkt durch das Lebesgue-Integral in (1.14) ausdrücken, und zwar in unmittelbarer Analogie zur Summe in Beispiel (4.4).

(4.12) Satz: Erwartungswert bei existierender Dichtefunktion. *Sei $\Omega \subset \mathbb{R}^d$ Borelsch, P das Wahrscheinlichkeitsmaß auf $(\Omega, \mathscr{B}_\Omega^d)$ zu einer Dichtefunktion ρ, und X eine reelle Zufallsvariable auf Ω. Dann gilt $X \in \mathscr{L}^1(P)$ genau dann, wenn $\int_\Omega |X(\omega)|\rho(\omega)\, d\omega < \infty$, und dann ist*

$$\mathbb{E}(X) = \int_\Omega X(\omega)\rho(\omega)\, d\omega\,.$$

Beweis: Für alle n ist $X_{(n)} \in \mathscr{L}^1(P)$ genau dann, wenn der Ausdruck

$$\sum_{k\in\mathbb{Z}} \left|\tfrac{k}{n}\right| P\left(X_{(n)} = \tfrac{k}{n}\right) = \sum_{k\in\mathbb{Z}} \left|\tfrac{k}{n}\right| \int_{\{\frac{k}{n} \leq X < \frac{k+1}{n}\}} \rho(\omega)\, d\omega$$

$$= \int_\Omega |X_{(n)}(\omega)|\, \rho(\omega)\, d\omega$$

endlich ist, und wegen $|X - X_{(n)}| \leq \frac{1}{n}$ ist dies genau dann der Fall, wenn $\int_\Omega |X(\omega)|\rho(\omega)\, d\omega < \infty$. Ferner gilt dann

$$\mathbb{E}(X_{(n)}) = \int_\Omega X_{(n)}(\omega)\rho(\omega)\, d\omega \;\to\; \int_\Omega X(\omega)\rho(\omega)\, d\omega\,,$$

denn es ist $\int_\Omega X_{(n)}(\omega)\rho(\omega)\, d\omega \leq \int_\Omega X(\omega)\rho(\omega)\, d\omega < \int_\Omega X_{(n)}(\omega)\rho(\omega)\, d\omega + 1/n$. $\diamond$

(4.13) Korollar: Zufallsvariablen mit Verteilungsdichte. *Sei X eine $\mathbb{R}^d$-wertige Zufallsvariable mit Verteilungsdichte ρ, d. h. $P \circ X^{-1}$ habe die Dichtefunktion ρ auf $\mathbb{R}^d$. Für jede weitere Zufallsvariable $f : \mathbb{R}^d \to \mathbb{R}$ ist dann $f \circ X \in \mathscr{L}^1$ genau dann, wenn $\int_{\mathbb{R}^d} |f(x)|\, \rho(x)\, dx < \infty$, und in dem Fall gilt*

$$\mathbb{E}(f \circ X) = \int_{\mathbb{R}^d} f(x)\rho(x)\, dx\,.$$

Beweis: Ist $f \geq 0$ oder $f \circ X \in \mathscr{L}^1$, so liefert eine zweimalige Anwendung von Bemerkung (4.10) zusammen mit Satz (4.12)

$$\mathbb{E}_P(f \circ X) = \mathbb{E}_{P\circ(f\circ X)^{-1}}(\mathrm{Id}_\mathbb{R}) = \mathbb{E}_{P\circ X^{-1}}(f) = \int_{\mathbb{R}^d} f(x)\rho(x)\, dx\,.$$

Im allgemeinen Fall wende man dies Ergebnis auf $|f|$ an. $\diamond$

(4.14) Beispiel: *Gamma-Verteilung.* Sei $X : \Omega \to [0, \infty[$ Gamma-verteilt zu den Parametern $\alpha, r > 0$, d. h. X habe die Verteilungsdichte

$$\gamma_{\alpha,r}(x) = \alpha^r x^{r-1} e^{-\alpha x} / \Gamma(r)$$

auf $[0, \infty[$. Dann folgt aus Korollar (4.13) (mit $f(x) = x$)

$$\mathbb{E}(X) = \int_0^\infty x \, \gamma_{\alpha,r}(x) \, dx = \frac{\Gamma(r+1)}{\alpha \Gamma(r)} \int_0^\infty \gamma_{\alpha,r+1}(x) \, dx = \frac{r}{\alpha} \,,$$

denn es gilt $\Gamma(r + 1) = r \, \Gamma(r)$, und $\gamma_{\alpha,r+1}$ hat das Integral 1. Da $X \geq 0$, zeigt die Rechnung insbesondere, dass $X \in \mathscr{L}^1$.

Wir wollen diesen Abschnitt nicht beenden, ohne noch einen anderen Begriff zu erwähnen, der genau wie der Erwartungswert als der „mittlere Wert" einer reellen Zufallsvariablen X aufgefasst werden kann. Im Unterschied zum Erwartungswert hat dieser Begriff den Vorteil, dass er stets definiert ist und nicht so sehr durch sehr große oder sehr stark negative Werte von X beeinflusst wird.

Definition: Sei X eine reelle Zufallsvariable mit Verteilung Q auf $(\mathbb{R}, \mathscr{B})$. Eine Zahl $\mu \in \mathbb{R}$ heißt ein *Median* oder *Zentralwert* von X bzw. Q, wenn $P(X \geq \mu) \geq 1/2$ und $P(X \leq \mu) \geq 1/2$.

Durch einen Median wird die Verteilung Q von X also in zwei Hälften zerlegt. Anders ausgedrückt: Ein Median μ ist eine Stelle, an der die Verteilungsfunktion F_X von X das Niveau $1/2$ überschreitet (oder überspringt). Die Existenz eines Medians folgt daher unmittelbar aus (1.29). Da F_X zwar wachsend aber nicht unbedingt strikt wachsend ist, ist μ im Allgemeinen nicht eindeutig bestimmt. Seine Bedeutung wird in dem folgenden Zusammenhang besonders anschaulich.

(4.15) Beispiel: *Radioaktiver Zerfall.* Die Zerfallszeit eines radioaktiven Teilchens wird (in guter Näherung) durch eine exponentialverteilte Zufallsvariable X beschrieben. Es gilt also $P(X \geq c) = e^{-\alpha c}$ für eine Konstante $\alpha > 0$. Der Median von X ist also dasjenige μ mit $e^{-\alpha \mu} = 1/2$, also $\mu = \alpha^{-1} \log 2$. Wenn wir auf das Gesetz (5.6) der großen Zahl vorgreifen, ergibt sich daher μ als die Zeit, nach der eine radioaktive Substanz aus sehr vielen (unabhängig voneinander zerfallenden) Teilchen ungefähr zur Hälfte zerfallen ist. μ heißt daher auch die *Halbwertszeit*.

4.2 Wartezeitparadox und fairer Optionspreis

Anschaulich beschreibt der Erwartungswert einer Zufallsvariablen X ihren „mittleren Wert", d. h. den Preis, den man im Voraus für eine Auszahlung X zu zahlen bereit wäre. Die folgenden zwei Beispiele bestätigen diese Auffassung, zeigen aber auch, dass man Überraschungen erleben kann, wenn man zu naiv vorgeht.

(4.16) Beispiel: *Das Wartezeit- bzw. Inspektionsparadox.* An einer Haltestelle treffen Busse zu rein zufälligen Zeitpunkten ein mit mittlerem zeitlichen Abstand $1/\alpha$, zur Zeit 0 fährt ein Bus. Dies modellieren wir durch folgende Annahmen:

(a) $T_0 = 0$, und die Abstände $L_k := T_k - T_{k-1}, k \geq 1$, sind unabhängig.

(b) Für alle $k \geq 1$, $s, t \geq 0$ gelte $P(L_k > s + t \mid L_k > s) = P(L_k > t)$ („Gedächt-nislosigkeit von L_k") und $\mathbb{E}(L_k) = 1/\alpha$.

Wir fragen: Wie lange muss ein Fahrgast voraussichtlich warten, der zur Zeit $t > 0$ an der Haltestelle ankommt? Zwei intuitive Antworten bieten sich an:

(A) Wegen der Gedächtnislosigkeit von L_k spielt es keine Rolle, wann der letzte Bus vor t gefahren ist, daher ist die mittlere Wartezeit gerade der mittlere Abstand der Busse, also $1/\alpha$.

(B) Die Ankunftszeit t ist gleichmäßig verteilt im Zeitintervall vom letzten Bus vor t und dem ersten nach t, also ist die mittlere Wartezeit nur halb so lang wie der Abstand zwischen zwei Bussen, also $1/2\alpha$.

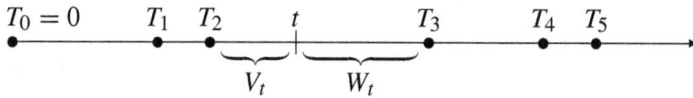

Abbildung 4.3: Vorlaufzeit V_t und Wartezeit W_t.

Welche Antwort stimmt? Annahme (b) impliziert: L_k ist exponentialverteilt zu α. (Denn die Funktion $a(t) = P(L_k > t)$ ist monoton fallend und erfüllt die Funktional-gleichung $a(t + s) = a(t)a(s)$. Somit ist $a(t) = a(1)^t$ für alle $t \geq 0$ und daher L_k exponentialverteilt. Beispiel (4.14) zeigt, dass der zugehörige Parameter gerade α ist.) Gemäß Satz (3.34) ist also

$$N_s = \sum_{k \geq 1} 1_{]0,s]}(T_k)$$

der Poisson-Prozess zu α. Sei

$$W_t = \min\{T_k - t : k \geq 1, T_k \geq t\}$$

die Wartezeit nach t. Dann gilt für alle s

$$P(W_t > s) = P(N_{t+s} - N_t = 0) = e^{-\alpha s},$$

d. h. W_t ist exponentialverteilt zu α, also $\mathbb{E}(W_t) = 1/\alpha$. Somit ist Antwort (A) richtig. Was ist falsch an Antwort (B)? Das Zeitintervall zwischen dem letzten Bus vor t und dem ersten nach t hat die Länge $L_{(t)} := V_t + W_t$, wobei

$$V_t := \min\{t - T_k : k \geq 0, T_k < t\} \leq t - T_0 = t$$

die Vorlaufzeit vor t bezeichnet, siehe Abbildung 4.3. Für $s < t$ ist $P(V_t > s) = P(N_t - N_{t-s} = 0) = e^{-\alpha s}$, und genauso $P(V_t = t) = e^{-\alpha t}$. Nach dem Eindeu-tigkeitssatz (1.12) stimmt also die Verteilung von V_t überein mit der Verteilung von

$U \wedge t := \min(U, t)$, wenn U die Exponentialverteilung $\mathcal{E}_\alpha$ hat. Mit Korollar (4.13), angewendet auf die Funktion $f(x) = x \wedge t$, ergibt sich

$$\mathbb{E}(V_t) = \mathbb{E}(U \wedge t) = \int_0^\infty x \wedge t \; \alpha e^{-\alpha x} \, dx$$

$$= \int_0^\infty x\alpha \, e^{-\alpha x} \, dx - \int_t^\infty (x - t)\alpha \, e^{-\alpha x} \, dx$$

$$= \frac{1}{\alpha} - \int_0^\infty y\alpha \, e^{-\alpha(y+t)} \, dy = \frac{1}{\alpha} - \frac{1}{\alpha} e^{-\alpha t} \, .$$

Folglich ist $\mathbb{E}(L_{(t)}) = \mathbb{E}(V_t) + \mathbb{E}(W_t) = \frac{2}{\alpha} - \frac{1}{\alpha} e^{-\alpha t}$. Für großes t, wenn der Effekt der Startbedingung $T_0 = 0$ weitgehend abgeklungen ist, ist also $\mathbb{E}(L_{(t)}) \approx 2/\alpha$. Falsch an Antwort (B) ist also nicht etwa die Intuition, dass der Quotient $V_t/L_{(t)}$ in $]0, 1[$ gleichverteilt ist (dies ist für großes t approximativ richtig), sondern die stillschweigende Annahme, dass $L_{(t)}$ den Erwartungswert $1/\alpha$ hat. Denn die Tatsache, dass das betrachtete Intervall zwischen zwei Bussen den festen Zeitpunkt t enthält, begünstigt längere Intervalle und vergrößert deshalb seine erwartete Länge auf ungefähr das Doppelte!

Dieses Phänomen ist ebenfalls von Bedeutung, wenn die Zeitpunkte T_k (statt Bus-Ankunftszeiten) die Zeitpunkte beschreiben, zu denen ein technisches Gerät defekt wird und durch ein gleichartiges neues ersetzt wird. Dann ist $\mathbb{E}(L_{(t)})$ die mittlere Funktionsdauer des Geräts, das zur Zeit t arbeitet bzw. inspiziert wird. Bei Beobachtung von $L_{(t)}$ wird dem Inspekteur also eine nahezu doppelte Funktionsdauer vorgegaukelt, als es den Tatsachen entspricht. Deshalb sollte man nicht die Funktionsdauer des zur Zeit t arbeitenden Geräts, sondern z. B. des ersten nach der Zeit t neu eingesetzten Geräts beobachten.

(4.17) Beispiel: *Optionspreistheorie.* Hier geben wir eine kleine Kostprobe aus der Finanzmathematik, und zwar berechnen wir den „fairen Preis" einer Option in einem einfachen (sicherlich *zu* einfachen) Marktmodell. Sei X_n der (zufällige) Kurs einer gewissen Aktie zur Zeit n. Eine europäische Kaufoption („European Call") zur Laufzeit N mit „Ausübungspreis" K ist das zur Zeit 0 von einem Investor (dem sogenannten Stillhalter, z. B. einer Bank) verkaufte Recht, diese Aktie zur Zeit $N \geq 1$ (nicht vorher!) zum Preis K pro Stück zu erwerben. Welchen Preis darf bzw. sollte der Stillhalter für dieses Recht fairerweise verlangen?

Außer von den zufälligen Kursschwankungen der Aktie hängt dies natürlich von der Marktsituation ab. Wir nehmen an, dass außer der Aktie noch eine risikofreie, nicht vom Zufall abhängige Anlage, ein „Bond", frei erhältlich ist, und dass der Wert dieses Bonds zeitlich konstant ist. (Das bedeutet nicht etwa, dass dessen Zinssatz gleich null ist, sondern nur, dass wir zu abgezinsten Einheiten übergehen, die an die Wertentwicklung des Bonds angepasst sind.) Außerdem ignorieren wir der Einfachheit halber alle „Reibungsverluste" (wie Steuern und Transaktionskosten) und zusätzliche Gewinne (wie Dividenden) und setzen voraus, dass Aktie und Bond in beliebigen Mengen und beliebig oft gehandelt werden können. Der Gewinn für den Käufer zur

Zeit N beträgt dann

$$(X_N - K)_+ = \begin{cases} X_N - K & \text{falls } X_N > K, \\ 0 & \text{sonst.} \end{cases}$$

Denn im Fall $X_N > K$ macht der Käufer von seinem Recht Gebrauch und gewinnt die Differenz zwischen Kurswert und Ausübungspreis. Andernfalls verzichtet er auf sein Recht und gewinnt und verliert nichts. Der vom Käufer zu erwartende Gewinn ist somit

$$\Pi := \mathbb{E}\big((X_N - K)_+\big).$$

Folglich darf der Stillhalter vom Käufer den Preis Π verlangen.

So denkt man, aber das ist falsch! Dies wurde zuerst von F. Black und M. Scholes (1973) bemerkt, und sie fanden die inzwischen berühmte Black–Scholes-Formel für den richtigen Preis, siehe (5.27) unten. Scholes erhielt dafür 1997 (zusammen mit R. Merton, der ebenfalls wesentliche Beiträge dazu geleistet hat) den Nobelpreis für Ökonomie (Black war kurz zuvor gestorben).

Um den Irrtum zu verstehen, betrachten wir ein einfaches Beispiel: Sei $N = 1$, $X_0 = K = 1$ und $X_1 = 2$ oder $1/2$ jeweils mit Wahrscheinlichkeit $1/2$. Dann ist $\Pi = (2-1)/2 = 1/2$. Wenn der Käufer dumm genug ist, die Option zum Preis Π zu erwerben, kann der Stillhalter folgendes machen: Zur Zeit 0 kauft er eine 2/3-Aktie zum Kurs 1 und verkauft aus seinem Bestand 1/6 vom Bond. Zusammen mit der Einnahme 1/2 durch den Verkauf der Option ist seine Bilanz dann ausgeglichen. Zur Zeit 1 kauft der Stillhalter sein 1/6-Bond zurück und verfährt wie folgt mit der Aktie: Im Fall $X_1 = 2$ kauft er vom freien Markt eine 1/3-Aktie zum Kurs $X_1 = 2$ dazu und verkauft die so erhaltene ganze Aktie an den Käufer zum vereinbarten Preis $K = 1$; seine Bilanz beträgt dann $-\frac{1}{6} - \frac{1}{3}2 + 1 = \frac{1}{6}$. Im Fall $X_1 = 1/2$ verkauft er seine 2/3-Aktie auf dem freien Markt (da der Käufer kein Interesse daran hat, die Option auszuüben), und die Bilanz beträgt wieder $-\frac{1}{6} + \frac{2}{3}\frac{1}{2} = \frac{1}{6}$. Das heißt, der Stillhalter hat dann wieder denselben Wertpapierbestand („Portfolio") wie vor dem Verkauf der Option und kann trotzdem den risikolosen Gewinn 1/6 einstreichen! Diese „Arbitrage-Möglichkeit" zeigt, dass der Preis $\Pi = 1/2$ nicht fair ist.

Was ist nun der richtige Preis für die Option? Und wie findet der Stillhalter eine geeignete Strategie, um sein Risiko abzusichern? Dazu betrachten wir das folgende *Binomial-Modell von Cox–Ross–Rubinstein* (1979) für die Entwicklung des Aktienkurses. (Dies CRR-Modell ist zwar weit von der Realität entfernt, aber es lassen sich an ihm ein paar nützliche Begriffe demonstrieren.) Sei $\Omega = \{0, 1\}^N$, P_p die Bernoulli-Verteilung auf Ω zum Parameter $0 < p < 1$, und $Z_k : \Omega \to \{0, 1\}$ die k-te Projektion. Der Kurs der Aktie zur Zeit n sei dann gegeben durch die Rekursion

$$X_0 = 1, \quad X_n = X_{n-1} \exp[2\sigma Z_n - \mu] \quad \text{für } 1 \leq n \leq N;$$

der Parameter $\sigma > 0$, die „Volatilität", bestimmt hierbei die Amplitude der Kursschwankung pro Zeiteinheit, und μ hängt von den gewählten Rechnungseinheiten (also der Wertentwicklung des Bonds) ab. Wir nehmen an, dass $0 < \mu < 2\sigma$, d.h. die Aktienkurse X_n können sowohl steigen als auch fallen. Von besonderem Interesse ist der

Fall $\mu = \sigma$, in dem jeder Kursgewinn durch einen nachfolgenden Kursverlust wieder zunichte gemacht werden kann. (X_n) heißt dann eine *geometrische Irrfahrt*. Abbildung 4.4 zeigt zwei zufällige Realisierungen, die mit den Mathematica-Befehlen

```
GeomIrr[n_,s_]:=NestList[(#Exp[s(-1)^Random[Integer]])&,1,n]
ListPlot[GeomIrr[500,0.05],PlotJoined->True,AxesOrigin->{0,0}]
```

erzeugt wurden.

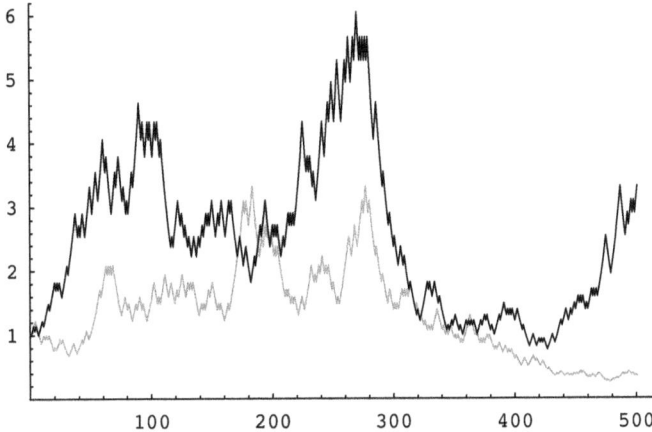

Abbildung 4.4: Zwei Simulationen der geometrischen Irrfahrt.

Betrachten wir nun die möglichen Strategien für einen Marktteilnehmer. Er kann sich zu jedem Zeitpunkt $1 \leq n \leq N$ entscheiden, wie viel Stück von der Aktie (etwa α_n) und wie viel vom Bond (etwa β_n) er während des Zeitintervalls $]n-1, n]$ in seinem Portfolio halten will. Dabei dürfen α_n und β_n zufällig sein, aber nur von den vorhergehenden Kursständen $\omega_1 = Z_1(\omega), \ldots, \omega_{n-1} = Z_{n-1}(\omega)$ abhängen; insbesondere sind α_1 und β_1 konstant. Eine Strategie besteht aus genau solchen Abbildungen $\alpha_n, \beta_n : \Omega \to \mathbb{R}$; sie werde mit dem Kürzel $\alpha\beta$ bezeichnet. Das Anfangskapital im Portfolio ist dann $W_0^{\alpha\beta} := \alpha_1 + \beta_1$, und der Wert des Portfolios zur Zeit $1 \leq n \leq N$ beträgt

$$W_n^{\alpha\beta} = \alpha_n X_n + \beta_n \,.$$

Eine Strategie $\alpha\beta$ heißt *selbstfinanzierend*, wenn die Umschichtung des Portfolios zu jedem Zeitpunkt n wertneutral verläuft, d.h. wenn

$$(4.18) \qquad (\alpha_{n+1} - \alpha_n) X_n + (\beta_{n+1} - \beta_n) = 0$$

für alle $1 \leq n < N$. Insbesondere ergibt sich dann β_{n+1} automatisch aus den anderen Größen, und es ist $W_n^{\alpha\beta} = \alpha_{n+1} X_n + \beta_{n+1}$. Eine selbstfinanzierende Strategie $\alpha\beta$ heißt eine *Hedge- (d.h. Absicherungs-) Strategie* (für den Stillhalter) zum Startwert w, wenn

$$(4.19) \qquad W_0^{\alpha\beta} = w, \quad W_n^{\alpha\beta} \geq 0 \text{ für } 1 \leq n < N, \quad W_N^{\alpha\beta} \geq (X_N - K)_+ \,;$$

d. h. der Wert des Portfolios soll nie negativ werden und zur Zeit N den für den Stillhalter möglicherweise entstehenden Verlust ausgleichen. Ein marktgerechter Preis für die Option ist nun offenbar gegeben durch

$$\Pi^* = \inf\{w > 0 : \text{es gibt eine selbstfinanzierende Hedge-Strategie zu } w\}.$$

Dieser sogenannte Black–Scholes-Preis Π^* lässt sich explizit berechnen:

(4.20) Proposition: Black–Scholes-Preis einer Option im CRR-Modell. *Für den Black–Scholes-Preis Π^* einer Option im obigen CRR-Modell gilt*

$$\Pi^* = \mathbb{E}^*\big((X_N - K)_+\big).$$

Dabei ist $\mathbb{E}^*$ der Erwartungswert bezüglich der Bernoulli-Verteilung $P^* := P_{p^*}$ zum Parameter

$$p^* = \frac{e^\mu - 1}{e^{2\sigma} - 1}.$$

Ferner existiert eine selbstfinanzierende Hedge-Strategie zum Startwert Π^*.

Der faire Preis ist also nach wie vor der erwartete Gewinn, aber bezüglich eines geeignet modifizierten Parameters! Bemerkenswerterweise hängt der faire Preis also nur von der Größe der Auf- und Abbewegungen des Aktienkurses und nicht vom Trend p ab. Der Parameter p^* ist dadurch charakterisiert, dass für ihn gilt: $\mathbb{E}^*(X_n) = 1$ für alle n, d. h. der mittlere Wert der Aktie bleibt konstant, entwickelt sich also genau so wie der Wert des Bonds.

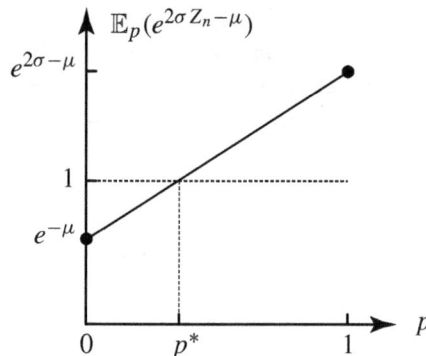

Abbildung 4.5: p^* wird so bestimmt, dass der Wachstumsfaktor $\exp[2\sigma Z_n - \mu]$ Erwartungswert 1 bekommt.

Beweis: Sei $\alpha\beta$ eine beliebige selbstfinanzierende Hedge-Strategie zu einem Startwert $w > 0$. Dann gilt wegen (4.18)

(4.21) $W_n^{\alpha\beta} - W_{n-1}^{\alpha\beta} = \alpha_n(X_n - X_{n-1}) = \alpha_n X_{n-1}\big[e^{2\sigma Z_n - \mu} - 1\big].$

Nun sind zwei Dinge zu beachten: Erstens hängt $\alpha_n X_{n-1}$ nur von $Z_1, \ldots, Z_{n-1}$ ab und ist daher (wegen Satz (3.24)) unabhängig von $e^{2\sigma Z_n - \mu} - 1$. Ferner ist p^* gerade so gewählt, dass

$$\mathbb{E}^*(e^{2\sigma Z_n - \mu} - 1) = p^* e^{2\sigma - \mu} + (1 - p^*) e^{-\mu} - 1 = 0.$$

Also folgt aus Satz (4.7d)

$$\mathbb{E}^*(W_n^{\alpha\beta} - W_{n-1}^{\alpha\beta}) = \mathbb{E}^*(\alpha_n X_{n-1}) \, \mathbb{E}^*(e^{2\sigma Z_n - \mu} - 1) = 0$$

und daher insbesondere wegen (4.19) und Satz (4.7a)

$$w = \mathbb{E}^*(W_0^{\alpha\beta}) = \mathbb{E}^*(W_N^{\alpha\beta}) \geq \mathbb{E}^*((X_N - K)_+) =: w^*.$$

Wir erhalten also die Ungleichung $\Pi^* \geq w^*$.

Zum Beweis der umgekehrten Ungleichung und der Zusatzaussage konstruieren wir eine selbstfinanzierende Hedge-Strategie $\alpha\beta$ zum Startwert w^*. Dazu definieren wir zuerst geeignete Kandidaten W_n^* für $W_n^{\alpha\beta}$. Für $1 \leq n \leq N$ und $\omega \in \Omega$ sei $\omega_{\leq n} = (\omega_1, \ldots, \omega_n)$ die Folge der ersten n Kursschwankungen, und $\omega_{>n}$ und $Z_{>n}$ seien analog definiert; formal lassen wir auch die leere Folge $\omega_{\leq 0}$ zu. Wir setzen

$$W_n^*(\omega_{\leq n}) = \mathbb{E}^*\Big(\big(X_N(\omega_{\leq n}, Z_{>n}) - K\big)_+ \Big)$$

$$= \sum_{\omega_{>n} \in \{0,1\}^{N-n}} \big(X_N(\omega_{\leq n}, \omega_{>n}) - K\big)_+ \, P^*(Z_{>n} = \omega_{>n})$$

für $0 \leq n \leq N$. $W_n^*(\omega_{\leq n})$ ist also der (beim Parameter p^*) erwartete Gewinn des Käufers, wenn $\omega_{\leq n}$ bereits bekannt ist. Insbesondere gilt $W_0^* = w^*$ und $W_N^*(\omega) = (X_N(\omega) - K)_+$. (Wir werden W_n^* manchmal als Funktion auf ganz Ω auffassen, die aber de facto nur von den ersten n Koordinaten abhängt.) Wegen der Produktstruktur der Bernoulli-Verteilung gilt für alle $1 \leq n \leq N$

$$W_{n-1}^*(\omega_{<n}) = p^* W_n^*(\omega_{<n}, 1) + (1 - p^*) W_n^*(\omega_{<n}, 0).$$

(Diese Gleichung besagt, dass die Folge $(W_n^*)_{0 \leq n \leq N}$ ein „Martingal" ist; auf diesen zentralen Begriff der Wahrscheinlichkeitstheorie wollen wir hier aber nicht näher eingehen.) Hieraus ergibt sich durch Unterscheidung der Fälle $\omega_n = 0$ und $\omega_n = 1$:

$$\gamma_n(\omega) := \big[W_n^*(\omega_{\leq n}) - W_{n-1}^*(\omega_{<n})\big] / \big(e^{2\sigma Z_n(\omega) - \mu} - 1\big)$$

$$= \big[W_n^*(\omega_{<n}, 1) - W_n^*(\omega_{<n}, 0)\big] / \big(e^{2\sigma - \mu} - e^{-\mu}\big).$$

$\gamma_n(\omega)$ hängt also nur von $\omega_{<n}$ ab und nicht von ω_n. Insbesondere ist γ_1 konstant. Wir setzen nun $\alpha_n = \gamma_n / X_{n-1}$ und bestimmen die zugehörigen β_n rekursiv aus (4.18); dabei werde β_1 so gewählt, dass $W_0^{\alpha\beta} = w^*$. Dann ist $\alpha\beta$ eine selbstfinanzierende Strategie, und aus (4.21) ergibt sich

$$W_n^{\alpha\beta} - W_{n-1}^{\alpha\beta} = \gamma_n \big[e^{2\sigma Z_n - \mu} - 1\big] = W_n^* - W_{n-1}^*.$$

Da außerdem $W_0^{\alpha\beta} = w^* = W_0^*$, ergibt sich die Gleichheit $W_n^{\alpha\beta} = W_n^*$ für alle $1 \leq n \leq N$. Insbesondere gilt $W_n^{\alpha\beta} \geq 0$ und $W_N^{\alpha\beta} = (X_N - K)_+$, d.h. $\alpha\beta$ ist eine Hedge-Strategie zum Startwert w^*. $\Diamond$

Man beachte, dass der obige Beweis konstruktiv ist: Er liefert nicht nur die Formel für Π^*, sondern gleichzeitig eine optimale Strategie. Auf diese Weise erhält man insbesondere die Strategie im Beispiel auf Seite 104, siehe Aufgabe 4.11.

Wir leiten noch einen alternativen Ausdruck für Π^* her. Mit den Abkürzungen $a_N = (\log K + \mu N)/2\sigma$, $p^\circ = e^{2\sigma - \mu} p^*$, $P^\circ = P_{p^\circ}$, und $S_N = \sum_{k=1}^N Z_k$ können wir schreiben

$$
\begin{aligned}
\Pi^* &= \mathbb{E}^*\big((X_N - K)\,1_{\{X_N > K\}}\big) \\
&= \mathbb{E}^*\big(\exp[2\sigma S_N - \mu N]\,1_{\{S_N > a_N\}}\big) - K\,P^*(S_N > a_N) \\
&= \mathbb{E}^*\Big(\big(\tfrac{p^\circ}{p^*}\big)^{S_N}\big(\tfrac{1-p^\circ}{1-p^*}\big)^{N-S_N}\,1_{\{S_N > a_N\}}\Big) - K\,P^*(S_N > a_N) \\
&= P^\circ(S_N > a_N) - K\,P^*(S_N > a_N).
\end{aligned}
$$

(4.22)

In der letzten Gleichung wird ausgenutzt, dass S_N unter P^* gemäß Satz (2.9) $\mathcal{B}_{n,p^*}$-verteilt ist, und dass $\big(\tfrac{p^\circ}{p^*}\big)^k \big(\tfrac{1-p^\circ}{1-p^*}\big)^{N-k} = \mathcal{B}_{N,p^\circ}(\{k\})/\mathcal{B}_{N,p^*}(\{k\})$. Von hier aus ist es nun nicht mehr weit zur berühmten Black–Scholes-Formel, die wir in Beispiel (5.26) herleiten werden.

4.3 Varianz und Kovarianz

Sei $(\Omega, \mathscr{F}, P)$ ein Wahrscheinlichkeitsraum und $X : \Omega \to \mathbb{R}$ eine reelle Zufallsvariable. Ist $X^r \in \mathscr{L}^1(P)$ für ein $r \in \mathbb{N}$, so nennt man $\mathbb{E}(X^r)$ das *r-te Moment* von X und schreibt $X \in \mathscr{L}^r = \mathscr{L}^r(P)$. Es ist $\mathscr{L}^s \subset \mathscr{L}^r$ für $r < s$, denn dann gilt die Ungleichung $|X|^r \leq 1 + |X|^s$. Wir interessieren uns vor allem für den Fall $r = 2$.

Definition: Für $X, Y \in \mathscr{L}^2$ heißt

(a) $\mathbb{V}(X) = \mathbb{V}_P(X) := \mathbb{E}\big([X - \mathbb{E}(X)]^2\big) = \mathbb{E}(X^2) - \mathbb{E}(X)^2$ die *Varianz* von X und $\sqrt{\mathbb{V}(X)}$ die *Streuung* oder *Standardabweichung* von X bezüglich P, sowie

(b) $\mathrm{Cov}(X, Y) = \mathbb{E}\big([X - \mathbb{E}(X)][Y - \mathbb{E}(Y)]\big) = \mathbb{E}(XY) - \mathbb{E}(X)\,\mathbb{E}(Y)$ die *Kovarianz* von X und Y. (Sie existiert wegen $|XY| \leq X^2 + Y^2$.)

(c) Ist $\mathrm{Cov}(X, Y) = 0$, so heißen X und Y *unkorreliert*.

Die Varianz ist ein Maß dafür, wie weit die Werte von X im Schnitt auseinander fallen. Ist zum Beispiel X gleichverteilt auf $\{x_1, \ldots, x_n\} \subset \mathbb{R}$, so ist

$$
\mathbb{E}(X) = \bar{x} := \frac{1}{n}\sum_{i=1}^n x_i \quad \text{und} \quad \mathbb{V}(X) = \frac{1}{n}\sum_{i=1}^n (x_i - \bar{x})^2,
$$

d.h. die Varianz ist gerade die mittlere quadratische Abweichung vom Mittelwert. Physikalisch entspricht die Varianz dem Trägheitsmoment eines Stabs mit Massenverteilung $P \circ X^{-1}$ bei Drehung um (eine zu $\mathbb{R}$ senkrechte Achse durch) den Schwerpunkt. Ist weiter Y gleichverteilt auf $\{y_1, \ldots, y_n\} \subset \mathbb{R}$, so ist $n \, \mathrm{Cov}(X, Y)$ gerade das Euklidische Skalarprodukt der zentrierten Vektoren $(x_i - \bar{x})_{1 \le i \le n}$ und $(y_i - \bar{y})_{1 \le i \le n}$. Der sogenannte *Korrelationskoeffizient* $\rho(X, Y) := \mathrm{Cov}(X, Y)/\sqrt{\mathbb{V}(X)\mathbb{V}(Y)}$ entspricht dann dem Kosinus des Winkels zwischen diesen Vektoren, und die Unkorreliertheit von X und Y ist nichts anderes als eine Orthogonalitätsbedingung. Der folgende Satz fasst die wichtigsten Rechenregeln für Varianz und Kovarianz zusammen.

(4.23) Satz: Rechenregeln für Varianz und Kovarianz. *Seien $X, Y, X_i \in \mathscr{L}^2$ und $a, b, c, d \in \mathbb{R}$. Dann gilt:*

(a) $aX + b, \; cY + d \in \mathscr{L}^2$ *und* $\mathrm{Cov}(aX + b, cY + d) = ac \, \mathrm{Cov}(X, Y)$.
   Insbesondere gilt $\mathbb{V}(aX + b) = a^2 \, \mathbb{V}(X)$.

(b) $\mathrm{Cov}(X, Y)^2 \le \mathbb{V}(X) \, \mathbb{V}(Y)$.

(c) $\sum_{i=1}^{n} X_i \in \mathscr{L}^2$ *und* $\mathbb{V}\left(\sum_{i=1}^{n} X_i\right) = \sum_{i=1}^{n} \mathbb{V}(X_i) + \sum_{i \ne j} \mathrm{Cov}(X_i, X_j)$.
   Sind insbesondere $X_1, \ldots, X_n$ paarweise unkorreliert, so gilt

$$\mathbb{V}\left(\sum_{i=1}^{n} X_i\right) = \sum_{i=1}^{n} \mathbb{V}(X_i) \quad \text{(Gleichung von I.-J. Bienaymé, 1853)}.$$

(d) *Sind X, Y unabhängig, so sind X, Y auch unkorreliert.*

Beweis: (a) ergibt sich durch Ausmultiplizieren mit Hilfe von Satz (4.11b).
   (b) Wegen (a) kann man ohne Einschränkung annehmen, dass $\mathbb{E}(X) = \mathbb{E}(Y) = 0$. Für diskrete X, Y liefert die Cauchy–Schwarz-Ungleichung

$$\mathrm{Cov}(X, Y)^2 = \mathbb{E}(XY)^2 = \left(\sum_{x,y} xy \, P(X = x, Y = y)\right)^2$$

$$\le \left(\sum_{x,y} x^2 P(X = x, Y = y)\right)\left(\sum_{x,y} y^2 P(X = x, Y = y)\right) = \mathbb{V}(X) \, \mathbb{V}(Y).$$

Der allgemeine Fall folgt hieraus durch diskrete Approximation wie in (4.9).
   (c) Wegen (a) ist ohne Einschränkung $\mathbb{E}(X_i) = 0$. Dann folgt aus Satz (4.11b)

$$\mathbb{V}\left(\sum_{i=1}^{n} X_i\right) = \mathbb{E}\left(\left(\sum_{i=1}^{n} X_i\right)^2\right) = \mathbb{E}\left(\sum_{i,j=1}^{n} X_i X_j\right)$$

$$= \sum_{i,j=1}^{n} \mathbb{E}(X_i X_j) = \sum_{i=1}^{n} \mathbb{V}(X_i) + \sum_{i \ne j} \mathrm{Cov}(X_i, X_j).$$

(d) ergibt sich direkt aus Satz (4.11d). $\diamond$

Unmittelbar aus Aussage (a) erhält man das folgende

(4.24) Korollar: Standardisierung. *Ist $X \in \mathscr{L}^2$ mit $\mathbb{V}(X) > 0$, so ist die Zufalls-variable*

$$X^* := \frac{X - \mathbb{E}(X)}{\sqrt{\mathbb{V}(X)}}$$

„standardisiert", d. h. es gilt $\mathbb{E}(X^*) = 0$ und $\mathbb{V}(X^*) = 1$.

Es ist wichtig, die Begriffe Unabhängigkeit und Unkorreliertheit auseinander zu halten. Zwar sind beide durch eine Produktformel charakterisiert; diese betrifft aber im Fall der Unkorreliertheit nur die Erwartungswerte, dagegen im Fall der Unabhängigkeit die gesamte gemeinsame Verteilung der Zufallsvariablen. Das bestätigt sich im folgenden Gegenbeispiel.

(4.25) Beispiel: *Unkorrelierte, aber abhängige Zufallsvariablen.* Sei $\Omega = \{1, 2, 3\}$ und $P = \mathcal{U}_\Omega$ die Gleichverteilung. Die Zufallsvariable X sei definiert durch ihre drei Werte $(1, 0, -1)$ auf Ω, und Y habe die Werte $(0, 1, 0)$. Dann ist $XY = 0$ und $\mathbb{E}(X) = 0$, also $\mathrm{Cov}(X, Y) = \mathbb{E}(XY) - \mathbb{E}(X)\,\mathbb{E}(Y) = 0$, aber

$$P(X = 1, Y = 1) = 0 \neq \tfrac{1}{9} = P(X = 1)\,P(Y = 1).$$

X und Y sind also nicht unabhängig, d. h. die Umkehrung von Satz (4.23d) ist falsch.

Da der Erwartungswert einer Zufallsvariablen nur von ihrer Verteilung abhängt (vgl. Bemerkung (4.10)), spricht man auch von Erwartungswert und Varianz eines Wahrscheinlichkeitsmaßes auf $\mathbb{R}$.

Definition: Ist P ein Wahrscheinlichkeitsmaß auf $(\mathbb{R}, \mathscr{B})$, so nennt man $\mathbb{E}(P) := \mathbb{E}_P(\mathrm{Id}_\mathbb{R})$ und $\mathbb{V}(P) = V_P(\mathrm{Id}_\mathbb{R})$ auch einfach den *Erwartungswert* und die *Varianz* von P (sofern sie existieren). Dabei ist $\mathrm{Id}_\mathbb{R} : x \to x$ die Identitätsabbildung auf $\mathbb{R}$.

Bemerkung (4.10) bekommt dann folgende Form.

(4.26) Bemerkung: *Verteilungsabhängigkeit von Erwartungswert und Varianz.* Für $X \in \mathscr{L}^1(P)$ ist $\mathbb{E}(X) = \mathbb{E}(P \circ X^{-1})$, und für $X \in \mathscr{L}^2(P)$ ist $\mathbb{V}(X) = \mathbb{V}(P \circ X^{-1})$. Erwartungswert und Varianz einer reellen Zufallsvariablen X stimmen also gerade überein mit dem Erwartungswert und der Varianz der Verteilung $P \circ X^{-1}$ von X.

Wir berechnen nun die Varianz einiger spezieller Verteilungen.

(4.27) Beispiel: *Binomialverteilung.* Für alle n, p gilt $\mathbb{V}(\mathcal{B}_{n,p}) = np(1 - p)$. Denn gemäß Satz (2.9) ist $\mathcal{B}_{n,p} = P \circ S_n^{-1}$, wenn $S_n = \sum_{i=1}^n X_i$ und $(X_i)_{1 \leq i \leq n}$ eine Bernoulli-Folge zu p ist. Offenbar gilt $\mathbb{E}(X_i) = \mathbb{E}(X_i^2) = p$ und daher $\mathbb{V}(X_i) = p(1 - p)$. Also liefert Satz (4.23cd)

$$\mathbb{V}(\mathcal{B}_{n,p}) = \mathbb{V}(S_n) = \sum_{i=1}^n \mathbb{V}(X_i) = np(1 - p).$$

(4.28) Beispiel: *Normalverteilung.* Sei $\mathcal{N}_{m,v}$ die Normalverteilung zu den Parametern $m \in \mathbb{R}$, $v > 0$. Gemäß Korollar (4.13) existiert das zweite Moment von $\mathcal{N}_{m,v}$ genau dann, wenn $\int x^2 e^{-(x-m)^2/2v}\, dx < \infty$. Letzteres ist offensichtlich der Fall. Insbesondere ergibt sich

$$
\begin{aligned}
\mathbb{E}(\mathcal{N}_{m,v}) &= \frac{1}{\sqrt{2\pi v}} \int x\, e^{-(x-m)^2/2v}\, dx \\
&= \frac{1}{\sqrt{2\pi}} \int (m + \sqrt{v}\,y)\, e^{-y^2/2}\, dy = m
\end{aligned}
$$

mit der Substitution $y = (x - m)/\sqrt{v}$ und wegen der $y \leftrightarrow -y$ Symmetrie, und

$$
\begin{aligned}
\mathbb{V}(\mathcal{N}_{m,v}) &= \frac{1}{\sqrt{2\pi v}} \int (x - m)^2 e^{-(x-m)^2/2v}\, dx = \frac{v}{\sqrt{2\pi}} \int y^2 e^{-y^2/2}\, dy \\
&= \frac{v}{\sqrt{2\pi}} \left(\left[-y e^{-y^2/2} \right]_{-\infty}^{\infty} + \int e^{-y^2/2}\, dy \right) = v
\end{aligned}
$$

mit partieller Integration und Lemma (2.25). Die Parameter der Normalverteilung sind also gerade Erwartungswert und Varianz.

(4.29) Beispiel: *Beta-Verteilung.* Für die Beta-Verteilung $\boldsymbol{\beta}_{a,b}$ zu $a, b > 0$ erhält man mit Korollar (4.13) und der Rekursionsformel (2.23)

$$
\mathbb{E}(\boldsymbol{\beta}_{a,b}) = \int_0^1 s\, \beta_{a,b}(s)\, ds = \frac{\mathrm{B}(a + 1, b)}{\mathrm{B}(a, b)} = \frac{a}{a + b}
$$

und

$$
\begin{aligned}
\mathbb{V}(\boldsymbol{\beta}_{a,b}) &= \int_0^1 s^2\, \beta_{a,b}(s)\, ds - \mathbb{E}(\boldsymbol{\beta}_{a,b})^2 \\
&= \frac{\mathrm{B}(a + 2, b)}{\mathrm{B}(a, b)} - \left(\frac{a}{a + b} \right)^2 = \frac{ab}{(a + b)^2\, (a + b + 1)}.
\end{aligned}
$$

4.4 Erzeugende Funktionen

Wir betrachten jetzt Wahrscheinlichkeitsmaße P auf dem speziellen Ereignisraum $(\mathbb{Z}_+, \mathscr{P}(\mathbb{Z}_+))$. Jedes solche P ist durch seine Zähldichte $\rho(k) = P(\{k\})$ eindeutig festgelegt, und diese ihrerseits durch die Potenzreihe mit Koeffizienten $\rho(k)$.

Definition: Ist P ein Wahrscheinlichkeitsmaß auf $(\mathbb{Z}_+, \mathscr{P}(\mathbb{Z}_+))$ mit Zähldichte ρ, so heißt die Funktion

$$
\varphi_P(s) = \sum_{k \geq 0} \rho(k)\, s^k, \quad 0 \leq s \leq 1,
$$

die *erzeugende Funktion* von P bzw. ρ.

Wegen $\sum_{k\geq 0}\rho(k) = 1$ ist die erzeugende Funktion überall wohldefiniert und (zumindest) auf $[0, 1[$ unendlich oft differenzierbar. Da alle Koeffizienten $\rho(k)$ nichtnegativ sind, ist φ_P konvex. Im Fall einiger Standard-Verteilungen lässt sich φ_P explizit berechnen.

(4.30) Beispiel: *Binomialverteilung.* Für $n \in \mathbb{N}$ und $0 < p < 1$ ist die erzeugende Funktion der Binomialverteilung $\mathcal{B}_{n,p}$ gegeben durch

$$\varphi_{\mathcal{B}_{n,p}}(s) = \sum_{k=0}^{n}\binom{n}{k}p^k q^{n-k}s^k = (q + ps)^n\,,$$

wobei $q := 1 - p$.

(4.31) Beispiel: *Negative Binomialverteilung.* Für die erzeugende Funktion der negativen Binomialverteilung $\overline{\mathcal{B}}_{r,p}$ zu den Parametern $r > 0$, $0 < p < 1$ ergibt sich aus dem allgemeinen binomischen Satz

$$\varphi_{\overline{\mathcal{B}}_{r,p}}(s) = p^r \sum_{k\geq 0}\binom{-r}{k}(-qs)^k = \left(\frac{p}{1 - qs}\right)^r\,.$$

(4.32) Beispiel: *Poisson-Verteilung.* Ist $\mathcal{P}_\lambda$ die Poisson-Verteilung zu $\lambda > 0$, so gilt

$$\varphi_{\mathcal{P}_\lambda}(s) = \sum_{k\geq 0}e^{-\lambda}\frac{\lambda^k}{k!}s^k = e^{-\lambda(1-s)}\,.$$

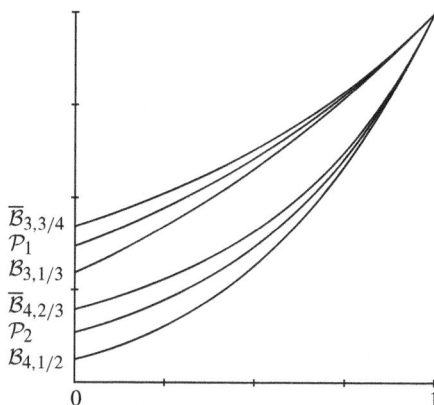

Abbildung 4.6: Erzeugende Funktionen von Binomialverteilungen, negativen Binomialverteilungen und Poisson-Verteilungen mit Erwartungswert 1 bzw. 2.

Der Nutzen von erzeugenden Funktionen zeigt sich unter anderem in folgendem Satz. (Weitere Anwendungen folgen in Kapitel 6.) Es bezeichne $\varphi_P^{(k)}(0)$ die k-te Ableitung von φ_P an der Stelle 0.

(4.33) Satz: Momentenberechnung mit der erzeugenden Funktion. *Sei P ein Wahr-*
scheinlichkeitsmaß auf $\mathbb{Z}_+$ mit Zähldichte ρ. Dann gilt:

  (a) *Für alle k gilt $\rho(k) = \varphi_P^{(k)}(0)/k!$, also ist P durch φ_P eindeutig bestimmt.*

  (b) *$\mathbb{E}(P)$ existiert genau dann, wenn $\varphi_P'(1) \ (= \lim_{s\uparrow 1}\varphi_P'(s))$ existiert, und dann*
    gilt $\mathbb{E}(P) = \varphi_P'(1) = \lim_{s\uparrow 1}\varphi_P'(s)$.

  (c) *$\mathbb{V}(P)$ existiert genau dann, wenn $\varphi_P''(1) \ (= \lim_{s\uparrow 1}\varphi_P''(s))$ existiert, und dann*
    gilt $\mathbb{V}(P) = \varphi_P''(1) - \mathbb{E}(P)^2 + \mathbb{E}(P)$.

Beweis: (a) folgt aus dem Satz von Taylor.

  (b) Alle folgenden Ausdrücke existieren in $[0,\infty]$:

$$\lim_{s\uparrow 1}\frac{\varphi(1)-\varphi(s)}{1-s} = \lim_{s\uparrow 1}\sum_{k\geq 0}\rho(k)\frac{1-s^k}{1-s} = \lim_{s\uparrow 1}\sum_{k\geq 0}\rho(k)\sum_{j=0}^{k-1}s^j$$

$$= \sup_{s<1}\sup_{n\geq 1}\sum_{k=0}^{n}\rho(k)\sum_{j=0}^{k-1}s^j = \sum_{k\geq 0}\rho(k)\,k = \lim_{s\uparrow 1}\sum_{k\geq 0}\rho(k)\,ks^{k-1} = \lim_{s\uparrow 1}\varphi'(s).$$

Dabei haben wir ausgenutzt, dass aus Monotoniegründen die Suprema über s und n
vertauschbar sind. $\mathbb{E}(P)$ existiert genau dann, wenn alle diese Ausdrücke endlich sind.

  (c) Wie in (b) ergibt sich

$$\lim_{s\uparrow 1}\frac{\varphi'(1)-\varphi'(s)}{1-s} = \sum_{k\geq 0}\rho(k)\,k(k-1) \in [0,\infty]\,,$$

und die Behauptung folgt sofort. $\diamond$

    Wenden wir den Satz auf die oben betrachteten speziellen Verteilungen an, so
erhalten wir die folgenden Beispiele.

(4.34) Beispiel: *Binomialverteilung.* Aus Beispiel (4.30) ergibt sich

$$\mathbb{E}(\mathcal{B}_{n,p}) = \frac{d}{ds}(q+ps)^n\Big|_{s=1} = np\,,$$

$$\mathbb{V}(\mathcal{B}_{n,p}) = \frac{d^2}{ds^2}(q+ps)^n\Big|_{s=1} - (np)^2 + np = npq\,,$$

in Übereinstimmung mit den Beispielen (4.5) und (4.27).

(4.35) Beispiel: *Negative Binomialverteilung.* Zusammen mit Beispiel (4.31) liefert
Satz (4.33bc)

$$\mathbb{E}(\overline{\mathcal{B}}_{r,p}) = \frac{d}{ds}\Big(\frac{p}{1-qs}\Big)^r\Big|_{s=1} = p^r rq(1-q)^{-r-1} = \frac{rq}{p}\,,$$

$$\mathbb{V}(\overline{\mathcal{B}}_{r,p}) = \frac{d^2}{ds^2}\Big(\frac{p}{1-qs}\Big)^r\Big|_{s=1} - \frac{r^2q^2}{p^2} + \frac{rq}{p}$$

$$= p^r r(r+1)q^2 p^{-r-2} - \frac{r^2q^2}{p^2} + \frac{rq}{p} = \frac{rq}{p^2}\,.$$

(4.36) Beispiel: *Poisson-Verteilung.* Aus Beispiel (4.32) erhält man

$$\mathbb{E}(\mathcal{P}_\lambda) = \frac{d}{ds} e^{-\lambda + \lambda s} \Big|_{s=1} = \lambda \,,$$

$$\mathbb{V}(\mathcal{P}_\lambda) = \frac{d^2}{ds^2} e^{-\lambda + \lambda s} \Big|_{s=1} - \lambda^2 + \lambda = \lambda \,.$$

Der Parameter einer Poisson-Verteilung kennzeichnet also sowohl den Erwartungswert als auch die Varianz!

Die erzeugende Funktion einer Zufallsvariablen ist definiert als die erzeugende Funktion ihrer Verteilung:

Definition: Sei X eine $\mathbb{Z}_+$-wertige Zufallsvariable auf einem Wahrscheinlichkeitsraum $(\Omega, \mathscr{F}, P)$. Dann heißt die Funktion

$$\varphi_X(s) := \varphi_{P \circ X^{-1}}(s) = \sum_{k \geq 0} s^k \, P(X = k) = \mathbb{E}(s^X) \,, \quad 0 \leq s \leq 1 \,,$$

die *erzeugende Funktion* von X.

(4.37) Satz: Erzeugende Funktion einer Summe unabhängiger Zufallsvariablen. *Sind X, Y unabhängige $\mathbb{Z}_+$-wertige Zufallsvariablen, so gilt*

$$\varphi_{X+Y}(s) = \varphi_X(s) \, \varphi_Y(s) \,, \quad 0 \leq s \leq 1 \,.$$

Beweis: Gemäß Satz (3.24) sind s^X und s^Y unabhängig, also folgt die Behauptung aus Satz (4.7d). $\diamond$

Mit dem Begriff der Faltung (siehe Seite 75) bekommt Satz (4.37) die folgende Gestalt.

(4.38) Satz: Produktregel für die erzeugende Funktion einer Faltung. *Für je zwei Wahrscheinlichkeitsmaße P_1, P_2 auf $(\mathbb{Z}_+, \mathscr{P}(\mathbb{Z}_+))$ gilt*

$$\varphi_{P_1 \star P_2}(s) = \varphi_{P_1}(s) \, \varphi_{P_2}(s) \,, \quad 0 \leq s \leq 1 \,.$$

Dieser Satz erlaubt uns, die oben betrachteten speziellen Verteilungen als Faltungen zu identifizieren.

(4.39) Beispiel: *Binomialverteilung.* Sei $0 < p < 1$ und $\mathcal{B}_{1,p}$ die Binomialverteilung auf $\{0, 1\}$, d. h. $\mathcal{B}_{1,p}(\{1\}) = p$, $\mathcal{B}_{1,p}(\{0\}) = q := 1 - p$. Dann gilt für jedes $n \geq 2$

$$\mathcal{B}_{n,p} = \mathcal{B}_{1,p}^{\star n} := \underbrace{\mathcal{B}_{1,p} \star \cdots \star \mathcal{B}_{1,p}}_{n\text{-mal}} \,.$$

Wir wissen dies bereits seit Satz (2.9): Es ist $\mathcal{B}_{n,p} = P \circ (X_1 + \cdots + X_n)^{-1}$ für eine Bernoulli-Folge $(X_i)_{1 \le i \le n}$. Man kann aber auch Satz (4.38) benutzen. Gemäß Beispiel (4.30) gilt nämlich

$$\varphi_{\mathcal{B}_{n,p}}(s) = (q + ps)^n = \varphi_{\mathcal{B}_{1,p}}(s)^n = \varphi_{\mathcal{B}_{1,p}^{\star n}}(s), \quad 0 \le s \le 1.$$

Somit müssen nach Satz (4.33a) die Wahrscheinlichkeitsmaße $\mathcal{B}_{n,p}$ und $\mathcal{B}_{1,p}^{\star n}$ übereinstimmen.

(4.40) Beispiel: *Negative Binomialverteilung.* Für $0 < p < 1, r \in \mathbb{N}$ gilt $\overline{\mathcal{B}}_{r,p} = \mathcal{G}_p^{\star r}$, d. h. $\overline{\mathcal{B}}_{r,p}$ ist die r-fache Faltung der geometrischen Verteilung. Dies folgt wie im letzten Beispiel aus der Beziehung

$$\varphi_{\overline{\mathcal{B}}_{r,p}}(s) = \left(\frac{p}{1 - qs}\right)^r = \varphi_{\mathcal{G}_p}(s)^r = \varphi_{\mathcal{G}_p^{\star r}}(s).$$

Für beliebige reelle $a, b > 0$ ergibt sich genauso $\overline{\mathcal{B}}_{a+b,p} = \overline{\mathcal{B}}_{a,p} \star \overline{\mathcal{B}}_{b,p}$, d.h. die negativen Binomialverteilungen bilden eine Faltungshalbgruppe.

(4.41) Beispiel: *Poisson-Verteilung.* Für beliebige Parameter $\lambda, \mu > 0$ gilt

$$\varphi_{\mathcal{P}_{\lambda+\mu}}(s) = e^{(\lambda+\mu)(s-1)} = \varphi_{\mathcal{P}_\lambda}(s)\, \varphi_{\mathcal{P}_\mu}(s) = \varphi_{\mathcal{P}_\lambda \star \mathcal{P}_\mu}(s)$$

für alle s, und daher $\mathcal{P}_{\lambda+\mu} = \mathcal{P}_\lambda \star \mathcal{P}_\mu$. Die Poisson-Verteilungen bilden also ebenfalls eine Faltungshalbgruppe, wie wir bereits aus Korollar (3.36) wissen.

Aufgaben

4.1 Sei X eine Zufallsvariable mit Werten in $[0, \infty]$. Zeigen Sie:

(a) Ist $\mathbb{E}(X) < \infty$, so gilt $P(X < \infty) = 1$.

(b) Ist $\mathbb{E}(X) = 0$, so gilt $P(X = 0) = 1$.

(Betrachten Sie zuerst den Fall, dass X diskret ist.)

4.2 Beweisen oder widerlegen Sie die folgenden Aussagen über zwei Zufallsvariablen $X, Y \in \mathcal{L}^1$.

(a) $\mathbb{E}(X) = \mathbb{E}(Y) \Rightarrow P(X = Y) = 1$.

(b) $\mathbb{E}(|X - Y|) = 0 \Rightarrow P(X = Y) = 1$.

4.3 *Einschluss-Ausschluss-Prinzip.* Geben Sie einen alternativen Beweis der Einschluss-Ausschluss-Formel aus Aufgabe 1.7b, indem Sie den Erwartungswert des Produkts

$$\prod_{i \in J} 1_{A_i} \prod_{i \in I \setminus J} (1 - 1_{A_i})$$

berechnen.

4.4 *Jensen'sche Ungleichung (J. Jensen 1906).* Es sei $\varphi : \mathbb{R} \to \mathbb{R}$ eine konvexe Funktion, $X \in \mathscr{L}^1$ und $\varphi \circ X \in \mathscr{L}^1$. Zeigen Sie, dass

$$\varphi\big(\mathbb{E}(X)\big) \leq \mathbb{E}\big(\varphi(X)\big).$$

Hinweis: Legen Sie im Punkte $\mathbb{E}(X)$ eine Tangente an φ an.

4.5[L] (a) Sei X eine Zufallsvariable mit Werten in $\mathbb{Z}_+$. Zeigen Sie:

$$\mathbb{E}(X) = \sum_{k \geq 1} P(X \geq k).$$

(Eventuell sind beide Seiten $+\infty$.)

(b) Sei X eine beliebige Zufallsvariable mit Werten in $[0, \infty[$. Zeigen Sie:

$$\mathbb{E}(X) = \int_0^\infty P(X \geq s)\, ds.$$

Wieder können beide Seiten $+\infty$ sein. *Hinweis:* Diskrete Approximation.

4.6 Sei $(\Omega, \mathscr{F}, P)$ ein Wahrscheinlichkeitsraum und $A_n \in \mathscr{F}$, $n \geq 1$. Definieren und interpretieren Sie eine Zufallsvariable X mit $\mathbb{E}(X) = \sum_{n \geq 1} P(A_n)$. Diskutieren Sie insbesondere den Spezialfall, dass die A_n paarweise disjunkt sind.

4.7 Seien $X, Y, X_1, X_2, \ldots \in \mathscr{L}^1$. Zeigen Sie:

(a) *Lemma von Fatou.* Ist $X_n \geq 0$ für alle n und $X = \liminf_{n \to \infty} X_n$, so gilt $\mathbb{E}(X) \leq \liminf_{n \to \infty} \mathbb{E}(X_n)$. *Hinweis:* $Y_n = \inf_{k \geq n} X_k$ ist nach Aufgabe 1.14 eine Zufallsvariable, und es gilt $Y_n \uparrow X$.

(b) *Satz von der dominierten Konvergenz.* Ist $|X_n| \leq Y$ für alle n und $X = \lim_{n \to \infty} X_n$, so gilt $\mathbb{E}(X) = \lim_{n \to \infty} \mathbb{E}(X_n)$. *Hinweis:* Wenden Sie (a) auf die Zufallsvariablen $Y \pm X_n$ an.

4.8[L] *Satz von Fubini.* Seien X_1, X_2 unabhängige Zufallsvariablen mit Werten in irgendwelchen Ereignisräumen $(E_1, \mathscr{E}_1)$ bzw. $(E_2, \mathscr{E}_2)$ und $f : E_1 \times E_2 \to \mathbb{R}$ eine beschränkte Zufallsvariable. Für $x_1 \in E_1$ sei $f_1(x_1) = \mathbb{E}\big(f(x_1, X_2)\big)$; wegen Aufgabe 1.6 ist f_1 wohldefiniert. Zeigen Sie: f_1 ist eine Zufallsvariable, und es gilt $\mathbb{E}\big(f(X_1, X_2)\big) = \mathbb{E}\big(f_1(X_1)\big)$, d.h. der Erwartungswert von $f(X_1, X_2)$ kann schrittweise gebildet werden. *Hinweis:* Zeigen Sie die Behauptung zuerst im Fall $f = 1_A$ für $A = A_1 \times A_2$ mit $A_i \in \mathscr{E}_i$, dann mit Hilfe von Lemma (1.13) und Satz (1.12) für beliebiges $A \in \mathscr{E}_1 \otimes \mathscr{E}_2$, und schließlich für beliebiges f.

4.9 In der Zeitschrift der Stiftung Warentest ist bei den Tests auch ein „mittlerer Preis" des getesteten Produkts angegeben; dabei handelt es sich oft um den Stichprobenmedian, d.h. den Median der empirischen Verteilung $\frac{1}{n} \sum_{i=1}^n \delta_{x_i}$ der in n Läden angetroffenen Preise $x_1, \ldots, x_n$. Warum kann für den Leser die Angabe des Medians (statt des arithmetischen Mittels) von Vorteil sein? Zeigen Sie an einem Beispiel, dass Median und Erwartungswert wesentlich voneinander abweichen können.

4.10[L] *Wald'sche Identität.* Seien $(X_i)_{i \geq 1}$ unabhängige, identisch verteilte reelle Zufallsvariablen in $\mathscr{L}^1$ und τ eine $\mathbb{Z}_+$-wertige Zufallsvariable mit $\mathbb{E}(\tau) < \infty$. Für alle $n \in \mathbb{N}$ sei das Ereignis $\{\tau \geq n\}$ unabhängig von X_n. Zeigen Sie: Die Zufallsvariable $S_\tau = \sum_{i=1}^\tau X_i$ besitzt einen Erwartungswert, und es gilt

$$\mathbb{E}(S_\tau) = \mathbb{E}(\tau)\, \mathbb{E}(X_1).$$

4.11 Betrachten Sie das Cox–Ross–Rubinstein-Modell zu den Parametern $X_0 = K = 1, \sigma = \mu = \log 2$. Bestimmen Sie für die Laufzeiten $N = 1, 2, 3$ den Black–Scholes-Preis Π^* und die optimale selbstfinanzierende Hedge-Strategie $\alpha\beta$.

4.12^L Sei $\Pi^*(N) = \mathbb{E}^*((X_N - K)_+)$ der Black–Scholes-Preis im Cox–Ross–Rubinstein-Modell zu den Parametern $\mu, \sigma > 0$ zur Laufzeit N, siehe Beispiel (4.17). Beweisen Sie:

$$\Pi^*(N) \leq \Pi^*(N + 1).$$

Hinweis: Verwenden Sie Aufgabe 4.4.

4.13 Es sei X eine reelle Zufallsvariable. Überprüfen Sie in den Fällen

(a) X ist $\mathcal{U}_{[0,1]}$-verteilt,

(b) X hat die Cauchy-Verteilungsdichte $\rho(x) = \frac{1}{\pi} \frac{1}{1+x^2}$,

(c) $X = e^Y$ für eine $\mathcal{N}_{0,1}$-verteilte Zufallsvariable Y,

ob der Erwartungswert $\mathbb{E}(X)$ und die Varianz $\mathbb{V}(X)$ existieren, und berechnen Sie sie gegebenenfalls.

4.14 Es seien $X_1, \ldots, X_n \in \mathscr{L}^2$ unabhängige identisch verteilte Zufallsvariablen und $M = \frac{1}{n} \sum_{i=1}^n X_i$ ihr Mittelwert. Berechnen Sie

$$\mathbb{E}\left(\sum_{i=1}^n (X_i - M)^2 \right).$$

4.15^L Zeigen Sie für jede reelle Zufallsvariable X:

(a) *Der Erwartungswert minimiert die quadratische Abweichung.* Ist $X \in \mathscr{L}^2$ mit Erwartungswert m, so gilt für alle $a \in \mathbb{R}$

$$\mathbb{E}\big((X - a)^2\big) \geq \mathbb{V}(X)$$

mit Gleichheit genau dann, wenn $a = m$.

(b) *Jeder Median minimiert die absolute Abweichung.* Ist $X \in \mathscr{L}^1$ und μ ein Median von X, so gilt für alle $a \in \mathbb{R}$

$$\mathbb{E}(|X - a|) \geq \mathbb{E}(|X - \mu|)$$

mit Gleichheit genau dann, wenn auch a ein Median ist. Hinweis: Nehmen Sie ohne Einschränkung an, dass $a < \mu$, und verifizieren Sie die Gleichung

$$|X - a| - |X - \mu| = (\mu - a)(2\,1_{\{X \geq \mu\}} - 1) + 2(X - a)\,1_{\{a < X < \mu\}}.$$

4.16 *Beste lineare Vorhersage.* Seien $X, Y \in \mathscr{L}^2$ und (ohne Einschränkung) $\mathbb{V}(X) = 1$. Zeigen Sie: Die quadratische Abweichung

$$\mathbb{E}\big((Y - a - bX)^2\big)$$

zwischen Y und der affinen Funktion $a + bX$ von X wird minimiert für $b = \mathrm{Cov}(X, Y)$ und $a = \mathbb{E}(Y - bX)$. Was bedeutet dies im Fall, wenn X, Y unkorreliert sind?

4.17 Sei X eine $\mathcal{N}_{0,1}$-verteilte Zufallsvariable. Zeigen Sie: Für alle $k \geq 1$ gilt $\mathbb{E}(X^{2k}) = 2^k \Gamma(k + \frac{1}{2})/\Gamma(\frac{1}{2})$. Berechnen Sie dies explizit für $k = 1, 2, 3$.

4.18[L] *Fixpunkte zufälliger Permutationen.* Sei $\Omega = \mathscr{S}_n$ die Menge der Permutationen von $\{1, \dots, n\}$ und $P = \mathcal{U}_\Omega$ die Gleichverteilung auf Ω. Für jede Permutation $\omega \in \Omega$ sei $X(\omega)$ die Anzahl der Fixpunkte von ω. Berechnen Sie $\mathbb{E}(X)$ und $\mathbb{V}(X)$ (ohne Verwendung von Aufgabe 2.11).

4.19 *Positive Korrelation monotoner Zufallsvariablen.* Sei $(\Omega, \mathscr{F}, P)$ ein Wahrscheinlichkeitsraum und $f, g \in \mathscr{L}^2$. Zeigen Sie: Sind X, Y unabhängige Ω-wertige Zufallsvariablen mit Verteilung P, so gilt

$$\mathrm{Cov}(f, g) = \tfrac{1}{2}\, \mathbb{E}\big([f(X) - f(Y)][g(X) - g(Y)]\big)\,.$$

Folgern Sie: Ist $(\Omega, \mathscr{F}) = (\mathbb{R}, \mathscr{B})$ und sind f, g beide monoton wachsend, so sind f, g positiv korreliert, d.h. es gilt $\mathrm{Cov}(f, g) \geq 0$.

4.20[L] *Sammelbilder-Problem (coupon collector's problem).* Eine Firma legt ihrem Produkt die Bilder der Spieler der deutschen Fußball-Nationalmannschaft bei. Wie viele Produkte müssen Sie im Mittel kaufen, um alle $N = 20$ Bilder zu erhalten? Sei dazu $(X_i)_{i \geq 1}$ eine Folge von unabhängigen, auf $E = \{1, \dots, N\}$ gleichverteilten Zufallsvariablen. X_i steht für das beim i-ten Kauf vorgefundene Bild. Sei $\Xi_n := \{X_1, \dots, X_n\}$ die zufällige Menge der bei den ersten n Käufen erhaltenen verschiedenen Bilder, und für $1 \leq r \leq N$ sei

$$T_r = \inf\{n \geq 1 : |\Xi_n| = r\}$$

der Kauf, bei dem Sie erstmals r verschiedene Bilder besitzen. Schließlich sei $D_r = T_r - T_{r-1}$, wobei $T_0 := 0$. Zeigen Sie:

(a) Für $1 \leq r < N$, $d_1, \dots, d_r, d \in \mathbb{N}$, $I \subset E$ mit $|I| = r$ und $n := d_1 + \cdots + d_r$ gilt

$$P\big(T_{r+1} = n + d,\ X_{n+d} = i\,\big|\,D_j = d_j \text{ für } 1 \leq j \leq r,\ \Xi_n = I\big) = \big(\tfrac{r}{N}\big)^{d-1} 1_{I^c}(i)\tfrac{1}{N}\,.$$

(b) Die Zufallsvariablen $D_1, \dots, D_N$ sind unabhängig, und $D_r - 1$ ist geometrisch verteilt zum Parameter $1 - \tfrac{r-1}{N}$.

(c) Bestimmen Sie $\mathbb{E}(T_N)$ und $\mathbb{V}(T_N)$.

4.21 *Sammelbilder-Problem (alternativer Zugang).* Beweisen Sie in der Situation von Aufgabe 4.20 die Rekursionsformel

$$P(T_r = n + 1) = \big(1 - \tfrac{r-1}{N}\big) \sum_{k=1}^{n} \big(P(T_{r-1} = k) - P(T_r = k)\big).$$

Berechnen Sie daraus die erzeugenden Funktionen der T_r und folgern Sie: T_N hat als Verteilung die Faltung $\delta_N \star \mathop{\bigstar}\limits_{r=1}^{N} \mathcal{G}_{r/N}$. Bestimmen Sie Erwartungswert und Varianz von T_N.

4.22 *Erzeugende Funktionen und faktorielle Momente.* Sei X eine Zufallsvariable mit Werten in $\mathbb{Z}_+$ und erzeugender Funktion φ_X, und für $k \in \mathbb{N}$ sei $X_{(k)} = X(X - 1) \cdots (X - k + 1)$. Zeigen Sie: Ist $X \in \mathscr{L}^k$, so gilt $\varphi_X^{(k)}(1) = \mathbb{E}(X_{(k)})$.

4.23 Seien $\tau, X_1, X_2, \dots \in \mathscr{L}^1$ unabhängige Zufallsvariablen mit Werten in $\mathbb{Z}_+$, und $X_1, X_2, \dots$ seien identisch verteilt. Es sei S_τ wie in Aufgabe 4.10 definiert. Zeigen Sie, dass S_τ die erzeugende Funktion $\varphi_{S_\tau} = \varphi_\tau \circ \varphi_{X_1}$ hat, und leiten Sie daraus nochmals die Wald'sche Identität her. Entscheiden Sie ferner, wann die Varianz $\mathbb{V}(S_\tau)$ existiert, und drücken Sie diese dann durch die Erwartungswerte und Varianzen von X_1 und τ aus.

4.24 Bestimmen Sie in der Situation von Aufgabe 4.23 zu gegebenem $0 < p < 1$ eine Zähldichte ρ_p auf $\mathbb{Z}_+$, so dass für alle $r > 0$ das Folgende gilt: Ist τ Poisson-verteilt zum Parameter $-r \log p$ und haben die X_i die Verteilungsdichte ρ_p, so hat S_τ die negative Binomialverteilung $\overline{\mathcal{B}}_{r,p}$. ($\rho_p$ heißt die *logarithmische Verteilung* zu p.)

4.25 Bestimmen Sie in der Situation von Aufgabe 3.17 mit Hilfe von Aufgabe 4.23 die erzeugende Funktion der Anzahl der Larven und schließen Sie daraus auf deren Verteilung.

4.26 ^{L} *Einfache symmetrische Irrfahrt.* In der Situation von Aufgabe 2.7 sei

$$\tau = \inf\{2n \geq 2 : S_{2n} = 0\}$$

der Zeitpunkt des ersten Gleichstands bei der Auszählung. Bestimmen Sie die erzeugende Funktion sowie den Erwartungswert von τ.

5 Gesetz der großen Zahl und zentraler Grenzwertsatz

In diesem Kapitel beschäftigen wir uns mit zwei fundamentalen Grenzwertsätzen für Langzeit-Mittelwerte von unabhängigen, identisch verteilten reellwertigen Zufallsvariablen. Der erste ist das Gesetz der großen Zahl, das die Konvergenz der Mittelwerte gegen den gemeinsamen Erwartungswert zum Gegenstand hat. Je nach dem verwendeten Konvergenzbegriff spricht man vom schwachen oder starken Gesetz der großen Zahl. Der zweite Satz, der zentrale Grenzwertsatz, beschreibt die asymptotische Größenordnung der Abweichungen der Mittelwerte vom Erwartungswert; hier zeigt sich die universelle Bedeutung der Normalverteilung.

5.1 Das Gesetz der großen Zahl

5.1.1 Das schwache Gesetz der großen Zahl

Die Erfahrung zeigt: Werden n unabhängige, aber ansonsten gleichartige Versuche durchgeführt, zum Beispiel physikalische Messungen, und bezeichnet X_i das Ergebnis der Messung beim i-ten Versuch, so liegt bei großem n der Mittelwert $\frac{1}{n} \sum_{i=1}^{n} X_i$ in der Nähe einer festen Zahl, die man intuitiv als den Erwartungswert der X_i bezeichnen möchte. Darauf beruht auch die Häufigkeitsinterpretation von Wahrscheinlichkeiten, welche sagt:

$$P(A) \approx \frac{1}{n} \sum_{i=1}^{n} 1_{\{X_i \in A\}},$$

d. h. die Wahrscheinlichkeit eines Ereignisses A entspricht gerade der relativen Häufigkeit des Eintretens von A bei einer sehr großen Anzahl von unabhängigen, identisch verteilten Beobachtungen $X_1, \ldots, X_n$.

Spiegelt unser mathematisches Modell diese Erfahrung wider? Dazu müssen wir zuerst die Frage klären: In welchem Sinn würde man denn eine Konvergenz gegen den Mittelwert erwarten? Das nächste Beispiel zeigt, dass *genaue* Übereinstimmung des Mittelwerts mit dem Erwartungswert selbst nach langer Zeit nur mit vernachlässigbarer Wahrscheinlichkeit eintritt. Zuvor erinnern wir an die aus der Analysis (siehe etwa [44]) bekannte *Stirling-Formel*:

$$(5.1) \qquad n! = \sqrt{2\pi n}\; n^n e^{-n+\eta(n)} \quad \text{mit } 0 < \eta(n) < \frac{1}{12n}.$$

Insbesondere gilt also $n! \sim \sqrt{2\pi n}\, n^n e^{-n}$ für $n \to \infty$; dabei steht das Zeichen „$\sim$"
wie im Beweis von Satz (2.14) für asymptotische Äquivalenz in dem Sinne, dass der
Quotient beider Seiten gegen 1 strebt.

(5.2) Beispiel: *Bernoulli-Experiment.* Sei $(X_i)_{i\geq 1}$ eine Bernoulli-Folge zur Erfolgswahrscheinlichkeit $p = 1/2$; als konkretes Beispiel kann man an den wiederholten
Münzwurf denken. Mit welcher Wahrscheinlichkeit erscheint die Zahl mit genau der
relativen Häufigkeit $1/2$? Offensichtlich ist dies ohnehin nur bei einer geraden Anzahl
von Würfen möglich. In dem Fall ergibt sich aber mit Hilfe der Stirling-Formel

$$P\left(\frac{1}{2n}\sum_{i=1}^{2n} X_i = \frac{1}{2}\right) = \mathcal{B}_{2n,\frac{1}{2}}(\{n\}) = \binom{2n}{n} 2^{-2n}$$

$$\underset{n\to\infty}{\sim} \frac{(2n)^{2n}\sqrt{2\pi\, 2n}}{\left(n^n\sqrt{2\pi n}\right)^2} 2^{-2n} = \frac{1}{\sqrt{\pi n}} \xrightarrow[n\to\infty]{} 0,$$

d. h. die relative Häufigkeit liegt bei großem n nur mit sehr geringer Wahrscheinlichkeit
präzise bei $1/2$. In der Tat zeigt die Erfahrung, dass sie sich bestenfalls „ungefähr bei
$1/2$" einpendelt.

Aufgrund des Beispiels gelangen wir zu der abgeschwächten Vermutung, dass

(5.3) $$P\left(\left|\frac{1}{n}\sum_{i=1}^{n} X_i - \mathbb{E}(X_1)\right| \leq \varepsilon\right) \xrightarrow[n\to\infty]{} 1$$

für alle $\varepsilon > 0$, dass also der Mittelwert bei großem n mit großer Wahrscheinlichkeit
nahe beim Erwartungswert liegt. Der entsprechende Konvergenzbegriff für Zufallsvariablen hat einen Namen:

Definition: Seien $Y, Y_1, Y_2, \ldots$ beliebige reelle Zufallsvariablen auf einem Wahrscheinlichkeitsraum $(\Omega, \mathcal{F}, P)$. Man sagt, Y_n *konvergiert stochastisch* (oder *in Wahr-*
scheinlichkeit) gegen Y, und schreibt $Y_n \xrightarrow{P} Y$, wenn

$$P(|Y_n - Y| \leq \varepsilon) \xrightarrow[n\to\infty]{} 1 \quad \text{für alle } \varepsilon > 0.$$

Die Vermutung (5.3) erweist sich nun in der Tat als richtig. Zur Vorbereitung dient
folgende

(5.4) Proposition: Markov-Ungleichung. *Sei Y eine reelle Zufallsvariable und f :*
$[0,\infty[\to [0,\infty[$ eine monoton wachsende Funktion. Dann gilt für alle $\varepsilon > 0$ mit
$f(\varepsilon) > 0$

$$P(|Y| \geq \varepsilon) \leq \frac{\mathbb{E}(f \circ |Y|)}{f(\varepsilon)}.$$

Beweis: Da $\{f \leq c\}$ für jedes c ein Intervall ist, ist f und daher auch $f \circ |Y|$ eine Zufalls-variable. Weil letztere nichtnegativ ist, ist ihr Erwartungswert nach Bemerkung (4.2) wohldefiniert. Aus Satz (4.11ab) folgt daher

$$f(\varepsilon) \, P(|Y| \geq \varepsilon) = \mathbb{E}(f(\varepsilon) \, 1_{\{|Y| \geq \varepsilon\}}) \leq \mathbb{E}(f \circ |Y|) \,,$$

denn es ist $f(\varepsilon) \, 1_{\{|Y| \geq \varepsilon\}} \leq f \circ |Y|$. $\diamond$

(5.5) Korollar: Čebyšev-Ungleichung, 1867. *Für $Y \in \mathscr{L}^2$ und $\varepsilon > 0$ gilt*

$$P(|Y - \mathbb{E}(Y)| \geq \varepsilon) \leq \frac{\mathbb{V}(Y)}{\varepsilon^2} \,.$$

Neben der Schreibweise Čebyšev für den russischen Mathematiker П. Л. Чебышев (1821–1894) sind auch die Transkriptionen Tschebyscheff und Tschebyschow verbreitet. De facto wurde die Ungleichung schon 1853 von I.-J. Bienaymé entdeckt.

Beweis: Man wende Proposition (5.4) an auf $Y' = Y - \mathbb{E}(Y)$ und $f(x) = x^2$. $\diamond$

Die Čebyšev-Ungleichung ist bemerkenswert einfach und allgemein, liefert aber eben deshalb nur eine grobe Abschätzung. Hier ist aber ihre Allgemeinheit von Vorteil, denn sie liefert uns die folgende allgemeine Antwort auf die eingangs gestellte Frage.

(5.6) Satz: Schwaches Gesetz der großen Zahl, $\mathscr{L}^2$-Version. *Seien $(X_i)_{i \geq 1}$ paarweise unkorrelierte (z. B. unabhängige) Zufallsvariablen in $\mathscr{L}^2$ mit beschränkter Varianz, d. h. es sei $v := \sup_{i \geq 1} \mathbb{V}(X_i) < \infty$. Dann gilt für alle $\varepsilon > 0$*

$$P\left(\left| \frac{1}{n} \sum_{i=1}^{n} (X_i - \mathbb{E}(X_i)) \right| \geq \varepsilon \right) \leq \frac{v}{n\varepsilon^2} \xrightarrow[n \to \infty]{} 0 \,,$$

also $\frac{1}{n} \sum_{i=1}^{n} (X_i - \mathbb{E}(X_i)) \xrightarrow{P} 0$. Ist $\mathbb{E}(X_i) = \mathbb{E}(X_1)$ für alle i, so folgt insbeson-dere

$$\frac{1}{n} \sum_{i=1}^{n} X_i \xrightarrow{P} \mathbb{E}(X_1) \,.$$

Beweis: Wir setzen $Y_n = \frac{1}{n} \sum_{i=1}^{n} (X_i - \mathbb{E}(X_i))$. Dann ist $Y_n \in \mathscr{L}^2$, und nach Satz (4.11b) gilt

$$\mathbb{E}(Y_n) = \frac{1}{n} \sum_{i=1}^{n} \mathbb{E}(X_i - \mathbb{E}(X_i)) = 0 \,,$$

sowie nach Satz (4.23ac)

$$\mathbb{V}(Y_n) = \frac{1}{n^2} \sum_{i=1}^{n} \mathbb{V}(X_i) \leq \frac{v}{n} \,.$$

Satz (5.6) folgt somit aus Korollar (5.5). $\diamond$

Wir stellen noch eine zweite Version des schwachen Gesetzes der großen Zahl vor. Diese benötigt nicht die Existenz der Varianzen; zum Ausgleich wird statt der paarweisen Unkorreliertheit sogar die paarweise Unabhängigkeit und die identische Verteilung der Zufallsvariablen gefordert. Sie kann beim ersten Lesen übersprungen werden.

(5.7) Satz: Schwaches Gesetz der großen Zahl, $\mathscr{L}^1$-Version. *Seien $(X_i)_{i\geq 1}$ paarweise unabhängige, identisch verteilte Zufallsvariablen in $\mathscr{L}^1$. Dann gilt*

$$\frac{1}{n}\sum_{i=1}^{n} X_i \xrightarrow{P} \mathbb{E}(X_1) \, .$$

Beweis: Wir betrachten die gestutzten Zufallsvariablen

$$X_i^\flat = X_i \, 1_{\{|X_i|\leq i^{1/4}\}}$$

sowie die abgeschnittenen Reste

$$X_i^\sharp = X_i - X_i^\flat = X_i \, 1_{\{|X_i|>i^{1/4}\}}$$

und setzen $Y_n^* = \frac{1}{n}\sum_{i=1}^{n}(X_i^* - \mathbb{E}(X_i^*))$ für $* \in \{\flat, \sharp\}$. Wir zeigen, dass sowohl $Y_n^\flat \xrightarrow{P} 0$ als auch $Y_n^\sharp \xrightarrow{P} 0$. Die Behauptung folgt dann aus dem nachfolgenden Lemma (5.8a), denn es ist ja $\mathbb{E}(X_i^\flat) + \mathbb{E}(X_i^\sharp) = \mathbb{E}(X_i) = \mathbb{E}(X_1)$ für alle i.

Zuerst halten wir fest, dass die Zufallsvariablen $X_i^\flat$ nach Satz (3.24) ebenfalls paarweise unabhängig sind. Aus der Gleichung (4.23c) von Bienaymé und der Ungleichung $\mathbb{V}(X_i^\flat) \leq \mathbb{E}((X_i^\flat)^2) \leq i^{1/2}$ ergibt sich daher die Abschätzung

$$\mathbb{V}(Y_n^\flat) = \frac{1}{n^2}\sum_{i=1}^{n} \mathbb{V}(X_i^\flat) \leq n^{-1/2} \, .$$

Mit der Čebyšev-Ungleichung (5.5) folgt hieraus die stochastische Konvergenz $Y_n^\flat \xrightarrow{P} 0$.

Für die abgeschnittenen Reste erhalten wir

$$\begin{aligned}
\mathbb{E}(|X_i^\sharp|) &= \mathbb{E}(|X_1| \, 1_{\{|X_1|>i^{1/4}\}}) \\
&= \mathbb{E}(|X_1|) - \mathbb{E}(|X_1| \, 1_{\{|X_1|\leq i^{1/4}\}}) \xrightarrow[i\to\infty]{} 0 \, .
\end{aligned}$$

Im ersten Schritt haben wir ausgenutzt, dass X_i und X_1 identisch verteilt sind; die Konvergenz folgt aus Satz (4.11c) von der monotonen Konvergenz. Folglich gilt auch

$$\mathbb{E}(|Y_n^\sharp|) \leq \frac{2}{n}\sum_{i=1}^{n} \mathbb{E}(|X_i^\sharp|) \xrightarrow[n\to\infty]{} 0 \, ,$$

und zusammen mit der Markov-Ungleichung (5.4) folgt $Y_n^\sharp \xrightarrow{P} 0$. $\diamond$

Wir müssen noch ein Lemma über die stochastische Konvergenz nachtragen. Bei dessen Formulierung ist ohne Einschränkung die Limesvariable gleich null gesetzt, denn es gilt ja $Y_n \xrightarrow{P} Y$ genau dann, wenn $Y_n - Y \xrightarrow{P} 0$.

(5.8) Lemma: Stabilitätseigenschaften der stochastischen Konvergenz. *Seien Y_n, Z_n reelle Zufallsvariablen und $a_n \in \mathbb{R}$. Dann gilt:*

(a) *Aus $Y_n \xrightarrow{P} 0$ und $Z_n \xrightarrow{P} 0$ folgt $Y_n + Z_n \xrightarrow{P} 0$.*

(b) *Gilt $Y_n \xrightarrow{P} 0$ und ist $(a_n)_{n \geq 1}$ beschränkt, so gilt auch $a_n Y_n \xrightarrow{P} 0$.*

Beweis: Für beliebiges $\varepsilon > 0$ ist einerseits

$$P(|Y_n + Z_n| > \varepsilon) \leq P(|Y_n| > \varepsilon/2) + P(|Z_n| > \varepsilon/2)$$

und andrerseits, wenn etwa $|a_n| < c$,

$$P(|a_n Y_n| > \varepsilon) \leq P(|Y_n| > \varepsilon/c).$$

Hieraus folgen die beiden Aussagen unmittelbar. $\diamond$

Abschließend halten wir fest, dass das Gesetz der großen Zahl im Allgemeinen nicht mehr gilt, wenn die Zufallsvariablen $(X_i)_{i \geq 1}$ keinen Erwartungswert besitzen. Seien die X_i etwa unabhängig und Cauchy-verteilt zum Parameter $a > 0$, vgl. Aufgabe 2.5. Dann ist nach Aufgabe 3.16 für jedes n der Mittelwert $\frac{1}{n} \sum_{i=1}^{n} X_i$ wieder Cauchy-verteilt zu a, konvergiert also keineswegs gegen eine Konstante.

5.1.2 Anwendungsbeispiele

Wir diskutieren nun eine Reihe von Anwendungen des schwachen Gesetzes der großen Zahl.

(5.9) Beispiel: *Das Ehrenfest-Modell im Gleichgewicht (Paul und Tatiana Ehrenfest 1907).* Ein Gefäß, das in zwei gleich große, miteinander verbundene Teilkammern unterteilt ist, enthalte $n = 0.25 \cdot 10^{23}$ Gas-Moleküle (dies ist die Größenordnung der

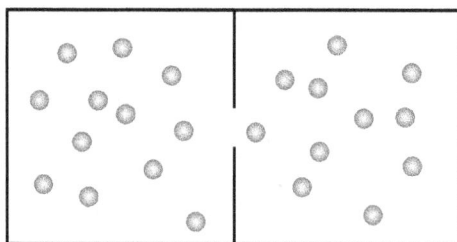

Abbildung 5.1: Die Modellsituation von P. und T. Ehrenfest.

Avogadro-Zahl). Abbildung 5.1 zeigt die Situation bei kleinem n. Wegen der Irregularität der Bewegung wird zu einem festen Zeitpunkt jedes Molekül mit Wahrscheinlichkeit $1/2$ in der linken oder der rechten Kammer sein, unabhängig von allen anderen. Mit welcher Wahrscheinlichkeit ist der Anteil der Moleküle in der linken Kammer geringfügig größer als der in der rechten Kammer, etwa $\geq (1 + 10^{-8})/2$?

Seien $X_1, \ldots, X_n$ Bernoulli-Variablen zum Parameter $p = 1/2$. X_i gibt die Position des i-ten Teilchens an. Dann gilt aus Symmetriegründen und nach Satz (5.6)

$$P\left(\frac{1}{n}\sum_{i=1}^{n} X_i \geq \frac{1 + 10^{-8}}{2}\right) = \frac{1}{2}\,P\left(\left|\frac{1}{n}\sum_{i=1}^{n} X_i - \frac{1}{2}\right| \geq 5 \cdot 10^{-9}\right)$$

$$\leq \frac{1}{2}\,\frac{1/4}{n(5 \cdot 10^{-9})^2} = \frac{1}{2}\,\frac{1}{n \cdot 10^{-16}} = 2 \cdot 10^{-7}.$$

Diese geringe Wahrscheinlichkeit erklärt, warum solche Abweichungen nicht beobachtet werden. (De facto ist die Wahrscheinlichkeit extrem viel kleiner, da die obige Abschätzung mit Hilfe der Čebyšev-Ungleichung ziemlich grob ist. Verwendet man stattdessen die Abschätzung aus Aufgabe 5.4, so erhält man die unvorstellbar niedrige Schranke $10^{-500\,000}$.) Ein Modell für die zeitliche Entwicklung der Moleküle folgt in Beispiel (6.22) und (6.35).

(5.10) Beispiel: *Die Bernstein-Polynome.* Sei $f : [0, 1] \to \mathbb{R}$ stetig und

$$f_n(p) = \sum_{k=0}^{n} f\left(\frac{k}{n}\right)\binom{n}{k} p^k (1 - p)^{n-k} \quad \text{für } p \in [0, 1]$$

das zugehörige *Bernstein-Polynom n-ten Grades* (das zurückgeht auf den ukrainischen Mathematiker S. N. Bernstein, 1880–1968). Nach Satz (2.9) gilt

$$(5.11) \qquad\qquad f_n(p) = \mathbb{E}\left(f\left(\frac{1}{n}\sum_{i=1}^{n} 1_{[0, p]} \circ U_i\right)\right),$$

wobei $U_1, \ldots, U_n$ unabhängige, auf $[0, 1]$ gleichverteilte Zufallsvariablen sind. (Die Zufallsvariablen $X_i = 1_{[0, p]} \circ U_i$ bilden dann nach Satz (3.24) eine Bernoulli-Folge zum Parameter p.) Sei $\varepsilon > 0$ beliebig gewählt. Weil f auf dem kompakten Intervall $[0, 1]$ sogar gleichmäßig stetig ist, existiert ein $\delta > 0$ mit $|f(x) - f(y)| \leq \varepsilon$ für $|x - y| \leq \delta$. Bezeichnen wir mit $\|f\|$ die Supremumsnorm von f, so folgt

$$\left|f\left(\frac{1}{n}\sum_{i=1}^{n} 1_{[0, p]} \circ U_i\right) - f(p)\right| \leq \varepsilon + 2\,\|f\|\,1_{\left\{\left|\frac{1}{n}\sum_{i=1}^{n} 1_{[0, p]} \circ U_i - p\right| \geq \delta\right\}}$$

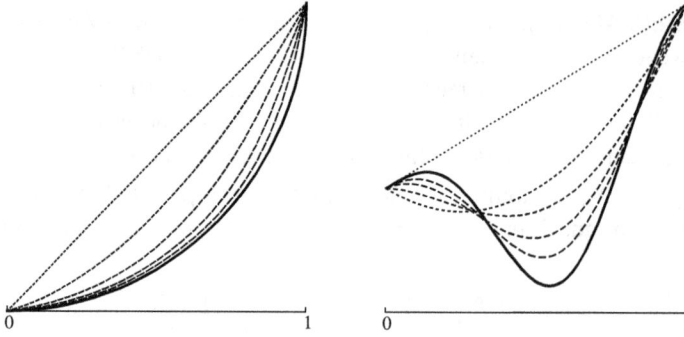

Abbildung 5.2: Die Bernstein-Polynome f_{2k} für $k = 0, \ldots, 4$ (gestrichelt) für zwei verschiedene Funktionen f (durchgezogen).

und daher mit den Sätzen (4.7) und (5.6)

$$|f_n(p) - f(p)| \leq \mathbb{E}\left(\left|f\left(\frac{1}{n}\sum_{i=1}^{n} 1_{[0,p]} \circ U_i\right) - f(p)\right|\right)$$

$$\leq \varepsilon + 2\,\|f\|\,P\left(\left|\frac{1}{n}\sum_{i=1}^{n} 1_{[0,p]} \circ U_i - p\right| \geq \delta\right)$$

$$\leq \varepsilon + \frac{2\,\|f\|\,p(1-p)}{n\delta^2} \leq \varepsilon + \frac{\|f\|}{2n\delta^2}$$

für alle $p \in [0, 1]$. Also konvergiert f_n gleichmäßig gegen f. Dies ist eine konstruktive Version des Weierstraß'schen Approximationssatzes. Die Darstellung (5.11) zeigt insbesondere, dass für monotones f auch die zugehörigen Bernstein-Polynome monoton sind. Außerdem ergibt sich, dass für konvexes f die Bernstein-Polynome ebenfalls konvex sind; siehe dazu Aufgabe 5.5 und Abbildung 5.2.

(5.12) Beispiel: *Monte-Carlo-Integration.* Sei $f : [0, 1] \to [0, c]$ messbar. Wir wollen einen numerischen Wert für das Lebesgue-Integral $\int_0^1 f(x)\,dx$ bestimmen (etwa weil uns keine expliziten Berechnungsmethoden zur Verfügung stehen). Wegen Satz (5.6) können wir uns dabei den Zufall zunutze machen.

Seien $X_1, \ldots, X_n$ unabhängige, auf $[0, 1]$ gleichverteilte Zufallsvariablen. Dann folgt aus Korollar (4.13) und Satz (5.6)

$$P\left(\left|\frac{1}{n}\sum_{i=1}^{n} f(X_i) - \int_0^1 f(x)\,dx\right| \geq \varepsilon\right) \leq \frac{\mathbb{V}(f \circ X_1)}{n\varepsilon^2} \leq \frac{c^2}{n\varepsilon^2}\,,$$

d.h. bei zufälliger Wahl der Argumente und hinreichend großem n ist der Mittelwert der Funktionswerte mit großer Wahrscheinlichkeit nahe beim gesuchten Integral. Die Simulation von $X_1, \ldots, X_n$ kann wie in Bemerkung (3.45) erfolgen. Analog kann

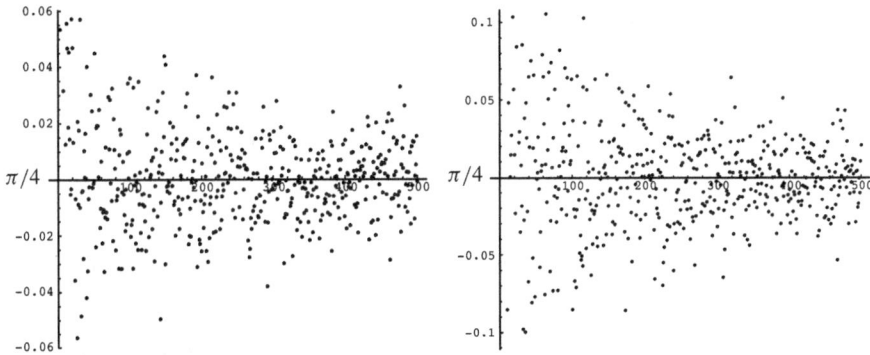

Abbildung 5.3: Monte-Carlo-Simulationen der Integrale $\int_0^1 \sqrt{1-x^2}\,dx$ (links) und $\int_0^1 \int_0^1 1_{\{x^2+y^2 \leq 1\}}\,dx\,dy$ (rechts) bis $n = 500$. Der exakte Wert ist $\pi/4$.

man vorgehen, wenn f auf einer beschränkten Teilmenge des $\mathbb{R}^d$ definiert ist; im Fall $f = 1_A$ lässt sich so das Volumen von A bestimmen. Abbildung 5.3 zeigt zwei Simulationsbeispiele.

(5.13) Beispiel: *Asymptotische Gleichverteilung und Entropie.* Wir betrachten eine Nachrichtenquelle, welche zufällige Signale $X_1, X_2, \ldots$ aus einem Alphabet A sendet. (Die Zufälligkeit ist eine vereinfachende Annahme, solange nichts Genaueres über die Art der Nachrichten bekannt ist.) Im mathematischen Modell sind also A eine endliche Menge und $X_1, X_2, \ldots$ unabhängige A-wertige Zufallsvariablen mit $P(X_i = a) = \rho(a)$, $a \in A$, wobei ρ eine Zähldichte auf A ist.

Wie kann man den Informationsgehalt der Quelle angeben? Wir betrachten dazu einen „Nachrichtenblock" $X_n = (X_1, \ldots, X_n)$. Wie viele Ja/Nein-Fragen braucht man, um X_n bis auf eine Irrtumswahrscheinlichkeit ε eindeutig ermitteln zu können? Dazu wählt man sich eine möglichst kleine Menge C in der Menge A^n aller möglichen Wörter der Länge n, so dass $P(X_n \in C) \geq 1 - \varepsilon$, und bestimmt das kleinste l mit $|C| \leq 2^l$. Dann existiert eine Bijektion φ von C auf eine Teilmenge C' von $\{0, 1\}^l$. φ codiert jedes Wort $w \in C$ in ein binäres Codewort $\varphi(w) \in C'$, aus dem w durch Anwendung der Inversen $\psi = \varphi^{-1}$ eindeutig zurückgewonnen werden kann. Den Wörtern in $A^n \setminus C$ weisen wir ein beliebiges Codewort in C' zu, d.h. wir setzen φ zu irgendeiner (nicht mehr injektiven) Abbildung $A^n \to C'$ fort. Abbildung 5.4 verdeutlicht die Situation. Nach Konstruktion gilt dann

$$P(X_n \neq \psi \circ \varphi(X_n)) = P(X_n \notin C) \leq \varepsilon,$$

d.h. das von der Quelle gesendete Wort X_n kann mit einer Irrtumswahrscheinlichkeit $\leq \varepsilon$ aus dem Codewort $\varphi(X_n)$ ermittelt werden. Letzteres besteht aus höchstens l bits, kann also durch l Ja/Nein-Fragen identifiziert werden. Das nächste Korollar – eine kleine Kostprobe aus der Informationstheorie – gibt Auskunft darüber, wie viele bits mindestens gebraucht werden. Wir schreiben $\log_2$ für den Logarithmus zur Basis 2.

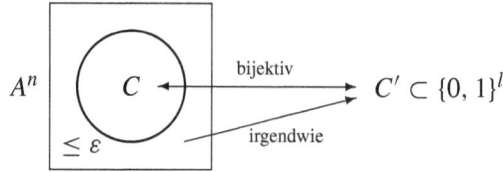

Abbildung 5.4: Codierung der Wörter in A^n mit Irrtumswahrscheinlichkeit ε.

(5.14) Korollar: Quellencodierungssatz, Shannon 1948. *In der obigen Situation sei*

$$L(n, \varepsilon) = \min\{l \geq 0 : \text{ es gibt ein } C \subset A^n \text{ mit } |C| \leq 2^l, P(X_n \in C) \geq 1 - \varepsilon\}$$

die kleinste Länge eines Binärcodes, in den ein Nachrichtenblock der Länge n codiert werden kann mit einer Irrtumswahrscheinlichkeit $\leq \varepsilon$ bei der Decodierung. Dann existiert

$$\lim_{n \to \infty} \frac{L(n, \varepsilon)}{n} = H(\rho) := -\sum_{a \in A} \rho(a) \log_2 \rho(a).$$

Definition: $H(\rho)$ heißt die *Entropie* der Zähldichte ρ. Sie misst den von aller Redundanz befreiten Informationsgehalt der Quelle pro gesendetem Signal.

Beweis: Ohne Einschränkung kann man annehmen, dass $\rho(a) > 0$ für alle $a \in A$. Denn andernfalls kann man einfach A verkleinern.

1. Schritt: Man betrachte die Zufallsvariablen $Y_i = -\log_2 \rho(X_i)$, $i \geq 1$. Die Y_i sind unabhängig und nehmen nur endlich viele Werte an. Es ist $\mathbb{E}(Y_i) = H(\rho)$, und $v := \mathbb{V}(Y_i)$ existiert. Für beliebiges $\delta > 0$ gilt also nach Satz (5.6) für hinreichend großes n

$$P\left(\left|\frac{1}{n}\sum_{i=1}^n Y_i - H(\rho)\right| > \delta\right) \leq \delta.$$

Wegen $\frac{1}{n}\sum_{i=1}^n Y_i = -\frac{1}{n}\log_2 \rho^{\otimes n}(X_n)$ und $P \circ X_n^{-1} = \rho^{\otimes n}$ bedeutet dies: Für die Menge

$$B_n = \left\{w \in A^n : 2^{-n(H(\rho)+\delta)} \leq \rho^{\otimes n}(w) \leq 2^{-n(H(\rho)-\delta)}\right\}$$

gilt $P(X_n \in B_n) \geq 1 - \delta$. Diese Eigenschaft heißt die *asymptotische Gleichverteilungseigenschaft*, denn sie besagt: Die typischerweise auftretenden n-Blocks haben (auf exponentieller Skala) ungefähr die gleiche Wahrscheinlichkeit.

2. Schritt: Ist $\delta \leq \varepsilon$ und B_n wie oben, so kommt $C = B_n$ unter den Mengen in der Definition von $L(n, \varepsilon)$ vor. Folglich gilt $L(n, \varepsilon) \leq \min\{l : |B_n| \leq 2^l\}$. Wegen der Ungleichung

$$1 = \sum_{w \in A^n} \rho^{\otimes n}(w) \geq \sum_{w \in B_n} 2^{-n(H(\rho)+\delta)} = |B_n| \, 2^{-n(H(\rho)+\delta)}$$

bedeutet dies, dass $L(n, \varepsilon) \leq n(H(\rho) + \delta) + 1$. Da $\delta > 0$ beliebig gewählt ist, erhält man $\limsup_{n \to \infty} L(n, \varepsilon)/n \leq H(\rho)$.

Andrerseits existiert zu $l = L(n, \varepsilon)$ eine Menge $C \subset A^n$ mit $|C| \leq 2^l$ und $P(X_n \in C) \geq 1 - \varepsilon$. Da außerdem $\rho^{\otimes n}(w)\, 2^{n(H(\rho)-\delta)} \leq 1$ für $w \in B_n$, ergibt sich

$$2^{L(n,\varepsilon)} \geq |C| \geq |C \cap B_n| \geq \sum_{w \in C \cap B_n} \rho^{\otimes n}(w)\, 2^{n(H(\rho)-\delta)}$$

$$= P(X_n \in C \cap B_n)\, 2^{n(H(\rho)-\delta)} \geq (1-\varepsilon-\delta)\, 2^{n(H(\rho)-\delta)},$$

also $L(n, \varepsilon) \geq \log_2(1-\varepsilon-\delta)+n(H(\rho)-\delta)$ und daher $\liminf_{n \to \infty} L(n, \varepsilon)/n \geq H(\rho)$, wenn $\delta < 1 - \varepsilon$ gewählt wurde. $\diamond$

Statistische Anwendungen des schwachen Gesetzes der großen Zahl folgen u. a. in den Abschnitten 7.6, 8.2 und 10.2.

5.1.3 Das starke Gesetz der großen Zahl

Mit dem schwachen Gesetz der großen Zahl ist man noch nicht ganz zufrieden. Wenn man zum Beispiel eine faire Münze 100-mal wirft, kann es zwar mit geringer Wahrscheinlichkeit vorkommen, dass die relative Häufigkeit stark von $1/2$ abweicht, aber diese Abweichung sollte nach und nach verschwinden, wenn man lange genug weiter wirft. Dieser Intuition liegt ein anderer Konvergenzbegriff zugrunde.

Definition: Seien $Y, Y_1, Y_2, \ldots$ reelle Zufallsvariablen auf $(\Omega, \mathscr{F}, P)$. Man sagt, Y_n *konvergiert gegen Y P-fast sicher*, wenn

$$P\big(\omega \in \Omega : Y_n(\omega) \to Y(\omega)\big) = 1.$$

(Allgemein sagt man, eine Aussage gelte fast sicher, wenn sie mit Wahrscheinlichkeit 1 zutrifft.)

Das Ereignis $\{Y_n \to Y\}$ liegt tatsächlich in $\mathscr{F}$, vgl. Aufgabe 1.14; seine Wahrscheinlichkeit ist also definiert. Wir halten außerdem fest:

(5.15) Bemerkung: *„fast sicher"* $\Rightarrow$ *„stochastisch"*. Fast sichere Konvergenz impliziert stochastische Konvergenz, aber nicht umgekehrt.

Beweis: Für jedes $\varepsilon > 0$ gilt

$$P(|Y_n - Y| \geq \varepsilon) \leq P(\sup_{k \geq n} |Y_k - Y| \geq \varepsilon)$$

$$\xrightarrow[n \to \infty]{} P(|Y_k - Y| \geq \varepsilon \text{ für unendlich viele } k) \leq P(Y_n \not\to Y);$$

der zweite Schritt folgt dabei aus Satz (1.11e). Hieraus liest man die erste Behauptung ab. Umgekehrt ist z. B. die (auf $[0, 1]$ mit der Gleichverteilung $\mathcal{U}_{[0,1]}$ definierte) Folge $Y_k = 1_{[m2^{-n},(m+1)2^{-n}]}$, falls $k = 2^n + m$ mit $0 \leq m < 2^n$, stochastisch konvergent gegen 0, aber nicht fast sicher konvergent. $\diamond$

Unsere oben geschilderte Intuition sagt also: Für unabhängige, identisch verteilte Zufallsvariablen $(X_i)_{i\geq 1}$ in $\mathscr{L}^2$ gilt

$$\frac{1}{n}\sum_{i=1}^{n} X_i \to \mathbb{E}(X_1) \quad \text{fast sicher.}$$

Wir wissen aus Satz (3.49) (dem Null-Eins-Gesetz von Kolmogorov), dass

$$P\left(\frac{1}{n}\sum_{i=1}^{n} X_i \to \mathbb{E}(X_1)\right) = 0 \text{ oder } 1\,.$$

Ist die Wahrscheinlichkeit wirklich 1, wie wir es intuitiv vermuten? In der Tat gilt:

(5.16) Satz: Starkes Gesetz der großen Zahl. *Seien* $(X_i)_{i\geq 1}$ *paarweise unkorrelierte Zufallsvariablen in* $\mathscr{L}^2$ *mit* $v := \sup_{i\geq 1} \mathbb{V}(X_i) < \infty$. *Dann gilt*

$$\frac{1}{n}\sum_{i=1}^{n}(X_i - \mathbb{E}(X_i)) \to 0 \quad \textit{fast sicher.}$$

Ohne Beweis sei erwähnt, dass das starke Gesetz der großen Zahl auch unter den Voraussetzungen von Satz (5.7) gültig ist, siehe etwa Durrett [17].

Beweis: Ohne Einschränkung können wir annehmen, dass $\mathbb{E}(X_i) = 0$ für alle i; sonst betrachten wir $X_i' := X_i - \mathbb{E}(X_i)$. Wir setzen $Y_n = \frac{1}{n}\sum_{i=1}^{n} X_i$.

1. Schritt: Wir zeigen zuerst, dass $Y_{n^2} \to 0$ fast sicher. Satz (5.6) liefert für alle $\varepsilon > 0$ die Ungleichung $P(|Y_{n^2}| > \varepsilon) \leq v/n^2\varepsilon^2$. Folglich bilden diese Wahrscheinlichkeiten eine konvergente Reihe, und aus dem Lemma (3.50a) von Borel–Cantelli folgt

$$P(\limsup_{n\to\infty} |Y_{n^2}| > \varepsilon) \leq P\big(|Y_{n^2}| > \varepsilon \text{ für unendlich viele } n\big) = 0\,.$$

Im Limes $\varepsilon \to 0$ ergibt sich hieraus mit Hilfe von Theorem (1.11e)

$$P\big(Y_{n^2} \not\to 0\big) = P\big(\limsup_{n\to\infty}|Y_{n^2}| > 0\big) = \lim_{\varepsilon\to 0} P\big(\limsup_{n\to\infty}|Y_{n^2}| > \varepsilon\big) = 0,$$

wie behauptet.

2. Schritt: Für $m \in \mathbb{N}$ sei $n = n(m)$ so gewählt, dass $n^2 \leq m < (n+1)^2$. Wir vergleichen Y_m mit Y_{n^2} und setzen $S_k = k\,Y_k = \sum_{i=1}^{k} X_i$. Dann folgt aus der Čebyšev-Ungleichung (5.5)

$$P\big(|S_m - S_{n^2}| > \varepsilon n^2\big) \leq \varepsilon^{-2} n^{-4}\, \mathbb{V}\bigg(\sum_{n^2 < i \leq m} X_i\bigg) \leq \frac{v(m-n^2)}{\varepsilon^2 n^4}$$

und weiter

$$\sum_{m \geq 1} P\left(|S_m - S_{n(m)^2}| > \varepsilon\, n(m)^2\right) \leq \frac{v}{\varepsilon^2} \sum_{n \geq 1} \sum_{m=n^2}^{(n+1)^2-1} \frac{m - n^2}{n^4}$$

$$= \frac{v}{\varepsilon^2} \sum_{n \geq 1} \sum_{k=1}^{2n} \frac{k}{n^4} = \frac{v}{\varepsilon^2} \sum_{n \geq 1} \frac{(2n)(2n+1)}{2n^4} < \infty,$$

also wieder nach Borel–Cantelli wie im ersten Schritt

$$P\left(\left|\frac{S_m}{n(m)^2} - Y_{n(m)^2}\right| \xrightarrow[m \to \infty]{} 0\right) = 1.$$

Da der Durchschnitt zweier Mengen von Wahrscheinlichkeit 1 wieder Wahrscheinlichkeit 1 hat, ergibt sich daher zusammen mit dem ersten Schritt

$$P\left(\frac{S_m}{n(m)^2} \xrightarrow[m \to \infty]{} 0\right) = 1.$$

Wegen $|Y_m| = |S_m|/m \leq |S_m|/n(m)^2$ folgt $P(Y_m \to 0) = 1.$ $\diamond$

Eine klassische Anwendung des starken Gesetzes der großen Zahl ist die Aussage, dass „die meisten" reellen Zahlen normal sind in dem Sinne, dass jede Ziffer in ihrer Dezimalentwicklung mit der relativen Häufigkeit $1/10$ auftritt. Etwas stärker gilt sogar das Folgende.

(5.17) Korollar: Borel's Gesetz über normale Zahlen, 1909. *Wählt man eine Zahl $x \in [0, 1]$ zufällig gemäß der Gleichverteilung $\mathcal{U}_{[0,1]}$, so ist x mit Wahrscheinlichkeit 1 normal in folgendem Sinn:*
Für alle $q \geq 2$ und $k \geq 1$ kommt in der q-adischen Entwicklung $x = \sum_{i \geq 1} x_i\, q^{-i}$ jede Ziffernfolge $a = (a_1, \dots, a_k) \in \{0, \dots, q-1\}^k$ mit relativer Häufigkeit q^{-k} vor, d. h.

$$(5.18) \qquad \lim_{n \to \infty} \frac{1}{n} \sum_{i=1}^{n} 1\{(x_i, \dots, x_{i+k-1}) = a\} = q^{-k}.$$

Beweis: Seien $q \geq 2$, $k \geq 1$, und $a \in \{0, \dots, q-1\}^k$ fest gewählt. Es genügt zu zeigen, dass

$$\mathcal{U}_{[0,1]}\big(x \in [0, 1] : (5.18) \text{ gilt für } q, k, a\big) = 1,$$

denn der Durchschnitt von abzählbar vielen Ereignissen der Wahrscheinlichkeit 1 hat wieder Wahrscheinlichkeit 1 (man bilde Komplemente und verwende Satz (1.11d)).

Sei dazu $(X_n)_{n \geq 1}$ eine Folge von unabhängigen, auf $\{0, \dots, q-1\}$ gleichverteilten Zufallsvariablen. Dann hat $X = \sum_{n \geq 1} X_n\, q^{-n}$ die Gleichverteilung $\mathcal{U}_{[0,1]}$. Dies haben wir für $q = 2$ im Beweis von Satz (3.26) gezeigt, und der Beweis für beliebiges q ist analog. Somit ist

$$\mathcal{U}_{[0,1]}\big(x \in [0,1] : (5.18) \text{ gilt für } q, k, a\big) = P\Big(\lim_{n \to \infty} R_n = q^{-k}\Big),$$

wobei $R_n = \frac{1}{n} \sum_{i=1}^{n} 1_{\{X_i = a\}}$ mit $X_i := (X_i, \dots, X_{i+k-1})$.

Für jedes j ist die Folge $(X_{ik+j})_{i \geq 0}$ unabhängig mit $P(X_{ik+j} = a) = q^{-k}$. Nach Satz (5.16) hat daher das Ereignis

$$C = \bigcap_{j=1}^{k} \Big\{ \lim_{m \to \infty} \frac{1}{m} \sum_{i=0}^{m-1} 1_{\{X_{ik+j} = a\}} = q^{-k} \Big\}$$

die Wahrscheinlichkeit 1. Wegen

$$R_{mk} = \frac{1}{k} \sum_{j=1}^{k} \frac{1}{m} \sum_{i=0}^{m-1} 1_{\{X_{ik+j} = a\}}$$

ist aber $C \subset \{\lim_{m \to \infty} R_{mk} = q^{-k}\}$, und infolge der Ungleichung

$$\frac{m}{m+1} R_{mk} \leq R_n \leq \frac{m+1}{m} R_{(m+1)k} \quad \text{für } mk \leq n \leq (m+1)k$$

stimmt das letzte Ereignis mit dem Ereignis $\{\lim_{n \to \infty} R_n = q^{-k}\}$ überein. Somit hat auch dies die Wahrscheinlichkeit 1, und das war zu zeigen. $\diamond$

5.2 Die Normalapproximation der Binomialverteilungen

Sei $(X_i)_{i \geq 1}$ eine Bernoulli-Folge zum Parameter $0 < p < 1$; im Fall $p = 1/2$ kann man etwa an den wiederholten Wurf einer fairen Münze denken, und für beliebiges (rationales) p an das wiederholte Ziehen mit Zurücklegen aus einer Urne mit schwarzen und weißen Kugeln. Wir betrachten die Summenvariablen $S_n = \sum_{i=1}^{n} X_i$, welche die „Anzahl der Erfolge" bei n Versuchen angeben, und fragen: Wie stark fluktuieren die Summen S_n um ihren Erwartungswert np, d. h. in welcher Größenordnung liegen die Abweichungen $S_n - np$ im Limes $n \to \infty$? Bisher wissen wir nur, dass $S_n - np$ von kleinerer Größenordnung ist als n, denn das ist gerade die Aussage des Gesetzes der großen Zahl.

Die Frage nach der korrekten Größenordnung lässt sich wie folgt präzisieren: Für welche Folgen (a_n) in $\mathbb{R}_+$ bleiben die Wahrscheinlichkeiten $P\big(|S_n - np| \leq a_n\big)$ nichttrivial, streben also weder gegen 0 noch gegen 1? Die folgende Bemerkung gibt Auskunft darüber, wie schnell (a_n) wachsen muss bzw. darf.

(5.19) Bemerkung: *Größenordnung der Fluktuationen.* In obiger Situation gilt

$$P\big(|S_n - np| \leq a_n\big) \xrightarrow[n \to \infty]{} \begin{cases} 1 & \text{falls } a_n/\sqrt{n} \to \infty, \\ 0 & \text{falls } a_n/\sqrt{n} \to 0. \end{cases}$$

Beweis: Die fragliche Wahrscheinlichkeit beträgt wegen der Čebyšev-Ungleichung mindestens $1 - np(1 - p)a_n^{-2}$, und dies strebt im ersten Fall gegen 1. Andrerseits stimmt sie nach Satz (2.9) überein mit

$$\sum_{k:\ |k-np|\leq a_n} \mathcal{B}_{n,p}(\{k\})\,,$$

und dies lässt sich abschätzen durch $(2a_n+1)\,\mathcal{B}_{n,p}(\{k_{n,p}\})$ mit $k_{n,p} = \lfloor(n+1)p\rfloor$. Denn für jedes $k \geq 1$ gilt genau dann $\mathcal{B}_{n,p}(\{k\}) > \mathcal{B}_{n,p}(\{k-1\})$, wenn $(n-k+1)p > k(1-p)$, also $k < (n+1)p$; $\mathcal{B}_{n,p}(\{k\})$ ist also maximal für $k = k_{n,p}$. Nun folgt aber aus der Stirling-Formel (5.1)

$$\mathcal{B}_{n,p}(\{k_{n,p}\}) \underset{n\to\infty}{\sim} \frac{1}{\sqrt{2\pi p(1-p)n}} \left(\frac{np}{k_{n,p}}\right)^{k_{n,p}} \left(\frac{n(1-p)}{n-k_{n,p}}\right)^{n-k_{n,p}},$$

und wegen $|k_{n,p} - np| < 1$ ist der letzte Ausdruck beschränkt durch $C/\sqrt{n}$ für eine Konstante C. (Zum Beispiel ist der zweite Faktor auf der rechten Seite kleiner als $(1 + 1/k_{n,p})^{k_{n,p}} \leq e$.) Also strebt $(2a_n+1)\,\mathcal{B}_{n,p}(\{k_{n,p}\})$ im zweiten Fall gegen 0. $\diamond$

Die Bemerkung zeigt, dass die Abweichungen der Summen S_n von ihrem jeweiligen Erwartungswert np typischerweise mit der Geschwindigkeit $\sqrt{n}$ wachsen. Unsere Frage lautet somit: Konvergieren die Wahrscheinlichkeiten $P\big(|S_n - np| \leq c\sqrt{n}\big)$ für fest gewähltes $c > 0$ tatsächlich gegen einen nichttrivialen Limes, und wenn ja, wie sieht der Limes aus?

Da S_n nach Satz (2.9) $\mathcal{B}_{n,p}$-verteilt ist, analysieren wir dazu die Wahrscheinlichkeiten $\mathcal{B}_{n,p}(\{k\})$ für $|k - np| \leq c\sqrt{n}$. Mit Hilfe der Stirling-Formel (5.1) erhalten wir gleichmäßig für alle diese k

$$\mathcal{B}_{n,p}(\{k\}) = \binom{n}{k} p^k q^{n-k}$$

$$\underset{n\to\infty}{\sim} \frac{1}{\sqrt{2\pi}} \sqrt{\frac{n}{k(n-k)}} \left(\frac{np}{k}\right)^k \left(\frac{nq}{n-k}\right)^{n-k}$$

$$\underset{n\to\infty}{\sim} \frac{1}{\sqrt{2\pi npq}}\, e^{-n\,h(k/n)}\,,$$

wobei wir $q = 1 - p$ und

$$h(s) = s \log \frac{s}{p} + (1 - s) \log \frac{1 - s}{q}\,, \quad 0 < s < 1,$$

gesetzt haben. (Dieses h taucht auch in Aufgabe 5.4 auf und ist ein Spezialfall der relativen Entropie, vgl. (7.31) später.) Wegen $|k/n - p| \leq c/\sqrt{n}$ interessiert uns die Funktion h in der Nähe von p. Offenbar ist $h(p) = 0$, und es existieren die

Ableitungen $h'(s) = \log \frac{s}{p} - \log \frac{1-s}{q}$ und $h''(s) = \frac{1}{s(1-s)}$. Insbesondere gilt $h'(p) = 0$ und $h''(p) = 1/(pq)$. Hieraus ergibt sich die Taylor-Entwicklung

$$h(k/n) = \frac{(k/n - p)^2}{2pq} + O(n^{-3/2})$$

gleichmäßig für alle betrachteten k. (Das Landau-Symbol $O(f(n))$ steht hier wie üblich für eine Größe mit der Eigenschaft $|O(f(n))| \le K f(n)$ für alle n und eine Konstante $K < \infty$.) Mit Hilfe der standardisierten Größen

$$x_n(k) = \frac{k - np}{\sqrt{npq}}$$

schreibt sich dies in der Form

$$n\,h(k/n) = x_n(k)^2/2 + O(n^{-1/2}),$$

und insgesamt erhalten wir

$$\mathcal{B}_{n,p}(\{k\}) \underset{n\to\infty}{\sim} \frac{1}{\sqrt{npq}}\,\frac{1}{\sqrt{2\pi}}\,e^{-x_n(k)^2/2}$$

gleichmäßig für alle k mit $|x_n(k)| \le c' = c/\sqrt{pq}$. Die Binomialwahrscheinlichkeiten schmiegen sich also nach geeigneter Reskalierung an die Gauß'sche Glockenkurve

$$\phi(x) = \frac{1}{\sqrt{2\pi}}\,e^{-x^2/2},$$

d. h. an die Dichtefunktion der Standardnormalverteilung $\mathcal{N}_{0,1}$ an. Wir haben damit bewiesen:

(5.20) Satz: Lokale Normalapproximation der Binomialverteilung; A. de Moivre 1733, P. S. Laplace 1812. *Sei $0 < p < 1$ und $q = 1 - p$. Dann gilt bei beliebigem $c > 0$ mit $x_n(k) = (k - np)/\sqrt{npq}$*

$$\lim_{n\to\infty} \max_{k:\,|x_n(k)|\le c} \left| \frac{\sqrt{npq}\,\mathcal{B}_{n,p}(\{k\})}{\phi(x_n(k))} - 1 \right| = 0.$$

Korrekterweise müsste die Glockenkurve nach de Moivre und Laplace statt nach Gauß benannt werden; siehe etwa Dudley [16], p. 259, und die dort zitierte Literatur. Übrigens kann die Bedingung $|x_n(k)| \le c$ abgeschwächt werden zu $|x_n(k)| \le c_n$, wobei (c_n) eine Folge ist mit $c_n^3/\sqrt{n} \to 0$; das sieht man leicht am obigen Beweis.

Der vorstehende Satz wird oft kurz der *lokale Grenzwertsatz* genannt. Er wird anschaulich bei Betrachtung der *Histogramme* der Binomialverteilungen: Das eigentliche Histogramm von $\mathcal{B}_{n,p}$ besteht aus Rechtecken der Höhe $\mathcal{B}_{n,p}(\{k\})$ und Breite 1 über

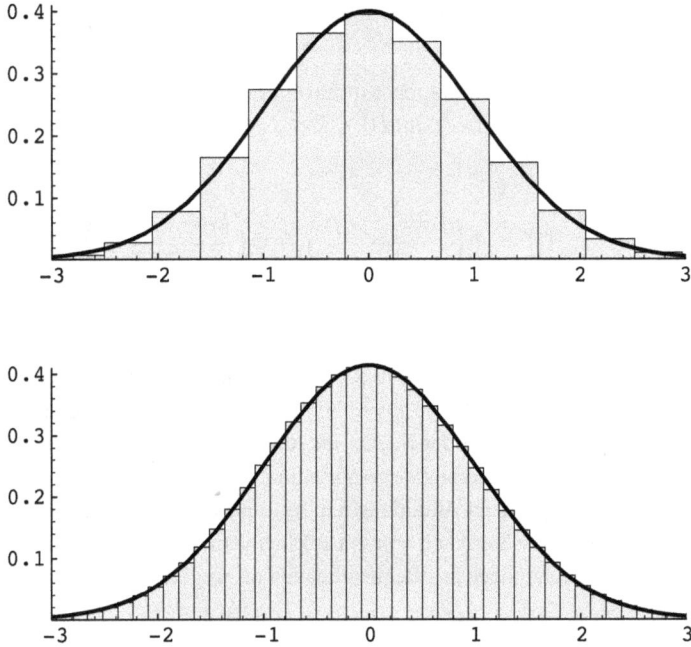

Abbildung 5.5: Histogramme standardisierter Binomialverteilungen (grau) für $p = 0.4$ und $n = 20$ (oben) bzw. $n = 200$ (unten), sowie die approximierende Gauß'sche Glockenkurve.

den Intervallen $\left[k - \frac{1}{2}, k + \frac{1}{2}\right], k = 0, \ldots, n$. Für große n ist es wenig aussagekräftig, da es aus sehr vielen Rechtecken sehr geringer Höhe besteht und die Rechtecke maximaler Höhe sehr „weit rechts" um np herum liegen. Deshalb wird das Histogramm *standardisiert*, d. h. es wird um np nach links verschoben, dann in der Breite gestaucht vermöge Division durch $\sigma_n := \sqrt{npq}$, und in der Höhe um den Faktor σ_n gestreckt. Die Fläche der einzelnen Rechtecke und die Gesamtfläche 1 bleiben dabei erhalten.

Mit anderen Worten: Das Rechteck mit der Basis $\left[k - \frac{1}{2}, k + \frac{1}{2}\right]$ und Höhe $\mathcal{B}_{n,p}(\{k\})$ im Histogramm der Binomialverteilung wird bei der Standardisierung ersetzt durch das Rechteck mit der Basis $\left[x_n(k - \frac{1}{2}), x_n(k + \frac{1}{2})\right]$ und der Höhe $\sigma_n \mathcal{B}_{n,p}(\{k\})$. Die lokale Normalapproximation besagt nun gerade, dass sich der „obere Rand" des so standardisierten Histogramms für $n \to \infty$ lokal gleichmäßig an die Gauß'sche Glockenkurve annähert. Dies zeigt sich deutlich in Abbildung 5.5.

Es ist anschaulich klar, dass sich auch die Fläche des standardisierten Histogramms über einem Intervall $[a, b]$ an die entsprechende Fläche unter der Gauß'schen Glockenkurve annähert. Dies ist der Inhalt des folgenden Korollars. Für $c \in \mathbb{R}$ sei

$$(5.21) \qquad \Phi(c) := \int_{-\infty}^{c} \phi(x)\, dx = \mathcal{N}_{0,1}(]{-\infty}, c])$$

die Verteilungsfunktion der Standardnormalverteilung $\mathcal{N}_{0,1}$; für ihren Verlauf siehe Abbildung 5.7 auf Seite 144.

(5.22) Korollar: Integrale Normalapproximation der Binomialverteilung, de Moivre–Laplace. *Sei $0 < p < 1$, $q = 1 - p$ und $0 \le k \le l \le n$. Definiert man den Fehlerterm $\delta_{n,p}(k, l)$ durch die Gleichung*

$$(5.23) \quad \mathcal{B}_{n,p}(\{k, \ldots, l\}) = \Phi\left(\frac{l + \frac{1}{2} - np}{\sqrt{npq}}\right) - \Phi\left(\frac{k - \frac{1}{2} - np}{\sqrt{npq}}\right) + \delta_{n,p}(k, l),$$

so gilt $\delta_{n,p} := \max_{0 \le k \le l \le n} |\delta_n(k, l)| \to 0$ für $n \to \infty$.

Die Terme $\pm\frac{1}{2}$ auf der rechten Seite von (5.23) sind – je nach Perspektive – als „Diskretheits-" oder „Stetigkeitskorrektur" bekannt. Wie aus Abbildung 5.5 und dem folgenden Beweis ersichtlich, berücksichtigen sie die Breite der Säulen im standardisierten Binomialhistogramm. Sie führen zu einer spürbaren Verbesserung der Approximation; siehe Aufgabe 5.16. Den tatsächlichen maximalen Fehler $\delta_{n,p}$ zeigt Abbildung 5.6. Im Limes $n \to \infty$ sind die Korrekturterme $\pm\frac{1}{2}$ wegen der gleichmäßigen Stetigkeit von Φ natürlich vernachlässigbar, und wir werden sie deshalb bei späteren Anwendungen aus Bequemlichkeit oft weglassen.

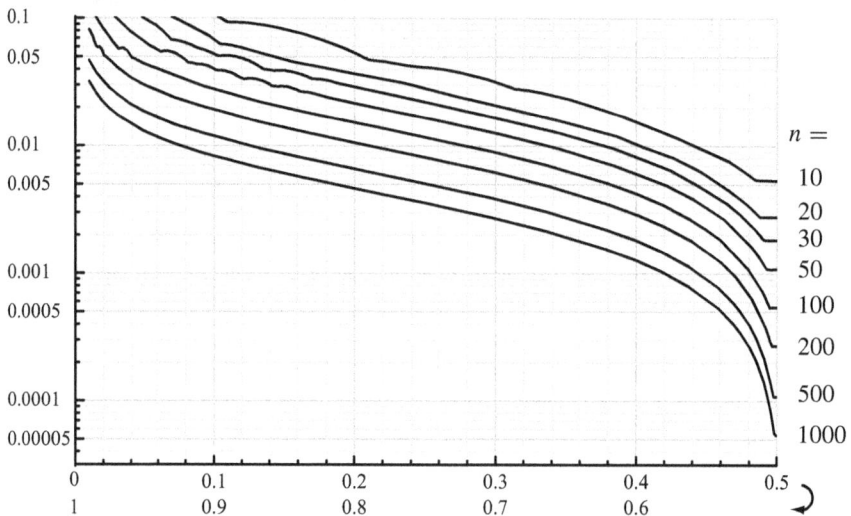

Abbildung 5.6: Die maximale Abweichung $\delta_{n,p}$ als Funktion von p für verschiedene Werte von n. (Man beachte die Symmetrie $\delta_{n,p} = \delta_{n,1-p}$.)

Beweis: Zur Abkürzung setzen wir $\sigma_n = \sqrt{npq}$ und $\delta_n = 1/(2\sigma_n)$. Sei $\varepsilon > 0$ beliebig gewählt und $c > 0$ so groß, dass $\Phi(c - \delta_1) > 1 - \varepsilon$ und also auch $\Phi(-c + \delta_1) < \varepsilon$. Für $j \in \mathbb{Z}$ sei

$$\Delta_j \Phi = \Phi\left(x_n(j + \tfrac{1}{2})\right) - \Phi\left(x_n(j - \tfrac{1}{2})\right)$$

das Gauß-Integral über das Teilintervall $\left[x_n(j-\tfrac{1}{2}), x_n(j+\tfrac{1}{2})\right]$ der Länge $2\delta_n$. Dann gilt

$$\max_{j:|x_n(j)|\leq c}\left|\frac{\Delta_j\Phi}{\sigma_n^{-1}\phi(x_n(j))}-1\right|\xrightarrow[n\to\infty]{}0\,,$$

denn es ist ja

$$\frac{\Delta_j\Phi}{\sigma_n^{-1}\phi(x_n(j))}=\frac{1}{2\delta_n}\int_{x_n(j)-\delta_n}^{x_n(j)+\delta_n}e^{(x_n(j)+x)(x_n(j)-x)/2}\,dx\,,$$

und für alle j mit $|x_n(j)|\leq c$ und alle x im Integrationsbereich ist der Exponent im Integranden beschränkt durch $(2c+\delta_n)\delta_n/2\to 0$. Zusammen mit Satz (5.20) ergibt sich daher für alle hinreichend großen n die Ungleichung

$$\max_{j:\,|x_n(j)|\leq c}\left|\frac{\mathcal{B}_{n,p}(\{j\})}{\Delta_j\Phi}-1\right|<\varepsilon\,.$$

Seien nun $0\leq k\leq l\leq n$ gegeben und $\delta_n(k,l)$ durch (5.23) definiert. Im Fall $|x_n(k)|,|x_n(l)|\leq c$ erhalten wir dann die Abschätzung

$$\left|\delta_n(k,l)\right|\leq\sum_{j=k}^{l}\left|\mathcal{B}_{n,p}(\{j\})-\Delta_j\Phi\right|<\varepsilon\sum_{j=k}^{l}\Delta_j\Phi<\varepsilon\,,$$

denn die letzte Summe hat den Wert $\Phi(x_n(l+\tfrac{1}{2}))-\Phi(x_n(k-\tfrac{1}{2}))<1$. Infolge der Wahl von c gilt also insbesondere für $k_c=\lceil np-c\sigma_n\rceil$ und $l_c=\lfloor np+c\sigma_n\rfloor$

$$\mathcal{B}_{n,p}(\{k_c,\dots,l_c\})>\Phi(x_n(l_c+\tfrac{1}{2}))-\Phi(x_n(k_c-\tfrac{1}{2}))-\varepsilon>1-3\varepsilon\,,$$

d.h. die „Schwänze" der Binomialverteilung links von k_c und rechts von l_c haben insgesamt höchstens die Wahrscheinlichkeit 3ε und sind daher bis auf einen Fehler von höchstens 3ε vernachlässigbar. Genauso sind die Schwänze der Normalverteilung links von $-c$ und rechts von c bis auf einen Fehler von höchstens 2ε vernachlässigbar. Folglich gilt für alle hinreichend großen n und beliebige $0\leq k\leq l\leq n$ die Ungleichung $|\delta_n(k,l)|<6\varepsilon$. $\Diamond$

Korollar (5.22) hat den praktischen Nutzen, dass lästige Rechenarbeit überflüssig wird: Man braucht die Binomial-Wahrscheinlichkeiten $\mathcal{B}_{n,p}(\{k,\dots,l\})$ nicht explizit zu berechnen (was bei großem n wegen der auftretenden Binomialkoeffizienten etwas mühsam ist), wenn man stattdessen die Verteilungsfunktion Φ kennt. Diese ist zwar auch nicht geschlossen darstellbar, aber numerisch gut bekannt. Und weil sie nicht mehr von den Parametern n, p abhängt, kann man ihre Werte leicht in einer Tabelle zusammenfassen, siehe Tabelle A im Anhang. Eine generelle, allerdings oft zu grobe Schranke für den Approximationsfehler wird in Bemerkung (5.30) angegeben.

Man mag einwenden, dass Approximationen und Tabellen im Zeitalter effizienter Computerprogramme an Bedeutung verloren haben. So kann man etwa in `Mathematica` zunächst durch `<<Statistics'ContinousDistributions'` das einschlägige Zusatzpaket aufrufen und dann mit dem Befehl `CDF[NormalDistribution[0,1],c]` den gesuchten Wert $\Phi(c)$ in jeder gewünschten Genauigkeit erhalten. Entsprechend kann man mit den Befehlen `<<Statistics'DiscreteDistributions'` und `CDF[BinomialDistribution[n,p],k]` die Wahrscheinlichkeit $\mathcal{B}_{n,p}(\{0,\dots,k\})$ direkt bestimmen. Trotzdem ist die Normalapproximation von fundamentaler Bedeutung, und zwar wegen ihrer Universalität. Wie Satz (5.29) zeigen wird, ist sie keineswegs auf den Bernoulli-Fall beschränkt, sondern gilt für eine große Klasse von Verteilungen. Und kein Computerprogramm kann Berechnungsalgorithmen für alle potentiellen Verteilungen bereitstellen.

Um die Antwort auf die Eingangsfrage dieses Abschnitts zu geben, brauchen wir jetzt Korollar (5.22) nur noch in die Sprache der Zufallsvariablen zu übertragen. Wir erhalten damit einen Spezialfall des zentralen Grenzwertsatzes, der später in (5.29) formuliert wird.

(5.24) Korollar: Zentraler Grenzwertsatz für Bernoulli-Folgen. *Sei* $(X_i)_{i\geq 1}$ *eine Bernoulli-Folge zum Parameter* $p \in \;]0, 1[$ *und* $q = 1 - p$. *Für jedes* $n \geq 1$ *sei*

$$S_n = \sum_{i=1}^{n} X_i \quad und \quad S_n^* = \frac{S_n - np}{\sqrt{npq}}\,.$$

Dann existiert für alle $a < b$

$$\lim_{n\to\infty} P(a \leq S_n^* \leq b) = \int_a^b \phi(x)\,dx = \Phi(b) - \Phi(a)\,,$$

und die Konvergenz ist sogar gleichmäßig in a, b. *Insbesondere gilt*

(5.25)
$$\lim_{n\to\infty} P(S_n^* \leq b) = \Phi(b)$$

gleichmäßig in $b \in \mathbb{R}$.

Beweis: Wegen Satz (2.9) gilt $P(a \leq S_n^* \leq b) = \mathcal{B}_{n,p}(\{k_{n,a},\dots,l_{n,b}\})$ mit $k_{n,a} = \lceil np + \sigma_n a \rceil$, $l_{n,b} = \lfloor np + \sigma_n b \rfloor$, $\sigma_n = \sqrt{npq}$. Außerdem gilt $|x_n(k_{n,a} - \frac{1}{2}) - a| \leq 1/\sigma_n$ und analog für b, und die Funktion Φ ist wegen $\Phi' = \phi \leq 1/\sqrt{2\pi}$ gleichmäßig stetig. Die Behauptung folgt daher unmittelbar aus Korollar (5.22). $\diamond$

Wir beenden diesen Abschnitt mit einer finanzmathematischen Anwendung der Normalapproximation. Einige statistische Anwendungen folgen in Teil II, u. a. in Abschnitt 8.2 und Kapitel 11.

(5.26) Beispiel: *Die Black–Scholes-Formel.* Wir kehren zurück zum Problem des fairen Preises einer europäischen Kaufoption, siehe Beispiel (4.17). Dort hatten wir die Vorstellung, dass sich der Kurs in diskreten Zeiteinheiten ändert. In einer globalen

Wirtschaft, in der immer an irgendeiner Börse gehandelt wird, ist aber die Vorstellung von kontinuierlicher Zeit adäquater. Wir betrachten daher ein Zeitintervall $[0, t]$ und machen zunächst eine diskrete Approximation, indem wir einen Handel nur zu den Zeitpunkten nt/N erlauben, $n = 0, \ldots, N$. Wir setzen voraus, dass die Kursentwicklung entlang dieser diskreten Zeitpunkte durch eine geometrische Irrfahrt mit Parametern $\sigma_N = \mu_N$ beschrieben werden kann. Infolge der Gleichung von Bienaymé ist es sinnvoll anzunehmen, dass die Varianzen der Kursschwankungen proportional zur Zeitdauer sind. Das bedeutet, dass die Volatilität pro diskretem Zeitschritt mit $\sigma_N = \sigma\sqrt{t/N}$ anzusetzen ist, wobei das neue σ wieder als Volatilität pro Zeit interpretiert werden kann. Der Black–Scholes-Parameter $p^* = p^*(N)$ aus Proposition (4.20) für die zeitdiskrete Approximation ist dann gegeben durch

$$p^*(N) = \frac{e^{\sigma\sqrt{t/N}} - 1}{e^{2\sigma\sqrt{t/N}} - 1}.$$

Entsprechend erhalten wir für den Parameter $p^\circ = p^\circ(N)$ in Formel (4.22) den Ausdruck

$$p^\circ(N) = \frac{e^{2\sigma\sqrt{t/N}} - e^{\sigma\sqrt{t/N}}}{e^{2\sigma\sqrt{t/N}} - 1} = 1 - p^*(N).$$

Ferner ist $a_N = \frac{N}{2} + \sqrt{N}\,\frac{\log K}{2\sigma\sqrt{t}}$. Mit diesen Werten gehen wir nun in Formel (4.22). Außerdem ersetzen wir gemäß Korollar (5.24) das binomialverteilte S_N durch die standardisierten Größen $S_N^\bullet = (S_N - Np^\bullet)/\sqrt{Np^\bullet(1 - p^\bullet)}$, $\bullet \in \{*, \circ\}$. Wir erhalten dann für den fairen Preis $\Pi^* = \Pi^*(N)$ in der N-Schritt-Approximation

$$\begin{aligned}
\Pi^*(N) &= P^\circ(S_N > a_N) - K\, P^*(S_N > a_N) \\
&= P^\circ(S_N^\circ > a_N^\circ) - K\, P^*(S_N^* > a_N^*),
\end{aligned}$$

wobei

$$a_N^\bullet = \sqrt{N}\,\frac{\frac{1}{2} - p^\bullet(N)}{\sqrt{p^\bullet(N)(1 - p^\bullet(N))}} + \frac{\log K}{2\sigma\sqrt{t}\,p^\bullet(N)(1 - p^\bullet(N))}$$

für $\bullet \in \{*, \circ\}$. Nun erhält man mit Hilfe der Taylor-Approximation

$$\begin{aligned}
\sqrt{N}\left(\frac{1}{2} - p^*(N)\right) &= \frac{\sqrt{N}}{2}\,\frac{\cosh\sigma\sqrt{t/N} - 1}{\sinh\sigma\sqrt{t/N}} \\
&= \frac{\sqrt{N}}{2}\,\frac{\sigma^2 t/2N + O(N^{-2})}{\sigma\sqrt{t/N} + O(N^{-3/2})} \\
&\xrightarrow[N\to\infty]{} \sigma\sqrt{t}/4
\end{aligned}$$

und insbesondere $p^*(N) \to 1/2$. Setzen wir zur Abkürzung $h = (\log K)/\sigma\sqrt{t}$, so ergibt sich also $a_N^* \to h + \sigma\sqrt{t}/2$ und analog $a_N^\circ \to h - \sigma\sqrt{t}/2$. Wegen der gleichmäßigen Konvergenz in (5.25) (und der Stetigkeit von Φ) erhalten wir hieraus

$$\Pi^*(N) \underset{N\to\infty}{\longrightarrow} 1 - \Phi(h - \sigma\sqrt{t}/2) - K(1 - \Phi(h + \sigma\sqrt{t}/2))$$

$$(5.27) \qquad\qquad = \Phi(-h + \sigma\sqrt{t}/2) - K\,\Phi(-h - \sigma\sqrt{t}/2).$$

Der letzte Ausdruck (5.27) ist die berühmte, in Bankrechnern fest implementierte *Black–Scholes-Formel* für den fairen Preis einer Option. (Hier ist die Währungseinheit so gewählt, dass der Aktienkurs X_0 zur Zeit 0 gerade 1 beträgt; im allgemeinen Fall muss man in der Formel K durch K/X_0 ersetzen und den gesamten Ausdruck mit X_0 multiplizieren. Wenn der Wert des Bonds nicht zeitkonstant ist, sondern mit der Zinsrate $r > 0$ wächst, muss man K durch den entsprechend abgezinsten Preis Ke^{-rt} ersetzen.) Unsere Herleitung der Black–Scholes-Formel durch Grenzübergang im Binomialmodell liefert leider nicht die zugehörigen Hedge-Strategien; dazu müsste man direkt im zeitstetigen Modell arbeiten.

Die Black–Scholes-Formel sollte natürlich nicht zum leichtfertigen Umgang mit Optionen verleiten. Zum einen ist das zugrunde liegende Modell für die Kursentwicklung, der stetige Limes der geometrischen Irrfahrt (die so genannte geometrische Brown'sche Bewegung) nur bedingt realistisch, wie ein Vergleich der Simulation auf Seite 105 mit realen Kursverläufen zeigt. Zum anderen hat der Zusammenbruch des LTCM (Long Term Capital Management) Hedge-Fonds im September 1998 gezeigt, wie selbst der anerkannte finanzmathematische Sachverstand der dort als Berater tätigen Nobelpreisträger Merton und Scholes versagen kann, wenn das Marktgeschehen unvorhergesehenen Einflüssen folgt.

5.3 Der zentrale Grenzwertsatz

Das Thema dieses Abschnitts ist die Universalität der Normalapproximation. Es wird gezeigt, dass die Konvergenzaussage von Korollar (5.24) nicht nur für Bernoulli-Folgen, sondern in großer Allgemeinheit gilt. Dazu untersuchen wir zunächst den Konvergenzbegriff in Korollar (5.24). Aussage (5.25) kann wie folgt ausgesprochen werden: Die Verteilungsfunktion von S_n^* konvergiert gleichmäßig gegen die von $\mathcal{N}_{0,1}$. Dabei ist die Gleichmäßigkeit der Konvergenz eine automatische Folge der Stetigkeit des Limes Φ und der Monotonie der Verteilungsfunktionen $F_{S_n^*}$, siehe Aussage (5.28c) unten. Im Fall einer unstetigen Limesfunktion muss man allerdings auf die Gleichmäßigkeit der Konvergenz verzichten, und der gute Konvergenzbegriff lautet wie folgt.

Definition: Sei $(Y_n)_{n\geq 1}$ eine Folge von reellen Zufallsvariablen auf irgendwelchen Wahrscheinlichkeitsräumen. Man sagt, Y_n *konvergiert in Verteilung* gegen eine reelle Zufallsvariable Y bzw. gegen deren Verteilung Q auf $(\mathbb{R}, \mathscr{B})$, wenn

$$F_{Y_n}(c) \underset{n\to\infty}{\longrightarrow} F_Y(c) = F_Q(c)$$

für alle Stellen $c \in \mathbb{R}$, an denen F_Y stetig ist. Man schreibt dann $Y_n \overset{\mathscr{L}}{\longrightarrow} Y$ bzw. Q oder $Y_n \overset{d}{\longrightarrow} Y$ bzw. Q. (Das $\mathscr{L}$ erinnert an „law" oder „loi", das d an „distribution".)

Verteilungskonvergenz ist also keine Eigenschaft der Zufallsvariablen selbst, sondern nur ihrer Verteilungen. (Der entsprechende Konvergenzbegriff für Wahrscheinlichkeitsmaße auf $(\mathbb{R}, \mathscr{B})$ heißt *schwache Konvergenz*.) Die folgende Charakterisierung der Verteilungskonvergenz zeigt, warum es sinnvoll ist, die Konvergenz der Verteilungsfunktionen nur an den Stetigkeitsstellen der Limesfunktion zu verlangen. Insbesondere zeigt Aussage (5.28b), wie der Begriff der Verteilungskonvergenz auf Zufallsvariablen mit Werten in beliebigen topologischen Räumen verallgemeinert werden kann. (Eine weitere Charakterisierung wird sich aus Bemerkung (11.1) ergeben.) Wir schreiben $\| \cdot \|$ für die Supremumsnorm.

(5.28) Bemerkung: *Charakterisierung der Verteilungskonvergenz.* In der Situation der obigen Definition sind die folgenden Aussagen äquivalent:

(a) $Y_n \xrightarrow{\mathscr{L}} Y$.

(b) $\mathbb{E}(f \circ Y_n) \to \mathbb{E}(f \circ Y)$ für alle stetigen beschränkten Funktionen $f : \mathbb{R} \to \mathbb{R}$.

Ist F_Y stetig, so ist ferner äquivalent

(c) F_{Y_n} konvergiert gleichmäßig gegen F_Y, d.h. $\| F_{Y_n} - F_Y \| \to 0$.

Beweis: (a) $\Rightarrow$ (b): Zu $\varepsilon > 0$ wähle man Stetigkeitsstellen $c_1 < \cdots < c_k$ von F_Y derart, dass $F_Y(c_1) < \varepsilon$, $F_Y(c_k) > 1 - \varepsilon$ und $|f(x) - f(c_i)| < \varepsilon$ für $c_{i-1} \leq x \leq c_i$, $1 < i \leq k$. Das ist möglich, da F_Y die Limesbeziehungen (1.29) erfüllt und aus Monotoniegründen nur abzählbar viele Unstetigkeitsstellen hat, und da außerdem f auf jedem kompakten Intervall sogar gleichmäßig stetig ist. Dann gilt

$$\mathbb{E}(f \circ Y_n) = \sum_{i=2}^{k} \mathbb{E}\big(f \circ Y_n \, 1_{\{c_{i-1} < Y_n \leq c_i\}}\big) + \mathbb{E}\big(f \circ Y_n \, 1_{\{Y_n \leq c_1\} \cup \{Y_n > c_k\}}\big)$$

$$\leq \sum_{i=2}^{k} \big(f(c_i) + \varepsilon\big)\big[F_{Y_n}(c_i) - F_{Y_n}(c_{i-1})\big] + 2\varepsilon \, \|f\|,$$

und der letzte Ausdruck strebt für $n \to \infty$ gegen einen Limes, der bis auf $2\varepsilon(1 + 2\|f\|)$ mit $\mathbb{E}(f \circ Y)$ übereinstimmt. Für $\varepsilon \to 0$ folgt $\limsup_{n \to \infty} \mathbb{E}(f \circ Y_n) \leq \mathbb{E}(f \circ Y)$, und mit derselben Ungleichung für $-f$ ergibt sich Aussage (b).

(b) $\Rightarrow$ (a): Zu $c \in \mathbb{R}$ und $\delta > 0$ wähle man ein stetiges beschränktes f mit $1_{]-\infty, c]} \leq f \leq 1_{]-\infty, c+\delta]}$. Dann gilt

$$\limsup_{n \to \infty} F_{Y_n}(c) \leq \lim_{n \to \infty} \mathbb{E}(f \circ Y_n) = \mathbb{E}(f \circ Y) \leq F_Y(c + \delta).$$

Der letzte Term strebt für $\delta \to 0$ gegen $F_Y(c)$, und es folgt $\limsup_{n \to \infty} F_{Y_n}(c) \leq F_Y(c)$. Ist nun c eine Stetigkeitsstelle von F_Y, so gilt auch $F_Y(c - \delta) \to F_Y(c)$ für $\delta \to 0$. Ein analoges Argument liefert daher auch die umgekehrte Ungleichung $\liminf_{n \to \infty} F_{Y_n}(c) \geq F_Y(c)$.

(a) $\Rightarrow$ (c): Sei $k \in \mathbb{N}$ beliebig und $\varepsilon = 1/k$. Wenn F_Y stetig ist, gibt es nach dem Zwischenwertsatz gewisse $c_i \in \mathbb{R}$ mit $F_Y(c_i) = i/k$, $0 < i < k$. Die c_i zerlegen $\mathbb{R}$ in k Intervalle, auf denen F_Y genau um ε wächst. Da F_{Y_n} ebenfalls monoton wachsend ist, gilt dann

$$\|F_{Y_n} - F_Y\| \leq \varepsilon + \max_{0 < i < k} |F_{Y_n}(c_i) - F_Y(c_i)|,$$

und das Maximum strebt für $n \to \infty$ gegen 0. (c) $\Rightarrow$ (a) gilt trivialerweise. $\diamond$

Der folgende Satz ist die angekündigte Verallgemeinerung von Korollar (5.24) und begründet die zentrale Rolle der Normalverteilungen in der Stochastik.

(5.29) Satz: Zentraler Grenzwertsatz, A. M. Lyapunov 1901, J. W. Lindeberg 1922, P. Lévy 1922. *Sei $(X_i)_{i \geq 1}$ eine Folge von unabhängigen, identisch verteilten Zufallsvariablen in $\mathscr{L}^2$ mit $\mathbb{E}(X_i) = m$, $\mathbb{V}(X_i) = v > 0$. Dann gilt*

$$S_n^* := \frac{1}{\sqrt{n}} \sum_{i=1}^{n} \frac{X_i - m}{\sqrt{v}} \xrightarrow{\mathscr{L}} \mathcal{N}_{0,1},$$

d.h. $\|F_{S_n^*} - \Phi\| \to 0$ für $n \to \infty$.

Vor dem Beweis zunächst ein paar ergänzende Bemerkungen:

(5.30) Bemerkung: *Diskussion des zentralen Grenzwertsatzes.* (a) Warum tritt ausgerechnet die Standard-Normalverteilung $\mathcal{N}_{0,1}$ als Verteilungslimes auf? Dies wird plausibel durch die folgende Stabilitätseigenschaft: Sind die (X_i) unabhängig und $\mathcal{N}_{0,1}$-verteilt, so ist S_n^* für beliebiges n ebenfalls $\mathcal{N}_{0,1}$-verteilt; dies folgt aus Aufgabe 2.15 und Beispiel (3.32). Kein anderes Wahrscheinlichkeitsmaß Q auf $\mathbb{R}$ mit existierender Varianz hat diese Eigenschaft. Denn wenn alle S_n^* nach Q verteilt sind, so gilt $S_n^* \xrightarrow{\mathscr{L}} Q$, und aus dem zentralen Grenzwertsatz folgt $Q = \mathcal{N}_{0,1}$.

(b) Ohne die Voraussetzung $X_i \in \mathscr{L}^2$ gilt der zentrale Grenzwertsatz im Allgemeinen nicht mehr. In drastischer Weise wird dies deutlich, wenn die X_i Cauchy-verteilt sind zu einem Parameter $a > 0$. Dann ist nämlich $\sum_{i=1}^n X_i / \sqrt{n}$ Cauchy-verteilt zu $a\sqrt{n}$, verliert sich also im Limes $n \to \infty$ bei $\pm\infty$; vgl. dazu die Diskussion am Ende von Abschnitt 5.1.1. Im Unterschied zum Gesetz der großen Zahl reicht auch nicht die Voraussetzung $X_i \in \mathscr{L}^1$, und ebenfalls kann die Voraussetzung der Unabhängigkeit nicht durch paarweise Unabhängigkeit oder gar paarweise Unkorreliertheit ersetzt werden. Gegenbeispiele finden sich etwa bei Stoyanov [69].

(c) Besitzen die X_i sogar ein drittes Moment (d.h. $X_i \in \mathscr{L}^3$), so lässt sich die Konvergenzgeschwindigkeit wie folgt abschätzen:

$$\|F_{S_n^*} - \Phi\| \leq 0.8 \, \frac{\mathbb{E}(|X_1 - \mathbb{E}(X_1)|^3)}{v^{3/2}} \, \frac{1}{\sqrt{n}}.$$

Dies ist der Satz von Berry–Esséen; ein Beweis findet sich z.B. in [17, 26].

Beweis von Satz (5.29): Ohne Einschränkung sei $m = 0$, $v = 1$; sonst betrachte man $X_i' = (X_i - m)/\sqrt{v}$. Gemäß Bemerkung (5.28) genügt zu zeigen, dass $\mathbb{E}(f \circ S_n^*) \to \mathbb{E}_{\mathcal{N}_{0,1}}(f)$ für jede stetige beschränkte Funktion $f : \mathbb{R} \to \mathbb{R}$. De facto dürfen wir sogar zusätzlich annehmen, dass f zweimal stetig differenzierbar ist mit beschränkten und gleichmäßig stetigen Ableitungen f' und f''. Denn im Beweis der Implikation (5.28b) $\Rightarrow$ (5.28a) kann man $1_{]-\infty,c]}$ auch durch solche f approximieren.

Sei nun $(Y_i)_{i \geq 1}$ eine Folge von unabhängigen, standardnormalverteilten Zufallsvariablen, welche ebenfalls von $(X_i)_{i \geq 1}$ unabhängig sind. (Wegen Satz (3.26) kann man durch eventuellen Übergang zu einem neuen Wahrscheinlichkeitsraum erreichen, dass es solche Y_i gibt.) Gemäß Bemerkung (5.30b) ist dann $T_n^* := \sum_{i=1}^n Y_i/\sqrt{n}$ ebenfalls $\mathcal{N}_{0,1}$-verteilt, und die angestrebte Konvergenzaussage bekommt die Gestalt $|\mathbb{E}(f \circ S_n^* - f \circ T_n^*)| \to 0$.

Der Vorteil dieser Darstellung ist, dass die Differenz $f \circ S_n^* - f \circ T_n^*$ als Teleskopsumme dargestellt werden kann. Mit den Abkürzungen $X_{i,n} = X_i/\sqrt{n}$, $Y_{i,n} = Y_i/\sqrt{n}$ und $W_{i,n} = \sum_{j=1}^{i-1} Y_{j,n} + \sum_{j=i+1}^n X_{j,n}$ gilt nämlich

$$(5.31) \qquad f \circ S_n^* - f \circ T_n^* = \sum_{i=1}^n \big[f(W_{i,n} + X_{i,n}) - f(W_{i,n} + Y_{i,n})\big],$$

denn es ist $W_{i,n} + X_{i,n} = W_{i-1,n} + Y_{i-1,n}$ für $1 < i \leq n$. Da $X_{i,n}$ und $Y_{i,n}$ klein sind und f glatt ist, liegt nun eine Taylor-Approximation nahe: Es gilt

$$f(W_{i,n} + X_{i,n}) = f(W_{i,n}) + f'(W_{i,n})\,X_{i,n} + \tfrac{1}{2} f''(W_{i,n})\,X_{i,n}^2 + R_{X,i,n}\,,$$

wobei $R_{X,i,n} = \tfrac{1}{2} X_{i,n}^2 \big[f''(W_{i,n} + \vartheta X_{i,n}) - f''(W_{i,n})\big]$ mit irgendeinem $0 \leq \vartheta \leq 1$. Insbesondere gilt $|R_{X,i,n}| \leq X_{i,n}^2 \|f''\|$, und wegen der gleichmäßigen Stetigkeit von f'' existiert zu vorgegebenem $\varepsilon > 0$ ein $\delta > 0$ mit $|R_{X,i,n}| \leq X_{i,n}^2 \varepsilon$ für $|X_{i,n}| \leq \delta$. Zusammen liefert dies die Abschätzung

$$|R_{X,i,n}| \leq X_{i,n}^2 \big[\varepsilon\, 1_{\{|X_{i,n}| \leq \delta\}} + \|f''\|\, 1_{\{|X_{i,n}| > \delta\}}\big]\,.$$

Eine analoge Taylor-Approximation erhält man für $f(W_{i,n} + Y_{i,n})$.

Setzt man diese Taylor-Approximationen in (5.31) ein und bildet den Erwartungswert, so verschwinden alle Terme bis auf die Restglieder. Denn einerseits ist $\mathbb{E}(X_{i,n}) = \mathbb{E}(Y_{i,n}) = 0$ und $\mathbb{E}(X_{i,n}^2) = \tfrac{1}{n} = \mathbb{E}(Y_{i,n}^2)$, und andrerseits sind $X_{i,n}$ und $Y_{i,n}$ nach Satz (3.24) unabhängig von $W_{i,n}$, so dass man Satz (4.11d) anwenden kann; so ist z. B.

$$\mathbb{E}\big(f''(W_{i,n})\,[X_{i,n}^2 - Y_{i,n}^2]\big) = \mathbb{E}\big(f''(W_{i,n})\big)\,\mathbb{E}\big(X_{i,n}^2 - Y_{i,n}^2\big) = 0\,.$$

Folglich gilt

$$\big|\mathbb{E}(f \circ S_n^* - f \circ T_n^*)\big| \leq \sum_{i=1}^n \mathbb{E}\big(|R_{X,i,n}| + |R_{Y,i,n}|\big)$$

$$\leq \sum_{i=1}^n \Big[\varepsilon\, \mathbb{E}(X_{i,n}^2 + Y_{i,n}^2) + \|f''\|\, \mathbb{E}\big(X_{i,n}^2\, 1_{\{|X_{i,n}| > \delta\}} + Y_{i,n}^2\, 1_{\{|Y_{i,n}| > \delta\}}\big)\Big]$$

$$= 2\varepsilon + \|f''\|\, \mathbb{E}\big(X_1^2\, 1_{\{|X_1| > \delta\sqrt{n}\}} + Y_1^2\, 1_{\{|Y_1| > \delta\sqrt{n}\}}\big)\,.$$

Im letzten Schritt wurde der Faktor $1/n$ von $X_{i,n}^2$ und $Y_{i,n}^2$ aus dem Erwartungswert herausgezogen und die identische Verteilung der X_i sowie der Y_i ausgenutzt. Nach Satz (4.11c) gilt nun aber

$$\mathbb{E}(X_1^2 \, 1_{\{|X_1|>\delta\sqrt{n}\}}) = 1 - \mathbb{E}(X_1^2 \, 1_{\{|X_1|\leq\delta\sqrt{n}\}}) \to 0 \quad \text{für } n \to \infty$$

und ebenso $\mathbb{E}(Y_1^2 \, 1_{\{|Y_1|>\delta\sqrt{n}\}}) \to 0$. Es folgt $\limsup_{n\to\infty} |\mathbb{E}(f \circ S_n^* - f \circ T_n^*)| \leq 2\varepsilon$, und da ε beliebig gewählt war, ergibt sich die Behauptung. $\diamond$

Es gibt zahlreiche andere Beweismethoden, z.B. mit Fourier-Transformierten; siehe etwa [4, 17, 26]. Besitzen die X_i ein drittes Moment und ist f sogar dreimal stetig differenzierbar, so hat man im obigen Beweis die stärkere Abschätzung $|R_{X,i,n}| \leq \|f'''\|\,|X_{i,n}|^3/6$ und daher

$$\left|\mathbb{E}(f \circ S_n^*) - \mathbb{E}_{\mathcal{N}_{0,1}}(f)\right| \leq C\|f'''\|/\sqrt{n}$$

mit $C = \mathbb{E}(|X_1|^3 + |Y_1|^3)/6$ (im Fall $m = 0$, $v = 1$). Der Satz von Berry–Esséen in Bemerkung (5.30c) wird dadurch bereits plausibel. Allerdings lässt sich diese Abschätzung der Konvergenzgeschwindigkeit nicht durch den Beweis der Implikation (5.28b) $\Rightarrow$ (5.28a) hindurchziehen, weil sich bei der Approximation von $1_{]-\infty,c]}$ durch glatte f die Supremumsnorm $\|f'''\|$ notwendigerweise aufbläht; der Satz von Berry–Esséen wird daher anders bewiesen.

Man kann sich die Gültigkeit des zentralen Grenzwertsatzes übrigens auch empirisch vor Augen führen. Dazu simuliere man (wie in Abschnitt 3.6) unabhängige reelle Zufallsvariablen X_i mit einer nach Wunsch vorgegebenen Verteilung und bestimme k-mal unabhängig hintereinander die zugehörige standardisierte Summenvariable S_n^*; das Ergebnis bei der j-ten Wiederholung heiße $S_n^*(j)$. Man bilde dann die empirische Verteilungsfunktion $F_{n,k}(c) := \frac{1}{k} \sum_{j=1}^{k} 1_{]-\infty,c]} \circ S_n^*(j)$, welche nach dem Gesetz der großen Zahl für $k \to \infty$ gegen die Verteilungsfunktion von S_n^* strebt. Für hinreichend großes n und k liegt dann $F_{n,k}$ dicht bei Φ. Abbildung 5.7 zeigt ein Beispiel.

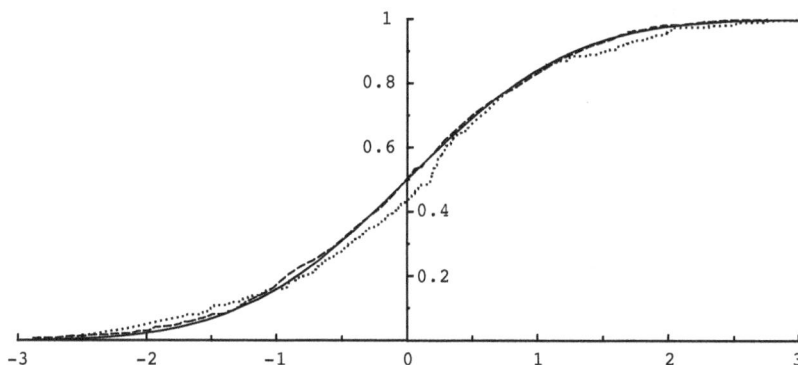

Abbildung 5.7: Simulation der Verteilung von S_n^* für $\mathcal{U}_{[0,1]}$-verteilte Zufallsvariable X_i, in den Fällen $n=10$, $k=200$ (gepunktet) sowie $n=20$, $k=500$ (gestrichelt). Zum Vergleich die Verteilungsfunktion Φ von $\mathcal{N}_{0,1}$ (durchgezogen).

5.4 Normal- oder Poisson-Approximation?

In den Abschnitten 2.4 und 5.2 haben wir zwei verschiedene Approximationen für die Binomialverteilungen diskutiert, die Poisson- und die Normalapproximation. Um beide Approximationen voneinander abzugrenzen, formulieren wir sie wie folgt. Korollar (5.24) sagt aus: Ist $(X_i)_{1 \leq i \leq n}$ eine Bernoulli-Folge zu p und

$$Y_i^{(n)} = \frac{X_i - p}{\sqrt{npq}}\,,$$

so ist für großes n die Summe $\sum_{i=1}^n Y_i^{(n)}$ ungefähr $\mathcal{N}_{0,1}$-verteilt. Hier sind die Summanden alle dem Betrag nach klein. Dagegen besagt die Poisson-Approximation in Satz (2.17): Ist $(Y_i^{(n)})_{1 \leq i \leq n}$ eine Bernoulli-Folge zu p_n mit $p_n \to 0$ für $n \to \infty$, so ist $\sum_{i=1}^n Y_i^{(n)}$ ungefähr $\mathcal{P}_{np_n}$-verteilt. Hier sind nicht die Werte der Summanden klein, sondern nur die Wahrscheinlichkeiten $p_n = P(Y_i^{(n)} = 1)$ dafür, dass die Summanden *nicht* klein sind. Dies ist der wesentliche Unterschied der beiden Approximationen. Wir wollen bei dieser Gelegenheit einen alternativen Beweis der Poisson-Approximation angeben, der uns eine explizite Fehlerschranke liefert.

(5.32) Satz: Poisson-Approximation der Binomialverteilung. *Für* $0 < p < 1$ *und* $n \in \mathbb{N}$ *gilt*

$$(5.33) \qquad \|\mathcal{B}_{n,p} - \mathcal{P}_{np}\| := \sum_{k \geq 0} \left| \mathcal{B}_{n,p}(\{k\}) - \mathcal{P}_{np}(\{k\}) \right| \leq 2np^2\,.$$

Beweis: Wir stellen die Wahrscheinlichkeitsmaße $\mathcal{B}_{n,p}$ und $\mathcal{P}_{np}$ als Verteilungen von geeignet gewählten Zufallsvariablen auf dem gleichen Wahrscheinlichkeitsraum dar. (Solche „Kopplungsargumente" sind typisch für die moderne Stochastik.) Sei $X_1, \ldots, X_n$ eine Bernoulli-Folge zum Parameter p. Gemäß Satz (2.9) bzw. Beispiel (4.39) hat dann die Summe $S := \sum_{i=1}^n X_i$ die Binomialverteilung $\mathcal{B}_{n,p}$. Seien ferner $Y_1, \ldots, Y_n$ unabhängige Zufallsvariablen mit Poisson-Verteilung $\mathcal{P}_p$. Aufgrund der Faltungseigenschaft (4.41) der Poisson-Verteilungen hat $T := \sum_{i=1}^n Y_i$ die Verteilung $\mathcal{P}_{np}$. Die Idee des Kopplungsarguments besteht nun in der Beobachtung, dass X_i und Y_i für kleines p beide den Wert 0 mit Wahrscheinlichkeit nahe bei 1 annehmen (nämlich mit Wahrscheinlichkeit $1-p$ bzw. e^{-p}). Um das auszunutzen, sollte man die X_i und Y_i nicht unabhängig voneinander wählen, sondern abhängig, und zwar so, dass $Y_i = 0$ sobald $X_i = 0$.

Seien dazu $Z_1, \ldots, Z_n$ unabhängige Zufallsvariablen mit Werten in $\{-1, 0, 1, \ldots\}$, und zwar gelte $P(Z_i = k) = \mathcal{P}_p(\{k\})$ für $k \geq 1$, $P(Z_i = 0) = 1 - p$, und $P(Z_i = -1) = e^{-p} - (1-p)$ für $i = 1, \ldots, n$. (Man beachte, dass $\mathcal{B}_{1,p}(\{0\}) = 1-p \leq e^{-p} = \mathcal{P}_p(\{0\})$. Der überschüssige Anteil von $\mathcal{P}_p(\{0\})$ wird also an die Stelle -1 geschoben; siehe Abbildung 5.8.) Wir setzen nun

$$X_i = 1_{\{Z_i \neq 0\}}\,, \quad Y_i = \max(Z_i, 0)\,.$$

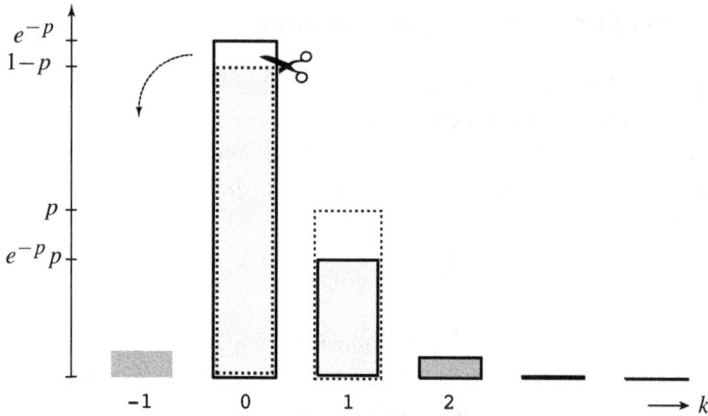

Abbildung 5.8: Zur Kopplung von $\mathcal{P}_p$ (gerahmte Balken) und $\mathcal{B}_{1,p}$ (gestrichelte Balken). Der hellgraue „Durchschnitt" der Histogramme sowie der dunkle „Differenzbereich" definieren die Verteilung der Z_i.

Nach Satz (3.24) sind dann $X_1, \ldots, X_n$ unabhängig, und ebenfalls sind $Y_1, \ldots, Y_n$ unabhängig. Außerdem haben alle X_i und Y_i die oben gewünschten Verteilungen. Schließlich betrachten wir noch das Ereignis

$$D = \big\{ \text{es gibt ein } i \text{ mit } X_i \neq Y_i \big\} = \bigcup_{1 \le i \le n} \big\{ Z_i \notin \{0, 1\} \big\} .$$

Dann gilt $S = T$ auf D^c, und für die linke Seite in (5.33) können wir schreiben

$$
\begin{aligned}
\|\mathcal{B}_{n,p} - \mathcal{P}_{np}\| &= \sum_{k \ge 0} \big| P(S = k) - P(T = k) \big| \\
&= \sum_{k \ge 0} \big| P(\{S = k\} \cap D) - P(\{T = k\} \cap D) \big| \\
&\le 2\, P(D) \; \le \; 2 \sum_{1 \le i \le n} P\big(Z_i \notin \{0, 1\} \big) \\
&= 2n \big(1 - (1 - p) - e^{-p} p \big) \le 2n\, p^2 .
\end{aligned}
$$

Die erste Ungleichung ergibt sich durch Anwendung der Dreiecksungleichung, und die letzte aus der Abschätzung $1 - e^{-p} \le p$. $\diamond$

Im Limes $n \to \infty$, $p = p_n \to 0$, $n p_n \to \lambda > 0$ liefert Satz (5.32) unmittelbar den früheren Satz (2.17), und zwar sogar mit der Fehlerabschätzung $\|\mathcal{B}_{n,p_n} - \mathcal{P}_\lambda\| \le 2(n p_n^2 + |n p_n - \lambda|)$; vgl. dazu die nachfolgende Bemerkung (5.34). Die Konvergenz bezüglich des sogenannten *Variationsabstands* $\| \cdot \|$ ist im vorliegenden diskreten Fall von Wahrscheinlichkeitsmaßen auf $\mathbb{Z}_+$ äquivalent zur Verteilungskonvergenz, siehe Aufgabe 5.24. Schließlich sei noch angemerkt, dass der vorstehende Beweis sich unmittelbar verallgemeinern lässt auf den Fall, dass die X_i Bernoullisch sind zu *unterschiedlichen* Erfolgswahrscheinlichkeiten p_i. Die Summe $S = \sum_{i=1}^n X_i$ ist dann nicht mehr binomialverteilt, aber ihre Verteilung lässt sich immer noch mit einem Fehler von höchstens $2\sum_i p_i^2$ durch die Poisson-Verteilung $\mathcal{P}_{\sum_i p_i}$ approximieren.

(5.34) Bemerkung: *Variierung des Poisson-Parameters.* Für $\lambda, \delta > 0$ gilt

$$\|\mathcal{P}_{\lambda+\delta} - \mathcal{P}_\lambda\| \leq 2\delta .$$

Denn sind X, Y unabhängig mit Verteilung $\mathcal{P}_\lambda$ bzw. $\mathcal{P}_\delta$, so hat $X + Y$ die Verteilung $\mathcal{P}_{\lambda+\delta}$, und wie im vorstehenden Beweis sieht man, dass $\|\mathcal{P}_{\lambda+\delta} - \mathcal{P}_\lambda\|$ nicht größer ist als $2\,P(Y \geq 1) = 2(1 - e^{-\delta}) \leq 2\delta$.

Wann sollte man eine Binomialverteilung durch eine Poisson-Verteilung und wann durch eine Normalverteilung approximieren? Wegen (5.33) ist die Poisson-Approximation gut, wenn np^2 klein ist. Nach dem Satz von Berry–Esséen aus Bemerkung (5.30c) ist dagegen die Normalapproximation gut, wenn

$$\frac{p(1 - p)^3 + (1 - p)p^3}{(p(1 - p))^{3/2}} \frac{1}{\sqrt{n}} = \frac{p^2 + (1 - p)^2}{\sqrt{np(1 - p)}}$$

klein ist, und wegen $1/2 \leq p^2 + (1-p)^2 \leq 1$ ist dies genau dann der Fall, wenn $np(1-p)$ groß ist. Wenn p sehr nahe bei 1 liegt, sind beide Approximationen schlecht. Jedoch liefert dann eine Vertauschung von p mit $1-p$ und k mit $n-k$, dass $\mathcal{B}_{n,p}(n-k) = \mathcal{P}_{n(1-p)}(\{k\}) + O(n(1-p)^2)$.

Aufgaben

5.1 *Die Ky Fan Metrik für stochastische Konvergenz.* Für zwei reelle Zufallsvariablen X, Y auf einem beliebigen Wahrscheinlichkeitsraum sei

$$d(X, Y) = \min\{\varepsilon \geq 0 : P(|X - Y| > \varepsilon) \leq \varepsilon\}.$$

Zeigen Sie:

(a) Das Minimum wird wirklich angenommen, und d ist eine Metrik auf dem Raum aller reellen Zufallsvariablen. (Zufallsvariablen X, Y mit $P(X = Y) = 1$ sollen dabei als gleich betrachtet werden.)

(b) Für jede Folge reeller Zufallsvariablen auf Ω gilt $Y_n \xrightarrow{P} Y$ genau dann, wenn $d(Y_n, Y) \to 0$.

5.2 *Sammelbilder.* Betrachten Sie das Sammelbilder-Problem aus Aufgabe 4.20. Wie viele Produkte müssen Sie mindestens kaufen, damit Sie mit Wahrscheinlichkeit ≥ 0.95 die komplette Serie von $N = 20$ Bildern bekommen? Geben Sie mit Hilfe der Čebyšev-Ungleichung eine möglichst gute untere Schranke an.

5.3 ^{L} (a) Ein Tierchen bewegt sich auf folgende Weise zufällig in einer Ebene: Es läuft eine Streckeneinheit weit in einer zufälligen Richtung Ψ_1, sucht sich dann eine neue Richtung Ψ_2 und läuft wieder eine Streckeneinheit weit, usw. Hierbei seien die Winkel Ψ_i unabhängig und gleichverteilt auf $[0, 2\pi]$. Es sei D_n der Abstand zwischen dem Ausgangspunkt und dem Aufenthaltsort nach dem n-ten Schritt. Berechnen Sie den Erwartungswert $\mathbb{E}(D_n^2)$.

(b) In der Mitte einer großen Ebene befinden sich zur Zeit $t = 0$ genau 30 Tierchen, die sich auf die in (a) beschriebene Weise unabhängig voneinander fortbewegen. Die Tierchen benötigen für jeden Schritt eine Zeiteinheit. Bestimmen Sie zu jedem $n \geq 1$ ein (möglichst kleines) $r_n > 0$ mit folgender Eigenschaft: Mit Wahrscheinlichkeit ≥ 0.9 befinden sich zur Zeit n mehr als 15 Tierchen in dem Kreis mit Radius r_n um den Mittelpunkt der Ebene. *Hinweis:* Bestimmen Sie zunächst ein $p_0 > 0$ mit der Eigenschaft: Ist $Z_1, \ldots, Z_{30}$ eine Bernoulli-Folge zu einem Parameter $p \geq p_0$, so ist $P(\sum_{i=1}^{30} Z_i > 15) \geq 0.9$.

5.4 *Große Abweichungen empirischer Mittelwerte vom Erwartungswert.* Sei $(X_i)_{i \geq 1}$ eine Bernoulli-Folge zu $0 < p < 1$. Zeigen Sie, dass für alle $p < a < 1$ gilt:

$$P\Big(\frac{1}{n} \sum_{i=1}^{n} X_i \geq a\Big) \leq e^{-nh(a;p)} \,,$$

wobei $h(a; p) = a \log \frac{a}{p} + (1 - a) \log \frac{1-a}{1-p}$. Zeigen Sie dazu zuerst, dass für alle $s \geq 0$

$$P\Big(\frac{1}{n} \sum_{i=1}^{n} X_i \geq a\Big) \leq e^{-nas} \, \mathbb{E}(e^{sX_1})^n \,.$$

5.5[L] *Konvexität der Bernstein-Polynome.* Sei $f : [0, 1] \to \mathbb{R}$ stetig und konvex. Zeigen Sie: Für jedes $n \geq 1$ ist das zugehörige Bernstein-Polynom f_n ebenfalls konvex. *Hinweis:* Betrachten Sie für $p_1 < p_2 < p_3$ die Häufigkeiten $Z_k = \sum_{i=1}^{n} 1_{[0, p_k]} \circ U_i$, $k = 1, 2, 3$, und stellen Sie Z_2 als konvexe Kombination von Z_1 und Z_3 dar. Der Vektor $(Z_1, Z_2 - Z_1, Z_3 - Z_2, n - Z_3)$ ist multinomialverteilt!

5.6 *Gesetz der großen Zahl für Zufallsvariablen ohne Erwartungswert.* Seien $(X_i)_{i \geq 1}$ unabhängige identisch verteilte reellwertige Zufallsvariablen. Ihr Erwartungswert existiere nicht, d. h. $X_i \notin \mathscr{L}^1$. Sei $a \in \mathbb{N}$ beliebig. Zeigen Sie:

(a) $P(|X_n| > an$ unendlich oft$) = 1$. *Hinweis:* Aufgabe 4.5.

(b) Für die Summen $S_n = \sum_{i=1}^{n} X_i$ gilt $P(|S_n| > an$ unendlich oft$) = 1$ und deshalb $\limsup_{n \to \infty} |S_n|/n = \infty$ fast sicher.

(c) Sind alle $X_i \geq 0$, so gilt sogar $S_n/n \to \infty$ fast sicher.

5.7[L] *Erneuerung etwa von Glühbirnen.* Seien $(L_i)_{i \geq 1}$ unabhängige, identisch verteilte, nichtnegative Zufallsvariablen (mit endlichem oder unendlichem Erwartungswert). L_i werde interpretiert als die „Lebensdauer" der i-ten Glühbirne (die beim Durchbrennen sofort durch eine neue ersetzt wird); vgl. auch Abbildung 3.7. Für $t > 0$ sei

$$N_t = \sup\Big\{k \geq 1 : \sum_{i=1}^{k} L_i \leq t\Big\}$$

die Anzahl der bis zur Zeit t verbrauchten Glühbirnen. Zeigen Sie: Es gilt $\lim_{t \to \infty} N_t/t = 1/\mathbb{E}(L_1)$ fast sicher; dabei sei $1/\infty = 0$ und $1/0 = \infty$. (Im Fall $\mathbb{E}(L_1) = \infty$ brauchen Sie die vorige Aufgabe; der Fall $\mathbb{E}(L_1) = 0$ ist trivial.) Was bedeutet dies Resultat im Fall des Poisson-Prozesses?

5.8 ^{L} *Inspektions- oder Wartezeitparadox.* Wie in der vorigen Aufgabe seien $(L_i)_{i \geq 1}$ unabhängige, identisch verteilte nichtnegative Zufallsvariable. Zum Beispiel beschreibe L_i die Lebensdauer der i-ten Maschine (oder Glühbirne), die bei Ausfall sofort durch eine neue ersetzt wird, oder die i-te Zeitdifferenz zwischen dem Eintreffen zweier aufeinander folgender Busse an einer Haltestelle. Es gelte $0 < \mathbb{E}(L_i) < \infty$. Für $s > 0$ sei $L_{(s)}$ die Lebensdauer der Maschine, die zur Zeit s arbeitet, also $L_{(s)} = L_i$ für $s \in [T_{i-1}, T_i[$; dabei seien die T_i wie in Abbildung 3.7 (Seite 77) definiert. Zeigen Sie mit Hilfe von Aufgabe 5.7 und dem starken Gesetz der großen Zahl: Für jede Zufallsvariable $f : [0, \infty[\to [0, \infty[$ gilt

$$\frac{1}{t} \int_0^t f(L_{(s)}) \, ds \xrightarrow[t \to \infty]{} \frac{\mathbb{E}(L_1 f(L_1))}{\mathbb{E}(L_1)} \quad \text{fast sicher.}$$

Für $f = \mathrm{Id}$ bedeutet das: Die mittlere Lebensdauer der Maschine, die von einem zufällig in $[0, t]$ ankommenden Inspektor geprüft wird, strebt fast sicher gegen $\mathbb{E}(L_1^2)/\mathbb{E}(L_1)$, und dieser Limes ist echt größer als $\mathbb{E}(L_1)$ (außer wenn L_1 fast sicher konstant ist). Vergleichen Sie dies Ergebnis mit Beispiel (4.16), in dem die L_i exponentialverteilt sind. Das durch den Limes definierte Wahrscheinlichkeitsmaß $Q(A) := \mathbb{E}(L_1 1_{\{L_1 \in A\}})/\mathbb{E}(L_1)$ auf $([0, \infty[, \mathscr{B}_{[0, \infty[})$ heißt die *größenverzerrte Verteilung* von L_1, und mit etwas mehr Aufwand lässt sich obige Aussage verschärfen zu $\frac{1}{t} \int_0^t \delta_{L_{(s)}} \, ds \xrightarrow{\mathscr{L}} Q$ fast sicher für $t \to \infty$.

5.9 Sei $(X_n)_{n \geq 1}$ eine Folge unabhängiger, zu einem Parameter $\alpha > 0$ exponentialverteilter Zufallsvariablen. Zeigen Sie: Fast sicher gilt

$$\limsup_{n \to \infty} X_n/\log n = 1/\alpha \quad \text{und} \quad \liminf_{n \to \infty} X_n/\log n = 0.$$

5.10 *Erwartung versus Wahrscheinlichkeit.* Anton schlägt Brigitte das folgende Spiel vor: „Hier habe ich eine unfaire Münze, die Kopf mit Wahrscheinlichkeit $p \in]1/3, 1/2[$ zeigt. Du brauchst nur € 100 Startkapital; jedes Mal, wenn die Münze Kopf zeigt, verdopple ich dein Kapital, andernfalls musst du mir die Hälfte deines Kapitals zahlen. X_n bezeichne dein Kapital nach dem n-ten Münzwurf. Wie du leicht sehen kannst, gilt dann $\lim_{n \to \infty} \mathbb{E}(X_n) = \infty$." Soll sich Brigitte auf dieses Spiel einlassen? Überprüfen Sie dazu die Behauptung von Anton und zeigen Sie: $\lim_{n \to \infty} X_n = 0$ fast sicher.

5.11 ^{L} *Asymptotik des Pólya-Modells.* Betrachten Sie das Pólya'sche Urnenmodell aus Beispiel (3.14) zu den Parametern $a = s/c$, $b = w/c > 0$. Sei S_n die Anzahl der gezogenen schwarzen Kugeln nach n Ziehungen. Zeigen Sie mit Hilfe von Aufgabe 3.4 und dem Gesetz der großen Zahl:

(a) S_n/n konvergiert in Verteilung gegen die Beta-Verteilung $\beta_{a,b}$.

(b) Was bedeutet dies für das Langzeitverhalten der konkurrierenden Populationen? Betrachten Sie dazu die Fälle
    (i) $a, b > 1$, (ii) $b < 1 < a$, (iii) $a, b < 1$, (iv) $a = b = 1$.

5.12 Geben Sie eine Folge von Zufallsvariablen in $\mathscr{L}^2$ an, für welche weder das (schwache oder starke) Gesetz der großen Zahl noch der zentrale Grenzwertsatz gilt.

5.13 *Macht entschlossener Minderheiten.* An einer Wahl zwischen zwei Kandidaten A und B nehmen 1 000 000 Wähler teil. Davon kennen 2000 Wähler den Kandidaten A aus Wahlkampfveranstaltungen und stimmen geschlossen für ihn. Die übrigen 998 000 Wähler sind mehr oder weniger unentschlossen und treffen ihre Entscheidung unabhängig voneinander durch Werfen einer fairen Münze. Wie groß ist die Wahrscheinlichkeit p_A für einen Sieg von Kandidat A?

5.14 [L] *Lokale Normalapproximation von Poisson-Verteilungen.* Sei $\lambda > 0$ und $x_\lambda(k) = (k - \lambda)/\sqrt{\lambda}$. Zeigen Sie: Für jedes $c > 0$ gilt

$$\lim_{\lambda \to \infty} \ \max_{k \in \mathbb{Z}_+ : |x_\lambda(k)| \le c} \left| \frac{\sqrt{\lambda}\, \mathcal{P}_\lambda(\{k\})}{\phi(x_\lambda(k))} - 1 \right| = 0.$$

5.15 *Asymptotik von* Φ. Zeigen Sie: Für alle $x > 0$ gilt die Abschätzung

$$\phi(x) \left(\frac{1}{x} - \frac{1}{x^3} \right) \le 1 - \Phi(x) \le \phi(x) \, \frac{1}{x},$$

und daher die Asymptotik $1 - \Phi(x) \sim \phi(x)/x$ für $x \to \infty$. *Hinweis:* Vergleichen Sie die Ableitungen der Funktionen auf der linken und rechten Seite mit ϕ.

5.16 *Effekt der Diskretheitskorrektur.* Bestimmen Sie eine untere Schranke für den Fehlerterm in (5.23), wenn die Diskretheitskorrektur $\pm 1/2$ weggelassen wird. (Betrachten Sie den Fall $k = l = np \in \mathbb{N}$.) Vergleichen Sie das Resultat mit Abbildung 5.6.

5.17 [L] *„No-Shows".* Häufig ist die Zahl der zu einem Flug erschienenen Passagiere geringer als die Zahl der Buchungen für diesen Flug. Die Fluggesellschaft praktiziert daher das sogenannte Überbuchen (d. h. sie verkauft mehr Tickets als Sitze vorhanden sind) mit dem Risiko, eventuell überzählige Passagiere mit Geld entschädigen zu müssen. Nehmen Sie an, die Fluggesellschaft hat bei jedem mitfliegenden Fluggast Einnahmen von $a = 300\,€$, für jede überzählige Person jedoch einen Verlust von $b = 500\,€$; nehmen Sie ferner an, dass jede Person, die einen Platz gebucht hat, unabhängig mit Wahrscheinlichkeit $p = 0.95$ zum Flug erscheint. Wie viele Plätze würden Sie bei einem

(a) Airbus A319 mit $S = 124$ Sitzplätzen,

(b) Airbus A380 mit $S = 549$ Sitzplätzen

verkaufen, um den zu erwartenden Gewinn zu maximieren? *Hinweis:* Zeigen Sie zuerst: Ist $(X_n)_{n \ge 1}$ eine Bernoulli-Folge zu p, $S_N = \sum_{k=1}^{N} X_k$ sowie G_N der Gewinn bei N verkauften Plätzen, so gilt

$$G_{N+1} - G_N = a\, 1_{\{S_N < S\}} X_{N+1} - b\, 1_{\{S_N \ge S\}} X_{N+1}.$$

Folgern Sie, dass $\mathbb{E}(G_{N+1}) \ge \mathbb{E}(G_N)$ genau dann, wenn $P(S_N < S) \ge b/(a + b)$, und verwenden Sie dann die Normalapproximation.

5.18 Schätzen Sie wie folgt den Fehler einer Summe von gerundeten Zahlen ab. Die Zahlen $R_1, \ldots, R_n \in \mathbb{R}$ werden auf ganze Zahlen gerundet, d. h. dargestellt als $R_i = Z_i + U_i$ mit $Z_i \in \mathbb{Z}$ und $U_i \in [-1/2, 1/2[$. Die Abweichung der Summe der gerundeten Zahlen $\sum_{i=1}^{n} Z_i$ von der wahren Summe $\sum_{i=1}^{n} R_i$ ist $S_n = \sum_{i=1}^{n} U_i$. Nehmen Sie an, die $(U_i)_{1 \le i \le n}$ seien unabhängige, auf $[-1/2, 1/2[$ gleichverteilte Zufallsvariablen. Bestimmen Sie mit Hilfe des zentralen Grenzwertsatzes für $n = 100$ eine Schranke $k > 0$ mit der Eigenschaft $P(|S_n| < k) \approx 0.95$.

5.19 Bei einer Werbeaktion eines Versandhauses sollen die ersten 1000 Einsender einer Bestellung eine Damen- bzw. Herrenarmbanduhr als Geschenk erhalten. Nehmen Sie an, dass sich beide Geschlechter gleichermaßen von dem Angebot angesprochen fühlen. Wie viele Damen- und wie viele Herrenarmbanduhren sollte das Versandhaus vorrätig halten, so dass mit Wahrscheinlichkeit von mindestens 98% alle 1000 Einsender eine passende Uhr erhalten? Verwenden Sie (a) die Čebyšev-Ungleichung, (b) die Normalapproximation.

5.20 Ein Unternehmen hat insgesamt $n = 1000$ Aktien ausgegeben. Ihre Besitzer entscheiden sich bei jeder Aktie mit Wahrscheinlichkeit $0 < p < 1$ zum Verkauf der Aktie. Diese Entscheidung findet bei jeder Aktie unabhängig statt. Der Markt kann $s = 50$ Aktien aufnehmen, ohne dass der Kurs fällt. Wie groß darf p höchstens sein, damit der Kurs mit einer Wahrscheinlichkeit von 90% nicht fällt?

5.21 *Fehlerfortpflanzung bei transformierten Beobachtungen.* Sei $(X_i)_{i \geq 1}$ eine Folge von unabhängigen, identisch verteilten Zufallsvariablen mit Werten in einem Intervall $I \subset \mathbb{R}$ und existierender Varianz $v = \mathbb{V}(X_i) > 0$. Sei $m = \mathbb{E}(X_i)$ und $f : I \to \mathbb{R}$ zweimal stetig differenzierbar mit $f'(m) \neq 0$ und beschränktem f''. Zeigen Sie: Für $n \to \infty$ gilt

$$\frac{\sqrt{n/v}}{f'(m)} \left(f\left(\tfrac{1}{n} \sum_{i=1}^{n} X_i\right) - f(m) \right) \xrightarrow{\mathscr{L}} \mathcal{N}_{0,1} \,.$$

Hinweis: Verwenden Sie die Taylor-Entwicklung von f im Punkt m und schätzen Sie das Restglied mit der Čebyšev-Ungleichung ab.

5.22 ^{L} *Brown'sche Molekularbewegung.* Ein schweres Teilchen erfahre durch zufällige Stöße von leichten Teilchen pro Zeiteinheit eine zufällige Geschwindigkeitsumkehr, d.h. für seine Ortskoordinate (in einer vorgegebenen Richtung) zur Zeit t gelte $X_t = \sum_{i=1}^{\lfloor t \rfloor} V_i$ mit unabhängigen Geschwindigkeiten V_i, wobei $P(V_i = \pm v) = 1/2$ für ein $v > 0$. Geht man zu makroskopischen Skalen über, so wird das Teilchen zur Zeit t beschrieben durch die Zufallsvariable $B_t^{(\varepsilon)} = \sqrt{\varepsilon} X_{t/\varepsilon}$, wobei $\varepsilon > 0$. Bestimmen Sie den Verteilungslimes B_t von $B_t^{(\varepsilon)}$ für $\varepsilon \to 0$ sowie dessen Verteilungsdichte ρ_t. Verifizieren Sie, dass diese Dichten mit einer geeigneten Diffusionskonstanten $D > 0$ die Wärmeleitungsgleichung

$$\frac{\partial \rho_t(x)}{\partial t} = \frac{D}{2} \frac{\partial^2 \rho_t(x)}{\partial x^2}$$

erfüllen.

5.23 *Stochastische versus Verteilungskonvergenz.* Seien X und X_n, $n \geq 1$, reelle Zufallsvariablen auf einem Wahrscheinlichkeitsraum. Zeigen Sie:

(a) $X_n \xrightarrow{P} X$ impliziert $X_n \xrightarrow{\mathscr{L}} X$.

(b) Die Umkehrung von (a) gilt im Allgemeinen nicht, wohl aber wenn X fast sicher konstant ist.

5.24 *Verteilungskonvergenz diskreter Zufallsvariablen.* Seien X und X_n, $n \geq 1$, Zufallsvariablen auf einem gemeinsamen Wahrscheinlichkeitsraum mit Werten in $\mathbb{Z}$. Zeigen Sie die Äquivalenz der folgenden Aussagen:

(a) $X_n \xrightarrow{\mathscr{L}} X$ für $n \to \infty$.

(b) $P(X_n = k) \to P(X = k)$ für $n \to \infty$ und alle $k \in \mathbb{Z}$.

(c) $\sum_{k \in \mathbb{Z}} |P(X_n = k) - P(X = k)| \to 0$ für $n \to \infty$.

5.25 ^{L} *Arcussinus-Gesetz.* Betrachten Sie für festes $N \in \mathbb{N}$ die einfache symmetrische Irrfahrt $(S_j)_{j \leq 2N}$ aus Aufgabe 2.7. Sei $L_{2N} = \max\{2n \leq 2N : S_{2n} = 0\}$ der Zeitpunkt des letzten Gleichstands beider Kandidaten vor Ende der Auszählung. (Im allgemeinen Kontext spricht man vom letzten Besuch der Irrfahrt in 0 vor der Zeit $2N$.) Zeigen Sie:

(a) Für alle $0 \leq n \leq N$ gilt $P(L_{2N} = 2n) = u_n u_{N-n}$, wobei wieder $u_k = 2^{-2k}\binom{2k}{k}$.

(b) Für alle $0 < a < b < 1$ gilt

$$\lim_{N \to \infty} P(a \leq L_{2N}/2N \leq b) = \int_a^b \frac{1}{\pi \sqrt{x(1-x)}} \, dx \,,$$

d. h. $L_{2N}/2N$ strebt in Verteilung gegen die Arcussinus-Verteilung aus Aufgabe 1.17.

(Die Arcussinus-Verteilung gibt den Werten in der Nähe von 0 und 1 die größte Wahrscheinlichkeit, siehe Abbildung 2.7 auf Seite 45. Es ist also relativ wahrscheinlich, dass ein Kandidat gleich am Anfang oder erst ganz am Schluss der Auszählung in Führung geht.)

5.26 Seien $(X_i)_{i \geq 1}$ unabhängige standardnormalverteilte Zufallsvariablen und

$$M_n = \max(X_1, \dots, X_n), \quad a_n = \sqrt{2\log n - \log(\log n) - \log(4\pi)} \,.$$

Zeigen Sie: Die Folge $a_n M_n - a_n^2$ konvergiert in Verteilung gegen das Wahrscheinlichkeitsmaß Q auf $\mathbb{R}$ mit Verteilungsfunktion

$$F_Q(c) = \exp(-e^{-c}), \quad c \in \mathbb{R} \,.$$

Q heißt die *Doppelexponential-Verteilung* und ist (als asymptotische Verteilung eines reskalierten Maximums) eine sogenannte *Extremwert-Verteilung*.

5.27 Seien $(X_i)_{i \geq 1}$ unabhängig und Cauchy-verteilt zum Parameter $a > 0$ (vgl. Aufgabe 2.5), sowie $M_n = \max(X_1, \dots, X_n)$. Zeigen Sie: M_n/n konvergiert in Verteilung gegen eine Zufallsvariable $Y > 0$, und Y^{-1} hat eine (welche?) Weibull-Verteilung, siehe Aufgabe 3.27. (Die inversen Weibull-Verteilungen bilden eine zweite Klasse von typischen Extremwert-Verteilungen.)

6 Markov-Ketten

Unabhängigkeit ist zwar die einfachste Annahme über das gemeinsame Verhalten von Zufallsvariablen und nimmt deshalb am Anfang einer Einführung in die Stochastik breiten Raum ein. Jedoch sollte nicht der Eindruck entstehen, die Stochastik würde sich nur mit diesem einfachen Fall beschäftigen; das Gegenteil ist richtig. Hier werden wir allerdings nur einen besonders einfachen Fall von Abhängigkeit untersuchen: Eine Markov-Kette ist eine Folge von Zufallsvariablen mit kurzem Gedächtnis; das Verhalten zum jeweils nächsten Zeitpunkt hängt nur vom jeweils aktuellen Wert ab und nicht davon, welche Werte vorher angenommen wurden. Von besonderem Interesse ist das Langzeit-Verhalten solch einer Folge – z. B. Absorption in einer „Falle" oder Konvergenz ins Gleichgewicht.

6.1 Die Markov-Eigenschaft

Sei $E \neq \varnothing$ eine höchstens abzählbare Menge und $\Pi = (\Pi(x, y))_{x,y \in E}$ eine *stochastische Matrix*, d. h. eine Matrix, von der jede Zeile $\Pi(x, \cdot)$ eine Zähldichte auf E ist. Wir betrachten einen Zufallsprozess in E, der bei jedem Schritt mit Wahrscheinlichkeit $\Pi(x, y)$ von x nach y springt.

Definition: Eine Folge $X_0, X_1, \ldots$ von Zufallsvariablen auf einem Wahrscheinlichkeitsraum $(\Omega, \mathscr{F}, P)$ mit Werten in E heißt (nach A. A. Markov, 1856–1922) eine *Markov-Kette* mit *Zustandsraum* E und *Übergangsmatrix* Π, wenn für alle $n \geq 0$ und alle $x_0, \ldots, x_{n+1} \in E$ gilt:

$$(6.1) \qquad P(X_{n+1} = x_{n+1} | X_0 = x_0, \ldots, X_n = x_n) = \Pi(x_n, x_{n+1}),$$

sofern $P(X_0 = x_0, \ldots, X_n = x_n) > 0$. Die Verteilung $\alpha = P \circ X_0^{-1}$ von X_0 heißt die *Startverteilung* der Markov-Kette.

Wir geben eine Reihe von Erläuterungen zu dieser Definition.

(6.2) Bemerkung: *Existenz und Veranschaulichung von Markov-Ketten.*

(a) Gleichung (6.1) besteht aus zwei Teilaussagen, nämlich erstens: Die bedingte Verteilung von X_{n+1} bei bekannter Vorgeschichte $x_0, \ldots, x_n$ hängt nur von der Gegenwart x_n ab und nicht von der Vergangenheit; diese so genannte *Markov-Eigenschaft* ist die entscheidende Annahme. Und zweitens: Diese bedingten Verteilungen hängen nicht von dem Zeitpunkt n ab. Diese Zeitinvarianz des Übergangsgesetzes Π bezeichnet man als den Fall der *stationären Übergangswahrscheinlichkeiten*; sie ist eine Zusatzannahme, die wir hier der Einfachheit halber machen. Mit anderen Worten: Eine Markov-Kette $(X_n)_{n\geq 0}$ ist ein stochastischer Prozess mit kurzem Gedächtnis von genau einer Zeiteinheit und ohne innere Uhr.

(b) Setzt man in Satz (3.8) $\rho_{k|\omega_0,\dots,\omega_{k-1}}(\omega_k) = \Pi(\omega_{k-1}, \omega_k)$, so sieht man, dass (6.1) ein Spezialfall der dortigen Bedingung (b) ist. Gemäß Satz (3.12) existiert somit zu jeder Startverteilung $\rho_1 = \alpha$ auf E genau ein Wahrscheinlichkeitsmaß P^α auf dem Produkt-Ereignisraum $(\Omega, \mathscr{F}) := (\prod_{k\geq 0} E, \bigotimes_{k\geq 0} \mathscr{P}(E))$ derart, dass die Projektionen X_n : $(\omega_k)_{k\geq 0} \to \omega_n$ von Ω nach E eine Markov-Kette zu Π und α bilden. Im Folgenden betrachten wir ohne Einschränkung nur solche, sogenannte kanonische, Markov-Ketten.

Ist $\alpha = \delta_x$ für ein $x \in E$ („sicherer Start in x"), so schreibt man kurz P^x statt P^α. Es gilt dann in Analogie zu Gleichung (3.9)

$$(6.3) \qquad P^x(X_1 = x_1, \dots, X_n = x_n) = \Pi(x, x_1)\Pi(x_1, x_2)\dots \Pi(x_{n-1}, x_n)$$

für beliebige $n \geq 1$ und $x_1, \dots, x_n \in E$, und deshalb insbesondere (vermöge Summation über $x_1, \dots, x_{n-1} \in E$)

$$(6.4) \qquad P^x(X_n = y) = \Pi^n(x, y) \quad \text{für alle } x, y \in E\,;$$

hier bezeichnet Π^n die n-te Matrixpotenz von Π. Mit anderen Worten: Die Potenzen der Übergangsmatrix Π spielen eine entscheidende Rolle, da sie die Wahrscheinlichkeiten angeben, mit der sich die Markov-Kette bei Start in einem festen Punkt zu einer bestimmten Zeit in einem bestimmten Zustand befindet.

(c) Da nur noch der gegenwärtige Zustand für die Zukunft relevant ist, kann eine Markov-Kette statt durch das Baumdiagramm in Abbildung 3.3 durch einen Übergangsgraphen veranschaulicht werden. Für $E = \{1, 2, 3\}$ und

$$\Pi = \begin{pmatrix} 1/2 & 1/2 & 0 \\ 1/3 & 1/3 & 1/3 \\ 1 & 0 & 0 \end{pmatrix}$$

hat man zum Beispiel den Übergangsgraphen aus Abbildung 6.1.

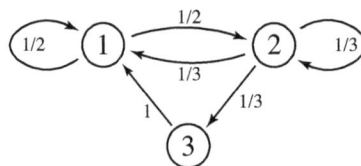

Abbildung 6.1: Beispiel eines Übergangsgraphen.

(d) Der Übergangsgraph einer Markov-Kette $(X_n)_{n \geq 0}$ suggeriert die Vorstellung, dass X_{n+1} aus X_n durch Anwendung einer zufälligen Abbildung hervorgeht. Diese Vorstellung ist richtig und kann in der folgenden Weise präzisiert werden. Sei E^E die Menge aller Abbildungen von E nach E, und $\varphi_1, \varphi_2, \ldots \in E^E$ eine Folge von unabhängigen zufälligen Abbildungen; für beliebiges $x \in E$ und $n \geq 1$ habe $\varphi_n(x)$ die Verteilung $\Pi(x, \cdot)$. (Zum Beispiel kann man annehmen, dass die E-wertigen Zufallsvariablen $\varphi_n(x)$ mit $x \in E$ und $n \geq 1$ unabhängig sind und die gewünschten Verteilungen haben.) Definiere $(X_n)_{n \geq 0}$ rekursiv durch $X_0 = x \in E$ und $X_n = \varphi_n(X_{n-1})$ für $n \geq 1$. Dann ist $(X_n)_{n \geq 0}$ eine Markov-Kette zur Übergangsmatrix Π mit Startpunkt x. Zum Beweis genügt es, Gleichung (6.3) zu verifizieren. Die Produktstruktur von deren rechter Seite entspricht aber genau der Unabhängigkeit der zufälligen Abbildungen $(\varphi_n)_{n \geq 1}$. Wir sehen also, dass in einer Markov-Kette noch sehr viel Unabhängigkeit steckt.

Die Vorstellung von der Iteration zufälliger Abbildungen benutzt man auch zur *Simulation von Markov-Ketten*. Indem man die Elemente von E irgendwie abzählt, kann man E als Teilmenge von $\mathbb{R}$ auffassen. Für $x \in E$ und $u \in {]0, 1[}$ sei dann $f(x, u)$ das kleinste $z \in E$ mit $\sum_{y \leq z} \Pi(x, y) \geq u$. Mit anderen Worten: $f(x, \cdot)$ ist die Quantil-Transformation von $\Pi(x, \cdot)$, vgl. (1.30). Sind dann $U_1, U_2, \ldots$ unabhängige, auf ${]0, 1[}$ gleichverteilte Zufallsvariablen (die man durch Pseudozufallszahlen simulieren kann), so sind die Zufallsabbildungen $\varphi_n : x \to f(x, U_n)$ (von E auf sich) unabhängig mit der geforderten Verteilungseigenschaft, und somit liefert die Rekursion $X_n = f(X_{n-1}, U_n)$ eine Markov-Kette mit Übergangsmatrix Π. Man nennt f deshalb auch die „update function".

Zwei klassische Beispiele für Markov-Ketten sind die folgenden.

(6.5) Beispiel: *Irrfahrten auf $E = \mathbb{Z}$.* Seien $(Z_i)_{i \geq 1}$ unabhängige $\mathbb{Z}$-wertige Zufallsvariablen mit identischer Verteilung ρ, und sei $X_0 = 0$, $X_n = \sum_{i=1}^{n} Z_i$ für $n \geq 1$. (Solche Summen unabhängiger Zufallsvariablen haben wir bereits beim Gesetz der großen Zahl und beim zentralen Grenzwertsatz betrachtet.) Dann ist $(X_n)_{n \geq 0}$ eine Markov-Kette zur Übergangsmatrix $\Pi(x, y) = \rho(y - x)$, $x, y \in \mathbb{Z}$. Denn die linke Seite von (6.1) stimmt in diesem Fall überein mit

$$P(Z_{n+1} = x_{n+1} - x_n | X_0 = x_0, \ldots, X_n = x_n) = \rho(x_{n+1} - x_n),$$

da Z_{n+1} von $X_0, \ldots, X_n$ unabhängig ist. Eine Markov-Kette dieser Gestalt heißt eine *Irrfahrt* (in der englischsprachigen Literatur: *random walk*).

(6.6) Beispiel: *Das Münzwurfspiel (Irrfahrt mit Absorption am Rand).* Zwei Spieler A und B seien jeweils im Besitz von a bzw. b Euro. Sie werfen wiederholt eine faire Münze, und je nach Ergebnis zahlt einer an den anderen € 1. Das Spiel ist beendet, sobald ein Spieler sein Kapital verloren hat. Sei X_n der Gewinn von Spieler A (und somit Verlust von Spieler B) nach den Spielen $1, \ldots, n$. Die Zufallsvariablen X_n haben

Werte in $E = \{-a, \ldots, b\}$ und bilden eine Markov-Kette mit Übergangsmatrix

$$\Pi(x, y) = \begin{cases} 1/2 & \text{falls } -a < x < b, \; |y - x| = 1, \\ 1 & \text{falls } x = y \in \{-a, b\}, \\ 0 & \text{sonst.} \end{cases}$$

Der Übergangsgraph in Abbildung 6.2 veranschaulicht den Sachverhalt. Von Interesse ist das Ruinproblem: Mit welcher Wahrscheinlichkeit endet das Spiel mit dem Ruin von Spieler A? Diese Frage werden wir in Beispiel (6.10) beantworten.

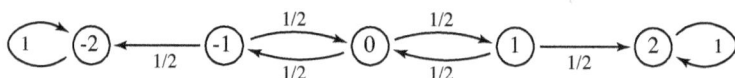

Abbildung 6.2: Übergangsgraph des Münzwurfspiels im Fall $a = b = 2$.

Weitere Beispiele folgen später. Die Markov-Eigenschaft (6.1) lässt sich zu der folgenden allgemeineren Aussage verschärfen, die sich nicht nur auf den jeweils folgenden Zeitpunkt $n + 1$ bezieht, sondern auf die gesamte Zukunft nach der Zeit n: Bei bekanntem gegenwärtigen Zustand „vergisst" die Markov-Kette die Vergangenheit und die Zeit und startet „neugeboren".

(6.7) Satz: Markov-Eigenschaft. *Ist $(X_n)_{n \geq 0}$ eine Markov-Kette zu Π und α, so gilt für alle $n \geq 0$, $A \in \mathscr{F} = \mathscr{P}(E)^{\otimes \mathbb{Z}_+}$, $B \subset E^n$, und $x \in E$*

$$P^\alpha((X_n, X_{n+1}, \ldots) \in A | (X_0, \ldots, X_{n-1}) \in B, X_n = x) = P^x(A),$$

sofern $P^\alpha((X_0, \ldots, X_{n-1}) \in B, X_n = x) > 0$.

Beweis: Wie in Bemerkung (6.2b) vereinbart, ist ohne Einschränkung der Allgemeinheit $(\Omega, \mathscr{F}) = (E^{\mathbb{Z}_+}, \mathscr{P}(E)^{\otimes \mathbb{Z}_+})$ und X_n die n-te Projektion. Für beliebige $k \geq 0$ und $x_0, \ldots, x_k \in E$ ergibt die Multiplikationsformel (6.3)

$$P^\alpha((X_0, \ldots, X_{n-1}) \in B, X_n = x, X_{n+i} = x_i \text{ für } 0 \leq i \leq k)$$

$$= \sum_{(y_0, \ldots, y_{n-1}) \in B} \alpha(y_0) \Pi(y_0, y_1) \ldots \Pi(y_{n-1}, x) \delta_{x, x_0} \Pi(x_0, x_1) \ldots \Pi(x_{k-1}, x_k)$$

$$= P^\alpha((X_0, \ldots, X_{n-1}) \in B, X_n = x) \, P^x(X_i = x_i \text{ für } 0 \leq i \leq k).$$

Daraus folgt die Behauptung für $A = \{X_i = x_i \text{ für } 0 \leq i \leq k\}$. Der allgemeine Fall ergibt sich aus dem Eindeutigkeitssatz (1.12), da die Mengen A dieser speziellen Form (zusammen mit $\varnothing$) einen $\cap$-stabilen Erzeuger von $\mathscr{F}$ bilden; vgl. Aufgabe 1.5. $\Diamond$

Wie der obige Beweis gezeigt hat, ist es für die Gültigkeit von Satz (6.7) entscheidend, dass die Markov-Kette zur Zeit n auf einen präzisen Zustand x bedingt wird.

6.2 Absorptionswahrscheinlichkeiten

Beim Münzwurf-Spiel (6.6) können die Zustände $-a$ und b nicht verlassen werden, d.h. sie sind absorbierend im folgenden Sinn.

Definition: Ein Zustand $z \in E$ heißt *absorbierend* bezüglich der Übergangsmatrix Π, wenn $\Pi(z, z) = 1$. In dem Fall heißt

$$h_z(x) := P^x(X_n = z \text{ schließlich}) = P^x\left(\bigcup_{N \geq 0} \bigcap_{n \geq N} \{X_n = z\}\right)$$

die *Absorptionswahrscheinlichkeit* in z bei Start in $x \in E$.

Ein absorbierender Zustand ist somit eine „Falle", aus welcher die Markov-Kette nicht mehr entkommen kann. Es ist intuitiv klar, dass die Absorptionswahrscheinlichkeit mit der Eintrittswahrscheinlichkeit in die Falle übereinstimmt. Dazu zunächst folgende

(6.8) Bemerkung und Definition: *Eintritts- und Stoppzeiten.* Für beliebiges (nicht notwendig absorbierendes) $z \in E$ heißt

$$\tau_z = \inf\{n \geq 1 : X_n = z\}$$

(mit der Vereinbarung $\inf \varnothing := \infty$) die *Eintrittszeit* in den Zustand z. Bei Start in z spricht man von der *Rückkehrzeit* nach z. Für alle $n \geq 1$ gilt offenbar

$$\{\tau_z = n\} = \{(X_0, \dots, X_{n-1}) \in B, X_n = z\} \quad \text{mit } B = E \times (E \setminus \{z\})^{n-1},$$

d.h. $\{\tau_z = n\}$ hängt nur von $(X_0, \dots, X_n)$ ab. Eine Abbildung $\tau : \Omega \to \mathbb{Z}_+ \cup \{\infty\}$ mit dieser „Eigenschaft des nicht in die Zukunft Blickens" heißt eine *Stoppzeit* oder *Optionszeit* bezüglich $(X_n)_{n \geq 0}$. Stoppzeiten spielen generell eine große Rolle in der Stochastik. Hier werden aber außer den Eintrittszeiten keine anderen Stoppzeiten vorkommen.

Der folgende Satz wird uns unter anderem erlauben, die Ruinwahrscheinlichkeiten im Münzwurfspiel (6.6) zu bestimmen.

(6.9) Satz: Charakterisierung von Absorptionswahrscheinlichkeiten. *Für absorbierendes $z \in E$ und alle $x \in E$ gilt*

$$h_z(x) = P^x(\tau_z < \infty) = \lim_{n \to \infty} P^x(X_n = z),$$

und h_z ist die kleinste nichtnegative Funktion mit $h_z(z) = 1$ und

$$\sum_{y \in E} \Pi(x, y) \, h_z(y) = h_z(x) \quad \text{für alle } x \in E.$$

Fasst man die Funktion h_z als Spaltenvektor auf, so lässt sich die letzte Gleichung in der knappen Form $\Pi h_z = h_z$ schreiben. h_z ist also ein rechter Eigenvektor von Π zum Eigenwert 1.

Beweis: Infolge der σ-Stetigkeit von P^z und Gleichung (6.3) gilt

$$P^z(X_i = z \text{ für alle } i \geq 1) = \lim_{k \to \infty} P^z(X_i = z \text{ für alle } i \leq k)$$

$$= \lim_{k \to \infty} \Pi(z, z)^k = 1.$$

Für jeden Startpunkt $x \in E$ erhält man daher mit Satz (6.7)

$$P^x(X_n = z) = P^x(X_n = z) \, P^z(X_i = z \text{ für alle } i \geq 1)$$
$$= P^x(X_{n+i} = z \text{ für alle } i \geq 0)$$
$$\xrightarrow[n \to \infty]{} P^x\left(\bigcup_{n \geq 1} \bigcap_{i \geq n} \{X_i = z\}\right) = h_z(x).$$

Andrerseits gilt nach Satz (6.7) und Bemerkung (6.8)

$$P^x(X_n = z | \tau_z = k) = P^z(X_{n-k} = z) = 1$$

für jedes $k \leq n$, und daher mit der Fallunterscheidungsformel (3.3a)

$$P^x(X_n = z) = \sum_{k=1}^{n} P^x(\tau_z = k) \, P^x(X_n = z | \tau_z = k)$$
$$= P^x(\tau_z \leq n) \xrightarrow[n \to \infty]{} P^x(\tau_z < \infty).$$

Damit sind die ersten beiden Gleichungen bewiesen.

Zum Beweis der zweiten Aussage stellen wir zunächst fest, dass offenbar $h_z \geq 0$ und $h_z(z) = 1$. Für jedes $x \in E$ ergibt sich mit Satz (6.7) und der Fallunterscheidungsformel (3.3a)

$$\sum_{y \in E} \Pi(x, y) h_z(y)$$
$$= \sum_{y \in E} P^x(X_1 = y) \, P^y(X_i = z \text{ schließlich})$$
$$= \sum_{y \in E} P^x(X_1 = y) \, P^x(X_{i+1} = z \text{ schließlich} \mid X_1 = y) = h_z(x),$$

d. h. es gilt $\Pi h_z = h_z$. Für jede weitere Funktion $h \geq 0$ mit $\Pi h = h$ und $h(z) = 1$ gilt

$$h(x) = \Pi^n h(x) \geq \Pi^n(x, z) = P^x(X_n = z),$$

und für $n \to \infty$ folgt $h(x) \geq h_z(x)$. $\diamond$

Am Rande sei erwähnt, dass eine Funktion h auf E mit $\Pi h = h$ *harmonisch* (bezüglich Π) genannt wird. Denn in der Situation des folgenden Beispiels erfüllen solche Funktionen ein diskretes Analogon zur Mittelwerteigenschaft, welche die klassischen harmonischen Funktionen charakterisiert.

(6.10) Beispiel: *Das Ruinproblem.* Im Münzwurf-Spiel von Beispiel (6.6) interessiert uns die „Ruinwahrscheinlichkeit" (sicher ein zu drastisches Wort) $r_A := h_{-a}(0)$ von Spieler A, also die Wahrscheinlichkeit, mit der Spieler A verliert. Gemäß Satz (6.9) gilt für $-a < x < b$

$$h_{-a}(x) = \Pi h_{-a}(x) = \tfrac{1}{2}\, h_{-a}(x-1) + \tfrac{1}{2}\, h_{-a}(x+1)\,.$$

Die Differenz $c := h_{-a}(x+1) - h_{-a}(x)$ hängt daher nicht von x ab. Somit gilt $h_{-a}(x) - h_{-a}(-a) = (x+a)c$. Wegen $h_{-a}(-a) = 1$, $h_{-a}(b) = 0$ folgt $c = -1/(a+b)$ und somit

$$r_A = 1 - \frac{a}{a+b} = \frac{b}{a+b}\,.$$

Für die Ruinwahrscheinlichkeit von Spieler B erhält man genauso $r_B = a/(a+b)$. Insbesondere gilt $r_A + r_B = 1$, d. h. das Spiel endet mit Sicherheit mit dem Ruin eines Spielers (und dem Gewinn des anderen Spielers) zu einer endlichen (zufälligen) Zeit und kann nicht unendlich lang fortdauern.

(6.11) Beispiel: *Verzweigungsprozesse.* Wir betrachten eine Population von Lebewesen, die sich zu diskreten Zeitpunkten unabhängig voneinander ungeschlechtlich vermehren. Jedes Individuum der n-ten Generation wird unabhängig von allen anderen in der folgenden Generation mit Wahrscheinlichkeit $\rho(k)$ durch $k \geq 0$ Nachkommen ersetzt. Mit welcher Wahrscheinlichkeit stirbt die Nachkommenschaft eines Stammvaters aus? Erstmalig untersucht wurde dieses Modell von I.-J. Bienaymé (1845), was allerdings wieder in Vergessenheit geriet, und später von F. Galton und H. W. Watson (1873/74), weshalb sich der Name *Galton–Watson-Prozess* eingebürgert hat. Ausgangspunkt damals war die Frage nach dem Aussterben von ausschließlich männlich vererbten Familiennamen. Heute ist das Modell von zentralem biologischen Interesse als besonders einfaches, prototypisches Modell einer Populationsdynamik. Außerdem lässt es sich einigermaßen realistisch anwenden auf Zell- oder Bakterienkolonien.

Sei X_n die Anzahl der Individuen in der n-ten Generation. Wir modellieren $(X_n)_{n \geq 0}$ als Markov-Kette auf $E = \mathbb{Z}_+$ zur Übergangsmatrix

$$\Pi(n, k) = \rho^{\star n}(k) = \sum_{k_1 + \cdots + k_n = k} \rho(k_1) \ldots \rho(k_n)\,,$$

d. h. wenn in einer Generation n Individuen leben, dann ist die Verteilung $\Pi(n, \cdot)$ der Anzahl der Nachkommen in der nächsten Generation gerade die n-fache Faltung von ρ. (Diese Annahme berücksichtigt, dass sich die Individuen unabhängig voneinander vermehren. Für den Fall $n = 0$ treffen wir die Vereinbarung $\rho^{\star 0}(k) = \delta_{0,k}$, das Kronecker-Delta.) Nur der Fall $0 < \rho(0) < 1$ ist interessant, da andernfalls die Population entweder sofort ausstirbt oder stets wächst. Offenbar ist 0 der einzige absorbierende Zustand.

Unser Ziel ist die Berechnung der Aussterbewahrscheinlichkeit $q := h_0(1)$ für die Nachkommenschaft eines einzelnen Individuums. Dazu machen wir folgende Beobachtungen:

▷ Für alle $k, n \geq 0$ ist $P^k(X_n = 0) = P^1(X_n = 0)^k$. (Dies ist intuitiv klar, da sich die Nachkommenschaft verschiedener Stammväter unabhängig voneinander entwickelt.) Die Gleichung gilt nämlich für $n = 0$, da dann beide Seiten mit $\delta_{k,0}$ übereinstimmen. Der Induktionsschritt folgt aus der Gleichungskette

$$P^k(X_{n+1} = 0) = \sum_{l \geq 0} \Pi(k, l) \, P^l(X_n = 0)$$

$$= \sum_{l_1, \ldots, l_k \geq 0} \rho(l_1) \ldots \rho(l_k) \, P^1(X_n = 0)^{l_1 + \cdots + l_k}$$

$$= \left(\sum_{l \geq 0} \Pi(1, l) \, P^l(X_n = 0) \right)^k = P^1(X_{n+1} = 0)^k \, ;$$

im ersten und letzten Schritt haben wir wieder die Fallunterscheidungsformel (3.3a) und Satz (6.7) verwendet. Mit Satz (6.9) folgt hieraus $h_0(k) = q^k$ für alle $k \geq 0$.

▷ $q = h_0(1)$ ist der kleinste Fixpunkt der erzeugenden Funktion

$$\varphi_\rho(s) = \sum_{k \geq 0} \rho(k) \, s^k$$

von ρ. Dies ergibt sich aus Satz (6.9). Denn einerseits gilt nach der vorigen Beobachtung $q = \Pi h_0(1) = \sum_{k \geq 0} \rho(k) h_0(k) = \varphi_\rho(q)$. Ist andrerseits s ein beliebiger Fixpunkt von φ_ρ, so erfüllt die Funktion $h(k) := s^k$ die Gleichung $\Pi h = h$, so dass nach Satz (6.9) $s = h(1) \geq h_0(1) = q$.

▷ φ_ρ ist entweder linear (nämlich wenn $\rho(0) + \rho(1) = 1$) oder strikt konvex, und es gilt $\varphi_\rho(0) = \rho(0) < 1$, $\varphi_\rho(1) = 1$, und wegen Satz (4.33b) $\varphi_\rho'(1) = \mathbb{E}(\rho)$. Im Fall $\mathbb{E}(\rho) \leq 1$ besitzt φ_ρ also nur den Fixpunkt 1, andernfalls jedoch noch einen weiteren Fixpunkt in $]0, 1[$; siehe Abbildung 6.3.

Als Ergebnis erhalten wir: *Im Fall $\mathbb{E}(\rho) \leq 1$ stirbt die Population mit Sicherheit irgendwann aus. Für $\mathbb{E}(\rho) > 1$ liegt die Aussterbewahrscheinlichkeit q echt zwischen 0 und 1 und ist gerade der kleinste Fixpunkt der erzeugenden Funktion φ_ρ der Nachkommenverteilung ρ.* Die Population hat also genau dann positive Überlebenschancen, wenn jedes Individuum im Mittel mehr als einen Nachkommen hat. Zum Beispiel gilt im Fall $\rho(0) = 1/4$, $\rho(2) = 3/4$, wenn jedes Individuum 0 oder 2 Nachkommen hat, $\varphi_\rho(s) = (1 + 3s^2)/4$ und daher $q = 1/3$.

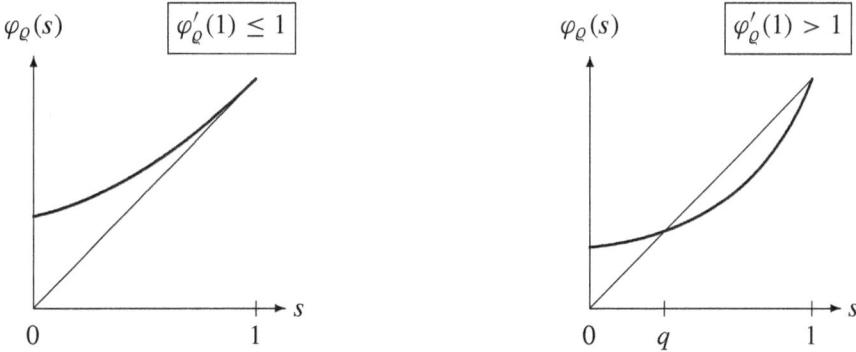

Abbildung 6.3: Aussterbewahrscheinlichkeit q des Galton–Watson-Prozesses als kleinster Fixpunkt der erzeugenden Funktion φ_ρ der Nachkommenverteilung.

Zum Schluss dieses Abschnitts halten wir noch fest, dass Satz (6.9) auch auf die Eintrittswahrscheinlichkeit in nicht absorbierende Zustände angewendet werden kann:

(6.12) Bemerkung: *Eintrittswahrscheinlichkeiten.* Sei $z \in E$ ein beliebiger Zustand und $h_z(x) = P^x(\tau_z < \infty)$ für $x \neq z$ und $h_z(z) = 1$. Dann ist h_z die kleinste nichtnegative Funktion mit $\Pi h(x) = h(x)$ für alle $x \neq z$.

Denn sei $\tilde{X}_n = X_{\min(n, \tau_z)}$, $n \geq 0$, die „zur Zeit τ_z gestoppte Markov-Kette". Man prüft leicht nach, dass $(\tilde{X}_n)$ eine Markov-Kette ist zur modifizierten Übergangsmatrix

$$\tilde{\Pi}(x, y) = \begin{cases} \Pi(x, y) & \text{falls } x \neq z, \\ 1 & \text{falls } x = y = z, \\ 0 & \text{sonst,} \end{cases}$$

bei der der Zustand z absorbierend gemacht wurde. Für $x \neq z$ ist $h_z(x)$ offenbar gerade die Wahrscheinlichkeit, dass die Markov-Kette $(\tilde{X}_n)$ bei Start in x in z absorbiert wird. Die Behauptung folgt somit aus Satz (6.9).

6.3 Asymptotische Stationarität

Wie wir gesehen haben, existiert $\lim_{n \to \infty} P^x(X_n = z)$ für jeden absorbierenden Zustand $z \in E$. Wir fragen jetzt nach der Existenz des Limes im diametral entgegengesetzten Fall einer „äußerst kommunikativen" Markov-Kette, welche von jedem Zustand in jeden anderen gelangen kann, und zwar in einer festgelegten Anzahl von Schritten. Wir beschränken uns auf den Fall eines endlichen Zustandsraumes E; für unendliches E gelten entsprechende Aussagen nur dann, wenn die Markov-Kette positiv rekurrent ist im Sinn von Abschnitt 6.4.2 unten.

6.3.1 Der Ergodensatz

Für eine „kommunikative" Markov-Kette pendelt sich die Verteilung nach langer Zeit bei einer zeitinvarianten Gleichgewichtsverteilung ein. Dies ist die Aussage des folgenden sogenannten Ergodensatzes.

Der Name Ergodensatz geht zurück auf die berühmte Ergodenhypothese von L. Boltzmann (1887) über das Langzeit-Verhalten eines durch einen Punkt im Phasenraum beschriebenen mechanischen Systems; er prägte das (griechisch inspirierte) Kunstwort Ergode (mit Betonung auf dem „o") für die Gleichgewichtsverteilung eines Systems fester Energie; siehe [25] für eine historische Analyse. Der folgende Ergodensatz sollte nicht verwechselt werden mit dem Birkhoff'schen Ergodensatz, einer Verallgemeinerung des starken Gesetzes der großen Zahl auf den Fall stationärer Folgen von Zufallsvariablen, welcher auf die Boltzmann'sche Situation unmittelbar anwendbar ist. Dass der gleiche Begriff auch für den folgenden Satz verwendet wird, hat sich eingebürgert, ist aber nur in einem allgemeinen Sinn gerechtfertigt.

(6.13) Satz: Ergodensatz für Markov-Ketten. *Sei E endlich, und es gebe ein $k \geq 1$ mit $\Pi^k(x, y) > 0$ für alle $x, y \in E$. Dann existiert für alle $y \in E$ der Limes*

$$\lim_{n \to \infty} \Pi^n(x, y) = \alpha(y) > 0$$

unabhängig von der Wahl des Startpunkts $x \in E$, und der Limes α ist die einzige Zähldichte auf E mit

$$(6.14) \qquad \sum_{x \in E} \alpha(x) \, \Pi(x, y) = \alpha(y) \quad \text{für alle } y \in E \, .$$

Vor dem Beweis wollen wir die Aussage des Satzes noch etwas kommentieren und zwei Folgerungen herleiten. Zuerst erinnern wir an Gleichung (6.4), die sich kurz so schreiben lässt: Es ist $\Pi^n(x, \cdot) = P^x \circ X_n^{-1}$, d. h. die x-te Zeile von Π^n ist gerade die Verteilung von X_n, dem Wert der Markov-Kette zur Zeit n, bei Start in x. Der Ergodensatz besagt also, dass $P^x \circ X_n^{-1}$ für $n \to \infty$ gegen einen Limes α strebt, der nicht vom Startpunkt x abhängt und durch die Invarianzeigenschaft (6.14) charakterisiert ist. Was bedeutet diese Eigenschaft?

(6.15) Bemerkung und Definition: *Stationäre Verteilungen.* Fasst man α als Zeilenvektor auf, so kann man Gleichung (6.14) (ähnlich wie in Satz (6.9)) in der Form $\alpha \Pi = \alpha$ schreiben; die Limesverteilung in Satz (6.13) ist also ein linker Eigenvektor von Π zum Eigenwert 1. Verwendet man solch ein α als Startverteilung, so ist die zugehörige Markov-Kette zeitlich invariant („stationär") in dem Sinn, dass

$$(6.16) \qquad P^\alpha((X_n, X_{n+1}, \dots) \in A) = P^\alpha(A) \, .$$

für alle $A \in \mathscr{F} = \mathscr{P}(E)^{\otimes \mathbb{Z}_+}$ und $n \geq 0$. Eine Zähldichte α mit $\alpha \Pi = \alpha$ heißt deshalb eine *stationäre (Start-)Verteilung.*

Beweis: Aus der Fallunterscheidungsformel (3.3a) und Satz (6.7) folgt

$$P^\alpha((X_n, X_{n+1}, \dots) \in A) = \sum_{x \in E} P^\alpha(X_n = x) \, P^x(A) \, .$$

Die rechte Seite hängt jedoch nicht von n ab, denn gemäß (6.4) gilt

$$P^\alpha(X_n = x) = \sum_{x_0 \in E} \alpha(x_0) \Pi^n(x_0, x) = \alpha \Pi^n(x) = \alpha(x) \, .$$

Gleichung (6.16) ist somit evident. $\diamond$

Die nächste Aussage zeigt, dass im Limes $n \to \infty$ nicht nur die Verteilung der Markov-Kette zur festen Zeit n gegen α konvergiert, sondern dass sogar der gesamte Prozess ab der Zeit n sich an den stationären Prozess mit Startverteilung α anschmiegt. In physikalischer Terminologie ist dies eine „Konvergenz ins Gleichgewicht".

(6.17) Korollar: Asymptotische Stationarität. *In der Situation von Satz* (6.13) *gilt für alle* $x \in E$

$$\sup_{A \in \mathscr{F}} \left| P^x((X_n, X_{n+1}, \dots) \in A) - P^\alpha(A) \right| \xrightarrow[n \to \infty]{} 0 \, ,$$

d. h. unabhängig von der Wahl des Startpunkts x *ist die Markov-Kette nach langer Zeit nahezu stationär.*

Beweis: Für jedes $A \in \mathscr{F}$ folgt aus Satz (6.7)

$$\left| P^x((X_n, X_{n+1}, \dots) \in A) - P^\alpha(A) \right| = \left| \sum_{y \in E} \left[P^x(X_n = y) - \alpha(y) \right] P^y(A) \right|$$

$$\leq \sum_{y \in E} | P^x(X_n = y) - \alpha(y) | \, ,$$

und der letzte Ausdruck strebt wegen Satz (6.13) für $n \to \infty$ gegen 0. $\diamond$

Aus der asymptotischen Stationarität ergibt sich als weitere interessante Konsequenz ein Null-Eins-Gesetz für asymptotische Ereignisse der Markov-Kette. Nach dem Null-Eins-Gesetz von Kolmogorov (Satz (3.49)) für den Fall der Unabhängigkeit, also der völligen Vergesslichkeit, bekommen wir somit eine analoge Aussage für den Markov'schen Fall eines kurzen Gedächtnisses.

(6.18) Korollar: Null-Eins-Gesetz von Orey. *In der Situation von Satz* (6.13) *gilt*

$$P^x(A) = P^\alpha(A) = 0 \text{ oder } 1$$

für alle A in der asymptotischen σ-Algebra $\mathscr{A}(X_n : n \geq 0)$ und alle $x \in E$.

Beweis: Sei $A \in \mathscr{A} := \mathscr{A}(X_n : n \geq 0)$. Definitionsgemäß existiert dann zu jedem $n \geq 0$ ein $B_n \in \mathscr{F}$ mit $A = \{(X_n, X_{n+1}, \dots) \in B_n\} = E^n \times B_n$; die letzte Gleichung beruht darauf, dass wir vereinbarungsgemäß das kanonische Modell zugrunde legen. Insbesondere gilt dann $B_n = E^k \times B_{n+k}$ für alle $k \geq 0$, und daher $B_n \in \mathscr{A}$.

Ein Blick auf Gleichung (6.16) zeigt nun zunächst, dass $P^\alpha(A) = P^\alpha(B_n)$. Korollar (6.17) liefert daher, dass

$$|P^x(A) - P^\alpha(A)| = |P^x((X_n, X_{n+1}, \ldots) \in B_n) - P^\alpha(B_n)| \to 0$$

für $n \to \infty$, also $P^x(A) = P^\alpha(A)$ für alle $A \in \mathscr{A}$ und $x \in E$. Da auch $B_n \in \mathscr{A}$, folgt insbesondere $P^x(B_n) = P^\alpha(B_n)$ für alle n und x. Nach Satz (6.7) bedeutet dies, dass

$$P^\alpha(A) = P^{x_n}(B_n) = P^\alpha(A | X_0 = x_0, \ldots, X_n = x_n)$$

für alle $x_0, \ldots, x_n \in E$. Also ist A bezüglich P^α unabhängig von $X_0, \ldots, X_n$ für alle n, nach Satz (3.19) also auch unabhängig von der gesamten Folge $(X_i)_{i \geq 0}$ und somit von A selbst. Also gilt $P(A) = P(A)^2$, und die Behauptung folgt. $\diamond$

Wir kommen nun zum Beweis des Ergodensatzes.

Beweis von Satz (6.13): 1. Schritt: Kontraktivität von Π. Wir messen den Abstand zweier Zähldichten ρ_1 und ρ_2 mit der Summen-Norm

$$\|\rho_1 - \rho_2\| = \sum_{z \in E} |\rho_1(z) - \rho_2(z)|,$$

welche in Stochastik und Maßtheorie der *Variationsabstand* von ρ_1 und ρ_2 genannt wird. Stets gilt

$$(6.19) \qquad \|\rho_1 \Pi - \rho_2 \Pi\| \leq \sum_{x \in E} \sum_{y \in E} |\rho_1(x) - \rho_2(x)| \, \Pi(x, y) = \|\rho_1 - \rho_2\|.$$

Wir werden nun zeigen, dass sich diese Ungleichung zu einer strikten Ungleichung verschärfen lässt, wenn wir Π durch Π^k ersetzen.

Nach Voraussetzung existiert ein $\delta > 0$ mit $\Pi^k(x, y) \geq \delta/|E|$ für alle $x, y \in E$. (Summation über $y \in E$ zeigt dann, dass notwendigerweise $\delta \leq 1$. Wir können annehmen, dass sogar $\delta < 1$.) Sei U die stochastische Matrix, in deren Zeilen jeweils die Gleichverteilung steht: $U(x, y) = |E|^{-1}$ für alle $x, y \in E$. Nach Wahl von δ gilt dann $\Pi^k \geq \delta U$ elementweise. Folglich ist die Matrix $V = (1 - \delta)^{-1}(\Pi^k - \delta U)$ ebenfalls stochastisch, und es gilt $\Pi^k = \delta U + (1 - \delta)V$. Zusammen mit der Linearität der Matrizenmultiplikation und den Normeigenschaften von $\|\cdot\|$ liefert dies die Ungleichung

$$\|\rho_1 \Pi^k - \rho_2 \Pi^k\| \leq \delta \|\rho_1 U - \rho_2 U\| + (1 - \delta) \|\rho_1 V - \rho_2 V\|.$$

Nun ist aber $\rho_1 U = \rho_2 U$, denn für alle $y \in E$ gilt

$$\rho_1 U(y) = \sum_{x \in E} \rho_1(x) |E|^{-1} = |E|^{-1} = \rho_2 U(y).$$

Zusammen mit der Ungleichung (6.19) für V anstelle von Π erhalten wir also

$$\|\rho_1 \Pi^k - \rho_2 \Pi^k\| \le (1 - \delta)\|\rho_1 - \rho_2\|,$$

und durch Iteration

(6.20) $$\|\rho_1 \Pi^n - \rho_2 \Pi^n\| \le \|\rho_1 \Pi^{km} - \rho_2 \Pi^{km}\| \le 2(1 - \delta)^m;$$

hier ist $m = \lfloor n/k \rfloor$ der ganzzahlige Anteil von n/k, und wir haben (6.19) auf Π^{n-km} angewendet und außerdem ausgenutzt, dass $\|\rho_1 - \rho_2\| \le 2$.

2. Schritt: Konvergenz und Charakterisierung des Limes. Für eine beliebige Zähldichte ρ betrachten wir die Folge $(\rho\Pi^n)$. Da die Menge aller Zähldichten eine abgeschlossene Teilmenge der kompakten Menge $[0, 1]^E$ bildet, existiert eine Teilfolge (n_k), für welche $\rho\Pi^{n_k}$ gegen eine Zähldichte α konvergiert. Wegen (6.20), angewendet auf $\rho_1 = \rho$ und $\rho_2 = \rho\Pi$, gilt dann

$$\alpha = \lim_{k \to \infty} \rho\Pi^{n_k} = \lim_{k \to \infty} \rho\Pi^{n_k+1} = \alpha\Pi.$$

α ist somit eine stationäre Verteilung, und es gilt $\alpha(y) = \alpha\Pi^k(y) \ge \delta/|E|$ für alle $y \in E$. Nochmalige Anwendung von (6.20) (jetzt mit $\rho_2 = \alpha$) zeigt weiter, dass $\rho\Pi^n \to \alpha$ für $n \to \infty$. Ist insbesondere ρ eine stationäre Verteilung, so gilt $\rho \to \alpha$, also $\rho = \alpha$, d.h. α ist die einzige stationäre Verteilung. Ist speziell $\rho = \delta_x$ für ein $x \in E$, so gilt $\rho\Pi^n = \Pi^n(x, \cdot)$ und folglich $\Pi^n(x, \cdot) \to \alpha$ im Limes $n \to \infty$. $\diamond$

Wie die Ungleichung (6.20) zeigt, erfolgt die Konvergenz $\Pi^n(x, \cdot) \to \alpha$ sogar mir exponentieller Geschwindigkeit. Es gilt nämlich $\|\Pi^n(x, \cdot) - \alpha\| \le C e^{-cn}$ mit $C = 2e^\delta$ und $c = \delta/k > 0$.

6.3.2 Anwendungen

Wir illustrieren die gezeigte Konvergenz ins Gleichgewicht anhand von Beispielen. Zunächst ein Rechenbeispiel zum Aufwärmen:

(6.21) Beispiel: *Die Matrix aus Bemerkung* (6.2c). Sei $E = \{1, 2, 3\}$ und

$$\Pi = \begin{pmatrix} 1/2 & 1/2 & 0 \\ 1/3 & 1/3 & 1/3 \\ 1 & 0 & 0 \end{pmatrix};$$

Abbildung 6.1 zeigt den zugehörigen Übergangsgraphen. Man sieht am Graphen (und rechnet sofort nach), dass Π^3 lauter positive Einträge hat. Ferner hat die lineare Gleichung $\alpha\Pi = \alpha$ die Lösung $\alpha = (1/2, 3/8, 1/8)$. Satz (6.13) zufolge ist α die einzige stationäre Verteilung, und es gilt

$$\begin{pmatrix} 1/2 & 1/2 & 0 \\ 1/3 & 1/3 & 1/3 \\ 1 & 0 & 0 \end{pmatrix}^n \xrightarrow[n \to \infty]{} \begin{pmatrix} 1/2 & 3/8 & 1/8 \\ 1/2 & 3/8 & 1/8 \\ 1/2 & 3/8 & 1/8 \end{pmatrix}.$$

Nun zu interessanteren Beispielen.

(6.22) Beispiel: *Das Urnenmodell von P. und T. Ehrenfest.* Wir betrachten wieder das Ehrenfest-Modell aus Beispiel (5.9) für den Austausch von Gasmolekülen zwischen zwei benachbarten Kammern; siehe Abbildung 5.1 auf S. 124. Jetzt wollen wir eine Zeitentwicklung des Modells untersuchen.

N nummerierte Kugeln sind auf zwei Urnen verteilt. Zu jedem Zeitpunkt werde eine Nummer zufällig ausgewählt und die zugehörige Kugel mit Wahrscheinlichkeit $p \in \,]0, 1[$ in die andere Urne gelegt bzw. mit Wahrscheinlichkeit $1-p$ an ihrem Platz gelassen. (Dies ist eine Variante des Originalmodells; dort war $p = 1$.) Sei X_n die Anzahl der Kugeln in Urne 1 zur Zeit n. Die Folge $(X_n)_{n \geq 0}$ wird dann modelliert durch die Markov-Kette auf $E = \{0, \dots, N\}$ zur Übergangsmatrix

$$
\Pi(x, y) = \begin{cases}
p\,x/N & \text{falls } y = x - 1, \\
1 - p & \text{falls } y = x, \\
p\,(1 - x/N) & \text{falls } y = x + 1, \\
0 & \text{sonst.}
\end{cases}
$$

Wie ist X_n für großes n verteilt? Für alle $x, y \in E$ mit $x \leq y$ gilt

$$
\Pi^N(x, y) \geq \Pi(x, x)^{N-|x-y|} \Pi(x, x+1) \Pi(x+1, x+2) \dots \Pi(y-1, y) > 0 \,,
$$

und eine analoge Ungleichung gilt im Fall $x \geq y$. Π erfüllt daher die Voraussetzung von Satz (6.13) mit $k = N$. Für alle $x, y \in E$ existiert daher $\lim_{n\to\infty} \Pi^n(x, y) = \alpha(y)$, und α ist die einzige Lösung von $\alpha\Pi = \alpha$. Man kann α erraten: Nach langer Zeit wird jede Kugel mit Wahrscheinlichkeit $1/2$ in Urne 1 liegen, also ist vermutlich $\alpha = \beta := \mathcal{B}_{N,1/2}$. In der Tat gilt im Fall $x > 0$, $y = x - 1$

$$
\begin{aligned}
\beta(x)\,\Pi(x, y) &= 2^{-N} \binom{N}{x} p\,\frac{x}{N} = p\,2^{-N} \frac{(N-1)!}{(x-1)!(N-x)!} \\
&= 2^{-N} \binom{N}{x-1} p\left(1 - \frac{x-1}{N}\right) = \beta(y)\,\Pi(y, x)
\end{aligned}
$$

und daher auch $\beta(x)\Pi(x, y) = \beta(y)\Pi(y, x)$ für alle $x, y \in E$. Diese Symmetrie-Gleichung für β wird als „detailed balance" Gleichung bezeichnet, und β heißt auch eine *reversible Verteilung*, denn für jedes n ist die Verteilung von $(X_i)_{0 \leq i \leq n}$ unter P^β invariant unter Zeitumkehr. In der Tat gilt nämlich für beliebige $x_0, \dots, x_n \in E$

$$
\begin{aligned}
P^\beta(X_i = x_i \text{ für } 0 \leq i \leq n) &= \beta(x_0)\Pi(x_0, x_1) \dots \Pi(x_{n-1}, x_n) \\
&= \beta(x_n)\Pi(x_n, x_{n-1}) \dots \Pi(x_1, x_0) \\
&= P^\beta(X_{n-i} = x_i \text{ für } 0 \leq i \leq n) \,.
\end{aligned}
$$

Summieren wir in der detailed balance Gleichung über x, so folgt $\beta\Pi = \beta$. Wegen der Eindeutigkeit der stationären Verteilung ist also $\alpha = \beta$.

Wenn wir dies Ergebnis mit Beispiel (5.9) kombinieren, so sehen wir: Ist N in der realistischen Größenordnung 10^{23}, so befindet sich nach hinreichend langer Zeit mit überwiegender Wahrscheinlichkeit ungefähr die Hälfte der Kugeln in Urne 1, und zwar unabhängig davon, wie viele Kugeln zur Zeit 0 in Urne 1 liegen – insbesondere auch dann, wenn Urne 1 anfangs leer ist. Dies stimmt mit der physikalischen Erfahrung überein.

(6.23) Beispiel: *Mischen von Spielkarten.* Gegeben sei ein Stapel von $N \geq 3$ Spielkarten, die wir uns durchnummeriert denken. Die Reihenfolge der Karten ist dann beschrieben durch eine Permutation π in der Permutationsgruppe $E := \mathscr{S}_N$ von $\{1, \ldots, N\}$. Die üblichen Mischverfahren haben die Form

$$\pi_0 \to X_1 = \xi_1 \circ \pi_0 \to X_2 = \xi_2 \circ X_1 \to X_3 = \xi_3 \circ X_2 \to \cdots,$$

wobei π_0 die Anfangsreihenfolge ist und $(\xi_i)_{i \geq 1}$ unabhängige, identisch verteilte zufällige Permutationen (d. h. $\mathscr{S}_N$-wertige Zufallsvariablen) sind. Im Vergleich zu Irrfahrten auf $\mathbb{Z}$ wird hier also die Addition durch die Gruppenoperation $\circ$ ersetzt. Somit ist $(X_n)_{n \geq 0}$ eine Irrfahrt auf der endlichen Gruppe $E = \mathscr{S}_N$. Der Kartenstapel ist zur Zeit n gut gemischt, wenn X_n nahezu gleichverteilt ist. Ist das irgendwann der Fall, und wie lange dauert es bis dahin?

Sei $\rho(\pi) = P(\xi_i = \pi)$ die Verteilungszähldichte der ξ_i. Für beliebige $n \geq 1$, $\pi_1, \ldots, \pi_n \in E$ gilt dann

$$P(X_1 = \pi_1, \ldots, X_n = \pi_n) = \rho(\pi_1 \circ \pi_0^{-1}) \ldots \rho(\pi_n \circ \pi_{n-1}^{-1}),$$

d. h. $(X_n)_{n \geq 0}$ ist eine Markov-Kette zur Übergangsmatrix $\Pi(\pi, \pi') = \rho(\pi' \circ \pi^{-1})$, $\pi, \pi' \in E$. Die Matrix Π ist *doppeltstochastisch*, d. h. es gilt nicht nur

$$\sum_{\pi' \in E} \Pi(\pi, \pi') = \sum_{\pi' \in E} \rho(\pi' \circ \pi^{-1}) = 1$$

bei festem $\pi \in E$ (da $\pi' \to \pi' \circ \pi^{-1}$ eine Bijektion von E auf sich ist), sondern auch

$$\sum_{\pi \in E} \Pi(\pi, \pi') = \sum_{\pi \in E} \rho(\pi' \circ \pi^{-1}) = 1$$

bei festem $\pi' \in E$, da $\pi \to \pi' \circ \pi^{-1}$ eine Bijektion von E auf sich ist. Es folgt: Die Gleichverteilung $\alpha = \mathcal{U}_{\mathscr{S}_N}$ ist eine stationäre Verteilung für Π, denn

$$\sum_{\pi \in E} \alpha(\pi) \Pi(\pi, \pi') = \frac{1}{N!} = \alpha(\pi') \quad \text{für alle } \pi' \in E.$$

Also gilt

$$\lim_{n \to \infty} P^{\pi_0}(X_n = \pi) = \frac{1}{N!} \quad \text{für alle } \pi, \pi_0 \in E,$$

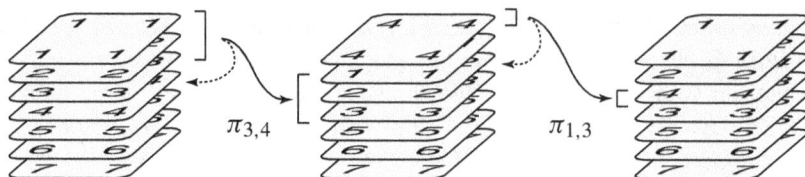

Abbildung 6.4: Zur Gleichung $\pi_{1,i} \circ \pi_{i,i+1} = (i, i+1)$ für $N = 7$, $i = 3$.

sofern Π die Voraussetzung von Satz (6.13) erfüllt. Dies ist zum Beispiel der Fall beim beliebten Mischverfahren, bei dem ein Teil der Karten von oben abgehoben und irgendwo zwischengeschoben wird. Dies entspricht einer (zufällig ausgewählten) Permutation der Form

$$\pi_{i,j} : (1, \ldots, N) \to (i+1, \ldots, j, 1, \ldots, i, j+1, \ldots, N), \quad 1 \le i < j \le N.$$

Für die Transposition $(i, i+1)$, die i und $i+1$ vertauscht, gilt

$$(i, i+1) = \begin{cases} \pi_{1,2} & \\ \pi_{1,i} \circ \pi_{i,i+1} & \end{cases} \text{falls} \begin{array}{l} i = 1, \\ i > 1; \end{array}$$

siehe Abbildung 6.4. Folglich kann jede Permutation als Komposition von endlich vielen $\pi_{i,j}$'s dargestellt werden. Da $\pi_{1,2}^2$ und $\pi_{1,3}^3$ gerade die identische Permutation sind, können wir diese nach Bedarf hinzufügen und dadurch erreichen, dass jede Permutation durch eine gleiche Anzahl k von $\pi_{i,j}$'s dargestellt wird; vergleiche dazu auch Aufgabe 6.13. Wenn also $\rho(\pi_{i,j}) > 0$ für alle $1 \le i < j \le N$, so folgt $\Pi^k(\pi, \pi') > 0$ für alle $\pi, \pi' \in E$, und Satz (6.13) ist anwendbar. Wir erhalten also eine exponentielle Annäherung der Kartenverteilung an die Gleichverteilung.

(6.24) Beispiel: *Die „Markov chain Monte Carlo"-Methode (MCMC).* Sei α eine Zähldichte auf einer endlichen, aber sehr großen Menge E. Wie kann man eine Zufallsvariable mit Verteilung α simulieren? Die Verwerfungsmethode aus Beispiel (3.43) ist dazu wenig geeignet. Betrachten wir etwa zur Illustration das Problem der *Bildverarbeitung*. Ein (Schwarz-Weiß-)Bild ist eine Konfiguration von weißen und schwarzen Pixeln, die in einer Matrix Λ angeordnet sind. Der Zustandsraum ist daher $E = \{-1, 1\}^\Lambda$, wobei -1 und 1 für die Farben „weiß" und „schwarz" stehen. Selbst bei relativ kleinen Abmessungen von Λ, etwa 1000×1000 Pixeln, hat E eine Mächtigkeit von der astronomischen Größenordnung $2^{1000 \times 1000} \approx 10^{301030}$. Um ein zufällig entstandenes (etwa von einem Satelliten aufgenommenes und durch rauschenden Funk übertragenes) Bild zu rekonstruieren, erweist sich vielfach eine Zähldichte α der Gestalt

$$(6.25) \quad \alpha(x) = Z^{-1} \exp\left[\sum_{i,j \in \Lambda : i \ne j} J(i, j) \, x_i \, x_j + \sum_{i \in \Lambda} h(i) \, x_i \right] \quad \text{für } x = (x_i)_{i \in \Lambda} \in E$$

als hilfreich. Hierbei sind J (die Kopplung zwischen verschiedenen, z. B. jeweils benachbarten Pixeln) und h (die lokale Tendenz zu „schwarz") geeignete Funktionen, welche von dem empfangenen Bild abhängen, und die Normierungskonstante Z ist so definiert, dass $\sum_{x \in E} \alpha(x) = 1$. (Dieser Ansatz ist de facto aus der Statistischen Mechanik übernommen; er entspricht gerade dem (zuerst von E. Ising 1924 untersuchten) *Ising-Modell* für eine ferromagnetische Substanz wie z. B. Eisen oder Nickel. Die Werte ± 1 beschreiben dort den „Spin" eines Elementarmagneten.)

Würde man α mit der Verwerfungsmethode aus Beispiel (3.43) simulieren wollen, so müsste man dabei insbesondere $\alpha(x)$ für gegebenes $x \in E$ berechnen, und dazu müsste man Z kennen, die Summe über astronomisch viele Summanden. Das ist numerisch aussichtslos, und direkte Methoden vom Typ der Verwerfungsmethode kommen daher nicht in Frage. Zum Glück ist es nun aber sehr leicht, die Quotienten $\alpha(x)/\alpha(y)$ zu bestimmen, wenn sich die Konfigurationen $x = (x_i)_{i \in \Lambda}$ und $y = (y_i)_{i \in \Lambda}$ nur an einer Stelle $j \in \Lambda$ unterscheiden.

Dies führt auf die Idee, eine Markov-Kette zu simulieren, deren Übergangsmatrix nur von diesen leicht zu berechnenden α-Quotienten abhängt, α als eindeutige stationäre Verteilung besitzt, und die Voraussetzung von Satz (6.13) erfüllt. Da die Konvergenz in Satz (6.13) gemäß (6.20) sogar mit exponentieller Geschwindigkeit erfolgt, kann man deshalb annehmen, nach genügend langer Zeit eine Realisierung zu erhalten, die für α typisch ist.

Für die Wahl der Übergangsmatrix Π gibt es im Allgemeinen viele Möglichkeiten. Eine klassische Wahl ist der folgende *Algorithmus von N. Metropolis* (1953), der etwas allgemeiner wie folgt formuliert werden kann: Seien S und Λ endliche Mengen, $E = S^\Lambda$, und α eine strikt positive Zähldichte auf E. Mit der Abkürzung $d = |\Lambda|(|S| - 1)$ setze man dann

$$(6.26) \qquad \Pi(x, y) = \begin{cases} d^{-1} \min(\alpha(y)/\alpha(x), 1) & \text{falls } y \sim x, \\ 1 - \sum_{y: y \sim x} \Pi(x, y) & \text{falls } y = x, \\ 0 & \text{sonst.} \end{cases}$$

Dabei schreiben wir $y \sim x$, wenn sich y von x an genau einer Stelle unterscheidet, d.h. wenn ein $j \in \Lambda$ existiert mit $y_j \neq x_j$, aber $y_i = x_i$ für alle $i \neq j$. Jedes x hat somit genau d solche „Nachbarn". Π ist offenbar eine stochastische Matrix, und wie in Beispiel (6.22) ergibt sich leicht die detailed balance Gleichung $\alpha(x)\Pi(x, y) = \alpha(y)\Pi(y, x)$ für alle $x, y \in E$; durch Summation über y folgt hieraus die Stationaritätsgleichung $\alpha\Pi = \alpha$. Ist α nun nicht gerade die Gleichverteilung (die wir hier außer Acht lassen), so kann jedes $y \in E$ von jedem $x \in E$ in $m := 2|\Lambda|$ erlaubten Schritten erreicht werden. Denn ist α nicht konstant, so existieren $\tilde{x}, \tilde{y} \in E$ mit $\alpha(\tilde{y}) < \alpha(\tilde{x})$ und $\tilde{y} \sim \tilde{x}$, und also $\Pi(\tilde{x}, \tilde{x}) > 0$. Unterscheidet sich nun x von $\tilde{x}$ an k Stellen und $\tilde{x}$ von y an l Stellen, so kann die Markov-Kette zunächst in k Schritten von x nach $\tilde{x}$ wandern, dort für $m - k - l$ Schritte verweilen, und dann in l Schritten nach y gelangen. Es gilt also $\Pi^m(x, y) > 0$ für alle $x, y \in E$. Somit erfüllt Π die Voraussetzung von Satz (6.13), und die Verteilung der zugehörigen Markov-Kette konvergiert im Langzeit-Limes gegen α.

Der Metropolis-Algorithmus mit n Iterationsschritten kann z. B. folgendermaßen in Pseudo-Code formuliert werden:

$k \leftarrow 0, \ x \leftarrow x^0$

```
repeat
    y ← Y_x,  k ← k + 1
    if U < min(α(y)/α(x), 1)
        then x ← y
until k > n
```

$X_n \leftarrow x$

($x^0 \in E$ ist irgendeine Anfangskonfiguration. $Y_x \in E$ ist ein zufälliger Nachbar von x und $U \in [0, 1]$ eine (Pseudo-)Zufallszahl, bei jedem Schritt neu erzeugt gemäß der jeweiligen Gleichverteilung.)

Man sieht sofort, dass der Metropolis-Algorithmus auch angewendet werden kann, wenn E nicht von der Produktform $E = S^\Lambda$ ist, sondern nur irgendeine Graphenstruktur hat. Hat $x \in E$ gerade d_x Nachbarn, so ersetze man auf der rechten Seite von (6.26) die Konstante d durch d_x und multipliziere den Quotienten $\alpha(y)/\alpha(x)$ mit d_x/d_y.

Eine Alternative zum Ansatz (6.26) ist der (von S. und D. Geman 1984 eingeführte) *Gibbs sampler*. Er benutzt die Tatsache, dass für eine Verteilung der Bauart (6.25) auf einem Produktraum $E = S^\Lambda$ die bedingte Wahrscheinlichkeit

$$\alpha_i(a|x_{\Lambda \setminus \{i\}}) := \alpha(ax_{\Lambda \setminus \{i\}}) \Big/ \sum_{b \in S} \alpha(bx_{\Lambda \setminus \{i\}})$$

für den Wert $a \in S$ an der Stelle $i \in \Lambda$ bei gegebenen Werten $x_{\Lambda \setminus \{i\}}$ an allen restlichen Stellen leicht zu berechnen ist, zumindest wenn die durch die Funktion J ausgedrückten Abhängigkeiten nicht sehr weit reichen. Der Gibbs sampler folgt deshalb bei jedem Schritt der Regel:

1. Wähle ein zufälliges $i \in \Lambda$ gemäß der Gleichverteilung.
2. Ersetze x_i durch ein zufälliges $a \in S$ mit Verteilung $\alpha_i(\cdot \, |x_{\Lambda \setminus \{i\}})$.

Als konkretes Beispiel betrachten wir ein Modell von „harten Kugeln" auf einem zweidimensionalen quadratischen Gitter $\Lambda = \{1, \dots, N\}^2$. Sei $E = \{0, 1\}^\Lambda$. Jedes $x \in E$ wird aufgefasst als Anordnung von Kugeln, die an den Stellen $i \in \Lambda$ mit $x_i = 1$ sitzen. Die Kugeln sollen so groß sein, dass benachbarte Gitterplätze nicht beide besetzt sein können. Entsprechend nennen wir $x \in E$ zulässig, falls $x_i x_j = 0$ für alle $i, j \in \Lambda$ mit $|i - j| = 1$. Das *Harte-Kugel-Gittermodell* wird dann definiert durch die Verteilung

$$\alpha(x) = Z^{-1} \lambda^{n(x)} \, 1_{\{x \text{ ist zulässig}\}}, \quad x \in E.$$

Hier ist $n(x) = \sum_{i \in \Lambda} x_i$ die Anzahl der besetzten Gitterplätze, $\lambda > 0$ ein Parameter, der die mittlere Anzahl der Kugeln steuert, und Z eine Normierungskonstante. In diesem Fall lautet der Pseudo-Code des Gibbs samplers:

$k \leftarrow 0, \ x \leftarrow x^0$

```
repeat
    i ← I,  k ← k + 1
    if U < λ/(λ+1) and ∑_{j:|j−i|=1} x_j = 0
        then x_i ← 1
        else x_i ← 0
until k > n
```

$X_n \leftarrow x$

($x^0 \in E$ ist z. B. die Null-Konfiguration. Die Zufallsgrößen $I \in \Lambda$ und $U \in [0, 1]$ werden bei jedem Schritt neu erzeugt gemäß der jeweiligen Gleichverteilung.)

Abbildung 6.5 zeigt eine Realisation.

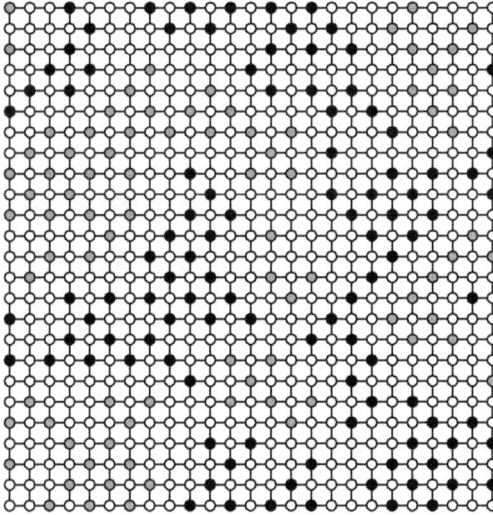

Abbildung 6.5: Simulation des Harte-Kugel-Modells für $\lambda = 2$ mit dem Gibbs sampler. Die besetzten Plätze sind grau oder schwarz markiert, je nachdem ob ihre Koordinatensumme gerade oder ungerade ist. Auf diese Weise zerfällt die Konfiguration in graue und schwarze Regionen. Mit wachsendem λ wird es immer wahrscheinlicher, dass eine solche Region fast das gesamte Λ ausfüllt. Im Limes $\Lambda \uparrow \mathbb{Z}^2$ erhält man dann zwei verschiedene Wahrscheinlichkeitsmaße, die eine „graue" und eine „schwarze Phase" beschreiben. Dies ist ein Beispiel eines Phasenübergangs.

6.3.3 Wiederkehrzeiten und Erneuerungssatz

Wir wenden uns nun der stationären Verteilung α zu, auf die wir beim Ergodensatz (6.13) gestoßen sind. Diese steht nämlich in einem bemerkenswerten Zusammenhang mit den Rückkehrzeiten τ_x aus Bemerkung (6.8). Dafür braucht der Zustandsraum E nicht mehr endlich zu sein, und die Voraussetzung von Satz (6.13) kann in der folgenden Weise abgeschwächt werden.

Definition: Eine Übergangsmatrix Π heißt *irreduzibel*, wenn zu beliebigen $x, y \in E$ ein $k = k(x, y) \geq 0$ existiert mit $\Pi^k(x, y) > 0$.

Irreduzibilität bedeutet also, dass jeder Zustand von jedem anderen mit positiver Wahrscheinlichkeit in einer endlichen Anzahl von Schritten erreicht werden kann. (Zum Vergleich mit der Voraussetzung von Satz (6.13) siehe Aufgabe 6.13.) Wir schreiben $\mathbb{E}^x$ bzw. $\mathbb{E}^\alpha$ für den Erwartungswert bezüglich P^x bzw. P^α.

(6.27) Satz: Stationarität und Wiederkehrzeiten. *Sei E eine beliebige abzählbare Menge und Π eine irreduzible Übergangsmatrix. Wenn Π eine stationäre Verteilung α besitzt, so ist diese eindeutig bestimmt, und es gilt*

$$0 < \alpha(x) = 1/\mathbb{E}^x(\tau_x) \quad \text{für alle } x \in E.$$

Die stationäre Aufenthaltswahrscheinlichkeit in einem Zustand stimmt also überein mit der reziproken mittleren Rückkehrzeit. Mehr dazu folgt in (und nach) Satz (6.34).

Beweis: 1. Schritt: Wir zeigen zuerst ein allgemeineres Resultat, den *Wiederkehrsatz von Mark Kac* (1947): Ist α eine stationäre Verteilung, so gilt für alle $x \in E$

$$(6.28) \qquad \alpha(x)\, \mathbb{E}^x(\tau_x) = P^\alpha(\tau_x < \infty)\,.$$

Dies ergibt sich aus der Stationarität der Folge $(X_n)_{n \geq 0}$ bezüglich P^α, vgl. Bemerkung (6.15). Es gilt nämlich

$$\alpha(x)\, \mathbb{E}^x(\tau_x) = \mathbb{E}^\alpha\big(1_{\{X_0 = x\}}\, \tau_x\big) = \mathbb{E}^\alpha\big(1_{\{X_0 = x\}} \sum_{k \geq 0} 1_{\{\tau_x > k\}}\big)$$

$$= \sum_{k \geq 0} P^\alpha\big(X_0 = x,\ \tau_x > k\big)$$

$$= \lim_{n \to \infty} \sum_{k=0}^{n-1} P^\alpha\big(X_0 = x,\ X_i \neq x \text{ für } 1 \leq i \leq k\big)$$

$$= \lim_{n \to \infty} \sum_{k=0}^{n-1} P^\alpha\big(X_{n-k} = x,\ X_i \neq x \text{ für } n-k+1 \leq i \leq n\big)\,.$$

Der dritte Schritt beruht auf der σ-Additivität des Erwartungswerts (siehe Satz (4.7c)), und die letzte Gleichung folgt aus der Stationarität von $(X_n)_{n \geq 0}$ durch Zeitverschiebung um $n-k$ Zeitpunkte. Das Ereignis in der letzten Summe besagt nun aber: „$n-k$ ist der letzte Zeitpunkt vor der Zeit n, zu dem sich die Markov-Kette im Zustand x befindet". Für verschiedene $k \in \{0, \dots, n-1\}$ sind diese Ereignisse disjunkt, und ihre Vereinigung ist gerade das Ereignis $\{\tau_x \leq n\}$, dass der Zustand x im Zeitintervall $\{1, \dots, n\}$ überhaupt besucht wird. Wir erhalten also

$$\alpha(x)\, \mathbb{E}^x(\tau_x) = \lim_{n \to \infty} P^\alpha(\tau_x \leq n) = P^\alpha(\tau_x < \infty)\,.$$

2. Schritt: Es bleibt zu zeigen, dass $\alpha(x) > 0$ und $P^\alpha(\tau_x < \infty) = 1$ für alle $x \in E$. Da α eine Zähldichte ist, gibt es mindestens ein $x_0 \in E$ mit $\alpha(x_0) > 0$. Für beliebiges $x \in E$ existiert dann wegen der Irreduzibilität von Π ein $k \geq 0$ mit $\Pi^k(x_0, x) > 0$, und es folgt $\alpha(x) = \alpha \Pi^k(x) \geq \alpha(x_0) \Pi^k(x_0, x) > 0$. Zusammen mit Gleichung (6.28) folgt insbesondere, dass $\mathbb{E}^x(\tau_x) \leq 1/\alpha(x) < \infty$ und also erst recht $P^x(\tau_x < \infty) = 1$. Im nachfolgenden Satz (6.30) werden wir sehen, dass dann sogar $P^x(X_n = x$ für unendlich viele $n) = 1$ gilt. Kombiniert man dies mit der Fallunterscheidungsformel (3.3a) sowie der Markov-Eigenschaft (6.7), so erhält man für beliebiges $k \geq 1$

$$0 = P^x\big(X_n \neq x \text{ für alle } n > k\big) = \sum_{y \in E} \Pi^k(x, y)\, P^y(\tau_x = \infty)$$

und somit $P^y(\tau_x = \infty) = 0$ wenn immer $\Pi^k(x, y) > 0$. Die Irreduzibilität von Π impliziert daher, dass $P^y(\tau_x < \infty) = 1$ für *alle* $y \in E$. Es folgt $P^\alpha(\tau_x < \infty) = \sum_{y \in E} \alpha(y) P^y(\tau_x < \infty) = 1$, und der Satz ist bewiesen. $\diamond$

Zusammen mit dem Ergodensatz erhalten wir das folgende Anwendungsbeispiel.

(6.29) Beispiel: *Erneuerung von technischen Geräten.* Wir betrachten technische Geräte (z. B. Glühbirnen, Maschinen, und ähnliches), die zum Zeitpunkt ihres Defekts sofort durch ein gleichwertiges neues Gerät ersetzt werden. Ihre Funktionsdauer sei gegeben durch unabhängige, identisch verteilte Zufallsvariablen $(L_i)_{i \geq 1}$ mit Werten in $\{1, \ldots, N\}$, wobei N die maximale Funktionsdauer ist. Der Einfachheit halber setzen wir voraus: $P(L_1 = l) > 0$ für alle $1 \leq l \leq N$, d. h. die Geräte können in jedem Alter defekt werden.

Sei $T_k = \sum_{i=1}^k L_i$ der Zeitpunkt, zu dem das k-te Gerät ersetzt wird, $T_0 = 0$, und

$$X_n = n - \max\{T_k : k \geq 1, \ T_k \leq n\}, \quad n \geq 0,$$

das Alter des zur Zeit n benutzten Geräts. Man kann leicht nachprüfen, dass $(X_n)_{n \geq 0}$ eine Markov-Kette auf $E = \{0, \ldots, N-1\}$ ist mit Übergangsmatrix

$$\Pi(x, y) = \begin{cases} P(L_1 > y | L_1 > x) & \text{falls } y = x + 1 < N, \\ P(L_1 = x + 1 | L_1 > x) & \text{falls } y = 0, \\ 0 & \text{sonst.} \end{cases}$$

(Diese Markov-Kette, die eine zufällige Zeit lang jeweils um einen Schritt wächst und dann wieder auf null zusammenfällt, wird auch als *Kartenhaus-Prozess* bezeichnet.) Da $\Pi(x, y) > 0$, falls $y = x + 1 < N$ oder $y = 0$, ist $\Pi^N(x, y) > 0$ für alle $x, y \in E$. Die Sätze (6.13) und (6.27) liefern daher

$$\lim_{n \to \infty} P\left(\sum_{i=1}^k L_i = n \text{ für ein } k \geq 1\right) = \lim_{n \to \infty} P^0(X_n = 0) = 1/\mathbb{E}(L_1),$$

d. h. die Wahrscheinlichkeit einer Erneuerung zur Zeit n ist asymptotisch reziprok zur mittleren Funktionsdauer. Dies ist der sogenannte *Erneuerungssatz* (in einer vereinfachten Fassung).

6.4 Rückkehr zum Startpunkt

Wir betrachten die allgemeine Situation einer Markov-Kette mit beliebigem, höchstens abzählbarem Zustandsraum E und gegebener Übergangsmatrix Π. Angeregt durch Satz (6.27) fragen wir nach dem Wiederkehrverhalten in einen festen Zustand $x \in E$. Kehrt die Markov-Kette mit Sicherheit wieder zurück, und wenn ja, wie lange dauert es im Mittel bis zur ersten Rückkehr? Zunächst zur ersten Frage.

6.4.1 Rekurrenz und Transienz

Für gegebenes $x \in E$ sei

$$F_1(x, x) = P^x(\tau_x < \infty)$$

die Wahrscheinlichkeit einer Rückkehr nach x zu irgendeiner (zufälligen) endlichen Zeit,

$$F_\infty(x, x) = P^x(X_n = x \text{ für unendlich viele } n)$$

die Wahrscheinlichkeit, unendlich oft zurückzukehren, und

$$G(x, x) = \sum_{n \geq 0} \Pi^n(x, x) = \sum_{n \geq 0} P^x(X_n = x) = \mathbb{E}^x\left(\sum_{n \geq 0} 1_{\{X_n = x\}}\right)$$

die erwartete Anzahl der Rückkehrzeiten nach x. Die letzte Gleichung folgt hierbei aus Satz (4.7c), und $\mathbb{E}^x$ bezeichnet wieder den Erwartungswert bezüglich P^x.

(6.30) Satz: Wiederkehr von Markov-Ketten. *Für jedes $x \in E$ besteht die Alternative*

(a) $F_1(x, x) = 1$. *Dann ist $F_\infty(x, x) = 1$ und $G(x, x) = \infty$.*

(b) $F_1(x, x) < 1$. *Dann ist $F_\infty(x, x) = 0$ und $G(x, x) = (1 - F_1(x, x))^{-1} < \infty$.*

Definition: Im Fall (a) heißt x *rekurrent*, im Fall (b) *transient* bezüglich Π.

Beweis: Sei $\sigma = \sup\{n \geq 0 : X_n = x\}$ der Zeitpunkt des letzten Aufenthalts in x. (Wegen $X_0 = x$ ist σ wohldefiniert, eventuell $= \infty$.) Dann gilt erstens

$$1 - F_\infty(x, x) = P^x(\sigma < \infty).$$

Für jedes $n \geq 0$ folgt zweitens aus Satz (6.7)

$$P^x(\sigma = n) = P^x(X_n = x)\, P^x(X_i \neq x \text{ für alle } i \geq 1) = \Pi^n(x, x)\,(1 - F_1(x, x)).$$

Durch Summation über n ergibt sich hieraus und aus der ersten Gleichung

$$1 - F_\infty(x, x) = G(x, x)\,(1 - F_1(x, x)).$$

Im Fall (a) folgt aus der zweiten Gleichung $P^x(\sigma = n) = 0$ für alle n, und daher aus der ersten Gleichung $F_\infty(x, x) = 1$. Das Borel–Cantelli-Lemma (3.50a) liefert dann $G(x, x) = \infty$.

Im Fall (b) folgt aus der dritten Gleichung $G(x, x) < \infty$, und daher aus dem Borel–Cantelli-Lemma $F_\infty(x, x) = 0$. Nochmalige Anwendung der dritten Gleichung ergibt die Beziehung zwischen G und F_1. $\diamond$

(6.31) Beispiel: *Die einfache symmetrische Irrfahrt auf $\mathbb{Z}^d$.* Hierunter versteht man die Markov-Kette auf $E = \mathbb{Z}^d$ zur Übergangsmatrix

$$\Pi(x, y) = \begin{cases} 1/2d & \text{falls } |x - y| = 1, \\ 0 & \text{sonst.} \end{cases}$$

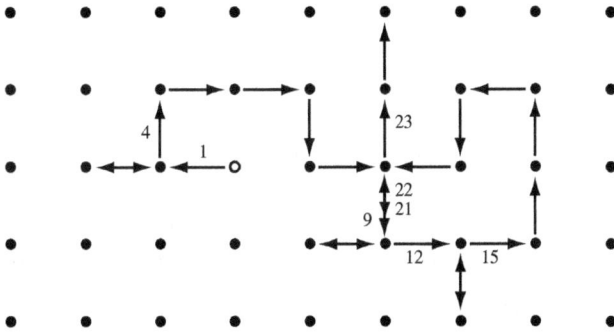

Abbildung 6.6: Eine Realisation der ersten Schritte einer einfachen symmetrischen Irrfahrt auf $\mathbb{Z}^2$ mit Start im Ursprung. Die Zahlen bezeichnen die Schrittnummer, wo diese nicht offensichtlich ist.

Man verbindet mit dieser Irrfahrt die Vorstellung von einem ziellosen Spaziergänger (oder einem Betrunkenen), der sich (für $d = 1$) auf einer (unendlich) langen Allee von Baum zu Baum, oder (für $d = 2$) in einem großen, schachbrettartig angelegten Park oder Straßennetz von Kreuzung zu Kreuzung bewegt; siehe auch Abbildung 6.6. Für $d = 3$ mag man an ein Kind in einem kubischen Klettergerüst denken. Wie groß ist die Wahrscheinlichkeit einer schließlichen Rückkehr an den Ausgangspunkt? Zunächst ist festzustellen, dass die Rückkehrwahrscheinlichkeit $F_1(x, x)$ wegen der Homogenität von Π nicht von x abhängt. Alle $x \in \mathbb{Z}^d$ sind also von demselben Rekurrenztyp. Von welchem? Das hängt von der Dimension d ab! Es gilt nämlich:

▷ *Für $d = 1$ ist jedes $x \in \mathbb{Z}^d$ rekurrent.*

Da nämlich eine Rückkehr nur zu geraden Zeiten möglich ist und man dazu gleich oft nach rechts und links laufen muss, gilt

$$G(x, x) = \sum_{n \geq 0} \Pi^{2n}(x, x) = \sum_{n \geq 0} 2^{-2n} \binom{2n}{n} = \infty \,.$$

Die letzte Gleichung beruht auf der in Beispiel (5.2) bewiesenen asymptotischen Äquivalenz $2^{-2n} \binom{2n}{n} \sim 1/\sqrt{\pi n}$ und der Divergenz der Reihe $\sum_{n \geq 1} 1/\sqrt{n}$. Der Betrunkene in der langen Allee wird sich also irgendwann an seinem Startpunkt wiederfinden. (Allerdings kann das recht lange dauern, siehe Beispiel (6.36) unten.) Genauso gilt:

▷ *Für $d = 2$ ist jedes $x \in \mathbb{Z}^d$ rekurrent.*

Denn für eine Rückkehr in $2n$ Schritten muss man gleich oft (etwa k-mal) nach rechts und nach links und gleich oft (also $n - k$ Mal) nach oben und unten laufen. Also gilt

$$\Pi^{2n}(x, x) = 4^{-2n} \sum_{k=0}^{n} \frac{(2n)!}{k!^2 (n-k)!^2} = 4^{-2n} \binom{2n}{n} \sum_{k=0}^{n} \binom{n}{k} \binom{n}{n-k} =$$

$$= 4^{-2n} \binom{2n}{n}^2 \sum_{k=0}^{n} \mathcal{H}_{n;n,n}(\{k\}) = \left[2^{-2n} \binom{2n}{n} \right]^2 \underset{n \to \infty}{\sim} \frac{1}{\pi n},$$

genau wie oben im Fall $d = 1$. Da $\sum_{n \geq 1} 1/n = \infty$, folgt $G(x, x) = \infty$. Also auch in Manhattan kehrt der Betrunkene mit Sicherheit nach endlicher (wenn auch sehr langer, siehe (6.36)) Zeit wieder an seinen Ausgangspunkt zurück. Ist das auch in höheren Dimensionen der Fall? Nein! Wie erstmals 1921 von G. Pólya bemerkt, gilt:

▷ *Für $d \geq 3$ ist jedes $x \in \mathbb{Z}^d$ transient.*

Für alle $n \geq 1$ ergibt sich nämlich ähnlich wie oben

$$\Pi^{2n}(x, x) = (2d)^{-2n} \sum_{\vec{k}} \frac{(2n)!}{k_1!^2 \ldots k_d!^2}$$

$$= 2^{-2n} \binom{2n}{n} \sum_{\vec{k}} \left[d^{-n} \binom{n}{\vec{k}} \right]^2 ;$$

hier erstreckt sich die Summe über alle $\vec{k} = (k_1, \ldots, k_d) \in \mathbb{Z}_+^d$ mit $\sum k_i = n$, und wir haben wieder die Notation (2.8) benutzt. Weiter zeigt ein Vergleich mit der Multinomialverteilung, dass $\sum_{\vec{k}} d^{-n} \binom{n}{\vec{k}} = 1$. Es folgt

$$\Pi^{2n}(x, x) \leq 2^{-2n} \binom{2n}{n} \max_{\vec{k}} \ d^{-n} \binom{n}{\vec{k}}.$$

Das Maximum wird erreicht, wenn $|k_i - n/d| \leq 1$ für alle i; denn sonst ist $k_i \geq k_j + 2$ für gewisse i, j, und die Ersetzung $k_i \rightsquigarrow k_i - 1$, $k_j \rightsquigarrow k_j + 1$ vergrößert den Multinomialkoeffizienten. Aus der Stirling-Formel (5.1) folgt daher

$$\max_{\vec{k}} \ d^{-n} \binom{n}{\vec{k}} \underset{n \to \infty}{\sim} d^{d/2} \big/ (2\pi n)^{(d-1)/2}$$

und somit $\Pi^{2n}(x, x) \leq c\, n^{-d/2}$ für ein $c < \infty$. Nun ist aber $\sum_{n \geq 1} n^{-d/2} < \infty$ für $d \geq 3$, also folgt $G(x, x) < \infty$. Ein Kind in einem unendlich großen Klettergerüst wird also mit positiver Wahrscheinlichkeit niemals an seinen Ausgangspunkt zurückkehren (und sollte deshalb nicht unbeaufsichtigt gelassen werden)!

(6.32) Beispiel: *Ein Warteschlangen-Modell.* An einem Schalter kommen zufällig Kunden an und wollen bedient werden, zum Beispiel an der Supermarkt-Kasse, am Sessellift, bei der Telefon-Auskunft, an einem Internet-Knoten, usw. Der Einfachheit halber legen wir diskrete Zeit zugrunde und nehmen an, dass ein Kunde genau eine Zeiteinheit zur Bedienung braucht; das ist zum Beispiel beim Sessellift der Fall. Sei X_n die Zahl der wartenden Kunden zur Zeit n (d. h. beim Sessellift: unmittelbar bevor Sessel Nr. n bestiegen werden kann).

Wir modellieren die Folge $(X_n)_{n \geq 0}$ durch die Markov-Kette auf $E = \mathbb{Z}_+$ zur Matrix

$$\Pi(x, y) = \begin{cases} \rho(y) & \text{falls } x = 0, \\ \rho(y - x + 1) & \text{falls } x \geq 1, \ y \geq x - 1, \\ 0 & \text{sonst.} \end{cases}$$

Dabei ist ρ eine Zähldichte auf E, nämlich die Verteilung der pro Zeiteinheit neu ankommenden Kunden. Zum besseren Verständnis ist es hilfreich, den Kundenstrom explizit einzuführen. Sei Z_n der Kundenzuwachs in der n-ten Zeiteinheit. Zwischen den Folgen $(X_n)_{n \geq 0}$ und $(Z_n)_{n \geq 0}$ besteht dann offenbar die Beziehung

$$X_n - X_{n-1} = \begin{cases} Z_n - 1 & \text{falls } X_{n-1} \geq 1, \\ Z_n & \text{falls } X_{n-1} = 0, \end{cases}$$

durch die sie sich gegenseitig definieren. Man sieht nun leicht, dass $(X_n)_{n \geq 0}$ genau dann eine Markov-Kette zur Übergangsmatrix Π ist, wenn die Zufallsvariablen Z_n unabhängig sind mit identischer Verteilung ρ. Mit anderen Worten: Bis auf einen Randeffekt bei 0 („Schubs um 1 nach oben", damit der Prozess nicht negativ wird) ist $(X_n)_{n \geq 0}$ gerade eine Irrfahrt; vgl. Beispiel (6.5). Dieser Randeffekt lässt sich noch genauer beschreiben: Sei $S_n = X_0 + \sum_{k=1}^{n}(Z_k - 1)$ die Irrfahrt auf $\mathbb{Z}$ ohne den Randeffekt. Dann gilt

$$(6.33) \qquad\qquad\qquad\qquad X_n = S_n + V_n,$$

wobei $V_n = \sum_{k=0}^{n-1} 1_{\{X_k = 0\}}$ die Leerzeit vor der Zeit n bezeichnet. (V_n lässt sich auch durch die S_k ausdrücken. Es gilt $V_n = \max\left(0, \max_{0 \leq k < n}(1 - S_k)\right)$, wie man durch Induktion über n nachprüft.)

Wir fragen nun: Wann ist der Zustand 0 rekurrent, d. h. wann wird die Schlange mit Sicherheit irgendwann abgearbeitet (und ein Liftsessel bleibt zum ersten Mal leer)? Nur der Fall $0 < \rho(0) < 1$ ist von Interesse; denn im Fall $\rho(0) = 0$ kommt immer mindestens ein Kunde, die Schlange wird also nie kürzer, und im Fall $\rho(0) = 1$ kommt kein einziger Kunde.

Sei zunächst $\mathbb{E}(\rho) > 1$. (Da ρ auf $\mathbb{Z}_+$ lebt, ist $\mathbb{E}(\rho)$ stets wohldefiniert, eventuell $= +\infty$.) Dann existiert ein $c \in \mathbb{N}$ mit $\sum_{k=1}^{c} k \, \rho(k) > 1$, also $\mathbb{E}(\min(Z_n, c) - 1) > 0$ für alle $n \geq 1$. Nach (6.33) und dem starken Gesetz der großen Zahl (Satz (5.16)) gilt dann

$$P^0\!\left(\lim_{n \to \infty} X_n = \infty\right) \geq P^0\!\left(\lim_{n \to \infty} S_n = \infty\right)$$

$$\geq P^0\!\left(\lim_{n \to \infty} \tfrac{1}{n} \sum_{k=1}^{n} \left(\min(Z_k, c) - 1\right) > 0\right) = 1$$

und somit $F_\infty(0, 0) = 0$. Im Fall $\mathbb{E}(\rho) > 1$ ist somit 0 transient.

Im umgekehrten Fall $\mathbb{E}(\rho) \leq 1$ ist 0 rekurrent. Zum Beweis beachten wir zunächst, dass nach der Fallunterscheidungsformel (3.3a) und Satz (6.7)

$$F_1(0, 0) = \rho(0) + \sum_{y \geq 1} \rho(y) \, P^y(\tau_0 < \infty).$$

Also genügt es zu zeigen, dass $h(y) := P^y(\tau_0 < \infty) = 1$ für alle $y \geq 1$. Dazu zeigen wir zwei Gleichungen:

▷ $h(1) = \rho(0) + \sum_{y \geq 1} \rho(y) h(y)$. Dies ist nichts anderes als die Gleichung $h(1) = \Pi h(1)$ (mit der Vereinbarung $h(0) = 1$), welche aufgrund von Bemerkung (6.12) gilt.

▷ $h(y) = h(1)^y$ für alle $y \geq 1$. Denn um von y nach 0 zu gelangen, muss $(X_n)_{n \geq 0}$ vorher $y - 1$ passieren, also gilt $h(y) = P^y(\tau_{y-1} < \infty, \tau_0 < \infty)$. Satz (6.7) und Bemerkung (6.8) implizieren daher

$$h(y) = \sum_{k \geq 1} P^y(\tau_{y-1} = k) h(y-1) = P^y(\tau_{y-1} < \infty) h(y-1).$$

Obendrein gilt aus Homogenitätsgründen $P^y(\tau_{y-1} < \infty) = h(1)$, denn wegen (6.33) stimmt X_n für $n \leq \tau_0$ mit der Irrfahrt S_n überein. Somit gilt $h(y) = h(1) h(y-1)$, woraus induktiv die Behauptung folgt.

Beide Aussagen zusammen liefern die Gleichung

$$h(1) = \sum_{y \geq 0} \rho(y) h(1)^y = \varphi_\rho(h(1)),$$

d. h. $h(1)$ ist ein Fixpunkt der erzeugenden Funktion φ_ρ von ρ. Im Fall $\mathbb{E}(\rho) = \varphi'_\rho(1) \leq 1$ hat φ_ρ aber nur den Fixpunkt 1; vgl. Beispiel (6.11). (Die hier zutage tretende Analogie zu den Verzweigungsprozessen kommt nicht von ungefähr, vergleiche Aufgabe 6.27.) Hieraus folgt, dass $h \equiv 1$ und daher $F_1(0, 0) = 1$. Insgesamt haben wir also das (intuitiv einleuchtende) Ergebnis: 0 *ist genau dann rekurrent, wenn* $\mathbb{E}(\rho) \leq 1$, *d. h. wenn im Mittel nicht mehr Kunden ankommen als bedient werden können.*

Das oben betrachtete Warteschlangenmodell ist im Wesentlichen identisch mit dem sogenannten M/G/1-Modell der Warteschlangentheorie, das in stetiger Zeit formuliert wird. Die „1" besagt, dass es nur einen Schalter gibt, an dem die Kunden abgefertigt werden. Das „M" steht für „Markov" und bedeutet, dass die Kunden zu den Zeitpunkten eines Poisson-Prozesses ankommen. (Die Gedächtnislosigkeit der dem Poisson-Prozess zugrunde liegenden Exponentialverteilung impliziert, dass der Poisson-Prozess ein Markov-Prozess mit stetiger Zeit ist.) Das „G" steht für „general" und meint, dass die als unabhängig und identisch verteilt vorausgesetzten Bedienzeiten der Kunden eine ganz beliebige Verteilung β auf $[0, \infty[$ haben dürfen.

Sei nun X_n die Länge der Warteschlange zu dem zufälligen Zeitpunkt, an dem der n-te Kunde gerade fertig bedient ist und die Schlange soeben verlassen hat, und Z_n die Anzahl der während seiner Bedienzeit neu eingetroffenen Kunden. Aufgrund der Unabhängigkeitseigenschaften des Poisson'schen Ankunftsprozesses sind dann die Z_n unabhängig und identisch verteilt mit Verteilung

$$\rho(k) := \int_0^\infty \beta(dt) \, \mathcal{P}_{\alpha t}(\{k\}) = \int_0^\infty \beta(dt) \, e^{-\alpha t} \, (\alpha t)^k / k! \, ;$$

dabei sei $\alpha > 0$ die Intensität des Ankunftsprozesses. (Vgl. dazu auch Aufgabe 3.23.) Solange die Warteschlange nicht abreißt, stimmt daher X_n mit der oben betrachteten zeitdiskreten Markov-Kette überein, und deren Rekurrenzeigenschaften übertragen sich auf das zeitstetige Modell. Rekurrenz liegt somit genau dann vor, wenn $\mathbb{E}(\rho) = \alpha \mathbb{E}(\beta) \leq 1$.

6.4.2 Positive Rekurrenz und Nullrekurrenz

Wir stellen jetzt die Frage: Wie lange dauert es im Mittel, bis die Markov-Kette zu ihrem Startpunkt zurückkehrt?

Definition: Ein rekurrenter Zustand $x \in E$ heißt *positiv rekurrent*, wenn die mittlere Rückkehrzeit endlich ist, d. h. wenn $\mathbb{E}^x(\tau_x) < \infty$. Andernfalls heißt x *nullrekurrent*.

In Satz (6.27) haben wir bereits gesehen, dass sich eine stationäre Verteilung durch die erwartete Rückkehrzeit ausdrücken lässt. Diesen Zusammenhang wollen wir jetzt weiter präzisieren.

(6.34) Satz: Positive Rekurrenz und Existenz stationärer Verteilungen. *Ist $x \in E$ positiv rekurrent, so existiert eine stationäre Verteilung α mit $\alpha(x) = 1/\mathbb{E}^x(\tau_x) > 0$. Ist umgekehrt $\alpha(x) > 0$ für eine stationäre Verteilung α, so ist x positiv rekurrent.*

Beweis: Sei zuerst $\alpha(x) > 0$ für ein α mit $\alpha \Pi = \alpha$. Dann ergibt sich aus dem Wiederkehrsatz von Kac (Gleichung (6.28)) sofort $\mathbb{E}^x(\tau_x) \leq 1/\alpha(x) < \infty$, also ist x positiv rekurrent. Sei nun umgekehrt x positiv rekurrent, also $\mathbb{E}^x(\tau_x) < \infty$. Wir betrachten

$$\beta(y) := \sum_{n \geq 1} P^x(X_n = y, \, n \leq \tau_x) = \mathbb{E}^x \Big(\sum_{n=1}^{\tau_x} 1_{\{X_n = y\}} \Big),$$

die erwartete Anzahl der Besuche in y auf einem „Ausflug" von x. Es gilt ebenfalls

$$\beta(y) = \mathbb{E}^x \Big(\sum_{n=0}^{\tau_x - 1} 1_{\{X_n = y\}} \Big),$$

denn $1_{\{X_{\tau_x} = y\}} = \delta_{x,y} = 1_{\{X_0 = y\}}$ P^x-fast sicher. Für alle $z \in E$ gilt weiter

$$\beta \Pi(z) = \sum_{y \in E} \sum_{n \geq 0} P^x(\tau_x > n, \, X_n = y) \, \Pi(y, z)$$

$$= \sum_{n \geq 0} \sum_{y \in E} P^x(\tau_x > n, \, X_n = y, \, X_{n+1} = z)$$

$$= \sum_{n \geq 0} P^x(\tau_x > n, \, X_{n+1} = z)$$

$$= \beta(z);$$

im zweiten Schritt haben wir wieder Bemerkung (6.8) und Satz (6.7) angewandt. Wegen $\sum_y \beta(y) = \mathbb{E}^x(\tau_x)$ ist also $\alpha := \mathbb{E}^x(\tau_x)^{-1} \beta$ eine stationäre Verteilung mit $\alpha(x) = 1/\mathbb{E}^x(\tau_x) > 0$. $\diamond$

Die Formel $\alpha(x) = 1/\mathbb{E}^x(\tau_x)$ kann man sich wie folgt plausibel machen: Sei x positiv rekurrent, $T_0 = 0$ und $T_k = \inf\{n > T_{k-1} : X_n = x\}$ der Zeitpunkt des k-ten Besuchs in x.

Dann ist $L_k = T_k - T_{k-1}$ die Dauer des k-ten Ausflugs von x. Gemäß Aufgabe 6.26 ist die Folge $(L_k)_{k \geq 1}$ unabhängig und identisch verteilt. Aufgrund des starken Gesetzes der großen Zahl gilt daher

$$1/\mathbb{E}^x(\tau_x) = \lim_{k \to \infty} k \bigg/ \sum_{j=1}^{k} L_j = \lim_{k \to \infty} \frac{k}{T_k} = \lim_{N \to \infty} \frac{1}{N} \sum_{n=1}^{N} 1_{\{X_n = x\}}$$

fast sicher, denn die letzte Summe hat im Fall $T_k \leq N < T_{k+1}$ den Wert k. Folglich ist $1/\mathbb{E}^x(\tau_x)$ gerade die relative Häufigkeit der Besuche in x. Analog ist $\beta(y)/\mathbb{E}^x(\tau_x)$ fast sicher die relative Häufigkeit der Besuche in y.

(6.35) Beispiel: *Das Ehrenfest-Modell, vgl. Beispiel* (6.22). Nehmen wir an, ein Experimentator hätte zur Zeit 0 in der linken Kammer ein Vakuum erzeugt, die rechte Kammer mit N Molekülen gefüllt und erst dann die Verbindung geöffnet. Kann es sein, dass irgendwann später sich wieder alle Moleküle in der rechten Kammer befinden und in der linken Kammer ein Vakuum entsteht? Gemäß Beispiel (6.22) hat die Ehrenfest'sche Markov-Kette für N Teilchen die stationäre Verteilung $\alpha = \mathcal{B}_{N,1/2}$, und es gilt $\alpha(0) = 2^{-N} > 0$. Nach Satz (6.34) ist der Zustand 0 also positiv rekurrent, d. h. zu einer *zufälligen* Zeit τ_0 wird die linke Kammer wieder leer sein! Um das zu beobachten, würde man allerdings ziemlich viel Geduld brauchen, denn für $N = 0.25 \cdot 10^{23}$ ist $\mathbb{E}^0(\tau_0) = 1/\alpha(0) = 2^N \approx 10^{7.5 \cdot 10^{21}}$! Das Gas müsste also über einen Zeitraum von dieser ungeheuren Größenordnung beobachtet werden, und zwar fortlaufend, denn die Zeit τ_0 ist ja zufällig. Zu jeder *festen* (hinreichend großen) Beobachtungszeit gilt das Resultat aus Beispiel (6.22), dass in beiden Kammern mit überwältigender Sicherheit ungefähr gleich viele Teilchen sind.

(6.36) Beispiel: *Die einfache symmetrische Irrfahrt auf* $\mathbb{Z}^d$, *vgl. Beispiel* (6.31). Für $d \leq 2$ ist jedes $x \in \mathbb{Z}^d$ nullrekurrent. Denn wäre irgendein $x \in \mathbb{Z}^d$ positiv rekurrent, so gäbe es nach Satz (6.34) eine stationäre Verteilung α. Wegen $\sum_{y \in \mathbb{Z}^d} \alpha(y) = 1$ existiert dann ein $z \in \mathbb{Z}^d$ mit $\alpha(z) = m := \max_{y \in \mathbb{Z}^d} \alpha(y) > 0$. Wegen

$$m = \alpha(z) = \alpha \Pi(z) = \frac{1}{2d} \sum_{y:\, |y-z|=1} \alpha(y)$$

ist dann auch $\alpha(y) = m$ für alle y mit $|y - z| = 1$. Induktiv fortfahrend erhalten wir $\alpha(y) = m$ für alle $y \in \mathbb{Z}^d$, was wegen $\sum_{y \in \mathbb{Z}^d} \alpha(y) = 1$ unmöglich ist.

(6.37) Beispiel: *Das Warteschlangen-Modell, vgl. Beispiel* (6.32). Wir zeigen: Der Zustand 0 ist genau dann positiv rekurrent, wenn $\mathbb{E}(\rho) < 1$, d. h. wenn pro Zeiteinheit im Mittel weniger Kunden kommen als abgefertigt werden. Zum Beweis müssen wir $\mathbb{E}^0(\tau_0)$ untersuchen. Wir behaupten zunächst, dass

(6.38) $\mathbb{E}^0(\tau_0) = 1 + \mathbb{E}(\rho)\, \mathbb{E}^1(\tau_0)\,.$

Denn durch Unterscheidung des Wertes von X_1 folgt aus Satz (6.7) für alle $k \geq 1$

$$
\begin{aligned}
P^0(\tau_0 > k) &= P^0(X_1 \geq 1, \ldots, X_k \geq 1) \\
&= \sum_{y \geq 1} \rho(y)\, P^y(X_1 \geq 1, \ldots, X_{k-1} \geq 1) \\
&= \sum_{y \geq 1} \rho(y)\, P^y(\tau_0 > k - 1)
\end{aligned}
$$

und daher wegen Aufgabe 4.5a

$$
\begin{aligned}
\mathbb{E}^0(\tau_0) = \sum_{k \geq 0} P^0(\tau_0 > k) &= 1 + \sum_{y \geq 1} \rho(y) \sum_{k \geq 1} P^y(\tau_0 > k - 1) \\
\text{(6.39)} \qquad &= 1 + \sum_{y \geq 1} \rho(y)\, \mathbb{E}^y(\tau_0)\,.
\end{aligned}
$$

Da sich die Warteschlange immer nur um höchstens einen Kunden verkürzen kann, ergibt sich weiter für $y \geq 2$ wieder aus Satz (6.7)

$$
\begin{aligned}
\mathbb{E}^y(\tau_0) &= \sum_{n \geq 1} \sum_{k \geq 1} (n + k)\, P^y(\tau_{y-1} = n, \tau_0 = n + k) \\
&= \sum_{n \geq 1} n\, P^y(\tau_{y-1} = n) + \sum_{k \geq 1} k \sum_{n \geq 1} P^y(\tau_{y-1} = n)\, P^{y-1}(\tau_0 = k) \\
&= \mathbb{E}^y(\tau_{y-1}) + \mathbb{E}^{y-1}(\tau_0)\,.
\end{aligned}
$$

Ferner ist aus Homogenitätsgründen $\mathbb{E}^y(\tau_{y-1}) = \mathbb{E}^1(\tau_0)$, denn wegen (6.33) gilt $X_n = S_n$ für $n \leq \tau_0$. Es folgt $\mathbb{E}^y(\tau_0) = y\, \mathbb{E}^1(\tau_0)$ für $y \geq 1$. Wenn wir dies in (6.39) einsetzen, erhalten wir Gleichung (6.38).

Wir nehmen nun an, dass 0 positiv rekurrent ist. Dann gilt wegen (6.33)

$$
\begin{aligned}
0 = \mathbb{E}^1(X_{\tau_0}) &= \mathbb{E}^1\left(1 + \sum_{k=1}^{\tau_0} (Z_k - 1)\right) \\
&= 1 + \sum_{k \geq 1} \mathbb{E}^1\big(Z_k\, 1_{\{\tau_0 \geq k\}}\big) - \mathbb{E}^1(\tau_0) \\
&= 1 + \sum_{k \geq 1} \mathbb{E}(\rho)\, P^1(\tau_0 \geq k) - \mathbb{E}^1(\tau_0) \\
&= 1 + (\mathbb{E}(\rho) - 1)\, \mathbb{E}^1(\tau_0)\,.
\end{aligned}
$$

Der dritte Schritt ergibt sich daraus, dass $\mathbb{E}^1(\tau_0) < \infty$ wegen (6.38), und dass wegen der Nichtnegativität der Z_k Satz (4.7c) anwendbar ist. Die vierte Gleichung benutzt, dass das Ereignis $\{\tau_0 \geq k\}$ durch $Z_1, \ldots, Z_{k-1}$ ausgedrückt werden kann, also nach Satz (3.24) von Z_k unabhängig ist. Die bewiesene Gleichung zeigt nun, dass $\mathbb{E}(\rho) < 1$ ist. Insbesondere ergibt sich $\mathbb{E}^1(\tau_0) = 1/(1 - \mathbb{E}(\rho))$ und wegen (6.38) auch

$\mathbb{E}^0(\tau_0) = 1/(1 - \mathbb{E}(\rho))$, d.h. die Beschäftigungsphase („busy period") ist im Mittel umso länger, je näher der mittlere Kundenzuwachs bei der Bedienzeit 1 liegt.

Sei nun umgekehrt $\mathbb{E}(\rho) < 1$. Dann zeigt dieselbe Rechnung wie eben mit $\tau_0 \wedge n :=$ $\min(\tau_0, n)$ statt τ_0, dass

$$0 \le \mathbb{E}^1(X_{\tau_0 \wedge n}) = 1 + (\mathbb{E}(\rho) - 1)\,\mathbb{E}^1(\tau_0 \wedge n),$$

also $\sum_{k=1}^n k\, P^1(\tau_0 = k) \le \mathbb{E}^1(\tau_0 \wedge n) \le 1/(1 - \mathbb{E}(\rho))$. Für $n \to \infty$ folgt $\mathbb{E}^1(\tau_0) \le 1/(1 - \mathbb{E}(\rho)) < \infty$ und somit wegen (6.38), dass 0 positiv rekurrent ist.

Aufgaben

6.1 *Iterierte Zufallsabbildungen.* Sei E eine abzählbare Menge, $(F, \mathscr{F})$ irgendein Ereignisraum, $f : E \times F \to E$ eine messbare Abbildung, und $(U_i)_{i \ge 1}$ eine Folge von unabhängigen, identisch verteilten Zufallsvariablen mit Werten in $(F, \mathscr{F})$. Sei $(X_n)_{n \ge 0}$ rekursiv definiert durch $X_0 = x \in E$, $X_{n+1} = f(X_n, U_{n+1})$ für $n \ge 0$. Zeigen Sie, dass $(X_n)_{n \ge 0}$ eine Markov-Kette ist, und bestimmen Sie die Übergangsmatrix.

6.2[L] *Funktionen von Markov-Ketten.* Sei $(X_n)_{n \ge 0}$ eine Markov-Kette mit abzählbarem Zustandsraum E und Übergangsmatrix Π. Sei ferner $f : E \to F$ eine Abbildung von E in eine weitere abzählbare Menge F.

(a) Zeigen Sie durch ein Beispiel, dass $(f \circ X_n)_{n \ge 0}$ keine Markov-Kette zu sein braucht.

(b) Unter welcher (nicht trivialen) Bedingung an φ und Π ist $(f \circ X_n)_{n \ge 0}$ eine Markov-Kette?

6.3 *Eingebettete Sprungkette.* Sei E abzählbar und $(X_n)_{n \ge 0}$ eine Markov-Kette auf E zu einer Übergangsmatrix Π. Sei $T_0 = 0$ und $T_k = \inf\{n > T_{k-1} : X_n \ne X_{n-1}\}$ der Zeitpunkt des k-ten Sprungs von $(X_n)_{n \ge 0}$. Zeigen Sie: Die Folge $X_k^* := X_{T_k}$, $k \ge 0$, ist eine Markov-Kette zur Übergangsmatrix

$$\Pi^*(x, y) = \begin{cases} \Pi(x, y)/(1 - \Pi(x, x)) & \text{falls } y \ne x, \\ 0 & \text{sonst,} \end{cases}$$

und bedingt auf $(X_k^*)_{k \ge 0}$ sind die Differenzen $T_{k+1} - T_k - 1$ unabhängig und geometrisch verteilt zum Parameter $1 - \Pi(X_k^*, X_k^*)$.

6.4 *Selbstbefruchtung.* Ein Pflanzen-Gen besitze die beiden Allele A und a. Ein klassisches Verfahren zur Züchtung reinrassiger (d.h. homozygoter) Pflanzen vom Genotyp AA bzw. aa ist die Selbstbefruchtung. Der Übergang von einer Generation zur nächsten wird dabei durch den Übergangsgraphen

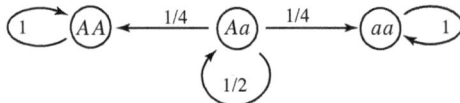

beschrieben. Sei $(X_n)_{n \ge 0}$ die zugehörige Markov-Kette. Berechnen Sie für beliebiges n die Wahrscheinlichkeit $p_n = P^{Aa}(X_n = Aa)$.

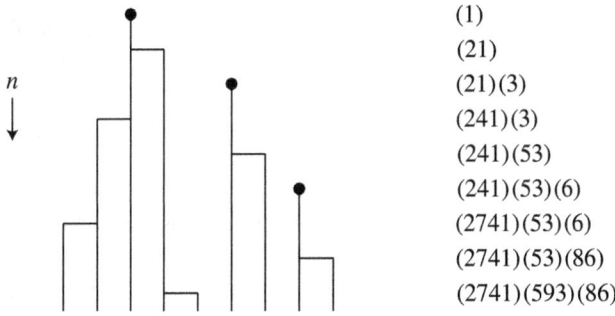

	(1)
n	(21)
$\downarrow$	(21)(3)
	(241)(3)
	(241)(53)
	(241)(53)(6)
	(2741)(53)(6)
	(2741)(53)(86)
	(2741)(593)(86)

Abbildung 6.7: Ein Stammbaum im „infinite alleles model", mit zugehöriger Zyklenbeschreibung wie im China-Restaurant-Prozess aus Aufgabe 6.6.

6.5 [L] *Hoppe'sches Urnenmodell und Ewens'sche Stichprobenformel.* Man betrachte ein Gen in einer Population, in der jede Mutation zu einem neuen Allel führt (infinite alleles model). Betrachtet man den Stammbaum von n zufällig herausgegriffenen Individuen zu den Zeitpunkten von Mutation oder Geburt, so erhält man ein Bild wie in Abbildung 6.7. Dabei markiert jeder Punkt eine Mutation, durch die ein neuer „Clan" von Individuen mit dem neuen Allel begründet wird. Ignoriert man die Familienstruktur der einzelnen Clans und registriert nur die Anzahl der Clans bestimmter Größe, so wird der Stammbaum durch das folgende Urnenmodell von F. Hoppe (1984) beschrieben.

Sei $\vartheta > 0$ ein fester Parameter, der die Mutationsrate beschreibt. Zur Zeit 0 befinde sich in der Urne eine schwarze Kugel mit dem Gewicht ϑ und außerhalb ein Vorrat an Kugeln vom Gewicht 1 in verschiedenen Farben. Zu jedem Zeitpunkt wird eine Kugel aus der Urne gezogen mit einer Wahrscheinlichkeit proportional zu ihrem Gewicht. Ist diese schwarz (was beim ersten Zug mit Sicherheit der Fall ist), wird eine Kugel mit einer noch nicht in der Urne befindlichen Farbe in die Urne gelegt. Ist die gezogene Kugel farbig, so wird sie zusammen mit einer weiteren Kugel der gleichen Farbe wieder zurückgelegt. Die Anzahl der Kugeln in der Urne vergrößert sich also bei jedem Zug um 1, und die farbigen Kugeln zerfallen in verschiedene Clans von Kugeln gleicher Farbe. Die Größenverteilung dieser Clans wird beschrieben durch eine Folge der Form $x = (x_i)_{i \geq 1}$, wobei x_i die Anzahl der Clans der Größe i angibt. Die Gesamtzahl der farbigen Kugeln nach dem n-ten Zug ist $N(x) := \sum_{i \geq 1} i\, x_i = n$. Formal wird das Modell beschrieben durch die Markov-Kette $(X_n)_{n \geq 0}$ mit Zustandsraum $E = \{x = (x_i)_{i \geq 1} : x_i \in \mathbb{Z}_+,\ N(x) < \infty\}$ und Übergangsmatrix

$$
\Pi(x, y) = \begin{cases} \vartheta/(\vartheta + N(x)) & \text{falls } y_1 = x_1 + 1 \text{ und } y_i = x_i \text{ für alle } i > 1, \\ j\, x_j/(\vartheta + N(x)) & \text{falls } y_j = x_j - 1,\ y_{j+1} = x_{j+1} + 1, \\ & \qquad \text{und } y_i = x_i \text{ für alle } i \notin \{j, j+1\}, \\ 0 & \text{falls } N(y) \neq N(x) + 1. \end{cases}
$$

(Der erste Fall entspricht dem Ziehen der schwarzen Kugel, der zweite dem Ziehen einer farbigen Kugel aus einem der x_j Clans der Größe j, wodurch dieser die Größe $j + 1$ bekommt.) Sei $\mathbf{0} = (0, 0, \ldots)$ der Anfangszustand, bei dem die Urne keine farbige Kugel enthält. Zeigen Sie durch Induktion über $n \geq 1$ für beliebige $x \in E$ mit $N(x) = n$:

(a) Es gilt $P^{\mathbf{0}}(X_n = x) = \rho_{n, \vartheta}(x)$, wobei

$$
\rho_{n, \vartheta}(x) := \frac{n!}{\vartheta^{(n)}} \prod_{i \geq 1} \frac{(\vartheta/i)^{x_i}}{x_i!}.
$$

Dabei sei $\vartheta^{(n)} := \vartheta(\vartheta+1)\ldots(\vartheta+n-1)$. $\rho_{n,\vartheta}$ ist also die Verteilung der Clangrößen in einer zufälligen Stichprobe von n Individuen einer Population mit Mutationsrate ϑ. Dies ist die Stichprobenformel von W. J. Ewens (1972).

(b) Ist $Y = (Y_i)_{i\geq 1}$ eine Folge von unabhängigen Zufallsvariablen mit Poisson-Verteilung $P \circ Y_i^{-1} = \mathcal{P}_{\vartheta/i}$, so ist $\rho_{n,\vartheta}(x) = P(Y = x | N(Y) = n)$.

6.6 *China-Restaurant-Prozess und zufällige Permutationen.* Das Hoppe-Modell aus Aufgabe 6.5 kann noch etwas verfeinert werden, indem man die Familienstruktur der Clans berücksichtigt. Die Kugeln in der Hoppe'schen Urne werden nummeriert in der Reihenfolge, in der sie in die Urne gelegt werden. Der Zustand der Urne nach dem n-ten Zug wird notiert als Permutation in Zyklennotation wie in Abbildung 6.7: Bei einer neuen Farbe zur Zeit n wird (n) als ein neuer Zyklus hinzugefügt und ansonsten die Kugelnummer links neben die Nummer der „Mutterkugel" in deren Zyklus geschrieben. Sei Z_n die entstehende Permutation nach n Zügen. Die Folge $(Z_n)_{n\geq 0}$ wurde von D. J. Aldous (1984) als „China-Restaurant-Prozess" eingeführt: Man interpretiert die Nummern als Gäste eines China-Restaurants (in der Reihenfolge ihres Erscheinens) und jeden Zyklus als Sitzordnung an einem (runden) Tisch. Zeigen Sie:

(a) $(Z_n)_{n\geq 0}$ ist eine Markov-Kette. Zu welchem E und Π?

(b) Für jede Permutation π von $\{1,\ldots,n\}$ mit k Zyklen gilt $P(Z_n = \pi) = \vartheta^k/\vartheta^{(n)}$ mit $\vartheta^{(n)}$ wie in Aufgabe 6.5a. Im Fall $\vartheta = 1$ ist Z_n also gleichverteilt.

(c) Folgern Sie: Die Anzahl aller Permutationen von $\{1,\ldots,n\}$ mit x_i Zyklen der Länge i für $1 \leq i \leq n$ beträgt $n!/\prod_{i=1}^n (i^{x_i} x_i!)$.

6.7[L] *Das Wright–Fisher-Modell der Populationsgenetik.* Betrachten Sie ein genetisches Merkmal mit zwei möglichen Ausprägungen A und a in einer Population von N Lebewesen. Jede Generation bestehe aus N Individuen und entstehe aus der vorhergehenden durch zufällige Vererbung: Jedes Individuum der Nachkommengeneration „sucht sich" unabhängig von allen anderen einen zufälligen „Elter" in der vorhergehenden Generation und nimmt dessen Ausprägung an.

(a) Sei Ξ_n die Menge der A-Individuen in Generation n. Beschreiben Sie die Entwicklung von Ξ_n mit Hilfe einer Folge unabhängiger Zufallsabbildungen und bestimmen Sie die Übergangsmatrix.

(b) Zeigen Sie, dass auch $X_n := |\Xi_n|$ eine Markov-Kette ist, und bestimmen Sie deren Übergangsmatrix.

(c) Zeigen Sie: Für beliebiges $x \in \{0,\ldots,N\}$ existiert $\lim_{N\to\infty} P^x(X_n = N) = x/N$.

6.8 Sei $(X_n)_{n\geq 0}$ eine Markov-Kette zu einer Übergangsmatrix Π auf einer abzählbaren Menge E, und für alle $x,y \in E$ gelte $P^x(\tau_y < \infty) = 1$. Zeigen Sie: Ist $h : E \to [0,\infty[$ eine Funktion mit $\Pi h = h$, so ist h konstant.

6.9 *Das asymmetrische „Ruinproblem".* Bei einem Geschicklichkeitsspiel befindet sich eine Kugel in einem „Labyrinth" von N konzentrischen (von innen nach außen nummerierten) Ringen, die jeweils abwechselnd auf einer Seite eine Öffnung zum nächsten Ring besitzen. Die Aufgabe besteht darin, durch geeignetes Kippen des Spielbretts die Kugel in die Mitte (den „Ring Nr. 0") zu bringen. Nehmen Sie an, dass sich die Kugel am Anfang im m-ten Ring befindet ($0 < m < N$), und dass es dem Spieler jeweils mit Wahrscheinlichkeit $0 < p < 1$ gelingt, die Kugel vom k-ten in den $(k-1)$-ten Ring zu befördern, während sie mit Wahrscheinlichkeit $1-p$ in den $(k+1)$-ten Ring zurückrollt. Der Spieler hört auf, wenn sich die Kugel im 0-ten Ring (Ziel) oder im N-ten Ring (Entmutigung) befindet. Beschreiben Sie diese Situation als Markov-Kette und berechnen Sie die Wahrscheinlichkeit, dass der Spieler das Ziel erreicht!

6.10 Berechnen Sie die Aussterbewahrscheinlichkeit für einen Galton–Watson-Prozess mit Nachkommenverteilung ρ in den Fällen

(a) $\rho(k) = 0$ für alle $k > 2$,

(b) $\rho(k) = ba^{k-1}$ für alle $k \geq 1$ und $a, b \in\ ]0, 1[$ mit $b \leq 1 - a$. (Nach empirischen Untersuchungen von Lotka in den 1930er Jahren beschreibt dieses ρ für $a = 0.5893$ und $b = 0.2126$ recht gut die Verteilung der Anzahl der Söhne von amerikanischen Männern, während für die Töchterzahl japanischer Frauen laut Keyfitz [40] die Parameter $a = 0.5533$ und $b = 0.3666$ am besten zutreffen.)

6.11 *Gesamtgröße einer aussterbenden Familie.* Sei $(X_n)_{n \geq 0}$ ein Galton–Watson-Prozess zu einer Nachkommenverteilung ρ mit $\mathbb{E}(\rho) \leq 1$ und einem einzigen „Stammvater" (d. h. $X_0 = 1$). Sei $T = \sum_{n \geq 0} X_n$ dessen totale Nachkommenzahl. (Beachten Sie, dass $T < \infty$ fast sicher.) Zeigen Sie, dass die erzeugende Funktion φ_T von T die Gleichung $\varphi_T(s) = s\,\varphi_\rho \circ \varphi_T(s)$ erfüllt, und bestimmen Sie die erwartete gesamte Nachkommenzahl $\mathbb{E}^1(T)$.

6.12 [L] *Verzweigungsprozess mit Wanderung und Vernichtung.* Betrachten Sie folgende Modifikation des Galton–Watson-Prozesses. Sei $N \in \mathbb{N}$ gegeben. An jeder Stelle $n \in \{1, \dots, N\}$ sitze eine gewisse Anzahl von „Tierchen", die sich unabhängig voneinander in einer Zeiteinheit wie folgt verhalten: Ein Tierchen an der Stelle n wandert zunächst jeweils mit Wahrscheinlichkeit $1/2$ nach $n-1$ oder $n+1$. Dort stirbt es und erzeugt zugleich k Nachkommen mit Wahrscheinlichkeit $\rho(k)$, $k \in \mathbb{Z}_+$. Im Fall $n-1 = 0$ bzw. $n+1 = N+1$ wird das Tierchen vernichtet und erzeugt keine Nachkommen. Sei $\varphi(s) = \sum_{k \geq 0} \rho(k)s^k$ die erzeugende Funktion von $\rho = (\rho(k))_{k \geq 0}$ und für $1 \leq n \leq N$ sei $q(n)$ die Wahrscheinlichkeit, dass schließlich alle Nachkommen eines in n startenden Tierchens vernichtet sind. Sei außerdem $q(0) = q(N+1) = 1$.

(a) Beschreiben Sie das Verhalten aller Tierchen durch eine Markov-Kette auf $\mathbb{Z}_+^N$ und geben Sie die Übergangsmatrix an.

(b) Begründen Sie die Gleichung $q(n) = \frac{1}{2}\varphi(q(n-1)) + \frac{1}{2}\varphi(q(n+1))$, $1 \leq n \leq N$.

(c) Sei speziell $\varphi'(1) \leq 1$. Zeigen Sie, dass $q(n) = 1$ für alle $1 \leq n \leq N$.

(d) Sei speziell $\varphi(s) = (1 + s^3)/2$. Zeigen Sie: Für $N = 2$ gilt $q(1) = q(2) = 1$, für $N = 3$ jedoch $q(n) < 1$ für alle $1 \leq n \leq 3$.

6.13 Sei E endlich und Π eine stochastische Matrix auf E. Zeigen Sie: Genau dann erfüllt Π die Voraussetzungen des Ergodensatzes (6.13), wenn Π irreduzibel ist und *aperiodisch* in dem Sinn, dass für ein (und daher alle) $x \in E$ die Menge $\{k \geq 1 : \Pi^k(x, x) > 0\}$ den größten gemeinsamen Teiler 1 hat.

6.14 Gegeben sei eine Urne mit insgesamt höchstens N Kugeln. Sei X_n die Anzahl der Kugeln in der Urne nach n-maliger Durchführung des folgenden Verfahrens: Falls die Urne nicht leer ist, wird eine Kugel zufällig entnommen und durch Münzwurf entschieden, ob sie zurückgelegt wird oder nicht; falls die Urne leer ist, wird durch Münzwurf entschieden, ob sie leer bleibt oder mit N Kugeln neu gefüllt wird. Beschreiben Sie diese Situation als Markov-Kette und geben Sie die Übergangsmatrix an! Wie ist X_n für große n verteilt?

6.15 Gegeben sei wie in der vorigen Aufgabe eine Urne mit insgesamt höchstens N Kugeln, jetzt aber in den zwei Farben weiß und schwarz. Falls die Urne nicht leer ist, wird eine Kugel zufällig entnommen und durch Münzwurf entschieden, ob sie zurückgelegt wird oder nicht; wenn sie leer ist, wird zunächst durch Münzwurf entschieden, ob die Urne wieder gefüllt werden soll. Wenn ja, wird N-mal eine Münze geworfen und je nach Ergebnis eine weiße oder eine schwarze Kugel in die Urne gelegt. Seien W_n und S_n die Anzahl der weißen bzw. schwarzen Kugeln nach n-maliger Durchführung dieses Verfahrens. Zeigen Sie, dass $X_n = (W_n, S_n)$ als Markov-Kette aufgefasst werden kann! Wie ist X_n für große n verteilt?

6.16 *Eine Variante des Pólya'schen Urnenmodells.* Gegeben sei nochmals eine Urne mit maximal $N > 2$ Kugeln in den Farben weiß und schwarz; von jeder Farbe gebe es mindestens eine Kugel. Befinden sich weniger als N Kugeln in der Urne, so wird zufällig eine Kugel ausgewählt und zusammen mit einer weiteren Kugel der gleichen Farbe (aus einem externen Vorrat) wieder zurückgelegt. Sind schon N Kugeln in der Urne, so wird durch Münzwurf entschieden, ob die Urne verändert werden soll. Wenn ja, werden alle Kugeln bis auf jeweils eine von jeder Farbe entfernt. Seien W_n und S_n jeweils die Anzahl der weißen bzw. schwarzen Kugeln nach n-maliger Durchführung dieses Verfahrens. Zeigen Sie:

(a) Die Gesamtzahl $Y_n := W_n + S_n$ der Kugeln ist eine Markov-Kette. Bestimmen Sie die Übergangsmatrix. Stellt sich ein asymptotisches Gleichgewicht ein? Wenn ja, welches?

(b) Auch $X_n := (W_n, S_n)$ ist eine Markov-Kette. Bestimmen Sie die Übergangsmatrix und gegebenenfalls die asymptotische Verteilung.

6.17 Zeigen Sie unter den Voraussetzungen des Ergodensatzes (6.13): Genau dann besitzt Π eine reversible Verteilung, wenn für alle $n \geq 1$, $x_0, \ldots, x_{n-1} \in E$ und $x_n = x_0$ gilt:

$$\Pi(x_0, x_1) \ldots \Pi(x_{n-1}, x_n) = \Pi(x_n, x_{n-1}) \ldots \Pi(x_1, x_0).$$

Überprüfen Sie dies für den Fall des Kartenhaus-Prozesses in Beispiel (6.29).

6.18 L Betrachten Sie in Beispiel (6.29) außer dem Altersprozess (X_n) auch den Prozess $Y_n = \min\{T_k - n : k \geq 1, T_k \geq n\}$, der die Restlebensdauer des zur Zeit n benutzten Gerätes angibt.

(a) Zeigen Sie, dass auch (Y_n) eine Markov-Kette ist, bestimmen Sie die Übergangsmatrix $\tilde{\Pi}$ und leiten Sie nochmals den Erneuerungssatz her.

(b) Bestimmen Sie die stationäre Verteilung α von (X_n) und zeigen Sie, dass α auch eine stationäre Verteilung von (Y_n) ist.

(c) Welche Beziehung stellt α zwischen den Übergangsmatrizen Π und $\tilde{\Pi}$ von (X_n) und (Y_n) her?

6.19 (a) *Irrfahrt auf einem endlichen Graphen.* Sei E eine endliche Menge und $\sim$ eine symmetrische Relation auf E. Dabei werde E als die Eckenmenge eines Graphen interpretiert, und die Beziehung $x \sim y$ bedeute, dass x und y durch eine Kante verbunden sind. Von jeder Ecke gehe mindestens eine Kante aus (evtl. zu sich selbst). Sei $d(x) = |\{y \in E : x \sim y\}|$ der Grad der Ecke $x \in E$, sowie $\Pi(x, y) = 1/d(x)$ falls $x \sim y$, und $\Pi(x, y) = 0$ sonst. Die Markov-Kette zur Übergangsmatrix Π heißt die Irrfahrt auf dem Graphen $(E, \sim)$. Unter welcher Voraussetzung an den Graphen $(E, \sim)$ ist Π irreduzibel? Bestimmen Sie eine reversible Verteilung für Π.

(b) *Irrfahrt eines Springers.* Betrachten Sie einen Springer auf einem (ansonsten leeren) Schachbrett, der jeden möglichen Zug mit gleicher Wahrscheinlichkeit wählt. Er starte (i) in einer Ecke, (ii) in einem der 16 Mittelfelder. Wie viele Züge braucht er im Mittel, um wieder an seinen Ausgangspunkt zurückzukehren?

6.20 Sei $0 < p < 1$ und eine stochastische Matrix Π auf $E = \mathbb{Z}_+$ definiert durch

$$\Pi(x, y) = \mathcal{B}_{x,p}(\{y\}), \quad x, y \in \mathbb{Z}_+.$$

Berechnen Sie Π^n für beliebiges $n \geq 1$. Überlegen Sie sich eine mögliche Anwendungssituation.

6.21 *Irreduzible Klassen.* Sei E abzählbar, Π eine stochastische Matrix auf E, und E_{rek} die Menge aller rekurrenten Zustände. Man sagt „*y ist von x aus erreichbar*" und schreibt $x \to y$, wenn ein $k \geq 0$ existiert mit $\Pi^k(x, y) > 0$. Zeigen Sie:

(a) Die Relation „$\to$" ist eine Äquivalenzrelation auf E_{rek}. Die zugehörigen Äquivalenzklassen heißen *irreduzible Klassen*.

(b) Ist x positiv rekurrent und $x \to y$, so ist auch y positiv rekurrent, und es gilt

$$\mathbb{E}^x\Big(\sum_{n=1}^{\tau_x} 1_{\{X_n = y\}} \Big) = \mathbb{E}^x(\tau_x) / \mathbb{E}^y(\tau_y).$$

Insbesondere sind alle Zustände innerhalb einer irreduziblen Klasse vom selben Rekurrenztyp.

6.22 *Aussterben oder unbeschränktes Wachstum einer Population.* Betrachten Sie einen Galton–Watson-Prozess $(X_n)_{n \geq 0}$ mit superkritischer Nachkommenverteilung ρ, d. h. es sei $\mathbb{E}(\rho) > 1$. Zeigen Sie: Alle Zustände $k \neq 0$ sind transient, und es gilt

$$P^k\big(X_n \to 0 \text{ oder } X_n \to \infty \text{ für } n \to \infty \big) = 1.$$

6.23[L] *Geburts- und Todesprozess.* Sei Π eine stochastische Matrix auf $E = \mathbb{Z}_+$. Es sei $\Pi(x, y) > 0$ genau dann, wenn entweder $x \geq 1$ und $|x - y| = 1$, oder $x = 0$ und $y \leq 1$. Unter welcher (notwendigen und hinreichenden) Voraussetzung an Π besitzt Π eine stationäre Verteilung, und wie sieht diese dann aus?

6.24 *Ein Migrationsmodell.* Betrachten Sie folgendes simple Modell für eine Tierpopulation in einem offenen Habitat. Jedes dort lebende Tier verlässt das Habitat, unabhängig von allen anderen, mit Wahrscheinlichkeit p, und bleibt mit Wahrscheinlichkeit $1 - p$ dort. Gleichzeitig wandert eine Poisson'sche Anzahl (mit Parameter $a > 0$) von Tieren von außen zu.

(a) Beschreiben Sie die Anzahl X_n der Tiere im Habitat durch eine Markov-Kette und geben Sie die Übergangsmatrix Π an.

(b) Berechnen Sie die Verteilung von X_n bei Poisson'scher Startverteilung $\alpha = \mathcal{P}_\lambda, \lambda > 0$.

(c) Bestimmen Sie eine reversible Verteilung α.

6.25 Verallgemeinern Sie Satz (6.30) wie folgt. Für $x, y \in E$ sei $F_1(x, y) = P^x(\tau_y < \infty)$ die Wahrscheinlichkeit, dass y irgendwann von x aus erreicht wird, $N_y = \sum_{n \geq 1} 1_{\{X_n = y\}}$ die Anzahl der Besuche in y (ab der Zeit 1), $F_\infty(x, y) = P^x(N_y = \infty)$ die Wahrscheinlichkeit für unendlich viele Besuche, und $G(x, y) = \delta_{xy} + \mathbb{E}^x(N_y)$ die erwartete Anzahl der Besuche (einschließlich der Zeit 0), die sogenannte *Green-Funktion*. Zeigen Sie: Für alle $k \geq 0$ gilt

$$P^x(N_y \geq k + 1) = F_1(x, y) \, P^y(N_y \geq k) = F_1(x, y) \, F_1(y, y)^k$$

und deshalb

$$F_\infty(x, y) = F_1(x, y) \, F_\infty(y, y), \quad G(x, y) = \delta_{xy} + F_1(x, y) \, G(y, y).$$

Was bedeutet dies für rekurrentes bzw. transientes y?

6.26 *Ausflüge von einem rekurrenten Zustand.* Betrachten Sie eine Markov-Kette mit abzählbarem Zustandsraum E, Übergangsmatrix Π und Start in einem rekurrenten Zustand $x \in E$. Sei $T_0 = 0$ und, für $k \geq 1$, $T_k = \inf\{n > T_{k-1} : X_n = x\}$ der Zeitpunkt der k-ten Rückkehr nach x sowie $L_k = T_k - T_{k-1}$ die Dauer des k-ten „Ausflugs" von x. Zeigen Sie: Die Zufallsvariablen L_k sind unter P^x (fast sicher wohldefiniert und) unabhängig und identisch verteilt.

6.27 *Beschäftigungsphase einer Warteschlange als Verzweigungsprozess.* Betrachten Sie Beispiel (6.32) und die dort definierten Zufallsvariablen X_n und Z_n. Fassen Sie die Warteschlange als ein Populationsmodell auf, indem Sie die zur Zeit n neu ankommenden Kunden als Kinder des ganz vorne in der Schlange Wartenden auffassen. Definieren Sie dementsprechend $Y_0 = X_0$, $Y_1 = \sum_{n=1}^{Y_0} Z_n$, und allgemein für $k \geq 1$

$$Y_{k+1} = \sum_{n \geq 1} 1_{\left\{ \sum_{i=0}^{k-1} Y_i < n \leq \sum_{i=0}^{k} Y_i \right\}} Z_n \,.$$

Zeigen Sie:

(a) (Y_k) ist ein Galton–Watson-Prozess mit Nachkommenverteilung ρ.

(b) Für alle $x \geq 1$ gilt P^x-fast sicher $Y_{k+1} = X_{T_k}$ für alle $k \geq 0$, und daher

$$\{X_n = 0 \text{ für ein } n \geq 1\} = \{Y_k = 0 \text{ für alle hinreichend großen } k\} \,.$$

Dabei seien die zufälligen Zeiten T_k rekursiv definiert durch $T_0 = X_0$, $T_{k+1} = T_k + X_{T_k}$. (Überlegen Sie sich zuerst, warum diese Zeiten nicht größer sind als der erste Zeitpunkt τ_0, zu dem kein Kunde mehr wartet.)

Folgern Sie (ohne Benutzung des Resultats von Beispiel (6.32)), dass die Warteschlange genau dann rekurrent ist, wenn $\mathbb{E}(\rho) \leq 1$. (Aufgabe 6.11 liefert dann die mittlere Anzahl von Kunden, die während einer Beschäftigungsphase bedient werden, und damit einen alternativen Beweis für das Ergebnis von Beispiel (6.37).)

6.28^{L} *Markov-Ketten mit stetiger Zeit.* Sei E abzählbar und $G = (G(x, y))_{x,y \in E}$ eine Matrix mit den Eigenschaften

(i) $G(x, y) \geq 0$ für $x \neq y$,

(ii) $-a(x) := G(x, x) < 0$, $\sum_{y \in E} G(x, y) = 0$ für alle x, und

(iii) $a := \sup_{x \in E} a(x) < \infty$.

Wir konstruieren einen Markov'schen Prozess $(X_t)_{t \geq 0}$, welcher „mit der Rate $G(x, y)$ von x nach y springt", und verwenden dazu die stochastische Matrix

$$\Pi(x, y) = \delta_{xy} + G(x, y)/a, \quad x, y \in E.$$

Zu $x \in E$ seien auf einem geeigneten Wahrscheinlichkeitsraum $(\Omega, \mathscr{F}, P^x)$ definiert

▷ eine Markov-Kette $(Z_k)_{k \geq 0}$ auf E mit Startpunkt x und Übergangsmatrix Π, und

▷ ein davon unabhängiger Poisson-Prozess $(N_t)_{t \geq 0}$ zur Intensität a.

Sei $X_t = Z_{N_t}$, $t \geq 0$. Zeigen Sie:

(a) Für alle $t \geq 0$ ist X_t eine Zufallsvariable, und für $x, y \in E$ gilt

$$P^x(X_t = y) = e^{tG}(x, y) := \sum_{n \geq 0} t^n \, G^n(x, y)/n! \,,$$

wobei die rechte Seite wegen $|G^n(x, y)| \leq (2a)^n$ wohldefiniert ist. Insbesondere gilt $\frac{d}{dt} P^x(X_t = y)|_{t=0} = G(x, y)$.

(b) $(X_t)_{t \geq 0}$ ist ein Markov-Prozess zur Übergangshalbgruppe $\Pi_t := e^{tG}$, $t \geq 0$, d.h. für alle $n \geq 1, 0 = t_0 < t_1 < \cdots < t_n$ und $x_0 = x, x_1, \ldots, x_n \in E$ gilt

$$P^x(X_{t_1} = x_1, \ldots, X_{t_n} = x_n) = \prod_{k=1}^{n} \Pi_{t_k - t_{k-1}} (x_{k-1}, x_k) \,.$$

(c) Sei $T_0^* = 0$, $Z_0^* = x$ und, rekursiv für $n \geq 1$, $T_n^* = \inf\{t > T_{n-1}^* : X_t \neq Z_{n-1}^*\}$ der Zeitpunkt sowie $Z_n^* = X_{T_n^*}$ das Ziel des n-ten Sprunges von $(X_t)_{t \geq 0}$. Dann gilt:

▷ $(Z_n^*)_{n \geq 0}$ ist eine Markov-Kette auf E mit Startpunkt x und Übergangsmatrix $\Pi^*(x, y) = \delta_{xy} + G(x, y)/a(x)$,

▷ bedingt auf $(Z_n^*)_{n \geq 0}$, sind die Verweilzeiten $T_{n+1}^* - T_n^*$ im Zustand Z_n^*, $n \geq 0$, unabhängig und exponentialverteilt jeweils zum Parameter $a(Z_n^*)$.

Hinweis: Erinnern Sie sich an die Konstruktion (3.33) und kombinieren Sie die Aufgaben 6.3, 3.20 und 3.18.

$(X_t)_{t \geq 0}$ heißt die *Markov-Kette auf E mit stetiger Zeit zum infinitesimalen Generator G*, und $(Z_n^*)_{n \geq 0}$ die *eingebettete diskrete Sprungkette*.

6.29 *Explosion in endlicher Zeit.* Ohne die Voraussetzung (iii) in Aufgabe 6.28 existiert eine Markov-Kette mit Generator G im Allgemeinen nicht mehr. Sei etwa $E = \mathbb{N}$ und $G(x, x+1) = -G(x, x) = x^2$ für alle $x \in \mathbb{N}$. Bestimmen Sie die diskrete Sprungkette $(Z_n^*)_{n \geq 0}$ zum Startpunkt 1 sowie die Sprungzeitpunkte $(T_n^*)_{n \geq 1}$ wie in 6.28(c) und zeigen Sie: $\mathbb{E}^0(\sup_{n \geq 1} T_n^*) < \infty$, d.h. die Markov-Kette $(X_t)_{t \geq 0}$ „explodiert" zu der fast sicher endlichen Zeit $\sup_{n \geq 1} T_n^*$.

6.30 ^{L} *Ergodensatz für Markov-Ketten mit stetiger Zeit.* In der Situation von Aufgabe 6.28 sei E endlich und G irreduzibel, d.h. für alle $x, y \in E$ gebe es ein $k \in \mathbb{N}$ und $x_0, \ldots, x_k \in E$ mit $x_0 = x, x_k = y$ und $\prod_{i=1}^{k} G(x_{i-1}, x_i) \neq 0$. Zeigen Sie:

(a) Für geeignetes $k \in \mathbb{Z}_+$ gilt $\lim_{t \to 0} \Pi_t(x, y)/t^k > 0$. Folglich hat Π_t für alle $t > 0$ lauter positive Einträge.

(b) Es gilt $\lim_{t \to \infty} \Pi_t(x, y) = \alpha(y)$ für die einzige Zähldichte α auf E, welche eine der äquivalenten Bedingungen $\alpha G = 0$ bzw. $\alpha \Pi_s = \alpha$ für alle $s > 0$ erfüllt.

Teil II

Statistik

7 Parameterschätzung

Die zentrale Aufgabe der Statistik besteht in der Entwicklung von Methoden, mit denen man aus zufallsgesteuerten Beobachtungen auf die zugrunde liegenden Gesetzmäßigkeiten schließen kann. Die in Frage kommenden Gesetzmäßigkeiten werden durch eine Familie von geeigneten Wahrscheinlichkeitsmaßen beschrieben, und man möchte anhand der Beobachtungen das richtige Wahrscheinlichkeitsmaß ermitteln. Wir geben zunächst einen Überblick über die grundlegenden Vorgehensweisen und behandeln dann die einfachste von diesen, nämlich die Schätzung. Hierbei handelt es sich darum, einen möglichst geschickten Tipp abzugeben für das Wahrscheinlichkeitsmaß, welches den Beobachtungen zugrunde liegt.

7.1 Der Ansatz der Statistik

Wie kann man in einer zufälligen Situation aus einzelnen Beobachtungen Schlussfolgerungen ziehen über die Art und die Eigenschaften eines Zufallsmechanismus? Wir wollen dies an einem Beispiel erläutern.

(7.1) **Beispiel:** *Qualitätskontrolle.* Ein Apfelsinen-Importeur erhält eine Lieferung von $N = 10\,000$ Orangen. Natürlich möchte er wissen, wie viele von diesen faul sind. Um Anhaltspunkte dafür zu bekommen, nimmt er eine Stichprobe von z. B. $n = 50$ Orangen. Von diesen ist eine zufällige Anzahl x faul. Welche Rückschlüsse auf die wahre Anzahl w der faulen Orangen kann der Importeur dann ziehen? Die folgenden drei Vorgehensweisen bieten sich an. Jede von diesen entspricht einer grundlegenden statistischen Methode.

1. Ansatz: Naive Schätzung. Über den Daumen gepeilt wird man vermuten, dass der Anteil der faulen Orangen in der Stichprobe in etwa dem Gesamtanteil der faulen Orangen in der Lieferung entspricht, dass also $x/n \approx w/N$. Demzufolge wird der Importeur darauf tippen, dass ungefähr $W(x) := N\,x/n$ Orangen faul sind, d. h. $W(x) = N\,x/n$ (oder genauer: die nächstgelegene ganze Zahl) ist ein aus dem Beobachtungsergebnis x resultierender Schätzwert für w. Wir haben damit auf intuitive Weise eine Abbildung gefunden, die dem Beobachtungsergebnis x einen Schätzwert $W(x)$ zuordnet. Solch eine Abbildung heißt ein *Schätzer*.

Der Schätzwert $W(x)$ ist offensichtlich vom Zufall abhängig. Wenn der Importeur eine zweite Stichprobe zieht, bekommt er im Allgemeinen ein anderes Ergebnis x', und damit verändert sich auch der Schätzwert $W(x')$. Welchem Schätzwert soll er dann mehr vertrauen? Dieses Problem macht deutlich, dass man die Launen des Zufalls besser berücksichtigen muss, und führt zu folgendem

2. Ansatz: Schätzung mit Fehlerangabe. Beim Beobachtungsergebnis x tippt man nicht auf einen genauen Wert $W(x)$, sondern gibt nur ein von x abhängiges Intervall $C(x)$ an, in dem der wahre Wert w mit hinreichender Sicherheit liegt. Da x vom Zufall bestimmt wird, ist natürlich auch $C(x)$ zufallsabhängig. Man möchte, dass es mit großer Wahrscheinlichkeit den wahren Wert w enthält. Dies bedeutet:

$$P_w(x : C(x) \ni w) \approx 1$$

für das wahre w und das richtige Wahrscheinlichkeitsmaß P_w. Nun entspricht die Stichprobe des Orangen-Importeurs offenbar dem Ziehen ohne Zurücklegen von n Kugeln aus einer Urne mit w weißen und $N - w$ schwarzen Kugeln; die Anzahl der faulen Orangen in der Stichprobe ist daher hypergeometrisch verteilt. Das richtige P_w ist also $P_w = \mathcal{H}_{n;w,N-w}$. Der wahre Wert w allerdings (die Anzahl der faulen Orangen) ist unbekannt; er soll ja erst aus der Stichprobe x ermittelt werden! Die Eigenschaften von $C(x)$ dürfen daher nicht von w abhängen. Dies führt zu der Forderung, dass

$$\mathcal{H}_{n;w,N-w}(C(\cdot) \ni w) \geq 1 - \alpha$$

für *alle* $w \in \{0, \dots, N\}$ und ein (kleines) $\alpha > 0$. Solch ein vom Beobachtungswert x abhängiges Intervall $C(x)$ heißt ein *Konfidenzintervall zum Irrtumsniveau* α.

3. Ansatz: Entscheidungsfindung. Dem Orangen-Importeur kommt es nicht nur auf die reine Kenntnis von w an, sondern aufs Geld. Er hat z. B. einen Vertrag mit dem Lieferanten, welcher besagt: Der vereinbarte Preis muss nur gezahlt werden, wenn weniger als 5% der Orangen faul sind. Aufgrund der Stichprobe x muss er sich entscheiden: Stimmt die Qualität oder nicht? Er hat die Wahl zwischen

der „Nullhypothese" $H_0 : w \in \{0, \dots, 500\}$

und der „Alternative" $H_1 : w \in \{501, \dots, 10\,000\}$

und braucht dazu ein Entscheidungsverfahren, etwa der Art

$x \leq c \Rightarrow$ Entscheidung für die Nullhypothese,

$x > c \Rightarrow$ Entscheidung für die Alternative.

Dabei soll c so bestimmt werden, dass $\mathcal{H}_{n;w,N-w}(x : x > c)$ für $w \leq 500$ klein ist, und für $w > 500$ möglichst groß ist. Die erste Forderung bedeutet, dass ein für den Importeur peinlicher Irrtum sehr unwahrscheinlich sein soll, und die zweite, dass der Importeur zu seinem Recht kommt – er möchte ja unbedingt erkennen, wenn die Qualität der Orangen nicht ausreichend ist. Eine Entscheidungsregel dieser Art heißt ein *Test*.

Wir werden uns mit allen drei Methoden beschäftigen, in diesem Kapitel mit der ersten. Zu ihrer Veranschaulichung mag man schon an dieser Stelle einen Blick auf die Abbildungen 7.1, 8.2 und 10.1 (auf den Seiten 199, 232 und 265) werfen. Wir betrachten gleich noch ein zweites Beispiel.

(7.2) Beispiel: *Materialprüfung.* Es soll z.B. die Sprödigkeit eines Kühlwasserrohres in einem Kernkraftwerk überprüft werden. Dazu werden n unabhängige Messungen durchgeführt, mit (zufälligen) Ergebnissen $x_1, \ldots, x_n$. Da sich bei den Messungen viele kleine zufällige Störungen aufsummieren können, kann man angesichts des zentralen Grenzwertsatzes (in erster Näherung) annehmen, dass die Messwerte $x_1, \ldots, x_n$ von einer Normalverteilung gesteuert werden. Dabei sei die Varianz $v > 0$ bekannt (sie entspricht der Güte des Messinstruments und ist also hoffentlich recht klein!), aber der Erwartungswert $m \in \mathbb{R}$, der die wirkliche Sprödigkeit des Rohres angibt, ist unbekannt. Dieses m soll nun aus dem Datensatz $x = (x_1, \ldots, x_n) \in \mathbb{R}^n$ ermittelt werden. Der Statistiker kann nun wieder auf dreierlei Weise vorgehen:

1) *Schätzung.* Man gibt einfach eine Zahl an, die aufgrund des Messergebnisses x am plausibelsten ist. Das erste, was sich dafür anbietet, ist natürlich der Mittelwert

$$M(x) = \bar{x} := \frac{1}{n} \sum_{i=1}^{n} x_i \,.$$

Wegen der Zufallsabhängigkeit dieses Wertes ist solch eine Schätzung aber nur bedingt vertrauenswürdig.

2) *Konfidenzintervall.* Man bestimmt ein von x abhängiges Intervall $C(x)$, z.B. der Gestalt $C(x) =]M(x) - \varepsilon, M(x) + \varepsilon[$, in dem der wahre Wert m mit hinreichender Sicherheit liegt. Letzteres bedeutet aufgrund unserer Normalverteilungsannahme, dass

$$\mathcal{N}_{m,v}^{\otimes n}\big(C(\cdot) \ni m\big) \geq 1 - \alpha$$

für ein vorgegebenes $\alpha > 0$ und alle in Frage kommenden m.

3) *Test.* Wenn entschieden werden muss, ob die Sprödigkeit des Rohres unterhalb eines zulässigen Grenzwertes m_0 liegt, ist ein Konfidenzintervall jedoch noch nicht der richtige Ansatz. Man braucht dann eine Entscheidungsregel. Diese hat sinnvollerweise die Gestalt

$$M(x) \leq c \Rightarrow \text{Entscheidung für die Hypothese } H_0 : m \leq m_0$$

$$M(x) > c \Rightarrow \text{Entscheidung für die Alternative } H_1 : m > m_0$$

für einen geeigneten Schwellenwert c. Letzterer sollte so gewählt werden, dass

$$\mathcal{N}_{m,v}^{\otimes n}(M > c) \leq \alpha \ \text{ für } m \leq m_0$$

und

$$\mathcal{N}_{m,v}^{\otimes n}(M > c) \ \text{ möglichst groß für } m > m_0 \,;$$

d.h. einerseits soll mit Sicherheit $1 - \alpha$ vermieden werden, das Rohr als schlecht zu deklarieren, wenn es in Wirklichkeit noch in Ordnung ist, und andererseits soll ein zu sprödes Rohr mit größtmöglicher Sicherheit als solches erkannt werden. Man beachte, dass die Entscheidungsregel nicht symmetrisch ist in H_0 und H_1. Wenn die Sicherheit höhere Priorität hat als die Kosten, wird man die Rolle von Hypothese und Alternative vertauschen.

Was ist die allgemeine Struktur hinter den obigen Beispielen?

▷ Die möglichen Beobachtungsergebnisse x bilden eine gewisse Menge $\mathcal{X}$, den Stichprobenraum. Aus $\mathcal{X}$ wird durch Beobachtung ein zufälliges Element ausgewählt. (In Beispiel (7.1) war $\mathcal{X} = \{0, \dots, n\}$, und in (7.2) $\mathcal{X} = \mathbb{R}^n$.)

Die Bezeichnung mit $\mathcal{X}$ statt Ω beruht auf der Vorstellung, dass die Beobachtung durch eine Zufallsvariable $X : \Omega \to \mathcal{X}$ gegeben ist, wobei Ω eine detaillierte Beschreibung des Zufalls liefert, während $\mathcal{X}$ nur die wirklich beobachtbaren Ergebnisse enthält. Da jedoch nicht X selbst, sondern nur die Verteilung von X eine Rolle spielt, taucht Ω nicht mehr explizit auf.

▷ Das Wahrscheinlichkeitsmaß auf $\mathcal{X}$, das die Verteilung der Beobachtung beschreibt, ist nicht bekannt, sondern soll erst aus den Beobachtungswerten ermittelt werden. Also muss man nicht mehr nur ein Wahrscheinlichkeitsmaß auf $\mathcal{X}$ betrachten, sondern eine ganze Klasse von in Frage kommenden Wahrscheinlichkeitsmaßen. (In Beispiel (7.1) war dies die Klasse der hypergeometrischen Verteilungen $\mathcal{H}_{n;w,N-w}$ mit $w \leq N$, und in (7.2) die Klasse der Normalverteilungsprodukte $\mathcal{N}_{m,v}^{\otimes n}$ mit m im relevanten Bereich.)

Diese beiden Feststellungen führen zur folgenden allgemeinen Definition.

Definition: Ein *statistisches Modell* ist ein Tripel $(\mathcal{X}, \mathscr{F}, P_\vartheta : \vartheta \in \Theta)$ bestehend aus einem Stichprobenraum $\mathcal{X}$, einer σ-Algebra $\mathscr{F}$ auf $\mathcal{X}$, und einer mindestens zweielementigen Klasse $\{P_\vartheta : \vartheta \in \Theta\}$ von Wahrscheinlichkeitsmaßen auf $(\mathcal{X}, \mathscr{F})$, die mit einer gewissen Indexmenge Θ indiziert sind.

Da wir es nun mit vielen (oder zumindest zwei) verschiedenen Wahrscheinlichkeitsmaßen zu tun haben, müssen wir bei der Bildung von Erwartungswerten das jeweils zugrunde liegende Wahrscheinlichkeitsmaß angeben. Wir schreiben daher $\mathbb{E}_\vartheta$ für den Erwartungswert und $\mathbb{V}_\vartheta$ für die Varianz bezüglich P_ϑ.

Eine Selbstverständlichkeit soll hier noch betont werden: *Die erste Grundaufgabe des Statistikers besteht in der Wahl des richtigen Modells!* Denn jedes statistische Verfahren macht nur dann Sinn, wenn die zugrunde gelegte Klasse von Wahrscheinlichkeitsmaßen die betrachtete Anwendungssituation (zumindest einigermaßen) zutreffend beschreibt.

Die meisten von uns betrachteten Modelle haben noch gewisse Zusatzeigenschaften, die wir hier gleich definieren wollen.

Definition: (a) Ein statistisches Modell $\mathcal{M} = (\mathcal{X}, \mathscr{F}, P_\vartheta : \vartheta \in \Theta)$ heißt ein *parametrisches Modell*, wenn $\Theta \subset \mathbb{R}^d$ für ein $d \in \mathbb{N}$. Ist $d = 1$, so heißt $\mathcal{M}$ ein *einparametriges Modell*.

(b) $\mathcal{M}$ heißt ein *diskretes Modell*, wenn $\mathcal{X}$ diskret, also höchstens abzählbar ist und $\mathcal{F} = \mathcal{P}(\mathcal{X})$; dann besitzt jedes P_ϑ eine Zähldichte, nämlich $\rho_\vartheta : x \rightarrow P_\vartheta(\{x\})$. $\mathcal{M}$ heißt ein *stetiges Modell*, wenn $\mathcal{X}$ eine Borel'sche Teilmenge eines $\mathbb{R}^n$ ist, $\mathcal{F} = \mathcal{B}_\mathcal{X}^n$ die auf $\mathcal{X}$ eingeschränkte Borel'sche σ-Algebra, und jedes P_ϑ eine Dichtefunktion ρ_ϑ besitzt. Tritt einer dieser beiden Fälle ein, so heiße $\mathcal{M}$ ein *Standardmodell*.

Zum Verständnis dieser Definition beachte man das Folgende.

(a) Der Fall einer höchstens abzählbaren Indexmenge Θ ist im parametrischen Fall mit eingeschlossen, denn dann kann Θ ja mit einer Teilmenge von $\mathbb{R}$ identifiziert werden. Typischerweise denkt man aber an den Fall, dass Θ ein Intervall oder, im mehrdimensionalen Fall, eine offene oder abgeschlossene konvexe Menge ist.

(b) Das Wesentliche am Begriff des Standardmodells ist die Existenz einer Dichtefunktion bezüglich eines sogenannten dominierenden Maßes. Im diskreten Fall ist dies dominierende Maß das Zählmaß, das jedem Punkt von $\mathcal{X}$ die Masse 1 gibt, und im stetigen Fall das Lebesguemaß λ^n auf $\mathbb{R}^n$. Diese beiden Fälle sind offenbar völlig analog zueinander, nur dass man im diskreten Fall Summen schreiben muss und im stetigen Fall Integrale. Zum Beispiel ist für $A \in \mathcal{F}$ entweder $P_\vartheta(A) = \sum_{x \in A} \rho_\vartheta(x)$ oder $P_\vartheta(A) = \int_A \rho_\vartheta(x) \, dx$. *Wir werden im Folgenden nicht beide Fälle gesondert behandeln, sondern einfach immer Integrale schreiben, die im diskreten Fall durch Summen zu ersetzen sind.*

Oft werden wir statistische Modelle betrachten, die die unabhängige Wiederholung von identischen Einzelexperimenten beschreiben. Dies war bereits in Beispiel (7.2) der Fall. Zu diesem Zweck führen wir noch den folgenden Begriff ein.

Definition: Ist $(E, \mathcal{E}, Q_\vartheta : \vartheta \in \Theta)$ ein statistisches Modell und $n \geq 2$ eine ganze Zahl, so heißt

$$(\mathcal{X}, \mathcal{F}, P_\vartheta : \vartheta \in \Theta) = (E^n, \mathcal{E}^{\otimes n}, Q_\vartheta^{\otimes n} : \vartheta \in \Theta)$$

das zugehörige *n-fache Produktmodell*. In dem Fall bezeichnen wir mit $X_i : \mathcal{X} \rightarrow E$ die Projektion auf die i-te Koordinate. Sie beschreibt den Ausgang des i-ten Teilexperiments. Insbesondere sind dann $X_1, \ldots, X_n$ bezüglich jedes P_ϑ unabhängig und identisch verteilt mit Verteilung Q_ϑ, $\vartheta \in \Theta$.

Offenbar ist das Produktmodell eines parametrischen Modells wieder parametrisch, denn es hat ja dasselbe Θ. Außerdem ist das Produktmodell eines Standardmodells wieder ein Standardmodell; vergleiche Beispiel (3.30).

Zum Schluss des Abschnitts noch eine Bemerkung zur Begrifflichkeit und Terminologie. Der Vorgang des Beobachtens, der ein zufälliges Ergebnis liefert, wird beschrieben durch gewisse Zufallsvariablen, die wir mit X oder (wie oben im Produktmodell) mit X_i bezeichnen. Um diese Interpretation der Zufallsvariablen zu betonen, nennen wir jede solche Zufallsvariable kurz eine (zufällige) *Beobachtung*, *Messung* oder *Stichprobe*. Dagegen bezeichnen wir eine Realisierung von X oder X_i, d.h. einen konkreten Wert x, der sich bei einer Beobachtung eingestellt hat, als *Beobachtungs-* oder *Messwert* bzw. als *Beobachtungs-* oder *Messergebnis*.

7.2 Die Qual der Wahl

Wir wenden uns jetzt dem Schätzproblem zu. Nach der obigen informellen Einführung von Schätzern beginnen wir mit der allgemeinen Definition.

Definition: Sei $(\mathcal{X}, \mathcal{F}, P_\vartheta : \vartheta \in \Theta)$ ein statistisches Modell und $(\Sigma, \mathcal{S})$ ein weiterer Ereignisraum.

(a) Eine beliebige Zufallsvariable S von $(\mathcal{X}, \mathcal{F})$ nach $(\Sigma, \mathcal{S})$ heißt eine *Statistik*.

(b) Sei $\tau : \Theta \to \Sigma$ eine Abbildung, die jedem $\vartheta \in \Theta$ eine gewisse Kenngröße $\tau(\vartheta) \in \Sigma$ zuordnet. (Im parametrischen Fall sei z.B. $(\Sigma, \mathcal{S}) = (\mathbb{R}, \mathcal{B})$ und $\tau(\vartheta) = \vartheta_1$ die erste Koordinate von ϑ.) Eine Statistik $T : \mathcal{X} \to \Sigma$ heißt dann ein *Schätzer für* τ.

Diese Definition enthält zwei Überraschungen:

▷ Warum führt man den Begriff der Statistik ein, wenn eine Statistik nichts anderes ist als eine Zufallsvariable? Der Grund ist der, dass diese beiden Begriffe zwar mathematisch identisch sind, aber verschieden interpretiert werden. Eine Zufallsvariable beschreibt in unserer Vorstellung die unvorhersehbaren Ergebnisse, die uns der Zufall präsentiert. Eine Statistik jedoch ist eine vom Statistiker wohlkonstruierte Abbildung, die aus den Beobachtungsdaten eine essentielle Größe extrahiert, aus der sich Schlüsse ziehen lassen.

▷ Warum führt man den Begriff des Schätzers ein, wenn ein Schätzer nichts anderes ist als eine Statistik? Und warum sagt die Definition eines Schätzers nichts darüber aus, ob T etwas mit τ zu tun hat? Wieder liegt das an der Interpretation: Ein Schätzer ist eine Statistik, die speziell auf die Aufgabe des Schätzens von τ zugeschnitten sein soll. Dies wird aber nicht weiter formalisiert, da sonst der Begriff des Schätzers zu sehr eingeengt würde.

Ein Schätzer wird oft auch ein *Punktschätzer* genannt, um zu betonen, dass für jedes $x \in \mathcal{X}$ nur ein einzelner Schätzwert statt eines ganzen Konfidenzbereiches angegeben wird. Abbildung 7.1 versucht, das Grundprinzip des Schätzens zu veranschaulichen.

In den Beispielen (7.1) und (7.2) schien die Konstruktion eines guten Schätzers Routine zu sein. Das ist jedoch keineswegs immer der Fall. Das folgende Beispiel soll dazu dienen, ein Problembewusstsein zu schaffen.

(7.3) Beispiel: *Erraten des Bereichs von Zufallszahlen.* In einer Fernsehshow führt der Moderator einen Apparat vor, der Zufallszahlen im Intervall $[0, \vartheta]$ ausspuckt, wenn er vom Moderator auf den Wert $\vartheta > 0$ eingestellt wurde. Zwei Spieler dürfen den Apparat $n = 10$ Mal bedienen und sollen dann ϑ möglichst gut erraten. Wer besser rät, hat gewonnen.

Zunächst einmal müssen wir fragen: Welches statistische Modell soll zugrunde gelegt werden? Da n nichtnegative Zufallszahlen erzeugt werden sollen, ist der Ergebnisraum offenbar der Produktraum $\mathcal{X} = [0, \infty[^n$. Der vom Moderator gesteuerte Parameter ϑ liegt in der Parametermenge $\Theta =]0, \infty[$, und die in Frage kommenden Wahrscheinlichkeitsmaße sind – wegen der impliziten Annahme der Unabhängigkeit

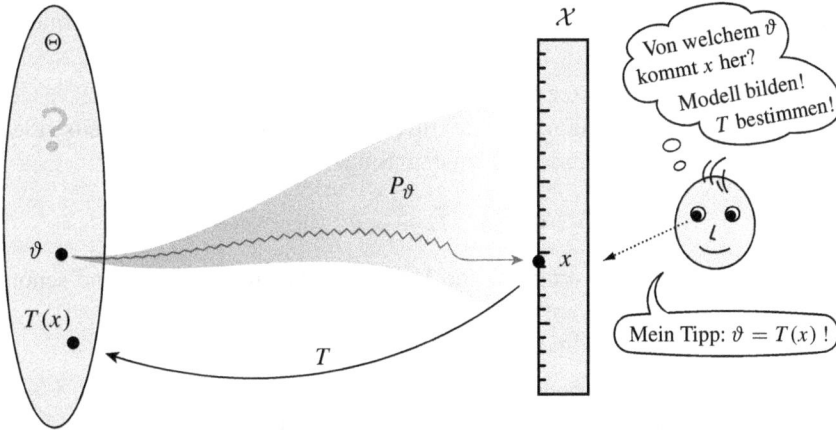

Abbildung 7.1: Das Prinzip des Schätzens: Eine unbekannte Größe ϑ soll ermittelt werden; die möglichen ϑ's bilden eine Menge Θ. Das tatsächlich vorliegende ϑ bestimmt ein Zufallsgesetz P_ϑ, welches das Zufallsexperiment steuert und im konkreten Fall zum Messwert x führt. Um auf ϑ zurückschließen zu können, muss der Statistiker zunächst für jedes ϑ das Zufallsgesetz P_ϑ analysieren – das geschieht bei der Modellbildung. Die ermittelte Struktur aller P_ϑ's muss er dann ausnutzen, um eine Abbildung $T : \mathcal{X} \to \Theta$ so geschickt zu konstruieren, dass der Wert $T(x)$ dem tatsächlich vorliegenden ϑ typischerweise möglichst nahe kommt – ganz egal, welches ϑ das nun wirklich ist.

und Gleichverteilung der erzeugten Zufallszahlen – die Produktmaße $P_\vartheta = \mathcal{U}_{[0,\vartheta]}^{\otimes n}$. Wir haben somit das n-fache Produktmodell

$$(\mathcal{X}, \mathscr{F}, P_\vartheta : \vartheta \in \Theta) = \big([0, \infty[^n, \mathscr{B}_{[0,\infty[}^{\otimes n}, \mathcal{U}_{[0,\vartheta]}^{\otimes n} : \vartheta > 0\big)$$

von skalierten Gleichverteilungen. Wir betrachten nun zwei Ratestrategien für die beiden Spieler.

Spieler A erinnert sich an das Gesetz der großen Zahl. Wegen $\mathbb{E}(\mathcal{U}_{[0,\vartheta]}) = \vartheta/2$ gilt für den doppelten Mittelwert $T_n := 2M = \frac{2}{n} \sum_{k=1}^n X_k$

$$P_\vartheta\big(|T_n - \vartheta| > \varepsilon\big) \underset{n \to \infty}{\longrightarrow} 0 \quad \text{für alle } \varepsilon > 0,$$

d. h. T_n konvergiert P_ϑ-stochastisch gegen ϑ. (Da auch das zugrunde liegende Modell von der Beobachtungszahl n abhängt, wird hier der Begriff der stochastischen Konvergenz in einem etwas allgemeineren Sinne als bisher verwendet.) Spieler A wählt deshalb T_n als Schätzer und hofft, dass dies bereits für $n = 10$ vernünftig ist.

Spieler B denkt sich: Das Beobachtungsmaximum $\widetilde{T}_n := \max(X_1, \dots, X_n)$ ist zwar stets kleiner als ϑ, wird aber für großes n nahe bei ϑ liegen. In der Tat gilt für alle $\varepsilon > 0$

$$P_\vartheta\big(\widetilde{T}_n \leq \vartheta - \varepsilon\big) = P_\vartheta\big(X_1 \leq \vartheta - \varepsilon, \dots, X_n \leq \vartheta - \varepsilon\big) = \big(\tfrac{\vartheta - \varepsilon}{\vartheta}\big)^n \underset{n \to \infty}{\longrightarrow} 0,$$

d. h. auch $\widetilde{T}_n$ konvergiert P_ϑ-stochastisch gegen ϑ, und $\widetilde{T}_n$ ist ebenfalls ein vernünftiger Schätzer für ϑ.

Welcher Spieler hat bessere Gewinnchancen, d. h. welcher der beiden Schätzer ist besser? Dazu müssen wir geeignete Gütekriterien festlegen. Wir haben bereits gesehen:

▷ Beide Schätzer sind *konsistent* im dem Sinne, dass

$$T_n \xrightarrow{P_\vartheta} \vartheta \quad \text{und} \quad \widetilde{T}_n \xrightarrow{P_\vartheta} \vartheta \quad \text{für } n \to \infty.$$

Dies betrifft aber nur das asymptotische Verhalten. Welche Kriterien sind schon für kleines n, etwa $n = 10$ relevant?

▷ T_n ist *erwartungstreu* im Sinne von

$$\mathbb{E}_\vartheta (T_n) = \frac{2}{n} \sum_{i=1}^{n} \mathbb{E}_\vartheta (X_i) = \vartheta \quad \text{für alle } \vartheta \in \Theta .$$

Dagegen gilt $P_\vartheta (\widetilde{T}_n < \vartheta) = 1$, also ist $\widetilde{T}_n$ sicher nicht erwartungstreu. Bei großem n ist $\widetilde{T}_n$ aber „ziemlich" erwartungstreu. In der Tat gilt $P_\vartheta (\widetilde{T}_n \leq c) = (c/\vartheta)^n$ für alle $c \in [0, \vartheta]$, also hat $\widetilde{T}_n$ unter P_ϑ die Verteilungsdichte $\frac{d}{dx}(x/\vartheta)^n = n\, x^{n-1} \vartheta^{-n}$ auf $[0, \vartheta]$. Mit Korollar (4.13) ergibt sich daher

$$\mathbb{E}_\vartheta (\widetilde{T}_n) = \int_0^\vartheta x\, n\, x^{n-1} \vartheta^{-n}\, dx = n\vartheta^{-n} \int_0^\vartheta x^n\, dx = \frac{n}{n+1}\, \vartheta$$

für alle $\vartheta \in \Theta$. $\widetilde{T}_n$ ist also asymptotisch erwartungstreu im Sinne von $\mathbb{E}_\vartheta (\widetilde{T}_n) \to \vartheta$ für alle $\vartheta \in \Theta$. Spieler B wäre allerdings gut beraten, statt $\widetilde{T}_n$ den geringfügig modifizierten Schätzer $T_n^* := \frac{n+1}{n} \widetilde{T}_n$ zu verwenden. Denn T_n^* ist offenbar erwartungstreu, vermeidet also eine systematische Unterschätzung von ϑ, und ist natürlich ebenfalls konsistent.

▷ Erwartungstreue allein ist noch nicht sehr aussagekräftig, wenn der Schätzwert sehr stark um den Erwartungswert streuen kann. Deshalb fragen wir: Welcher Schätzer streut mehr? Gemäß Satz (4.23) und Korollar (4.13) gilt für die Varianz des Schätzers von Spieler A

$$\mathbb{V}_\vartheta (T_n) = \left(\frac{2}{n} \right)^2 \mathbb{V}_\vartheta \left(\sum_{k=1}^{n} X_k \right) = \frac{4}{n} \mathbb{V}_\vartheta (X_1)$$

$$= \frac{4}{n\vartheta} \int_0^\vartheta \left(x - \frac{\vartheta}{2} \right)^2 dx = \frac{\vartheta^2}{3n} .$$

Dagegen beträgt die Varianz des Schätzers von Spieler B

$$\mathbb{V}_\vartheta (\widetilde{T}_n) = \mathbb{E}_\vartheta (\widetilde{T}_n^2) - \mathbb{E}_\vartheta (\widetilde{T}_n)^2$$

$$= \int_0^\vartheta x^2 n x^{n-1} \vartheta^{-n} dx - \left(\frac{n\vartheta}{n+1} \right)^2$$

$$= \left(\frac{n}{n+2} - \frac{n^2}{(n+1)^2} \right) \vartheta^2 = \frac{n\,\vartheta^2}{(n+1)^2(n+2)} ,$$

und für seine erwartungstreue Modifikation gilt $\mathbb{V}_\vartheta(T_n^*) = \vartheta^2/n(n+2)$. Diese Varianzen streben sogar wie $1/n^2$ gegen 0. Der Schätzer $\widetilde{T}_n$ streut zwar sogar noch etwas weniger als T_n^*, aber leider um den falschen Wert $\frac{n}{n+1}\,\vartheta$. Der gesamte mittlere quadratische Fehler für $\widetilde{T}_n$ beträgt daher

$$\mathbb{E}_\vartheta\big((\widetilde{T}_n - \vartheta)^2\big) = \mathbb{V}_\vartheta(\widetilde{T}_n) + \big(\mathbb{E}_\vartheta(\widetilde{T}_n) - \vartheta\big)^2 = \frac{2\,\vartheta^2}{(n+1)(n+2)}\,,$$

ist also (bei großem n) ungefähr doppelt so groß wie der quadratische Fehler $\mathbb{V}_\vartheta(T_n^*)$ von T_n^*. Für $n = 10$ haben wir insbesondere $\mathbb{V}_\vartheta(T_{10}) = \vartheta^2/30$, $\mathbb{E}_\vartheta\big((\widetilde{T}_{10} - \vartheta)^2\big) = \vartheta^2/66$, und $\mathbb{V}_\vartheta(T_{10}^*) = \vartheta^2/120$. Beide Spieler haben also nicht die optimale Strategie, und Sie würden an deren Stelle natürlich den Schätzer T_n^* verwenden.

Als Fazit des Beispiels ergibt sich: Der naive, auf dem Mittelwert beruhende Schätzer ist offenbar nicht optimal. Ob aber der Schätzer T_n^* der beste ist, und ob es überhaupt einen besten Schätzer gibt, ist damit noch nicht geklärt, und im Allgemeinen lässt sich das auch nicht klären. Unterschiedliche Gütekriterien sind nicht immer miteinander vereinbar, und in verschiedenen Situationen können verschiedene Schätzer zweckmäßig sein. Die Wahl eines angemessenen Schätzers verlangt deshalb stets einiges Fingerspitzengefühl. Die oben angeführten Gütekriterien werden wir später noch näher untersuchen.

7.3 Das Maximum-Likelihood-Prinzip

Trotz der soeben diskutierten Schwierigkeiten gibt es ein universelles und intuitiv plausibles Prinzip für die Auswahl eines Schätzers. Die resultierenden Schätzer erfüllen in vielen Fällen die oben genannten Gütekriterien, manchmal allerdings nur ungefähr. Zur Motivation betrachten wir wieder unser Eingangsbeispiel.

(7.4) Beispiel: *Qualitätskontrolle, vgl.* (7.1). Erinnern wir uns an den Orangen-Importeur, der aufgrund einer Stichprobe vom Umfang n die Qualität einer Lieferung von N Apfelsinen beurteilen will. Das statistische Modell ist das hypergeometrische Modell mit $\mathcal{X} = \{0, \dots, n\}$, $\Theta = \{0, \dots, N\}$, und $P_\vartheta = \mathcal{H}_{n;\vartheta,N-\vartheta}$. Gesucht ist ein Schätzer $T: \mathcal{X} \to \Theta$ für ϑ.

Im Unterschied zu der naiven Vorgehensweise in Beispiel (7.1) wollen wir jetzt unsere Intuition von den Eigenschaften des statistischen Modells leiten lassen. Wenn wir x beobachten, können wir die Wahrscheinlichkeit $\rho_\vartheta(x) = P_\vartheta(\{x\})$ berechnen, mit der dies Ergebnis eintritt, wenn ϑ der richtige Parameter ist. Wir können dann folgendermaßen argumentieren: Ein ϑ mit sehr kleinem $\rho_\vartheta(x)$ kann nicht der wahre Parameter sein, denn sonst wäre unsere Beobachtungsergebnis ein ausgesprochener Ausnahmefall gewesen, und wieso sollte der Zufall uns ausgerechnet einen untypischen Ausnahmefall angedreht haben? Viel eher sind wir bereit, auf ein ϑ zu tippen, bei dem unser Ergebnis x mit ganz plausibler Wahrscheinlichkeit eintritt. Diese Überlegung führt zu folgender Schätzregel:

Man bestimme den Schätzwert $T(x)$ zu x so, dass

$$\rho_{T(x)}(x) = \max_{\vartheta \in \Theta} \rho_\vartheta(x),$$

d. h. man tippe auf solche Parameter, bei denen das Beobachtungsergebnis x die größte Wahrscheinlichkeit hat.

Was bedeutet das in unserem Fall? Sei $x \in \mathcal{X} = \{0, \dots, n\}$ gegeben. Für welches ϑ ist die Zähldichte

$$\rho_\vartheta(x) = \frac{\binom{\vartheta}{x}\binom{N-\vartheta}{n-x}}{\binom{N}{n}}$$

maximal? Für $\vartheta \in \mathbb{N}$ gilt

$$\frac{\rho_\vartheta(x)}{\rho_{\vartheta-1}(x)} = \frac{\binom{\vartheta}{x}}{\binom{\vartheta-1}{x}} \frac{\binom{N-\vartheta}{n-x}}{\binom{N-\vartheta+1}{n-x}} = \frac{\vartheta(N-\vartheta+1-n+x)}{(\vartheta-x)(N-\vartheta+1)},$$

und dieser Quotient ist genau dann mindestens 1, wenn $\vartheta n \leq (N+1)x$, also wenn $\vartheta \leq \frac{N+1}{n}x$. Die Funktion $\rho_x : \vartheta \to \rho_\vartheta(x)$ ist somit wachsend auf der Menge $\{0, \dots, \lfloor \frac{N+1}{n}x \rfloor\}$ und fallend für größere Werte von ϑ. (Hier schreiben wir $\lfloor s \rfloor$ für den ganzzahligen Anteil einer reellen Zahl s.) Im Fall $x < n$ ist also

$$T(x) := \left\lfloor \frac{N+1}{n}x \right\rfloor$$

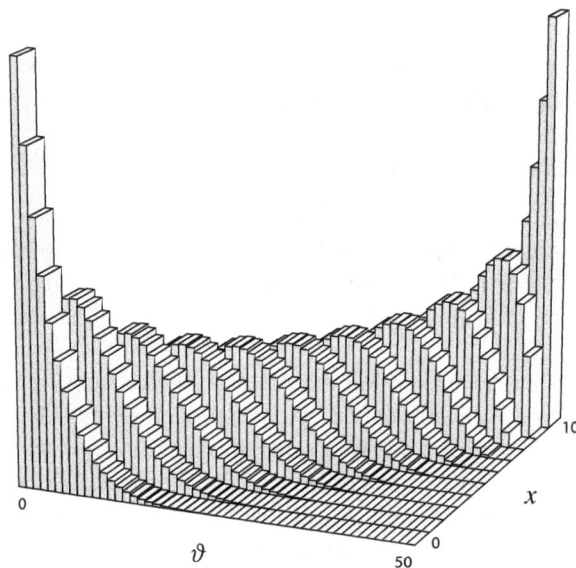

Abbildung 7.2: Die Likelihood-Funktion $\rho_x(\vartheta) = \mathcal{H}_{n;\vartheta,N-\vartheta}(\{x\})$ aus Beispiel (7.4) für $N = 50$, $n = 10$. Für jedes x erreicht ρ_x sein Maximum an der Stelle $T(x)$ mit $T(x)/N \approx x/n$.

eine Maximalstelle von ρ_x (und zwar die einzige, solange nicht $\frac{N+1}{n}\, x \in \mathbb{N}$); im Fall $x = n$ erhält man die Maximalstelle $T(x) = N$. Das so bestimmte T ist also der Schätzer, der sich aus der obigen Überlegung ergibt, und er stimmt im Wesentlichen mit dem naiven Schätzer aus Beispiel (7.1) überein. Abbildung 7.2 veranschaulicht die Situation.

Für $n = 1$ (nur eine Stichprobe) ist $T(x) = 0$ oder N je nachdem, ob $x = 0$ oder 1. Dieser „alles oder nichts"-Schätzer ist natürlich für die Praxis völlig unbrauchbar. Das liegt daran, dass man zu wenig Information zur Verfügung hat. Eine Schätzung, die auf zu wenig Beobachtungen beruht, kann natürlich nicht gut sein – man könnte dann genauso gut ganz auf Beobachtungen verzichten und auf gut Glück raten.

Wir wollen nun die oben verwendete Schätzregel allgemein definieren. Man erinnere sich an den auf Seite 197 eingeführten Begriff des Standardmodells.

Definition: Ist $(\mathcal{X}, \mathscr{F}, P_\vartheta : \vartheta \in \Theta)$ ein statistisches Standardmodell, so heißt die Funktion $\rho : \mathcal{X} \times \Theta \to [0, \infty[$ mit $\rho(x, \vartheta) = \rho_\vartheta(x)$ die zugehörige *Likelihood- (oder Plausibilitäts-)Funktion*, und die Abbildung $\rho_x = \rho(x, \cdot) : \Theta \to [0, \infty[$, $\vartheta \to \rho(x, \vartheta)$ heißt die *Likelihood-Funktion zum Beobachtungswert* $x \in \mathcal{X}$.

Die im Beispiel verwendete Schätzregel bekommt daher den folgenden Namen.

Definition: Ein Schätzer $T : \mathcal{X} \to \Theta$ für ϑ heißt ein *Maximum-Likelihood-Schätzer*, wenn

$$\rho(x, T(x)) = \max_{\vartheta \in \Theta} \rho(x, \vartheta)$$

für jedes $x \in \mathcal{X}$, d.h. wenn der Schätzwert $T(x)$ eine Maximalstelle der Funktion ρ_x auf Θ ist. Man schreibt dafür auch $T(x) = \mathrm{argmax}\ \rho_x$. (In der englischsprachigen Literatur verbreitet ist die Abkürzung MLE für „maximum likelihood estimator".)

Wir untersuchen diesen Begriff in einigen weiteren Beispielen.

(7.5) Beispiel: *Schätzung eines Fischbestandes.* Ein Teich („Urne") enthält eine unbekannte Anzahl ϑ von Karpfen („Kugeln"). Zur Schätzung von ϑ werden zunächst w Fische gefangen, markiert („weiß angemalt") und wieder freigelassen („zurückgelegt"). Wenn sich die markierten Fische wieder gut verteilt haben, werden n Fische gefangen, von denen x markiert sind.

Das statistische Modell ist offenbar $\mathcal{X} = \{0, \dots, n\}$, $\Theta = \{w, w+1, \dots\}$, $P_\vartheta = \mathcal{H}_{n;w,\vartheta-w}$, und die Likelihood-Funktion ist

$$\rho_x(\vartheta) = \frac{\binom{w}{x}\binom{\vartheta-w}{n-x}}{\binom{\vartheta}{n}}.$$

Welches $T(x)$ maximiert ρ_x? Analog wie im letzten Beispiel ergibt sich: Für $x \neq 0$ ist ρ_x wachsend auf $\{w, \dots, \lfloor nw/x \rfloor\}$ und fallend für größere Werte von ϑ. Also ist $T(x) = \lfloor nw/x \rfloor$ ein Maximum-Likelihood-Schätzer für ϑ, in Übereinstimmung mit der Intuition $w/\vartheta \approx x/n$.

Für $x = 0$ ist ρ_x wachsend auf ganz Θ; man wird also $T(0) = \infty$ setzen. Dann ist zwar $T(0) \notin \Theta$, aber dieser formale Mangel lässt sich leicht beheben, indem man ∞ zu Θ mit hinzunimmt und $P_\infty := \delta_0$ setzt. Schwerer wiegt der Einwand, dass der Schätzwert $T(x)$ bei kleinem x sehr stark davon abhängt, ob man einen markierten Fisch mehr oder weniger fängt. Der Schätzer T ist in dem Fall wenig glaubwürdig, und man sollte das Experiment besser mit sehr viel mehr markierten Fischen wiederholen.

(7.6) Beispiel: *Schätzung der Erfolgswahrscheinlichkeit.* Ein Reißnagel kann auf die Spitze oder den Rücken fallen, und zwar falle er auf die Spitze mit Wahrscheinlichkeit ϑ. Gesucht ist ein Schätzer für das unbekannte ϑ bei Beobachtung von n Würfen. Dies ist natürlich eine triviale Modellsituation; das gleiche Problem tritt immer dann auf, wenn in unabhängigen Beobachtungen eine unbekannte Wahrscheinlichkeit ϑ für des Eintreten eines „Erfolgs" bestimmt werden soll, wie etwa die Heilwirkung eines Medikaments, oder die Favorisierung eines Wahlkandidaten. Als statistisches Modell wählen wir das *Binomialmodell*

$$(\{0, \ldots, n\}, \mathscr{P}(\{0, \ldots, n\}), \mathcal{B}_{n,\vartheta} : \vartheta \in [0, 1])$$

mit der Likelihood-Funktion $\rho_x(\vartheta) = \binom{n}{x} \vartheta^x (1-\vartheta)^{n-x}$. Zur Bestimmung eines Maximum-Likelihood-Schätzers betrachteten wir die Log-Likelihood-Funktion $\log \rho_x$, mit der sich besser rechnen lässt. Offenbar gilt für $0 < \vartheta < 1$

$$\frac{d}{d\vartheta} \log \rho_x(\vartheta) = \frac{d}{d\vartheta} \big[x \log \vartheta + (n-x) \log(1-\vartheta) \big] = \frac{x}{\vartheta} - \frac{n-x}{1-\vartheta},$$

und der letzte Ausdruck ist fallend in ϑ und verschwindet genau für $\vartheta = x/n$. Also ist $T(x) = x/n$ der (einzige) Maximum-Likelihood-Schätzer für ϑ. Auch hier ist also der Maximum-Likelihood-Schätzer der intuitiv offensichtliche Schätzer.

(7.7) Beispiel: *Schätzung der Zusammensetzung einer Urne.* Eine Urne enthalte eine gewisse Anzahl gleichartiger Kugeln in verschiedenen Farben, und zwar sei E die endliche Menge der verschiedenen Farben. (Das vorige Beispiel (7.6) entspricht gerade dem Fall $|E| = 2$.) Es werde n-mal mit Zurücklegen gezogen. Es soll (simultan für alle Farben $a \in E$) der Anteil der Kugeln der Farbe a geschätzt werden. Gemäß Abschnitt 2.2.1 wählen wir den Stichprobenraum $\mathcal{X} = E^n$, die Parametermenge $\Theta = \{\vartheta \in [0, 1]^E : \sum_{a \in E} \vartheta(a) = 1\}$ aller Zähldichten auf E, sowie die Produktmaße $P_\vartheta = \vartheta^{\otimes n}$, $\vartheta \in \Theta$. (Genauso gut könnte man natürlich auch das Multinomialmodell aus Abschnitt 2.2.2 zugrunde legen.) Die Likelihood-Funktion ist dann $\rho_x(\vartheta) = \prod_{a \in E} \vartheta(a)^{nL(a,x)}$; dabei sei $L(a, x) = |\{1 \leq i \leq n : x_i = a\}|/n$ die relative Häufigkeit, mit der die Farbe a in der Stichprobe x auftaucht. Die Zähldichte $L(x) = \big(L(a, x) \big)_{a \in E} \in \Theta$ heißt das *Histogramm* oder die *empirische Verteilung* von x.

In Analogie zu Beispiel (7.6) liegt es nahe zu vermuten, dass die Abbildung $L : \mathcal{X} \to \Theta$ sich als Maximum-Likelihood-Schätzer erweist. Statt das Maximum der Likelihood-Funktion wieder durch Differentiation zu bestimmen (wozu man im hier interessierenden Fall $|E| > 2$ die Lagrange-Multiplikatorenmethode verwenden müsste), ist es einfacher, diese Vermutung direkt zu verifizieren: Für beliebige x und ϑ gilt

$$\rho_x(\vartheta) = \rho_x\big(L(x)\big) \prod_a{}' \left(\frac{\vartheta(a)}{L(a,x)}\right)^{n\,L(a,x)},$$

wobei sich $\prod_a'$ über alle $a \in E$ mit $L(a,x) > 0$ erstreckt; wegen $s^0 = 1$ für $s \geq 0$ können wir nämlich die anderen Faktoren ignorieren. Infolge der Ungleichung $s \leq e^{s-1}$ lässt sich das gestrichene Produkt aber nun abschätzen durch

$$\prod_a{}' \exp\big[n\,L(a,x)\big(\vartheta(a)/L(a,x) - 1\big)\big] \leq \exp\big[n\,(1-1)\big] = 1\,.$$

Dies liefert die vermutete Ungleichung $\rho_x(\vartheta) \leq \rho_x\big(L(x)\big)$, und wegen $s < e^{s-1}$ für $s \neq 1$ gilt im Fall $\vartheta \neq L(x)$ sogar die strikte Ungleichung. Also ist L der einzige Maximum-Likelihood-Schätzer.

(7.8) Beispiel: *Bereich von Zufallszahlen, vgl. (7.3).* Betrachten wir wieder das Beispiel vom Zufallszahlautomaten in der Fernsehshow. Als statistisches Modell haben wir das Produktmodell

$$\big([0,\infty[^n,\ \mathscr{B}_{[0,\infty[}{}^{\otimes n},\ \mathcal{U}_{[0,\vartheta]}{}^{\otimes n} : \vartheta > 0\big)$$

der skalierten Gleichverteilungen gewählt. Die Likelihood-Funktion ist somit

$$\rho_x(\vartheta) = \begin{cases} \vartheta^{-n} & \text{falls } x_1,\dots,x_n \leq \vartheta\,, \\ 0 & \text{sonst;} \end{cases}$$

$x = (x_1,\dots,x_n) \in [0,\infty[^n$, $\vartheta > 0$. Der Schätzer $\widetilde{T}_n(x) = \max(x_1,\dots,x_n)$ aus Beispiel (7.3) ist also gerade der Maximum-Likelihood-Schätzer.

(7.9) Beispiel: *Physikalische Messungen.* Wir messen z. B. die Stromstärke in einem Draht unter gewissen äußeren Bedingungen. Der Zeigerausschlag des Amperemeters ist nicht nur durch die Stromstärke bestimmt, sondern auch durch kleine Ungenauigkeiten des Messinstruments und der Versuchsbedingungen gestört. Analog zu Beispiel (7.2) nehmen wir daher an, dass der Zeigerausschlag eine normalverteilte Zufallsvariable ist mit unbekanntem Erwartungswert m (der uns interessiert) und einer Varianz $v > 0$, von der wir diesmal annehmen wollen, dass sie ebenfalls unbekannt ist. Wir machen n unabhängige Experimente. Folglich wählen wir als statistisches Modell das Produktmodell

$$(\mathcal{X}, \mathscr{F}, P_\vartheta : \vartheta \in \Theta) = \big(\mathbb{R}^n, \mathscr{B}^n, \mathcal{N}_{m,v}{}^{\otimes n} : m \in \mathbb{R}, v > 0\big).$$

Wir nennen dies das *n-fache normalverteilte (oder Gauß'sche) Produktmodell.* Die zugehörige Likelihood-Funktion hat gemäß Beispiel (3.30) die Form

$$\rho_x(\vartheta) = \prod_{i=1}^n \phi_{m,v}(x_i) = (2\pi v)^{-n/2} \exp\left[-\sum_{i=1}^n \frac{(x_i - m)^2}{2v}\right];$$

dabei ist $x = (x_1, \ldots, x_n) \in \mathbb{R}^n$ und $\vartheta = (m, v) \in \Theta$. Um diesen Ausdruck zu maximieren, müssen wir zunächst

▷ m so wählen, dass die quadratische Abweichung $\sum_{i=1}^n (x_i - m)^2$ minimal wird. Dies ist der Fall für $m = M(x) := \frac{1}{n} \sum_{i=1}^n x_i$, den Stichprobenmittelwert. Dies ergibt sich unmittelbar aus der *Verschiebungsformel*

$$(7.10) \qquad \frac{1}{n} \sum_{i=1}^n (x_i - m)^2 = \frac{1}{n} \sum_{i=1}^n \left(x_i - M(x) \right)^2 + \left(M(x) - m \right)^2,$$

die sofort aus dem Satz von Pythagoras folgt, siehe Abbildung 7.3. Insbesondere sollte man sich merken: Der Mittelwert minimiert die quadratische Abweichung!

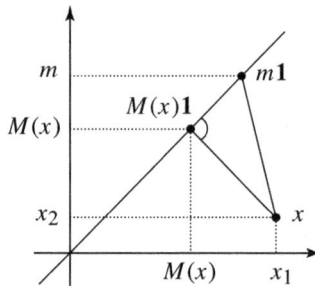

Abbildung 7.3: Bezeichnet $\mathbf{1} = (1, \ldots, 1)$ den Diagonalvektor, so ist die Verschiebungsformel gleichbedeutend mit dem Satz von Pythagoras: $|x - m\mathbf{1}|^2 = |x - M(x)\mathbf{1}|^2 + |M(x)\mathbf{1} - m\mathbf{1}|^2$. Insbesondere ist $M(x)\mathbf{1}$ die Projektion von x auf die Diagonale. Hier der Fall $n = 2$.

Weiter müssen wir

▷ v so wählen, dass $(2\pi v)^{-n/2} \exp[-\frac{1}{2v} \sum_{i=1}^n (x_i - M(x))^2]$ maximal wird. Differenzieren wir den Logarithmus dieses Ausdrucks nach v, so erhalten wir

$$-\frac{d}{dv} \left(\frac{n}{2} \log v + \frac{1}{2v} \sum_{i=1}^n \left(x_i - M(x) \right)^2 \right) = -\frac{n}{2v} + \frac{1}{2v^2} \sum_{i=1}^n \left(x_i - M(x) \right)^2.$$

Der letzte Term verschwindet genau dann, wenn

$$v = V(x) := \frac{1}{n} \sum_{i=1}^n \left(x_i - M(x) \right)^2,$$

und man überzeugt sich leicht, dass $v = V(x)$ tatsächlich eine Maximalstelle ist.

Wir formulieren das Ergebnis wie folgt. (Wie generell in Produktmodellen bezeichne X_i die i-te Projektion.)

(7.11) Satz: Maximum-Likelihood-Schätzer im Gauß-Modell. *Der Maximum-Likelihood-Schätzer im n-fachen Gauß'schen Produktmodell ist $T = (M, V)$. Dabei ist $M = \frac{1}{n} \sum_{i=1}^{n} X_i$ das Stichprobenmittel und*

$$V = \frac{1}{n} \sum_{i=1}^{n} (X_i - M)^2$$

die Stichprobenvarianz.

Zum Schluss dieses Abschnitts erwähnen wir noch eine natürliche Verallgemeinerung des Maximum-Likelihood-Prinzips: Wenn nicht der Parameter ϑ selbst, sondern nur eine Kenngröße $\tau(\vartheta)$ geschätzt werden soll, und T ein Maximum-Likelihood-Schätzer für ϑ ist, so heißt $\tau(T)$ ein Maximum-Likelihood-Schätzer für $\tau(\vartheta)$.

(7.12) Beispiel: *Ausfallwahrscheinlichkeit von Geräten.* Wir betrachten die Lebensdauer eines technischen Produkts. Es werde angenommen, dass die Lebensdauer exponentialverteilt ist mit unbekanntem Parameter $\vartheta > 0$. Es werden n Geräte aus verschiedenen Produktionsserien untersucht. Das statistische Modell ist somit das n-fache Produkt des Exponentialverteilungsmodells $([0, \infty[, \mathscr{B}_{[0,\infty[}, \mathcal{E}_\vartheta : \vartheta > 0)$. Es hat die Dichtefunktion $\rho_\vartheta = \vartheta^n \exp[-\vartheta \sum_{i=1}^{n} X_i]$. Durch Auflösen der Gleichung $\frac{d}{d\vartheta} \log \rho_\vartheta = 0$ nach ϑ erhalten wir den Maximum-Likelihood-Schätzer $T = 1/M$, wobei $M = \frac{1}{n} \sum_{i=1}^{n} X_i$ wieder das Stichprobenmittel bezeichnet. Mehr als der Parameter ϑ interessiert uns aber vielleicht die Wahrscheinlichkeit, mit der ein Gerät vor Ablauf der Garantiefrist t defekt wird. Ist ϑ der wahre Parameter, so beträgt diese Ausfallwahrscheinlichkeit für jedes einzelne Gerät $\tau(\vartheta) := 1 - e^{-\vartheta t}$. Der Maximum-Likelihood-Schätzer für die Ausfallwahrscheinlichkeit innerhalb der Garantiefrist ist daher $\tau(T) = 1 - e^{-t/M}$.

7.4 Erwartungstreue und quadratischer Fehler

Wir wollen jetzt die Qualität von Schätzern näher untersuchen. Ein elementares Gütekriterium ist das folgende.

Definition: Sei $(\mathcal{X}, \mathscr{F}, P_\vartheta : \vartheta \in \Theta)$ ein statistisches Modell und $\tau : \Theta \to \mathbb{R}$ eine reelle Kenngröße. Ein Schätzer $T : \mathcal{X} \to \mathbb{R}$ für τ heißt *erwartungstreu* oder *unverzerrt* (englisch: unbiased), wenn

$$\mathbb{E}_\vartheta(T) = \tau(\vartheta) \quad \text{für alle } \vartheta \in \Theta.$$

Andernfalls heißt $\mathbb{B}_T(\vartheta) = \mathbb{E}_\vartheta(T) - \tau(\vartheta)$ der *Bias*, die *Verzerrung* oder der *systematische Fehler* von T. (Die Existenz der Erwartungswerte wird hier stillschweigend ebenfalls vorausgesetzt.)

Erwartungstreue ist offenbar ein vernünftiges Kriterium, aber es ist nicht automatisch vereinbar mit dem Maximum-Likelihood-Prinzip. Wie wir in Beispiel (7.3) und (7.8) über das Erraten des Bereichs von Zufallszahlen gesehen haben, ist der

Schätzer von Spieler B, der Maximum-Likelihood-Schätzer $\widetilde{T}_n$, nicht erwartungstreu, aber immerhin asymptotisch erwartungstreu. Ähnlich verhält es sich auch mit der Stichprobenvarianz V aus Satz (7.11), wie der folgende Satz zeigt.

(7.13) Satz: Schätzung von Erwartungswert und Varianz bei reellen Produktmodellen. *Sei $n \geq 2$ und $(\mathbb{R}^n, \mathscr{B}^n, Q_\vartheta{}^{\otimes n} : \vartheta \in \Theta)$ ein reelles n-faches Produktmodell. Dabei sei für jedes $\vartheta \in \Theta$ sowohl der Erwartungswert $m(\vartheta) = \mathbb{E}(Q_\vartheta)$ als auch die Varianz $v(\vartheta) = \mathbb{V}(Q_\vartheta)$ von Q_ϑ definiert. Dann sind der Stichprobenmittelwert $M = \frac{1}{n} \sum_{i=1}^n X_i$ und die korrigierte Stichprobenvarianz*

$$V^* = \frac{1}{n-1} \sum_{i=1}^n (X_i - M)^2$$

erwartungstreue Schätzer für m bzw. v.

Beweis: Sei $\vartheta \in \Theta$ fest. Wegen der Linearität des Erwartungswerts gilt dann $\mathbb{E}_\vartheta(M) = \frac{1}{n} \sum_{i=1}^n \mathbb{E}_\vartheta(X_i) = m(\vartheta)$, und für $V = \frac{n-1}{n} V^*$ bekommen wir wegen $\mathbb{E}_\vartheta(X_i - M) = 0$ aus Symmetriegründen

$$\mathbb{E}_\vartheta(V) = \frac{1}{n} \sum_{i=1}^n \mathbb{V}_\vartheta(X_i - M) = \mathbb{V}_\vartheta(X_1 - M)$$

$$= \mathbb{V}_\vartheta\left(\tfrac{n-1}{n} X_1 - \tfrac{1}{n} \sum_{j=2}^n X_j\right)$$

$$= \left((\tfrac{n-1}{n})^2 + (n-1)\tfrac{1}{n^2}\right) v(\vartheta) = \tfrac{n-1}{n} v(\vartheta).$$

Im vierten Schritt haben wir die Gleichung (4.23c) von Bienaymé angewandt, denn die Projektionen X_i sind bezüglich des Produktmaßes $Q_\vartheta{}^{\otimes n}$ unabhängig und folglich unkorreliert. Durch Multiplikation mit $\frac{n}{n-1}$ folgt $\mathbb{E}_\vartheta(V^*) = v(\vartheta)$. $\diamond$

Wie der obige Beweis zeigt, ist der Maximum-Likelihood-Schätzer V *nicht* erwartungstreu, wenngleich der Bias für großes n nur unerheblich ist. Aus diesem Grund ist bei den statistischen Funktionen von Taschenrechnern oft nur V^* bzw. $\sigma^* := \sqrt{V^*}$ und nicht V einprogrammiert.

Erwartungstreue – also die Vermeidung eines systematischen Schätzfehlers – ist zwar eine wünschenswerte Eigenschaft, wird aber erst dann relevant, wenn die Wahrscheinlichkeit für größere Abweichungen zwischen Schätzwert und wahrem Wert ziemlich klein ist. Ein brauchbares Maß für die Güte eines Schätzers T für τ ist der *mittlere quadratische Fehler*

$$\mathbb{F}_T(\vartheta) := \mathbb{E}_\vartheta\big((T - \tau(\vartheta))^2\big) = \mathbb{V}_\vartheta(T) + \mathbb{B}_T(\vartheta)^2 ;$$

die zweite Gleichung ist analog zur Verschiebungsformel (7.10). Um $\mathbb{F}_T(\vartheta)$ möglichst klein zu halten, müssen also Varianz und Bias gleichzeitig minimiert werden. Wie das folgende Beispiel zeigt, kann es dabei zweckmäßig sein, einen Bias zuzulassen, um den Gesamtfehler zu minimieren.

(7.14) Beispiel: *Ein guter Schätzer mit Bias.* Wir betrachten wieder das Binomial-modell. Es sei also $\mathcal{X} = \{0, \ldots, n\}$, $\Theta = [0, 1]$, $P_\vartheta = \mathcal{B}_{n,\vartheta}$. Der Maximum-Likelihood-Schätzer für ϑ ist $T(x) = x/n$, und er ist auch erwartungstreu. Er hat sogar unter allen erwartungstreuen Schätzern die kleinste Varianz, wie wir bald sehen werden. Sein quadratischer Fehler ist $\mathbb{F}_T(\vartheta) = n^{-2}\,\mathbb{V}(\mathcal{B}_{n,\vartheta}) = \vartheta(1-\vartheta)/n$. Es gibt aber einen Schätzer S für ϑ, dessen quadratischer Fehler für gewisse ϑ geringer ist, nämlich

$$S(x) = \frac{x+1}{n+2}.$$

Es gilt $S(x) \geq T(x)$ genau dann, wenn $T(x) \leq 1/2$, d.h. $S(x)$ bevorzugt etwas zentralere Werte. Der Bias von S ist

$$\mathbb{B}_S(\vartheta) = \frac{n\vartheta + 1}{n+2} - \vartheta = \frac{1 - 2\vartheta}{n+2},$$

und der quadratische Fehler von S beträgt

$$\mathbb{F}_S(\vartheta) = \mathbb{V}_\vartheta(S) + \mathbb{B}_S(\vartheta)^2 = \frac{n\vartheta(1-\vartheta) + (1-2\vartheta)^2}{(n+2)^2}.$$

Wie Abbildung 7.4 zeigt, ist für ϑ nahe bei $1/2$ der quadratische Fehler $\mathbb{F}_S(\vartheta)$ von S

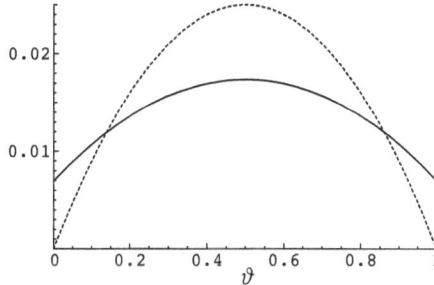

Abbildung 7.4: $\mathbb{F}_S(\vartheta)$ und $\mathbb{F}_T(\vartheta)$ (gestrichelt) für $n = 10$.

kleiner als der quadratische Fehler $\mathbb{F}_T(\vartheta) = \vartheta(1-\vartheta)/n$ von T. Genauer gilt: Es ist $\mathbb{F}_S(\vartheta) \leq \mathbb{F}_T(\vartheta)$ genau dann, wenn

$$\frac{|\vartheta - \frac{1}{2}|^2}{\vartheta(1-\vartheta)} \leq 1 + \frac{1}{n},$$

und das ist bei beliebigem n der Fall, wenn $|\vartheta - 1/2| \leq 1/\sqrt{8} \approx 0.35$. Wenn also aufgrund der Umstände nur zentrale Werte von ϑ als möglich erscheinen, sollte man besser mit S statt T arbeiten.

Das Beispiel zeigt, dass man Erwartungstreue nicht zum Fetisch erheben sollte. Trotzdem wollen wir uns im Folgenden bei der Minimierung des quadratischen Fehlers auf erwartungstreue Schätzer beschränken. Unser Ziel ist dann die Minimierung der Varianz.

7.5 Beste Schätzer

Wir fragen nun nach Schätzern, welche zwei Gütekriterien zugleich erfüllen: Sie sollen erwartungstreu sein, d. h. die Schätzwerte sollen um den korrekten Wert herum streuen, und sie sollen optimal sein in dem Sinne, dass sie weniger streuen als alle anderen erwartungstreuen Schätzer.

Definition: Sei $(\mathcal{X}, \mathcal{F}, P_\vartheta : \vartheta \in \Theta)$ ein statistisches Modell. Ein erwartungstreuer Schätzer T für eine reelle Kenngröße $\tau(\vartheta)$ heißt *varianzminimierend* bzw. *(gleichmäßig) bester Schätzer*, wenn für jeden weiteren erwartungstreuen Schätzer S gilt:

$$\mathbb{V}_\vartheta(T) \leq \mathbb{V}_\vartheta(S) \quad \text{für alle } \vartheta \in \Theta.$$

Hier und im Folgenden wird stillschweigend vorausgesetzt, dass die Varianzen aller auftretenden Schätzer existieren.

Um beste Schätzer zu finden, beschränken wir uns auf den Fall von einparametrigen Standardmodellen mit besonders schönen Eigenschaften; den mehrparametrigen Fall findet man z. B. in [59]. Für diese Modelle werden wir eine untere Schranke für die Varianzen von Schätzern angeben und dann untersuchen, für welche Schätzer diese untere Schranke angenommen wird. Am Schluss werden wir ein bequemes Kriterium für die Existenz bester Schätzer erhalten.

Definition: Ein einparametriges Standardmodell $(\mathcal{X}, \mathcal{F}, P_\vartheta : \vartheta \in \Theta)$ heißt *regulär*, wenn die folgenden Eigenschaften erfüllt sind:

▷ Θ ist ein offenes Intervall in $\mathbb{R}$.

▷ Die Likelihood-Funktion ρ ist auf $\mathcal{X} \times \Theta$ strikt positiv und nach ϑ stetig differenzierbar. Insbesondere existiert somit die „Scorefunktion"

$$U_\vartheta(x) := \frac{d}{d\vartheta} \log \rho(x, \vartheta) = \frac{\rho_x'(\vartheta)}{\rho_x(\vartheta)}.$$

▷ Für jedes $\vartheta \in \Theta$ existiert die Varianz $I(\vartheta) := \mathbb{V}_\vartheta(U_\vartheta)$ und ist nicht 0, und es gilt die Vertauschungsrelation

$$(7.15) \qquad \int \frac{d}{d\vartheta} \rho(x, \vartheta)\, dx = \frac{d}{d\vartheta} \int \rho(x, \vartheta)\, dx.$$

(Für diskretes $\mathcal{X}$ ist das Integral wie üblich durch eine Summe zu ersetzen.)

Die Funktion $I : \vartheta \to I(\vartheta)$ heißt dann die *Fisher-Information* des Modells (nach dem britischen Statistiker Sir Ronald A. Fisher, 1880–1962).

Diese Definition erfordert ein paar Kommentare. Zunächst zur Vertauschungsrelation (7.15). Im stetigen Fall gilt sie nach dem Satz über Vertauschbarkeit von Differentiation und Integration (vgl. etwa [24]) sicher dann, wenn jedes $\vartheta_0 \in \Theta$ eine

Umgebung $N(\vartheta_0)$ besitzt mit

$$\int_{\mathcal{X}} \sup_{\vartheta \in N(\vartheta_0)} \left| \frac{d}{d\vartheta} \rho(x, \vartheta) \right| dx < \infty.$$

Im Fall eines abzählbar unendlichen $\mathcal{X}$ erhält man eine ähnliche Bedingung, und für endliches $\mathcal{X}$ ist (7.15) trivialerweise erfüllt. Als Konsequenz von (7.15) ergibt sich die Beziehung

$$(7.16) \qquad \mathbb{E}_\vartheta(U_\vartheta) = \int \frac{d}{d\vartheta} \rho(x, \vartheta)\, dx = \frac{d}{d\vartheta} \int \rho(x, \vartheta)\, dx = \frac{d}{d\vartheta} 1 = 0,$$

d.h. die Scorefunktion zu ϑ ist bezüglich P_ϑ zentriert. Insbesondere gilt also $I(\vartheta) = \mathbb{E}_\vartheta(U_\vartheta^2)$.

Nun zur Fisher-Information. Warum der Begriff Information? Dazu zwei Feststellungen. Erstens: Genau dann ist $I \equiv 0$ auf einem Intervall $\Theta_0 \subset \Theta$, wenn $U_\vartheta(x) = 0$ für alle $\vartheta \in \Theta_0$ und (fast) alle $x \in \mathcal{X}$, also wenn ρ_x für (fast) alle $x \in \mathcal{X}$ auf Θ_0 konstant ist und somit keine Beobachtung die Parameter in Θ_0 unterscheiden kann. (Diesen Fall haben wir daher in der Definition ausgeschlossen.) Zweitens zeigt die folgende Bemerkung, dass sich die Fisher-Information bei unabhängigen Beobachtungen additiv verhält.

(7.17) Bemerkung: *Additivität der Fisher-Information.* Ist $\mathcal{M} = (\mathcal{X}, \mathcal{F}, P_\vartheta : \vartheta \in \Theta)$ ein reguläres Modell mit Fisher-Information I, so hat das Produktmodell $\mathcal{M}^{\otimes n} = (\mathcal{X}^n, \mathcal{F}^{\otimes n}, P_\vartheta^{\otimes n} : \vartheta \in \Theta)$ die Fisher-Information $I^{\otimes n} = nI$.

Beweis: $\mathcal{M}^{\otimes n}$ hat die Likelihood-Funktion $\rho_\vartheta^{\otimes n} = \prod_{k=1}^n \rho_\vartheta \circ X_k$ und also die Scorefunktion

$$U_\vartheta^{\otimes n} = \sum_{k=1}^n U_\vartheta \circ X_k,$$

wobei X_k wieder die k-te Projektion von $\mathcal{X}^n$ nach $\mathcal{X}$ bezeichnet. Da die Projektionen bei $P_\vartheta^{\otimes n}$ unabhängig sind, folgt nach der Gleichung von Bienaymé (Satz (4.23c))

$$I^{\otimes n}(\vartheta) = \mathbb{V}_\vartheta(U_\vartheta^{\otimes n}) = \sum_{k=1}^n \mathbb{V}_\vartheta(U_\vartheta \circ X_k) = n\, I(\vartheta).$$

Dies ist gerade die Behauptung. $\diamond$

Die Bedeutung der Fisher-Information zeigt sich in der folgenden Informationsungleichung (die auch Cramér–Rao-Ungleichung genannt wird). Wir nennen einen erwartungstreuen Schätzer T *regulär*, wenn für jedes ϑ die Vertauschungsrelation

$$(7.18) \qquad \int T(x) \frac{d}{d\vartheta} \rho(x, \vartheta)\, dx = \frac{d}{d\vartheta} \int T(x) \rho(x, \vartheta)\, dx$$

erfüllt ist.

(7.19) Satz: *Informationsungleichung; M. Fréchet 1943, C. R. Rao 1945, H. Cramér 1946. Gegeben seien ein reguläres statistisches Modell $(\mathcal{X}, \mathscr{F}, P_\vartheta : \vartheta \in \Theta)$, eine zu schätzende stetig differenzierbare Funktion $\tau : \Theta \to \mathbb{R}$ mit $\tau' \neq 0$ und ein regulärer erwartungstreuer Schätzer T für τ. Dann gilt*

$$(7.20) \qquad \mathbb{V}_\vartheta(T) \geq \tau'(\vartheta)^2 / I(\vartheta) \quad \text{für alle } \vartheta \in \Theta.$$

Gleichheit für alle ϑ gilt genau dann, wenn

$$T - \tau(\vartheta) = \tau'(\vartheta)\, U_\vartheta / I(\vartheta) \quad \text{für alle } \vartheta \in \Theta,$$

d. h. wenn das Modell die Likelihood-Funktion

$$(7.21) \qquad \rho(x, \vartheta) = \exp\big[a(\vartheta)\, T(x) - b(\vartheta)\big]\, h(x)$$

besitzt; dabei ist $a : \Theta \to \mathbb{R}$ eine Stammfunktion von I/τ', $h : \mathcal{X} \to\,]0, \infty[$ irgendeine messbare Funktion, und $b(\vartheta) = \log \int_{\mathcal{X}} e^{a(\vartheta)\, T(x)} h(x)\, dx$ eine Normierungsfunktion.

Beweis: Aus der Zentriertheit (7.16) von U_ϑ und der Regularität und Erwartungstreue von T erhalten wir zunächst, dass

$$
\begin{aligned}
\operatorname{Cov}_\vartheta(T, U_\vartheta) = \mathbb{E}_\vartheta(T U_\vartheta) &= \int_{\mathcal{X}} T(x)\, \frac{d}{d\vartheta}\, \rho(x, \vartheta)\, dx \\
(7.22) \qquad\qquad &= \frac{d}{d\vartheta} \int_{\mathcal{X}} T(x)\, \rho(x, \vartheta)\, dx = \frac{d}{d\vartheta}\, \mathbb{E}_\vartheta(T) = \tau'(\vartheta)
\end{aligned}
$$

für alle $\vartheta \in \Theta$. Zusammen mit der Cauchy–Schwarz-Ungleichung aus Satz (4.23b) ergibt dies bereits die gewünschte Ungleichung.

Um festzustellen, wann die Gleichheit gilt, müssen wir allerdings noch etwas genauer argumentieren. Mit der Konstanten $c(\vartheta) = \tau'(\vartheta)/I(\vartheta)$ errechnet man

$$
\begin{aligned}
0 &\leq \mathbb{V}_\vartheta(T - c(\vartheta)\, U_\vartheta) = \mathbb{V}_\vartheta(T) + c(\vartheta)^2\, \mathbb{V}_\vartheta(U_\vartheta) - 2c(\vartheta)\, \operatorname{Cov}_\vartheta(T, U_\vartheta) \\
&= \mathbb{V}_\vartheta(T) - \tau'(\vartheta)^2 / I(\vartheta).
\end{aligned}
$$

Dies liefert nochmals die behauptete Ungleichung und zeigt: Gleichheit gilt genau dann, wenn die Zufallsgröße $T - c(\vartheta)\, U_\vartheta$ P_ϑ-fast sicher konstant ist. Diese Konstante muss natürlich gerade ihr Erwartungswert $\tau(\vartheta)$ sein. Da P_ϑ eine positive Dichte bezüglich des Lebesgue- bzw. Zählmaßes μ auf $\mathcal{X}$ hat, ist letzteres gleichbedeutend mit der Aussage $\mu\big(T - \tau(\vartheta) \neq c(\vartheta)\, U_\vartheta\big) = 0$. Wenn dies nun für alle ϑ gilt, so folgt sogar

$$\mu\big((T - \tau(\vartheta))/c(\vartheta) \neq U_\vartheta \text{ für ein } \vartheta \in \Theta\big) = 0,$$

denn aus Stetigkeitsgründen kann man sich auf rationale ϑ beschränken, und die abzählbare Vereinigung von Ereignissen vom Maß 0 hat ebenfalls Maß 0. (7.21) folgt dann für μ-fast alle x durch unbestimmte Integration bezüglich ϑ, und die umgekehrte Richtung ist evident. $\diamond$

Aus Satz (7.19) lassen sich zwei Schlüsse ziehen:

▷ Bei n-facher unabhängiger Wiederholung eines regulären Experiments ist die Varianz eines erwartungstreuen Schätzers für τ mindestens von der Größenordnung $1/n$. Dies folgt aus der Informationsungleichung (7.20) zusammen mit Bemerkung (7.17). (In Beispiel (7.3) haben wir Schätzer $\widetilde{T}_n$ gefunden, deren Varianz quadratisch mit n fällt. Dies ist jedoch kein Widerspruch, denn das dort zugrunde liegende Modell war nicht regulär.)

▷ Wenn sich ein regulärer erwartungstreuer Schätzer T für τ finden lässt, für den die Gleichheit in (7.20) gilt (solch ein T heißt *Cramér–Rao-effizient*), so ist T offenbar ein bester Schätzer (wenn auch zunächst nur in der Klasse aller regulären Schätzer für τ). Solch ein Cramér–Rao-effizienter Schätzer existiert allerdings nur dann, wenn (7.21) gilt. Diese letzte Bedingung definiert daher eine besonders interessante Klasse von statistischen Modellen, die wir nun näher untersuchen wollen.

Definition: Sei $\mathcal{M} = (\mathcal{X}, \mathcal{F}, P_\vartheta : \vartheta \in \Theta)$ ein einparametriges Standardmodell, dessen Parametermenge Θ ein offenes Intervall ist. $\mathcal{M}$ heißt ein *exponentielles Modell* und $\{P_\vartheta : \vartheta \in \Theta\}$ eine *exponentielle Familie* bezüglich einer Statistik $T : \mathcal{X} \to \mathbb{R}$, wenn die Likelihood-Funktion die Gestalt (7.21) hat mit einer stetig differenzierbaren Funktion $a : \Theta \to \mathbb{R}$ mit $a' \neq 0$ und einer messbaren Funktion $h : \mathcal{X} \to \,]0, \infty[$. (Die Normierungsfunktion b ist durch a, h, T eindeutig festgelegt. Außerdem wird stillschweigend angenommen, dass T nicht fast sicher konstant ist, da sonst P_ϑ nicht von ϑ abhängen würde.)

Beispiele für exponentielle Familien folgen ab (7.25). Zunächst untersuchen wir deren Eigenschaften.

(7.23) Bemerkung: *Eigenschaften exponentieller Familien.* Für jedes exponentielle Modell $\mathcal{M}$ gilt:

(a) Die Normierungsfunktion b ist auf Θ stetig differenzierbar mit Ableitung $b'(\vartheta) = a'(\vartheta)\,\mathbb{E}_\vartheta(T)$ für $\vartheta \in \Theta$.

(b) Jede Statistik $S : \mathcal{X} \to \mathbb{R}$ mit existierenden Erwartungswerten $\mathbb{E}_\vartheta(S)$ ist regulär. Insbesondere sind $\mathcal{M}$ und T regulär, und $\tau(\vartheta) := \mathbb{E}_\vartheta(T)$ ist stetig differenzierbar mit Ableitung $\tau'(\vartheta) = a'(\vartheta)\,\mathbb{V}_\vartheta(T) \neq 0$, $\vartheta \in \Theta$.

(c) Für die Fisher-Information gilt $I(\vartheta) = a'(\vartheta)\,\tau'(\vartheta)$ für alle $\vartheta \in \Theta$.

Beweis: Wir können ohne Einschränkung annehmen, dass $a(\vartheta) = \vartheta$ und somit $a'(\vartheta) = 1$ für alle $\vartheta \in \Theta$; der allgemeine Fall ergibt sich durch Reparametrisierung und Anwendung der Kettenregel zur Berechnung der Ableitungen.

Sei nun S eine beliebige reelle Statistik mit $S \in \mathscr{L}^1(P_\vartheta)$ für alle $\vartheta \in \Theta$. Dann ist die Funktion $u_S(\vartheta) := e^{b(\vartheta)}\,\mathbb{E}_\vartheta(S) = \int_{\mathcal{X}} S(x)\,e^{\vartheta\,T(x)}h(x)\,dx$ auf Θ wohldefiniert.

u_S ist beliebig oft differenzierbar. Denn ist $\vartheta \in \Theta$ und t so klein, dass auch $\vartheta \pm t \in \Theta$, so gilt nach Satz (4.11c)

$$\sum_{k \geq 0} \frac{|t|^k}{k!} \int_{\mathcal{X}} |S(x)| \, |T(x)|^k e^{\vartheta \, T(x)} h(x) \, dx = \int_{\mathcal{X}} |S(x)| \, e^{\vartheta \, T(x) + |t \, T(x)|} h(x) \, dx$$

$$\leq \int_{\mathcal{X}} |S(x)| \left[e^{(\vartheta + t) \, T(x)} + e^{(\vartheta - t) T(x)} \right] h(x) \, dx < \infty .$$

Also ist $ST^k \in \mathcal{L}^1(P_\vartheta)$ für alle ϑ und k, und insbesondere (für $S \equiv 1$) $T \in \mathcal{L}^2(P_\vartheta)$ für alle ϑ. Ferner ist die Reihe

$$\sum_{k \geq 0} \frac{t^k}{k!} \int_{\mathcal{X}} S(x) \, T(x)^k e^{\vartheta \, T(x)} h(x) \, dx$$

absolut konvergent, und Summation und Integration können vertauscht werden. Die Reihe hat daher den Wert $u_S(\vartheta + t)$. Folglich ist u_S sogar analytisch. Insbesondere ergibt sich $u_S'(\vartheta) = e^{b(\vartheta)} \mathbb{E}_\vartheta(ST)$ und, speziell für $S \equiv 1$, $u_1'(\vartheta) = u_1(\vartheta) \mathbb{E}_\vartheta(T)$ sowie $u_1''(\vartheta) = u_1(\vartheta) \mathbb{E}_\vartheta(T^2)$. Für $b = \log u_1$ bekommen wir also $b'(\vartheta) = \mathbb{E}_\vartheta(T) =: \tau(\vartheta)$ und

$$\tau'(\vartheta) = b''(\vartheta) = u_1''(\vartheta)/u_1(\vartheta) - (u_1'(\vartheta)/u_1(\vartheta))^2 = \mathbb{V}_\vartheta(T) .$$

Dies beweist Aussage (a) und den zweiten Teil von (b). Weiter können wir schreiben

$$\frac{d}{d\vartheta} \mathbb{E}_\vartheta(S) = \frac{d}{d\vartheta} \left[u_S(\vartheta) e^{-b(\vartheta)} \right] = \left[u_S'(\vartheta) - u_S(\vartheta) b'(\vartheta) \right] e^{-b(\vartheta)}$$

$$= \mathbb{E}_\vartheta(ST) - \mathbb{E}_\vartheta(S) \, b'(\vartheta) = \mathbb{E}_\vartheta(SU_\vartheta) = \mathrm{Cov}_\vartheta(S, T) ,$$

denn nach (7.21) ist ja $U_\vartheta = T - b'(\vartheta)$. In Gleichung (7.22) mit S statt T stimmen daher der zweite und fünfte, also auch der dritte und vierte Term überein. Dies beweist die Regularität von S, und insbesondere die von T. Für $S \equiv 1$ ergibt sich (7.15). Damit ist auch der erste Teil von (b) bewiesen. Wegen $U_\vartheta = T - b'(\vartheta)$ existiert schließlich auch $I(\vartheta) = \mathbb{V}_\vartheta(U_\vartheta) = \mathbb{V}_\vartheta(T)$, d.h. es gilt (c). $\diamond$

Zusammen mit Satz (7.19) liefert uns die obige Bemerkung das folgende handliche Ergebnis über die Existenz varianzminimierender Schätzer.

(7.24) Korollar: Existenz von besten Schätzern. *Für jedes exponentielle Modell ist die zugrunde liegende Statistik T ein bester Schätzer für $\tau(\vartheta) := \mathbb{E}_\vartheta(T) = b'(\vartheta)/a'(\vartheta)$. In dem Fall gilt $I(\vartheta) = a'(\vartheta) \, \tau'(\vartheta)$ und $\mathbb{V}_\vartheta(T) = \tau'(\vartheta)/a'(\vartheta)$ für alle $\vartheta \in \Theta$.*

Beweis: Gemäß Bemerkung (7.23b) ist sowohl das exponentielle Modell als auch jeder erwartungstreue Schätzer S für τ regulär. Satz (7.19) liefert daher die gewünschte Ungleichung $\mathbb{V}_\vartheta(S) \geq \mathbb{V}_\vartheta(T)$. Die Formeln für $I(\vartheta)$ und $\mathbb{V}_\vartheta(T)$ folgen ebenfalls aus Bemerkung (7.23). $\diamond$

Wir stellen jetzt ein paar Standardbeispiele exponentieller Familien vor.

(7.25) Beispiel: *Binomialverteilungen.* Für festes $n \in \mathbb{N}$ bilden die Binomialverteilungen $\{\mathcal{B}_{n,\vartheta} : 0 < \vartheta < 1\}$ eine exponentielle Familie auf $\mathcal{X} = \{0, \dots, n\}$, denn die zugehörige Likelihood-Funktion $\rho(x, \vartheta) = \binom{n}{x}\vartheta^x(1 - \vartheta)^{n-x}$ hat die Gestalt (7.21) mit dem erwartungstreuen Schätzer $T(x) = x/n$ für ϑ, $a(\vartheta) = n\log\frac{\vartheta}{1-\vartheta}$, $b(\vartheta) = -n\log(1 - \vartheta)$, und $h(x) = \binom{n}{x}$. Insbesondere ist T ein bester Schätzer für ϑ. Es gilt

$$a'(\vartheta) = n\left(\frac{1}{\vartheta} + \frac{1}{1 - \vartheta}\right) = \frac{n}{\vartheta(1 - \vartheta)}$$

und daher die aus (4.27) und (4.34) bekannte Beziehung $\mathbb{V}_\vartheta(T) = 1/a'(\vartheta) = \vartheta(1 - \vartheta)/n$.

(7.26) Beispiel: *Poisson-Verteilungen.* Auch die Poisson-Verteilungen $\{\mathcal{P}_\vartheta : \vartheta > 0\}$ bilden eine exponentielle Familie, denn die zugehörige Likelihood-Funktion lautet

$$\rho(x, \vartheta) = e^{-\vartheta}\,\frac{\vartheta^x}{x!} = \exp\left[(\log\vartheta)x - \vartheta\right]\frac{1}{x!}.$$

Somit gilt (7.21) mit $T(x) = x$ und $a(\vartheta) = \log\vartheta$. T ist ein erwartungstreuer Schätzer für ϑ und somit nach Korollar (7.24) sogar ein bester Schätzer für ϑ. Insbesondere erhalten wir nochmals die bekannte Gleichung $\mathbb{V}(\mathcal{P}_\vartheta) = \mathbb{V}_\vartheta(T) = 1/\frac{1}{\vartheta} = \vartheta$, vgl. Beispiel (4.36).

(7.27) Beispiel: *Normalverteilungen.* (a) *Schätzung des Erwartungswerts.* Bei fester Varianz $v > 0$ hat die Familie $\{\mathcal{N}_{\vartheta,v} : \vartheta \in \mathbb{R}\}$ der zugehörigen Normalverteilungen auf $\mathcal{X} = \mathbb{R}$ die Likelihood-Funktion

$$\rho(x, \vartheta) = (2\pi v)^{-1/2}\exp\left[-(x - \vartheta)^2/2v\right]$$

und bildet somit eine exponentielle Familie mit $T(x) = x$, $a(\vartheta) = \vartheta/v$, $b(\vartheta) = \vartheta^2/2v + \frac{1}{2}\log(2\pi v)$, und $h(x) = \exp[-x^2/2v]$. Also ist $T(x) = x$ ein bester Schätzer für ϑ, und es ist $\mathbb{V}_\vartheta(T) = v$, wie bereits aus (4.28) bekannt ist. Da die Optimalitätsungleichung $\mathbb{V}_\vartheta(T) \leq \mathbb{V}_\vartheta(S)$ für beliebiges v erfüllt ist, ist T sogar ein bester Schätzer für den Erwartungswert in der Klasse *aller* Normalverteilungen (mit beliebigem v).

(b) *Schätzung der Varianz bei bekanntem Erwartungswert.* Bei festem Erwartungswert $m \in \mathbb{R}$ hat die Familie $\{\mathcal{N}_{m,\vartheta} : \vartheta > 0\}$ der zugehörigen Normalverteilungen auf $\mathcal{X} = \mathbb{R}$ die Likelihood-Funktion

$$\rho(x, \vartheta) = \exp\left[-\frac{1}{2\vartheta}\,T(x) - \frac{1}{2}\log(2\pi\vartheta)\right]$$

mit $T(x) = (x - m)^2$. T ist ein erwartungstreuer Schätzer für die unbekannte Varianz ϑ und daher nach Korollar (7.24) sogar ein bester Schätzer für ϑ. Durch Differentiation des Koeffizienten von T ergibt sich $\mathbb{V}_\vartheta(T) = 2\vartheta^2$ und somit für das vierte Moment der zentrierten Normalverteilung

$$\int x^4 \phi_{0,\vartheta}(x)\,dx = \mathbb{V}_\vartheta(T) + \mathbb{E}_\vartheta(T)^2 = 3\vartheta^2.$$

Diese Formel kann man natürlich auch direkt (durch partielle Integration) erhalten; vgl. Aufgabe 4.17.

Die letzten Beispiele übertragen sich auf die entsprechenden Produktmodelle für unabhängig wiederholte Beobachtungen. Dies zeigt die folgende Bemerkung.

(7.28) Bemerkung: *Exponentielle Produktmodelle.* Ist $\mathcal{M} = (\mathcal{X}, \mathcal{F}, P_\vartheta : \vartheta \in \Theta)$ ein exponentielles Modell bezüglich einer Statistik $T : \mathcal{X} \to \mathbb{R}$, so ist auch das n-fache Produktmodell $\mathcal{M}^{\otimes n} = (\mathcal{X}^n, \mathcal{F}^{\otimes n}, P_\vartheta^{\otimes n} : \vartheta \in \Theta)$ exponentiell mit zugrunde liegender Statistik $T_n = \frac{1}{n} \sum_{i=1}^{n} T \circ X_i$. Insbesondere ist dann T_n ein bester Schätzer für $\tau(\vartheta) = \mathbb{E}_\vartheta(T)$.

Beweis: Die Likelihood-Funktion ρ von $\mathcal{M}$ habe die Gestalt (7.21). Dann hat die Likelihood-Funktion $\rho^{\otimes n}$ von $\mathcal{M}^{\otimes n}$ gemäß Beispiel (3.30) die Produktgestalt

$$\rho^{\otimes n}(\,\cdot\,, \vartheta) = \prod_{i=1}^{n} \rho(X_i, \vartheta) = \exp\left[na(\vartheta)\, T_n - nb(\vartheta)\right] \prod_{i=1}^{n} h(X_i)\,.$$

Dies liefert die Behauptung unmittelbar. $\Diamond$

7.6   Konsistenz von Schätzern

Ein weiteres Gütekriterium für Schätzer ist die Konsistenz. Sie betrifft das Langzeit-Verhalten bei beliebig oft wiederholbaren Beobachtungen. Zu jeder Anzahl n von Beobachtungen konstruiert man einen Schätzer T_n und wünscht sich, dass dieser für großes n mit großer Wahrscheinlichkeit nur wenig vom wahren Wert der zu schätzenden Kenngröße abweicht. Wie kann man diese Vorstellung präzisieren?

Sei $(\mathcal{X}, \mathcal{F}, P_\vartheta : \vartheta \in \Theta)$ ein statistisches Modell und $\tau : \Theta \to \mathbb{R}$ eine zu schätzende reelle Kenngröße. Sei weiter $(X_n)_{n \geq 1}$ eine Folge von Zufallsvariablen auf $(\mathcal{X}, \mathcal{F})$ mit Werten in irgendeinem Ereignisraum $(E, \mathcal{E})$; sie dient als Modell für die sukzessiven Beobachtungen. Für jedes $n \geq 1$ sei $T_n : \mathcal{X} \to \mathbb{R}$ ein Schätzer für τ, der auf den ersten n Beobachtungen beruht und daher die Gestalt $T_n = t_n(X_1, \ldots, X_n)$ hat, mit einer geeigneten Statistik $t_n : E^n \to \mathbb{R}$.

Definition: Die Schätzfolge $(T_n)_{n \geq 1}$ für τ heißt *konsistent*, wenn

$$P_\vartheta\bigl(|T_n - \tau(\vartheta)| \leq \varepsilon\bigr) \xrightarrow[n \to \infty]{} 1$$

für alle $\varepsilon > 0$ und $\vartheta \in \Theta$, also $T_n \xrightarrow{P_\vartheta} \tau(\vartheta)$ für $n \to \infty$ und beliebiges $\vartheta \in \Theta$.

Im Folgenden beschränken wir uns auf den Standardfall, dass die Beobachtungen *unabhängig* sind. Das geeignete statistische Modell ist dann das unendliche Produktmodell

$$(\mathcal{X}, \mathcal{F}, P_\vartheta : \vartheta \in \Theta) = \bigl(E^{\mathbb{N}}, \mathcal{E}^{\otimes \mathbb{N}}, Q_\vartheta^{\otimes \mathbb{N}} : \vartheta \in \Theta\bigr)$$

im Sinne von Beispiel (3.29). Dabei ist $(E, \mathcal{E}, Q_\vartheta : \vartheta \in \Theta)$ das statistische Modell für jede einzelne Beobachtung; $X_n : \mathcal{X} \to E$ ist wieder (wie stets in Produktmodellen) die Projektion auf die n-te Koordinate. In diesem Fall ist es naheliegend, als

Schätzer T_n einen geeigneten Mittelwert über die ersten n Beobachtungen zu wählen. Die Konsistenz ergibt sich dann in natürlicher Weise aus dem (schwachen) Gesetz der großen Zahl. Ein erstes Beispiel dafür liefert der folgende Satz über die Konsistenz von Stichprobenmittel und Stichprobenvarianz in der Situation von Satz (7.13).

(7.29) Satz: Konsistenz von Stichprobenmittel und -varianz. *Sei $(E, \mathscr{E}) = (\mathbb{R}, \mathscr{B})$, und für jedes $\vartheta \in \Theta$ existiere sowohl der Erwartungswert $m(\vartheta) = \mathbb{E}(Q_\vartheta)$ als auch die Varianz $v(\vartheta) = \mathbb{V}(Q_\vartheta)$ von Q_ϑ. Im unendlichen Produktmodell seien $M_n = \frac{1}{n} \sum_{i=1}^{n} X_i$ und $V_n^* = \frac{1}{n-1} \sum_{i=1}^{n} (X_i - M_n)^2$ die erwartungstreuen Schätzer für m bzw. v nach n unabhängigen Beobachtungen. Dann sind die Folgen $(M_n)_{n \geq 1}$ und $(V_n^*)_{n \geq 2}$ konsistent.*

Beweis: Die Konsistenz der Folge (M_n) folgt unmittelbar aus Satz (5.7). (Dafür wird ausschließlich die Existenz der Erwartungswerte $m(\vartheta)$ benötigt.) Zum Beweis der Konsistenz von (V_n^*) fixieren wir ein ϑ und betrachten

$$\widetilde{V}_n = \frac{1}{n} \sum_{i=1}^{n} (X_i - m(\vartheta))^2 \,.$$

Gemäß der Verschiebungsformel (7.10) gilt dann für $V_n = \frac{n-1}{n} V_n^*$

$$V_n = \widetilde{V}_n - (M_n - m(\vartheta))^2 \,.$$

Nach Satz (5.7) gilt nun aber $\widetilde{V}_n \xrightarrow{P_\vartheta} v(\vartheta)$ und $(M_n - m(\vartheta))^2 \xrightarrow{P_\vartheta} 0$. Zusammen mit Lemma (5.8a) folgt hieraus die Behauptung. $\diamond$

Auch Maximum-Likelihood-Schätzer sind im Allgemeinen konsistent. Im folgenden Satz machen wir die vereinfachende Annahme der Unimodalität.

(7.30) Satz: Konsistenz von Maximum-Likelihood-Schätzern. *Sei $(E, \mathscr{E}, Q_\vartheta : \vartheta \in \Theta)$ ein einparametriges Standardmodell mit Likelihood-Funktion ρ. Es gelte*

(a) *Θ ist ein offenes Intervall in $\mathbb{R}$, und für $\vartheta \neq \vartheta'$ ist $Q_\vartheta \neq Q_{\vartheta'}$.*

(b) *Für jedes $x \in E^{\mathbb{N}}$ und alle $n \geq 1$ ist die n-fache Produkt-Likelihood-Funktion $\rho^{\otimes n}(x, \vartheta) = \prod_{i=1}^{n} \rho(x_i, \vartheta)$ unimodal in ϑ, d.h. für einen gewissen Maximum-Likelihood-Schätzer $T_n : E^{\mathbb{N}} \to \mathbb{R}$ ist die Funktion $\vartheta \to \rho^{\otimes n}(x, \vartheta)$ für $\vartheta < T_n(x)$ wachsend und für $\vartheta > T_n(x)$ fallend.*

Dann ist die Schätzfolge $(T_n)_{n \geq 1}$ für ϑ konsistent.

Die Unimodalitätsvoraussetzung (b) ist insbesondere dann erfüllt, wenn $\log \rho(x_i, \cdot)$ für jedes $x_i \in E$ konkav ist mit zunächst positiver und dann negativer Steigung. Denn dann gilt dasselbe auch für $\log \rho^{\otimes n}(x, \cdot)$ bei beliebigem $x \in E^{\mathbb{N}}$, und die Unimodalität folgt unmittelbar. Abbildung 7.5 zeigt eine typische unimodale Funktion.

Im nachfolgenden Beweis treffen wir erstmalig auf eine Größe, die von eigenem Interesse ist und uns auch in der Testtheorie wieder begegnen wird.

(7.31) Bemerkung und Definition: *Relative Entropie.* Für je zwei Wahrscheinlichkeitsmaße P, Q auf einem diskreten oder stetigen Ereignisraum $(E, \mathscr{E})$ mit existierenden Dichtefunktionen ρ bzw. σ sei

$$H(P; Q) := \mathbb{E}_P\left(\log \frac{\rho}{\sigma}\right) = \int_E \rho(x) \log \frac{\rho(x)}{\sigma(x)}\, dx$$

falls $P(\sigma = 0) = 0$, und $H(P; Q) := \infty$ sonst. (Hierbei sei $0 \log 0 = 0$; im diskreten Fall ist das Integral durch eine Summe zu ersetzen.) Dann ist $H(P; Q)$ wohldefiniert, eventuell $= \infty$. Es gilt $H(P; Q) \geq 0$ und $H(P; Q) = 0$ genau dann, wenn $P = Q$. $H(P; Q)$ heißt die *relative Entropie* oder *Kullback–Leibler-Information* von P bezüglich Q.

Beweis: Zum Beweis der Wohldefiniertheit von $H(P; Q)$ müssen wir zeigen, dass im Fall $P(\sigma = 0) = 0$ der Erwartungswert $\mathbb{E}_P(\log \frac{\rho}{\sigma})$ wohldefiniert ist. Für $x \in E$ sei $f(x) = \rho(x)/\sigma(x)$, falls $\sigma(x) > 0$, und $f(x) = 1$ sonst. Dann ist auch σf eine Dichtefunktion von P, und wir können daher ohne Einschränkung annehmen, dass $\rho = \sigma f$.

Für $s \geq 0$ sei $\psi(s) = 1 - s + s \log s$. Die Funktion ψ ist strikt konvex und nimmt ihr Minimum 0 genau an der Stelle 1 an; vgl. Abb. 11.3 auf S. 300. Insbesondere ist $\psi \geq 0$, und aus Nichtnegativitätsgründen existiert der Erwartungswert $\mathbb{E}_Q(\psi \circ f) = \int_E \psi(f(x))\, \sigma(x)\, dx \in [0, \infty]$. Ferner existiert der Erwartungswert $\mathbb{E}_Q(1 - f) = 1 - \mathbb{E}_P(1) = 0$. Durch Differenzbildung erhalten wir hieraus die Existenz von

$$\mathbb{E}_Q(f \log f) = \int_E \sigma(x)\, f(x)\, \log f(x)\, dx \in [0, \infty]\,.$$

Wegen $\sigma f = \rho$ zeigt dies die Existenz von $H(P; Q) \in [0, \infty]$.

Ist $H(P; Q) = 0$, so gilt nach dem Vorherigen auch $\mathbb{E}_Q(\psi \circ f) = 0$. Da $\psi \geq 0$, folgt weiter (etwa mit Hilfe der Markov-Ungleichung), dass $Q(\psi \circ f = 0) = 1$. Da ψ nur die Nullstelle 1 hat, ergibt sich die Beziehung $Q(f = 1) = 1$, und das bedeutet, dass $Q = P$. $\diamond$

Beweis von Satz (7.30): Sei $\vartheta \in \Theta$ fest gewählt und $\varepsilon > 0$ so klein, dass $\vartheta \pm \varepsilon \in \Theta$. Nach Voraussetzung (a) und Bemerkung (7.31) können wir ein $\delta > 0$ finden mit $\delta < H(Q_\vartheta; Q_{\vartheta \pm \varepsilon})$. Ähnlich wie in Beispiel (5.13) werden wir das Gesetz der großen Zahl auf die Log-Likelihood-Funktionen $\log \rho_\vartheta^{\otimes n}$ anwenden.

Es genügt zu zeigen, dass

$$(7.32) \qquad\qquad P_\vartheta\left(\frac{1}{n} \log \frac{\rho_\vartheta^{\otimes n}}{\rho_{\vartheta \pm \varepsilon}^{\otimes n}} > \delta\right) \to 1$$

für $n \to \infty$. Denn die Voraussetzung (b) der Unimodalität hat zur Folge, dass

$$\bigcap_{\sigma = \pm 1} \left\{\frac{1}{n} \log \frac{\rho_\vartheta^{\otimes n}}{\rho_{\vartheta + \sigma\varepsilon}^{\otimes n}} > \delta\right\} \subset \left\{\rho_{\vartheta - \varepsilon}^{\otimes n} < \rho_\vartheta^{\otimes n} > \rho_{\vartheta + \varepsilon}^{\otimes n}\right\} \subset \left\{\vartheta - \varepsilon < T_n < \vartheta + \varepsilon\right\};$$

siehe Abbildung 7.5.

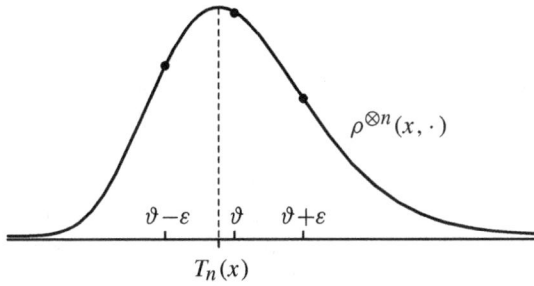

Abbildung 7.5: Wenn die Likelihood-Funktion $\rho^{\otimes n}(x, \cdot)$ zur Beobachtung x an der Stelle ϑ größer ist als an den Stellen $\vartheta \pm \varepsilon$, muss die Maximalstelle $T_n(x)$ im Intervall $]\vartheta - \varepsilon, \vartheta + \varepsilon[$ liegen.

Zum Beweis von (7.32) beschränken wir uns auf den Fall des positiven Vorzeichens von ε. Sei zunächst $H(Q_\vartheta; Q_{\vartheta+\varepsilon}) < \infty$. Dann ist $f = \rho_\vartheta / \rho_{\vartheta+\varepsilon}$ wie im Beweis von (7.31) wohldefiniert und $\log f \in \mathscr{L}^1(Q_\vartheta)$. Also gilt nach Satz (5.7)

$$\frac{1}{n} \log \frac{\rho_\vartheta^{\otimes n}}{\rho_{\vartheta+\varepsilon}^{\otimes n}} = \frac{1}{n} \sum_{i=1}^{n} \log f(X_i) \xrightarrow{P_\vartheta} \mathbb{E}_\vartheta(\log f) = H(Q_\vartheta; Q_{\vartheta+\varepsilon})$$

und somit (7.32). Weiter betrachten wir den Fall, dass $H(Q_\vartheta; Q_{\vartheta+\varepsilon}) = \infty$, aber noch $Q_\vartheta(\rho_{\vartheta+\varepsilon} = 0) = 0$. Dann ist f immer noch wohldefiniert, und für jedes $c > 1$ ist $h_c = \log \min(f, c) \in \mathscr{L}^1(Q_\vartheta)$. Nach Satz (4.11c) gilt $\mathbb{E}_\vartheta(h_c) \uparrow H(Q_\vartheta; Q_{\vartheta+\varepsilon}) = \infty$ für $c \uparrow \infty$. Es gibt daher ein c mit $\mathbb{E}_\vartheta(h_c) > \delta$. Wie im ersten Fall folgt dann aus Satz (5.7)

$$P_\vartheta\left(\frac{1}{n} \log \frac{\rho_\vartheta^{\otimes n}}{\rho_{\vartheta+\varepsilon}^{\otimes n}} > \delta\right) \geq P_\vartheta\left(\frac{1}{n} \sum_{i=1}^{n} h_c(X_i) > \delta\right) \to 1$$

für $n \to \infty$. Im verbleibenden Fall ist $Q_\vartheta(\rho_{\vartheta+\varepsilon} = 0) =: a > 0$. Dann gilt wegen $Q_\vartheta(\rho_\vartheta > 0) = 1$

$$P_\vartheta\left(\frac{1}{n} \log \frac{\rho_\vartheta^{\otimes n}}{\rho_{\vartheta+\varepsilon}^{\otimes n}} = \infty\right) = 1 - (1 - a)^n \to 1,$$

woraus wiederum (7.32) folgt. $\diamond$

Hier sind ein paar Beispiele für den obigen Konsistenzsatz.

(7.33) Beispiel: *Poisson-Parameterschätzung.* Wie groß ist die mittlere Anzahl von Versicherungsfällen bei einer Kfz-Versicherung pro Jahr, oder die mittlere Anzahl der Benutzer des Wochenendtickets der Bahn? Da diese Größen als Poisson-verteilt angesehen werden können, betrachten wir das Poisson-Modell $E = \mathbb{Z}_+$, $\Theta =]0, \infty[$, $Q_\vartheta = \mathcal{P}_\vartheta$ mit der Likelihood-Funktion $\rho(x, \vartheta) = e^{-\vartheta} \vartheta^x / x!$. Offenbar ist $\log \rho(x, \vartheta) = x \log \vartheta - \vartheta - \log x!$ konkav in ϑ. Voraussetzung (b) des Satzes ist daher erfüllt, und zwar mit $T_n = M_n := \frac{1}{n} \sum_{i=1}^{n} X_i$, dem Stichprobenmittelwert. Die Folge (T_n) ist daher konsistent. Das gleiche Ergebnis erhält man auch mit Satz (7.29).

(7.34) Beispiel: *Schätzung des Exponentialverteilungsparameters.* Wie lange dauert es typischerweise, bis an einem Schalter der erste Kunde ankommt? Oder in einer Telefonzentrale der erste Anruf eingeht? Da solche Wartezeiten in erster Näherung als exponentialverteilt angenommen werden können, benötigt man hierfür einen Schätzer des Parameters der Exponentialverteilung. Die Likelihood-Funktion des zugehörigen Modells hat die Gestalt $\rho(x, \vartheta) = \vartheta e^{-\vartheta x}$, wobei $x \in E = [0, \infty[$ und $\vartheta \in \Theta =]0, \infty[$. Offenbar ist $\log \rho(x, \vartheta) = -\vartheta x + \log \vartheta$ für jedes x konkav in ϑ, die Unimodalitätsvoraussetzung (b) des Satzes ist somit erfüllt. Wegen

$$\frac{d}{d\vartheta} \log \rho_\vartheta^{\otimes n} = \frac{d}{d\vartheta} \sum_{i=1}^{n} (-\vartheta X_i + \log \vartheta) = -n \left(M_n + \frac{1}{\vartheta} \right)$$

ist $T_n := 1/M_n$ der auf n unabhängigen Beobachtungen basierende Maximum-Likelihood-Schätzer, und sowohl Satz (7.29) als auch Satz (7.30) liefern uns dessen Konsistenz.

(7.35) Beispiel: *Schätzung der Gleichverteilungsskala.* Wir betrachten wieder die Situation des Beispiels (7.3) von der Fernsehshow, in dem der Bereich von Zufallszahlen geschätzt werden soll. Gemäß Beispiel (7.8) ist $\widetilde{T}_n = \max(X_1, \ldots, X_n)$ der Maximum-Likelihood-Schätzer nach n unabhängigen Beobachtungen, und die n-fache Produkt-Likelihood-Funktion hat die offensichtlich unimodale Gestalt $\vartheta^{-n} 1_{[\widetilde{T}_n, \infty[}(\vartheta)$. Satz (7.30) liefert daher nochmals die Konsistenz der Folge $(\widetilde{T}_n)$, die in Beispiel (7.3) bereits direkt gezeigt wurde.

7.7 Bayes-Schätzer

Zum Schluss soll noch ein anderer Zugang zum Schätzproblem vorgestellt werden: die Bayes'sche Statistik. Deren Ziel ist nicht die gleichmäßige Minimierung des quadratischen Fehlers für alle ϑ, sondern die Minimierung eines geeignet über ϑ gemittelten quadratischen Fehlers. Als Motivation kann das folgende Beispiel dienen.

(7.36) Beispiel: *Kraftfahrzeug-Versicherung.* Zu einer Versicherungsgesellschaft kommt ein Kunde, um eine Kfz-Versicherung abzuschließen. Der Kunde hat einen speziellen Fahrstil, der mit Wahrscheinlichkeit $\vartheta \in [0, 1]$ zu mindestens einem Schaden pro Jahr führt. Der Versicherungsvertreter kennt zwar ϑ nicht, aber er hat natürlich Statistiken über die Schadenshäufigkeiten in der Gesamtbevölkerung. Diese liefern ihm eine gewisse *Vorbewertung* des Risikos, d. h. ein Wahrscheinlichkeitsmaß α auf $\Theta = [0, 1]$. Wir wollen annehmen, dass α „glatt" ist, d. h. eine Dichtefunktion α besitzt. Die vom Versicherungsvertreter erwartete (also subjektive) Wahrscheinlichkeit, dass der Kunde in k von n Jahren jeweils mindestens einen Schaden hat, beträgt dann

$$\int_0^1 d\vartheta \, \alpha(\vartheta) \, \mathcal{B}_{n,\vartheta}(\{k\}) \, .$$

(Dies entspricht der Schadenshäufigkeit in einem zweistufigen Modell, in dem zuerst eine zufällige Schadenswahrscheinlichkeit ϑ gemäß α bestimmt wird und dann n Bernoulli-Experimente mit Schadenswahrscheinlichkeit ϑ durchgeführt werden.)

Gesetzt nun den Fall, der Kunde wünscht nach n Jahren einen neuen Vertrag, und der Versicherungsvertreter muss das Risiko neu einschätzen. Er weiß dann, dass etwa in $x \in \{0, \ldots, n\}$ Jahren ein Schaden eingetreten ist. Wie wird er seine Vorbewertung α aufgrund dieser Information verändern? Naheliegend ist ein Ansatz in Analogie zur Bayes-Formel (3.3b): Die *A-priori*-Dichte α wird ersetzt durch die *A-posteriori*-Dichte

$$\pi_x(\vartheta) = \frac{\alpha(\vartheta)\, \mathcal{B}_{n,\vartheta}(\{x\})}{\int_0^1 dp\, \alpha(p)\, \mathcal{B}_{n,p}(\{x\})},$$

d. h. durch die bedingte Verteilung von ϑ gegeben die Anzahl x der Schadensfälle.

Definition: Sei $(\mathcal{X}, \mathcal{F}, P_\vartheta : \vartheta \in \Theta)$ ein parametrisches Standardmodell mit Likelihood-Funktion $\rho : \mathcal{X} \times \Theta \to [0, \infty[$. Dann heißt jede Dichtefunktion (bzw., wenn Θ diskret ist, Zähldichte) α auf $(\Theta, \mathcal{B}_\Theta^d)$ eine *A-priori-Dichte* und das zugehörige Wahrscheinlichkeitsmaß α auf $(\Theta, \mathcal{B}_\Theta^d)$ eine *A-priori-Verteilung* oder *Vorbewertung*. Ferner heißt für jedes $x \in \mathcal{X}$ die Dichtefunktion (bzw. Zähldichte)

$$\pi_x(\vartheta) = \frac{\alpha(\vartheta)\, \rho(x, \vartheta)}{\int_\Theta dt\, \alpha(t)\, \rho(x, t)}$$

auf Θ die *A-posteriori-Dichte* und das zugehörige Wahrscheinlichkeitsmaß π_x die *A-posteriori-Verteilung* oder *Nachbewertung* zum Beobachtungsergebnis x und der Vorbewertung α. (Damit $\pi_x(\vartheta)$ wohldefiniert ist, müssen wir voraussetzen, dass ρ strikt positiv ist und simultan in beiden Variablen messbar ist, d. h. bezüglich der σ-Algebra $\mathcal{F} \otimes \mathcal{B}_\Theta^d$. Wenn Θ diskret ist und somit $\mathcal{B}_\Theta^d = \mathcal{P}(\Theta)$, ist Letzteres automatisch der Fall, und das Integral muss wie üblich durch eine Summe über Θ ersetzt werden.)

In der sogenannten Bayes'schen oder subjektiven Schule der Statistik wird die Vorbewertung α üblicherweise interpretiert als eine subjektive Einschätzung der Situation. Dies ist sicher immer dann sinnvoll, wenn auch die Wahrscheinlichkeitsmaße P_ϑ eher subjektiv als frequentistisch zu interpretieren sind. „Subjektiv" ist hier aber nicht gleichbedeutend mit „willkürlich". Der Versicherungsvertreter in Beispiel (7.36) wird natürlich seine Schadenshäufigkeitsstatistiken in seine Vorbewertung einfließen lassen.

Was ergibt sich nun für unser Beispiel (7.36)? Wir betrachten den Fall absoluter Unkenntnis über ϑ und wählen daher die A-priori-Verteilung $\alpha = \mathcal{U}_{[0,1]}$. Dann ist $\alpha(\vartheta) = 1$ für $\vartheta \in [0, 1]$, also für $x \in \{0, \ldots, n\}$

$$\pi_x(\vartheta) = \frac{\binom{n}{x} \vartheta^x (1 - \vartheta)^{n-x}}{\int_0^1 \binom{n}{x} s^x (1 - s)^{n-x}\, ds} = \frac{\vartheta^x (1 - \vartheta)^{n-x}}{\mathrm{B}(x + 1, n - x + 1)};$$

hier haben wir die Definition (2.21) der Beta-Funktion benutzt. $\pi_x(\vartheta)$ ist also gerade die Dichte der Beta-Verteilung zu den Parametern $x + 1, n - x + 1$, und es gilt

$$\pi_x = \beta_{x+1,n-x+1} \,.$$

Welche Eigenschaften hat π_x bei großer Beobachtungsanzahl n? Um die n-Abhängigkeit von π_x deutlich zu machen, schreiben wir jetzt $\pi_x^{(n)}$. Zunächst zeigt Beispiel (4.29), dass

$$\mathbb{E}(\pi_x^{(n)}) = S_n(x) := \frac{x+1}{n+2}\,, \quad \mathbb{V}(\pi_x^{(n)}) = \frac{(x+1)(n-x+1)}{(n+2)^2(n+3)} \leq \frac{1}{n}$$

für alle x. Der Erwartungswert ist also gerade der aus Beispiel (7.14) bekannte Schätzer für ϑ, und die Varianzen konvergieren im Limes $n \to \infty$ gegen 0. Zusammen mit der Čebyšev-Ungleichung (5.5) zeigt dies, dass sich $\pi_x^{(n)}$ mit wachsender Beobachtungszahl n immer stärker um $S_n(x)$ herum konzentriert, d.h. mit zunehmender Beobachtungsdauer verschwindet die zunächst bestehende Unsicherheit, und der Mittelwert wird immer plausibler. Da andrerseits natürlich auch $S_n \xrightarrow{\ \mathcal{B}_{n,\vartheta}\ } \vartheta$, ergibt sich hieraus die Konsistenzaussage

$$(7.37) \qquad \mathcal{B}_{n,\vartheta}\big(x : \pi_x^{(n)}([\vartheta - \varepsilon, \vartheta + \varepsilon]) \geq 1 - \varepsilon\big) \xrightarrow[n \to \infty]{} 1$$

für alle $\varepsilon > 0$ und $\vartheta \in [0, 1]$; man vergleiche dazu Abbildung 7.6.

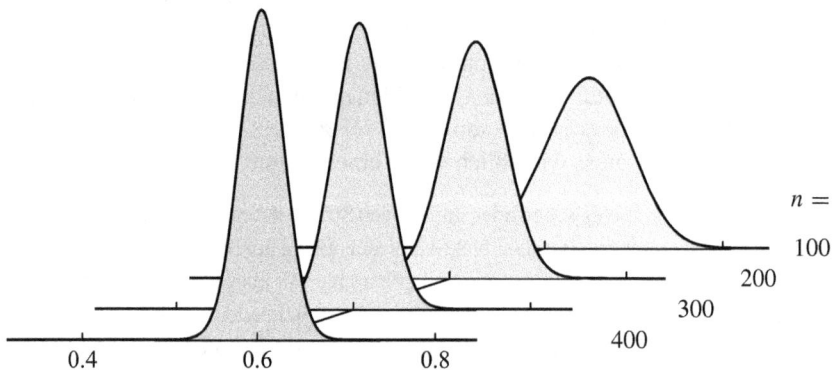

Abbildung 7.6: Die A-posteriori-Verteilungen $\pi_{x_n}^{(n)}$ in (7.37) für zufällig gemäß $\mathcal{B}_{n,0.6}$ gewählte x_n und verschiedene n.

Damit noch nicht beantwortet ist allerdings die Frage: Auf welchen Schätzwert für die unbekannte Schadenswahrscheinlichkeit ϑ wird der Versicherungsvertreter aufgrund der Kenntnis von x Schadensfällen tippen? Naheliegendes Ziel ist wieder die Minimierung des quadratischen Fehlers.

Definition: Es sei $(\mathcal{X}, \mathcal{F}, P_\vartheta : \vartheta \in \Theta)$ ein parametrisches Standardmodell mit (in beiden Variablen) messbarer Likelihood-Funktion $\rho > 0$, sowie α eine Vorbewertung auf Θ mit Dichte α. Sei ferner $\tau : \Theta \to \mathbb{R}$ eine messbare reelle Kenngröße mit $\mathbb{E}_\alpha(\tau^2) < \infty$. Ein Schätzer $T : \mathcal{X} \to \mathbb{R}$ für τ heißt ein *Bayes-Schätzer* zur Vorbewertung α, wenn der (über x *und* ϑ gemittelte) quadratische Fehler

$$\mathbb{F}_T(\alpha) := \mathbb{E}_\alpha(\mathbb{F}_T) = \int_\Theta d\vartheta \, \alpha(\vartheta) \int_\mathcal{X} dx \, \rho(x, \vartheta) \left(T(x) - \tau(\vartheta) \right)^2$$

minimal ist unter allen Schätzern für τ.

Statt des quadratischen Fehlers könnte man natürlich auch irgendeine andere Risikofunktion zugrunde legen. Diese Möglichkeit wollen wir hier nicht weiter verfolgen.

Der folgende Satz zeigt, dass Bayes-Schätzer sich direkt aus der A-posteriori-Verteilung gewinnen lassen. Zur Abkürzung setzen wir $P_\alpha = \int d\vartheta \, \alpha(\vartheta) \, P_\vartheta$. Das heißt, P_α ist das Wahrscheinlichkeitsmaß auf $\mathcal{X}$ mit Dichtefunktion $\rho_\alpha(x) := \int_\Theta \rho_\vartheta(x) \, \alpha(\vartheta) \, d\vartheta$.

(7.38) Satz: Bayes-Schätzer und A-posteriori-Verteilung. *In der Situation der Definition ist der Bayes-Schätzer für τ zur A-priori-Dichte α P_α-fast sicher eindeutig bestimmt und gegeben durch*

$$T(x) := \mathbb{E}_{\pi_x}(\tau) = \int_\Theta \pi_x(\vartheta) \, \tau(\vartheta) \, d\vartheta \, , \quad x \in \mathcal{X}.$$

Dabei ist π_x die A-posteriori-Verteilung zu α und x. (Für diskretes Θ ist wieder das Integral durch eine Summe zu ersetzen).

Beweis: Definitionsgemäß gilt die Gleichung $\alpha(\vartheta)\rho_\vartheta(x) = \rho_\alpha(x)\pi_x(\vartheta)$. Ist nun T wie angegeben und S ein beliebiger Schätzer, so erhält man durch Vertauschung der Integrale (Satz von Fubini, siehe z. B. [24, 45])

$$\mathbb{F}_S(\alpha) - \mathbb{F}_T(\alpha)$$
$$= \int_\mathcal{X} dx \, \rho_\alpha(x) \int_\Theta d\vartheta \, \pi_x(\vartheta) \left[S(x)^2 - 2 \, S(x) \, \tau(\vartheta) - T(x)^2 + 2 \, T(x) \, \tau(\vartheta) \right]$$
$$= \int_\mathcal{X} dx \, \rho_\alpha(x) \left[S(x)^2 - 2 \, S(x) \, T(x) - T(x)^2 + 2 \, T(x)^2 \right]$$
$$= \int_\mathcal{X} dx \, \rho_\alpha(x) \left[S(x) - T(x) \right]^2 \geq 0.$$

Dies liefert die Behauptung. $\diamondsuit$

In Beispiel (7.36) ergibt sich also: Der aus Beispiel (7.14) bekannte Schätzer $S(x) = (x + 1)/(n + 2)$ ist der eindeutige Bayes-Schätzer zur Vorbewertung $\alpha = \mathcal{U}_{[0,1]}$. Wir geben noch ein zweites Beispiel.

(7.39) Beispiel: *Bayes-Schätzung des Erwartungswerts einer Normalverteilung bei bekannter Varianz.* Sei $(\mathbb{R}^n, \mathcal{B}^n, \mathcal{N}_{\vartheta,v}{}^{\otimes n} : \vartheta \in \mathbb{R})$ das n-fache Gauß'sche Produkt-modell mit bekannter Varianz $v > 0$. Die Likelihood-Funktion ist

$$\rho(x, \vartheta) = (2\pi v)^{-n/2} \exp\left[-\frac{1}{2v} \sum_{i=1}^{n} (x_i - \vartheta)^2 \right].$$

Als A-priori-Verteilung wählen wir ebenfalls eine Normalverteilung, d. h. wir setzen $\alpha = \mathcal{N}_{m,u}$ mit $m \in \mathbb{R}$ und $u > 0$. Mit dem Maximum-Likelihood-Schätzer $M(x) = \frac{1}{n} \sum_{i=1}^{n} x_i$ und geeigneten Konstanten c_x, $c_x' > 0$ können wir dann schreiben

$$\pi_x(\vartheta) = c_x \exp\left[-\frac{1}{2u}(\vartheta - m)^2 - \frac{1}{2v} \sum_{i=1}^{n} (x_i - \vartheta)^2 \right]$$

$$= c_x' \exp\left[-\frac{\vartheta^2}{2}\left(\frac{1}{u} + \frac{n}{v}\right) + \vartheta\left(\frac{m}{u} + \frac{n}{v} M(x)\right) \right]$$

$$= \phi_{T(x), u^*}(\vartheta) ;$$

dabei ist $u^* = 1/\left(\frac{1}{u} + \frac{n}{v}\right)$ und

$$T(x) = \frac{\frac{1}{u} m + \frac{n}{v} M(x)}{\frac{1}{u} + \frac{n}{v}} .$$

(Da π_x und $\phi_{T(x), u^*}$ beide Wahrscheinlichkeitsdichten sind, ist der im letzten Schritt zunächst auftauchende Vorfaktor c_x'' notwendig $= 1$.) Wir erhalten also $\pi_x = \mathcal{N}_{T(x), u^*}$ und insbesondere $T(x) = \mathbb{E}(\pi_x)$. Nach Satz (7.38) erweist sich also T als der Bayes-Schätzer zur A-priori-Verteilung $\alpha = \mathcal{N}_{m,u}$. Man beachte, dass T eine konvexe Kombination von m und M ist, welche M bei wachsender Beobachtungszahl n und ebenfalls bei wachsender A-priori-Unsicherheit u zunehmend gewichtet. Insbesondere erhält man im Limes $n \to \infty$ eine ähnliche Konsistenzaussage wie in (7.37); siehe auch Aufgabe 7.28.

Aufgaben

7.1 Die Strahlenbelastung von Waldpilzen soll überprüft werden. Dazu wird bei n unabhängi-gen Pilzproben die Anzahl der Geigerzähler-Impulse jeweils während einer Zeiteinheit gemes-sen. Stellen Sie ein geeignetes statistisches Modell auf und geben Sie einen erwartungstreuen Schätzer für die Strahlenbelastung an.

7.2 *Verschobene Gleichverteilungen.* Gegeben sei das Modell $(\mathbb{R}^n, \mathcal{B}^n, \mathcal{U}_\vartheta{}^{\otimes n} : \vartheta \in \mathbb{R})$, wobei $\mathcal{U}_\vartheta$ die Gleichverteilung auf dem Intervall $\left[\vartheta - \frac{1}{2}, \vartheta + \frac{1}{2}\right]$ sei. Zeigen Sie:

$$M = \frac{1}{n} \sum_{i=1}^{n} X_i \quad \text{und} \quad T = \frac{1}{2}\left(\max_{1 \le i \le n} X_i + \min_{1 \le i \le n} X_i \right)$$

sind erwartungstreue Schätzer für ϑ. *Hinweis:* Beachten Sie die Verteilungssymmetrie der X_i.

7.3 ^{L} *Diskretes Gleichverteilungsmodell.* In einer Lostrommel befinden sich N Lose mit den Nummern $1, 2, \ldots, N$; N ist unbekannt. Der kleine Fritz will wissen, wie viele Lose sich in der Trommel befinden und entnimmt in einem unbeobachteten Augenblick ein Los, merkt sich die aufgedruckte Nummer und legt es wieder in die Trommel zurück. Das macht er n-mal.

(a) Berechnen Sie aus den gemerkten Nummern $x_1, \ldots, x_n$ einen Maximum-Likelihood-Schätzer T für N. Ist dieser erwartungstreu?

(b) Berechnen Sie approximativ für großes N den relativen Erwartungswert $\mathbb{E}_N(T)/N$. *Hinweis:* Fassen Sie einen geeigneten Ausdruck als Riemann-Summe auf.

7.4 Betrachten Sie die Situation von Aufgabe 7.3. Diesmal zieht der kleine Fritz die n Lose *ohne* Zurücklegen. Bestimmen Sie den Maximum-Likelihood-Schätzer T für N, berechnen Sie $\mathbb{E}_N(T)$ und geben Sie einen erwartungstreuen Schätzer für N an.

7.5 Bestimmen Sie einen Maximum-Likelihood-Schätzer

(a) in der Situation von Aufgabe 7.1,

(b) im reellen Produktmodell $(\mathbb{R}^n, \mathscr{B}^n, Q_\vartheta^{\otimes n} : \vartheta > 0)$, wobei $Q_\vartheta = \boldsymbol{\beta}_{\vartheta,1}$ das Wahrscheinlichkeitsmaß auf $(\mathbb{R}, \mathscr{B})$ mit der Dichte $\rho_\vartheta(x) = \vartheta x^{\vartheta-1} \, 1_{]0,1[}(x)$ sei,

und überprüfen Sie, ob dieser eindeutig bestimmt ist.

7.6 ^{L} *Phylogenie.* Wann lebte der letzte gemeinsame Vorfahr V von zwei Organismen A und B? Im „infinite-sites Mutationsmodell" wird dazu angenommen, dass die Mutationen entlang der Stammbaumlinien von A nach V und B nach V zu den Zeitpunkten von unabhängigen Poisson-Prozessen mit bekannter Intensität $(=$ Mutationsrate$)$ $\mu > 0$ erfolgt sind und jeweils ein anderes Nukleotid in der Gensequenz verändert haben. Sei x die beobachtete Anzahl der unterschiedlichen Nukleotide in den Sequenzen von A und B. Wie lautet Ihre Maximum-Likelihood-Schätzung für das Alter von V? Präzisieren Sie dazu das statistische Modell!

7.7 Von einer Schmetterlingsart gebe es drei Varianten 1, 2 und 3 in den genotypischen Proportionen $p_1(\vartheta) = \vartheta^2$, $p_2(\vartheta) = 2\vartheta(1 - \vartheta)$ und $p_3(\vartheta) = (1 - \vartheta)^2$, $0 \leq \vartheta \leq 1$. Unter n gefangenen Schmetterlingen dieser Art beobachten Sie n_i Exemplare der Variante i. Bestimmen Sie einen Maximum-Likelihood-Schätzer T für ϑ. (Vergessen Sie nicht, die Grenzfälle $n_1 = n$ und $n_3 = n$ zu betrachten.)

7.8 ^{L} Beim Sommerfest des Kaninchenzüchtervereins sollen K Kaninchen verlost werden. Dazu werden $N \geq K$ Lose gedruckt, davon K Gewinne, der Rest Nieten. Der kleine Fritz bringt – zum Entsetzen seiner Mutter – x Kaninchen mit nach Hause, $1 \leq x \leq K$. Wie viele Lose hat er wohl gekauft? Geben Sie eine Schätzung mittels der Maximum-Likelihood-Methode!

7.9 Gegeben sei das geometrische Modell $(\mathbb{Z}_+, \mathscr{P}(\mathbb{Z}_+), \mathcal{G}_\vartheta : \vartheta \in]0, 1])$. Bestimmen Sie einen Maximum-Likelihood-Schätzer für den unbekannten Parameter ϑ! Ist dieser erwartungstreu?

7.10 Gegeben sei das statistische Produktmodell $(\mathbb{R}^n, \mathscr{B}^n, Q_\vartheta^{\otimes n} : \vartheta \in \mathbb{R})$. Dabei sei Q_ϑ die sogenannte *zweiseitige Exponentialverteilung* oder *Laplace-Verteilung* mit Zentrum ϑ, d. h. das Wahrscheinlichkeitsmaß auf $(\mathbb{R}, \mathscr{B})$ mit Dichtefunktion

$$\rho_\vartheta(x) = \tfrac{1}{2} \, e^{-|x-\vartheta|}, \quad x \in \mathbb{R}.$$

Bestimmen Sie einen Maximum-Likelihood-Schätzer für ϑ und zeigen Sie, dass dieser nur für ungerades n eindeutig bestimmt ist. *Hinweis:* Aufgabe 4.15.

7.11 *Schätzung einer Übergangsmatrix.* Sei $X_0, \ldots, X_n$ eine Markov-Kette mit endlichem Zustandsraum E, bekannter Startverteilung α und unbekannter Übergangsmatrix Π. Für $a, b \in E$ sei $L^{(2)}(a, b) = |\{1 \leq i \leq n : X_{i-1} = a, X_i = b\}|/n$ die relative Häufigkeit, mit der das Buchstabenpaar (a, b) in dem „Zufallswort" $(X_0, \ldots, X_n)$ auftritt. Die zufällige Matrix $L^{(2)} = \left(L^{(2)}(a, b)\right)_{a,b \in E}$ heißt die *empirische Paarverteilung*. Die empirische Übergangsmatrix T auf E sei definiert durch

$$T(a, b) = L^{(2)}(a, b)/L(a) \quad \text{falls} \ L(a) := \sum_{c \in E} L^{(2)}(a, c) > 0,$$

und beliebig sonst. Präzisieren Sie das statistische Modell und zeigen Sie: T ist ein Maximum-Likelihood-Schätzer für Π. *Hinweis:* Sie können ähnlich wie in Beispiel (7.7) rechnen.

7.12 Bestimmen Sie im Binomialmodell aus Beispiel (7.14) einen Schätzer für ϑ, dessen quadratischer Fehler nicht von ϑ abhängt.

7.13 *Gütekriterien sind nicht immer gut.* Betrachten Sie das Modell $(\mathbb{N}, \mathscr{P}(\mathbb{N}), P_\vartheta : \vartheta > 0)$ der bedingten Poisson-Verteilungen

$$P_\vartheta(\{n\}) = \mathcal{P}_\vartheta(\{n\}|\mathbb{N}) = \frac{\vartheta^n}{n! \, (e^\vartheta - 1)}, \quad n \in \mathbb{N}.$$

Zeigen Sie: Der einzige erwartungstreue Schätzer für $\tau(\vartheta) = 1 - e^{-\vartheta}$ ist der (sinnlose) Schätzer $T(n) = 1 + (-1)^n, n \in \mathbb{N}$.

7.14[L] *Eindeutigkeit bester Schätzer.* In einem statistischen Modell $(\mathcal{X}, \mathscr{F}, P_\vartheta : \vartheta \in \Theta)$ seien S, T zwei beste erwartungstreue Schätzer für eine reelle Kenngröße $\tau(\vartheta)$. Zeigen Sie: Für alle ϑ gilt $P_\vartheta(S = T) = 1$. *Hinweis:* Betrachten Sie die Schätzer $(S + T)/2$.

7.15 Betrachten Sie zu gegebenem $r > 0$ das negative Binomialmodell

$$(\mathbb{Z}_+, \mathscr{P}(\mathbb{Z}_+), \overline{B}_{r,\vartheta} : 0 < \vartheta < 1).$$

Bestimmen Sie einen besten Schätzer für $\tau(\vartheta) = 1/\vartheta$ und geben Sie dessen Varianz für jedes ϑ explizit an.

7.16 Betrachten Sie zu einem gegebenen Mittelwert $m \in \mathbb{R}$ das n-fache Gauß'sche Produktmodell $(\mathbb{R}^n, \mathscr{B}^n, \mathcal{N}_{m,\vartheta}{}^{\otimes n} : \vartheta > 0)$. Zeigen Sie: Die Statistik

$$T = \sqrt{\frac{\pi}{2}} \, \frac{1}{n} \sum_{i=1}^n |X_i - m|$$

auf $\mathbb{R}^n$ ist ein erwartungstreuer Schätzer für $\tau(\vartheta) = \sqrt{\vartheta}$, jedoch erreicht ihre Varianz für kein ϑ die Cramér–Rao-Schranke $\tau'(\vartheta)^2/I(\vartheta)$.

7.17[L] *Randomized Response.* Um bei Umfragen zu heiklen Themen („Nehmen Sie harte Drogen?") die Privatsphäre der befragten Personen zu schützen und zuverlässige Antworten zu bekommen, wurde das folgende „Unrelated Question"-Befragungsmodell vorgeschlagen: Ein Stapel Fragekarten ist zur Hälfte mit der heiklen Frage A und zur anderen Hälfte mit einer harmlosen Frage B beschriftet, welche nichts mit Frage A zu tun hat („Waren Sie letzte Woche im Kino?"). Der Interviewer lässt den Befragten die Karten mischen, eine Karte verdeckt ziehen und die darauf gestellte Frage beantworten. Die untersuchte Personengruppe enthalte einen bekannten Anteil p_B der Personen, welche Frage B bejahen (Kinogänger). Sei $\vartheta = p_A$ die Wahrscheinlichkeit, mit der die heikle Frage A bejaht wird. Es werden n Personen unabhängig befragt. Präzisieren Sie das statistische Modell, geben Sie einen besten Schätzer für ϑ an, und bestimmen Sie dessen Varianz.

7.18 ^{L} *Verschobene Gleichverteilungen.* Berechnen Sie in der Situation von Aufgabe 7.2 die Varianzen $\mathbb{V}_\vartheta(M)$ und $\mathbb{V}_\vartheta(T)$. Welchen Schätzer würden Sie zur Benutzung empfehlen? *Hinweis:* Bestimmen Sie für $n \geq 3$ und $\vartheta = 1/2$ zunächst die gemeinsame Verteilungsdichte von $\min_{1 \leq i \leq n} X_i$ und $\max_{1 \leq i \leq n} X_i$ und anschließend die Verteilungsdichte von T, und benutzen Sie (2.23).

7.19 ^{L} *Suffizienz und Vollständigkeit.* Sei $(\mathcal{X}, \mathscr{F}, P_\vartheta : \vartheta \in \Theta)$ ein statistisches Modell und $T : \mathcal{X} \to \Sigma$ eine Statistik mit (der Einfachheit halber) abzählbarem Wertebereich Σ. T heißt *suffizient*, wenn (nicht von ϑ abhängende) Wahrscheinlichkeitsmaße Q_s, $s \in \Sigma$, auf $(\mathcal{X}, \mathscr{F})$ existieren mit $P_\vartheta(\cdot | T = s) = Q_s$, wenn immer $P_\vartheta(T = s) > 0$. T heißt *vollständig*, wenn $g \equiv 0$ die einzige Funktion $g : \Sigma \to \mathbb{R}$ ist mit $\mathbb{E}_\vartheta(g \circ T) = 0$ für alle $\vartheta \in \Theta$. Sei τ eine reelle Kenngröße. Zeigen Sie:

(a) *Rao–Blackwell 1945/47.* Ist T suffizient, so lässt sich jeder erwartungstreue Schätzer S für τ wie folgt verbessern: Ist $g_S(s) := \mathbb{E}_{Q_s}(S)$ für $s \in \Sigma$, so ist $g_S \circ T$ erwartungstreu und $\mathbb{V}_\vartheta(g_S \circ T) \leq \mathbb{V}_\vartheta(S)$ für alle $\vartheta \in \Theta$.

(b) *Lehmann–Scheffé 1950.* Ist T suffizient und vollständig und $g \circ T$ ein erwartungstreuer Schätzer für τ, so ist $g \circ T$ sogar ein bester Schätzer für τ.

7.20 Sei $(\mathcal{X}, \mathscr{F}, P_\vartheta : \vartheta \in \Theta)$ ein exponentielles Modell bezüglich einer Statistik T. Nehmen Sie zur Vereinfachung an, dass T nur Werte in $\Sigma := \mathbb{Z}_+$ annimmt. Zeigen Sie: T ist suffizient und vollständig.

7.21 Betrachten Sie die Situation von Aufgabe 7.3 und zeigen Sie: Der dort bestimmte Maximum-Likelihood-Schätzer T ist suffizient und vollständig.

7.22 *Relative Entropie und Fisher-Information.* Sei $(\mathcal{X}, \mathscr{F}, P_\vartheta : \vartheta \in \Theta)$ ein reguläres statistisches Modell mit endlichem Ergebnisraum $\mathcal{X}$. Zeigen Sie: Für jedes $\vartheta \in \Theta$ gilt

$$\lim_{\varepsilon \to 0} \varepsilon^{-2} H(P_{\vartheta+\varepsilon}; P_\vartheta) = I(\vartheta)/2.$$

7.23 ^{L} *Schätzung der Mutationsrate im infinite alleles model.* Betrachten Sie zu festem $n \geq 1$ die Ewens'sche Stichprobenverteilungen $\rho_{n,\vartheta}$ mit $\vartheta > 0$ aus Aufgabe 6.5a. Zeigen Sie:

(a) $\{\rho_{n,\vartheta} : \vartheta > 0\}$ ist eine exponentielle Familie, und $K_n(x) := \sum_{i=1}^n x_i$ (die Anzahl der verschiedenen Clans in der Stichprobe) ist ein bester erwartungstreuer Schätzer für $\tau_n(\vartheta) := \sum_{i=0}^{n-1} \frac{\vartheta}{\vartheta+i}$.

(b) Der Maximum-Likelihood-Schätzer für ϑ ist $T_n := \tau_n^{-1} \circ K_n$. (Beachten Sie, dass τ_n strikt wachsend ist.)

(c) Die Schätzfolge $(K_n / \log n)_{n \geq 1}$ für ϑ ist asymptotisch erwartungstreu und konsistent. Der quadratische Fehler von $K_n / \log n$ ist allerdings von der Größenordnung $1/\log n$, strebt also nur sehr langsam gegen 0.

7.24 *Schätzung mit der Momentenmethode.* Sei $(\mathbb{R}, \mathcal{B}, Q_\vartheta : \vartheta \in \Theta)$ ein reellwertiges statistisches Modell und $r \in \mathbb{N}$. Zu jedem $\vartheta \in \Theta$ und jedem $k \in \{1, \ldots, r\}$ existiere das k-te Moment $m_k(\vartheta) := \mathbb{E}_\vartheta(\mathrm{Id}_{\mathbb{R}}^k)$ von Q_ϑ. Sei ferner $g : \mathbb{R}^r \to \mathbb{R}$ stetig und $\tau(\vartheta) := g(m_1(\vartheta), \ldots, m_r(\vartheta))$. Im zugehörigen unendlichen Produktmodell $(\mathbb{R}^{\mathbb{N}}, \mathcal{B}^{\otimes \mathbb{N}}, Q_\vartheta^{\otimes \mathbb{N}} : \vartheta \in \Theta)$ ist dann bei beliebigem n

$$T_n := g\Big(\frac{1}{n}\sum_{i=1}^n X_i, \frac{1}{n}\sum_{i=1}^n X_i^2, \ldots, \frac{1}{n}\sum_{i=1}^n X_i^r\Big)$$

ein Schätzer für τ. Zeigen Sie: Die Folge (T_n) ist konsistent.

7.25[L] Betrachten Sie das zweiseitige Exponentialmodell aus Aufgabe 7.10. Für jedes $n \geq 1$ sei T_n ein beliebiger Maximum-Likelihood-Schätzer aufgrund von n unabhängigen Beobachtungen. Zeigen Sie: Die Folge (T_n) ist konsistent.

7.26 Verifizieren Sie die Konsistenzaussage (7.37) für die A-posteriori-Verteilungen im Binomialmodell von Beispiel (7.36).

7.27 *Dirichlet- und Multinomialverteilung.* Betrachten Sie folgende Verallgemeinerung von Beispiel (7.36) auf den Fall eines Urnenmodells mit einer endlichen Anzahl s (statt nur zwei) Kugelfarben. Sei Θ die Menge alle Zähldichten auf $\{1, \ldots, s\}$. Als A-priori-Verteilung α auf Θ wählen wir die *Dirichlet-Verteilung* $\mathcal{D}_\rho$ zu einem geeigneten Parameter $\rho \in \,]0, \infty[^s$, welche durch die Gleichung

$$\mathcal{D}_\rho(A) = \frac{\Gamma\big(\sum_{i=1}^s \rho(i)\big)}{\prod_{i=1}^s \Gamma\big(\rho(i)\big)} \int 1_A(\vartheta) \prod_{i=1}^s \vartheta_i^{\rho(i)-1} d\vartheta_1 \ldots d\vartheta_{s-1}, \quad A \in \mathcal{B}_\Theta,$$

definiert ist. (Das Integral erstreckt sich über alle $(\vartheta_1, \ldots, \vartheta_{s-1})$, für welche $\vartheta := (\vartheta_1, \ldots, \vartheta_{s-1}, 1 - \sum_{i=1}^{s-1} \vartheta_i)$ in Θ liegt. Dass $\mathcal{D}_\rho$ wirklich ein Wahrscheinlichkeitsmaß ist, wird sich z. B. aus Aufgabe 9.8 ergeben.) Für $\rho \equiv 1$ ist $\mathcal{D}_\rho$ gerade die Gleichverteilung auf Θ. Bei festem $\vartheta \in \Theta$ wird der Schadensverlauf in n Jahren dann durch die Multinomialverteilung $\mathcal{M}_{n,\vartheta}$ beschrieben. Bestimmen Sie die A-posteriori-Verteilung.

7.28[L] *Angleichung der Restunsicherheit bei wachsender Information.* Betrachten Sie Beispiel (7.39) im Limes $n \to \infty$. Sei $x = (x_1, x_2, \ldots)$ eine Folge von Beobachtungswerten in $\mathbb{R}$, für welche die Folge der Mittelwerte $M_n(x) = \frac{1}{n}\sum_{i=1}^n x_i$ beschränkt bleibt, und $\pi_x^{(n)}$ die A-posteriori-Dichte zu den Ergebnissen $(x_1, \ldots, x_n)$ und der A-priori-Verteilung $\mathcal{N}_{m,u}$. Sei $\theta_{n,x}$ eine Zufallsvariable mit Verteilung $\pi_x^{(n)}$. Zeigen Sie: Die reskalierten Zufallsvariablen $\sqrt{n/v}\,(\theta_{n,x} - M_n(x))$ konvergieren in Verteilung gegen $\mathcal{N}_{0,1}$.

7.29 *Gamma- und Poisson-Verteilung.* Betrachten Sie das n-fache Poisson-Produktmodell $(\mathbb{Z}_+^n, \mathcal{P}(\mathbb{Z}_+^n), \mathcal{P}_\vartheta^{\otimes n} : \vartheta > 0)$ sowie die A-priori-Verteilung $\alpha = \Gamma_{a,r}$, die Gamma-Verteilung zu den Parametern $a, r > 0$. Berechnen Sie zu jedem $x \in \mathbb{Z}_+^n$ die A-posteriori-Dichte π_x und bestimmen Sie den Bayes-Schätzer für ϑ.

8 Konfidenzbereiche

Ein Schätzwert für eine unbekannte Kenngröße liefert zwar einen ersten Anhaltspunkt für deren wahren Wert, ist aber insofern unbefriedigend, als man nicht weiß, wie zuverlässig der angegebene Schätzwert ist. Besser werden die Launen des Zufalls berücksichtigt, wenn man statt eines einzelnen Schätzwerts nur einen gewissen, von der Beobachtung abhängigen Bereich angibt, in dem die Kenngröße mit hinreichend großer Sicherheit erwartet werden kann. Solche sogenannten Konfidenz- oder Vertrauensbereiche sind der Gegenstand dieses Kapitels.

8.1 Definition und Konstruktionsverfahren

Zur Motivation betrachten wir wieder das Beispiel (7.6) vom Reißnagel. (Dies ist unser „toy model" für ein unabhängig wiederholtes Alternativ-Experiment mit unbekannter Erfolgswahrscheinlichkeit ϑ.) Ein Reißnagel werde mehrmals geworfen. Mit welcher Wahrscheinlichkeit $\vartheta \in [0, 1]$ fällt er auf die Spitze? Zuerst wirft Anton $n = 100$ Mal, wobei der Reißnagel etwa $x = 40$ Mal auf die Spitze falle, danach Brigitte, wobei er vielleicht nur $x' = 30$ Mal auf die Spitze fällt. Anton schätzt dann $\vartheta = x/n = 0.4$, Brigitte jedoch $\vartheta = x'/n = 0.3$. Wer von beiden hat recht? Natürlich keiner! Denn selbst wenn sich herausstellen sollte, dass wirklich $\vartheta = 0.4$ ist, wäre das nur ein Zufallstreffer von Anton gewesen. Zu seriöseren Aussagen kann man erst gelangen, wenn man Abweichungen vom Schätzwert zulässt und Irrtumswahrscheinlichkeiten angibt. Dies geschieht durch Aussagen der Form „Mit einer Sicherheit von 95% liegt ϑ im (zufälligen) Intervall $]T - \varepsilon, T + \varepsilon[$". Dabei ist T ein geeigneter Schätzer und ε eine passende Fehlerschranke.

Definition: Sei $(\mathcal{X}, \mathcal{F}, P_\vartheta : \vartheta \in \Theta)$ ein statistisches Modell, Σ eine beliebige Menge, $\tau : \Theta \to \Sigma$ eine zu ermittelnde Kenngröße für den Parameter, und $0 < \alpha < 1$. Eine Abbildung $C : \mathcal{X} \to \mathscr{P}(\Sigma)$, die jedem möglichen Beobachtungsergebnis $x \in \mathcal{X}$ eine Menge $C(x) \subset \Sigma$ zuordnet, heißt ein *Konfidenz- oder Vertrauensbereich für τ zum Irrtumsniveau α (bzw. Sicherheitsniveau $1 - \alpha$)*, wenn

$$(8.1) \qquad \inf_{\vartheta \in \Theta} P_\vartheta \big(x \in \mathcal{X} : C(x) \ni \tau(\vartheta) \big) \geq 1 - \alpha \,.$$

(Damit diese Wahrscheinlichkeiten definiert sind, muss man natürlich auch verlangen, dass die Mengen $\{C(\cdot) \ni s\} := \{x \in \mathcal{X} : C(x) \ni s\}$ für beliebige $s \in \Sigma$ zur σ-Algebra $\mathcal{F}$ gehören.) Ist $\Sigma = \mathbb{R}$ und jedes $C(x)$ ein Intervall, so spricht man von einem *Konfidenzintervall*. Gelegentlich nennt man $C(\cdot)$ auch einen *Bereichschätzer*.

Diese Definition erfordert zwei Kommentare.

▷ Formal sind die Bedingungen der Definition erfüllt, wenn für jedes x einfach $C(x) = \Sigma$ gesetzt wird. Aber damit wäre nichts gewonnen! Wir wollen ja möglichst genaue Information über $\tau(\vartheta)$ haben, und dazu müssen die Mengen $C(x)$ *möglichst klein* sein. Andrerseits soll auch die Irrtumswahrscheinlichkeit möglichst klein sein. Das sind jedoch zwei widerstreitende Ziele: Man kann nicht α und die Mengen $C(\cdot)$ gleichzeitig klein machen. Je kleiner α, desto größer müssen wegen (8.1) die Mengen $C(\cdot)$ sein. Also muss man jeweils im konkreten Einzelfall entscheiden, wie man die Irrtumswahrscheinlichkeit α und den geschätzten Bereich $C(\cdot)$ ausbalancieren will.

▷ Die Bedingung (8.1) wird gelegentlich missverstanden. Wenn beim Reißnagel das Experiment den Schätzwert $T(x) = 0.4$ für $\tau(\vartheta) := \vartheta$ ergeben hat und Anton deshalb z. B. das Konfidenzintervall $]0.3, 0.5[$ zum Sicherheitsniveau 95% angibt, so bedeutet das *nicht*, dass ϑ in 95% aller Fälle im Intervall $]0.3, 0.5[$ liegt. Denn damit würde man unterstellen, dass ϑ zufällig wäre. Nun ist ϑ zwar unbekannt, hat aber trotzdem einen bestimmten Wert (der das Verhalten des Reißnagels charakterisiert und durch das Experiment zu ermitteln ist), und ist keineswegs zufällig. Zufällig sind vielmehr der Beobachtungswert x und das sich daraus ergebende $C(x)$. Korrekt ist die folgende Formulierung: In 95% aller Beobachtungen enthält das durch unser Verfahren bestimmte Zufallsintervall $C(\cdot)$ den wahren Wert ϑ (ganz egal, was dieser Wert ist).

Wie kann man Konfidenzbereiche konstruieren? Dazu gibt es ein allgemeines Prinzip, das wir nun vorstellen wollen. Der Einfachheit halber beschränken wir uns auf den wichtigsten Fall, dass der Parameter ϑ selbst identifiziert werden soll, dass also $\Sigma = \Theta$ und τ die Identität ist; den allgemeinen Fall werden wir in Beispiel (8.4) illustrieren.

Sei also $(\mathcal{X}, \mathscr{F}, P_\vartheta : \vartheta \in \Theta)$ ein statistisches Modell. Jeder Konfidenzbereich $C : x \to C(x)$ für ϑ wird offenbar eindeutig beschrieben durch seinen (wieder mit C bezeichneten) Graphen

$$C = \{(x, \vartheta) \in \mathcal{X} \times \Theta : \vartheta \in C(x)\},$$

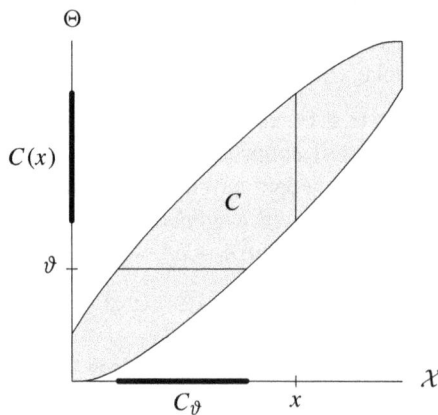

Abbildung 8.1: Zur Konstruktion von Konfidenzbereichen.

siehe Abbildung 8.1. Für jedes $x \in \mathcal{X}$ ist $C(x)$ gerade der vertikale x-Schnitt durch C, und

$$C_\vartheta := \{C(\cdot) \ni \vartheta\} = \{x \in \mathcal{X} : (x, \vartheta) \in C\} \in \mathscr{F}$$

ist der horizontale ϑ-Schnitt durch C. In dieser Beschreibung bedeutet die Niveaubedingung (8.1) nichts anderes, als dass alle horizontalen Schnitte mindestens die Wahrscheinlichkeit $1 - \alpha$ haben sollen:

$$\inf_{\vartheta \in \Theta} P_\vartheta(C_\vartheta) \geq 1 - \alpha.$$

Daraus ergibt sich das folgende

(8.2) Konstruktionsverfahren für Konfidenzbereiche: Zu einem vorgegebenen Irrtumsniveau $0 < \alpha < 1$ führe man die folgenden beiden Schritte durch.

▷ Zu jedem $\vartheta \in \Theta$ bestimme man ein möglichst kleines $C_\vartheta \in \mathscr{F}$ mit $P_\vartheta(C_\vartheta) \geq 1 - \alpha$. Im Fall eines Standardmodells wählt man gerne (in Analogie zu Maximum-Likelihood-Schätzern) ein C_ϑ der Gestalt

$$C_\vartheta = \{x \in \mathcal{X} : \rho_\vartheta(x) \geq c_\vartheta\},$$

wobei $c_\vartheta > 0$ so bestimmt wird, dass die Bedingung (8.1) möglichst knapp erfüllt ist. Mit anderen Worten, man versammelt in C_ϑ die x mit der größten Likelihood, solange bis das Sicherheitsniveau $1 - \alpha$ erreicht wird.

▷ Wie in Abbildung 8.1 setze man dann $C = \{(x, \vartheta) \in \mathcal{X} \times \Theta : x \in C_\vartheta\}$ und

$$C(x) = \{\vartheta \in \Theta : C_\vartheta \ni x\}.$$

Das so konstruierte C ist dann ein Konfidenzbereich für ϑ zum Irrtumsniveau α.

Wir erläutern das Verfahren an einem Beispiel und mit einer Skizze, siehe Abbildung 8.2.

(8.3) Beispiel: *Emissionskontrolle.* Von $N = 10$ Heizkraftwerken werden (wegen der hohen Inspektionskosten nur) $n = 4$ zufällig ausgewählt und auf ihre Emissionswerte überprüft. Gesucht ist ein Konfidenzbereich für die Anzahl ϑ der Kraftwerke mit zu hohen Schadstoffwerten. Dies entspricht einer Stichprobe vom Umfang 4 ohne Zurücklegen aus einer Urne mit 10 Kugeln, von denen eine unbekannte Zahl ϑ schwarz ist. Das Modell ist also $\mathcal{X} = \{0, \ldots, 4\}$, $\Theta = \{0, \ldots, 10\}$, $P_\vartheta = \mathcal{H}_{4;\vartheta,10-\vartheta}$. Die zugehörige Likelihood-Funktion ist in Tabelle 8.1 aufgeführt.

Sei nun etwa $\alpha = 0.2$. Nach der Konstruktionsvorschrift (8.2) müssen wir dann in jeder Zeile der Tabelle 8.1 so viele der größten Werte finden, bis deren Summe

Tabelle 8.1: Konstruktion eines Konfidenzbereichs (unterstrichen) im hypergeometrischen Modell. Die Werte für $\vartheta > 5$ ergeben sich durch Symmetrie.

ϑ	$\binom{10}{4}$	$\mathcal{H}_{4;\vartheta,10-\vartheta}(\{x\})$			
5	5	<u>50</u>	100	50	5
4	15	<u>80</u>	<u>90</u>	24	1
3	35	<u>105</u>	<u>63</u>	7	0
2	<u>70</u>	<u>112</u>	28	0	0
1	<u>126</u>	<u>84</u>	0	0	0
0	<u>210</u>	0	0	0	0
	0	1	2	3	4	x

mindestens 168 beträgt. Dies sind die unterstrichenen Werte. Sie definieren einen Konfidenzbereich C mit

$$C(0) = \{0,1,2\}, \quad C(1) = \{1,\dots,5\}, \quad C(2) = \{3,\dots,7\},$$
$$C(3) = \{5,\dots,9\}, \quad C(4) = \{8,9,10\}.$$

Wegen der geringen Stichprobenzahl sind die Mengen $C(x)$ ziemlich groß, obgleich wir auch α recht groß gewählt haben. Man sollte also trotz der Kosten weitere Heizkraftwerke untersuchen!

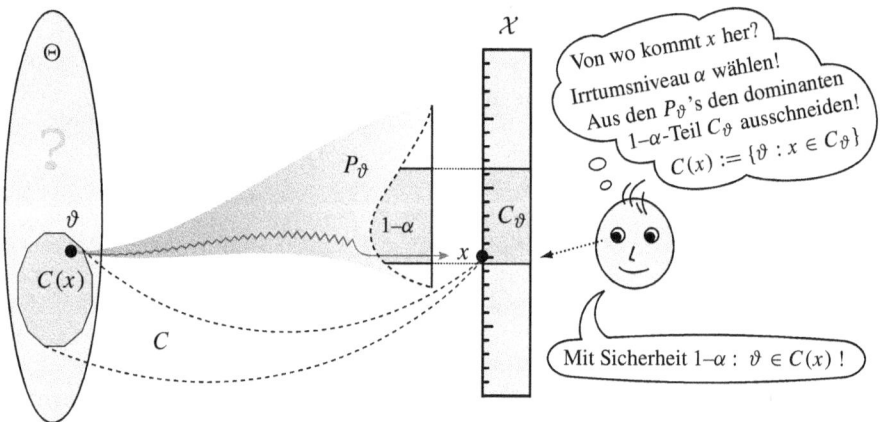

Abbildung 8.2: Schätzen mit Irrtumsangabe: Eine unbekannte Größe ϑ soll ermittelt werden; das tatsächlich vorliegende ϑ bestimmt ein Zufallsgesetz P_ϑ, welches im konkreten Fall zum Messwert x führt. Der Statistiker muss zunächst für jedes ϑ das Zufallsgesetz P_ϑ analysieren und dann, zu vorgegebener Irrtumswahrscheinlichkeit α, eine möglichst kleine Menge $C_\vartheta \subset \mathcal{X}$ bestimmen mit $P_\vartheta(C_\vartheta) \geq 1-\alpha$. Damit kann er eine Menge $C(x) \subset \Theta$ angeben, in der ϑ mit Sicherheit von mindestens $1-\alpha$ liegt – ganz egal, welches ϑ wirklich vorliegt.

Wie oben betont, besteht die Hauptaufgabe bei der Konstruktion von Konfidenzbereichen darin, zu jedem $\vartheta \in \Theta$ eine Menge C_ϑ von „wahrscheinlichsten Ergebnissen" zu konstruieren. Sei z. B. $\mathcal{X} = \mathbb{R}$, und P_ϑ habe eine Dichtefunktion ρ_ϑ, welche unimodal ist in dem Sinne, dass sie bis zu einer Maximalstelle monoton wächst und danach monoton fällt. Dann wird man C_ϑ als Intervall „um die Maximalstelle herum" wählen, welches gerade so groß ist, dass die „Schwänze" links und rechts von C_ϑ insgesamt nur die Wahrscheinlichkeit α besitzen. In diesem Kontext ist der Begriff des Quantils nützlich.

Definition: Sei Q ein Wahrscheinlichkeitsmaß auf $(\mathbb{R}, \mathscr{B})$ und $0 < \alpha < 1$. Dann heißt jede Zahl $q \in \mathbb{R}$ mit $Q(]-\infty, q]) \geq \alpha$ und $Q([q, \infty[) \geq 1 - \alpha$ ein α-*Quantil von Q*. Ein $1/2$-Quantil von Q ist gerade ein *Median*, und ein $(1 - \alpha)$-Quantil heißt auch ein α-*Fraktil* von Q. Die $1/4$- und $3/4$-Quantile heißen auch das untere und obere *Quartil*. Man spricht auch von den Quantilen einer reellen Zufallsvariablen X; diese sind definiert als die Quantile der Verteilung von X.

Die Definition erklärt den Namen der Quantil-Transformation in Proposition (1.30). Wie aus Abbildung 8.3 ersichtlich, ist ein α-Quantil gerade eine Stelle q, an der die Verteilungsfunktion F_Q von Q das Niveau α überquert. Die Existenz eines α-Quantils ergibt sich daher direkt aus (1.29). Das α-Quantil ist immer dann eindeutig bestimmt, wenn F_Q in einer Umgebung von q strikt monoton wächst, also insbesondere dann, wenn Q eine Dichtefunktion ρ besitzt, deren Träger $\{\rho > 0\}$ ein Intervall ist. Der Begriff des Quantils wird vorwiegend in diesem letzteren Fall auftreten. Das α-Quantil ist dann der eindeutig bestimmte Wert q mit $\int_{-\infty}^{q} \rho(x)\,dx = \alpha$, vgl. Abbildung 8.3.

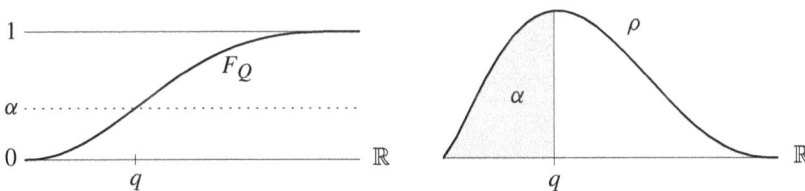

Abbildung 8.3: Definition des α-Quantils q als die bzw. eine Stelle, an der die Verteilungsfunktion F_Q den Wert α überschreitet (links), bzw. für welche die Fläche unter der Dichtefunktion ρ von Q links von q den Wert α hat (rechts).

Die Quantile der wichtigsten Verteilungen findet man entweder im Tabellen-Anhang oder in anderen Tabellenwerken wie z. B. [60]. Oder man verwendet geeignete Software wie etwa `Mathematica` (mit dem Befehl `Quantile[dist,a]` für das a-Quantil einer speziellen Verteilung `dist`).

Das folgende Beispiel demonstriert einerseits die natürliche Rolle des Quantil-Begriffs bei der Konstruktion von Konfidenzintervallen. Andrerseits zeigt es, wie man das Konstruktionsverfahren (8.2) zu verallgemeinern hat, wenn nur eine Koordinate des Parameters ϑ identifiziert werden soll.

(8.4) Beispiel: *Konfidenzintervall für den Mittelwert im Gauß'schen Produktmodell.*
Wir betrachten das n-fache Gauß'sche Produktmodell

$$(\mathcal{X}, \mathcal{F}, P_\vartheta : \vartheta \in \Theta) = \left(\mathbb{R}^n, \mathscr{B}^n, \mathcal{N}_{m,v}^{\otimes n} : m \in \mathbb{R}, v > 0\right).$$

Gesucht ist ein Konfidenzintervall für die Erwartungswert-Koordinate $m(\vartheta) = m$ des
Parameters $\vartheta = (m, v)$. In offensichtlicher Verallgemeinerung des Verfahrens (8.2)
müssen wir dazu für jedes $m \in \mathbb{R}$ eine (möglichst kleine) Menge $C_m \in \mathscr{B}$ bestimmen
mit $P_\vartheta(C_{m(\vartheta)}) \geq 1 - \alpha$; der gesuchte Konfidenzbereich für $m(\vartheta)$ hat dann die Gestalt
$C(x) = \{m \in \mathbb{R} : C_m \ni x\}$. Diese Arbeit lässt sich entscheidend vereinfachen, wenn
man die Skalierungseigenschaften der Normalverteilungen ausnutzt. Man betrachte
nämlich zu jedem $m \in \mathbb{R}$ die Statistik

$$T_m = (M - m) \sqrt{n/V^*}$$

von $\mathbb{R}^n$ nach $\mathbb{R}$; dabei sei wie bisher $M = \frac{1}{n} \sum_{i=1}^n X_i$ das Stichprobenmittel und $V^* = \frac{1}{n-1} \sum_{i=1}^n (X_i - M)^2$ die korrigierte Stichprobenvarianz. Wir zeigen: Die Verteilung
$Q := P_\vartheta \circ T_{m(\vartheta)}^{-1}$ hängt nicht vom Parameter ϑ ab; deshalb heißt $(Q; T_m : m \in \mathbb{R})$
auch ein *Pivot* (d. h. Dreh- oder Angelpunkt) für $m(\vartheta)$. Zum Beweis betrachten wir zu
jedem $\vartheta = (m, v)$ die Standardisierungsabbildung

$$S_\vartheta = \left(\frac{X_i - m}{\sqrt{v}}\right)_{1 \leq i \leq n}$$

von $\mathbb{R}^n$ nach $\mathbb{R}^n$. Aus den Skalierungseigenschaften der Normalverteilungen (vgl.
Aufgabe 2.15) ergibt sich dann die Gleichung $P_\vartheta \circ S_\vartheta^{-1} = \mathcal{N}_{0,1}^{\otimes n}$. Andrerseits gilt
$M \circ S_\vartheta = (M - m)/\sqrt{v}$ und

$$V^* \circ S_\vartheta = \frac{1}{n-1} \sum_{i=1}^n \left(\frac{X_i - m}{\sqrt{v}} - \frac{M - m}{\sqrt{v}}\right)^2 = V^*/v,$$

also $T_{m(\vartheta)} = T_0 \circ S_\vartheta$. Somit erhalten wir

$$P_\vartheta \circ T_{m(\vartheta)}^{-1} = P_\vartheta \circ S_\vartheta^{-1} \circ T_0^{-1} = \mathcal{N}_{0,1}^{\otimes n} \circ T_0^{-1} =: Q.$$

Die Verteilung Q wird in Satz (9.17) explizit berechnet: Q ist die sogenannte t-Ver-
teilung mit $n - 1$ Freiheitsgraden, kurz t_{n-1}-Verteilung. Aufgrund der Symmetrie von
$\mathcal{N}_{0,1}$ und T_0 ist auch Q symmetrisch. Es wird sich außerdem zeigen, dass Q eine
Dichtefunktion besitzt, welche auf $[0, \infty[$ monoton fällt.

In Analogie zu (8.2) geht man nun folgendermaßen vor. Zu einem gegebenen
Irrtumsniveau α bestimmt man das kürzeste Intervall I mit $Q(I) \geq 1 - \alpha$. Aufgrund der genannten Eigenschaften von Q liegt dieses I symmetrisch um den Ursprung, und zwar ist $I =]-t, t[$ für das $\alpha/2$-Fraktil $t > 0$ von Q. Setzt man nun
$C_m = T_m^{-1}]-t, t[$, so folgt $P_\vartheta(C_{m(\vartheta)}) = 1 - \alpha$ für alle $\vartheta = (m, v)$, und man erhält
den folgenden Satz.

(8.5) Satz: Konfidenzintervall für den Mittelwert im Gauß-Modell. *Betrachtet werde das n-fache Gauß'sche Produktmodell für n unabhängige, normalverteilte Experimente mit unbekannter Erwartung m und unbekannter Varianz. Zu $0 < \alpha < 1$ sei $t :=$ $F_Q^{-1}(1 - \alpha/2)$ das $\alpha/2$-Fraktil der t_{n-1}-Verteilung. Dann ist*

$$C(\cdot) = \,]M - t\sqrt{V^*/n}\,, \ M + t\sqrt{V^*/n}\,[$$

ein Konfidenzintervall für m zum Irrtumsniveau α.

Eine weitreichende Verallgemeinerung dieses Satzes liefert das spätere Korollar (12.19). Eine typische Anwendungssituation ist die folgende.

(8.6) Beispiel: *Vergleich zweier Schlafmittel.* Die Wirkung von zwei Schlafmitteln A und B soll verglichen werden. Dazu werden $n = 10$ Patienten in zwei aufeinander folgenden Nächten die Medikamente A bzw. B verabreicht und die jeweilige Schlafdauer gemessen. (In solch einer Situation spricht man auch von *gepaarten Stichproben*.) In einem klassischen Experiment ergaben sich die Daten aus Tabelle 8.2 für die Differenz der Schlafdauer. Ein erster Blick zeigt, dass das zweite Medikament offenbar

Tabelle 8.2: Differenz der Schlafdauer bei Einnahme von Schlafmittel A oder B, nach [7], p. 215.

Patient	1	2	3	4	5	6	7	8	9	10
Differenz	1.2	2.4	1.3	1.3	0.0	1.0	1.8	0.8	4.6	1.4

wirkungsvoller ist, da die Schlafdauerdifferenz in allen Fällen positiv ist. Genauer ergeben sich für den vorliegenden Datensatz x die Werte $M(x) = 1.58$ und $V^*(x) = 1.513$. Wenn man davon ausgeht, dass die Schlafdauer sich aus vielen kleinen unabhängigen Einflüssen additiv zusammensetzt, kann man aufgrund des zentralen Grenzwertsatzes annehmen, dass sie (näherungsweise) normalverteilt ist mit unbekannten Parametern. Man befindet sich dann in der Situation von Satz (8.5); der Parameter m beschreibt die mittlere Schlafdauerdifferenz. Wählt man etwa das Irrtumsniveau $\alpha = 0.025$, so ergibt sich aus Tabelle C im Anhang durch lineare Interpolation der Wert $t = 2.72$, und man erhält das Konfidenzintervall $C(x) = \,]0.52, 2.64[$ für m.

8.2 Konfidenzintervalle im Binomialmodell

Wir betrachten nun das Binomialmodell

$$\mathcal{X} = \{0, \ldots, n\}, \quad \Theta = \,]0, 1[, \quad P_\vartheta = \mathcal{B}_{n,\vartheta}\,.$$

Als konkrete Anwendungssituation kann man sich wieder das n-malige Werfen eines Reißnagels vorstellen, oder die Befragung von n zufällig ausgewählten Personen zu zwei Bürgermeisterkandidaten, oder irgendein anderes unabhängig wiederholtes Alternativ-Experiment. Gesucht ist ein Konfidenzintervall für die unbekannte „Erfolgswahrscheinlichkeit" ϑ. Wir stellen drei verschiedene Methoden vor.

1. Methode: Anwendung der Čebyšev-Ungleichung. Der beste Schätzer für ϑ ist $T(x) = x/n$, deshalb machen wir den Ansatz

(8.7) $$C(x) = \left] \frac{x}{n} - \varepsilon, \ \frac{x}{n} + \varepsilon \right[,$$

wobei $\varepsilon > 0$ geeignet zu bestimmen ist. Die Bedingung (8.1) bekommt dann die Form

$$\mathcal{B}_{n,\vartheta}\left(x : \left| \frac{x}{n} - \vartheta \right| \geq \varepsilon \right) \leq \alpha.$$

Diese Wahrscheinlichkeiten besitzen infolge der Čebyšev-Ungleichung (5.5) die obere Schranke

$$\frac{\mathbb{V}(\mathcal{B}_{n,\vartheta})}{n^2 \varepsilon^2} = \frac{\vartheta(1-\vartheta)}{n\varepsilon^2}.$$

Da wir ϑ nicht kennen, schätzen wir dies weiter ab durch $1/(4n\varepsilon^2)$. Bedingung (8.1) gilt also sicher dann, wenn $4n\alpha\varepsilon^2 \geq 1$. Diese Ungleichung zeigt, wie sich die Stichprobenanzahl n, das Irrtumsniveau α und die Präzision ε der Schätzung zueinander verhalten. Sind zum Beispiel $n = 1000$ und $\alpha = 0.025$ vorgegeben, so beträgt die erreichbare Genauigkeit $\varepsilon = 1/\sqrt{100} = 0.1$. Umgekehrt braucht man beim selben Niveau $\alpha = 0.025$ bereits $n = 4000$ Stichproben, um eine Genauigkeit von $\varepsilon = 0.05$ zu erreichen. (Die Bestimmung der minimalen Fallzahlen zur Erreichung der gewünschten Sicherheit und Genauigkeit ist z. B. bei medizinischen Experimenten von Bedeutung.)

Die Anwendung der Čebyšev-Ungleichung hat den Vorteil, rechnerisch leicht zu sein und eine sichere Abschätzung zu liefern. Ihr Nachteil besteht darin, dass die Čebyšev-Ungleichung nicht an die Binomialverteilung angepasst ist und daher viel zu grob ist; das errechnete ε oder n ist deshalb unnötig groß.

2. Methode: Anwendung der Normalapproximation. Wir machen wieder den Ansatz (8.7) für C wie oben, nehmen nun aber an, dass n hinreichend groß ist, um den zentralen Grenzwertsatz (5.24) anwenden zu können. Wir schreiben

$$\mathcal{B}_{n,\vartheta}\left(x : \left| \frac{x}{n} - \vartheta \right| < \varepsilon \right) = \mathcal{B}_{n,\vartheta}\left(x : \left| \frac{x - n\vartheta}{\sqrt{n\vartheta(1-\vartheta)}} \right| < \varepsilon \sqrt{\frac{n}{\vartheta(1-\vartheta)}} \right)$$

$$\approx \Phi\left(\varepsilon \sqrt{\frac{n}{\vartheta(1-\vartheta)}} \right) - \Phi\left(-\varepsilon \sqrt{\frac{n}{\vartheta(1-\vartheta)}} \right)$$

$$= 2 \Phi\left(\varepsilon \sqrt{\frac{n}{\vartheta(1-\vartheta)}} \right) - 1$$

mit Φ aus (5.21). Setzen wir speziell $n = 1000$ und $\alpha = 0.025$ und führen noch eine Sicherheitsmarge von 0.02 für den Approximationsfehler ein, so ist die Bedingung (8.1) sicher dann erfüllt, wenn $2\Phi\left(\varepsilon \sqrt{\frac{n}{\vartheta(1-\vartheta)}} \right) - 1 \geq 0.975 + 0.02$, also

$$\varepsilon \sqrt{\frac{n}{\vartheta(1-\vartheta)}} \geq \Phi^{-1}(0.9975) = 2.82.$$

Der letzte Wert stammt aus Tabelle A im Anhang. Wegen $\vartheta(1 - \vartheta) \leq 1/4$ bekommen wir somit für $n = 1000$ und $\alpha = 0.025$ die hinreichende Bedingung

$$\varepsilon \geq 2.82/\sqrt{4000} \approx 0.0446 \,.$$

Gegenüber der ersten Methode ist also das Konfidenzintervall mehr als halbiert, trotz (allerdings pauschaler) Berücksichtigung des Approximationsfehlers.

Wenn das resultierende Konfidenzintervall noch zu groß ist für die angestrebte Genauigkeit der Schätzung, muss man mehr Beobachtungen machen, also den Reißnagel häufiger werfen. Wie oft man werfen muss, um ein Konfidenzintervall vorgegebener Länge zu einem vorgegebenen Niveau angeben zu können, kann man leicht anhand der obigen Rechnung (oder der in der ersten Methode) ermitteln.

Für die dritte und genaueste Methode benötigen wir die folgenden Eigenschaften der Binomialverteilung.

(8.8) Lemma: Monotonie-Eigenschaften der Binomialverteilung. *Sei $n \geq 1$ und $\mathcal{X} = \{0, \dots, n\}$. Dann gilt:*

(a) *Für jedes $0 < \vartheta < 1$ ist die Funktion $\mathcal{X} \ni x \to \mathcal{B}_{n,\vartheta}(\{x\})$ strikt wachsend auf $\{0, \dots, \lceil (n+1)\vartheta - 1 \rceil\}$ und strikt fallend auf $\{\lfloor (n+1)\vartheta \rfloor, \dots, n\}$, also maximal für $x = \lfloor (n+1)\vartheta \rfloor$ (und im Fall $(n+1)\vartheta \in \mathbb{Z}$ ebenfalls für $(n+1)\vartheta - 1$).*

(b) *Für jedes $0 \neq x \in \mathcal{X}$ ist die Funktion $\vartheta \to \mathcal{B}_{n,\vartheta}(\{x, \dots, n\})$ auf $[0, 1]$ stetig und strikt wachsend. Genauer besteht die folgende Beziehung zur Beta-Verteilung:*
$$\mathcal{B}_{n,\vartheta}(\{x, \dots, n\}) = \beta_{x,n-x+1}([0, \vartheta]) \,.$$

Beweis: (a) Für jedes $x \geq 1$ gilt

$$\frac{\mathcal{B}_{n,\vartheta}(\{x\})}{\mathcal{B}_{n,\vartheta}(\{x-1\})} = \frac{(n - x + 1)\vartheta}{x(1 - \vartheta)} \,,$$

und dieser Quotient ist genau dann größer als 1, wenn $x < (n + 1)\vartheta$.

(b) Seien $U_1, \dots, U_n$ unabhängige und auf $[0,1]$ gleichmäßig verteilte Zufallsvariablen. Nach Satz (3.24) sind dann $1_{[0,\vartheta]} \circ U_1, \dots, 1_{[0,\vartheta]} \circ U_n$ Bernoulli'sche Zufallsvariablen zum Parameter ϑ, und wegen Satz (2.9) hat daher die Summe $S_\vartheta = \sum_{i=1}^{n} 1_{[0,\vartheta]} \circ U_i$ die Binomialverteilung $\mathcal{B}_{n,\vartheta}$, d.h. es gilt

$$\mathcal{B}_{n,\vartheta}(\{x, \dots, n\}) = P(S_\vartheta \geq x) \,.$$

Nun besagt aber die Bedingung $S_\vartheta \geq x$, dass mindestens x der Zufallszahlen $U_1, \dots, U_n$ unterhalb von ϑ liegen. Dies ist genau dann der Fall, wenn $U_{x:n} \leq \vartheta$ für die x-te Ordnungsstatistik $U_{x:n}$ (also den x-kleinsten der Werte $U_1, \dots, U_n$). Wie in Abschnitt 2.5.3 gezeigt, tritt dies mit Wahrscheinlichkeit $\beta_{x,n-x+1}([0, \vartheta])$ ein. Dies beweist die behauptete Beziehung zwischen Binomial- und Beta-Verteilung. Da die Beta-Verteilung eine strikt positive Dichte hat, ergibt sich insbesondere die behauptete

Stetigkeit und strikte Monotonie in ϑ. (Für einen alternativen, rein formalen Beweis siehe Aufgabe 8.8.) $\diamond$

Jetzt sind wir vorbereitet für die

3. Methode: Verwendung der Binomial- und Beta-Quantile. Im Unterschied zu den vorigen beiden Verfahren machen wir jetzt nicht mehr den symmetrischen, in der relativen Häufigkeit x/n zentrierten Ansatz (8.7), sondern verwenden direkt das Verfahren (8.2). Wir müssen dann zu jedem $\vartheta \in \,]0, 1[$ ein C_ϑ mit $\mathcal{B}_{n,\vartheta}(C_\vartheta) \geq 1 - \alpha$ finden. Lemma (8.8a) zeigt, dass C_ϑ ein geeignetes „Mittelstück" von $\mathcal{X} = \{0, \dots, n\}$ sein sollte, und da uns Abweichungen nach oben und nach unten gleich unwillkommen sind, schneiden wir links und rechts die gleiche Wahrscheinlichkeit $\alpha/2$ ab. Wir setzen also

$$C_\vartheta = \{x_-(\vartheta), \dots, x_+(\vartheta)\}$$

mit

$$x_-(\vartheta) = \max\left\{x \in \mathcal{X} : \mathcal{B}_{n,\vartheta}(\{0, \dots, x-1\}) \leq \alpha/2\right\},$$
$$x_+(\vartheta) = \min\left\{x \in \mathcal{X} : \mathcal{B}_{n,\vartheta}(\{x+1, \dots, n\}) \leq \alpha/2\right\}.$$

Mit anderen Worten: $x_-(\vartheta)$ ist das größte $\alpha/2$-Quantil von $\mathcal{B}_{n,\vartheta}$ und $x_+(\vartheta)$ das kleinste $\alpha/2$-Fraktil. Um das zu einem Beobachtungswert x gehörende Konfidenzintervall $C(x)$ zu finden, müssen wir die Bedingung $x \in C_\vartheta$ nach ϑ auflösen. Dies gelingt mit Hilfe von Lemma (8.8b): Für $x \neq 0$ liefert uns dies die Äquivalenz

(8.9)
$$x \leq x_+(\vartheta) \;\Leftrightarrow\; \boldsymbol{\beta}_{x,n-x+1}([0, \vartheta]) = \mathcal{B}_{n,\vartheta}(\{x, \dots, n\}) > \alpha/2$$
$$\Leftrightarrow\; \vartheta > p_-(x) := \text{das } \alpha/2\text{-Quantil von } \boldsymbol{\beta}_{x,n-x+1}.$$

Setzen wir $p_-(0) = 0$, so gilt die Beziehung $x \leq x_+(\vartheta) \Leftrightarrow \vartheta > p_-(x)$ ebenfalls für $x = 0$. Genauso erhalten wir $x \geq x_-(\vartheta) \Leftrightarrow \vartheta < p_+(x)$, wobei für $x < n$

(8.10) $\qquad p_+(x) := \text{das } \alpha/2\text{-Fraktil von } \boldsymbol{\beta}_{x+1,n-x} = 1 - p_-(n - x)\,,$

und $p_+(x) = 1$ für $x = n$. Die Bedingung $x \in C_\vartheta$ ist also gleichbedeutend mit der Bedingung $p_-(x) < \vartheta < p_+(x)$. Das Verfahren (8.2) liefert uns daher das folgende Ergebnis.

(8.11) Satz: Konfidenzintervalle im Binomialmodell. *Gegeben sei das statistische Modell* $(\{0, \dots, n\}, \mathcal{B}_{n,\vartheta} : 0 < \vartheta < 1)$. *Definiert man zu* $0 < \alpha < 1$ *die Funktionen* p_- *und* p_+ *durch* (8.9) *und* (8.10)*, so ist die Abbildung* $x \to \,]p_-(x), p_+(x)[$ *ein Konfidenzintervall für* ϑ *zum Irrtumsniveau* α.

Die Funktionen p_- und p_+ sind übrigens auch für nicht ganzzahlige x definiert. Abbildung 8.1 zeigt gerade diese stetigen Interpolationen für die Parameterwerte $n = 20$, $\alpha = 0.1$.

Tabelle 8.3: Einige Konfidenzintervalle im Binomialmodell, und in Kursivschrift zum Vergleich die Näherungswerte bei Verwendung der Normalapproximation. Aus Symmetriegründen braucht nur der Fall $x \le n/2$ betrachtet zu werden.

					$n = 20, \ \alpha = .2$					
x/n	.05	.1	.15	.2	.25	.3	.35	.4	.45	.5
$p_-(x)$	.0053	.0269	.0564	.0902	.1269	.1659	.2067	.2491	.2929	.3382
$p_+(x)$	.1810	.2448	.3042	.3607	.4149	.4673	.5180	.5673	.6152	.6618
$\tilde{p}_-(x)$	.0049	.0279	.0580	.0921	.1290	.1679	.2086	.2508	.2944	.3393
$\tilde{p}_+(x)$	.1867	.2489	.3072	.3628	.4163	.4680	.5182	.5670	.6145	.6607

					$n = 100, \ \alpha = .1$					
x/n	.05	.1	.15	.2	.25	.3	.35	.4	.45	.5
$p_-(x)$	.0199	.0553	.0948	.1367	.1802	.2249	.2708	.3175	.3652	.4136
$p_+(x)$	.1023	.1637	.2215	.2772	.3313	.3842	.4361	.4870	.5371	.5864
$\tilde{p}_-(x)$	.0213	.0569	.0964	.1382	.1816	.2262	.2718	.3184	.3658	.4140
$\tilde{p}_+(x)$	.1055	.1662	.2235	.2788	.3325	.3850	.4366	.4872	.5370	.5860

					$n = 1000, \ \alpha = .02$					
x/n	.05	.1	.15	.2	.25	.3	.35	.4	.45	.5
$p_-(x)$	.0353	.0791	.1247	.1713	.2187	.2666	.3151	.3639	.4132	.4628
$p_+(x)$	.0684	.1242	.1782	.2311	.2833	.3350	.3861	.4369	.4872	.5372
$\tilde{p}_-(x)$	.0358	.0796	.1252	.1718	.2191	.2670	.3153	.3641	.4133	.4628
$\tilde{p}_+(x)$	.0692	.1248	.1787	.2315	.2837	.3352	.3863	.4370	.4873	.5372

Wie bestimmt man p_- und p_+? Für kleine n kann man Tafeln der Binomialverteilung benutzen (wie z. B. in [60]) oder auch die Tabelle D der F-Verteilungen, die uns im nächsten Kapitel begegnen werden und eng mit den Beta-Verteilungen zusammenhängen; siehe Bemerkung (9.14) dort. Alternativ kann man den Mathematica-Befehl Quantile[BetaDistribution[a,b],q] für das q-Quantil von $\beta_{a,b}$ benutzen. Für verschiedene Werte von n und α erhält man zum Beispiel die Tabelle 8.3. Vergleicht man diese mit den Ergebnissen der ersten beiden Methoden, so sieht man, dass die hier hergeleiteten Konfidenzintervalle am kürzesten sind. Dies gilt insbesondere, wenn x/n nahe bei 0 oder 1 liegt, und in dem Fall ist auch die Asymmetrie bezüglich des Schätzwerts x/n besonders augenfällig.

Für großes n kann man auch hier die Normalapproximation

$$\mathcal{B}_{n,\vartheta}(\{0, \ldots, x\}) \approx \Phi\left(\frac{x + \frac{1}{2} - n\vartheta}{\sqrt{n\vartheta(1-\vartheta)}}\right)$$

benutzen. Als Näherung für $p_+(x)$ verwendet man dann eine Lösung $\tilde{p}_+(x)$ der

Gleichung

$$\Phi\left(\frac{x + \frac{1}{2} - n\vartheta}{\sqrt{n\vartheta(1 - \vartheta)}}\right) = \frac{\alpha}{2}$$

(in der Variablen ϑ), die durch Anwendung von Φ^{-1} und Quadrieren in

(8.12) $$(x + \tfrac{1}{2} - n\vartheta)^2 = n\vartheta(1 - \vartheta)\,\Phi^{-1}(\alpha/2)^2$$

übergeht. Das $\alpha/2$-Quantil $\Phi^{-1}(\alpha/2)$ der Standardnormalverteilung $\mathcal{N}_{0,1}$ entnimmt man dann der Tabelle A und löst die quadratische Gleichung (8.12) für ϑ. Wegen $\Phi^{-1}(\alpha/2) < 0$ ist $\tilde{p}_+(x)$ die größere der beiden Lösungen von (8.12). Ebenso nimmt man als Näherung für $p_-(x)$ eine Lösung $\tilde{p}_-(x)$ der Gleichung

$$1 - \Phi\left(\frac{x - \frac{1}{2} - n\vartheta}{\sqrt{n\vartheta(1 - \vartheta)}}\right) = \frac{\alpha}{2},$$

welche infolge der Antisymmetrie von Φ auf die zu (8.12) analoge Gleichung mit $-\frac{1}{2}$ statt $\frac{1}{2}$ führt; $\tilde{p}_-(x)$ ist dann die kleinere der beiden Lösungen. (Bei Vernachlässigung der Diskretheitskorrektur $\pm\frac{1}{2}$ sind also $\tilde{p}_-(x)$ und $\tilde{p}_+(x)$ die beiden Lösungen derselben quadratischen Gleichung.) Tabelle 8.3 erlaubt einen Vergleich der so gewonnenen Konfidenzintervalle mit den exakten Intervallen.

(8.13) Beispiel: *Akzeptanz der Evolutionstheorie.* Im Jahr 2005 wurde in 34 Ländern eine Umfrage zur Akzeptanz der Evolutionstheorie veranstaltet. Die befragten Personen sollten angeben, ob sie der Frage „Human beings, as we know them, developed from earlier species of animals" zustimmen oder nicht, oder ob sie unsicher sind. Tabelle 8.4 zeigt die Ergebnisse aus einigen Ländern. Sind diese so unterschiedlichen

Tabelle 8.4: Zustimmung zur Evolutionstheorie in 14 Ländern: Prozent der Befürworter und Umfang n der Stichprobe (nach [53]).

Land	IS	F	J	GB	N	D	I	NL	CZ	PL	A	GR	USA	TR
% pro	85	80	78	75	74	72	69	68	66	58	57	54	40	27
n	500	1021	2146	1308	976	1507	1006	1005	1037	999	1034	1000	1484	1005

Ergebnisse nur statistische Ausrutscher? Um diesem Verdacht zu begegnen, sollte man für jedes Land ein Konfidenzintervall angeben. Zwar werden bei Meinungsumfragen die Personen durch Stichproben *ohne* Zurücklegen ermittelt, so dass die Anzahl der Befürworter in der Stichprobe jedes Landes eigentlich hypergeometrisch verteilt ist. Wegen der jeweils großen Gesamtbevölkerungen erlaubt jedoch Satz (2.14), die hypergeometrischen Verteilungen durch die Binomialverteilungen zu ersetzen, so dass Satz (8.11) anwendbar ist. Für das Irrtumsniveau $\alpha = 0.001$ erhält man dann die Konfidenzintervalle aus Abbildung 8.4. Man beachte jedoch, dass dieses geringe Irrtumsniveau nur für jedes einzelne Land zugrunde gelegt wurde. Die Aussage, dass in *jedem* der

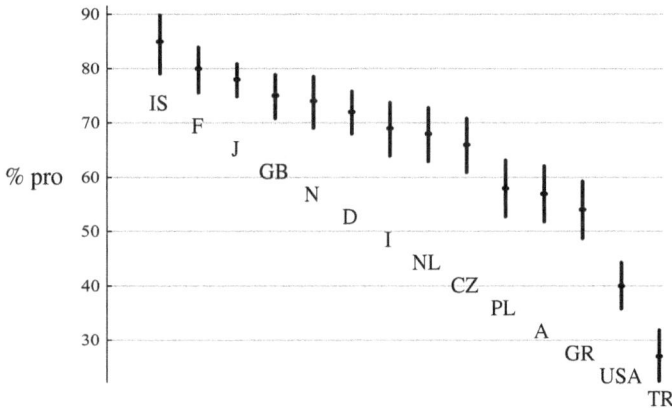

Abbildung 8.4: Konfidenzintervalle zu den Daten aus Tabelle 8.4.

14 Länder der Anteil der Befürworter in dem angegebenen Intervall liegt, kann aber immerhin noch mit der Sicherheit $0.999^{14} \approx 0.986$ gemacht werden. Denn das Ereignis, dass diese Aussage zutrifft, ist ja gerade der Durchschnitt von 14 Ereignissen, die (wegen der Unabhängigkeit der Personenauswahl in den verschiedenen Ländern) voneinander unabhängig sind und mindestens die Wahrscheinlichkeit 0.999 haben. Weitere Daten und eine genauere Analyse der sozialen und religiösen Korrelationen findet man in [53].

8.3 Ordnungsintervalle

In vielen Anwendungssituationen ist es nicht von vornherein klar, dass nur eine bestimmte Klasse $\{P_\vartheta : \vartheta \in \Theta\}$ von Wahrscheinlichkeitsmaßen bei der Modellbildung in Betracht gezogen werden muss. Man denke etwa an Beispiel (8.6) vom Vergleich zweier Schlafmittel: Ist die Normalverteilungsannahme dort wirklich gerechtfertigt? Man interessiert sich daher für Methoden, die nur geringfügige Annahmen an die Wahrscheinlichkeitsmaße benötigen und nicht die besonderen Eigenschaften eines speziellen Modells ausnutzen, sondern „ziemlich universell" gültig sind. Solche Methoden heißen *nichtparametrisch*, weil die Klasse der Wahrscheinlichkeitsmaße dann nicht mehr durch eine endlichdimensionale Parametermenge indiziert werden kann. Hier soll eine solche Methode vorgestellt werden, welche die Ordnungsstruktur der reellen Zahlen ausnutzt (und deren lineare Struktur ignoriert).

Gegeben seien n unabhängige Beobachtungen $X_1, \ldots, X_n$ mit Werten in $\mathbb{R}$ und einer unbekannten Verteilung Q. Welche Information über Q können wir aus den Beobachtungen erschließen? Um einen Überblick zu bekommen, wird man als Erstes die erhaltenen Beobachtungswerte $x_1, \ldots, x_n$ auf der reellen Achse markieren. Wenn nicht gerade zwei von ihnen übereinstimmen, werden diese Werte dadurch automatisch der Größe nach geordnet. Dies führt uns auf den Begriff der Ordnungsstatistik, dem wir schon in Abschnitt 2.5.3 begegnet sind und den wir jetzt allgemein einführen wollen.

Um zu vermeiden, dass zwei verschiedene Beobachtungen den gleichen Wert annehmen können, wollen wir im Folgenden der Einfachheit halber annehmen, dass die Verteilung Q der Einzelbeobachtungen X_i die Bedingung

$$(8.14) \qquad\qquad Q(\{x\}) = 0 \quad \text{für alle } x \in \mathbb{R}$$

erfüllt. Ein Wahrscheinlichkeitsmaß Q auf $(\mathbb{R}, \mathscr{B})$ mit der Eigenschaft (8.14) heißt *stetig*, *diffus* oder *atomfrei*. Die Bedingung (8.14) ist gleichbedeutend mit der Stetigkeit der Verteilungsfunktion F_Q und insbesondere immer dann erfüllt, wenn Q eine Dichtefunktion ρ besitzt. Sie stellt sicher, dass

$$(8.15) \qquad\qquad P\big(X_i \neq X_j \text{ für alle } i \neq j\big) = 1.$$

Sind nämlich $i \neq j$ und $\ell \geq 2$ beliebig gegeben, $t_0 = -\infty$, $t_\ell = \infty$ sowie t_k ein k/ℓ-Quantil von Q für $0 < k < \ell$, so gilt $Q(]t_{k-1}, t_k]) = 1/\ell$ für $1 \leq k \leq \ell$ und daher

$$P(X_i = X_j) \leq P\Big(\bigcup_{k=1}^{\ell} \{X_i, X_j \in {]t_{k-1}, t_k]}\}\Big) \leq \sum_{k=1}^{\ell} Q(]t_{k-1}, t_k])^2 = 1/\ell.$$

Für $\ell \to \infty$ folgt $P(X_i = X_j) = 0$. Wir brauchen uns im Folgenden daher nicht um mögliche „Bindungen" $X_i = X_j$ zu kümmern.

Definition: Die *Ordnungsstatistiken* $X_{1:n}, \dots, X_{n:n}$ der Zufallsvariablen $X_1, \dots, X_n$ sind definiert durch die Rekursion

$$X_{1:n} = \min_{1 \leq i \leq n} X_i, \quad X_{j:n} = \min\big\{X_i : X_i > X_{j-1:n}\big\} \quad \text{für } 1 < j \leq n.$$

Wegen (8.15) gilt dann fast sicher

$$X_{1:n} < X_{2:n} < \cdots < X_{n:n}, \quad \{X_{1:n}, \dots, X_{n:n}\} = \{X_1, \dots, X_n\};$$

vgl. Seite 44. Kurz: Für jede Realisierung von $X_1, \dots, X_n$ ist $X_{j:n}$ der j-kleinste unter den realisierten Werten. Die Situation wird in Abbildung 8.5 illustriert.

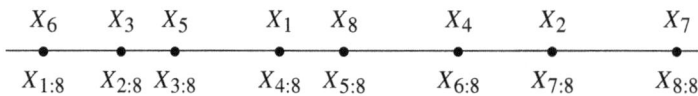

X_6	X_3	X_5	X_1	X_8	X_4	X_2	X_7
$X_{1:8}$	$X_{2:8}$	$X_{3:8}$	$X_{4:8}$	$X_{5:8}$	$X_{6:8}$	$X_{7:8}$	$X_{8:8}$

Abbildung 8.5: Die Zuordnung zwischen den Beobachtungen $X_1, \dots, X_8$ und den zugehörigen Ordnungsstatistiken $X_{1:8}, \dots, X_{8:8}$.

Die folgende Bemerkung liefert eine weitere Charakterisierung der Ordnungsstatistiken.

(8.16) Bemerkung: *Ordnungsstatistiken und empirische Verteilung.* Die obige bequeme Definition der Ordnungsstatistiken benutzt die Eigenschaft (8.15), dass fast sicher keine Bindungen auftreten. Geschickter ist allerdings die Definition

$$X_{j:n} = \min\left\{c \in \mathbb{R} : \sum_{i=1}^{n} 1_{\{X_i \leq c\}} \geq j\right\},$$

die im bindungsfreien Fall dasselbe leistet, aber auch funktioniert, wenn Bindungen möglich sind. In Worten: $X_{j:n}$ ist der kleinste Wert, unterhalb von dem mindestens j der Beobachtungswerte liegen. Insbesondere gilt

(8.17) $$\left\{X_{j:n} \leq c\right\} = \left\{\sum_{i=1}^{n} 1_{\{X_i \leq c\}} \geq j\right\}$$

für alle $c \in \mathbb{R}$ und $1 \leq j \leq n$. Mit Bemerkung (1.26) ergibt sich daher, dass die Ordnungsstatistiken wirklich Statistiken, d. h. messbar sind. Andrerseits lässt sich diese Definition auch folgendermaßen aussprechen: $X_{j:n}$ ist das kleinste j/n-Quantil der *empirischen Verteilung* $L = \frac{1}{n}\sum_{i=1}^{n} \delta_{X_i}$ von $X_1, \ldots, X_n$. Die empirische Verteilung L ist also das (zufällige) Wahrscheinlichkeitsmaß auf $\mathbb{R}$, das jeder der (zufälligen) Beobachtungen X_i das Gewicht $1/n$ gibt; es hat die Verteilungsfunktion $F_L(c) = \frac{1}{n}\sum_{i=1}^{n} 1_{\{X_i \leq c\}}$. Umgekehrt gilt natürlich auch $L = \frac{1}{n}\sum_{j=1}^{n} \delta_{X_{j:n}}$. Die Ordnungsstatistiken stehen daher in umkehrbar eindeutiger Beziehung zur empirischen Verteilung.

Wie viel Information enthalten die Ordnungsstatistiken über die wahre Verteilung Q der einzelnen Beobachtungen? Zum Beispiel interessiert man sich für den „mittleren Wert" von Q. Im gegenwärtigen Kontext wäre es allerdings problematisch, den „mittleren Wert" mit „Erwartungswert" gleichzusetzen, denn die zugelassene Klasse der stetigen Q enthält auch die „langschwänzigen" Wahrscheinlichkeitsmaße, deren Erwartungswert gar nicht existiert, und das empirische Mittel M kann stark durch Ausreißer (also große absolute Beobachtungswerte) beeinflusst werden. Denn sowohl der Erwartungswert als auch das empirische Mittel basieren auf der linearen Struktur von $\mathbb{R}$. Andrerseits ignorieren sie die Ordnungsstruktur von $\mathbb{R}$, die von den Ordnungsstatistiken ausgenutzt wird. Der „mittlere Wert" von Q im Sinne der Ordnungsstruktur von $\mathbb{R}$ ist nun gerade der auf Seite 101 definierte Median. (Dieser hängt wirklich nur von der Ordnungsstruktur ab, denn ist μ ein Median von Q und $T : \mathbb{R} \to \mathbb{R}$ ordnungstreu, also strikt monoton wachsend, so ist $T(\mu)$ ein Median von $Q \circ T^{-1}$.) In der Tat lassen sich nun mit Hilfe der Ordnungsstatistiken Konfidenzintervalle für den Median konstruieren.

Für ein stetiges Wahrscheinlichkeitsmaß Q bezeichnen wir mit $\mu(Q)$ einen beliebigen Median von Q. Wegen (8.14) gilt dann

(8.18) $$Q(]-\infty, \mu(Q)]) = Q([\mu(Q), \infty[) = 1/2.$$

Sei ferner

(8.19) $b_n(\alpha) = \max\left\{1 \le m \le n : \mathcal{B}_{n,1/2}(\{0, \ldots, m-1\}) \le \alpha\right\}$

das größte α-Quantil der Binomialverteilung $\mathcal{B}_{n,1/2}$.

(8.20) Satz: Ordnungsintervalle für den Median. *Seien $X_1, \ldots, X_n$ unabhängige reelle Zufallsvariablen mit unbekannter, als stetig angenommener Verteilung Q. Ist $0 < \alpha < 1$ und $k = b_n(\alpha/2)$, so ist $[X_{k:n}, X_{n-k+1:n}]$ ein Konfidenzintervall für $\mu(Q)$ zum Irrtumsniveau α.*

Beweis: Wir legen ohne Einschränkung das kanonische statistische Modell $(\mathbb{R}^n, \mathcal{B}^n, Q^{\otimes n} : Q$ stetig) zugrunde und identifizieren die Einzelbeobachtungen $X_1, \ldots, X_n$ mit den Projektionen von $\mathbb{R}^n$ auf $\mathbb{R}$. Für jedes stetige Q gilt dann

$$Q^{\otimes n}(X_{k:n} > \mu(Q)) = Q^{\otimes n}\left(\sum_{i=1}^{n} 1_{\{X_i \le \mu(Q)\}} < k\right)$$

$$= \mathcal{B}_{n,1/2}(\{0, \ldots, k-1\}) \le \alpha/2 \, .$$

Dabei folgt die erste Gleichung aus (8.17); die zweite Gleichung beruht auf der Tatsache, dass die Indikatorvariablen $1_{\{X_i \le \mu(Q)\}}$ wegen (8.18) eine Bernoulli-Folge zum Parameter $1/2$ bilden. Genauso gilt

$$Q^{\otimes n}(X_{n-k+1:n} < \mu(Q)) = \mathcal{B}_{n,1/2}(\{0, \ldots, k-1\}) \le \alpha/2 \, .$$

Beide Ungleichungen zusammen liefern die Ungleichung

$$Q^{\otimes n}(\mu(Q) \in [X_{k:n}, X_{n-k+1:n}]) \ge 1 - \alpha \, ,$$

und das ist gerade die Behauptung. $\diamond$

Als Anwendung kehren wir zu Beispiel (8.6) zurück.

(8.21) Beispiel: *Vergleich zweier Schlafmittel.* Wie kann man die unterschiedliche Wirkung der beiden Schlafmittel quantifizieren, wenn man die Normalverteilungsannahme in (8.6) für wenig plausibel hält? Die Differenz der Schlafdauer eines Patienten hat irgendeine Verteilung Q auf $\mathbb{R}$, die wir idealisierend als stetig annehmen können, auch wenn de facto nur gerundete Minutenwerte gemessen werden. Der Median von Q ist ein plausibles Maß für die mittlere Schlafdauerdifferenz. (Im Fall der Normalverteilungsannahme $Q = \mathcal{N}_{m,v}$ ist $\mu(Q) = m$.) Wählt man wieder das Niveau $\alpha = 0.025$, so erhält man (etwa mit Hilfe der Binomialtabelle in [60]) in Satz (8.20) den Wert $k = b_{10}(0.0125) = 2$ und also aus den Daten in Beispiel 8.6 das Konfidenzintervall [0.8, 2.4]. Bemerkenswerterweise ist dies Intervall (bei diesen Daten) sogar kürzer als dasjenige, das wir in Beispiel (8.6) unter der stärkeren Normalverteilungsannahme hergeleitet haben.

Wenden wir uns abschließend noch einmal der Bemerkung (8.16) zu. Dort haben wir gesehen, dass die j-te Ordnungsstatistik $X_{j:n}$ gerade als das kleinste j/n-Quantil (bzw. das eindeutige $\left(j - \frac{1}{2}\right)/n$-Quantil) der empirischen Verteilung $L = \frac{1}{n}\sum_{j=1}^{n} \delta_{X_j}$

aufgefasst werden kann. Allgemein heißen die Quantile von L die *Stichprobenquantile*. Von besonderem Interesse ist der Median

$$(8.22) \qquad \mu(L) = \begin{cases} X_{k+1:n} & \text{falls } n = 2k+1, \\ (X_{k:n} + X_{k+1:n})/2 & \text{falls } n = 2k \end{cases}$$

von L, der sogenannte *Stichprobenmedian*. (Dies ist offenbar der einzige Median, wenn n ungerade ist, und andernfalls der zentral gelegene.) In ähnlicher Weise definiert man auch die Stichprobenquartile.

Diese Größen werden gerne verwendet, wenn immer man sich einen ersten Überblick über einen vorliegenden Datensatz verschaffen will, und in dem sogenannten *Box-Plot* oder *Kisten-Diagramm* graphisch dargestellt, siehe Abbildung 8.6. Gemäß Satz (8.20) definiert die Kiste im Box-Plot ein Konfidenzintervall für den wahren Median zum Irrtumsniveau $\alpha = 2\mathcal{B}_{n,1/2}(\{0,\dots,\lfloor n/4\rfloor\})$, welches für großes n näherungsweise mit $2\Phi(-\sqrt{n}/2)$ übereinstimmt. (Es gibt Varianten des Box-Plot, in denen die Ausreißer, d.h. die untypisch großen oder kleinen Beobachtungen, in bestimmter Weise definiert und gesondert dargestellt werden.)

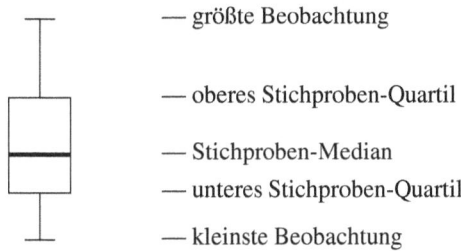

— größte Beobachtung

— oberes Stichproben-Quartil

— Stichproben-Median

— unteres Stichproben-Quartil

— kleinste Beobachtung

Abbildung 8.6: Gestalt eines Box-Plot.

Aufgaben

8.1 *Verschobene Exponentialverteilungen.* Gegeben sei das statistische Modell $(\mathbb{R}, \mathcal{B}, P_\vartheta : \vartheta \in \mathbb{R})$, wobei P_ϑ das Wahrscheinlichkeitsmaß mit Dichtefunktion $\rho_\vartheta(x) = e^{-(x-\vartheta)} 1_{[\vartheta,\infty[}(x)$ sei. Konstruieren Sie ein minimales Konfidenzintervall für ϑ zum Irrtumsniveau α.

8.2 Betrachten Sie die Situation von Aufgabe 7.3. Sei T der dort gefundene Maximum-Likelihood-Schätzer für N. Bestimmen Sie einen kleinstmöglichen Konfidenzbereich für N zum Niveau α von der Gestalt $C(x) = \{T(x),\dots,c(T(x))\}$.

8.3 *Kombination von Konfidenzintervallen.* Seien $(\mathcal{X}, \mathcal{F}, P_\vartheta : \vartheta \in \Theta)$ ein statistisches Modell und $\tau_1(\vartheta)$, $\tau_2(\vartheta)$ zwei reelle Kenngrößen für ϑ. Nehmen Sie an, Sie hätten zu beliebig gewählten Irrtumsniveaus α_1 bzw. α_2 bereits Konfidenzintervalle $C_1(\cdot)$ bzw. $C_2(\cdot)$ für τ_1 bzw. τ_2 zur Verfügung. Konstruieren Sie hieraus ein Konfidenzrechteck für $\tau = (\tau_1, \tau_2)$ zu einem vorgegebenen Irrtumsniveau α.

8.4 [L] Betrachten Sie das n-fache Produktmodell $(\mathbb{R}^n, \mathscr{B}^n, \mathcal{U}_{[\vartheta, 2\vartheta]}^{\otimes n} : \vartheta > 0)$, wobei $\mathcal{U}_{[\vartheta, 2\vartheta]}$ die Gleichverteilung auf $[\vartheta, 2\vartheta]$ sei. Für $\vartheta > 0$ sei $T_\vartheta = \max_{1 \le i \le n} X_i / \vartheta$.

(a) Für welches Wahrscheinlichkeitsmaß Q auf $(\mathbb{R}, \mathscr{B})$ ist $(Q; T_\vartheta : \vartheta > 0)$ ein Pivot?

(b) Konstruieren Sie mit Hilfe dieses Pivots zu gegebenem Irrtumsniveau α ein Konfidenzintervall minimaler Länge für ϑ.

8.5 Sei $(\mathbb{R}^n, \mathscr{B}^n, Q_\vartheta^{\otimes n} : \vartheta \in \Theta)$ ein reelles n-faches Produktmodell mit stetigen Verteilungsfunktionen $F_\vartheta = F_{Q_\vartheta}$. Sei ferner $T_\vartheta = -\sum_{i=1}^n \log F_\vartheta(X_i)$, $\vartheta \in \Theta$. Für welches Wahrscheinlichkeitsmaß Q auf $(\mathbb{R}, \mathscr{B})$ ist $(Q; T_\vartheta : \vartheta \in \Theta)$ ein Pivot? *Hinweis:* Aufgabe 1.18, Korollar (3.36).

8.6 *Folgen falscher Modellwahl.* Ein Experimentator macht n unabhängige normalverteilte Messungen mit unbekanntem Erwartungswert m. Die Varianz $v > 0$ meint er zu kennen.

(a) Welches Konfidenzintervall für m wird er zu einem vorgegebenen Irrtumsniveau α angeben?

(b) Welches Irrtumsniveau hat dieses Konfidenzintervall, wenn die Varianz in Wirklichkeit beliebige positive Werte annehmen kann?

Hinweis: Verwenden Sie Beispiel (3.32).

8.7 *Bestimmung der Lichtgeschwindigkeit.* Im Jahr 1879 machte der amerikanische Physiker (und Nobel-Preisträger von 1907) Albert Abraham Michelson fünf Messreihen zu je 20 Messungen zur Bestimmung der Lichtgeschwindigkeit; die Ergebnisse finden Sie unter http://lib.stat.cmu.edu/DASL/Datafiles/Michelson.html. Nehmen Sie an, dass die Messergebnisse normalverteilt sind mit unbekanntem m und v, und bestimmen Sie für jede einzelne Messreihe sowie für alle Messungen zusammen ein Konfidenzintervall für die Lichtgeschwindigkeit zum Irrtumsniveau 0.02.

8.8 *Beta-Darstellung der Binomialverteilung.* Zeigen Sie durch Differentiation nach p: Für alle $0 < p < 1$, $n \in \mathbb{N}$ und $k \in \{0, 1, \ldots, n-1\}$ gilt

$$\mathcal{B}_{n,p}(\{k+1, k+2, \ldots, n\}) = \binom{n}{k}(n-k)\int_0^p t^k (1-t)^{n-k-1} dt = \beta_{k+1, n-k}([0, p]).$$

8.9 [L] *Konfidenzpunkte.* Gegeben sei das Gauß-Produktmodell mit bekannter Varianz $v > 0$ und unbekanntem *ganzzahligen* Erwartungswert, also $(\mathbb{R}^n, \mathscr{B}^n, P_\vartheta : \vartheta \in \mathbb{Z})$ mit $P_\vartheta = \mathcal{N}_{\vartheta, v}^{\otimes n}$. Sei $ni : \mathbb{R} \to \mathbb{Z}$ die „nearest-integer-Funktion", d. h. für $x \in \mathbb{R}$ sei $ni(x) \in \mathbb{Z}$ die ganze Zahl mit kleinstem Abstand von x, mit der Vereinbarung $ni\left(z - \frac{1}{2}\right) = z$ für $z \in \mathbb{Z}$. Zeigen Sie:

(a) $\widetilde{M} = ni(M)$ ist ein Maximum-Likelihood-Schätzer für ϑ.

(b) $\widetilde{M}$ besitzt unter P_ϑ die diskrete Verteilung $P_\vartheta(\widetilde{M} = k) = \Phi(a_+(k)) - \Phi(a_-(k))$ mit $a_\pm(k) = (k - \vartheta \pm \frac{1}{2})\sqrt{n/v}$, und ist erwartungstreu.

(c) Für beliebiges $\alpha > 0$ und hinreichend großes n gilt $\inf_{\vartheta \in \mathbb{Z}} P_\vartheta(\widetilde{M} = \vartheta) \ge 1 - \alpha$.

8.10 *Zur Geschichte der EU.* Die FAZ vom 23.6.1992 berichtete, dass 26% der Deutschen mit einer einheitlichen europäischen Währung einverstanden wären; ferner seien 50% für eine Öffnung der EU nach Osten. Die Zahlenwerte basierten auf einer Allensbach-Umfrage unter rund 2200 Personen. Wären genauere Prozentangaben (also z. B. mit einer Stelle nach dem Komma) sinnvoll gewesen? Betrachten Sie hierzu die Länge der approximativen Konfidenzintervalle zum Irrtumsniveau 0.05!

8.11 ^{L} Im Abwasserbereich eines Chemiewerkes werden n Fische gehalten. Aus deren Überlebenswahrscheinlichkeit ϑ kann auf den Verschmutzungsgrad des Wassers geschlossen werden. Wie groß muss n sein, damit man ϑ aus der Anzahl der toten Fische mit 95%iger Sicherheit bis auf eine Abweichung von $\pm\, 0.05$ erschließen kann? Verwenden Sie (a) die Čebyšev-Ungleichung, (b) die Normalapproximation.

8.12 Gegeben sei das Binomialmodell $(\{0, \ldots, n\}, \mathscr{P}(\{0, \ldots, n\}), \mathcal{B}_{n,\vartheta} : 0 < \vartheta < 1)$. Bestimmen Sie mit der im Anschluss an Satz (8.11) diskutierten Methode ein approximatives Konfidenzintervall für ϑ zum Irrtumsniveau $\alpha = 0.02$ und $n = 1000$. Welche Intervallgrenzen ergeben sich für $x/n = 0.05, 0.15, 0.25, 0.5$? Vergleichen Sie Ihr Ergebnis mit Tabelle 8.3.

8.13 *Ist die Ziehung der Lottozahlen korrekt?* Bestimmen Sie mit der Methode der vorigen Aufgabe für einige der Lottozahlen 1 bis 49 ein approximatives Konfidenzintervall für die Wahrscheinlichkeit, mit der diese Zahlen jeweils gezogen werden. Wählen Sie dazu zunächst ein Irrtumsniveau und beschaffen Sie sich die aktuelle Lottostatistik, z. B. unter http://www.dielottozahlen.de/lotto/6aus49/statistiken.html. Entspricht das Ergebnis Ihren Erwartungen?

8.14 ^{L} *Mehrdeutigkeit von Quantilen.* Sei Q ein Wahrscheinlichkeitsmaß auf $(\mathbb{R}, \mathscr{B})$, $0 < \alpha < 1$, q ein α-Quantil von Q, und $q' > q$. Zeigen Sie: Genau dann ist auch q' ein α-Quantil von Q, wenn $Q(]{-\infty}, q]) = \alpha$ und $Q(]q, q'[) = 0$.

8.15 ^{L} *Mediantreue Schätzer.* Betrachten Sie das nichtparametrische Produktmodell $(\mathbb{R}^n, \mathscr{B}^n, Q^{\otimes n} : Q$ stetig$)$. Ein Schätzer T für eine reelle Kenngröße $\tau(Q)$ heißt mediantreu, wenn für jedes stetige Q gilt: $\tau(Q)$ ist ein Median von $Q^{\otimes n} \circ T^{-1}$. Zeigen Sie:

(a) Ist T ein mediantreuer Schätzer für $\tau(Q)$ und $f : \mathbb{R} \to \mathbb{R}$ monoton, so ist $f \circ T$ ein mediantreuer Schätzer für $f \circ \tau(Q)$. Unter welcher Voraussetzung an f gilt die analoge Aussage für erwartungstreue Schätzer?

(b) Ist n ungerade und T der Stichprobenmedian, so ist der Median $\mu(\mathcal{U}_{]0,1[}) = 1/2$ der Gleichverteilung auf $]0, 1[$ auch ein Median von $\mathcal{U}_{]0,1[}{}^{\otimes n} \circ T^{-1}$.

(c) Für ungerades n ist der Stichprobenmedian ein mediantreuer Schätzer für jeden Median von Q. *Hinweis:* Proposition (1.30).

8.16 Zeichnen Sie für die Daten aus Beispiel (8.6) die empirische Verteilungsfunktion, d. h. die Verteilungsfunktion F_L der empirischen Verteilung L. Bestimmen Sie den Stichproben-Median und die Stichproben-Quartile und zeichnen Sie den zugehörigen Box-Plot.

8.17 *Sensitivität von Stichprobenmittel, -median und getrimmten Mitteln.* Sei $T_n : \mathbb{R}^n \to \mathbb{R}$ eine Statistik, welche n reellen Beobachtungswerten einen „Mittelwert" zuordnet. Wie stark T_n bei gegebenen Werten $x_1, \ldots, x_{n-1} \in \mathbb{R}$ von einer Einzelbeobachtung $x \in \mathbb{R}$ abhängt, wird beschrieben durch die Sensitivitätsfunktion

$$S_n(x) = n\big(T_n(x_1, \ldots, x_{n-1}, x) - T_{n-1}(x_1, \ldots, x_{n-1})\big).$$

Bestimmen und zeichnen Sie S_n in den Fällen, wenn T_n (a) der Stichprobenmittelwert, (b) der Stichprobenmedian, und (c) das α-getrimmte Mittel

$$(x_{\lfloor n\alpha \rfloor + 1:n} + \cdots + x_{n - \lfloor n\alpha \rfloor :n})/(n - 2\lfloor n\alpha \rfloor)$$

zu einem Trimm-Niveau $0 \le \alpha < 1/2$ ist. Hier bezeichnet $x_{k:n}$ die k-te Ordnungsstatistik von $x_1, \ldots, x_n$.

8.18 [L] *Verteilungsdichte von Ordnungsstatistiken.* Seien $X_1, \ldots, X_n$ unabhängige, identisch verteilte reelle Zufallsvariablen mit stetiger Verteilungsdichte ρ, und die Menge $\mathcal{X} := \{\rho > 0\}$ sei ein Intervall. Bestimmen Sie die Verteilungsdichte der k-ten Ordnungsstatistik $X_{k:n}$. *Hinweis:* Verwenden Sie entweder Aufgabe 1.18 und Abschnitt 2.5.3 oder (8.17) und (8.8b).

8.19 [L] *Gesetz der großen Zahl für Ordnungsstatistiken.* Seien $(X_i)_{i \geq 1}$ unabhängige Zufallsvariablen mit Werten in einem Intervall $\mathcal{X}$ und identischer Verteilung Q. Die Verteilungsfunktion $F = F_Q$ sei auf $\mathcal{X}$ strikt wachsend. Zeigen Sie: Ist $0 < \alpha < 1$ und (j_n) eine Folge in $\mathbb{N}$ mit $j_n/n \to \alpha$, so konvergiert die Ordnungsstatistik $X_{j_n:n}$ für $n \to \infty$ stochastisch gegen das α-Quantil von Q.

8.20 [L] *Normalapproximation von Ordnungsstatistiken.* Seien $(X_i)_{i \geq 1}$ unabhängige Zufallsvariablen mit Werten in einem Intervall $\mathcal{X}$ und identischer Verteilung Q. Die Verteilungsfunktion $F = F_Q$ sei auf $\mathcal{X}$ differenzierbar mit stetiger Ableitung $\rho = F' > 0$. Sei $0 < \alpha < 1$, $q \in \mathcal{X}$ das zugehörige α-Quantil, und (j_n) eine Folge in $\mathbb{N}$ mit $|j_n - \alpha n|/\sqrt{n} \to 0$. Zeigen Sie: Im Limes $n \to \infty$ gilt $\sqrt{n}(X_{j_n:n} - q) \xrightarrow{\mathscr{L}} \mathcal{N}_{0,v}$ mit $v = \alpha(1-\alpha)/\rho(q)^2$. *Hinweis:* Benutzen Sie (8.17) sowie die Tatsache, dass Korollar (5.24) auch dann noch gilt, wenn die zugrunde liegende Erfolgswahrscheinlichkeit nicht fest ist, sondern von n abhängt und gegen einen Grenzwert konvergiert.

8.21 *Bestimmung der Lichtgeschwindigkeit.* Betrachten Sie die Messdaten von Michelson zur Bestimmung der Lichtgeschwindigkeit, siehe Aufgabe 8.7. Welche Konfidenzintervalle für die Lichtgeschwindigkeit können Sie für jede einzelne Versuchsreihe sowie aus allen Messungen zusammen angeben, wenn auf eine Verteilungsannahme über die Messungen verzichtet werden soll? Legen Sie das gleiche Irrtumsniveau $\alpha = 0.02$ wie in Aufgabe 8.7 zugrunde, und vergleichen Sie die Ergebnisse.

9 Rund um die Normalverteilung

Gegenstand dieses kurzen Kapitels sind einige zentrale Verteilungen der Statistik. Und zwar die Verteilungen von Zufallsvariablen, die durch bestimmte Transformationen aus unabhängigen standardnormalverteilten Zufallsvariablen hervorgehen. Bei linearen Transformationen entstehen die allgemeinen mehrdimensionalen Normal- oder Gauß-Verteilungen, und gewisse quadratische oder gebrochen quadratische Abbildungen führen auf die Chiquadrat-, F- und t-Verteilungen, die bei der Konstruktion von Konfidenzintervallen und Tests in normalverteilten oder asymptotisch normalverteilten Modellen eine große Rolle spielen.

9.1 Die mehrdimensionale Normalverteilung

Wir beginnen mit einem grundlegenden Hilfsmittel aus der Analysis, welches das Transformationsverhalten von Wahrscheinlichkeitsdichten beschreibt.

(9.1) Proposition: Transformation von Dichtefunktionen. *Sei $\mathcal{X} \subset \mathbb{R}^n$ offen und P ein Wahrscheinlichkeitsmaß auf $(\mathcal{X}, \mathcal{B}^n_{\mathcal{X}})$ mit Dichtefunktion ρ. Sei ferner $\mathcal{Y} \subset \mathbb{R}^n$ offen und $T : \mathcal{X} \to \mathcal{Y}$ ein Diffeomorphismus, d. h. eine stetig differenzierbare Bijektion mit Jacobi-Determinante $\det DT(x) \neq 0$ für alle $x \in \mathcal{X}$. Dann hat die Verteilung $P \circ T^{-1}$ von T auf $\mathcal{Y}$ die Dichtefunktion*

$$\rho_T(y) = \rho(T^{-1}(y)) \, |\det DT^{-1}(y)| \,, \quad y \in \mathcal{Y}.$$

Beweis: Für jedes offene $A \subset \mathcal{Y}$ gilt nach dem Transformationssatz für mehrdimensionale Lebesgue-Integrale (vgl. etwa [24, 45])

$$P \circ T^{-1}(A) = \int_{T^{-1}A} \rho(x) \, dx = \int_A \rho(T^{-1}(y)) \, |\det DT^{-1}(y)| \, dy \,.$$

Nach dem Eindeutigkeitssatz (1.12) gilt dieselbe Gleichung dann auch für alle $A \in \mathcal{B}^n_{\mathcal{Y}}$, und dies ist gerade die Behauptung. $\diamond$

Wir wenden dies Ergebnis an auf affine Transformationen von Zufallsvektoren, die aus unabhängigen, standardnormalverteilten Zufallsvariablen bestehen. Für eine beliebige Matrix B bezeichnen wir mit B_{ij} den Eintrag in der i-ten Zeile und j-ten Spalte und mit $\mathsf{B}^\top$ die transponierte Matrix. Wir schreiben $\mathsf{E} = (\delta_{ij})_{1 \leq i, j \leq n}$ für die Einheitsmatrix in der jeweils vorliegenden Dimension n.

(9.2) Satz: Multivariate Normalverteilungen. *Seien $X_1, \ldots, X_n$ unabhängige, nach $\mathcal{N}_{0,1}$ verteilte Zufallsvariablen, $X = (X_1, \ldots, X_n)^\top$ der zugehörige zufällige Spaltenvektor, $B \in \mathbb{R}^{n \times n}$ eine reguläre reelle $n \times n$-Matrix, und $m \in \mathbb{R}^n$ ein fester Spaltenvektor. Dann hat $Y := BX + m$ die Verteilungsdichte*

$$(9.3) \qquad \phi_{m,C}(y) = (2\pi)^{-n/2} \, |\det C|^{-1/2} \, \exp\left[-\tfrac{1}{2} \, (y - m)^\top C^{-1} (y - m) \right],$$

$y \in \mathbb{R}^n$. Dabei ist $C = BB^\top$, und für die Koordinaten Y_i von Y gilt $\mathbb{E}(Y_i) = m_i$ und $\mathrm{Cov}(Y_i, Y_j) = C_{ij}, 1 \leq i, j \leq n$.

Beweis: Da die Koordinaten X_i von X untereinander unabhängig sind, hat X gemäß Beispiel (3.30) die Produktverteilungsdichte

$$\prod_{i=1}^{n} \phi_{0,1}(x_i) = (2\pi)^{-n/2} \, \exp\left[-\tfrac{1}{2} x^\top x \right] = \phi_{0,E}(x),$$

$x \in \mathbb{R}^n$. Nach Proposition (9.1) hat somit Y die Verteilungsdichte

$$\phi_{0,E}(B^{-1}(y - m)) \, |\det B^{-1}| = (2\pi)^{-n/2} \, |\det B|^{-1} \exp\left[-\tfrac{1}{2}(y - m)^\top C^{-1}(y - m) \right].$$

Der letzte Ausdruck ist aber nichts anderes als $\phi_{m,C}(y)$, denn es ist ja $\det C = |\det B|^2$. Weiter gilt

$$\mathbb{E}(Y_i) = \mathbb{E}\left(\sum_{j=1}^{n} B_{ij} X_j + m_i \right) = \sum_{j=1}^{n} B_{ij} \, \mathbb{E}(X_j) + m_i = m_i$$

und

$$\mathrm{Cov}(Y_i, Y_j) = \mathrm{Cov}\left(\sum_{k=1}^{n} B_{ik} X_k, \sum_{l=1}^{n} B_{jl} X_l \right)$$

$$= \sum_{k,l=1}^{n} B_{ik} B_{jl} \, \mathrm{Cov}(X_k, X_l) = \sum_{k=1}^{n} B_{ik} B_{jk} = C_{ij},$$

denn es ist ja $\mathrm{Cov}(X_k, X_l) = \delta_{kl}$ wegen der Unabhängigkeit der X_i. $\diamond$

Sei nun $C \in \mathbb{R}^{n \times n}$ irgendeine positiv definite symmetrische $n \times n$-Matrix. Nach dem Satz von der Hauptachsentransformation aus der linearen Algebra [22, 38] existieren dann eine orthogonale Matrix O und eine Diagonalmatrix D mit Diagonalelementen $D_{ii} > 0$, so dass $C = ODO^\top$. Bezeichnet dann $D^{1/2}$ die Diagonalmatrix mit Diagonalelementen $\sqrt{D_{ii}}$ und setzt man $B = OD^{1/2}$, so ist B regulär, und es gilt $C = BB^\top$. Folglich ist die Funktion $\phi_{m,C}$ in (9.3) die Verteilungsdichte eines Zufallsvektors und somit eine Wahrscheinlichkeitsdichte. Sie definiert daher ein Wahrscheinlichkeitsmaß $\mathcal{N}_n(m, C)$ auf $\mathbb{R}^n$. Aufgrund des Satzes hat dies Wahrscheinlichkeitsmaß den Erwartungswertvektor m und die Kovarianzmatrix C.

Definition: Für jede positiv definite symmetrische Matrix $C \in \mathbb{R}^{n \times n}$ und jedes $m \in \mathbb{R}^n$ heißt das Wahrscheinlichkeitsmaß $\mathcal{N}_n(m, C)$ auf $(\mathbb{R}^n, \mathscr{B}^n)$ mit der Dichtefunktion $\phi_{m,C}$ aus (9.3) die *n-dimensionale* oder *multivariate Normal-* oder *Gauß-Verteilung* mit Erwartungswertvektor m und Kovarianzmatrix C. Insbesondere gilt $\mathcal{N}_n(0, E) = \mathcal{N}_{0,1}^{\otimes n}$; dies ist die *multivariate Standardnormalverteilung*.

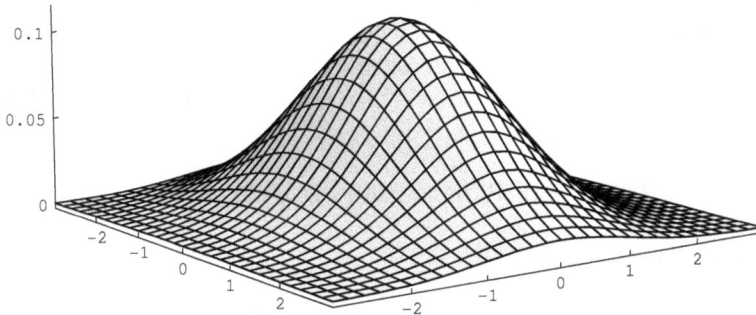

Abbildung 9.1: Dichte der zentrierten bivariaten Normalverteilung mit Kovarianzmatrix $\begin{pmatrix} 2 & 0 \\ 0 & 1 \end{pmatrix}$. Die Schnittlinien sind proportional zu Gauß'schen Glockenkurven. Die (nicht gezeigten) Linien konstanter Höhe sind Ellipsen.

Satz (9.2) liefert nebenbei die folgende Invarianzeigenschaft von $\mathcal{N}_n(0, E)$.

(9.4) Korollar: Rotationsinvarianz der multivariaten Standardnormalverteilung. *Die Verteilung $\mathcal{N}_n(0, E) = \mathcal{N}_{0,1}^{\otimes n}$ ist invariant unter allen orthogonalen Transformationen (also den Drehspiegelungen) von $\mathbb{R}^n$.*

Beweis: Sei O eine orthogonale $n \times n$-Matrix und X ein $\mathcal{N}_n(0, E)$-verteilter Zufallsvektor. (Wir identifizieren O mit der Drehspiegelung $x \to Ox$ von $\mathbb{R}^n$.) Dann ist $\mathcal{N}_n(0, E) \circ O^{-1}$ gerade die Verteilung von OX. Nach Satz (9.2) ist letztere aber $\mathcal{N}_n(0, C)$ mit $C = OO^\top = E$. $\diamond$

Wie verhalten sich die multivariaten Normalverteilungen unter allgemeinen affinen Transformationen?

(9.5) Satz: Transformation multivariater Normalverteilungen. *Sei Y ein $\mathcal{N}_n(m, C)$-verteilter Zufallsvektor in $\mathbb{R}^n$, $k \leq n$, $A \in \mathbb{R}^{k \times n}$ eine reelle $k \times n$-Matrix mit vollem Rang, und $a \in \mathbb{R}^k$. Dann hat der Zufallsvektor $Z = AY + a$ die k-dimensionale Normalverteilung $\mathcal{N}_k(Am + a, ACA^\top)$.*

Beweis: Ohne Einschränkung setzen wir $a = 0$ und $m = 0$, denn der allgemeine Fall kann hierauf durch Koordinatenverschiebung zurückgeführt werden. Ferner können wir nach Satz (9.2) ohne Einschränkung annehmen, dass $Y = BX$ für einen $\mathcal{N}_n(0, E)$-verteilten Zufallsvektor X und eine reguläre Matrix B mit $BB^\top = C$. Sei L der von den Zeilenvektoren der $k \times n$-Matrix AB aufgespannte Teilraum von $\mathbb{R}^n$. Da A vollen Rang hat, hat L die Dimension k. Nach dem Gram–Schmidt'schen Orthonormierungs-verfahren [22, 38] existiert eine Orthonormalbasis $u_1, \ldots, u_k$ von L, die sich zu einer Orthonormalbasis $u_1, \ldots, u_n$ von $\mathbb{R}^n$ ergänzen lässt. Sei O die orthogonale Matrix mit Zeilenvektoren $u_1, \ldots, u_n$. Dann gilt $AB = (R|0)\,O$ für die reguläre $k \times k$-Matrix R, welche den Basiswechsel von L beschreibt; $(R|0)$ bezeichnet die durch Nullen ergänzte $k \times n$-Matrix.

Nach Korollar (9.4) ist der Zufallsvektor $\tilde{X} = OX$ wieder $\mathcal{N}_n(0, E)$-verteilt, d. h. seine Koordinaten $\tilde{X}_1, \ldots, \tilde{X}_n$ sind unabhängig und $\mathcal{N}_{0,1}$-verteilt. Also sind erst recht die Koordinaten des gekürzten Zufallsvektors $\hat{X} = (\tilde{X}_1, \ldots, \tilde{X}_k)^\top$ unabhängig und $\mathcal{N}_{0,1}$-verteilt. Nach Satz (9.2) hat daher $AY = ABX = (R|0)\,\tilde{X} = R\hat{X}$ die Verteilung $\mathcal{N}_k(0, RR^\top)$. Da nun aber

$$RR^\top = (R|0)(R|0)^\top = (R|0)\,OO^\top(R|0)^\top = ACA^\top,$$

ist dies gerade die Behauptung. ◇

Im Spezialfall $n = 2$, $k = 1$, $C = \begin{pmatrix} v_1 & 0 \\ 0 & v_2 \end{pmatrix}$ und $A = (1, 1)$ liefert uns der Satz nochmals die Faltungsaussage aus Beispiel (3.32).

Manchmal ist es nützlich, die mehrdimensionalen Normalverteilungen auch für solche symmetrische Matrizen C zu definieren, welche nur nichtnegativ definit sind und nicht positiv definit. Mit Hilfe der (bis auf Koordinatenpermutation und Spiegelung eindeutigen) Hauptachsendarstellung $C = ODO^\top$ mit einer orthogonalen Matrix O und einer nichtnegativen Diagonalmatrix D kann dies in der folgenden Weise geschehen.

Definition: Sei $C \in \mathbb{R}^{n \times n}$ eine nichtnegativ definite symmetrische Matrix, und seien eine zugehörige Orthogonalmatrix O und Diagonalmatrix D durch die Hauptachsen-transformation gegeben. Für jedes $m \in \mathbb{R}^n$ ist dann die multivariate Normalverteilung $\mathcal{N}_n(m, C)$ auf $(\mathbb{R}^n, \mathscr{B}^n)$ definiert als das Bild von $\bigotimes_{i=1}^n \mathcal{N}_{0,D_{ii}}$ unter der affinen Abbildung $x \to Ox + m$. Dabei setzen wir $\mathcal{N}_{0,0} = \delta_0$, die Dirac-Verteilung im Punkte $0 \in \mathbb{R}$.

Wegen Satz (9.5) stimmt diese Definition im positiv definiten Fall mit der zuvor gegebenen überein. Im allgemeinen Fall, wenn 0 ein Eigenwert von C ist mit Vielfachheit k, besitzt $\mathcal{N}_n(m, C)$ jedoch keine Dichtefunktion, sondern „lebt" auf einem $(n - k)$-dimensionalen affinen Teilraum von $\mathbb{R}^n$, nämlich dem Bild des Raumes $D(\mathbb{R}^n) = \{x \in \mathbb{R}^n : D_{ii} = 0 \Rightarrow x_i = 0\}$ unter der Bewegung $x \to Ox + m$.

9.2 Die χ^2-, F- und t-Verteilungen

Wenn man die Stichprobenvarianzen von unabhängigen normalverteilten Zufallsva-riablen kontrollieren möchte, muss man die Verteilung ihrer Quadratsummen kennen. Diese Quadratsummen sind Gamma-verteilt mit ganz bestimmten Parametern. Die grundlegende Beobachtung ist die folgende.

(9.6) Bemerkung: *Das Quadrat einer Standardnormalvariablen.* Ist X eine $\mathcal{N}_{0,1}$-verteilte Zufallsvariable, so hat X^2 die Gamma-Verteilung $\Gamma_{1/2,1/2}$.

Beweis: Aus Symmetriegründen hat $|X|$ die Verteilungsdichte $2\,\phi_{0,1}$ auf $\mathcal{X} =]0, \infty[$. (Den Fall $X = 0$, der nur mit Wahrscheinlichkeit 0 eintritt, können wir ignorieren.) Weiter ist $T : x \to x^2$ ein Diffeomorphismus von $\mathcal{X}$ auf sich mit Umkehrfunktion $T^{-1}(y) = \sqrt{y}$. Nach Proposition (9.1) hat also $X^2 = T(|X|)$ die Dichtefunktion

$$\rho_T(y) = 2\,\phi_{0,1}(\sqrt{y})\,\tfrac{1}{2}\,y^{-1/2} = \frac{1}{\sqrt{2\pi}}\,e^{-y/2}y^{-1/2} = \frac{\Gamma(1/2)}{\sqrt{\pi}}\,\gamma_{1/2,1/2}(y)\,;$$

die letzte Gleichung folgt aus der Definition (2.20) der Gamma-Dichten. Da sich ρ_T und $\gamma_{1/2,1/2}$ beide zu 1 integrieren, ist notwendigerweise $\Gamma(1/2) = \sqrt{\pi}$, und die Behauptung folgt. $\diamond$

Aufgrund der Bemerkung beschäftigen wir uns etwas genauer mit den Gamma-Verteilungen.

(9.7) Proposition: Zusammenhang zwischen Beta- und Gamma-Verteilungen. *Seien $\alpha, r, s > 0$ und X, Y unabhängige Zufallsvariablen mit Gamma-Verteilung $\Gamma_{\alpha,r}$ bzw. $\Gamma_{\alpha,s}$. Dann sind $X + Y$ und $X/(X + Y)$ unabhängig mit Verteilung $\Gamma_{\alpha,r+s}$ bzw. $\beta_{r,s}$.*

Beweis: Die gemeinsame Verteilung von (X, Y) ist nach (3.28) und (3.30) das Produktmaß $\Gamma_{\alpha,r} \otimes \Gamma_{\alpha,s}$ auf $\mathcal{X} =]0, \infty[^2$ mit Dichtefunktion

$$\rho(x, y) = \gamma_{\alpha,r}(x)\,\gamma_{\alpha,s}(y) = \frac{\alpha^{r+s}}{\Gamma(r)\,\Gamma(s)}\,x^{r-1}y^{s-1}e^{-\alpha(x+y)}\,, \quad (x, y) \in \mathcal{X}\,.$$

Wir betrachten den Diffeomorphismus

$$T(x, y) = \left(x + y,\ \frac{x}{x + y}\right)$$

von $\mathcal{X}$ nach $\mathcal{Y} :=]0, \infty[\times]0, 1[$. T hat die Umkehrfunktion

$$T^{-1}(u, v) = (uv, u(1 - v))$$

mit Funktionalmatrix

$$DT^{-1}(u, v) = \begin{pmatrix} v & u \\ 1 - v & -u \end{pmatrix}\,.$$

Es gilt also $|\det DT^{-1}(u, v)| = u$. Gemäß Proposition (9.1) hat also der Zufallsvektor

$$\left(X + Y,\ \frac{X}{X + Y}\right) = T(X, Y)$$

die Verteilungsdichte

$$\rho_T(u, v) = \rho(uv, u(1 - v)) u$$

$$= \frac{\alpha^{r+s}}{\Gamma(r)\,\Gamma(s)} \, u^{r+s-1} \, e^{-\alpha u} \, v^{r-1}(1 - v)^{s-1}$$

$$= \frac{\Gamma(r + s)}{\Gamma(r)\,\Gamma(s)} \, \mathrm{B}(r, s)\, \gamma_{\alpha, r+s}(u)\, \beta_{r,s}(v)\,, \quad (u, v) \in \mathcal{Y};$$

im letzten Schritt haben wir die Definitionen (2.20) und (2.22) der Gamma- und Beta-Dichten eingesetzt. Da sich ρ_T sowie $\gamma_{\alpha, r+s}$ und $\beta_{r,s}$ zu 1 integrieren, ist der Vorfaktor notwendigerweise gleich 1, d. h. es gilt

$$(9.8) \qquad\qquad \mathrm{B}(r, s) = \frac{\Gamma(r)\Gamma(s)}{\Gamma(r + s)} \quad \text{für } r, s > 0,$$

und ρ_T ist eine Produktdichte mit den behaupteten Faktoren. $\diamond$

Die aus der Analysis bekannte Beziehung (9.8) zwischen Beta- und Gamma-Funktion ist ein hübsches Nebenergebnis des obigen Beweises. Die Verteilungsaussage über $X + Y$ ist gleichbedeutend mit der folgenden Faltungseigenschaft, welche das frühere Korollar (3.36) verallgemeinert.

(9.9) Korollar: Faltung von Gamma-Verteilungen. *Für alle $\alpha, r, s > 0$ gilt*

$$\Gamma_{\alpha, r} * \Gamma_{\alpha, s} = \Gamma_{\alpha, r+s}\,,$$

d. h. bei festem Skalenparameter α bilden die Gamma-Verteilungen eine Faltungshalbgruppe.

Kombinieren wir dies Korollar mit Bemerkung (9.6), so erhalten wir die folgende Verteilungsaussage für Quadratsummen von unabhängigen, standardnormalverteilten Zufallsvariablen.

(9.10) Satz: Die Chiquadrat-Verteilung. *Seien $X_1, \ldots, X_n$ unabhängige $\mathcal{N}_{0,1}$-verteilte Zufallsvariablen. Dann hat $\sum_{i=1}^n X_i^2$ die Gamma-Verteilung $\Gamma_{1/2, n/2}$.*

Definition: Für jedes $n \geq 1$ heißt die Gamma-Verteilung $\chi_n^2 := \Gamma_{1/2, n/2}$ zu den Parametern $1/2, n/2$ mit Dichtefunktion

$$(9.11) \qquad \chi_n^2(x) := \gamma_{1/2, n/2}(x) = \frac{x^{n/2-1}}{\Gamma(n/2)\, 2^{n/2}} \, e^{-x/2}\,, \quad x > 0,$$

auch die *Chiquadrat-Verteilung mit n Freiheitsgraden* bzw. kurz die χ_n^2-*Verteilung*.

Abbildung 9.2 zeigt die Dichtefunktionen χ_n^2 für einige n. Wie sich zeigen wird, spielen die Chiquadrat-Verteilungen eine zentrale Rolle in der Testtheorie. Zum Beispiel hat die erwartungstreue Stichprobenvarianz V^* im Gauß'schen Produktmodell eine (skalierte) Chiquadrat-Verteilung, siehe Satz (9.17) unten.

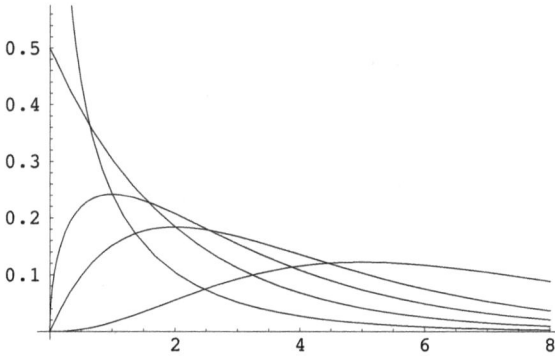

Abbildung 9.2: Dichtefunktionen der χ_n^2-Verteilungen für $n = 1, 2, 3, 4, 7$.

Als Nächstes betrachten wir Quotienten von Quadratsummen standardnormalverteilter Zufallsvariablen.

(9.12) Satz: Die Fisher-Verteilungen. *Seien $X_1, \ldots, X_m, Y_1, \ldots, Y_n$ unabhängige und $\mathcal{N}_{0,1}$-verteilte Zufallsvariablen. Dann hat der Quotient*

$$F_{m,n} := \frac{1}{m} \sum_{i=1}^{m} X_i^2 \Big/ \frac{1}{n} \sum_{j=1}^{n} Y_j^2$$

die Verteilungsdichte

(9.13) $$f_{m,n}(x) = \frac{m^{m/2} n^{n/2}}{\mathrm{B}(m/2, n/2)} \frac{x^{m/2-1}}{(n+mx)^{(m+n)/2}}, \quad x > 0.$$

Beweis: Nach Satz (9.10) hat $X := \sum_{i=1}^{m} X_i^2$ die Gamma-Verteilung $\chi_m^2 = \Gamma_{1/2, m/2}$ und $Y := \sum_{j=1}^{n} Y_j^2$ die Gamma-Verteilung $\chi_n^2 = \Gamma_{1/2, n/2}$. Außerdem sind X und Y unabhängig. Nach Proposition (9.7) hat also $Z = X/(X+Y)$ die Beta-Verteilung $\beta_{m/2, n/2}$. Nun ist aber

$$F_{m,n} = \frac{n}{m} \frac{X}{Y} = \frac{n}{m} \frac{Z}{1-Z} = T(Z)$$

für den Diffeomorphismus $T(x) = \frac{n}{m} \frac{x}{1-x}$ von $]0, 1[$ nach $]0, \infty[$. Die Umkehrabbildung ist $T^{-1}(y) = \frac{my}{n+my}$. Nach Proposition (9.1) hat also $F_{m,n}$ die Verteilungsdichte

$$\beta_{m/2, n/2}\Big(\frac{my}{n+my}\Big) \frac{mn}{(n+my)^2} = f_{m,n}(y),$$

wie behauptet. $\diamond$

Definition: Die Verteilung $\mathcal{F}_{m,n}$ auf $]0, \infty[$ mit Dichtefunktion $f_{m,n}$ gemäß (9.13) heißt (nach R. A. Fisher) die *Fisher-Verteilung* mit m und n Freiheitsgraden, bzw. kurz die $F_{m,n}$-*Verteilung*.

Die F-Verteilungen spielen eine Rolle als Verteilungen gewisser Testgrößen in Kapitel 12. Die im vorangegangenen Beweis von Satz (9.12) festgestellte Beziehung zwischen F- und Beta-Verteilungen wird noch einmal in der folgenden Bemerkung festgehalten.

(9.14) Bemerkung: *Beziehung zwischen Fisher- und Beta-Verteilung.* Für alle $m, n \in \mathbb{N}$ gilt $\mathcal{F}_{m,n} = \beta_{m/2, n/2} \circ T^{-1}$ mit $T(x) = \frac{n}{m} \frac{x}{1-x}$, d. h. es gilt

$$\mathcal{F}_{m,n}(]0, c]) = \beta_{m/2, n/2}\left(\left[0, \tfrac{mc}{n+mc}\right]\right)$$

für alle $c > 0$. Ist also c das α-Quantil von $\mathcal{F}_{m,n}$, so ist $\frac{mc}{n+mc}$ das α-Quantil von $\beta_{m/2, n/2}$. Somit bekommt man die Quantile der Beta-Verteilungen mit halbzahligen Parametern aus denen der F-Verteilungen (und umgekehrt).

Wie sich zeigen wird, spielt die „symmetrisch signierte Wurzel aus $\mathcal{F}_{1,n}$" eine besondere Rolle.

(9.15) Korollar: Die Student-Verteilungen. *Seien $X, Y_1, \ldots, Y_n$ unabhängige, $\mathcal{N}_{0,1}$-verteilte Zufallsvariablen. Dann hat*

$$T = X \Big/ \sqrt{\frac{1}{n} \sum_{j=1}^{n} Y_j^2}$$

die Verteilungsdichte

$$(9.16) \qquad \tau_n(x) = \left(1 + \frac{x^2}{n}\right)^{-\frac{n+1}{2}} \Big/ B(1/2, n/2) \sqrt{n}, \quad x \in \mathbb{R}.$$

Beweis: Gemäß Satz (9.12) hat T^2 die Verteilung $\mathcal{F}_{1,n}$. Wegen Proposition (9.1) hat daher $|T| = \sqrt{T^2}$ die Dichtefunktion $f_{1,n}(y^2)\, 2y$, $y > 0$. Nun ist T aber offenbar (wegen der Symmetrie von $\mathcal{N}_{0,1}$) symmetrisch verteilt, d. h. T und $-T$ haben die gleiche Verteilung. Also hat T die Verteilungsdichte $f_{1,n}(y^2)\, |y| = \tau_n(y)$. $\Diamond$

Definition: Das Wahrscheinlichkeitsmaß t_n auf $(\mathbb{R}, \mathscr{B})$ mit Dichtefunktion τ_n gemäß (9.16) heißt die *Student'sche t-Verteilung mit n Freiheitsgraden*, oder kurz die t_n-*Verteilung.*

Für $n = 1$ erhält man die *Cauchy-Verteilung* mit Dichte $\tau_1(x) = \frac{1}{\pi} \frac{1}{1+x^2}$, welche bereits in Aufgabe 2.5 aufgetaucht ist.

Die t-Verteilung wurde 1908 von dem Statistiker W. S. Gosset, der damals bei der Guinness Brauerei arbeitete, unter dem Pseudonym „Student" veröffentlicht, da die Brauerei ihren Mitarbeitern die Publikation von wissenschaftlichen Arbeiten verbot.

Die Dichtefunktionen τ_n der t_n-Verteilungen für verschiedene Werte von n finden sich in Abbildung 9.3. Wie man direkt aus (9.16) sieht, streben die τ_n im Limes $n \to \infty$ gegen $\phi_{0,1}$, die Dichte der Standardnormalverteilung; vgl. auch Aufgabe 9.12. Allerdings fällt $\tau_n(x)$ bei festem n für $|x| \to \infty$ sehr viel langsamer ab als $\phi_{0,1}(x)$.

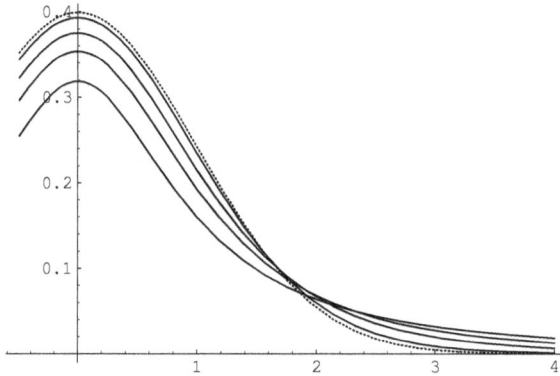

Abbildung 9.3: Dichtefunktionen der t_n-Verteilungen für $n = 1, 2, 4, 16$. Zum Vergleich die Dichte der Standardnormalverteilung (gepunktet).

Die Bedeutung der t-Verteilungen zeigt sich in dem folgenden Satz, der auf der Rotationsinvarianz der multivariaten Standardnormalverteilung beruht. Er beantwortet insbesondere die Frage nach der Verteilung Q in Beispiel (8.4); dort ging es um die Bestimmung eines Konfidenzintervalls für den Erwartungswert einer Normalverteilung mit unbekannter Varianz. Wie dort betrachten wir das Gauß'sche Produktmodell sowie die erwartungstreuen Schätzer

$$M = \frac{1}{n} \sum_{i=1}^n X_i \,, \quad V^* = \frac{1}{n-1} \sum_{i=1}^n (X_i - M)^2$$

für Erwartungswert und Varianz.

(9.17) Satz: Student 1908. *Im n-fachen Gauß'schen Produktmodell*

$$(\mathbb{R}^n, \mathscr{B}^n, \mathcal{N}_{m,v}{}^{\otimes n} : m \in \mathbb{R}, v > 0)$$

gelten für alle $\vartheta = (m, v) \in \mathbb{R} \times]0, \infty[$ bezüglich $P_\vartheta = \mathcal{N}_{m,v}{}^{\otimes n}$ die folgenden Aussagen:

(a) *M und V^* sind unabhängig.*

(b) *M hat die Verteilung $\mathcal{N}_{m,v/n}$ und $\frac{n-1}{v} V^*$ die Verteilung χ^2_{n-1}.*

(c) *$T_m := \dfrac{\sqrt{n}\,(M-m)}{\sqrt{V^*}}$ hat die Verteilung t_{n-1}.*

Die Unabhängigkeitsaussage (a) mag zunächst verwundern, da M in der Definition von V^* auftaucht. Zur Erklärung erinnere man sich daran, dass Unabhängigkeit nichts mit kausaler Unabhängigkeit zu tun hat, sondern eine proportionale Überschneidung der zugrunde liegenden Wahrscheinlichkeiten beschreibt. In diesem Fall ist sie eine

Folge der Rotationsinvarianz der multivariaten Standardnormalverteilung; bei anderen Wahrscheinlichkeitsmaßen würde sie nicht gelten. Aussage (c) besagt, dass die Verteilung Q in Beispiel (8.4) gerade die t_{n-1}-Verteilung ist.

Beweis: Wir schreiben wieder $X = (X_1, \ldots, X_n)^\top$ für die Identitätsabbildung auf $\mathbb{R}^n$, und $\mathbf{1} = (1, \ldots, 1)^\top$ für den Diagonalvektor in $\mathbb{R}^n$. Außerdem wollen wir ohne Beschränkung der Allgemeinheit annehmen, dass $m = 0$ und $v = 1$; andernfalls können wir X_i durch $(X_i - m)/\sqrt{v}$ ersetzen und beachten, dass sich m in der Definition von V^* weghebt, und dass sich $\sqrt{v}$ in der Definition von T_m wegkürzt.

Sei O eine orthogonale $n \times n$-Matrix der Form

$$\mathsf{O} = \begin{pmatrix} \frac{1}{\sqrt{n}} & \cdots & \frac{1}{\sqrt{n}} \\ & \text{beliebig} & \\ & \text{orthogonal} & \end{pmatrix} ;$$

solch eine Matrix kann konstruiert werden, indem man den Vektor $\frac{1}{\sqrt{n}}\mathbf{1}$ vom Betrag 1 zu einer Orthonormalbasis ergänzt. Sie bildet die Diagonale auf die 1-Achse ab; es gilt nämlich $\mathsf{O}\mathbf{1} = (\sqrt{n}, 0, \ldots, 0)^\top$, da die Zeilenvektoren der zweiten bis n-ten Zeile von O senkrecht auf $\mathbf{1}$ stehen. Abbildung 9.4 veranschaulicht die Situation.

Sei nun $Y = \mathsf{O}X$ und Y_i die i-te Koordinate von Y. Gemäß Korollar (9.4) hat Y dieselbe Verteilung wie X, nämlich $\mathcal{N}_n(0, \mathsf{E}) = \mathcal{N}_{0,1}^{\otimes n}$, und deren Produktgestalt besagt nach Bemerkung (3.28), dass $Y_1, \ldots, Y_n$ unabhängig sind. Nun gilt aber

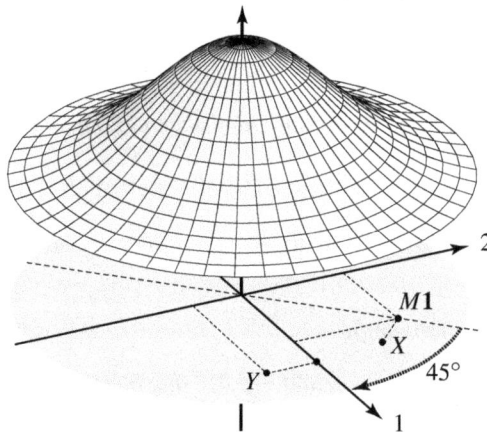

Abbildung 9.4: Der Fall $n = 2$: Ein Punkt $X \in \mathbb{R}^2$ wird zufällig gewählt gemäß der Gauß'schen Glockenverteilung $\mathcal{N}_2(0, \mathsf{E})$ (die hier angehoben ist, um die Ebene $\mathbb{R}^2$ sichtbar zu machen). $M\mathbf{1}$ ist die Projektion von X auf die Diagonale. Durch eine Drehung um $45°$ wird $M\mathbf{1}$ auf die 1-Achse abgebildet, und X wandert zu einem Punkt Y, der wegen der Drehsymmetrie der Gauß-Glocke wieder $\mathcal{N}_2(0, \mathsf{E})$-verteilt ist. Es gilt $Y_1 = M|\mathbf{1}| = M\sqrt{2}$, und $|Y_2|$ ist der Abstand zwischen X und $M\mathbf{1}$, also $\sqrt{V^*}$.

$M = \frac{1}{\sqrt{n}} \sum_{i=1}^{n} \frac{1}{\sqrt{n}} X_i = \frac{1}{\sqrt{n}} Y_1$ und daher, wegen $|Y| = |X|$, auch

$$(n-1) V^* = \sum_{i=1}^{n} (X_i - M)^2 = \sum_{i=1}^{n} X_i^2 - n M^2$$

$$= |Y|^2 - Y_1^2 = \sum_{i=2}^{n} Y_i^2 .$$

Die Unabhängigkeit der Y_i impliziert daher Aussage (a). Behauptung (b) folgt aus der Skalierungseigenschaft der Normalverteilungen (vgl. Aufgabe 2.15) und Satz (9.10), und Aussage (c) aus (a), (b) und Korollar (9.15). $\diamond$

Wie in Beispiel (8.4) festgestellt, werden zur Konstruktion von Konfidenzintervallen im Gauß-Modell die Quantile bzw. Fraktile der t_n-Verteilungen benötigt. Diese Quantile gehen auch in einige Testverfahren ein, die in den nächsten Kapiteln diskutiert werden. Gleichfalls gebraucht werden dort die Quantile der χ^2 und F-Verteilungen. Eine Auswahl dieser Quantile findet sich im Tabellenanhang auf Seite 384 ff. Fehlende Quantile kann man teils durch Interpolation, teils durch die Approximationen aus den Aufgaben 9.10 und 9.12 bekommen. Oder man beschafft sie sich mit Hilfe geeigneter Computerprogramme wie etwa Maple, Mathematica, R oder SciLab.

Aufgaben

9.1 Sei X eine $\mathcal{N}_{m,v}$-verteilte Zufallsvariable und $Y = e^X$. Bestimmen Sie die Verteilungsdichte von Y. (Die Verteilung von Y heißt die *Lognormal-Verteilung* zu m und v.)

9.2 ^{L} *Beste lineare Vorhersage.* Die gemeinsame Verteilung der Zufallsvariablen $X_1, \ldots, X_n$ sei eine n-dimensionale Normalverteilung. Zeigen Sie:

(a) $X_1, \ldots, X_n$ sind genau dann unabhängig, wenn sie paarweise unkorreliert sind.

(b) Es gibt Konstanten $a, a_1, \ldots, a_{n-1} \in \mathbb{R}$, so dass für $\hat{X}_n := a + \sum_{i=1}^{n-1} a_i X_i$ gilt: $\hat{X}_n - X_n$ ist unabhängig von $X_1, \ldots, X_{n-1}$, und $\mathbb{E}(\hat{X}_n - X_n) = 0$. *Hinweis:* Minimieren Sie die quadratische Abweichung $\mathbb{E}((\hat{X}_n - X_n)^2)$ und verwenden Sie (a).

9.3 *Geometrie der bivariaten Normalverteilung.* Sei $C = \begin{pmatrix} v_1 & c \\ c & v_2 \end{pmatrix}$ mit $v_1 v_2 > c^2$ und $\phi_{0,C}$ die Dichtefunktion der zugehörigen bivariaten zentrierten Normalverteilung. Zeigen Sie:

(a) Die Höhenlinien $\{x \in \mathbb{R}^2 : \phi_{0,C}(x) = h\}$ mit $0 < h < \left(2\pi \sqrt{\det C}\right)^{-1}$ sind Ellipsen. Bestimmen Sie die Hauptachsen.

(b) Die Schnitte $\mathbb{R} \ni t \to \phi_{0,C}(a + tb)$ mit $a, b \in \mathbb{R}^2$, $b \neq 0$ sind proportional zu eindimensionalen Gauß'schen Dichten $\phi_{m,v}$.

9.4 Seien X ein $\mathcal{N}_n(0, E)$-verteilter n-dimensionaler Zufallsvektor und A, B zwei $k \times n$- bzw. $l \times n$-Matrizen vom Rang k bzw. l. Zeigen Sie: AX und BX sind genau dann unabhängig, wenn $AB^\top = 0$. *Hinweis:* Zeigen Sie, dass ohne Einschränkung $k + l \leq n$, und verifizieren Sie beim Beweis der „dann"-Richtung zuerst, dass die $(k + l) \times n$-Matrix $C := \begin{pmatrix} A \\ B \end{pmatrix}$ den Rang $k + l$ hat und CX eine $\mathcal{N}_{k+l}(0, CC^\top)$-Verteilung besitzt.

9.5 ^{L} *Normalverteilung als Maximum-Entropie-Verteilung.* Sei C eine positiv definite symmetrische $n \times n$ Matrix und $\mathscr{W}_{\text{C}}$ die Klasse aller Wahrscheinlichkeitsmaße P auf $(\mathbb{R}^n, \mathscr{B}^n)$ mit den Eigenschaften

▷ P ist zentriert mit Kovarianzmatrix C, d.h. für die Projektionen $X_i : \mathbb{R}^n \to \mathbb{R}$ gilt $\mathbb{E}(X_i) = 0$ und $\text{Cov}(X_i, X_j) = \text{C}_{ij}$ für alle $1 \le i, j \le n$, und

▷ P besitzt eine Dichtefunktion ρ, und es existiert die *differentielle Entropie*

$$H(P) = -\int_{\mathbb{R}^n} dx\, \rho(x)\, \log \rho(x)\,.$$

Zeigen Sie:

$$H(\mathcal{N}_n(0, \text{C})) = \frac{n}{2} \log[2\pi e (\det \text{C})^{1/n}] = \max_{P \in \mathscr{W}_{\text{C}}} H(P)\,.$$

Hinweis: Betrachten Sie die relative Entropie $H(P; \mathcal{N}_n(0, \text{C}))$; vgl. Bemerkung (7.31).

9.6 ^{L} *Kugeln maximaler $\mathcal{N}_n(0, \text{E})$-Wahrscheinlichkeit.* Zeigen Sie: Bei der multivariaten Standardnormalverteilung haben zentrierte Kugeln maximale Wahrscheinlichkeit, d.h. für alle $n \in \mathbb{N}$, $r > 0$ und $m \in \mathbb{R}^n$ gilt

$$\mathcal{N}_n(0, \text{E})\big(|X - m| < r\big) \le \mathcal{N}_n(0, \text{E})\big(|X| < r\big)\,.$$

Dabei steht X für die Identitätsabbildung auf $\mathbb{R}^n$. *Hinweis:* Induktion über n, Aufgabe 4.8.

9.7 *Momente der Chiquadrat- und t-Verteilungen.* Seien Y, Z reelle Zufallsvariablen mit Verteilung χ_n^2 bzw. t_n.

(a) Zeigen Sie: Für $k < n$ gilt $\mathbb{E}(Y^{-k/2}) = \Gamma((n-k)/2)/[\Gamma(n/2)\, 2^{k/2}]$.

(b) Bestimmen Sie die Momente von Z bis zur Ordnung $n - 1$ und zeigen Sie, dass das n-te Moment von Z nicht existiert. *Hinweis:* Aufgabe 4.17.

9.8 *Gamma- und Dirichlet-Verteilungen.* Seien $s \ge 2$, $\alpha > 0$, $\rho \in \,]0, \infty[^s$, $X_1, \dots, X_s$ unabhängige Zufallsvariablen mit Gamma-Verteilung $\Gamma_{\alpha, \rho(1)}, \dots, \Gamma_{\alpha, \rho(s)}$, und $X = \sum_{i=1}^s X_i$. Zeigen Sie: Der Zufallsvektor $(X_i / X)_{1 \le i \le s}$ ist unabhängig von X und besitzt die Dirichlet-Verteilung aus Aufgabe 7.27, S. 228.

9.9 ^{L} *Nichtzentrale Chiquadrat-Verteilungen.* Seien $X, X_1, X_2, \dots$ unabhängige $\mathcal{N}_{0,1}$-verteilte Zufallsvariablen und $\delta \in \mathbb{R}$. Zeigen Sie:

(a) $Y = (X + \delta)^2$ hat auf $]0, \infty[$ die Verteilungsdichte

$$\rho(y) = (2\pi y)^{-1/2}\, e^{-(y+\delta^2)/2}\, \cosh(\delta\sqrt{y})\,.$$

(b) Ist Z eine von den X_i unabhängige, $\mathcal{P}_{\delta^2/2}$-verteilte Zufallsvariable, so ist ρ ebenfalls die Verteilungsdichte von $\sum_{i=1}^{2Z+1} X_i^2$. *Hinweis:* Reihenentwicklung von $\cosh$.

(c) Ist $n \ge 1$ und Z eine von den X_i unabhängige, $\mathcal{P}_{n\delta^2/2}$-verteilte Zufallsvariable, so hat $\sum_{i=1}^n (X_i + \delta)^2$ dieselbe Verteilung wie $\sum_{i=1}^{2Z+n} X_i^2$. Diese Verteilung heißt die *nichtzentrale χ_n^2-Verteilung* mit Nichtzentralitätsparameter $n\delta^2$.

9.10 *Normalapproximation der Chiquadrat-Quantile.* Für $0 < \alpha < 1$ und $n \in \mathbb{N}$ sei $\chi^2_{n;\alpha}$ das α-Quantil der χ^2_n-Verteilung und $\Phi^{-1}(\alpha)$ das α-Quantil der Standardnormalverteilung. Zeigen Sie: $(\chi^2_{n;\alpha} - n)/\sqrt{2n} \to \Phi^{-1}(\alpha)$ für $n \to \infty$. *Hinweis:* Aufgabe 4.17 bzw. Beispiel (7.27b).

9.11[L] *Fisher-Approximation.* Zeigen Sie mit Hilfe von Aufgabe 5.21: Hat S_n die Chiquadrat-Verteilung χ^2_n, so gilt $\sqrt{2S_n} - \sqrt{2n} \xrightarrow{\mathcal{L}} \mathcal{N}_{0,1}$. Folgern Sie, dass $\sqrt{2\chi^2_{n;\alpha}} - \sqrt{2n} \to \Phi^{-1}(\alpha)$ für $n \to \infty$. Vergleichen Sie diese Approximation von $\chi^2_{n;\alpha}$ mit der aus der vorigen Aufgabe anhand der Tabellen im Anhang für $\alpha = 0.6, 0.9, 0.99$ sowie $n = 10, 25, 50$.

9.12 *Approximation von t- und F-Verteilungen.* Zeigen Sie: Im Limes $n \to \infty$ gilt für jedes $c \in \mathbb{R}$, $0 < \alpha < 1$ und $m \in \mathbb{N}$

(a) $t_n(]-\infty, c]) \to \Phi(c)$ und $t_{n;\alpha} \to \Phi^{-1}(\alpha)$,

(b) $\mathcal{F}_{m,n}([0, c]) \to \chi^2_m([0, mc])$ und $f_{m,n;\alpha} \to \chi^2_{m;\alpha}/m$

Dabei sind $t_{n;\alpha}$, $f_{m,n;\alpha}$, $\chi^2_{m;\alpha}$, $\Phi^{-1}(\alpha)$ jeweils die α-Quantile von t_n, $\mathcal{F}_{m,n}$, χ^2_m, $\mathcal{N}_{0,1}$.

9.13 *Nichtzentrale F-Verteilungen.* Seien $m, n \in \mathbb{N}$, $X_1, \dots, X_m, Y_1, \dots, Y_n$ unabhängige $\mathcal{N}_{0,1}$-verteilte Zufallsvariablen, $\delta \in \mathbb{R}$, und $\lambda = m\delta^2$. Zeigen Sie: Die Zufallsvariable

$$F_{m,n,\delta} := \frac{1}{m} \sum_{i=1}^{m} (X_i + \delta)^2 \Big/ \frac{1}{n} \sum_{j=1}^{n} Y_j^2$$

hat die Verteilungsdichte

$$f_{m,n,\lambda}(y) := \sum_{k \geq 0} \mathcal{P}_\lambda(\{k\}) \, f_{m+2k,n}\Big(\frac{my}{m+2k}\Big) \frac{m}{m+2k}$$

$$= e^{-\lambda} \sum_{k \geq 0} \frac{\lambda^k n^{n/2} m^{m/2+k}}{k! \, B(m/2+k, n/2)} \frac{y^{m/2+k-1}}{(n+my)^{(m+n)/2+k}}$$

für $y \geq 0$. Das zugehörige Wahrscheinlichkeitsmaß heißt die nichtzentrale $F_{m,n}$-Verteilung mit Nichtzentralitätsparameter λ. *Hinweis:* Aufgabe 9.9c.

9.14 *Nichtzentrale Student-Verteilung.* Die nichtzentrale t-Verteilung $t_{n,\delta}$ mit n Freiheitsgraden und Nichtzentralitätsparameter $\delta > 0$ ist definiert als die Verteilung der Zufallsvariablen $T = Z/\sqrt{S/n}$ für unabhängige Zufallsvariablen Z und S mit Verteilung $\mathcal{N}_{\delta,1}$ bzw. χ^2_n. Zeigen Sie: $t_{n,\delta}$ hat die Verteilungsdichte

$$\tau_{n,\delta}(x) = \frac{1}{\sqrt{\pi n} \, \Gamma(n/2) \, 2^{(n+1)/2}} \int_0^\infty ds \, s^{(n-1)/2} \exp\big[-s/2 - (x\sqrt{s/n} - \delta)^2/2 \big].$$

Hinweis: Bestimmen Sie zuerst die gemeinsame Verteilung von Z und S.

9.15 *Konfidenzbereich im Gauß'schen Produktmodell.* Betrachten Sie das n-fache Gauß'sche Produktmodell mit dem unbekannten Parameter $\vartheta = (m, v) \in \mathbb{R} \times]0, \infty[$. Zu gegebenem $\alpha \in]0, 1[$ seien $\beta_\pm = (1 \pm \sqrt{1-\alpha})/2$, $u = \Phi^{-1}(\beta_+)$ das β_+-Quantil von $\mathcal{N}_{0,1}$ sowie $c_\pm = \chi^2_{n-1;\beta_\pm}$ die $\beta_\pm$-Quantile von χ^2_{n-1}. Zeigen Sie:

$$C(\cdot) = \Big\{ (m, v) : |m - M| \leq u\sqrt{v/n}, \ (n-1)V^*/c_+ \leq v \leq (n-1)V^*/c_- \Big\}$$

ist ein Konfidenzbereich für ϑ zum Irrtumsniveau α. Machen Sie eine Skizze von $C(\cdot)$.

9.16[L] *Zweistichproben-Problem im Gauß-Modell mit bekannter Varianz.* Seien $X_1, \ldots, X_n$, $Y_1, \ldots, Y_n$ unabhängige Zufallsvariablen. Jedes X_i habe die Verteilung $\mathcal{N}_{m,v}$ und jedes Y_j die Verteilung $\mathcal{N}_{m',v}$; dabei seien die Erwartungswerte m, m' unbekannt, aber $v > 0$ bekannt. Konstruieren Sie zu einem vorgegebenen Irrtumsniveau α einen Konfidenzkreis für (m, m').

9.17 (a) Seien $X_1, \ldots, X_n$ unabhängige, $\mathcal{N}_{m,v}$-verteilte Zufallsvariablen mit bekanntem m und unbekanntem v. Bestimmen Sie ein Konfidenzintervall für v zum Irrtumsniveau α.

(b) *Zweistichproben-Problem mit bekannten Erwartungswerten.* Seien $X_1, \ldots, X_k$, $Y_1, \ldots, Y_l$ unabhängige Zufallsvariablen. Die X_i seien $\mathcal{N}_{m,v}$-verteilt mit bekanntem m, und die Y_j seien $\mathcal{N}_{m',v'}$-verteilt mit bekanntem m'. Die Varianzen $v, v' > 0$ seien unbekannt. Bestimmen Sie ein Konfidenzintervall für v/v' zum Irrtumsniveau α.

9.18[L] *Sequentielle Konfidenzintervalle vorgegebener Maximallänge, C. Stein 1945.* Seien $X_1, X_2, \ldots$ unabhängige, $\mathcal{N}_{m,v}$-verteilte Zufallsvariablen mit unbekannten Parametern m, v. Seien ferner $n \geq 2$ und $0 < \alpha < 1$ beliebig gewählt, $t = t_{n-1;1-\alpha/2}$ das $\alpha/2$-Fraktil der t_{n-1}-Verteilung, $M_n = \sum_{i=1}^n X_i/n$, und $V_n^* = \sum_{i=1}^n (X_i - M_n)^2/(n-1)$. Die Länge des Konfidenzintervalls in (8.5) für m hängt von V_n^* ab und ist daher zufällig. Eine feste Länge kann wie folgt erreicht werden: Betrachten Sie zu beliebigem n und $\varepsilon > 0$ die zufällige Stichprobenanzahl $N = \max\{n, \lceil (t/\varepsilon)^2 V_n^* \rceil\}$ (wobei $\lceil x \rceil$ die kleinste ganze Zahl $\geq x$ bezeichnet), sowie den Mittelwertschätzer $M_N = \sum_{i=1}^N X_i/N$ nach N Versuchen. Zeigen Sie:

(a) $(M_N - m)\sqrt{N/v}$ ist unabhängig von V_n^* und $\mathcal{N}_{0,1}$-verteilt,

(b) $(M_N - m)\sqrt{N/V_n^*}$ ist t_{n-1}-verteilt, und $]M_N - t\sqrt{V_n^*/N},\ M_N + t\sqrt{V_n^*/N}[$ ist ein Konfidenzintervall für m zum Irrtumsniveau α der Länge $\leq 2\varepsilon$.

10 Testen von Hypothesen

Während man in der Schätztheorie die Beobachtungen nur dazu nutzt, den zugrunde liegenden Zufallsmechanismus möglichst zutreffend zu beurteilen, geht es in der Testtheorie um das rationale Verhalten in (eventuell folgenschweren) Entscheidungssituationen. Man formuliert eine Hypothese über den wahren Zufallsmechanismus, der die Beobachtungen steuert, und muss sich anhand der Beobachtungsergebnisse entscheiden, ob man die Hypothese für zutreffend hält oder nicht. Dabei kann man sich natürlich irren. Deshalb möchte man Entscheidungsregeln entwickeln, für welche die Irrtumswahrscheinlichkeit möglichst klein ist – egal welche Situation in Wahrheit vorliegt.

10.1 Entscheidungsprobleme

Zur Motivation erinnern wir an Beispiel (7.1).

(10.1) Beispiel: *Qualitätskontrolle.* Ein Orangen-Importeur bekommt eine Lieferung von $N = 10\,000$ Stück. Den vereinbarten Preis muss er nur zahlen, wenn höchstens 5% faul sind. Um festzustellen, ob das der Fall ist, entnimmt er eine Stichprobe von $n = 50$ Orangen und setzt sich eine Grenze c, wie viele faule Orangen in der Stichprobe er bereit ist zu akzeptieren. Er verwendet dann die folgende Entscheidungsregel:

$$\text{höchstens } c \text{ Orangen faul} \Rightarrow \text{Lieferung akzeptieren,}$$
$$\text{mehr als } c \text{ Orangen faul} \Rightarrow \text{Preisnachlass fordern.}$$

Offenbar kommt alles auf die richtige Wahl der Schranke c an. Wie soll diese geschehen? Allgemein geht man in solchen Entscheidungssituationen folgendermaßen vor.

Statistisches Entscheidungsverfahren:

1. Schritt: Formulierung des statistischen Modells. Wie immer muss zuerst das statistische Modell formuliert werden. Im vorliegenden konkreten Fall ist dies $\mathcal{X} = \{0, \ldots, n\}$, $\Theta = \{0, \ldots, N\}$, und $P_\vartheta = \mathcal{H}_{n;\vartheta,N-\vartheta}$ für $\vartheta \in \Theta$.

2. Schritt: Formulierung von Nullhypothese und Alternative. Man zerlegt die Parametermenge Θ in zwei Teilmengen Θ_0 und Θ_1 gemäß dem folgenden Prinzip:

$\vartheta \in \Theta_0 \quad \Leftrightarrow \quad \vartheta$ ist für mich akzeptabel, d. h. der gewünschte Normalfall liegt vor.

$\vartheta \in \Theta_1 \quad \Leftrightarrow \quad \vartheta$ ist für mich problematisch, d. h. es liegt eine Abweichung vom Normalfall vor, die ich möglichst aufdecken möchte, wenn immer sie vorliegt.

Man sagt dann, dass die *Nullhypothese* $H_0 : \vartheta \in \Theta_0$ gegen die *Alternative* $H_1 : \vartheta \in \Theta_1$ getestet werden soll. (Es ist zweckmäßig, von der *Null*hypothese zu sprechen anstatt schlicht von der Hypothese, weil es sonst leicht zu Verwechslungen kommt: Die Alternative beschreibt ja den „Verdachtsfall" und entspricht deshalb gerade dem, was umgangssprachlich als Hypothese bezeichnet wird.) In unserem Beispiel sind für den Orangen-Importeur

▷ akzeptabel: alle $\vartheta \in \Theta_0 = \{0, \dots, 500\}$ (Qualität stimmt),
▷ problematisch: alle $\vartheta \in \Theta_1 = \{501, \dots, 10\,000\}$ (Qualität zu schlecht).

Die Interessenlage eines skrupellosen Lieferanten ist gegebenenfalls genau umgekehrt; er würde die Indizes 0 und 1 vertauschen.

3. Schritt: Wahl eines Irrtumsniveaus. Man wählt ein $0 < \alpha < 1$, zum Beispiel $\alpha = 0.05$, und fordert von dem (noch zu formulierenden) Entscheidungsverfahren: Die Wahrscheinlichkeit eines „peinlichen Irrtums", d. h. einer Entscheidung für die Alternative, obgleich die Nullhypothese vorliegt („Fehler erster Art") soll höchstens α betragen.

4. Schritt: Wahl der Entscheidungsregel. Man wählt eine Statistik $\varphi : \mathcal{X} \to [0, 1]$ wie folgt: Wird $x \in \mathcal{X}$ beobachtet, so ist $\varphi(x)$ der Grad, mit dem ich aufgrund von x zur Entscheidung für die Alternative tendiere. Also:

$\varphi(x) = 0 \quad \Leftrightarrow \quad$ Ich halte an der Nullhypothese fest, d. h. mein Verdacht auf Vorliegen der Alternative lässt sich durch das Beobachtungsergebnis x nicht rechtfertigen.

$\varphi(x) = 1 \quad \Leftrightarrow \quad$ Ich verwerfe die Nullhypothese und nehme aufgrund von x an, dass die Alternative vorliegt.

$0 < \varphi(x) < 1 \quad \Leftrightarrow \quad$ Ich bin mir nicht definitiv klar über die richtige Entscheidung und führe deshalb ein Zufallsexperiment durch, das mir mit Wahrscheinlichkeit $\varphi(x)$ sagt: Entscheide dich für die Alternative.

Im Beispiel wird der Importeur z. B. die Entscheidungsregel

$$\varphi(x) = \begin{cases} 1 & x > c, \\ 1/2 & \text{falls} \quad x = c, \\ 0 & x < c \end{cases}$$

verwenden, und die oben aufgeworfene Frage nach der Wahl von c kann jetzt beantwortet werden: c sei die kleinste Zahl, für welche noch die Forderung aus dem 3. Schritt eingehalten wird. Erst an letzter Stelle folgt schließlich der

5. Schritt: Durchführung des Experiments. Warum erst jetzt und nicht schon früher? Weil sonst Täuschung und Selbsttäuschung fast unvermeidbar sind! Gesetzt den Fall, ich habe eine Vermutung, die ich verifizieren möchte, und mache die entsprechenden Beobachtungen gleich zu Anfang. Dann kann ich in den Daten „schnuppern" und

▷ Nullhypothese und Alternative an die Daten anpassen,

▷ Niveau und Entscheidungsregel geeignet auswählen, und

▷ notfalls störende „Ausreißer" eliminieren,

bis die Entscheidungsregel zum gewünschten Ergebnis führt. Wenn so vorgegangen wird (wozu die menschliche Natur leider neigt!), kann von Wahrscheinlichkeiten keine Rede mehr sein, und das Ergebnis ist fest vorprogrammiert. Der Test dient dann einzig dazu, einer vorgefassten Meinung einen pseudowissenschaftlichen Anstrich zu geben!

Abbildung 10.1 versucht, die Vorgehensweise zeichnerisch zu veranschaulichen.

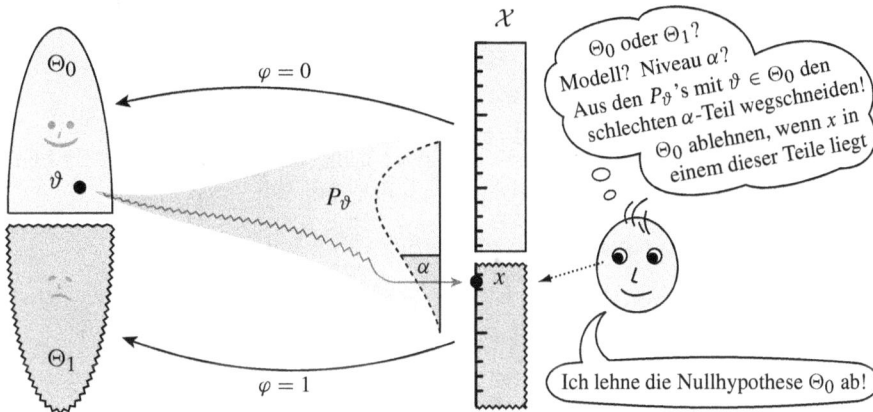

Abbildung 10.1: Das Prinzip des Testens: Θ zerfällt in die „Normalfälle" Θ_0 und die „Problemfälle" Θ_1; vom tatsächlichen ϑ soll aufgrund der Beobachtung x ermittelt werden, in welchem Teil es liegt. Der Statistiker analysiert wie immer das Modell, gibt sich ein Irrtumsniveau α vor und zerlegt (im nichtrandomisierten Fall) den Ergebnisraum $\mathcal{X}$ so in einen Annahmebereich $\{\varphi = 0\}$ und einen Ablehnungsbereich $\{\varphi = 1\}$, dass der hier gezeigte „peinliche Fehler" ($\vartheta \in \Theta_0$, aber $\varphi(x) = 1$) höchstens Wahrscheinlichkeit α bekommt, und der umgekehrte Fehler ebenfalls möglichst unwahrscheinlich ist. Dies geschieht durch Abschneiden eines untypischen α-Anteils aus jedem P_ϑ mit $\vartheta \in \Theta_0$.

Was ist der mathematische Kern des obigen Verfahrens?

Definition: Sei $(\mathcal{X}, \mathscr{F}, P_\vartheta : \vartheta \in \Theta)$ ein statistisches Modell und $\Theta = \Theta_0 \cup \Theta_1$ eine Zerlegung von Θ in Nullhypothese und Alternative. Dann definiert man:

(a) Jede Statistik $\varphi : \mathcal{X} \to [0, 1]$ (die als Entscheidungsregel interpretiert wird) heißt ein *Test* von Θ_0 gegen Θ_1. Ein Test φ heißt *nichtrandomisiert*, falls $\varphi(x) = 0$ oder 1 für alle $x \in \mathcal{X}$, andernfalls *randomisiert*. Im ersten Fall heißt $\{x \in \mathcal{X} : \varphi(x) = 1\}$ der *Ablehnungsbereich, Verwerfungsbereich* oder *kritische Bereich* des Tests φ.

(b) Die im ungünstigsten Fall vorliegende Wahrscheinlichkeit für einen Fehler erster Art ist $\sup_{\vartheta \in \Theta_0} \mathbb{E}_\vartheta(\varphi)$; sie heißt der *Umfang* oder das *effektive Niveau* von φ. Ein Test φ heißt ein *Test zum (Irrtums-)Niveau* α, wenn $\sup_{\vartheta \in \Theta_0} \mathbb{E}_\vartheta(\varphi) \leq \alpha$.

(c) Die Funktion $G_\varphi : \Theta \to [0, 1]$, $G_\varphi(\vartheta) = \mathbb{E}_\vartheta(\varphi)$ heißt die *Gütefunktion* des Tests φ. Für $\vartheta \in \Theta_1$ heißt $G_\varphi(\vartheta)$ die *Macht, Stärke* oder *Schärfe* von φ bei ϑ. Die Macht ist also die Wahrscheinlichkeit, mit der die Alternative erkannt wird, wenn sie vorliegt, und $\beta_\varphi(\vartheta) = 1 - G_\varphi(\vartheta)$ ist die Wahrscheinlichkeit für einen Fehler zweiter Art: dass nämlich das Vorliegen der Alternative nicht erkannt wird und deshalb die Nullhypothese fälschlich akzeptiert wird.

Aus der vorangegangenen Diskussion ergeben sich folgende zwei

Forderungen an einen Test φ:

▷ $G_\varphi(\vartheta) \leq \alpha$ für alle $\vartheta \in \Theta_0$; d.h. φ soll das Niveau α einhalten, die Irrtumswahrscheinlichkeit erster Art also höchstens α betragen.

▷ $G_\varphi(\vartheta) \overset{!}{=} \max$ für alle $\vartheta \in \Theta_1$; d.h. die Macht soll möglichst groß, ein Fehler zweiter Art also möglichst unwahrscheinlich sein.

Diese Forderungen führen zu folgendem Begriff.

Definition: Ein Test φ von Θ_0 gegen Θ_1 heißt ein *(gleichmäßig) bester Test zum Niveau* α, wenn er vom Niveau α ist und für jeden anderen Test ψ zum Niveau α gilt:

$$G_\varphi(\vartheta) \geq G_\psi(\vartheta) \quad \text{für alle } \vartheta \in \Theta_1 \,.$$

(In der englischen Literatur verwendet man das Kürzel „UMP test" für „uniformly most powerful test".)

Unser Ziel wird es also sein, beste Tests zu finden. Ob ein bester Test jedoch auch gut ist, nämlich gut genug für eine konkrete Entscheidungssituation, ist nicht automatisch klar. In jeder Anwendungssituation steht man vor dem Problem, das Niveau und die Macht eines Tests geeignet auszubalancieren. Je kleiner das Niveau, desto kleiner ist im Allgemeinen auch die Macht. Anders gesagt: Je strikter man einen Fehler erster Art vermeiden möchte, umso geringere Chancen hat man, die Alternative zu entdecken, wenn sie vorliegt, d.h. um so wahrscheinlicher wird ein Fehler zweiter Art. Wenn Niveau und Macht nicht ausreichen für eine hinreichend gesicherte Entscheidung, bleibt nur der (manchmal unbequeme) Ausweg, die zur Verfügung stehende Information zu erhöhen, also mehr oder bessere Beobachtungen durchzuführen. Das folgende Beispiel soll diese und weitere Probleme verdeutlichen.

(10.2) Beispiel: *Außersinnliche Wahrnehmungen (Binomialtest).* Ein Medium behauptet, mittels seiner außersinnlichen Fähigkeiten verdeckt aufliegende Spielkarten identifizieren zu können. Um diese Behauptung zu überprüfen, werden dem Medium $n = 20$ Mal die Herz-Dame und der Herz-König eines fabrikneuen Spiels in zufälliger Anordnung verdeckt vorgelegt. Das Medium soll jeweils die Herz-Dame aufdecken. Der Versuchsleiter geht nun (ganz lehrbuchmäßig) folgendermaßen vor:

▷ Ein geeignetes Modell ist offenbar das Binomialmodell mit $\mathcal{X} = \{0, \ldots, n\}$, $P_\vartheta = \mathcal{B}_{n,\vartheta}$ und $\Theta = [\frac{1}{2}, 1]$ (denn durch bloßes Raten kann das Medium ja mindestens die Erfolgswahrscheinlichkeit $\frac{1}{2}$ erreichen).

▷ Getestet werden muss die Nullhypothese $\Theta_0 = \{\frac{1}{2}\}$ gegen die Alternative $\Theta_1 =]\frac{1}{2}, 1]$; denn der peinliche Irrtum wäre es ja, einer Person mediale Fähigkeiten zu bescheinigen, obgleich diese in Wirklichkeit auf bloßes Raten angewiesen ist.

▷ Ein solides Irrtumsniveau ist $\alpha = 0.05$; das ist klein genug, um ein positives Testergebnis überzeugend gegen Skeptiker vertreten zu können.

▷ Genau wie in Beispiel (10.1) bietet sich an, einen Test der Gestalt $\varphi = 1_{\{c,\ldots,n\}}$ zu wählen, mit geeignetem $c \in \mathcal{X}$; eine nähere Begründung folgt unten. (Im Anschluss an Satz (10.10) werden wir sogar sehen, dass φ für sein effektives Niveau optimal ist.) Ein Blick in eine Tabelle der Binomialquantile lehrt den Versuchsleiter, dass er $c = 15$ wählen muss, wenn er das Niveau α einhalten will. Dann gilt allerdings sogar $G_\varphi(\frac{1}{2}) = \mathcal{B}_{n,1/2}(\{15, \ldots, n\}) \approx 0.0207$. „Umso besser", denkt er sich, „das effektive Niveau ist also noch kleiner, und das Testergebnis daher umso überzeugender."

▷ Der Test wird durchgeführt, und das Medium erzielt $x = 14$ Treffer. Es ist also $\varphi(x) = 0$, und der Versuchsleiter muss dem Medium (und der Öffentlichkeit) mitteilen, dass die medialen Fähigkeiten durch den Versuch nicht bestätigt werden konnten.

Mit diesem Ergebnis will sich der Versuchsleiter aber nicht zufrieden geben. Er ist durch die Zahl der Treffer (und die Aura des Mediums) beeindruckt und überlegt sich das Folgende:

„Das Ergebnis ist nur die Schuld meiner Versuchsplanung. Hätte ich den Test $\psi = 1_{\{14,\ldots,n\}}$ gewählt, hätte ich dem Medium seine medialen Fähigkeiten zugesprochen, und ψ hat doch immerhin noch das Niveau $\mathcal{B}_{n,1/2}(\{14, \ldots, n\}) \approx 0.0577$ – kaum mehr, als ich mir ursprünglich vorgenommen habe. Außerdem: Wenn das Medium nun wirklich die Trefferwahrscheinlichkeit 0.7 hat, lässt mein Test ihm nur eine Chance von 41%, diese Fähigkeit zu erkennen, denn es gilt ja $G_\varphi(0.7) = \mathcal{B}_{n,0.7}(\{15, \ldots, n\}) \approx 0.4164$. Dagegen ist $G_\psi(0.7) \approx 0.6080$."

Diese Behauptungen über ψ wären richtig, wenn die Schranke $c = 14$ schon *vor* dem Versuch festgelegt worden wäre. Nun, im Nachhinein, wurde aber genau genommen nicht 14 als Schranke gewählt, sondern der Beobachtungswert x; insofern ist ψ in Wirklichkeit durch die Gleichung $\psi(x) = 1_{\{x,\ldots,n\}}(x)$ definiert, also konstant gleich 1, d. h. bei Verwendung von ψ entscheidet man sich mit Sicherheit für die Alternative, und somit sind insbesondere das effektive Niveau $G_\psi\left(\frac{1}{2}\right) = 1$ und für jedes $\vartheta \in \Theta_1$ die Macht $G_\psi(\vartheta) = 1$!

Das Argument über die geringe Macht von φ ist im Prinzip zutreffend, aber das war ja schon bei der Versuchsplanung bekannt. Wenn diese Macht als nicht ausreichend erscheint, hätte man von vornherein die Anzahl n der Versuche erhöhen müssen – bei festgehaltenem Niveau und entsprechender Wahl von c hätte dies die Macht von φ entsprechend erhöht. Wie Abbildung 10.2 zeigt, erhält man eine deutlich bessere Gütefunktion, wenn das Medium in 40 Versuchen 27 Treffer erzielen muss, obwohl $27/40 < 15/20$.

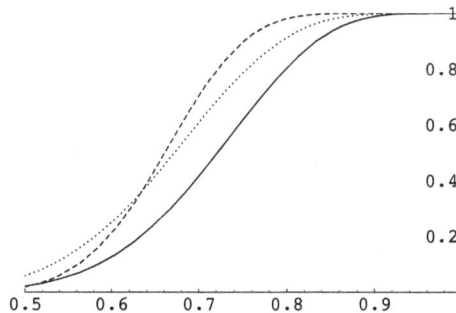

Abbildung 10.2: Gütefunktionen der Tests mit Ablehnungsbereich $\{15,\ldots,20\}$ (durchgezogen) bzw. $\{14,\ldots,20\}$ (gepunktet) für $n = 20$, sowie $\{27,\ldots,40\}$ für $n = 40$ (gestrichelt). Die Werte an der Stelle $1/2$ entsprechen dem jeweiligen Testumfang; sie betragen 0.0207, 0.0577, 0.0192.

Warum sollte der Test die Gestalt $\varphi = 1_{\{c,\ldots,n\}}$ haben? Hätten wir nicht auch einen Test der Form $\chi = 1_{\{c,\ldots,d\}}$ mit $d < n$ wählen können? Da χ offenbar ein kleineres Niveau hat als φ, könnte dies attraktiv erscheinen. Allerdings: Wenn das Medium gut in Form ist und mehr als d Treffer erzielt, muss die Hypothese der medialen Fähigkeiten bei χ abgelehnt werden! Dementsprechend steigt die Macht von χ bei mäßiger Begabung zwar an, fällt jedoch wieder bei starker Begabung. Insbesondere gilt $G_\chi(1) = 0 < G_\chi(1/2)$. Im Fall starker Begabung wird eine mediale Fähigkeit bei Verwendung von χ daher mit geringerer Wahrscheinlichkeit akzeptiert als im Fall des bloßen Ratens. Um solche Absurditäten auszuschließen, führt man den folgenden Begriff ein.

Definition: Ein Test φ heißt *unverfälscht zum Niveau* α, wenn

$$G_\varphi(\vartheta_0) \leq \alpha \leq G_\varphi(\vartheta_1) \quad \text{für alle } \vartheta_0 \in \Theta_0 \text{ und } \vartheta_1 \in \Theta_1,$$

d. h. wenn man sich mit größerer Wahrscheinlichkeit für die Alternative entscheidet, wenn sie richtig ist, als wenn sie falsch ist.

Im Folgenden widmen wir uns vorrangig dem Problem der Existenz und Konstruktion von besten Tests. Wie sich herausstellen wird, spielt die Unverfälschtheit dabei manchmal eine Rolle.

10.2 Alternativtests

Wir betrachten hier die besonders übersichtliche Situation, dass man sich nur zwischen zwei Wahrscheinlichkeitsmaßen P_0 und P_1 zu entscheiden hat. Wir legen also ein statistisches Modell der Form $(\mathcal{X}, \mathcal{F}; P_0, P_1)$ mit $\Theta = \{0, 1\}$ zugrunde, und die Nullhypothese $\Theta_0 = \{0\}$ und die Alternative $\Theta_1 = \{1\}$ sind *einfach*, d. h. ein-elementig. Wir setzen außerdem voraus, dass das Modell ein Standardmodell ist, dass also P_0 und P_1 durch geeignete Zähldichten bzw. Dichtefunktionen ρ_0 und ρ_1 auf $\mathcal{X}$ gegeben sind.

Wir suchen einen besten Test φ von P_0 gegen P_1 zu einem vorgegebenen Niveau α. Betrachten wir dazu die Dichten ρ_0 und ρ_1, vgl. Abbildung 10.3. Gemäß dem Maximum-Likelihood-Prinzip wird man sich immer dann für die Alternative entschei-

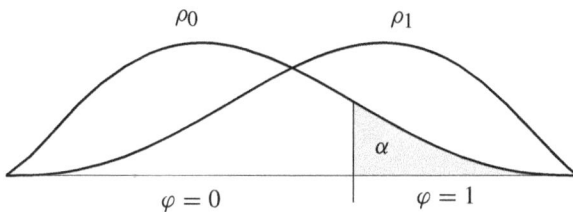

Abbildung 10.3: Zur Konstruktion von Neyman–Pearson-Tests.

den, wenn für das beobachtete x die Dichtefunktion $\rho_1(x)$ hinreichend stark über $\rho_0(x)$ dominiert. Der Grad der Dominanz von ρ_1 über ρ_0 wird in natürlicher Weise beschrieben durch den *Likelihood-Quotienten*

$$R(x) = \begin{cases} \rho_1(x)/\rho_0(x) & \text{falls } \rho_0(x) > 0, \\ \infty & \text{falls } \rho_0(x) = 0. \end{cases}$$

„Hinreichend starke" Dominanz bedeutet dementsprechend, dass der Likelihood-Quotient $R(x)$ einen geeignet gewählten Schwellenwert c übersteigt. Es ist liegt deshalb nahe, Tests der Gestalt

$$\varphi(x) = \begin{cases} 1 & \text{falls } R(x) > c, \\ 0 & \text{falls } R(x) < c \end{cases}$$

zu betrachten. (Der Fall $R(x) = c$ ist hier bewusst ausgespart.) Solch ein φ heißt *Neyman–Pearson-Test* zum Schwellenwert c (nach dem ukrainischen, später in Polen und den USA arbeitenden Statistiker Jerzy Neyman, 1894–1981, und dem Briten Egon Sharpe Pearson, 1895–1980). Der folgende, für die Testtheorie grundlegende Satz zeigt, dass Tests dieser Bauart tatsächlich optimal sind.

(10.3) Satz: Neyman–Pearson-Lemma, 1932. *Sei* $(\mathcal{X}, \mathcal{F}; P_0, P_1)$ *ein Standardmodell mit einfacher Hypothese und Alternative, und* $0 < \alpha < 1$ *ein vorgegebenes Niveau. Dann gilt:*

(a) *Es existiert ein Neyman–Pearson-Test* φ *mit* $\mathbb{E}_0(\varphi) = \alpha$ *(der also das Niveau* α *voll ausschöpft).*

(b) *Jeder Neyman–Pearson-Test* φ *mit* $\mathbb{E}_0(\varphi) = \alpha$ *ist ein bester Test zum Niveau* α, *und jeder beste Test* ψ *zu* α *ist ununterscheidbar von einem Neyman–Pearson-Test.*

Beweis: (a) Sei c ein beliebiges α-Fraktil von $P_0 \circ R^{-1}$. Solch ein Fraktil existiert, denn R nimmt den Wert ∞ nur auf der Menge $\{\rho_0 = 0\}$ an, die bei P_0 Wahrscheinlichkeit 0 hat; folglich ist $P_0(R < \infty) = 1$ und also $P_0 \circ R^{-1}$ ein Wahrscheinlichkeitsmaß auf $\mathbb{R}$. Definitionsgemäß gilt also $P_0(R \geq c) \geq \alpha$ und $P_0(R > c) \leq \alpha$, und folglich $\alpha - P_0(R > c) \leq P_0(R \geq c) - P_0(R > c) = P_0(R = c)$.

Wir unterscheiden nun zwei Fälle: Ist $P_0(R = c) = 0$, so ist nach Obigem $P_0(R > c) = \alpha$ und also $\varphi = 1_{\{R > c\}}$ ein Neyman–Pearson-Test mit $\mathbb{E}_0(\varphi) = \alpha$. Gilt dagegen $P_0(R = c) > 0$, so ist

$$\gamma := \frac{\alpha - P_0(R > c)}{P_0(R = c)} \in [0, 1]$$

und also

$$\varphi(x) = \begin{cases} 1 & R(x) > c, \\ \gamma & \text{falls} \quad R(x) = c, \\ 0 & R(x) < c \end{cases}$$

ein Neyman–Pearson-Test mit $\mathbb{E}_0(\varphi) = P_0(R > c) + \gamma\, P_0(R = c) = \alpha$.

(b) Sei φ ein Neyman–Pearson-Test mit $\mathbb{E}_0(\varphi) = \alpha$ und Schwellenwert c sowie ψ ein beliebiger Test zum Niveau α. Wir schreiben

$$\mathbb{E}_1(\varphi) - \mathbb{E}_1(\psi) = \int_{\mathcal{X}} \big(\varphi(x) - \psi(x)\big)\, \rho_1(x)\, dx \,;$$

im diskreten Fall ist das Integral durch eine Summe zu ersetzen. Ist nun $\varphi(x) > \psi(x)$, so ist $\varphi(x) > 0$ und also $R(x) \geq c$, d.h. $\rho_1(x) \geq c\, \rho_0(x)$. Ist andrerseits $\varphi(x) < \psi(x)$, so ist $\varphi(x) < 1$ und also $\rho_1(x) \leq c\, \rho_0(x)$. Stets gilt also

$$f_1(x) := \big(\varphi(x) - \psi(x)\big)\, \rho_1(x) \geq c \,\big(\varphi(x) - \psi(x)\big)\, \rho_0(x) =: c\, f_0(x)\,.$$

Integration (oder Summation) über x liefert daher

$$\mathbb{E}_1(\varphi) - \mathbb{E}_1(\psi) = \int_{\mathcal{X}} f_1(x)\, dx \geq c \int_{\mathcal{X}} f_0(x)\, dx = c \,(\alpha - \mathbb{E}_0(\psi)) \geq 0\,.$$

Also ist φ ein bester Test zu α, wie behauptet.

Sei nun umgekehrt ψ ein beliebiger bester Test zu α und φ wie oben. Da auch φ ein bester Test zu α ist, gilt $\mathbb{E}_1(\varphi) = \mathbb{E}_1(\psi)$. In obiger Ungleichung gilt also überall die Gleichheit. Das ist aber nur möglich, wenn $f_1(x) = c\, f_0(x)$ für Lebesgue-fast alle (bzw. im diskreten Fall sogar für alle) x. Es gilt also $\psi = \varphi$ (fast) überall auf $\{R \neq c\}$. Also ist auch ψ ein Neyman–Pearson-Test, zumindest außerhalb einer Ausnahmemenge N vom Lebesgue-Maß 0. Wegen $P_0(N) = P_1(N) = 0$ treten Beobachtungswerte in N jedoch nicht auf und können daher ignoriert werden. $\diamond$

Neyman–Pearson-Tests sind also optimal, zumindest im Fall von einfacher Hypothese und einfacher Alternative. Sind sie aber auch gut? Das hängt davon ab, wie groß ihre Macht ist. Letztere verbessert sich natürlich, je mehr Information vorliegt. Wir fragen also: Wie rasch verbessert sich die Macht bei unabhängig wiederholten Beobachtungen? Dafür ist es wieder bequem, wie in Abschnitt 7.6 im Rahmen eines unendlichen Produktmodells zu arbeiten. Sei also $(E, \mathscr{E}, Q_0, Q_1)$ ein statistisches Standardmodell mit einfacher Hypothese $\Theta_0 = \{0\}$ und einfacher Alternative $\Theta_1 = \{1\}$, und sei

$$(\mathcal{X}, \mathscr{F}, P_\vartheta : \vartheta \in \{0, 1\}) = (E^{\mathbb{N}}, \mathscr{E}^{\otimes \mathbb{N}}, Q_\vartheta^{\otimes \mathbb{N}} : \vartheta \in \{0, 1\})$$

das zugehörige unendliche Produktmodell. Der Einfachheit halber verlangen wir, dass die Dichten ρ_0 und ρ_1 von Q_0 und Q_1 beide strikt positiv sind. Wir bezeichnen wieder mit $X_i : \mathcal{X} \to E$ die i-te Projektion und erinnern an die Definition der relativen Entropie in (7.31). Da Q_0 und Q_1 natürlich verschieden sein sollen, gilt $H(Q_0; Q_1) > 0$.

(10.4) Satz: Lemma von C. Stein, 1952. *In der obigen Situation betrachten wir zu jedem $n \geq 1$ einen Neyman–Pearson-Test φ_n mit $\mathbb{E}_0(\varphi_n) = \alpha$, der nur von den Beobachtungen $X_1, \ldots, X_n$ abhängt. Dann strebt die Macht $\mathbb{E}_1(\varphi_n)$ für $n \to \infty$ mit exponentieller Geschwindigkeit gegen 1. Genauer gilt:*

$$\lim_{n \to \infty} \frac{1}{n} \log[1 - \mathbb{E}_1(\varphi_n)] = -H(Q_0; Q_1),$$

d. h. $\mathbb{E}_1(\varphi_n) \approx 1 - e^{-n\, H(Q_0; Q_1)}$ für großes n.

Beweis: Für $n \geq 1$ und $\vartheta \in \{0, 1\}$ sei $\rho_\vartheta^{\otimes n} = \prod_{i=1}^{n} \rho_\vartheta(X_i)$ die n-fache Produktdichte sowie $R_n = \rho_1^{\otimes n} / \rho_0^{\otimes n}$ der Likelihood-Quotient nach den ersten n Beobachtungen. Sei $h = \log(\rho_0 / \rho_1)$ und

$$h_n = -\frac{1}{n} \log R_n = \frac{1}{n} \sum_{i=1}^{n} h(X_i).$$

Definitionsgemäß gilt dann $\mathbb{E}_0(h) = H(Q_0; Q_1)$, und die Tests φ_n haben die Gestalt

$$\varphi_n = \begin{cases} 1 \\ 0 \end{cases} \quad \text{falls} \quad \begin{array}{l} h_n < a_n\,, \\ h_n > a_n \end{array}$$

mit geeigneten Konstanten $a_n \in \mathbb{R}$.

Wir zeigen zuerst, dass $\limsup_{n \to \infty} \frac{1}{n} \log[1 - \mathbb{E}_1(\varphi_n)] \leq -\mathbb{E}_0(h)$. Aus der Definition von φ_n folgt: Ist $1 - \varphi_n > 0$, so gilt $h_n \geq a_n$ und daher $\rho_0^{\otimes n} \geq e^{n\,a_n}\,\rho_1^{\otimes n}$. Dies liefert die Abschätzung

$$1 \geq \mathbb{E}_0(1 - \varphi_n) \geq e^{n\,a_n}\,\mathbb{E}_1(1 - \varphi_n)\,.$$

Also genügt zu zeigen, dass $a_n > a$ für beliebiges $a < \mathbb{E}_0(h)$ und alle hinreichend großen n. Wegen $P_0(h_n \leq a_n) \geq \mathbb{E}_0(\varphi_n) = \alpha > 0$ ist dies sicher dann der Fall, wenn $P_0(h_n \leq a) \to 0$ für $n \to \infty$. Wie im Beweis von (7.32) folgt dies jedoch aus dem schwachen Gesetz der großen Zahl, und zwar sowohl wenn $h \in \mathscr{L}^1(P_0)$ als auch wenn $\mathbb{E}_0(h) = H(Q_0; Q_1) = \infty$.

Umgekehrt zeigen wir nun, dass $\liminf_{n \to \infty} \frac{1}{n} \log[1 - \mathbb{E}_1(\varphi_n)] \geq -\mathbb{E}_0(h)$. Ohne Einschränkung ist dazu $\mathbb{E}_0(h) < \infty$, also $h \in \mathscr{L}^1(P_0)$. Für $a > \mathbb{E}_0(h)$ folgt wieder aus Satz (5.7), dem schwachen Gesetz der großen Zahl, dass

$$P_0\big(\rho_1^{\otimes n} \geq e^{-na}\,\rho_0^{\otimes n}\big) = P_0(h_n \leq a)$$
$$\geq P_0\big(|h_n - \mathbb{E}_0(h)| \leq a - \mathbb{E}_0(h)\big) \geq \tfrac{1+\alpha}{2}$$

für alle hinreichend großen n, also

$$\mathbb{E}_1(1 - \varphi_n) = \mathbb{E}_0\big((1 - \varphi_n)\rho_1^{\otimes n}/\rho_0^{\otimes n}\big)$$
$$\geq \mathbb{E}_0\big(e^{-na}(1 - \varphi_n)1_{\{h_n \leq a\}}\big)$$
$$\geq e^{-na}\,\mathbb{E}_0\big(1_{\{h_n \leq a\}} - \varphi_n\big)$$
$$\geq e^{-na}\left(\tfrac{1+\alpha}{2} - \alpha\right) = e^{-na}\,\tfrac{1-\alpha}{2}$$

schließlich. Hieraus ergibt sich unmittelbar die Behauptung. $\diamond$

Das Stein'sche Lemma zeigt die statistische Bedeutung der relativen Entropie: Je größer die relative Entropie zwischen zwei Wahrscheinlichkeitsmaßen Q_0 und Q_1, desto schneller wächst die Macht der optimalen Tests von Q_0 gegen Q_1 mit der Anzahl der Beobachtungen, d.h. umso leichter lassen sich Q_0 und Q_1 aufgrund von Beobachtungen unterscheiden. Die relative Entropie ist also ein Maß für die statistische Unterscheidbarkeit zweier Wahrscheinlichkeitsmaße.

(10.5) Beispiel: *Test für den Erwartungswert zweier Normalverteilungen.* Sei $E = \mathbb{R}$ und $Q_0 = \mathscr{N}_{m_0, v}$, $Q_1 = \mathscr{N}_{m_1, v}$ für festes $m_0 < m_1$ und $v > 0$. Es soll aufgrund von n Beobachtungen die Nullhypothese $H_0 : m = m_0$ gegen die Alternative $H_1 : m = m_1$ getestet werden.

Als Anwendungssituation kann man sich etwa die Funktionsprüfung für eine Satellitenkomponente vorstellen. Dabei wird ein Testsignal zum Satelliten geschickt, das im Fall einwandfreien Funktionierens n Sekunden lang ein Antwortsignal auslöst. Letzteres ist allerdings durch ein allgemeines Rauschen überlagert. Die auf der Erde in jeweils einer Sekunde ankommende mittlere Signalintensität kann daher als normalverteilt angesehen werden mit Erwartungswert entweder

$m_0 = 0$ (wenn die Komponente ausgefallen ist) oder $m_1 > 0$ (im einwandfreien Fall). Der peinliche Irrtum erster Art besteht offenbar darin, die Komponente für funktionstüchtig zu halten, obgleich sie ausgefallen ist.

Wie oben betrachten wir das zugehörige unendliche Produktmodell. Der Likelihood-Quotient für die ersten n Beobachtungen ist gegeben durch

(10.6)
$$R_n = \exp\left[-\frac{1}{2v}\sum_{i=1}^{n}\left((X_i - m_1)^2 - (X_i - m_0)^2\right)\right]$$
$$= \exp\left[-\frac{n}{2v}\left(2(m_0 - m_1)M_n + m_1^2 - m_0^2\right)\right];$$

hier ist wieder $M_n = \frac{1}{n}\sum_{i=1}^{n} X_i$ das Stichprobenmittel. Mit der Bezeichnung des letzten Beweises gilt also

$$h_n = \frac{m_0 - m_1}{v}M_n + \frac{m_1^2 - m_0^2}{2v}.$$

Als Neyman–Pearson-Test von m_0 gegen m_1 nach n Beobachtungen zu einem gegebenen Niveau α bekommt man also $\varphi_n = 1_{\{M_n > b_n\}}$, wobei die Konstante b_n sich aus der Bedingung

$$\alpha = P_0(M_n > b_n) = \mathcal{N}_{m_0, v/n}(]b_n, \infty[) = 1 - \Phi\left((b_n - m_0)\sqrt{n/v}\right)$$

ergibt. Folglich gilt

(10.7)
$$b_n = m_0 + \sqrt{v/n}\,\Phi^{-1}(1 - \alpha).$$

Was lässt sich über die Macht von φ_n sagen? Man errechnet

$$H(P_0; P_1) = \mathbb{E}_0(h_n) = m_0\frac{m_0 - m_1}{v} + \frac{m_1^2 - m_0^2}{2v} = (m_0 - m_1)^2/2v;$$

im Fall von Normalverteilungen mit gleicher Varianz ist die relative Entropie also (bis auf den Faktor $1/2v$) gerade die quadratische Abweichung der Erwartungswerte. Satz (10.4) liefert also $\mathbb{E}_1(1 - \varphi_n) \approx \exp[-n\,(m_0 - m_1)^2/2v]$.

Dies Ergebnis lässt sich noch verschärfen: Aus (10.7) und der Definition von φ_n folgt

$$\mathbb{E}_1(1 - \varphi_n) = P_1(M_n \leq b_n) = \mathcal{N}_{m_1, v/n}(]-\infty, b_n])$$
$$= \Phi\left((b_n - m_1)\sqrt{n/v}\right) = \Phi\left(\Phi^{-1}(1 - \alpha) + (m_0 - m_1)\sqrt{n/v}\right).$$

Gemäß Aufgabe 5.15 gilt nun aber $\Phi(c) \sim \phi(c)/|c|$ für $c \to -\infty$, also

$$\mathbb{E}_1(1 - \varphi_n) \underset{n \to \infty}{\sim} \frac{1}{m_1 - m_0}\sqrt{\frac{v}{2\pi n}}\exp\left[-n\,(m_0 - m_1)^2/2v + O(\sqrt{n})\right]$$

mit einem α-abhängigen Fehlerterm $O(\sqrt{n})$. Damit haben wir das genaue asymptotische Verhalten der Macht bestimmt.

10.3 Beste einseitige Tests

Aufgrund des Neyman–Pearson-Lemmas wissen wir im Fall einfacher Nullhypothesen und einfacher Alternativen, wie optimale Tests aussehen. Darauf aufbauend suchen wir nun beste Tests bei zusammengesetzten Nullhypothesen und Alternativen. Diese Aufgabe erweist sich als relativ leicht, wenn geeignete Monotonieeigenschaften zur Verfügung stehen. Wir erläutern dies zunächst für unser Standardbeispiel (10.1).

(10.8) Beispiel: *Qualitätskontrolle.* Wir betrachten die bereits bekannte Situation des Orangen-Importeurs. Zugrunde liegt das hypergeometrische Modell: $\mathcal{X} = \{0, \ldots, n\}$, $\Theta = \{0, \ldots, N\}$, $P_\vartheta = \mathcal{H}_{n;\vartheta, N-\vartheta}$ für $\vartheta \in \Theta$, wobei $n < N$. Zu einem vorgegebenen Irrtumsniveau $0 < \alpha < 1$ soll die Nullhypothese $\Theta_0 = \{0, \ldots, \vartheta_0\}$ gegen die Alternative $\Theta_1 = \{\vartheta_0 + 1, \ldots, N\}$ getestet werden. (Früher haben wir die Beispielwerte $n = 50, N = 10\,000, \vartheta_0 = 500$ betrachtet.) Es ist naheliegend, einen Test φ der Gestalt

$$\varphi(x) = \begin{cases} 1 & x > c, \\ \gamma & \text{für} \quad x = c, \\ 0 & x < c \end{cases}$$

zu betrachten. Wir bestimmen die Konstanten c und γ nun so, dass die Gütefunktion von φ an der Testgrenze ϑ_0 genau den Wert α annimmt. Das geht genau wie im Beweis von Satz (10.3a): Man wähle zuerst c als α-Fraktil von P_{ϑ_0}; γ ergibt sich dann aus der Gleichung

$$G_\varphi(\vartheta_0) = P_{\vartheta_0}(\{c+1, \ldots, n\}) + \gamma\, P_{\vartheta_0}(\{c\}) = \alpha\,.$$

c und γ hängen somit ausschließlich von ϑ_0 ab.

Wir zeigen nun: *Der so bestimmte Test φ ist ein gleichmäßig bester Test der Nullhypothese Θ_0 gegen die Alternative Θ_1 zum Niveau α.* Der Beweis beruht auf der folgenden Monotonieeigenschaft der Zähldichten ρ_ϑ von $P_\vartheta = \mathcal{H}_{n;\vartheta, N-\vartheta}$: Für $\vartheta' > \vartheta$ ist der Likelihood-Quotient $R_{\vartheta':\vartheta}(x) := \rho_{\vartheta'}(x)/\rho_\vartheta(x)$ wachsend in x. In der Tat gilt

$$R_{\vartheta':\vartheta}(x) = \prod_{k=\vartheta}^{\vartheta'-1} \frac{\rho_{k+1}(x)}{\rho_k(x)} = \prod_{k=\vartheta}^{\vartheta'-1} \frac{(k+1)(N-k-n+x)}{(N-k)(k+1-x)}$$

für $x \leq \vartheta$, und der letzte Ausdruck ist offenbar wachsend in x; für $x > \vartheta$ gilt $R_{\vartheta':\vartheta}(x) = \infty$. Aufgrund dieser Monotonie gilt mit $\tilde{c} = R_{\vartheta':\vartheta}(c)$: Ist $R_{\vartheta':\vartheta}(x) > \tilde{c}$, so ist $x > c$ und daher $\varphi(x) = 1$; im Fall $R_{\vartheta':\vartheta}(x) < \tilde{c}$ ergibt sich ebenso $\varphi(x) = 0$. φ ist also ein Neyman–Pearson-Test der (einfachen) Nullhypothese $\{\vartheta\}$ gegen die (einfache) Alternative $\{\vartheta'\}$. Speziell für $\vartheta = \vartheta_0$ und beliebiges $\vartheta' > \vartheta_0$ ergibt sich also aus Satz (10.3b): φ ist ein bester Test von ϑ_0 gegen *jedes* $\vartheta' \in \Theta_1$ zum Niveau α, also ein gleichmäßig bester Test von ϑ_0 gegen die gesamte Alternative Θ_1.

Es bleibt zu zeigen: φ hat auch als Test von ganz Θ_0 gegen Θ_1 das Niveau α, d. h. es gilt $G_\varphi(\vartheta) \leq \alpha$ für alle $\vartheta \in \Theta_0$. Wegen $G_\varphi(\vartheta_0) = \alpha$ genügt es dazu zu zeigen, dass die Gütefunktion G_φ monoton wachsend ist. Sei also $\vartheta < \vartheta'$. Wie soeben gezeigt, ist φ ein Neyman–Pearson-Test von ϑ gegen ϑ', also gemäß Satz (10.3b) ein bester Test zum Niveau $\beta := G_\varphi(\vartheta)$. Insbesondere ist er besser als der konstante Test $\psi \equiv \beta$. Es folgt $G_\varphi(\vartheta') \geq G_\psi(\vartheta') = \beta = G_\varphi(\vartheta)$, wie behauptet.

Insgesamt ergibt sich also: Das intuitiv selbstverständliche Testverfahren ist im Fall des hypergeometrischen Modells wirklich optimal; man braucht also nicht nach besseren Verfahren zu suchen.

Das Einzige, was der Importeur noch zu tun hat, ist es, zum gegebenen Niveau die Konstanten c und γ passend zu bestimmen. Für $\alpha = 0.025$ und die angegebenen Beispielwerte von N, n, ϑ_0 ergeben sich etwa mit Mathematica die Werte $c = 6$ und $\gamma = 0.52$. Da N sehr groß ist, kann man auch die hypergeometrische Verteilung durch die Binomialverteilung und diese durch die Normalverteilung (oder auch die Poisson-Verteilung) approximieren. Man bekommt dann ebenfalls $c = 6$ und ein leicht verändertes γ.

Die Essenz des Optimalitätsbeweises im obigen Beispiel war die Monotonie der Likelihood-Quotienten. Diese wollen wir deshalb jetzt allgemein definieren.

Definition: Ein statistisches Standardmodell $(\mathcal{X}, \mathscr{F}, P_\vartheta : \vartheta \in \Theta)$ mit $\Theta \subset \mathbb{R}$ hat *wachsende Likelihood-Quotienten* (oder *wachsende Dichtequotienten*) bezüglich einer Statistik $T : \mathcal{X} \to \mathbb{R}$, wenn für alle $\vartheta < \vartheta'$ der Dichtequotient $R_{\vartheta':\vartheta} := \rho_{\vartheta'}/\rho_\vartheta$ eine wachsende Funktion von T ist: $R_{\vartheta':\vartheta} = f_{\vartheta':\vartheta} \circ T$ für eine wachsende Funktion $f_{\vartheta':\vartheta}$.

(10.9) Beispiel: *Exponentielle Modelle.* Jedes (einparametrige) exponentielle Modell hat wachsende Likelihood-Quotienten. Denn aus der definierenden Gleichung (7.21) für die Likelihood-Funktion folgt für $\vartheta < \vartheta'$

$$R_{\vartheta':\vartheta} = \exp\left[\left(a(\vartheta') - a(\vartheta)\right) T + \left(b(\vartheta) - b(\vartheta')\right)\right],$$

und die Koeffizientenfunktion $\vartheta \to a(\vartheta)$ ist nach Voraussetzung entweder strikt wachsend oder strikt fallend. Im ersten Fall ist $a(\vartheta') - a(\vartheta) > 0$ und daher $R_{\vartheta':\vartheta}$ eine wachsende Funktion von T; im zweiten Fall ist $R_{\vartheta':\vartheta}$ eine wachsende Funktion der Statistik $-T$.

Die Aussage von Beispiel (10.8) lässt sich sofort auf alle Modelle mit wachsenden Likelihood-Quotienten verallgemeinern.

(10.10) Satz: Einseitiger Test bei monotonen Likelihood-Quotienten. *Sei $(\mathcal{X}, \mathscr{F}, P_\vartheta : \vartheta \in \Theta)$ mit $\Theta \subset \mathbb{R}$ ein statistisches Standardmodell mit wachsenden Likelihood-Quotienten bezüglich T, $\vartheta_0 \in \Theta$, und $0 < \alpha < 1$. Dann existiert ein gleichmäßig bester Test φ zum Niveau α für das einseitige Testproblem $H_0 : \vartheta \leq \vartheta_0$ gegen $H_1 : \vartheta > \vartheta_0$. Dieser hat die Gestalt*

$$\varphi(x) = \begin{cases} 1 & T(x) > c, \\ \gamma & \text{falls} \quad T(x) = c, \\ 0 & T(x) < c, \end{cases}$$

wobei sich c und γ aus der Bedingung $G_\varphi(\vartheta_0) = \alpha$ ergeben. Ferner gilt: Die Güte-funktion G_φ ist monoton wachsend.

Beweis: Die Argumentation in Beispiel (10.8) überträgt sich unmittelbar auf den allgemeinen Fall; man braucht nur x durch $T(x)$ zu ersetzen. Die Gleichung zur Bestimmung von c und γ lautet zum Beispiel $G_\varphi(\vartheta_0) = P_{\vartheta_0}(T > c) + \gamma\, P_{\vartheta_0}(T = c) = \alpha$. $\diamond$

Im Fall einer rechtsseitigen Hypothese $H_0 : \vartheta \geq \vartheta_0$ gegen eine linksseitige Alternative $H_1 : \vartheta < \vartheta_0$ braucht man nur ϑ und T mit -1 zu multiplizieren, um wieder in der Situation von Satz (10.10) zu sein. Der beste Test hat dann die analoge Gestalt, nur dass $<$ und $>$ vertauscht sind.

Wie in Abschnitt 7.5 gezeigt, gehören viele der klassischen statistischen Modelle zur Klasse der exponentiellen Modelle und haben daher wachsende Likelihood-Quotienten. Ein Beispiel ist das Binomialmodell, siehe (7.25). Insbesondere ist der Test φ im Beispiel (10.2) von der außersinnlichen Wahrnehmung ein bester Test für das dort vorliegende Testproblem $H_0 : \vartheta = 1/2$ gegen $H_1 : \vartheta > 1/2$. Ein weiteres prominentes Beispiel ist das Gauß-Modell, das wir in zwei Varianten diskutieren.

(10.11) Beispiel: *Einseitiger Gauß-Test (bekannte Varianz).* Wir betrachten wieder die Situation von Beispiel (7.2): Aufgrund n unabhängiger Messungen soll getestet werden, ob die Sprödigkeit eines Kühlwasserrohres unterhalb eines zulässigen Grenzwertes m_0 liegt. Als Modell wählen wir wie früher das n-fache Gauß'sche Produktmodell $(\mathbb{R}^n, \mathscr{B}^n, \mathcal{N}_{m,v}{}^{\otimes n} : m \in \mathbb{R})$ mit bekannter Varianz $v > 0$.

Gemäß Beispiel (7.27a) und Bemerkung (7.28) ist das Gauß-Modell mit festgehaltener Varianz ein exponentielles Modell bezüglich des Stichprobenmittels M mit wachsendem Koeffizienten $a(\vartheta) = n\vartheta/v$. Wegen Beispiel (10.9), Satz (10.10) und Gleichung (10.7) hat der beste Test von $H_0 : m \leq m_0$ gegen $H_1 : m > m_0$ zum Niveau α somit den Ablehnungsbereich

$$\left\{ M > m_0 + \sqrt{v/n}\; \Phi^{-1}(1 - \alpha) \right\}.$$

Dieser Test heißt *einseitiger Gauß-Test.*

(10.12) Beispiel: *Einseitiger Chiquadrat-Test (bekannter Erwartungswert).* Um die genetische Variabilität einer Getreidesorte zu ermitteln, soll aufgrund von n unabhängigen Beobachtungen getestet werden, ob die Varianz einer Kenngröße wie z.B. der Halmlänge einen Mindestwert v_0 überschreitet. Wir machen die Modellannahme, dass die logarithmierten Halmlängen der einzelnen Pflanzen normalverteilt sind mit einem bekannten Erwartungswert m (der mittleren logarithmischen Halmlänge) und einer unbekannten Varianz $v > 0$. (Es ist nämlich plausibel anzunehmen, dass die genetischen Einflüsse sich multiplikativ auf die Halmlänge auswirken, und daher additiv auf den Logarithmus der Halmlänge. Infolge des zentralen Grenzwertsatzes kann man daher die logarithmischen Halmlängen näherungsweise als normalverteilt ansehen.) Als Modell wählen wir deshalb das n-fache Gauß'sche Produktmodell $(\mathbb{R}^n, \mathscr{B}^n, \mathcal{N}_{m,v}{}^{\otimes n} : v > 0)$ mit bekanntem Erwartungswert m. Es soll die Hypothese $H_0 : v \geq v_0$ gegen die Alternative $H_1 : v < v_0$ getestet werden. Nun wissen wir aus Beispiel (7.27b) und Bemerkung (7.28), dass die Produktnormalverteilungen mit festem Erwartungswert m eine exponentielle Familie bilden bezüglich der Statistik $T = \sum_{i=1}^{n}(X_i - m)^2$.

Satz (10.10) ist also anwendbar, und der beste Test φ zu gegebenem Niveau α hat den Verwerfungsbereich

$$\left\{ \sum_{i=1}^{n} (X_i - m)^2 < v_0 \, \chi_{n;\alpha}^2 \right\};$$

dabei ist $\chi_{n;\alpha}^2$ das α-Quantil der χ_n^2-Verteilung. Denn mit Satz (9.10) erhält man $\mathbb{E}_{v_0}(\varphi) = \chi_n^2([0, \chi_{n;\alpha}^2]) = \alpha$. Der Test φ heißt daher ein *einseitiger χ^2-Test*.

10.4 Parametertests im Gauß-Produktmodell

In den letzten beiden Beispielen haben wir im Gauß'schen Produktmodell jeweils einen Parameter als bekannt vorausgesetzt und beste einseitige Tests für den freien Parameter hergeleitet. Wir wollen nun den zweiparametrigen Fall betrachten, in dem sowohl der Erwartungswert als auch die Varianz der Normalverteilungen unbekannt sind. Wir betrachten also das zweiparametrige Gauß'sche Produktmodell

$$(\mathcal{X}, \mathcal{F}, P_\vartheta : \vartheta \in \Theta) = (\mathbb{R}^n, \mathcal{B}^n, \mathcal{N}_{m,v}^{\otimes n} : m \in \mathbb{R}, \ v > 0).$$

In dieser Situation ist es natürlich, die Tests in den Beispielen (10.11) und (10.12) in der Weise zu modifizieren, dass der unbekannte Störparameter, der nicht getestet werden soll, einfach durch seinen Schätzwert ersetzt wird. Sind die so entstehenden Tests aber auch optimal? Nun, wir werden sehen. Wir betrachten zuerst Tests für die Varianz und dann für den Erwartungswert (von denen die letzteren die wichtigeren sind).

10.4.1 Chiquadrat-Tests für die Varianz

Wir beginnen mit dem *linksseitigen Testproblem*

(V−) $\qquad\qquad\qquad H_0 : v \le v_0 \text{ gegen } H_1 : v > v_0$

für die Varianz; dabei sind $v_0 > 0$ und ein Niveau α fest vorgegeben. Es ist also $\Theta_0 = \mathbb{R} \times \,]0, v_0]$ und $\Theta_1 = \mathbb{R} \times \,]v_0, \infty[$.

Als Anwendungssituation können wir uns vorstellen, dass ein Messinstrument auf seine Qualität getestet werden soll. Ähnlich wie früher ist es dann natürlich anzunehmen, dass die Messwerte unabhängig und normalverteilt sind. Bei einem guten Messinstrument soll die Varianz unter einem Toleranzwert v_0 liegen.

Wäre m bekannt, hätte der beste Test in Analogie zu Beispiel (10.12) den Ablehnungsbereich

$$\left\{ \sum_{i=1}^{n} (X_i - m)^2 > v_0 \, \chi_{n;1-\alpha}^2 \right\},$$

wobei $\chi_{n;1-\alpha}^2$ das α-Fraktil der χ_n^2-Verteilung ist. Deshalb liegt es nahe, das unbekannte m durch seinen erwartungstreuen Schätzer M zu ersetzen. Die entstehende Testgröße

$(n-1)V^*/v_0$ ist nach Satz (9.17) beim Schwellenparameter v_0 zwar immer noch χ^2-verteilt, aber mit nur $(n-1)$ Freiheitsgraden. Also muss das Fraktil $\chi^2_{n;1-\alpha}$ durch $\chi^2_{n-1;1-\alpha}$ ersetzt werden. So gelangen wir zu der Vermutung, dass der Test mit dem Ablehnungsbereich

$$(10.13) \qquad\qquad \left\{ (n-1)\, V^* > v_0\, \chi^2_{n-1;1-\alpha} \right\}$$

optimal ist. Ist dies der Fall?

Bevor wir uns dieser Frage zuwenden, wollen wir eine andere, sorgfältigere Heuristik anstellen, die auf dem Maximum-Likelihood-Prinzip beruht. Betrachten wir wieder Abbildung 10.3. Im Fall von zusammengesetzten Hypothesen und Alternativen wird man sich bei einem Beobachtungsergebnis x sicher dann für die Alternative entscheiden, wenn die maximale Likelihood der Alternative, nämlich $\sup_{\vartheta \in \Theta_1} \rho_\vartheta (x)$, hinreichend stark über die maximale Likelihood $\sup_{\vartheta \in \Theta_0} \rho_\vartheta (x)$ der Hypothese dominiert, d. h. wenn der *(verallgemeinerte) Likelihood-Quotient*

$$(10.14) \qquad\qquad R(x) = \frac{\sup_{\vartheta \in \Theta_1} \rho_\vartheta (x)}{\sup_{\vartheta \in \Theta_0} \rho_\vartheta (x)}$$

einen Schwellenwert a überschreitet. Solch ein Verfahren wird beschrieben durch Tests der Form

$$(10.15) \qquad\qquad \varphi = \begin{cases} 1 \\ 0 \end{cases} \text{falls} \quad \begin{matrix} R > a\,, \\ R < a\,. \end{matrix}$$

Solche Tests heißen *Likelihood-Quotienten-Tests*. Aufgrund des Neyman–Pearson-Lemmas kann man hoffen, dass solche Tests auch in relativ allgemeinen Situationen noch gute Optimalitätseigenschaften haben. (Wie schon beim Maximum-Likelihood-Prinzip stellt sich allerdings heraus, dass dies nicht immer der Fall ist, sehr oft aber asymptotisch bei großer Beobachtungszahl n.)

Wie sieht ein Likelihood-Quotienten-Test für das Testproblem (V–) aus? Die Likelihood-Funktion im n-fachen Gauß'schen Produktmodell ist $\rho_{m,v} = \phi^{\otimes n}_{m,v}$. Wie in Beispiel (7.9) ergibt sich deshalb im Fall $V > v_0$

$$R = \frac{\sup_{m \in \mathbb{R},\, v > v_0} \phi^{\otimes n}_{m,v}}{\sup_{m \in \mathbb{R},\, v \le v_0} \phi^{\otimes n}_{m,v}} = \frac{\sup_{v > v_0} v^{-n/2} \exp[-n\, V/2v]}{\sup_{v \le v_0} v^{-n/2} \exp[-n\, V/2v]}$$

$$= \exp\left[\frac{n}{2}\left(\frac{V}{v_0} - \log\frac{V}{v_0} - 1 \right) \right],$$

während man im alternativen Fall den Kehrwert des letzten Ausdrucks erhält. Somit ist R eine strikt wachsende Funktion von V und daher auch von V^*. Ein Likelihood-Quotienten-Test für das Testproblem (V–) hat daher den Ablehnungsbereich (10.13). Die Pointe ist nun, dass solch ein Test tatsächlich optimal ist. Es gilt nämlich folgender

(10.16) Satz: Linksseitiger χ^2-Test für die Varianz einer Normalverteilung. *Im n-fachen Gauß'schen Produktmodell ist der Test mit dem Ablehnungsbereich*

$$\left\{ \sum_{i=1}^{n} (X_i - M)^2 > v_0\, \chi^2_{n-1;1-\alpha} \right\}$$

ein gleichmäßig bester Test der Nullhypothese $H_0 : v \le v_0$ gegen die Alternative $H_1 : v > v_0$ zum Niveau α. Dabei ist M das Stichprobenmittel und $\chi^2_{n-1;1-\alpha}$ das α-Fraktil der χ^2_{n-1}-Verteilung.

Führen wir wieder den Zufallsvektor $X = (X_1, \ldots, X_n)^\top$ ein sowie den Diagonalvektor $\mathbf{1} = (1, \ldots, 1)^\top$, so lässt sich die Testgröße im vorstehenden Satz auch in der suggestiven Form $\sum_{i=1}^{n}(X_i - M)^2 = |X - M\mathbf{1}|^2$ schreiben. Die Nullhypothese wird also genau dann *akzeptiert*, wenn X nah genug an seiner Projektion auf die Diagonale liegt; vgl. Abbildung 7.3 auf Seite 206. Der Annahmebereich ist also ein in Richtung $\mathbf{1}$ orientierter Zylinder. Den nachfolgenden Beweis sollte man beim ersten Lesen übergehen.

Beweis: Die Idee besteht in einer Reduktion des vorliegenden Zweiparameter-Problems auf ein Einparameter-Problem, indem über den Störparameter m mit einer geeignet gewählten A-priori-Verteilung gemittelt wird.

Wir fixieren einen Parameter $\vartheta_1 = (m_1, v_1) \in \Theta_1$ in der Alternative und betrachten eine Familie von Wahrscheinlichkeitsmaßen der Form

$$\bar{P}_v = \int \mathsf{w}_v(dm)\, P_{m,v}\,, \quad 0 < v \le v_1\,.$$

Dabei soll das Wahrscheinlichkeitsmaß w_v auf $(\mathbb{R}, \mathscr{B})$ so gewählt werden, dass $\bar{P}_v$ möglichst nah bei P_{ϑ_1} liegt, d.h. möglichst schwer von P_{ϑ_1} unterscheidbar ist. Man spricht deshalb auch von einer *ungünstigsten A-priori-Verteilung*. Da wir nur Normalverteilungen vorliegen haben, liegt es nahe, auch w_v als Normalverteilung zu wählen. Konkret setzen wir $\mathsf{w}_v = \mathcal{N}_{m_1,(v_1-v)/n}$ für $v < v_1$ und $\mathsf{w}_{v_1} = \delta_{m_1}$. (Dies ist in der Tat ein ungünstiger Fall, denn aus Beispiel (3.32) folgt dann

$$\bar{P}_v \circ M^{-1} = \int \mathcal{N}_{m_1,(v_1-v)/n}(dm)\, \mathcal{N}_{m,v/n}$$

$$= \mathcal{N}_{m_1,(v_1-v)/n} \star \mathcal{N}_{0,v/n} = \mathcal{N}_{m_1,v_1/n} = P_{\vartheta_1} \circ M^{-1}\,,$$

d.h. allein durch Beobachtung des empirischen Mittelwerts kann man $\bar{P}_v$ nicht von P_{ϑ_1} unterscheiden.)

Die Dichtefunktion $\bar{\rho}_v$ von $\bar{P}_v$ ergibt sich durch Integration der Dichtefunktion von $P_{m,v}$ mit w_v. Wir erhalten also für $v < v_1$

$$\bar{\rho}_v = \int dm\, \phi_{m_1,(v_1-v)/n}(m) \prod_{i=1}^{n} \phi_{m,v}(X_i) =$$

$$= c_1(v) \int dm \, \exp\left[- \frac{(m - m_1)^2}{2(v_1 - v)/n} - \sum_{i=1}^{n} \frac{(X_i - m)^2}{2v} \right]$$

mit einer geeigneten Konstanten $c_1(v)$. Zusammen mit der Verschiebungsformel (7.10) ergibt sich hieraus

$$\bar{\rho}_v = c_1(v) \, \exp\left[- \frac{n-1}{2v} V^* \right] \int dm \, \exp\left[- \frac{(m_1 - m)^2}{2(v_1 - v)/n} - \frac{(m - M)^2}{2v/n} \right] .$$

Das letzte Integral ist nun aber gerade (bis auf einen konstanten Faktor) die gefaltete Dichte $\phi_{0,(v_1-v)/n} \star \phi_{M,v/n}(m_1)$, welche gemäß Beispiel (3.32) mit $\phi_{M,v_1/n}(m_1)$ übereinstimmt. Wir bekommen also mit einer geeigneten Konstanten $c_2(v)$

$$\bar{\rho}_v = c_2(v) \, \exp\left[- \frac{n-1}{2v} V^* - \frac{(m_1 - M)^2}{2v_1/n} \right] .$$

Dies gilt ebenfalls für $v = v_1$, wenn wir $\bar{P}_{v_1} := P_{\vartheta_1} = \mathcal{N}_{m_1,v_1}^{\otimes n}$ setzen. Mit anderen Worten: Die Wahrscheinlichkeitsmaße $\{\bar{P}_v : 0 < v \le v_1\}$ bilden eine exponentielle Familie bezüglich der Statistik $T = V^*$ mit wachsender Koeffizientenfunktion $a(v) = -\frac{n-1}{2v}$. Satz (10.10) impliziert daher die Existenz eines gleichmäßig besten Tests φ der Nullhypothese $\{\bar{P}_v : v \le v_0\}$ gegen die Alternative $\{\bar{P}_{v_1}\}$ zum vorgegebenen Niveau α. Dieser hat die Gestalt $\varphi = 1_{\{V^* > c\}}$; dabei ergibt sich c aus der Bedingung $\alpha = \bar{G}_\varphi(v_0) = \bar{P}_{v_0}(V^* > c)$. Insbesondere hängt c ausschließlich von v_0 (und n) ab. Genauer liefert Satz (9.17b) für jedes $v \le v_1$ die Beziehung

$$\bar{P}_v(V^* > c) = \int \mathcal{N}_{m_1,(v_1-v)/n}(dm) \, P_{m,v}(V^* > c) = \chi_{n-1}^2(]\tfrac{n-1}{v}c, \infty[) .$$

Speziell für $v = v_0$ ergibt sich die Gleichung $c = \frac{v_0}{n-1} \chi_{n-1;1-\alpha}^2$. Und für beliebiges $\vartheta = (m, v) \in \Theta_0$ folgt

$$G_\varphi(\vartheta) = \chi_{n-1}^2([\tfrac{n-1}{v} c, \infty[) \le \alpha .$$

Also hat φ auch als Test von Θ_0 gegen ϑ_1 das Niveau α.

Schließlich ist φ sogar ein gleichmäßig bester Test von Θ_0 gegen Θ_1 zum Niveau α. Ist nämlich ψ ein beliebiger Test von Θ_0 gegen Θ_1 zu α, so gilt für $v \le v_0$

$$\bar{G}_\psi(v) = \int \mathsf{w}_v(dm) \, G_\psi(m, v) \le \alpha ,$$

d.h. ψ hat auch als Test von $\{\bar{P}_v : v \le v_0\}$ gegen $\{\bar{P}_{v_1}\} = \{P_{\vartheta_1}\}$ das Niveau α. Für dies Testproblem ist φ aber optimal; also gilt $G_\psi(\vartheta_1) \le G_\varphi(\vartheta_1)$. Da $\vartheta_1 \in \Theta_1$ beliebig gewählt war, folgt die behauptete Optimalität. $\diamond$

Wie steht es nun mit dem (umgekehrten) *rechtsseitigen Testproblem*

(V+) $H_0 : v \geq v_0$ gegen $H_1 : v < v_0$

für die Varianz? Braucht man dazu im obigen Satz nur die Relationen $>$ und $<$ zu vertauschen (und $\chi^2_{n-1;1-\alpha}$ durch $\chi^2_{n-1;\alpha}$ zu ersetzen), um einen besten Test zu erhalten? Leider nein!

Zunächst einmal zeigt sich, dass das Argument einer ungünstigsten A-priori-Verteilung nicht mehr möglich ist. Wählt man nämlich wieder einen festen Alternativ-Parameter (m, v) mit $v < v_0$, so hat die zugehörige Normalverteilung $P_{m,v} = \mathcal{N}_n(m\mathbf{1}, v\mathsf{E})$ einen schärferen „peak" als die Normalverteilungen in der Nullhypothese, und durch Mittelung werden die peaks der letzteren nur noch flacher. Eine Annäherung an $P_{m,v}$ durch die Verteilungen in der Nullhypothese ist daher nicht möglich.

Aber nicht nur das Argument bricht zusammen, sondern auch die Aussage! Für $m \in \mathbb{R}$ sei nämlich φ_m der Test mit Ablehnungsbereich $\{|X - m\mathbf{1}|^2 < v_0\, c\}$, wobei $c = \chi^2_{n;\alpha}$. Dieses φ_m hat auf der gesamten Nullhypothese $\Theta_0 = \mathbb{R} \times [v_0, \infty[$ das Niveau α, denn für beliebiges $(m', v) \in \Theta_0$ folgt aus Aufgabe 9.6

$$G_{\varphi_m}(m', v) = \mathcal{N}_n(m'\mathbf{1}, v\mathsf{E})\big(|X - m\mathbf{1}|^2 < v_0 c\big)$$

$$\leq \mathcal{N}_n(m\mathbf{1}, v\mathsf{E})\big(|X - m\mathbf{1}|^2 < v_0\, c\big) = \chi^2_n([0, v_0 c/v]) \leq \alpha.$$

Nun zeigt aber Beispiel (10.12), dass φ_m unter allen Tests ψ mit $\mathbb{E}_{m,v_0}(\psi) \leq \alpha$ an allen Stellen (m, v) mit $v < v_0$ die größte Macht hat. Das heißt, an verschiedenen Stellen haben jeweils verschiedene Tests zum Niveau α die größte Macht. *Es gibt daher keinen gleichmäßig besten Niveau-α-Test!*

Die für gegebenes m besten Tests φ_m haben aber einen gravierenden Nachteil: *Sie sind verfälscht.* Denn für beliebige $m, m' \in \mathbb{R}$ und $v < v_0$ gilt

$$G_{\varphi_m}(m', v) = \mathcal{N}_n(0, v\mathsf{E})\big(|X - (m - m')\mathbf{1}|^2 < v_0 c\big) \to 0 \quad \text{für } |m'| \to \infty.$$

Dagegen ist der in Analogie zu Satz (10.16) gebildete Test φ mit Ablehnungsbereich $\{|X - M\mathbf{1}|^2 < v_0\, \chi^2_{n-1;\alpha}\}$ unverfälscht zum Niveau α; denn für $m \in \mathbb{R}$ und $v < v_0$ gilt wegen des Student'schen Satzes (9.17) $G_\varphi(m, v) = \chi^2_{n-1}([0, \frac{v_0}{v}\chi^2_{n-1;\alpha}]) > \alpha$. Ist also φ vielleicht der beste unter allen *unverfälschten* Tests zum Niveau α? Das ist in der Tat der Fall:

(10.17) Satz: Rechtsseitiger χ^2-Test für die Varianz einer Normalverteilung. *Im n-fachen Gauß'schen Produktmodell ist der Test mit dem Verwerfungsbereich*

$$\left\{ \sum_{i=1}^n (X_i - M)^2 < v_0\, \chi^2_{n-1;\alpha} \right\}$$

ein bester unverfälschter Niveau-α-Test von $H_0 : v \geq v_0$ gegen $H_1 : v < v_0$. Dabei ist $\chi^2_{n-1;\alpha}$ das α-Quantil von χ^2_{n-1}.

Wir sparen uns den Beweis, weil wir im nächsten Satz ein ganz ähnliches Argument geben werden. Das zweiseitige Testproblem für die Varianz ist Gegenstand von Aufgabe 10.18.

10.4.2 t-Tests für den Erwartungswert

Wir kommen jetzt zu Tests für den Erwartungswert und betrachten zuerst das *einseitige Testproblem*

$$(M-) \qquad\qquad H_0 : m \leq m_0 \text{ gegen } H_1 : m > m_0.$$

(In diesem Fall gibt es keinen Unterschied zwischen dem betrachteten linksseitigen Testproblem und dem analogen rechtsseitigen Problem.) Anders als beim Gauß-Test in Beispiel (10.11) ist die Varianz jetzt unbekannt. Es gilt also $\Theta_0 = {]-\infty, m_0]} \times {]0, \infty[}$ und $\Theta_1 = {]m_0, \infty[} \times {]0, \infty[}$.

Welches Testverfahren wird durch das Maximum-Likelihood-Prinzip suggeriert? Da das Maximum über v von $\phi_{m,v}^{\otimes n}$ an der Stelle $\widetilde{V}_m = |X - m\mathbf{1}|^2/n$ erreicht wird, hat der Likelihood-Quotient (10.14) die Gestalt

$$R = \frac{\sup_{m>m_0,\, v>0} \phi_{m,v}^{\otimes n}}{\sup_{m\leq m_0,\, v>0} \phi_{m,v}^{\otimes n}} = \frac{\sup_{m>m_0} \widetilde{V}_m^{-n/2}}{\sup_{m\leq m_0} \widetilde{V}_m^{-n/2}}$$

$$= \begin{cases} (V/\widetilde{V}_{m_0})^{n/2} \\ (\widetilde{V}_{m_0}/V)^{n/2} \end{cases} \text{ falls } \begin{array}{l} M \leq m_0, \\ M \geq m_0. \end{array}$$

Weiter folgt aus der Verschiebungsformel (7.10) $\widetilde{V}_{m_0}/V = 1 + T_{m_0}^2/(n-1)$ mit

$$T_{m_0} = (M - m_0)\sqrt{n/V^*}.$$

Also ist R eine strikt wachsende Funktion von T_{m_0}. Jeder Likelihood-Quotienten-Test für das Testproblem (M$-$) hat daher einen Ablehnungsbereich der Gestalt $\{T_{m_0} > t\}$. Da T_{m_0} nach Satz (9.17) unter jedem $P_{m_0,v}$ die t-Verteilung $\mathbf{t}_{n-1}$ hat, wird ein vorgegebenes Niveau α genau dann ausgeschöpft, wenn man $t = t_{n-1;1-\alpha}$ (das α-Fraktil der t_{n-1}-Verteilung) setzt. Der so gebildete Test heißt *einseitiger Student'scher t-Test*.

Wie im Fall des rechtsseitigen Varianz-Testproblems (V$+$) ergibt sich aus Beispiel (10.11), dass ein gleichmäßig bester Test nicht existiert, aber dass die für eine feste Varianz besten Gauß-Tests verfälscht sind. Der t-Test erweist sich dagegen als der beste unverfälschte Test.

(10.18) Satz: Einseitiger t-Test für den Erwartungswert. *Im n-fachen Gauß'schen Produktmodell ist der Test φ mit dem Ablehnungsbereich*

$$\left\{ (M - m_0)\sqrt{n/V^*} > t_{n-1;1-\alpha} \right\}$$

ein bester unverfälschter Niveau-α-Test von $H_0 : m \leq m_0$ gegen $H_1 : m > m_0$. Dabei ist $t_{n-1;1-\alpha}$ das α-Fraktil der t_{n-1}-Verteilung.

Beweis: 1. Schritt: Vorbereitung. Ohne Einschränkung setzen wir $m_0 = 0$, denn andernfalls brauchen wir nur die Koordinaten von $\mathbb{R}$ zu verschieben. Weiter schreiben wir die Likelihood-Funktion in der Form

$$\rho_{\mu,\eta} = (2\pi v)^{-n/2} \exp\left[-\sum_{i=1}^{n}(X_i - m)^2/2v \right] = c(\mu,\eta)\exp\left[\mu\,\tilde{M} - \eta\,S \right]$$

mit $\mu = m\sqrt{n}/v$, $\eta = 1/2v$, $\tilde{M} = \sqrt{n}\,M$, $S = |X|^2 = \sum_{i=1}^{n} X_i^2$, und der passenden Normierungskonstanten $c(\mu,\eta)$. In den neuen Variablen (μ,η) nimmt das Testproblem (M−) die Gestalt $H_0 : \mu \le 0$ gegen $H_1 : \mu > 0$ an, und die Testgröße T_0 des t-Tests schreibt sich in der Form

$$T_0 = \sqrt{n-1}\ \tilde{M}\big/\sqrt{S - \tilde{M}^2}\,.$$

Der t-Test φ hat also den Ablehnungsbereich

$$\left\{ \frac{\tilde{M}}{\sqrt{S - \tilde{M}^2}} > r \right\} = \left\{ \tilde{M} > f(S) \right\};$$

dabei ist $r = t_{n-1;1-\alpha}/\sqrt{n-1}$ und $f(S) = r\sqrt{S/(1+r^2)}$.

2. Schritt: Testverhalten auf der Grenzgeraden $\mu = 0$. Sei ψ ein beliebiger unverfälschter Test. Dann gilt aus Stetigkeitsgründen $\mathbb{E}_{0,\eta}(\psi) = \alpha$ für $\mu = 0$ und jedes $\eta > 0$. Infolge des Satzes (9.17) von Student gilt ebenfalls

$$\mathbb{E}_{0,\eta}(\varphi) = P_{0,\eta}(T_0 > t_{n-1;1-\alpha}) = \alpha$$

und daher $\mathbb{E}_{0,\eta}(\varphi - \psi) = 0$ für alle $\eta > 0$. Diese Aussage lässt sich noch beträchtlich verschärfen. Wir setzen zunächst $\eta = \gamma + k$ mit $\gamma > 0$ und $k \in \mathbb{Z}_+$. Da sich $\mathbb{E}_{0,\gamma+k}(\varphi - \psi)$ von $\mathbb{E}_{0,\gamma}(e^{-kS}[\varphi - \psi])$ nur durch einen anderen Normierungsfaktor unterscheidet, gilt dann

(10.19) $$\mathbb{E}_{0,\gamma}\big(g(e^{-S})[\varphi - \psi]\big) = 0$$

für jedes Monom $g(p) = p^k$. Aus Linearitätsgründen überträgt sich diese Aussage auf beliebige Polynome g, und wegen des (in Beispiel (5.10) bewiesenen) Weierstraß'schen Approximationssatzes auf beliebige stetige Funktionen $g : [0,1] \to \mathbb{R}$. Dies hat zur Folge, dass auch

(10.20) $$\mathbb{E}_{0,\eta}\big(h(S)[\varphi - \psi]\big) = 0$$

für alle $\eta > 0$ und alle stetigen Funktionen $h : [0,\infty[\ \to \mathbb{R}$ mit $h(u)e^{-\delta u} \to 0$ für $u \to \infty$ und alle $\delta > 0$. In der Tat: Ist $0 < \delta < \eta$ fest gewählt, $\gamma = \eta - \delta$, und $g : [0,1] \to \mathbb{R}$ definiert durch $g(p) = h(\log\frac{1}{p})\,p^\delta$ für $0 < p \le 1$ und $g(0) = 0$, so ist g stetig, und definitionsgemäß gilt $g(e^{-S}) = h(S)e^{-\delta S}$. Eingesetzt in (10.19) ergibt dies (10.20).

3. Schritt: Das Neyman–Pearson-Argument. Sei $(\mu, \eta) \in \Theta_1 =]0, \infty[^2$ beliebig vorgegeben. Dann ist der Likelihood-Quotient

$$R_{\mu:0,\eta} := \rho_{\mu,\eta}/\rho_{0,\eta} = c \, \exp[\mu \, \widetilde{M}]$$

mit $c = c(\mu, \eta)/c(0, \eta)$ eine strikt wachsende Funktion von $\widetilde{M}$. Also lässt sich der Verwerfungsbereich von φ auch in der Form $\{R_{\mu:0,\eta} > h(S)\}$ schreiben, wobei $h = c \, \exp[\mu f]$. Zusammen mit (10.20) ergibt sich daher

$$\mathbb{E}_{\mu,\eta}(\varphi - \psi) = \mathbb{E}_{0,\eta}\big([R_{\mu:0,\eta} - h(S)]\,[\varphi - \psi]\big).$$

Der letzte Erwartungswert ist jedoch nichtnegativ, denn nach Wahl von $h(S)$ haben die beiden eckigen Klammern stets dasselbe Vorzeichen. Also gilt $\mathbb{E}_{\mu,\eta}(\varphi) \geq \mathbb{E}_{\mu,\eta}(\psi)$, d. h. φ hat eine mindestens so große Macht wie ψ. $\diamond$

Schließlich betrachten wir noch das *zweiseitige Testproblem*

(M±) $H_0 : m = m_0$ gegen $H_1 : m \neq m_0$

für den Mittelwert m. Es ist also $\Theta_0 = \{m_0\} \times]0, \infty[$.

Zur Motivation denke man sich etwa einen Physiker, der eine physikalische Theorie testen will. Die Theorie sage bei einem bestimmten Experiment den Messwert $m_0 \in \mathbb{R}$ voraus. Zur Überprüfung werden n unabhängige Messungen durchgeführt. Die Ergebnisse werden wieder als Realisierungen von normalverteilten Zufallsvariablen interpretiert, von denen nicht nur der Erwartungswert (der gewünschte Messwert), sondern auch die Varianz (die Präzision der Versuchsanordnung) unbekannt ist.

Hinweise auf ein plausibles Verfahren liefert wieder der Likelihood-Quotient. Wie beim einseitigen Testproblem (M−) findet man die Gleichung

$$R = \left(1 + \frac{|T_{m_0}|^2}{n - 1}\right)^{n/2},$$

d. h. R ist eine strikt wachsende Funktion von $|T_{m_0}|$. Ein Likelihood-Quotienten-Test φ für das zweiseitige Testproblem (M±) hat daher einen Ablehnungsbereich der Form $\{|T_{m_0}| > t\}$. Gemäß Satz (9.17) muss t als das $\alpha/2$-Fraktil von t_{n-1} gewählt werden, wenn φ das Niveau α ausschöpfen soll. Dieser sogenannte *zweiseitige Student'sche t-Test* erweist sich wieder als bester unverfälschter Test.

(10.21) Satz: Zweiseitiger t-Test für den Erwartungswert. *Im n-fachen Gauß'schen Produktmodell ist der Test φ mit dem Ablehnungsbereich*

$$\left\{|M - m_0|\sqrt{n/V^*} > t_{n-1;1-\alpha/2}\right\}$$

ein bester unverfälschter Niveau-α-Test von $H_0 : m = m_0$ gegen $H_1 : m \neq m_0$. Dabei ist $t_{n-1;1-\alpha/2}$ das $\alpha/2$-Fraktil der t_{n-1}-Verteilung.

Beweis: Wir gehen genau wie im Beweis von Satz (10.18) vor und verwenden wieder die gleichen Bezeichnungen.

1. Schritt: Wir führen wieder die neuen Variablen μ, η ein. Das Testproblem lautet dann $H_0 : \mu = 0$ gegen $H_1 : \mu \neq 0$, und der Ablehnungsbereich von φ bekommt die Form $\{|\widetilde{M}|/\sqrt{S - \widetilde{M}^2} > r\} = \{|\widetilde{M}| > f(S)\}$.

2. Schritt: Sei ψ ein beliebiger unverfälschter Niveau-α-Test. Wie im einseitigen Fall ist dann die Gütefunktion von ψ auf der Hypothese $H_0 : \mu = 0$ konstant gleich α. Dasselbe gilt nach Konstruktion auch für φ. Hieraus ergibt sich wieder Gleichung (10.20). Wir machen jetzt noch eine zusätzliche Feststellung:

Für alle $\eta > 0$ hat die Funktion $\mu \to \mathbb{E}_{\mu,\eta}(\psi)$ an der Stelle $\mu = 0$ ein globales Minimum. Somit verschwindet ihre Ableitung $\frac{\partial}{\partial \mu} \mathbb{E}_{\mu,\eta}(\psi)|_{\mu=0} = \mathbb{E}_{0,\eta}(\widetilde{M}\,\psi)$; zur Existenz der Ableitung siehe Bemerkung (7.23) und die Gestalt von $\rho_{\mu,\eta}$. Für φ erhalten wir entsprechend

$$\mathbb{E}_{0,\eta}(\widetilde{M}\,\varphi) = c(0,\eta) \int_{\mathbb{R}^n} dx\; e^{-\eta\, S(x)}\, \widetilde{M}(x)\, \varphi(x) = 0\,,$$

denn φ und S sind symmetrisch und $\widetilde{M}$ antisymmetrisch unter der Spiegelung $x \to -x$. Genau wie in (10.20) ergibt sich hieraus, dass auch

(10.22) $$\mathbb{E}_{0,\eta}\big(h(S)\, \widetilde{M}\, [\varphi - \psi]\big) = 0$$

für alle $\eta > 0$ und alle stetigen und höchstens subexponentiell wachsenden Funktionen h.

3. Schritt: Seien $\mu \neq 0$ und $\eta > 0$ beliebig vorgegeben. Dann ist der Likelihood-Quotient $R_{\mu:0,\eta} = c\, \exp[\mu\, \widetilde{M}]$ eine strikt konvexe Funktion von $\widetilde{M}$. Wie Abbildung 10.4 zeigt, lässt sich daher der Verwerfungsbereich $\{|\widetilde{M}| > f(S)\}$ in der Form

$$\{R_{\mu:0,\eta} > a(S) + b(S)\, \widetilde{M}\}$$

schreiben; dabei sind $a(S)$ und $b(S)$ so gewählt, dass die Gerade $u \to a(S) + b(S)\, u$ die Exponentialfunktion $u \to c\, \exp[\mu\, u]$ genau in den Punkten $u = \pm f(S)$ schneidet,

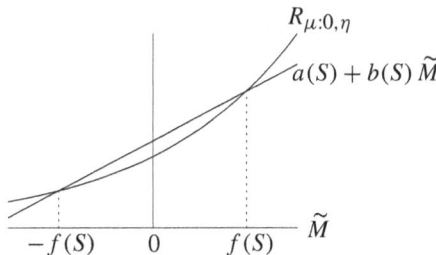

Abbildung 10.4: Charakterisierung eines Intervalls durch die Sekante einer konvexen Funktion.

d.h. $a = c \, \cosh(\mu f)$ und $b = c \, \sinh(\mu f)/f$. Aus (10.20) und (10.22) folgt nun aber

$$\mathbb{E}_{0,\eta}\big([a(S) + b(S)\widetilde{M}]\,[\varphi - \psi]\big) = 0$$

und daher

$$\mathbb{E}_{\mu,\eta}(\varphi - \psi) = \mathbb{E}_{0,\eta}\big([R_{\mu:0,\eta} - a(S) - b(S)\widetilde{M}]\,[\varphi - \psi]\big) \geq 0\,,$$

denn nach Konstruktion haben die beiden eckigen Klammern stets dasselbe Vorzeichen. Setzt man $\psi \equiv \alpha$, so folgt insbesondere, dass φ unverfälscht ist. $\diamond$

Die Gütefunktionen von ein- und zweiseitigen t-Tests lassen sich explizit berechnen, indem man ausnutzt, dass die Teststatistik T_{m_0} für $m \neq m_0$ eine nichtzentrale t_{n-1}-Verteilung hat, wie sie in Aufgabe 9.14 eingeführt wurde. Für große n hat man außerdem eine Normalapproximation zur Verfügung. Siehe dazu die Aufgaben 10.21 und 10.22. Das typische Aussehen dieser Gütefunktionen zeigt Abbildung 10.5.

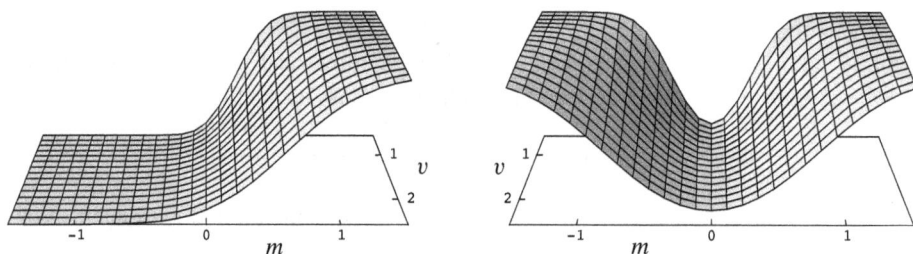

Abbildung 10.5: Gütefunktionen des einseitigen (links) und des zweiseitigen (rechts) t-Tests für $m_0 = 0$, $n = 12$ und $\alpha = 0.1$.

Unser abschließendes Beispiel demonstriert eine Anwendung des t-Tests im Kontext gepaarter Stichproben.

(10.23) Beispiel: *Vergleich zweier Schlafmittel.* Wir betrachten wieder die Situation aus Beispiel (8.6): Zwei Schlafmittel A und B werden an $n = 10$ Patienten verabreicht und bei jedem Patienten die Differenz der Schlafdauer gemessen; letztere wird als normalverteilt angenommen mit unbekannten Parametern m und v. Wir testen die Nullhypothese $H_0 : m = 0$, dass beide Schlafmittel gleich wirksam sind, zum Niveau $\alpha = 0.01$. Für den Datenvektor x aus Beispiel (8.6) ergibt sich $T_0(x) = 1.58\sqrt{10/1.513} = 4.06$, und dieser Wert ist größer als das Quantil $t_{9;0.995} = 3.25$. Also wird die Nullhypothese aufgrund von x abgelehnt, d.h. die Wirkung beider Schlafmittel ist unterschiedlich, und wegen $T_0(x) > 0$ ist B offenbar wirksamer.

Zum Schluss dieses Abschnitts 10.4 sei nochmals betont, dass die Optimalität der diskutierten χ^2- und t-Tests für die Varianz und den Erwartungswert ganz entscheidend auf der Normalverteilungsannahme beruht. Ist diese nicht erfüllt, können diese Tests zu irreführenden Ergebnissen führen.

Aufgaben

10.1 *Zusammenhang von Konfidenzbereichen und Tests.* Sei $(\mathcal{X}, \mathscr{F}, P_\vartheta : \vartheta \in \Theta)$ ein statistisches Modell. Zeigen Sie:

(a) Ist $C : \mathcal{X} \to \mathscr{P}(\Theta)$ ein Konfidenzbereich zum Irrtumsniveau α und $\vartheta_0 \in \Theta$ beliebig gewählt, so ist $\{\vartheta_0 \notin C(\cdot)\}$ der Ablehnungsbereich eines Tests von $H_0 : \vartheta = \vartheta_0$ gegen $H_1 : \vartheta \neq \vartheta_0$ zum Niveau α.

(b) Ist umgekehrt für jedes $\vartheta_0 \in \Theta$ ein nichtrandomisierter Test für $H_0 : \vartheta = \vartheta_0$ gegen $H_1 : \vartheta \neq \vartheta_0$ zum Niveau α gegeben, so lässt sich daraus ein Konfidenzbereich zum Irrtumsniveau α gewinnen.

10.2 *Test im skalierten Gleichverteilungsmodell.* Bestimmen Sie im statistischen Produktmodell $(\mathbb{R}^n, \mathscr{B}^n, \mathcal{U}_{[0,\vartheta]}^{\otimes n} : \vartheta > 0)$ die Gütefunktion des Tests mit Annahmebereich $\{\frac{1}{2} < \max\{X_1, \ldots, X_n\} \leq 1\}$ für das Testproblem $H_0 : \vartheta = 1$ gegen $H_1 : \vartheta \neq 1$.

10.3 In einer Sendung von 10 Geräten befindet sich eine unbekannte Anzahl fehlerhafter Geräte, wobei der Fehler jeweils nur durch eine sehr kostspielige Qualitätskontrolle festgestellt werden kann. Ein Abnehmer, der nur an einer völlig einwandfreien Lieferung interessiert ist, führt folgende Eingangskontrolle durch: Er prüft 5 Geräte. Sind diese alle einwandfrei, so nimmt er die Sendung an, sonst lässt er sie zurückgehen. Beschreiben Sie das Vorgehen testtheoretisch und ermitteln Sie das effektive Niveau des Testverfahrens. Wie viele Geräte müssen überprüft werden, wenn die Wahrscheinlichkeit für eine irrtümliche Annahme der Sendung kleiner gleich 0.1 sein soll?

10.4 [L] Geben Sie in den beiden folgenden Fällen einen besten Test φ für $H_0 : P = P_0$ gegen $H_1 : P = P_1$ zum Niveau $\alpha \in]0, 1/2[$ an:

(a) $P_0 = \mathcal{U}_{]0,2[}$, $P_1 = \mathcal{U}_{]1,3[}$.

(b) $P_0 = \mathcal{U}_{]0,2[}$, P_1 hat die Dichtefunktion $\rho_1(x) = x \, 1_{]0,1]}(x) + \frac{1}{2} 1_{[1,2[}(x)$.

10.5 Bei einer Razzia findet die Polizei bei einem Glücksspieler eine Münze, von der ein anderer Spieler behauptet, dass „Zahl" mit einer Wahrscheinlichkeit von $p = 0.75$ statt mit $p = 0.5$ erscheint. Aus Zeitgründen kann die Münze nur $n = 10$ Mal überprüft werden. Wählen Sie Nullhypothese und Alternative gemäß dem Rechtsgrundsatz „In dubio pro reo" und geben Sie einen zugehörigen besten Test zum Irrtumsniveau $\alpha = 0.01$ an. (Taschenrechner verwenden!)

10.6 Anhand von n Ziehungen des Samstagslottos „6 aus 49" soll getestet werden, ob die „13" eine Unglückszahl ist, weil sie seltener gezogen wird als zu erwarten wäre. Formulieren Sie das Testproblem und geben Sie (mit Hilfe der Normalapproximation der Binomialverteilung) einen besten Test zum approximativen Niveau $\alpha = 0.1$ an. Wie lautet Ihre Entscheidung für die 2682 Ziehungen vom 9.10.1955 bis zum 3.3.2007, bei denen die „13" nur 264-mal gezogen wurde und mit Abstand am unteren Ende der Häufigkeitsskala stand?

10.7 [L] *Neyman–Pearson-Geometrie.* In der Situation des Neyman–Pearson-Lemmas (10.3) sei $G^*(\alpha) := \sup \{\mathbb{E}_1(\psi) : \psi \text{ Test mit } \mathbb{E}_0(\psi) \leq \alpha\}$ die beim Niveau $0 < \alpha < 1$ bestenfalls zu erreichende Macht. Zeigen Sie:

(a) G^* ist monoton wachsend und konkav.

(b) Ist φ ein Neyman–Pearson-Test mit Schwellenwert c und Umfang $\alpha := \mathbb{E}_0(\varphi) \in]0, 1[$, so ist c die Steigung einer Tangente an G^* an der Stelle α. *Hinweis:* Nutzen Sie aus, dass $\mathbb{E}_1(\varphi) - c \, \mathbb{E}_0(\varphi) \geq \mathbb{E}_1(\psi) - c \, \mathbb{E}_0(\psi)$ für *jeden* Test ψ.

10.8 *Bayes-Tests.* Sei φ ein Test von P_0 gegen P_1 in einem einfachen Alternativ-Standardmodell $(\mathcal{X}, \mathcal{F}; P_0, P_1)$, und seien $\alpha_0, \alpha_1 > 0$. Zeigen Sie: Genau dann minimiert φ die gewichtete Irrtumswahrscheinlichkeit $\alpha_0\, \mathbb{E}_0(\varphi) + \alpha_1\, \mathbb{E}_1(\varphi)$, wenn φ ein Neyman–Pearson-Test zum Schwellenwert $c = \alpha_0/\alpha_1$ ist. φ heißt dann ein Bayes-Test zur Vorbewertung (α_0, α_1).

10.9 [L] *Minimax-Tests.* Betrachten Sie ein einfaches Alternativ-Standardmodell $(\mathcal{X}, \mathcal{F}; P_0, P_1)$. Ein Test φ von P_0 gegen P_1 heißt ein Minimax-Test, wenn das Maximum der Irrtumswahrscheinlichkeiten erster und zweiter Art minimal ist. Zeigen Sie: Es gibt einen Neyman–Pearson-Test φ mit $\mathbb{E}_0(\varphi) = \mathbb{E}_1(1 - \varphi)$, und dieser ist ein Minimax-Test.

10.10 Unter 3000 Geburten wurden in einer Klinik 1578 Knaben gezählt. Würden Sie aufgrund dieses Ergebnisses mit einer Sicherheit von 95% an der Hypothese festhalten wollen, dass die Wahrscheinlichkeit für eine Knabengeburt gleich 1/2 ist?

10.11 Betrachten Sie die Situation von Beispiel (10.5) von der Satelliten-Überprüfung. Der Satelliten-Hersteller hat die Wahl zwischen zwei Systemen A und B. Bei System A beträgt das Verhältnis des Signals zum Rauschen $m_1^{(A)}/\sqrt{v} = 2$, und es kostet € 10^5. System B mit dem Verhältnis $m_1^{(B)}/\sqrt{v} = 1$ kostet dagegen nur € 10^4. Bei beiden Systemen kostet jede Sendesekunde € 10^2, und der Satellit soll insgesamt 100-mal geprüft werden. Bei jeder einzelnen Prüfung soll die Zahl n der Sendesekunden jeweils so groß sein, dass die Irrtumswahrscheinlichkeiten erster und zweiter Art beide ≤ 0.025 sind. Welches System soll der Hersteller verwenden?

10.12 [L] *Normalapproximation für Neyman–Pearson-Tests.* Sei $(E, \mathcal{E}; Q_0, Q_1)$ ein statistisches Standardmodell mit einfacher Hypothese und Alternative und strikt positiven Dichten ρ_0, ρ_1. Für die Funktion $h = \log(\rho_0/\rho_1)$ existiere die Varianz $v_0 = \mathbb{V}_0(h)$. Im zugehörigen unendlichen Produktmodell sei R_n der Likelihood-Quotient nach n Beobachtungen. Zeigen Sie: Der Neyman–Pearson-Test zu einem vorgegebenen Umfang $0 < \alpha < 1$ hat einen Ablehnungsbereich der Gestalt

$$\left\{ \log R_n > -n\, H(Q_0; Q_1) + \sqrt{nv_0}\, \Phi^{-1}(1 - \alpha + \eta_n) \right\}$$

mit $\eta_n \to 0$ für $n \to \infty$. *Hinweis:* Bestimmen Sie den asymptotischen Umfang der Tests mit konstantem $\eta_n = \eta \neq 0$.

10.13 Bestimmen Sie in der Situation von Aufgabe 7.1 einen besten Test zum Niveau $\alpha = 0.05$ für die Nullhypothese, dass die Strahlenbelastung höchstens 1 beträgt, aufgrund von $n = 20$ unabhängigen Beobachtungen. Plotten Sie die Gütefunktion (z. B. mit `Mathematica`).

10.14 [L] *Optimalität der Gütefunktion auf der Hypothese.* Sei $\Theta \subset \mathbb{R}$ und $(\mathcal{X}, \mathcal{F}, P_\vartheta : \vartheta \in \Theta)$ ein statistisches Modell mit wachsenden Likelihood-Quotienten bezüglich T. Für $\vartheta_0 \in \Theta$ sei φ ein gleichmäßig bester Niveau-α-Test der Hypothese $H_0 : \vartheta \leq \vartheta_0$ gegen die Alternative $H_1 : \vartheta > \vartheta_0$. Zeigen Sie: Die Gütefunktion von φ ist auf der Nullhypothese minimal, d. h. für jeden Test ψ mit $\mathbb{E}_{\vartheta_0}(\psi) = \alpha$ gilt $G_\varphi(\vartheta) \leq G_\psi(\vartheta)$ für alle $\vartheta \leq \vartheta_0$.

10.15 *Test der Funktionsdauer von Geräten.* Betrachten Sie das n-fache Produkt des Modells $(]0, \infty[, \mathcal{B}_{]0,\infty[}, Q_\vartheta : \vartheta > 0)$; dabei sei Q_ϑ die Weibull-Verteilung aus Aufgabe 3.27 mit bekannter Potenz $\beta > 0$ und unbekanntem Skalenparameter $\vartheta > 0$, d. h. Q_ϑ habe die Dichtefunktion

$$\rho_\vartheta(x) = \vartheta\,\beta\,x^{\beta-1} \exp[-\vartheta\,x^\beta], \quad x > 0.$$

Zeigen Sie:

(a) Unter $Q_\vartheta^{\otimes n}$ hat $T = \vartheta \sum_{i=1}^n X_i^\beta$ die Gamma-Verteilung $\Gamma_{1,n}$. *Hinweis: Korollar* (9.9).

(b) Bestimmen Sie einen besten Niveau-α-Test φ für die Nullhypothese $H_0 : \vartheta \le \vartheta_0$ („mittlere Lebensdauer überschreitet Minimalwert") gegen $H_1 : \vartheta > \vartheta_0$.

(c) Sei $\vartheta_0 = 1$ und $\alpha = 0.01$. Wie groß muss n sein, damit $G_\varphi(2) \ge 0.95$ ist? Verwenden Sie den zentralen Grenzwertsatz.

10.16 Bei einem Preisrätsel wird der Gewinner dadurch ermittelt, dass aus der Menge aller eingegangenen Postkarten solange (mit Zurücklegen) gezogen wird, bis man eine Karte mit der richtigen Lösung in der Hand hält. Da bei der letzten Auslosung dazu 7 Karten gezogen werden mussten, argwöhnt der verantwortliche Redakteur, dass der Anteil p der eingegangenen richtigen Lösungen weniger als 50% betragen habe, die Quizfrage also zu schwierig gewesen sei. Liegt er mit dieser Entscheidung richtig? Führen Sie anhand des vorliegenden Ergebnisses in einem geeigneten statistischen Modell einen Test für $H_0 : p \ge 0.5$ gegen $H_1 : p < 0.5$ zum Niveau $\alpha = 0.05$ durch.

10.17 *Zweiseitiger Binomialtest.* Konstruieren Sie einen zweiseitigen Binomialtest zum Niveau α, d. h. einen Test im Binomialmodell für die Nullhypothese $H_0 : \vartheta = \vartheta_0$ gegen die Alternative $H_1 : \vartheta \ne \vartheta_0$, wobei $0 < \vartheta_0 < 1$. Leiten Sie außerdem mit Hilfe des Satzes von de Moivre–Laplace eine asymptotische Version des Tests her.

10.18 ^{L} *Zweiseitiger Chiquadrat-Test.* Betrachten Sie im zweiparametrigen Gauß'schen Produktmodell das zweiseitige Testproblem $H_0 : v = v_0$ gegen $H_1 : v \ne v_0$ mit folgender Entscheidungsvorschrift: H_0 werde akzeptiert, falls $c_1 \le \frac{n-1}{v_0} V^* \le c_2$; hierbei sei $0 < c_1 < c_2$.

(a) Bestimmen Sie die Gütefunktion G dieses Tests und zeigen Sie, dass

$$\frac{\partial G}{\partial v}(m, v) \gtreqless 0 \text{ je nachdem, ob } v \gtreqless v_0 \frac{c_2 - c_1}{(n-1)\log(c_2/c_1)} .$$

(b) Naiv würde man c_1, c_2 ja so wählen, dass

$$P_{m,v_o}\left(\tfrac{n-1}{v_0} V^* < c_1\right) = P_{m,v_0}\left(\tfrac{n-1}{v_0} V^* > c_2\right) = \alpha/2 .$$

Zeigen Sie im Fall $\alpha = 0.02$, $n = 3$, dass dieser Test verfälscht ist, und skizzieren Sie G.

(c) Wie kann man einen unverfälschten Test der obigen Bauart konstruieren?

(d) Welche Gestalt hat der zugehörige Likelihood-Quotienten-Test?

10.19 Zeigen Sie, dass im zweiparametrigen Gauß'schen Produktmodell kein gleichmäßig bester Test für das einseitige Testproblem $H_0 : m \le 0$ gegen $H_1 : m > 0$ existiert.

10.20 ^{L} Sei φ der einseitige t-Test aus Satz (10.18). Zeigen Sie, dass die Gütefunktion von φ wachsend in m ist und φ somit tatsächlich ein unverfälschter Test zum Niveau α ist. *Hinweis: Aufgabe* 2.15.

10.21 Sei φ ein ein- oder zweiseitiger t-Test für den Erwartungswert im zweiparametrigen Gauß'schen Produktmodell. Drücken Sie die Gütefunktion $G_\varphi(m, v)$ von φ durch die nichtzentralen t-Verteilungen aus Aufgabe 9.14 aus.

10.22 [L] *Approximative Gütefunktion des t-Tests.* Betrachten Sie im zweiparametrigen n-fachen Gauß'schen Produktmodell den t-Test φ_n für das einseitige Testproblem $H_0 : m \leq 0$ gegen $H_1 : m > 0$ zu einem gegebenen Niveau α. Zeigen Sie: Für großes n besitzt die Gütefunktion von φ_n die Normalapproximation

$$G_{\varphi_n}(m, v) \approx \Phi(\Phi^{-1}(\alpha) + m\sqrt{n/v}).$$

Hinweis: Verwenden Sie die Sätze (7.29) und (9.17b).

10.23 Eine Lehrmittelfirma liefert physikalische Widerstände und behauptet, deren Widerstände seien normalverteilt mit Mittelwert 50 und Standardabweichung 5 (jeweils in Ohm). Geben Sie je einen Test für die beiden Testprobleme

(a) $H_0 : m \leq 55$ gegen $H_1 : m > 55$

(b) $H_0 : v \leq 25$ gegen $H_1 : v > 25$

zum Niveau $\alpha = 0.05$ an (bei Vorliegen von 10 Messungen unter Normalverteilungsannahme; m und v beide unbekannt). Wie lautet die Entscheidung bei folgenden Messergebnissen für 10 Widerstände:

$$45.9 \quad 68.5 \quad 56.8 \quad 60.0 \quad 57.7 \quad 63.0 \quad 48.2 \quad 59.0 \quad 55.2 \quad 50.6$$

10.24 [L] *Zweistichproben-Problem im Gauß-Produktmodell.* Seien $X_1, \ldots, X_k, X_1', \ldots, X_l'$ unabhängige Zufallsvariablen mit Verteilung $\mathcal{N}_{m,v}$ bzw. $\mathcal{N}_{m',v}$; die Parameter $m, m' \in \mathbb{R}$ und $v > 0$ seien unbekannt. Zeigen Sie: Jeder Likelihood-Quotienten-Test für das Testproblem $H_0 : m \leq m'$ gegen $H_1 : m > m'$ hat einen Ablehnungsbereich der Form $\{T > c\}$ mit der Zweistichproben-t-Statistik

$$T = \sqrt{\frac{kl}{k+l}} \, \frac{M - M'}{\sqrt{V^*}}.$$

Dabei sei $M = \frac{1}{k} \sum_{i=1}^{k} X_i$, $M' = \frac{1}{l} \sum_{j=1}^{l} X_j'$ und $V^* = \frac{1}{k+l-2} \Big(\sum_{i=1}^{k} (X_i - M)^2 + \sum_{j=1}^{l} (X_j' - M')^2 \Big)$.

10.25 [L] *p-Wert und Kombination von Tests.* Betrachten Sie alle Tests mit einem Ablehnungsbereich der Form $\{T > c\}$ für eine vorgegebene reellwertige Statistik T, welche auf der Nullhypothese Θ_0 eine nicht von ϑ abhängige Verteilung hat: $P_\vartheta(T \leq c) = F(c)$ für alle $\vartheta \in \Theta_0$ und $c \in \mathbb{R}$. Insbesondere hat der Test mit Ablehnungsbereich $\{T > c\}$ den Umfang $1 - F(c)$. Der p-*Wert* $p(x)$ zu einem Beobachtungsergebnis $x \in \mathcal{X}$ ist dann definiert als der größte Testumfang α, bei dem x noch zur Annahme der Nullhypothese führt: $p(x) = 1 - F \circ T(x)$. Setzen Sie voraus, dass F stetig und auf dem Intervall $\{0 < F < 1\}$ strikt monoton ist, und zeigen Sie:

(a) Unter der Nullhypothese hat $p(\cdot)$ die Verteilung $\mathcal{U}_{]0,1[}$. *Hinweis:* Aufgabe 1.18.

(b) Der Test mit Ablehnungsbereich $\{p(\cdot) < \alpha\}$ ist äquivalent zum Test vom Umfang α mit Ablehnungsbereich $\{T > c\}$.

(c) Sind $p_1(\cdot), \ldots, p_n(\cdot)$ die p-Werte bei n unabhängigen Untersuchungen bei Verwendung der Teststatistik T, so ist $S = -2 \sum_{i=1}^{n} \log p_i(\cdot)$ auf der Nullhypothese χ_{2n}^2-verteilt, und durch den Ablehnungsbereich $\{S > \chi_{2n;1-\alpha}^2\}$ wird ein (die verschiedenen Untersuchungen kombinierender) Test vom Umfang α definiert.

11 Asymptotische Tests und Rangtests

Wie testet man, ob ein Würfel fair ist? Und wie überprüft man, ob zum Beispiel die Milchleistung von Kühen von dem verwendeten Futter abhängt? Die in solchen Zusammenhängen verwendeten Chiquadrat-Tests für diskrete Daten sind asymptotische Tests in dem Sinne, dass ihr Niveau nur approximativ im Limes großer Beobachtungszahl bestimmt werden kann. Sie basieren auf dem zentralen Grenzwertsatz. Ganz andere Testverfahren dagegen bieten sich an, wenn man etwa entscheiden will, ob ein Medikament wirkungsvoller ist als ein anderes. Diese sogenannten Ordnungs- und Rangtests werden im letzten Abschnitt diskutiert.

11.1 Normalapproximation von Multinomialverteilungen

Während im letzten Abschnitt 10.4 die Normalverteilung der zufälligen Beobachtungen einfach vorausgesetzt wurde, sollen in den folgenden beiden Abschnitten zwei asymptotische Testverfahren beschrieben werden, bei denen sich eine Normalverteilung erst approximativ bei einer großen Anzahl von Beobachtungen einstellt. Hier wird dafür die theoretische Grundlage bereitgestellt: ein zentraler Grenzwertsatz für multinomialverteilte Zufallsvektoren. Dafür muss zuerst der Begriff der Verteilungskonvergenz auch auf vektorwertige Zufallsvariablen ausgedehnt werden.

Definition: Sei $s \in \mathbb{N}$, $(Y_n)_{n \geq 1}$ eine Folge von $\mathbb{R}^s$-wertigen Zufallsvektoren und Y ein Zufallsvektor mit Verteilung Q auf $\mathbb{R}^s$. Man sagt, Y_n *konvergiert in Verteilung gegen* Y bzw. Q, und schreibt $Y_n \xrightarrow{\mathscr{L}} Y$ oder $Y_n \xrightarrow{\mathscr{L}} Q$, wenn für alle $A \in \mathscr{B}^s$ mit $Q(\partial A) = 0$ gilt: $P(Y_n \in A) \to Q(A)$ für $n \to \infty$. Hier bezeichnet ∂A den topologischen Rand von A.

Im Prinzip dürfen Y und alle Y_n auf jeweils unterschiedlichen Wahrscheinlichkeitsräumen definiert sein. Bei geeigneter Modellwahl lässt sich jedoch stets erreichen, dass sie allesamt auf dem gleichen Wahrscheinlichkeitsraum definiert sind; das wollen wir deshalb hier voraussetzen. Man beachte außerdem, dass sich die Definition unmittelbar auf den Fall von Zufallsvariablen mit Werten in einem beliebigen topologischen Raum übertragen lässt; siehe auch Aufgabe 11.1. Die folgende Bemerkung macht allerdings Gebrauch von der speziellen Struktur von $\mathbb{R}^s$.

(11.1) Bemerkung: *Charakterisierung der Verteilungskonvergenz.* In der Situation der Definition gilt $Y_n \xrightarrow{\mathscr{L}} Q$ bereits dann, wenn $P(Y_n \in A) \to Q(A)$ nur für alle „Orthanten" A der Gestalt $A = \prod_{i=1}^{s}]-\infty, a_i]$ gilt, wobei die $a_i \in]-\infty, \infty]$ so gewählt sind, dass $Q(\partial A) = 0$.

Beweisskizze: Wegen der Additivität von Wahrscheinlichkeitsmaßen ist die Menge aller A mit $P(Y_n \in A) \to Q(A)$ abgeschlossen unter der Bildung von echten Differenzen und endlichen disjunkten Vereinigungen. Da man aber aus Orthanten durch sukzessive Differenzbildung beliebige halboffene Quader erhält (die auch halbseitig unendlich sein dürfen, da wir $a_i = \infty$ zugelassen haben), überträgt sich die Konvergenzaussage von Orthanten auf endliche disjunkte Vereinigungen von halboffenen Quadern.

Ist nun ein beliebiges $A \in \mathscr{B}^s$ gegeben, so existieren Mengen B_k mit $Q(\partial B_k) = 0$, welche als disjunkte Vereinigung endlich vieler halboffener Quader darstellbar sind und gegen den Abschluss $\bar{A}$ von A absteigen. (Denn ist $W_\varepsilon(a) \subset \mathbb{R}^s$ der halboffene Würfel mit Mittelpunkt $a \in \mathbb{R}^s$ und Kantenlänge $\varepsilon > 0$, so ist die Funktion $\varepsilon \to Q(W_\varepsilon(a))$ wachsend und beschränkt und hat daher höchstens abzählbar viele Sprungstellen. Für jede Stetigkeitsstelle ε gilt aber $Q(\partial W_\varepsilon(a)) = 0$. Man wähle deshalb B_k als geeignete Vereinigung solcher $W_\varepsilon(a)$.) Es folgt

$$\limsup_{n \to \infty} P(Y_n \in A) \leq \inf_{k \geq 1} \lim_{n \to \infty} P(Y_n \in B_k) = \inf_{k \geq 1} Q(B_k) = Q(\bar{A}) \,.$$

Wendet man dies Ergebnis auf das Komplement A^c an, so ergibt sich umgekehrt $\liminf_{n \to \infty} P(Y_n \in A) \geq Q(A^o)$, wobei A^o das Innere von A bezeichnet. Ist nun $Q(\partial A) = 0$, so gilt $Q(\bar{A}) = Q(A^o) = Q(A)$, und man erhält die Konvergenz $P(Y_n \in A) \to Q(A)$. $\diamond$

Die Bemerkung zeigt insbesondere, dass die obige Definition der Verteilungskonvergenz im Fall $s = 1$ mit der bisher definierten Verteilungskonvergenz übereinstimmt: Es gilt $Y_n \xrightarrow{\mathscr{L}} Q$ genau dann, wenn $P(Y_n \leq a) \to Q(]-\infty, a])$ für alle $a \in \mathbb{R}$ mit $Q(\{a\}) = 0$, also wenn die Verteilungsfunktion von Y_n gegen die von Q konvergiert an allen Stellen, an denen die letztere stetig ist.

Wir stellen noch ein paar allgemeine Eigenschaften der Verteilungskonvergenz bereit, die wir später zum Beweis von Satz (11.18) benötigen werden; Aussage (a) ist als „continuous mapping theorem" und (b) und (c) als Satz von Cramér–Slutsky bekannt.

(11.2) Proposition: *Stabilitätseigenschaften der Verteilungskonvergenz. Seien $s, r \in \mathbb{N}$ sowie X und X_n, $n \geq 1$, $\mathbb{R}^s$-wertige Zufallsvektoren mit $X_n \xrightarrow{\mathscr{L}} X$. Dann gelten die folgenden Aussagen:*

(a) *Ist $f : \mathbb{R}^s \to \mathbb{R}^r$ stetig, so gilt $f(X_n) \xrightarrow{\mathscr{L}} f(X)$.*

(b) *Ist $(Y_n)_{n \geq 1}$ eine Folge von Zufallsvektoren in $\mathbb{R}^s$ mit $|Y_n| \xrightarrow{P} 0$, so folgt $X_n + Y_n \xrightarrow{\mathscr{L}} X$.*

(c) *Sei M eine feste $r \times s$-Matrix und $(\mathsf{M}_n)_{n \geq 1}$ eine Folge zufälliger Matrizen in $\mathbb{R}^{r \times s}$. Gilt dann $\|\mathsf{M}_n - \mathsf{M}\| \xrightarrow{P} 0$, so folgt $\mathsf{M}_n X_n \xrightarrow{\mathscr{L}} \mathsf{M} X$.*

Beweis: (a) Sei $A \in \mathscr{B}^r$ mit $P(f(X) \in \partial A) = 0$ gegeben. Wegen der Stetigkeit von f gilt dann $\partial(f^{-1}A) \subset f^{-1}(\partial A)$, also auch $P(X \in \partial(f^{-1}A)) = 0$. Die Verteilungskonvergenz $X_n \xrightarrow{\mathscr{L}} X$ impliziert daher

$$P(f(X_n) \in A) = P(X_n \in f^{-1}A) \xrightarrow[n \to \infty]{} P(X \in f^{-1}A) = P(f(X) \in A).$$

(b) Für $A \in \mathscr{B}^s$ mit $P(X \in \partial A) = 0$ und $\varepsilon > 0$ sei A^ε die ε-Umgebung von A. Die Funktion $\varepsilon \to P(X \in A^\varepsilon)$ ist wachsend und daher an höchstens abzählbar vielen Stellen unstetig. Ist ε eine Stetigkeitsstelle, so gilt $P(X \in \partial A^\varepsilon) = 0$ und daher

$$P(X_n + Y_n \in A) \leq P(|Y_n| \geq \varepsilon) + P(X_n \in A^\varepsilon) \to P(X \in A^\varepsilon),$$

also im Limes $\varepsilon \to 0$

$$\limsup_{n \to \infty} P(X_n + Y_n \in A) \leq P(X \in \bar{A}).$$

Wendet man dieses Ergebnis auf A^c an, so folgt

$$\liminf_{n \to \infty} P(X_n + Y_n \in A) \geq P(X \in A^o).$$

Da nach Voraussetzung $P(X \in A^o) = P(X \in \bar{A}) = P(X \in A)$, folgt hieraus die Behauptung.

(c) Wegen Aussage (a) gilt $\mathsf{M}X_n \xrightarrow{\mathscr{L}} \mathsf{M}X$. Infolge von (b) genügt es daher zu zeigen, dass $|(\mathsf{M}_n - \mathsf{M})X_n| \xrightarrow{P} 0$. Sei also $\varepsilon > 0$ beliebig vorgegeben. Dann können wir schreiben

$$P(|(\mathsf{M}_n - \mathsf{M})X_n| \geq \varepsilon) \leq P(\|\mathsf{M}_n - \mathsf{M}\| \geq \delta) + P(|X_n| \geq \varepsilon/\delta),$$

wobei $\delta > 0$ beliebig gewählt ist. Nach dem gleichen Argument wie in (b) gilt $P(|X| = \varepsilon/\delta) = 0$ für alle bis auf höchstens abzählbar viele $\delta > 0$. Für diese δ erhalten wir

$$\limsup_{n \to \infty} P(|(\mathsf{M}_n - \mathsf{M})X_n| \geq \varepsilon) \leq P(|X| \geq \varepsilon/\delta).$$

Im Limes $\delta \to 0$ folgt hieraus die Behauptung. $\diamond$

Nach diesen Vorbereitungen können wir uns nun dem Approximationsproblem zuwenden. Sei $E = \{1, \ldots, s\}$ eine endliche Menge mit $s \geq 2$, ρ eine Zähldichte auf E, und $X_1, X_2, \ldots$ eine Folge von unabhängigen E-wertigen Zufallsvariablen mit Verteilungsdichte ρ, d.h. $P(X_k = i) = \rho(i)$ für alle $i \in E$ und $k \in \mathbb{N}$. (Zum Beispiel kann man sich vorstellen, dass unendlich viele Stichproben mit Zurücklegen aus einer Urne gezogen werden; E ist dann die Menge der Farben, $\rho(i)$ der Anteil der Kugeln mit Farbe $i \in E$, und X_k die Farbe der k-ten Kugel.) Wir betrachten die absoluten Häufigkeiten

$$h_n(i) = |\{1 \leq k \leq n : X_k = i\}|,$$

mit denen die einzelnen Ergebnisse $i \in E$ bis zur Zeit n eingetreten sind. Der Zufallsvektor $h_n = (h_n(i))_{i \in E}$ hat dann nach Satz (2.9) die Multinomialverteilung $\mathcal{M}_{n,\rho}$ auf $\mathbb{Z}_+^s$.

Um einen zentralen Grenzwertsatz für h_n beweisen zu können, müssen wir den Zufallsvektor h_n geeignet standardisieren. Jedes einzelne $h_n(i)$ hat nach Beispiel (4.27) den Erwartungswert $n\rho(i)$ und die Varianz $n\rho(i)(1 - \rho(i))$. Die zugehörige Standardisierung $(h_n(i) - n\rho(i))/\sqrt{n\rho(i)(1 - \rho(i))}$ ist jedoch nicht geeignet, wie sich gleich zeigen wird. Und zwar liegt dies daran, dass die $h_n(i)$, $i \in E$, nicht unabhängig voneinander sind, da sie sich zu n summieren. Die richtige Standardisierung hat vielmehr der Zufallsvektor

$$(11.3) \qquad h_{n,\rho}^* = \left(\frac{h_n(i) - n\rho(i)}{\sqrt{n\rho(i)}} \right)_{1 \leq i \leq s}.$$

Man beachte zunächst, dass $h_{n,\rho}^*$ stets in der Hyperebene

$$\boldsymbol{H}_\rho = \left\{ x \in \mathbb{R}^s : \sum_{i=1}^s \sqrt{\rho(i)}\, x_i = 0 \right\}$$

liegt. Der folgende Satz wird zeigen, dass $h_{n,\rho}^*$ in Verteilung gegen die „multivariate Standardnormalverteilung auf $\boldsymbol{H}_\rho$" strebt. Genauer sei O_ρ eine orthogonale Matrix, in deren letzter Spalte der Einheitsvektor $u_\rho = (\sqrt{\rho(i)})_{1 \leq i \leq s}$ steht. O_ρ beschreibt also eine Drehung, welche die Hyperebene $\{x \in \mathbb{R}^s : x_s = 0\}$ in die Hyperebene $\boldsymbol{H}_\rho$ dreht. Sei ferner E_{s-1} die Diagonalmatrix mit Eintrag 1 in den ersten $s-1$ Diagonalelementen und 0 sonst. Dann beschreibt die Matrix $\Pi_\rho = \mathsf{O}_\rho \mathsf{E}_{s-1} \mathsf{O}_\rho^\top$ die Projektion auf die Hyperebene $\boldsymbol{H}_\rho$, und es gilt $\Pi_\rho^\top = \Pi_\rho = \Pi_\rho \Pi_\rho$. Wir definieren nun

$$(11.4) \qquad \mathcal{N}_\rho := \mathcal{N}_s(0, \Pi_\rho) = \mathcal{N}_s(0, \mathsf{E}) \circ \Pi_\rho^{-1},$$

d.h. $\mathcal{N}_\rho$ ist das Bild der s-dimensionalen Standardnormalverteilung $\mathcal{N}_s(0, \mathsf{E})$ unter der Projektion von $\mathbb{R}^s$ auf $\boldsymbol{H}_\rho$. Wie die Gestalt von Π_ρ und Satz (9.5) zeigen, ist $\mathcal{N}_\rho$ ebenfalls das Bild von $\mathcal{N}_s(0, \mathsf{E}_{s-1}) = \mathcal{N}_{0,1}^{\otimes(s-1)} \otimes \delta_0$ unter der Drehung O_ρ; siehe auch Abbildung 11.1. Es gilt dann der folgende zentrale Grenzwertsatz.

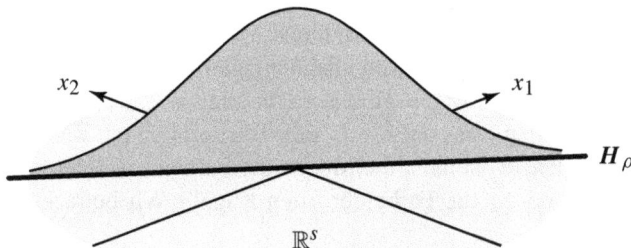

Abbildung 11.1: Veranschaulichung von $\mathcal{N}_\rho$, der Standardnormalverteilung auf der Hyperebene $\boldsymbol{H}_\rho$ in $\mathbb{R}^s$, für $s = 2$ und $\rho = (0.4, 0.6)$.

(11.5) Satz: Normalapproximation von Multinomialverteilungen. *Seien* $(X_i)_{i \geq 1}$ *unabhängige E-wertige Zufallsvariablen mit identischer Verteilungsdichte* ρ *und* $h^*_{n,\rho}$ *wie in* (11.3) *das zugehörige standardisierte Histogramm nach n Beobachtungen. Dann gilt*

$$h^*_{n,\rho} \xrightarrow{\mathcal{L}} \mathcal{N}_\rho$$

für $n \to \infty$.

Dem Beweis schicken wir ein Lemma voraus, das auch von eigenem Interesse ist. Dies wird es uns erlauben, die abhängigen Zufallsvariablen $h^*_{n,\rho}(i)$, $i \in E$, durch unabhängige Zufallsvariablen zu ersetzen und den zentralen Grenzwertsatz anzuwenden.

(11.6) Lemma: Poisson-Darstellung von Multinomialverteilungen. *Seien* $(Z_k(i))_{k \geq 1, 1 \leq i \leq s}$ *unabhängige Zufallsvariablen, und* $Z_k(i)$ *habe die Poisson-Verteilung* $\mathcal{P}_{\rho(i)}$. *Seien ferner* $S_n(i) = \sum_{k=1}^n Z_k(i)$, $S_n = (S_n(i))_{1 \leq i \leq s}$, *und* $N_n = \sum_{i=1}^s S_n(i)$. *Dann gilt für alle* $m, n \in \mathbb{N}$ *und alle* $\ell = (\ell(i))_{1 \leq i \leq s} \in \mathbb{Z}_+^s$ *mit* $\sum_{i=1}^s \ell(i) = m$

$$P(S_n = \ell | N_n = m) = \mathcal{M}_{m,\rho}(\{\ell\}) = P(h_m = \ell) .$$

Abbildung 11.2 veranschaulicht diesen Sachverhalt (der in Aufgabe 3.22 auf andere Weise dargestellt ist).

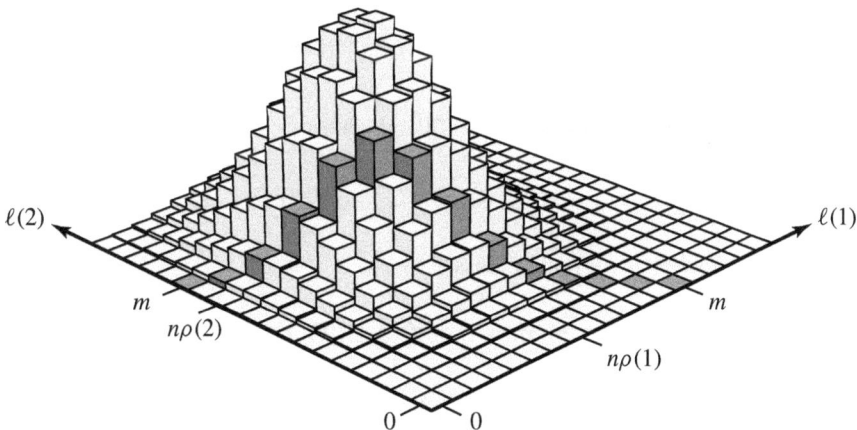

Abbildung 11.2: Der Schnitt durch das Histogramm von $P \circ S_n^{-1} = \bigotimes_{i=1}^s \mathcal{P}_{n\rho(i)}$ entlang $\sum_{i=1}^s \ell(i) = m$ ist proportional zum Histogramm von $\mathcal{M}_{m,\rho}$. Hier der Fall $s = 2$, $\rho = (0.4, 0.6)$, $n = 18$, $m = 13$.

Beweis: Nach der Faltungsformel (4.41) für Poisson-Verteilungen hat $S_n(i)$ die Poisson-Verteilung $\mathcal{P}_{n\rho(i)}$ und N_n die Poisson-Verteilung $\mathcal{P}_n$. Somit gilt (mit dem Multinomialkoeffizienten $\binom{m}{\ell}$ aus (2.8))

$$P(S_n = \ell | N_n = m) = \prod_{i=1}^{s} e^{-n\rho(i)} \frac{(n\rho(i))^{\ell(i)}}{\ell(i)!} \bigg/ e^{-n} \frac{n^m}{m!}$$

$$= \binom{m}{\ell} \prod_{i=1}^{s} \rho(i)^{\ell(i)} = \mathcal{M}_{m,\rho}(\{\ell\}),$$

und dies ist gerade die Behauptung. ◇

Aus dem Lemma ergibt sich die folgende *Beweisidee für Satz* (11.5). Man betrachte die standardisierten Zufallsvariablen

$$S_n^*(i) = \frac{S_n(i) - n\rho(i)}{\sqrt{n\rho(i)}}, \quad N_n^* = \frac{N_n - n}{\sqrt{n}} = \sum_{i=1}^{s} \sqrt{\rho(i)}\, S_n^*(i),$$

und die Vektoren $S_n^* = (S_n^*(i))_{1 \le i \le s}$ und $Y_n^* = \mathsf{O}_\rho^\top S_n^*$. Nach Definition der Matrix O_ρ gilt dann $Y_n^*(s) = N_n^*$ und daher

$$P(h_n^* \in A) = P(S_n^* \in A | N_n^* = 0) = P(Y_n^* \in \mathsf{O}_\rho^{-1} A | Y_n^*(s) = 0).$$

Aus dem zentralen Grenzwertsatz (5.29) ergibt sich

(11.7) $$S_n^* \xrightarrow{\mathscr{L}} \mathcal{N}_{0,1}^{\otimes s} = \mathcal{N}_s(0, \mathsf{E}),$$

also mit Proposition (11.2a) und Korollar (9.4) auch

(11.8) $$Y_n^* \xrightarrow{\mathscr{L}} \mathcal{N}_s(0, \mathsf{E}) \circ \mathsf{O}_\rho = \mathcal{N}_s(0, \mathsf{E}).$$

Es ist daher plausibel zu vermuten, dass

$$P(Y_n^* \in \mathsf{O}_\rho^{-1} A | Y_n^*(s) = 0) \xrightarrow[n \to \infty]{} \mathcal{N}_s(0, \mathsf{E})(\mathsf{O}_\rho^{-1} A | \{x \in \mathbb{R}^s : x_s = 0\}).$$

Diese letzte bedingte Wahrscheinlichkeit ist zwar nicht definiert, da die Bedingung Wahrscheinlichkeit 0 hat, kann aber in natürlicher Weise mit $\mathcal{N}_s(0, \mathsf{E}_{s-1})(\mathsf{O}_\rho^{-1} A) = \mathcal{N}_\rho(A)$ identifiziert werden. Wir erhalten somit genau die Behauptung des Satzes. Der benötigte *bedingte* zentrale Grenzwertsatz erfordert allerdings etwas Arbeit. Wir werden dazu von Monotonieeigenschaften der Multinomialverteilungen Gebrauch machen.

Beweis von Satz (11.5): Wir betrachten wieder die in Lemma (11.6) eingeführten Zufallsvariablen.

1. Schritt: Übergang zu „weichen" Bedingungen an N_n^*. Sei A ein Orthant wie in Bemerkung (11.1). Die entscheidende Eigenschaft für uns ist, dass A fallend ist bezüglich der natürlichen Halbordnung auf $\mathbb{R}^s$: Ist $x \in A$ und $y \leq x$ (koordinatenweise), so gilt auch $y \in A$. Für beliebige $m, n \geq 1$ betrachten wir nun

$$h_{m,n}^* := \big((h_m(i) - n\rho(i))/\sqrt{n\rho(i)}\big)_{1 \leq i \leq s}$$

und

$$q_{m,n} := P(h_{m,n}^* \in A) = P(S_n^* \in A | N_n = m);$$

die letzte Gleichung folgt dabei aus Lemma (11.6). Wegen $h_{n,n}^* = h_n^*$ sind wir eigentlich nur an dem Fall $m = n$ interessiert, aber zur Aufweichung der „harten" Bedingung $m = n$ wollen jetzt mit m ein wenig von n abweichen. Da $h_m \leq h_{m+1}$ koordinatenweise, gilt $\{h_{m,n}^* \in A\} \supset \{h_{m+1,n}^* \in A\}$, d.h. $q_{m,n}$ ist fallend in m. Folglich ergibt sich für alle $\varepsilon > 0$ aus der Fallunterscheidungsformel (3.3a) die Ungleichung

$$q_{n,n} \geq \sum_{m=n}^{\lfloor n+\varepsilon\sqrt{n} \rfloor} q_{m,n} \, P(N_n = m | N_n^* \in [0, \varepsilon]) = P(S_n^* \in A | N_n^* \in [0, \varepsilon])$$

und analog $q_{n,n} \leq P(S_n^* \in A | N_n^* \in [-\varepsilon, 0])$.

2. Schritt: Anwendung des zentralen Grenzwertsatzes. Für jeden Orthanten $A = \prod_{i=1}^s \,]\infty, a_i]$ folgt aus dem zentralen Grenzwertsatz (5.29) und der Unabhängigkeit der Koordinaten von S_n^* die Konvergenz

$$P(S_n^* \in A) = \prod_{i=1}^s P(S_n^*(i) \leq a_i) \xrightarrow[n \to \infty]{} \prod_{i=1}^s \Phi(a_i) = \mathcal{N}_s(0, \mathsf{E})(A).$$

Wegen Bemerkung (11.1) ist dies gleichbedeutend mit der Verteilungskonvergenz (11.7), und hieraus folgt Aussage (11.8). Also gilt für jeden Orthanten A und $U_\varepsilon = \{x \in \mathbb{R}^s : x_s \in [0, \varepsilon]\}$

$$P(S_n^* \in A | N_n^* \in [0, \varepsilon]) = \frac{P(Y_n^* \in \mathsf{O}_\rho^{-1} A \cap U_\varepsilon)}{P(Y_n^* \in U_\varepsilon)} \to \mathcal{N}_s(0, \mathsf{E})(\mathsf{O}_\rho^{-1} A | U_\varepsilon) =: q_\varepsilon.$$

Wir untersuchen nun den letzten Ausdruck im Limes $\varepsilon \to 0$. Nach Beispiel (3.30) und dem Satz von Fubini ist

$$q_\varepsilon = \mathcal{N}_{0,1}([0, \varepsilon])^{-1} \int_0^\varepsilon dt \, \phi(t) \, f_{A,\rho}(t),$$

wobei

$$f_{A,\rho}(t) = \mathcal{N}_{s-1}(0, \mathsf{E})\big(x \in \mathbb{R}^{s-1} : (x, t) \in \mathsf{O}_\rho^{-1} A\big).$$

Im Limes $t \to 0$ gilt $1_{O_\rho^{-1} A}(x, t) \to 1_{O_\rho^{-1} A}(x, 0)$ für Lebesgue-fast alle x, und daher $f_{A,\rho}(t) \to f_{A,\rho}(0) = \mathcal{N}_\rho(A)$ nach dem Satz von der dominierten Konvergenz; siehe Aufgabe 4.7b. Somit folgt $q_\varepsilon \to \mathcal{N}_\rho(A)$ für $\varepsilon \to 0$, und zusammen mit dem ersten Schritt ergibt sich

$$\liminf_{n \to \infty} q_{n,n} \geq \sup_{\varepsilon > 0} q_\varepsilon \geq \mathcal{N}_\rho(A) .$$

Analog erhält man mit Hilfe der oberen Abschätzung im ersten Schritt die umgekehrte Ungleichung $\limsup_{n \to \infty} q_{n,n} \leq \mathcal{N}_\rho(A)$, und daher mit Bemerkung (11.1) die Behauptung des Satzes. $\diamond$

11.2 Der Chiquadrat-Anpassungstest

Wie testet man die Korrektheit eines Würfels? Oder die Zufälligkeit eines Algorithmus für Pseudozufallszahlen? Oder die Richtigkeit einer Vererbungstheorie, die für die verschiedenen Ausprägungen eines Merkmals gewisse Häufigkeiten vorhersagt? Dazu führt man n unabhängige Experimente durch, deren Ergebnisse in einer endlichen Menge $E = \{1, \ldots, s\}$ liegen, und beobachtet die relativen Häufigkeiten der einzelnen Ergebnisse $i \in \{1, \ldots, s\}$. Wenn diese nahe genug bei den erwarteten Wahrscheinlichkeiten (beim Würfel also bei $1/6$) liegen, wird man diese akzeptieren, andernfalls verwerfen. Aber was bedeutet „nahe genug"? Dazu müssen wir zunächst einmal das statistische Modell formulieren.

Da wir die Anzahl n der unabhängigen Beobachtungen gegen ∞ streben lassen wollen, ist es wieder bequem, in einem unendlichen Produktmodell zu arbeiten. Da jede Einzelbeobachtung Werte in $E = \{1, \ldots, s\}$ hat, ist der Ergebnisraum dann $\mathcal{X} = E^{\mathbb{N}}$, versehen mit der Produkt-σ-Algebra $\mathscr{F} = \mathscr{P}(E)^{\otimes \mathbb{N}}$. Für jedes Einzelexperiment wollen wir alle im Prinzip denkbaren Verteilungen in Betracht ziehen, aber nur solche, bei denen jedes Ergebnis positive Wahrscheinlichkeit bekommt. Wir setzen daher Θ gleich der Menge aller strikt positiven Zähldichten auf $\{1, \ldots, s\}$, d.h.

$$\Theta = \left\{ \vartheta = (\vartheta(i))_{1 \leq i \leq s} \in {]0, 1[}^s : \sum_{i=1}^{s} \vartheta(i) = 1 \right\} .$$

Jedes $\vartheta \in \Theta$ soll auch als Wahrscheinlichkeitsmaß auf $E = \{1, \ldots, s\}$ aufgefasst werden, d.h. wir wollen nicht zwischen Wahrscheinlichkeitsmaßen und ihren Zähldichten unterscheiden. Für $\vartheta \in \Theta$ sei dann $P_\vartheta = \vartheta^{\otimes \mathbb{N}}$ das unendliche Produkt von ϑ auf $E^{\mathbb{N}}$. Unser statistisches Modell ist somit das unendliche Produktmodell

$$(\mathcal{X}, \mathscr{F}, P_\vartheta : \vartheta \in \Theta) = (E^{\mathbb{N}}, \mathscr{P}(E)^{\otimes \mathbb{N}}, \vartheta^{\otimes \mathbb{N}} : \vartheta \in \Theta) .$$

Die k-te Beobachtung wird wieder durch die k-te Projektion $X_k : \mathcal{X} \to E$ beschrieben.

Die zu Beginn formulierten Testprobleme reduzieren sich nun alle auf die Frage: *Haben die Beobachtungen X_k eine bestimmte (theoretisch vermutete) Verteilung $\rho = (\rho(i))_{1 \leq i \leq s}$?* (Beim Würfel und den Pseudozufallszahlen ist ρ die Gleichverteilung, beim genetischen Problem die theoretische Häufigkeitsverteilung der verschiedenen Ausprägungen des Merkmals.) Getestet werden soll also die Nullhypothese $H_0 : \vartheta = \rho$ gegen die Alternative $H_1 : \vartheta \neq \rho$, d. h. wir setzen $\Theta_0 = \{\rho\}$ und $\Theta_1 = \Theta \setminus \{\rho\}$.

Für jedes $n \geq 1$ betrachten wir dazu die (absoluten) Häufigkeiten

$$h_n(i) = |\{1 \leq k \leq n : X_k = i\}|\,,$$

mit denen die Ergebnisse $1 \leq i \leq s$ bis zur Zeit n beobachtet werden. Der zugehörige (Zufalls-)Vektor der relativen Häufigkeiten

$$L_n = \left(\frac{h_n(1)}{n}, \ldots, \frac{h_n(s)}{n} \right)$$

beschreibt das *empirische Histogramm* (oder die *empirische Verteilung*) nach n Beobachtungen. Wie soll man entscheiden, ob L_n nahe genug bei ρ liegt, um die Nullhypothese zu akzeptieren?

Dazu lassen wir uns vom Maximum-Likelihood-Prinzip inspirieren und fragen, wie denn ein Likelihood-Quotienten-Test für unser Problem aussieht. Der Likelihood-Quotient nach n Beobachtungen hat die Form

$$R_n = \frac{\sup_{\vartheta \in \Theta_1} \prod_{i=1}^s \vartheta(i)^{h_n(i)}}{\prod_{i=1}^s \rho(i)^{h_n(i)}}\,.$$

Da Θ_1 in Θ dicht liegt, stimmt das Supremum im Zähler aus Stetigkeitsgründen mit dem Supremum über ganz Θ überein. Gemäß Beispiel (7.7) wird letzteres aber genau für $\vartheta = L_n$ angenommen, denn L_n ist gerade der Maximum-Likelihood-Schätzer für ϑ. Wir erhalten also

(11.9) $$\log R_n = n \sum_{i=1}^s L_n(i) \log \frac{L_n(i)}{\rho(i)} = n\, H(L_n; \rho)\,;$$

dabei ist $H(\cdot\,;\cdot)$ die in (7.31) eingeführte relative Entropie. Der logarithmische Likelihood-Quotient ist also gerade (bis auf den Faktor n) die relative Entropie der empirischen Verteilung L_n bezüglich des bei der Nullhypothese zugrunde liegenden ρ. Ein auf n unabhängigen Beobachtungen basierender Likelihood-Quotienten-Test hat daher die Gestalt

$$\varphi_n = \begin{cases} 1 \\ 0 \end{cases} \text{falls} \quad \begin{matrix} n\, H(L_n; \rho) > c\,, \\ n\, H(L_n; \rho) \leq c \end{matrix}$$

mit einer (möglicherweise von n abhängigen) Konstanten c, die in Abhängigkeit vom Niveau α gewählt werden muss. Dafür erweist es sich als hilfreich, dass die relative Entropie im Limes $n \to \infty$ (unter der Nullhypothese P_ρ) durch eine quadratische Taylor-Approximation ersetzt werden kann:

(11.10) Proposition: Quadratische Approximation der Entropie. *Sei*

$$(11.11) \qquad D_{n,\rho} = \sum_{i=1}^{s} \frac{(h_n(i) - n\rho(i))^2}{n\rho(i)} = n \sum_{i=1}^{s} \rho(i) \left(\frac{L_n(i)}{\rho(i)} - 1 \right)^2.$$

Dann gilt im Limes $n \to \infty$ die stochastische Konvergenz

$$n \, H(L_n; \rho) - D_{n,\rho}/2 \xrightarrow{P_\rho} 0.$$

Beweis: Wir setzen zunächst voraus, dass $D_{n,\rho} \le c$ für ein vorgegebenes $c > 0$. Setzen wir zur Abkürzung $a(i) = \frac{L_n(i)}{\rho(i)} - 1$, so ist

$$n \sum_{i=1}^{s} \rho(i) \, a(i)^2 = D_{n,\rho} \le c,$$

also $a(i)^2 \le c/n\rho(i)$. Mit dem Landau-Symbol können wir also schreiben $a(i) = O(n^{-1/2})$. Nach Bemerkung (7.31) gilt andrerseits

$$n \, H(L_n; \rho) = n \sum_{i=1}^{s} \rho(i) \, \psi(1 + a(i))$$

mit der Funktion $\psi(u) = 1 - u + u \log u$. ψ erreicht an der Stelle $u = 1$ seinen Minimalwert 0 und hat dort die Taylor-Approximation $\psi(u) = (u - 1)^2/2 + O(|u - 1|^3)$, siehe Abb. 11.3. Also gilt

$$n \, H(L_n; \rho) = n \sum_{i=1}^{s} \rho(i) \left(a(i)^2/2 + O(n^{-3/2}) \right) = D_{n,\rho}/2 + O(n^{-1/2}).$$

Zum Beweis der stochastischen Konvergenz sei nun $\varepsilon > 0$ beliebig gegeben. Aus dem soeben Gezeigten ergibt sich dann für jedes $c > 0$ und alle hinreichend großen n die Inklusion

$$A_n := \{ |n \, H(L_n; \rho) - D_{n,\rho}/2| > \varepsilon \} \subset \{ D_{n,\rho} > c \}.$$

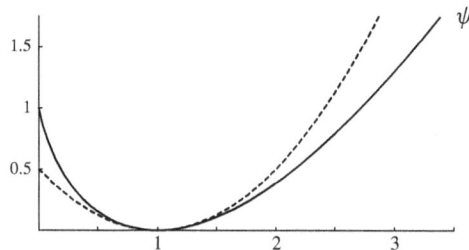

Abbildung 11.3: Die Funktion ψ und ihre Taylor-Parabel an der Stelle 1 (gestrichelt).

Da jedes $h_n(i)$ gemäß Satz (2.9) binomialverteilt ist, folgt weiter mit Beispiel (4.27)

$$\mathbb{E}_\rho(D_{n,\rho}) = \sum_{i=1}^{s} \frac{\mathbb{V}_\rho(h_n(i))}{n\rho(i)} = \sum_{i=1}^{s}(1 - \rho(i)) = s - 1 \,.$$

Mit der Markov-Ungleichung (5.4) folgt $P(A_n) \leq (s - 1)/c$ für alle hinreichend großen n bei beliebig vorgegebenem c, und also $P(A_n) \to 0$. Das war zu zeigen. $\diamond$

Die Proposition besagt, dass ein Likelihood-Quotienten-Test auf der Nullhypothese im Wesentlichen mit dem folgenden Test übereinstimmt.

Definition: Sei $D_{n,\rho}$ wie in (11.10) definiert. Ein Test für das Testproblem $H_0 : \vartheta = \rho$ gegen $H_1 : \vartheta \neq \rho$ mit einem Ablehnungsbereich der Gestalt $\{D_{n,\rho} > c\}$ für ein $c > 0$ heißt dann ein *Chiquadrat-Anpassungstest* nach n Beobachtungen (oder kurz ein χ^2-Anpassungstest).

Bei einem χ^2-Anpassungstest wird also die Funktion $D_{n,\rho}$ als Maß für die Abweichung des beobachteten Histogramms L_n von der hypothetischen Verteilung ρ verwendet. Bei der praktischen Berechnung von $D_{n,\rho}$ für eine konkrete Stichprobe erweist sich die Formel

$$D_{n,\rho} = n \sum_{i=1}^{s} \frac{L_n(i)^2}{\rho(i)} - n$$

als besonders bequem, welche sich aus (11.11) durch Ausquadrieren ergibt. Diese Formel zeigt insbesondere, dass die Nullhypothese genau dann angenommen wird, wenn L_n in das zentrierte Ellipsoid mit Halbachse $\sqrt{\rho(i)(1 + \frac{c}{n})}$ in Richtung i fällt, bzw. genauer in dessen Durchschnitt mit dem Simplex Θ; siehe Abbildung 11.4.

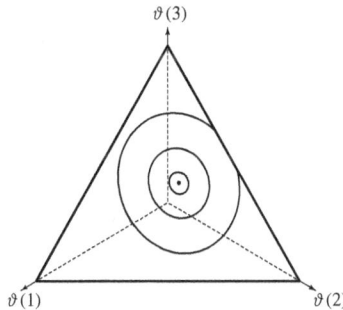

Abbildung 11.4: Akzeptanz-Ellipsen des χ^2-Anpassungstests im Simplex Θ für $s = 3$, $\rho = (3, 4, 5)/12$ (durch den Punkt markiert), $\alpha = 1\%$, und $n = 25, 100, 1000$. Die Nullhypothese wird akzeptiert, wenn L_n in die betreffende Ellipse fällt.

Warum der Name χ^2-Test? Das ergibt sich aus dem folgenden Satz, welcher sagt: Die asymptotische Verteilung von $D_{n,\rho}$ für $n \to \infty$ ist gerade eine χ^2-Verteilung. Sein Entdecker Karl Pearson (1857–1936) ist der Vater des Egon S. Pearson aus dem Neyman–Pearson-Lemma.

(11.12) Satz: K. Pearson 1900. *Im Limes* $n \to \infty$ *gilt unter der Nullhypothese* P_ρ *die Verteilungskonvergenz* $D_{n,\rho} \xrightarrow{\mathscr{L}} \chi^2_{s-1}$, *d. h. für alle* $c > 0$ *gilt*

$$\lim_{n \to \infty} P_\rho(D_{n,\rho} \leq c) = \chi^2_{s-1}([0,c]) \,.$$

Aus den Propositionen (11.10) und (11.2b) ergibt sich ebenfalls die Verteilungskonvergenz $2n\, H(L_n; \rho) \xrightarrow{\mathscr{L}} \chi^2_{s-1}$.

Beweis: Wir betrachten den standardisierten Häufigkeitsvektor $h^*_{n,\rho}$ aus (11.3). Offenbar gilt $D_{n,\rho} = |h^*_{n,\rho}|^2$. Gemäß Satz (11.5) konvergiert $h^*_{n,\rho}$ unter P_ρ in Verteilung gegen die multivariate Gaußverteilung $\mathcal{N}_\rho$, die durch eine Drehung O_ρ aus $\mathcal{N}_{0,1}^{\otimes(s-1)} \otimes \delta_0$ hervorgeht. Speziell für die drehinvariante Menge $A = \{|\cdot|^2 \leq c\}$ erhalten wir daher mit Satz (9.10)

$$P_\rho(D_{n,\rho} \leq c) = P_\rho(h^*_{n,\rho} \in A) \xrightarrow[n \to \infty]{} \mathcal{N}_\rho(A)$$
$$= \mathcal{N}_{0,1}^{\otimes(s-1)}(x \in \mathbb{R}^{s-1} : |x|^2 \leq c) = \chi^2_{s-1}([0,c]) \,,$$

denn es ist ja auch $\mathcal{N}_\rho(\partial A) = \chi^2_{s-1}(\{c\}) = 0$. Damit ist der Satz bewiesen. $\diamond$

Der Satz von Pearson ermöglicht uns, die Konstante c in der Definition des χ^2-Anpassungstests so zu wählen, dass ein vorgegebener Umfang α zumindest approximativ bei großem n eingehalten wird. In der Tat: Man setze einfach $c = \chi^2_{s-1;1-\alpha}$, das α-Fraktil der χ^2-Verteilung mit $s-1$ Freiheitsgraden. Definitionsgemäß gilt dann $\chi^2_{s-1}(]c, \infty[) = \alpha$. Nach Satz (11.12) hat daher der χ^2-Anpassungstest zum Schwellenwert c bei hinreichend großem n ungefähr den Umfang α. Man verwendet gelegentlich die Faustregel, dass die Approximation im Fall $n \geq 5/\min_{1 \leq i \leq s} \rho(i)$ ausreichend gut ist. Für kleinere n müsste man die exakte Verteilung von $D_{n,\rho}$ benutzen, die sich aus der Multinomialverteilung ableiten lässt – wie wir im Beweis von Satz (11.12) gesehen haben. Es folgen zwei Beispiele für die Anwendung des χ^2-Anpassungstests.

(11.13) Beispiel: *Mendels Erbsen.* Eines der klassischen Versuchsergebnisse, die Gregor Mendel 1865 zur Untermauerung seiner Vererbungslehre publizierte, ist das folgende. Er beobachtete bei Erbsen die beiden Merkmale „Form" und „Farbe" mit den jeweiligen Ausprägungen „rund" (A) oder „kantig" (a) bzw. „gelb" (B) oder „grün" (b). Das Merkmal „rund" ist dominant, d. h. die drei Genotypen AA, Aa und aA führen alle zum runden Phänotyp, und nur die Erbsen vom Genotyp aa sind kantig. Ebenso ist „gelb" dominant. Betrachtet man daher die Nachkommen einer Pflanze vom heterozygoten Genotyp AaBb, so sollten nach Mendels Theorie die vier möglichen Phänotypen

Tabelle 11.1: Mendels Häufigkeitsbeobachtungen bei $n = 556$ Erbsen.

	gelb	grün
rund	315	108
kantig	101	32

im Häufigkeitsverhältnis 9 : 3 : 3 : 1 auftreten. Tabelle 11.1 enthält Mendels experimentelle Daten.

Wird die Theorie durch dieses Ergebnis gestützt? Das heißt: Kann die Nullhypothese, dass den Beobachtungen die Häufigkeitsverteilung $\rho = (9/16, 3/16, 3/16, 1/16)$ zugrunde liegt, bestätigt werden? Mit dem χ^2-Anpassungstest lässt sich diese Frage wie folgt beantworten. Wir wählen das relativ große Niveau $\alpha = 0.1$, um die Macht des Tests möglichst groß zu machen, also um eine Abweichung von der Theorie möglichst sicher aufzudecken. Es ist $s = 4$, also benötigen wir das 0.9-Quantil der χ^2-Verteilung mit 3 Freiheitsgraden. Tabelle B auf Seite 384 liefert $\chi^2_{3;0.9} = 6.3$. Für das Beobachtungsergebnis x aus Tabelle 11.1 bekommt man

$$D_{n,\rho}(x) = \frac{16}{556}\left(\frac{315^2}{9} + \frac{108^2}{3} + \frac{101^2}{3} + \frac{32^2}{1}\right) - 556 = 0.470 < 6.3\,.$$

Also kann Mendels Theorie aus dieser Stichprobe in der Tat bestätigt werden. Verblüffend ist allerdings der geringe Wert von $D_{n,\rho}(x)$. Laut Tabelle B ist $\chi^2_3([0, 0.5]) < 0.1$, die Wahrscheinlichkeit für eine so geringe Abweichung also geringer als 10%! Es ist deshalb vielfach der Verdacht geäußert worden, dass Mendel die Zahlen manipuliert habe, um seine Theorie glaubwürdiger zu machen. Wie dem auch sei: Da Pearson seinen Satz erst 35 Jahre später bewies, konnte Mendel nicht einschätzen, in welcher Größenordnung sich die stochastischen Fluktuationen normalerweise bewegen.

(11.14) Beispiel: *Münchner Sonntagsfrage.* Die Süddeutsche Zeitung vom 10.5.2001 veröffentlichte die Ergebnisse einer Umfrage unter $n = 783$ Münchner Bürgern mit der Fragestellung: „Wenn am nächsten Sonntag Kommunalwahl wäre, welche Partei würden Sie wählen?"; siehe Tabelle 11.2. Sie stellte heraus, dass damit erstmalig seit den vorangegangenen Stadtratswahlen die SPD in Führung liege. Bestätigen die Umfrageergebnisse eine Verschiebung der Wählergunst?

Tabelle 11.2: Ergebnisse der Umfrage vom 10.5.2001 und der Münchner Stadtratswahlen vom 10.3.1996, in Prozent.

	CSU	SPD	Grüne	Sonstige
Umfrage	38.0	38.7	11.7	11.6
Stadtratswahl	37.9	37.4	9.6	15.1

Oder genauer: Wenn ρ die Prozentverteilung bei den letzten Stadtratswahlen bezeichnet, liegt dieses ρ auch noch der Stichprobe in der Umfrage zugrunde? Das ist genau die Nullhypothese eines χ^2-Anpassungstests. Beim Irrtumsniveau $\alpha = 0.02$ liefert uns Tabelle B das Fraktil $\chi^2_{3;0.98} = 9.837$, und für die Stichprobe x aus der Umfrage erhält man den Wert $D_{n,\rho}(x) = 10.3$. Der χ^2-Test führt also zur Ablehnung der Nullhypothese: Die Umfrage deutet auf eine Veränderung der Wählermeinung. Allerdings ist die Entscheidung recht knapp. Beim Irrtumsniveau $\alpha = 0.01$ müsste die Nullhypothese akzeptiert werden, denn es ist $\chi^2_{3;0.99} = 11.34$.

Der χ^2-Anpassungstest ist so angelegt, dass sein Umfang im Limes $n \to \infty$ gegen den vorgegebenen Wert α konvergiert. Eine Version des Satzes (10.4) von Stein (siehe Aufgabe 11.4) garantiert daher, dass die Macht an jeder Stelle $\vartheta \neq \rho$ mit exponentieller Geschwindigkeit gegen 1 strebt; d.h. die Wahrscheinlichkeit für einen Fehler zweiter Art verschwindet exponentiell schnell. Kann man dann nicht auch die Wahrscheinlichkeit eines Fehlers erster Art mit exponentieller Geschwindigkeit gegen 0 streben lassen? Wenn man das möchte, darf man allerdings nicht mehr die relative Entropie durch ihre quadratische Approximation ersetzen, sondern muss sie selbst als Kriterium für die Abweichung des empirischen Histogramms L_n von der Nullhypothese ρ verwenden. Es zeigt sich, dass dann die Irrtumswahrscheinlichkeiten sowohl erster als auch zweiter Art exponentiell gegen 0 streben. Die genaue Aussage ist die folgende.

(11.15) Satz: Hoeffding's Entropietest, 1965. *Für gegebenes $a > 0$ sei φ_n der Test mit Ablehnungsbereich $\{H(L_n; \rho) > a\}$. Dann gilt:*

(a) *Der Umfang von φ_n fällt exponentiell schnell mit Rate a, d.h.*

$$\lim_{n \to \infty} \frac{1}{n} \log \mathbb{E}_\rho(\varphi_n) = -a \,.$$

(b) *Die Macht von φ_n erfüllt für jedes $\vartheta \neq \rho$ die Abschätzung*

$$\mathbb{E}_\vartheta(\varphi_n) \geq 1 - \exp\Big[-n \min_{\nu:H(\nu;\rho)\leq a} H(\nu; \vartheta) \Big] \,,$$

und für keine Testfolge mit Eigenschaft (a) strebt die Macht schneller gegen 1.

Das Minimum in Aussage (b) ist im Fall $H(\vartheta; \rho) > a$ gemäß Bemerkung (7.31) strikt positiv; in diesem Fall konvergiert die Macht also mit exponentieller Geschwindigkeit gegen 1. Über den alternativen Fall wird keine Aussage gemacht. Die Abfallrate a für den Fehler 1. Art muss also klein genug gewählt werden, wenn die Macht auf einem großen Teil der Alternative exponentiell schnell gegen 1 streben soll.

Beweis: Wir beweisen hier nur einen Teil des Satzes, nämlich den behaupteten exponentiellen Abfall; für die Optimalität der erhaltenen Schranken verweisen wir z.B. auf [11], p. 44. Die entscheidende Ungleichung ist die folgende: Ist $\rho \in \Theta$ und A eine beliebige Teilmenge von $\bar{\Theta}$, der Menge aller (nicht notwendig strikt positiven) Zähldichten auf E, so gilt

(11.16) $$\frac{1}{n} \log P_\rho(L_n \in A) \leq -\inf_{\nu \in A} H(\nu; \rho) + \delta_n \,,$$

wobei $\delta_n = \frac{s}{n} \log(n+1) \to 0$ für $n \to \infty$. Sei nämlich $\bar{\Theta}_n$ die Menge aller $\nu \in \bar{\Theta}$ mit $n\,\nu(i) \in \mathbb{Z}_+$ für alle $1 \leq i \leq s$. Da jedes solche $\nu(i)$ höchstens $n+1$ verschiedene Werte annehmen kann, gilt dann $|\bar{\Theta}_n| \leq (n+1)^s = e^{n\delta_n}$. Für $\nu \in \bar{\Theta}_n$ ergibt sich, indem man P_ρ durch P_ν ersetzt,

$$P_\rho(L_n = \nu) = \mathbb{E}_\nu\left(1_{\{L_n=\nu\}} \prod_{i \in E: \nu(i) > 0} \left(\frac{\rho(i)}{\nu(i)}\right)^{h_n(i)}\right)$$

$$= \mathbb{E}_\nu\left(1_{\{L_n=\nu\}} e^{-n H(\nu;\rho)}\right) \leq e^{-n H(\nu;\rho)},$$

und durch Summation über alle möglichen $\nu \in A$ folgt

$$P_\rho(L_n \in A) = P_\rho(L_n \in A \cap \bar{\Theta}_n) \leq |\bar{\Theta}_n| \exp\left[-n \inf_{\nu \in A} H(\nu; \rho)\right]$$

und somit (11.16).

Setzt man nun speziell $A = \{\nu \in \bar{\Theta} : H(\nu; \rho) > a\}$, so hat der Ablehnungsbereich von φ_n gerade die Form $\{L_n \in A\}$, und (11.16) liefert die Ungleichung

$$\frac{1}{n} \log \mathbb{E}_\rho(\varphi_n) \leq -a + \delta_n,$$

also die für Anwendungen entscheidende Hälfte von Aussage (a). Genauso ergibt sich aus (11.16) (mit ϑ anstelle von ρ)

$$1 - \mathbb{E}_\vartheta(\varphi_n) = P_\vartheta(L_n \in A^c) \leq \exp\left[n\left(-\min_{\nu \in A^c} H(\nu; \vartheta) + \delta_n\right)\right].$$

Bis auf den Fehlerterm δ_n ist das gerade die Abschätzung in Aussage (b). (Dass δ_n hier de facto überflüssig ist, folgt aus der Konvexität von A^c; siehe [11].) ◇

11.3 Der Chiquadrat-Test auf Unabhängigkeit

Wir beginnen wieder mit einem Motivationsbeispiel.

(11.17) Beispiel: *Umweltbewusstsein und Bildungsstand.* Hat die Schulbildung einen Einfluss auf das Umweltbewusstsein? In einer einschlägigen EMNID-Umfrage wurde dazu $n = 2004$ zufällig ausgewählten Personen die Frage vorgelegt, wie sehr sie sich durch Umweltschadstoffe beeinträchtigt fühlten (mit $a = 4$ möglichen Antworten von „überhaupt nicht" bis „sehr"), und andrerseits der Schulabschluss der befragten Personen ermittelt (in $b = 5$ Stufen von „ungelernt" bis „Hochschulabschluss"). Die Ergebnisse sind zusammengefasst in Tabelle 11.3, einer sogenannten *Kontingenztafel*, die für jedes Merkmalspaar $(i, j) \in \{1, \ldots, a\} \times \{1, \ldots, b\}$ die Anzahl der befragten Personen angibt, welche diese beiden Merkmale aufweisen (zusammen mit den entsprechenden Zeilen- und Spaltensummen).

Es fällt auf, dass in den Spalten 1 bis 3 die Antwort „überhaupt nicht" deutlich dominiert, während in den Spalten 4 und 5 das Maximum bei „etwas" liegt. Sind diese Unterschiede aber so signifikant, dass man die These einer Korrelation zwischen Umweltbewusstsein und Bildungsstand für erhärtet ansehen kann?

Tabelle 11.3: Kontingenztafel zur Umweltumfrage; nach [66].

Beeinträchtigung	Schulbildung					Σ
	1	2	3	4	5	
überhaupt nicht	212	434	169	79	45	939
etwas	85	245	146	93	69	638
ziemlich	38	85	74	56	48	301
sehr	20	35	30	21	20	126
Σ	355	799	419	249	182	2004

Ähnliche Fragen nach der Korrelation zweier Merkmale tauchen in vielerlei Zusammenhängen auf: der Abhängigkeit der Wirkung eines Medikaments von der Darreichungsform, der Reaktionsgeschwindigkeit einer Person vom Geschlecht oder von der Einnahme eines Medikaments, dem Zusammenhang von Musikalität und mathematischer Begabung, der Beziehung zwischen Wochentag und Fehlerquote bei der Herstellung eines Produkts, der Milchleistung von Kühen in Abhängigkeit vom verwendeten Futter, und so weiter. Das allgemeine Testproblem lautet folgendermaßen.

Seien $A = \{1, \dots, a\}$ und $B = \{1, \dots, b\}$ die Mengen der jeweils möglichen Ausprägungen der beiden Merkmale, die auf Unabhängigkeit getestet werden sollen, $a, b \geq 2$. Jede Einzelbeobachtung hat dann Werte in $E = A \times B$; die Elemente von E bezeichnen wir der Kürze halber mit ij, $i \in A$, $j \in B$. Der unbekannte Parameter ist die Wahrscheinlichkeitsverteilung der Einzelbeobachtungen, wobei wir davon ausgehen, dass jeder Wert in E vorkommen kann. Wir definieren daher Θ als die Menge aller strikt positiven Zähldichten auf E, d. h.

$$\Theta = \Theta_E := \left\{ \vartheta = (\vartheta(ij))_{ij \in E} \in \,]0, 1[^E : \sum_{ij \in E} \vartheta(ij) = 1 \right\}.$$

Wir identifizieren wieder jedes $\vartheta \in \Theta$ mit dem zugehörigen Wahrscheinlichkeitsmaß auf E. Unser statistisches Modell ist dann das unendliche Produktmodell

$$(\mathcal{X}, \mathcal{F}, P_\vartheta : \vartheta \in \Theta) = (E^{\mathbb{N}}, \mathscr{P}(E)^{\otimes \mathbb{N}}, \vartheta^{\otimes \mathbb{N}} : \vartheta \in \Theta).$$

Für jedes $\vartheta \in \Theta$ bezeichnen wir mit

$$\vartheta^A = (\vartheta^A(i))_{i \in A}, \quad \vartheta^A(i) = \sum_{j \in B} \vartheta(ij),$$

$$\vartheta^B = (\vartheta^B(j))_{j \in B}, \quad \vartheta^B(j) = \sum_{i \in A} \vartheta(ij),$$

die beiden Randverteilungen von ϑ auf A bzw. B.

Wie lauten die Nullhypothese und die Alternative? Die beiden Merkmale sind nach Bemerkung (3.28) genau dann unabhängig, wenn das zugrunde liegende ϑ Produktgestalt hat, d. h. wenn $\vartheta = \alpha \otimes \beta$ für zwei Zähldichten α und β auf A bzw. B. In dem Fall ist notwendigerweise $\alpha = \vartheta^A$ und $\beta = \vartheta^B$. Die Nullhypothese hat daher die Gestalt

$$H_0 : \vartheta = \vartheta^A \otimes \vartheta^B \,.$$

Entsprechend wählen wir

$$\Theta_0 = \{\alpha \otimes \beta = (\alpha(i)\,\beta(j))_{ij \in E} : \alpha \in \Theta_A, \ \beta \in \Theta_B\}$$

und $\Theta_1 = \Theta \setminus \Theta_0$.

Wie können wir nun vernünftigerweise Θ_0 gegen Θ_1 testen? Nach n Beobachtungen $X_1, \ldots, X_n$ erhalten wir die *Kontingenztafel*

$$h_n(ij) = |\{1 \le k \le n : X_k = ij\}| \,, \quad ij \in E \,.$$

Die zufällige Matrix

$$L_n = (L_n(ij))_{ij \in E} := (h_n(ij)/n)_{ij \in E}$$

beschreibt die empirische gemeinsame Verteilung der beiden Merkmale, und ihre Randverteilungen L_n^A und L_n^B beschreiben die empirischen relativen Häufigkeiten der Einzelmerkmale jeweils für sich; die entsprechenden absoluten Häufigkeiten sind $h_n^A(i) = \sum_{j \in B} h_n(ij) = n\,L_n^A(i)$ und $h_n^B(j) = \sum_{i \in A} h_n(ij) = n\,L_n^B(j)$. Man wird sich immer dann für die Nullhypothese H_0 entscheiden, wenn L_n hinreichend nah bei der Produktverteilung $L_n^A \otimes L_n^B$ liegt. Aber was heißt hier „hinreichend nah"?

Um ein vernünftiges Abstandsmaß zu bekommen, betrachten wir wieder den Likelihood-Quotienten R_n nach n Beobachtungen. Zur Vereinfachung der Schreibweise lassen wir überall den Index n weg. Da Θ_1 in Θ dicht liegt, ergibt sich genau wie beim Beweis von (11.9)

$$
\begin{aligned}
R &= \frac{\max_{\vartheta \in \Theta} \prod_{ij \in E} \vartheta(ij)^{h(ij)}}{\max_{\alpha \otimes \beta \in \Theta_0} \prod_{ij \in E} \big(\alpha(i)\beta(j)\big)^{h(ij)}} \\[2mm]
&= \frac{\max_{\vartheta \in \Theta} \prod_{ij \in E} \vartheta(ij)^{h(ij)}}{\big(\max_{\alpha \in \Theta_A} \prod_{i \in A} \alpha(i)^{h^A(i)}\big)\big(\max_{\beta \in \Theta_B} \prod_{j \in B} \beta(j)^{h^B(j)}\big)} \\[2mm]
&= \prod_{ij \in E} L(ij)^{h(ij)} \Big/ \Big[\Big(\prod_{i \in A} L^A(i)^{h^A(i)}\Big)\Big(\prod_{j \in B} L^B(j)^{h^B(j)}\Big)\Big] \\[2mm]
&= \prod_{ij \in E} \Big(\frac{L(ij)}{L^A(i)\,L^B(j)}\Big)^{n\,L(ij)} = \exp\big[n\,H(L; L^A \otimes L^B)\big] \,.
\end{aligned}
$$

Die relative Entropie $H(L; L^A \otimes L^B)$ heißt auch die *wechselseitige Information* von L^A und L^B. Wie in Proposition (11.10) gewinnt man für diese relative Entropie (unter der Nullhypothese) die quadratische Approximation

$$\widetilde{D}_n = n \sum_{ij \in E} L^A(i)\,L^B(j) \Big(\frac{L(ij)}{L^A(i)\,L^B(j)} - 1\Big)^2 \,,$$

welche auch in den Varianten

$$\widetilde{D}_n = \sum_{ij \in E} \frac{(h(ij) - h^A(i)\,h^B(j)/n)^2}{h^A(i)\,h^B(j)/n} = n \left(\sum_{ij \in E} \frac{L(ij)^2}{L^A(i)\,L^B(j)} - 1 \right)$$

geschrieben werden kann; siehe Aufgabe 11.9. Die asymptotische Verteilung von $\widetilde{D}_n$ lässt sich aus Satz (11.5) herleiten:

(11.18) Satz: Verallgemeinerter Satz von Pearson. *Für jedes $\rho = \alpha \otimes \beta$ in der Nullhypothese Θ_0 konvergiert $\widetilde{D}_n$ für $n \to \infty$ in Verteilung bezüglich P_ρ gegen $\chi^2_{(a-1)(b-1)}$, d. h. für alle $c > 0$ gilt*

$$\lim_{n \to \infty} P_{\alpha \otimes \beta}(\widetilde{D}_n \le c) = \chi^2_{(a-1)(b-1)}([0, c]) \,.$$

Warum beträgt die Zahl der Freiheitsgrade $(a - 1)(b - 1)$ und nicht $ab - 1$, wie man nach Satz (11.12) vielleicht erwarten würde? Wie wir schon im Satz (9.17) von Student gesehen haben, wird durch das Schätzen von unbekannten Parametern die Zahl der Freiheitsgrade verringert. Das Schätzen der Zähldichte α „verbraucht" wegen der Beziehung $\sum_{i \in A} \alpha(i) = 1$ genau $a - 1$ Freiheitsgrade, und das Schätzen von β benötigt $b - 1$ Freiheitsgrade. Die Gesamtzahl $ab - 1$ der Freiheitsgrade verringert sich daher um $(a - 1) + (b - 1)$, und es bleiben nur $(a - 1)(b - 1)$ Freiheitsgrade übrig. Der nachfolgende Beweis zeigt dies noch genauer. Zuvor formulieren wir aber noch die praktische Anwendung von Satz (11.18).

Chiquadrat-Test auf Unabhängigkeit: Zu einem vorgegebenen Irrtumsniveau α sei $c = \chi^2_{(a-1)(b-1);1-\alpha}$ das α-Fraktil der Chiquadrat-Verteilung mit $(a - 1)(b - 1)$ Freiheitsgraden. Dann hat der Test mit Ablehnungsbereich $\{\widetilde{D}_n > c\}$ für die Hypothese $H_0 : \vartheta = \vartheta^A \otimes \vartheta^B$ gegen die Alternative $H_1 : \vartheta \ne \vartheta^A \otimes \vartheta^B$ bei großem n ungefähr den Umfang α.

Welches Resultat liefert dieses Testverfahren im Fall von Beispiel (11.17), der Umweltumfrage? Dort ist $a = 4$ und $b = 5$, die Zahl der Freiheitsgrade beträgt also 12. Wenn wir uns das Irrtumsniveau 1% vorgeben, erhalten wir aus Tabelle B das Fraktil $\chi^2_{12;0.99} = 26.22$. Der zugehörige χ^2-Test hat also den Ablehnungsbereich $\{\widetilde{D}_n > 26.22\}$. Für die Daten x mit dem Histogramm $h_n(x)$ aus Tabelle 11.3 erhält man den Wert $\widetilde{D}_n(x) = 125.01$. Die Nullhypothese der Unabhängigkeit wird also deutlich abgelehnt. (Man sollte jedoch nicht voreilig auf einen Kausalzusammenhang zwischen Schulbildung und Umweltbewusstsein schließen. Zum Beispiel könnte ja beides von einem dritten Einflussfaktor abhängen, den wir hier ignoriert haben. Außerdem erinnere man sich an die Bemerkungen nach Beispiel (3.16).)

Der nachfolgende Beweis von Satz (11.18) wird etwas durchsichtiger im Spezialfall $a = b = 2$ von 2×2-Kontingenztafeln; siehe hierzu Aufgabe 11.10.

Beweis von Satz (11.18): Zur Abkürzung setzen wir im Folgenden $s = ab$ und $r = (a - 1)(b - 1)$. Sei $\rho = \alpha \otimes \beta \in \Theta_0$ eine feste Produktverteilung auf E. Wir müssen zeigen, dass $\widetilde{D}_n \xrightarrow{\mathscr{L}} \chi_r^2$ bezüglich P_ρ. Analog zu Satz (11.5) betrachten wir dazu die standardisierte Zufallsmatrix

$$h_{n,\alpha\beta}^* = \left(\frac{h_n(ij) - n\,\alpha(i)\beta(j)}{\sqrt{n\,\alpha(i)\beta(j)}} \right)_{ij \in E}.$$

Es ist bequem, $h_{n,\alpha\beta}^*$ als Zufallsvektor in $\mathbb{R}^s$ aufzufassen. Aufgrund von Satz (11.5) kennen wir die asymptotische Verteilung von $h_{n,\alpha\beta}^*$, aber dies ist offenbar nicht der Vektor, der in die Definition von $\widetilde{D}_n$ eingeht. Relevant für uns ist vielmehr das asymptotische Verhalten des Zufallsvektors

$$\tilde{h}_n = \left(\frac{h_n(ij) - n\,L_n^A(i)L_n^B(j)}{\sqrt{n\,L_n^A(i)L_n^B(j)}} \right)_{ij \in E},$$

denn es gilt $\widetilde{D}_n = |\tilde{h}_n|^2$. Es zeigt sich, dass $\tilde{h}_n$ bei großem n ungefähr übereinstimmt mit der Projektion von $h_{n,\alpha\beta}^*$ auf einen geeigneten Unterraum $L \subset \mathbb{R}^s$. Wir gehen dazu in drei Schritten vor.

1. Schritt: Definition des Unterraums L. Wir betrachten den im Nenner modifizierten Zufallsvektor

$$h_n^\circ = \left(\frac{h_n(ij) - n\,L_n^A(i)L_n^B(j)}{\sqrt{n\,\alpha(i)\beta(j)}} \right)_{ij \in E}.$$

Die im Zähler stehenden Ausdrücke ergeben jeweils null, wenn man sie über $i \in A$ oder $j \in B$ summiert. Formal lässt sich das so ausdrücken, dass der Vektor h_n° in $\mathbb{R}^s$ auf den Vektoren

$$a_\ell = \left(\sqrt{\alpha(i)}\,\delta_{j\ell} \right)_{ij \in E}, \quad b_k = \left(\delta_{ki}\,\sqrt{\beta(j)} \right)_{ij \in E}$$

mit $k \in A$, $\ell \in B$ senkrecht steht; dabei ist δ_{ki} das Kronecker-Delta (also $= 1$ für $k = i$, und sonst 0). In der Tat ist zum Beispiel

$$h_n^\circ \cdot a_\ell := \sum_{ij \in E} h_n^\circ(ij)\,a_\ell(ij) = \sum_{i \in A} h_n^\circ(i\ell)\,\sqrt{\alpha(i)} = 0.$$

Sei daher

$$L^\perp = \mathrm{span}\big(a_\ell, b_k : k \in A,\ \ell \in B\big)$$

der von diesen Vektoren aufgespannte Teilraum von $\mathbb{R}^s$, sowie L das orthogonale Komplement von $L^\perp$. Definitionsgemäß gilt dann $h_n^\circ \in L$. Der Raum L hat die Dimension r, oder gleichbedeutend, es ist $\dim L^\perp = a + b - 1$. Denn wegen

(11.19) $$\sum_{\ell \in B} \sqrt{\beta(\ell)}\,a_\ell = \sum_{k \in A} \sqrt{\alpha(k)}\,b_k = \left(\sqrt{\alpha(i)\,\beta(j)} \right)_{ij \in E}$$

ist $\dim L^\perp \le a + b - 1$, und aus den Orthogonalitätsrelationen $a_\ell \cdot a_{\ell'} = \delta_{\ell\ell'}$, $b_k \cdot b_{k'} = \delta_{kk'}$, $a_\ell \cdot b_k = \sqrt{\alpha(k)\beta(\ell)}$ folgt nach kurzer Rechnung, dass je $a + b - 1$ der Vektoren a_ℓ, b_k linear unabhängig sind.

Sei nun u_s der durch die rechte Seite von (11.19) definierte Vektor in $\boldsymbol{L}^\perp$. Nach dem Gram–Schmidt Verfahren (vgl. etwa [22, 38]) können wir u_s zu einer Orthonormalbasis $u_{r+1}, \ldots, u_s$ von $\boldsymbol{L}^\perp$ ergänzen, und diese zu einer Orthonormalbasis $u_1, \ldots, u_s$ von $\mathbb{R}^s$. Dann ist $\boldsymbol{L} = \mathrm{span}(u_1, \ldots, u_r)$. Bezeichne $\mathsf{O}_{\alpha\beta}$ die Orthogonalmatrix mit Spalten $u_1, \ldots, u_s$ sowie E_r die Diagonalmatrix, in deren ersten r Diagonalelementen eine 1 steht und sonst überall 0. Dann beschreibt die Matrix $\Pi_{\alpha\beta} = \mathsf{O}_{\alpha\beta}\, \mathsf{E}_r\, \mathsf{O}_{\alpha\beta}^\top$ gerade die orthogonale Projektion auf den Unterraum $\boldsymbol{L}$.

2. Schritt: Die Abweichung von der Projektion. Als Nächstes zeigen wir: h_n° stimmt ungefähr mit $\Pi_{\alpha\beta}\, h_{n,\alpha\beta}^*$ überein. Man berechnet nämlich für $ij \in E$

$$\Pi_{\alpha\beta}\, h_{n,\alpha\beta}^*(ij) = \frac{h_n(ij) + n\,\alpha(i)\beta(j) - \alpha(i)h_n^B(j) - h_n^A(i)\beta(j)}{\sqrt{n\,\alpha(i)\beta(j)}}\;;$$

denn in der Tat steht der durch die rechte Seite definierte Vektor senkrecht auf den a_ℓ und b_k und gehört daher zu $\boldsymbol{L}$, und seine Differenz mit $h_{n,\alpha\beta}^*$ ist Element von $\boldsymbol{L}^\perp$. Nun gilt aber

$$h_n^\circ(ij) = \Pi_{\alpha\beta}\, h_{n,\alpha\beta}^*(ij) + \eta_n^A(i)\, \eta_n^B(j)$$

mit

$$\eta_n^A(i) = \frac{n^{1/4}}{\sqrt{\alpha(i)}}\left(L_n^A(i) - \alpha(i)\right), \quad \eta_n^B(j) = \frac{n^{1/4}}{\sqrt{\beta(j)}}\left(L_n^B(j) - \beta(j)\right).$$

Weiter zeigt die Čebyšev-Ungleichung, dass für jedes $i \in A$ und $\varepsilon > 0$

$$P_{\alpha\otimes\beta}(|\eta_n^A(i)| \geq \varepsilon) \leq \frac{1-\alpha(i)}{\sqrt{n}\,\varepsilon^2},$$

denn unter $P_{\alpha\otimes\beta}$ ist $h_n^A(i)$ ja $\mathcal{B}_{n,\alpha(i)}$-verteilt. Dies impliziert die stochastische Konvergenz $|\eta_n^A| \xrightarrow{P_{\alpha\otimes\beta}} 0$. Ebenso folgt $|\eta_n^B| \xrightarrow{P_{\alpha\otimes\beta}} 0$ und daher

$$|h_n^\circ - \Pi_{\alpha\beta}\, h_{n,\alpha\beta}^*| = |\eta_n^A|\,|\eta_n^B| \xrightarrow{P_{\alpha\otimes\beta}} 0.$$

3. Schritt: Anwendung des zentralen Grenzwertsatzes. Nach Satz (11.5) gilt

$$h_{n,\alpha\beta}^* \xrightarrow{\mathscr{L}} \mathcal{N}_{\alpha\otimes\beta} := \mathcal{N}_s(0, \mathsf{E}_{s-1}) \circ \mathsf{O}_{\alpha\beta}^{-1}.$$

Zusammen mit Proposition (11.2a) und der Gleichung $\Pi_{\alpha\beta}\mathsf{O}_{\alpha\beta} = \mathsf{O}_{\alpha\beta}\mathsf{E}_r$ ergibt sich hieraus

$$\Pi_{\alpha\beta}\, h_{n,\alpha\beta}^* \xrightarrow{\mathscr{L}} \widetilde{\mathcal{N}}_{\alpha\otimes\beta} := \mathcal{N}_{\alpha\otimes\beta} \circ \Pi_{\alpha\beta}^{-1}$$

$$= \mathcal{N}_s(0, \mathsf{E}_{s-1}) \circ (\mathsf{O}_{\alpha\beta}\mathsf{E}_r)^{-1} = \mathcal{N}_s(0, \mathsf{E}_r) \circ \mathsf{O}_{\alpha\beta}^{-1}.$$

Aus dem 2. Schritt und Proposition (11.2bc) folgt daher, dass auch $h_n^\circ \xrightarrow{\mathscr{L}} \widetilde{\mathcal{N}}_{\alpha\otimes\beta}$ und ebenfalls $\tilde{h}_n \xrightarrow{\mathscr{L}} \widetilde{\mathcal{N}}_{\alpha\otimes\beta}$. Schließlich erhalten wir wegen der Drehinvarianz der Kugel $A = \{x \in \mathbb{R}^s : |x|^2 \leq c\}$

$$P_{\alpha \otimes \beta}(\widetilde{D}_n \le c) = P_{\alpha \otimes \beta}(\widetilde{h}_n \in A) \xrightarrow[n \to \infty]{} \widetilde{\mathcal{N}}_{\alpha \otimes \beta}(A)$$

$$= \mathcal{N}_s(0, \mathsf{E}_r)(A) = \chi_r^2([0, c]) .$$

Die letzte Gleichung folgt wegen $\mathcal{N}_s(0, \mathsf{E}_r) = \mathcal{N}_{0,1}^{\otimes r} \otimes \delta_0^{\otimes(s-r)}$ aus Satz (9.10), und genauso ergibt sich die für die Konvergenz notwendige Eigenschaft $\widetilde{\mathcal{N}}_{\alpha \otimes \beta}(\partial A) = \chi_r^2(\{c\}) = 0$. $\diamond$

11.4 Ordnungs- und Rangtests

In diesem Abschnitt sollen einige nichtparametrische Testverfahren diskutiert werden. Wir erinnern daran, dass die nichtparametrischen Verfahren sich zum Ziel setzen, anstelle der besonderen Eigenschaften eines speziellen statistischen Modells nur ganz allgemeine Struktureigenschaften auszunutzen. Wie wir bereits in Abschnitt 8.3 gesehen haben, kann man im Fall reellwertiger Beobachtungen versuchen, ausschließlich die Ordnungsstruktur von $\mathbb{R}$ zu benutzen. Das wollen wir auch hier tun.

Wie in Abschnitt 8.3 seien unabhängige reellwertige Beobachtungen $X_1, \dots, X_n$ mit unbekannter Verteilung Q gegeben, und wie dort soll von Q nichts weiter als die Stetigkeitseigenschaft

(11.20) $\qquad\qquad\qquad Q(\{x\}) = 0 \;$ für alle $x \in \mathbb{R}$

verlangt werden. Wir können dann wieder die Ordnungsstatistiken $X_{1:n}, \dots, X_{n:n}$ betrachten, und diese liefern uns ein- und zweiseitige Tests für den Median $\mu(Q)$. Weiter werden wir die zugehörigen Rangstatistiken einführen und zur Konstruktion von Tests zum Vergleich zweier Verteilungen P und Q verwenden.

11.4.1 Median-Tests

In diesem Abschnitt betrachten wir ein nichtparametrisches Analogon des t-Tests; die Rolle des Mittelwertparameters m übernimmt nun der Median. Wir beginnen wieder mit einer Anwendungssituation.

(11.21) Beispiel: *Reifenprofile.* Eine Reifenfirma möchte ein neu entwickeltes Profil (A) mit einem bewährten Profil (B) vergleichen. Dazu werden n Fahrzeuge jeweils zuerst mit Reifen des Typs A und dann des Typs B bestückt und unter gleichen Bedingungen abgebremst. Es wird jeweils die Differenz der Bremswege gemessen. (Wie in Beispiel (8.6) liegen somit gepaarte Stichproben vor.) In einem konkreten Fall ergaben sich die Messwerte aus Tabelle 11.4.

Tabelle 11.4: Bremswegmessungen, nach [50].

Fahrzeug	1	2	3	4	5	6	7	8	9	10
Bremswegdifferenz $B-A$	0.4	−0.2	3.1	5.0	10.3	1.6	0.9	−1.4	1.7	1.5

Wie kann man aus diesen Messwerten schließen, ob Typ A sich anders verhält als Typ B? Oder ob Typ A sogar besser ist als Typ B? Bezeichne Q die Verteilung der Differenz Bremsweg(B) − Bremsweg(A). Sind beide Profile gleich gut, so ist Q symmetrisch bezüglich 0 und hat somit den Median $\mu(Q) = 0$. Ist dagegen A besser als B (mit typischerweise kürzeren Bremswegen), so ist $\mu(Q) > 0$. Die erste Frage führt also auf das zweiseitige Testproblem $H_0 : \mu(Q) = 0$ gegen $H_1 : \mu(Q) \neq 0$, und die zweite Frage auf das einseitige Testproblem $H_0 : \mu(Q) \leq 0$ gegen $H_1 : \mu(Q) > 0$.

In Satz (8.20) haben wir bereits Konfidenzintervalle für den Median erhalten, die auf den Ordnungsstatistiken beruhen. Aufgrund des allgemeinen Zusammenhangs zwischen Konfidenzintervallen und Tests (vgl. Aufgabe 10.1) erhält man daher den folgenden Satz; wie in (8.19) schreiben wir dabei $b_n(\alpha)$ für das größte α-Quantil der Binomialverteilung $\mathcal{B}_{n,1/2}$.

(11.22) Satz: Vorzeichen-Test für den Median. *Sei* $0 < \alpha < 1$ *ein vorgegebenes Niveau und* $\mu_0 \in \mathbb{R}$. *Dann gilt:*

(a) *Ein Niveau-α-Test für das zweiseitige Testproblem* $H_0 : \mu(Q) = \mu_0$ *gegen* $H_1 : \mu(Q) \neq \mu_0$ *ist gegeben durch den Annahmebereich* $\{X_{k:n} \leq \mu_0 \leq X_{n-k+1:n}\}$, *wobei* $k := b_n(\alpha/2)$.

(b) *Ein Niveau-α-Test für das einseitige Testproblem* $H_0 : \mu(Q) \leq \mu_0$ *gegen* $H_1 : \mu(Q) > \mu_0$ *wird definiert durch den Annahmebereich* $\{X_{k:n} \leq \mu_0\}$ *mit* $k := b_n(\alpha)$. *Die zugehörige Gütefunktion ist eine strikt wachsende Funktion von* $p(Q) := Q(]\mu_0, \infty[)$.

Beweis: Aussage (a) folgt unmittelbar aus Satz (8.20) und Aufgabe 10.1, und der Beweis von (b) ist ganz ähnlich: Wegen (8.17) tritt das Ablehnungsereignis $X_{k:n} > \mu_0$ genau dann ein, wenn höchstens $k-1$ Beobachtungen in das Intervall $]-\infty, \mu_0]$ fallen. Bezeichnet $S_n^- = \sum_{i=1}^n 1_{\{X_i \leq \mu_0\}}$ die Anzahl der Beobachtungen in diesem Intervall, so gilt nach Satz (2.9)

$$Q^{\otimes n}(X_{k:n} > \mu_0) = Q^{\otimes n}(S_n^- < k) = \mathcal{B}_{n,1-p(Q)}(\{0, \dots, k-1\}).$$

Gemäß Lemma (8.8b) ist die letzte Wahrscheinlichkeit eine wachsende Funktion von $p(Q)$. Unter der Nullhypothese $\mu(Q) \leq \mu_0$ gilt nun aber $p(Q) \leq 1/2$, so dass diese Wahrscheinlichkeit nach Wahl von k höchstens α beträgt. Der angegebene Test hat daher das Niveau α. $\diamond$

Der Name Vorzeichen-Test beruht auf der Tatsache, dass die Teststatistik S_n^- ja gerade zählt, wie oft die Differenz $X_i - \mu_0$ ein negatives Vorzeichen hat. (Wir haben uns hier der Einfachheit halber auf den nichtrandomisierten Fall beschränkt. Da S_n^- diskret ist, kann man ein vorgegebenes Niveau allerdings nur dann voll ausschöpfen, wenn man randomisierte Tests zulässt. Für das einseitige Testproblem erweist sich der randomisierte Vorzeichen-Test sogar als optimal, siehe Aufgabe 11.12.)

Welches Ergebnis liefert der Vorzeichen-Test im Fall von Beispiel (11.21)? Dort ist $n = 10$. Für das Niveau $\alpha = 0.025$ erhalten wir dann das Binomialquantil $b_{10}(0.0125) = 2$; vgl. Beispiel (8.21). Für den Datenvektor x aus Tabelle 11.4 stellt man fest, dass $X_{2:10}(x) = -0.2 < 0$ und $X_{9:10}(x) = 5.0 > 0$. Also kann die Nullhypothese $H_0 : \mu(Q) = 0$ im zweiseitigen Testproblem (trotz des entgegengesetzten Augenscheins) nicht abgelehnt werden. (Zum einseitigen Testproblem siehe Aufgabe 11.13.)

Die Vorzeichen-Tests für den Median haben den Vorteil, dass ihr Niveau α ohne genaue Kenntnis von Q bestimmt werden kann. Allerdings haben sie auch den Nachteil, dass nur gezählt wird, wie viele Stichprobenwerte oberhalb bzw. unterhalb von μ_0 liegen, und nicht beachtet wird, wie weit sie von μ_0 entfernt sind. Um diesen Nachteil aufzuheben, sollte man die Information über die relative Lage der Stichprobenwerte besser berücksichtigen. Diese Information steckt in den Rangstatistiken, die wir nun betrachten wollen. (Für eine entsprechende Modifikation der Vorzeichen-Tests siehe Aufgabe 11.18.)

11.4.2 Rangstatistiken und Zweistichproben-Problem

Haben Nichtraucher im Schnitt eine höhere Fingerspitzentemperatur als Raucher? Leben Patienten bei einer neu entwickelten Behandlungsmethode 1 im Schnitt länger als bei der klassischen Behandlungsmethode 2? Ist der Benzinverbrauch bei Verwendung der Sorte 1 im Schnitt größer als der bei Sorte 2? Ist die Gewichtszunahme von Kälbern bei der Fütterungsmethode 1 im Schnitt größer als bei der Fütterungsmethode 2?

Wie wir sehen werden, lassen sich solche Fragen beantworten, ohne dass man irgendwelche Annahmen über die Natur der zugrunde liegenden Verteilungen machen müsste. (Die beliebte Normalverteilungsannahme etwa wäre in den genannten Beispielen nicht ohne weiteres zu rechtfertigen.) Dazu müssen wir zuerst klären, wie die Formulierung „im Schnitt höher, länger, größer" präzisiert werden kann. Dies geschieht durch die folgende *stochastische Halbordnung*.

Definition: Seien P, Q zwei Wahrscheinlichkeitsmaße auf $(\mathbb{R}, \mathcal{B})$. Man sagt, P ist *stochastisch kleiner* als Q, oder P wird durch Q *stochastisch dominiert*, geschrieben $P \preceq Q$, wenn $P(]c, \infty[) \leq Q(]c, \infty[)$ für alle $c \in \mathbb{R}$. Gilt obendrein $P \neq Q$, so schreibt man $P \prec Q$.

Die Relation $P \preceq Q$ besagt also, dass Realisierungen von Q typischerweise größer sind als Realisierungen von P; vgl. auch Aufgabe 11.14.

(11.23) Beispiel: *Stochastische Monotonie in Exponentialfamilien.* Im Fall $p < p'$ gilt $\mathcal{B}_{n,p} \prec \mathcal{B}_{n,p'}$; dies folgt unmittelbar aus Lemma (8.8b). Genauso zeigt ein simples Translationsargument, dass $\mathcal{N}_{m,v} \prec \mathcal{N}_{m',v}$ für $m < m'$. Aus (2.19) ergibt sich $\Gamma_{\alpha,r} \prec \Gamma_{\alpha,r+1}$ für $r \in \mathbb{N}$, und Korollar (9.9) zeigt, dass sogar $\Gamma_{\alpha,r} \prec \Gamma_{\alpha,r'}$ für reelle $0 < r < r'$. Dies sind Spezialfälle der folgenden allgemeinen Tatsache:

Ist $\{P_\vartheta : \vartheta \in \Theta\}$ eine (einparametrige) exponentielle Familie auf $\mathbb{R}$, für welche sowohl die zugrunde liegende Statistik T als auch die Koeffizientenfunktion $a(\vartheta)$ strikt wachsen, so gilt $P_\vartheta \prec P_{\vartheta'}$ für $\vartheta < \vartheta'$. Denn dann ist $P_\vartheta(]c, \infty[)$ gerade die Gütefunktion des Tests mit Ablehnungsbereich $\{T > T(c)\}$, und diese ist nach Satz (10.10) und Beispiel (10.9) wachsend in ϑ.

Wir betrachten nun das folgende *Zweistichproben-Problem*: Gegeben seien $n = k + l$ unabhängige Beobachtungen $X_1, \ldots, X_n$. Dabei sei $X_1, \ldots, X_k$ eine Stichprobe aus einer unbekannten stetigen Verteilung P und $X_{k+1}, \ldots, X_{k+l}$ eine Stichprobe aus einer zweiten stetigen, ebenfalls unbekannten Verteilung Q. Legen wir das kanonische Modell

$$(\mathbb{R}^{k+l}, \mathscr{B}^{k+l}, P^{\otimes k} \otimes Q^{\otimes l} : P, Q \text{ stetig})$$

zugrunde, so ist X_i einfach die Projektion von $\mathbb{R}^{k+l}$ auf die i-te Koordinate. Unser Testproblem lautet

$$H_0 : P = Q \quad \text{gegen} \quad H_1 : P \prec Q.$$

Diese Formulierung des Testproblems bedeutet nicht etwa, dass man schon im Voraus wüsste, dass $P \preceq Q$ ist – dann brauchte man ja gar keinen Test mehr durchzuführen! Es ist vielmehr so, dass man die Nullhypothese $P = Q$ nur im Fall $P \prec Q$ ablehnen möchte (und zwar genau genommen nur dann, wenn Q „signifikant größer" als P ist); siehe (11.27) unten für ein typisches Beispiel. Die Grundidee des Tests wird es folglich sein, die Hypothese H_0 immer dann abzulehnen, wenn die Beobachtungen $X_1, \ldots, X_k$ mit Verteilung P mehrheitlich kleiner ausfallen als die zu Q gehörigen Beobachtungen $X_{k+1}, \ldots, X_{k+l}$. Wie kann man dies präzisieren?

Wir betrachten dazu die Gesamtstichprobe $X_1, \ldots, X_k, X_{k+1}, \ldots, X_n$ sowie deren Ordnungsstatistiken $X_{1:n}, \ldots, X_{n:n}$. An welcher Stelle erscheint eine Beobachtung X_i in den Ordnungsstatistiken? Dies wird beschrieben durch die folgenden Rangstatistiken.

Definition: Als *Rangstatistiken* der Beobachtungsfolge $X_1, \ldots, X_n$ bezeichnet man die Zufallsvariablen $R_1, \ldots, R_n$ mit $R_i = |\{1 \leq j \leq n : X_j \leq X_i\}|$. R_i gibt also die „Platzziffer" von X_i unter den Beobachtungen $X_1, \ldots, X_n$ an, und es gilt $X_i = X_{R_i:n}$.

Wegen der Bindungsfreiheit (8.15) sind die Rangstatistiken fast sicher unzweideutig definiert. Die Abbildung $i \to R_i$ bildet daher eine zufällige Permutation der Menge $\{1, \ldots, n\}$. Der Sachverhalt wird durch Abbildung 11.5 illustriert.

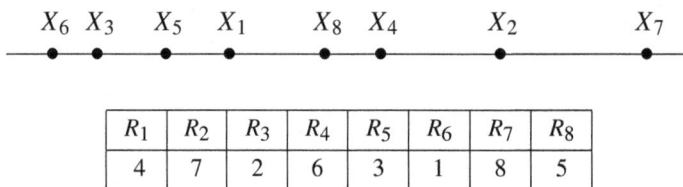

$$X_6 \ X_3 \quad X_5 \quad X_1 \qquad X_8 \ X_4 \qquad X_2 \qquad\qquad X_7$$

R_1	R_2	R_3	R_4	R_5	R_6	R_7	R_8
4	7	2	6	3	1	8	5

Abbildung 11.5: Eine Realisierung von $X_1, \ldots, X_8$ und die zugehörige Realisierung der Rangstatistiken $R_1, \ldots, R_8$.

Um zu berücksichtigen, dass die Beobachtungen aus zwei verschiedenen Gruppen stammen, bei denen jeweils die Verteilung P bzw. Q zugrunde liegt, definiert man die

Gruppen-Rangsummen

$$W_P := R_1 + \cdots + R_k \quad \text{und} \quad W_Q = R_{k+1} + \cdots + R_{k+l}.$$

W_P ist also die Summe der Platzziffern der Beobachtungen mit Verteilung P, und entsprechend W_Q die Summe der Platzziffern der Beobachtungen mit Verteilung Q. Die Rangsummen liefern eine griffige Information über die relative Lage der beiden Beobachtungsgruppen zueinander. Wenn W_P kleiner ist als W_Q, so liegen die Beobachtungen mit Verteilung P mehrheitlich weiter links auf der reellen Achse als die mit Verteilung Q, und man möchte schließen, dass dann $P \prec Q$. Aber wie viel kleiner als W_Q muss W_P sein, damit diese Schlussfolgerung stichhaltig ist?

Zunächst einmal sei festgestellt, dass

$$W_P + W_Q = \sum_{i=1}^n R_i = \sum_{i=1}^n i = \frac{n(n+1)}{2}.$$

Es genügt also, $W := W_P$ zu betrachten. Zur Berechnung der Rangsummen markiere man die Beobachtungswerte auf der Zahlengeraden (das entspricht der Ermittlung der Ordnungsstatistiken), wobei man für die Beobachtungen aus den verschiedenen Gruppen verschiedene Marken verwende. Die Rangsummen W_P und W_Q ergeben sich dann einfach als Summen der Platzziffern der Beobachtungen aus der jeweiligen Gruppe, siehe Abbildung 11.6.

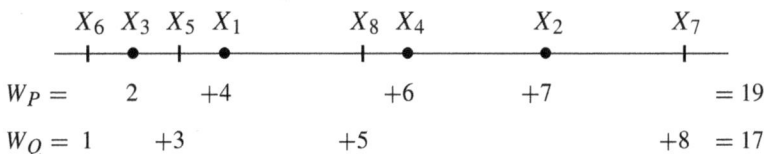

Abbildung 11.6: Zur Berechnung der Rangsummen im Fall $k = l = 4$.

Das folgende Lemma liefert eine Darstellung der Rangsummen mit Hilfe sogenannter U-Statistiken. Die Statistik U zählt, wie oft eine Beobachtung aus der ersten Gruppe größer ist als eine Beobachtung aus der zweiten Gruppe.

(11.24) Lemma: Rangsumme und U-Statistik. *Es gilt*

$$W = U + \frac{k(k+1)}{2} \quad \text{mit} \quad U = U_{k,l} := \sum_{i=1}^k \sum_{j=k+1}^{k+l} 1_{\{X_i > X_j\}},$$

und W_Q besitzt eine analoge Darstellung durch $U_Q = kl - U$.

Beweis: W und U sind invariant unter Permutationen von $X_1, \ldots, X_k$. Also brauchen wir nur den Fall zu betrachten, dass $X_1 < X_2 < \cdots < X_k$. Für die zugehörigen Ränge $R_1 < R_2 < \cdots < R_k$ (in der Gesamtfolge $X_1, \ldots, X_n$) gilt dann $R_i = i + |\{j > k : X_j < X_i\}|$. Hieraus folgt die Behauptung durch Summation über i. $\diamond$

Wie das Lemma bestätigt, eignen sich die Statistiken W und U als gute Indikatoren für die relative Lage der Beobachtungswerte aus beiden Gruppen. Das folgende Testverfahren ist daher plausibel.

Definition: Ein Test der Nullhypothese $H_0 : P = Q$ gegen die Alternative $H_1 : P \prec Q$ mit einem Ablehnungsbereich der Gestalt

$$\{U < c\} = \{W < c + k(k + 1)/2\}$$

mit $0 < c \le kl$ heißt ein (einseitiger) *Mann–Whitney-U-Test* oder auch *Wilcoxon-Zweistichproben-Rangsummentest*.

Die auf der Rangsumme W beruhende Variante geht zurück auf F. Wilcoxon (1945) und die U-Variante, unabhängig davon, auf H. B. Mann und D. R. Whitney (1947).

Natürlich soll der Schwellenwert c so gewählt werden, dass ein vorgegebenes Niveau α eingehalten wird. Das wird ermöglicht durch den folgenden Satz, der es nicht nur erlaubt, die Verteilung von U unter der Nullhypothese zu berechnen, sondern darüber hinaus die bemerkenswerte Aussage macht, dass die Statistik U *verteilungsfrei* ist in folgendem Sinn: Wenn die Hypothese $P = Q$ zutrifft und P stetig ist, ist die Verteilung von U bereits festgelegt und hängt nicht von dem konkret vorliegenden P ab.

(11.25) Satz: U-Verteilung unter der Nullhypothese. *Für jedes stetige P und $m = 0, \ldots, kl$ gilt*

$$P^{\otimes n}(U = m) = N(m; k, l)\Big/\binom{n}{k}.$$

Dabei bezeichnet $N(m; k, l)$ die Anzahl aller Partitionen $\sum_{i=1}^{k} m_i = m$ von m in k aufsteigend geordnete Zahlen $m_1 \le m_2 \le \cdots \le m_k$ aus der Menge $\{0, \ldots, l\}$. Insbesondere gilt $P^{\otimes n}(U = m) = P^{\otimes n}(U = kl - m)$.

Beweis: Der Zufallsvektor $(R_1, \ldots, R_n)$ ist unter $P^{\otimes n}$ gleichverteilt auf der Menge $\mathscr{S}_n$ aller Permutationen von $\{1, \ldots, n\}$. In der Tat gilt nämlich für jede Permutation $\pi \in \mathscr{S}_n$ und ihre Inverse π^{-1}

$$P^{\otimes n}\big((R_1, \ldots, R_n) = \pi^{-1}\big) = P^{\otimes n}(X_{\pi(1)} < \cdots < X_{\pi(n)}) = 1/n!.$$

In der letzten Gleichung verwenden wir die Permutationsinvarianz

(11.26) $$P^{\otimes n}\big((X_{\pi(1)}, \ldots, X_{\pi(n)}) \in A\big) = P^{\otimes n}(A),$$

welche trivialerweise für Mengen der Produktgestalt $A = A_1 \times \cdots \times A_n$ erfüllt ist und daher nach dem Eindeutigkeitssatz (1.12) auch für beliebige $A \in \mathscr{B}^n$ gilt.

Als Konsequenz ergibt sich, dass die Zufallsmenge $R_{[k]} := \{R_1, \ldots, R_k\}$ gleichverteilt ist auf dem System $\mathscr{R}_{[k]}$ aller k-elementigen Mengen $r \subset \{1, \ldots, n\}$. Jedes $r \in \mathscr{R}_{[k]}$ lässt sich in der Form $r = \{r_1, \ldots, r_k\}$ mit $r_1 < \cdots < r_k$ schreiben, und die Abbildung

$$\vec{m} : r \to \vec{m}(r) := (r_1 - 1, \ldots, r_k - k)$$

ist eine Bijektion von $\mathscr{R}_{[k]}$ auf die Menge aller aufsteigend geordneten k-Tupel mit Einträgen aus $\{0, \ldots, l\}$. Die i-te Koordinate $m_i(r) = r_i - i = |\{1, \ldots, r_i\} \setminus r|$ von $\vec{m}(r)$ gibt an, wie viele Elemente des Komplements r^c kleiner sind als r_i. Folglich gilt $U = \sum_{i=1}^{k} m_i(R_{[k]})$. Insgesamt erhält man also

$$P^{\otimes n}(U = m) = \sum_{r \in \mathscr{R}_{[k]}: \sum_{i=1}^{k} m_i(r) = m} P^{\otimes n}(R_{[k]} = r).$$

Wie oben gezeigt, ist die letzte Wahrscheinlichkeit gerade $1/|\mathscr{R}_{[k]}| = 1/\binom{n}{k}$, und die Anzahl der Summanden beträgt $N(m; k, l)$. Dies liefert die Behauptung. $\diamond$

Die Partitionszahlen $N(m; k, l)$ lassen sich leicht mit kombinatorischen Methoden ermitteln. Jede Partition $\sum_{i=1}^{k} m_i = m$ mit $0 \le m_1 \le m_2 \le \cdots \le m_k \le l$ lässt sich nämlich veranschaulichen durch ein Partitionsbild wie in Abbildung 11.7. Durch

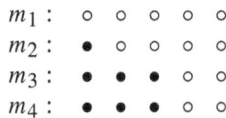

$$
\begin{array}{lccccc}
m_1: & \circ & \circ & \circ & \circ & \circ \\
m_2: & \bullet & \circ & \circ & \circ & \circ \\
m_3: & \bullet & \bullet & \bullet & \circ & \circ \\
m_4: & \bullet & \bullet & \bullet & \circ & \circ
\end{array}
$$

Abbildung 11.7: Darstellung der Partition $(0, 1, 3, 3)$ von $m = 7$ im Fall $k = 4, l = 5$.

Umklappen in der Diagonalen erhält man die Symmetrie $N(m; k, l) = N(m; l, k)$, durch Vertauschen von $\bullet$ und $\circ$ und Drehen um $180°$ ergibt sich die Symmetrie $N(m; k, l) = N(kl - m; k, l)$, und durch Entfernen der ersten Spalte und Unterscheidung der Anzahl j der $\bullet$ in dieser Spalte gewinnt man die Rekursionsformel

$$N(m; k, l) = \sum_{j=0}^{k} N(m - j; j, l - 1),$$

wobei $N(m; k, l) := 0$ für $m < 0$. Einige der resultierenden Quantile der U-Verteilung sind in Tabelle E im Anhang zusammengestellt. Wir demonstrieren die Verwendung des U-Tests anhand eines Beispiels.

(11.27) Beispiel: *Altersabhängigkeit von Cholesterinwerten.* Anhand der Cholesterinwerte im Blut von Männern verschiedenen Alters soll untersucht werden, ob der Cholesterinspiegel mit dem Alter zunimmt. Dazu werden jeweils 11 Männer in den Altersgruppen 20–30 und 40–50 zufällig ausgewählt und ihre Cholesterinwerte bestimmt. Getestet werden soll die Nullhypothese H_0 : „Der Cholesterinspiegel ist in beiden Altersgruppen identisch verteilt" gegen die Alternative H_1 : „Der Cholesterinspiegel steigt mit dem Alter". Dies ist eine typische Situation für den nichtparametrischen U-Test; denn eine Normalverteilungsannahme wäre schwer zu rechtfertigen, während die Annahme einer stetigen Verteilung der Cholesterinwerte in jeder Gruppe unproblematisch erscheint. Der U-Test zum Niveau $\alpha = 0.05$ für $k = l = 11$ hat nach Tabelle E den Ablehnungsbereich $\{U < 35\}$. Eine klassische Untersuchung ergab den

Tabelle 11.5: Blutcholesterinwerte von Männern in zwei Altersgruppen, nach [7].

20–30 Jahre:	Daten	135	222	251	260	269	235	386	252	352	173	156
	Ränge	1	6	9	12	14	7	22	10	21	4	2
40–50 Jahre:	Daten	294	311	286	264	277	336	208	346	239	172	254
	Ränge	17	18	16	13	15	19	5	20	8	3	11

Datensatz aus Tabelle 11.5. Die Rangsumme W in der Altersgruppe 20–30 hat den Wert 108, und somit U den Wert 42. Also kann die Vermutung, dass der Cholesterinspiegel mit dem Alter steigt, bei diesen Daten und diesem Niveau nicht bestätigt werden.

Bei der Anwendung des U-Tests ist es wichtig zu beachten, dass die Stichproben aus den beiden Vergleichsgruppen unabhängig voneinander sind. Bei gepaarten Stichproben wie etwa in den Beispielen (8.6) und (11.21) ist das nicht der Fall. Ein geeigneter nichtparametrischer Test ist dann der Vorzeichen-Rangsummen-Test aus Aufgabe 11.18.

Für große Werte von k, l erweist sich die Berechnung der U-Verteilung als überflüssig, denn es steht eine Normalapproximation zur Verfügung. Der folgende Satz zeigt, dass der U-Test mit Ablehnungsbereich

$$\left\{ U < \frac{kl}{2} + \Phi^{-1}(\alpha)\sqrt{kl(n+1)/12} \right\}$$

auf der Hypothese $H_0 : P = Q$ für große k, l approximativ den Umfang α hat.

(11.28) Satz: W. Hoeffding 1948. *Seien $X_1, X_2, \ldots$ unabhängige Zufallsvariablen mit einer identischen stetigen Verteilung P, und für $k, l \geq 1$ sei*

$$U_{k,l} := \sum_{i=1}^{k} \sum_{j=k+1}^{k+l} 1_{\{X_i > X_j\}}$$

und $v_{k,l} := kl(k+l+1)/12$. Dann gilt

$$U_{k,l}^* := \frac{U_{k,l} - kl/2}{\sqrt{v_{k,l}}} \xrightarrow{\mathscr{L}} \mathcal{N}_{0,1}$$

für $k, l \to \infty$.

Beweis: Wegen Satz (11.25) hängt die Verteilung von $U_{k,l}$ nicht von der Verteilung P der X_i ab. Wir können daher annehmen, dass $P = \mathcal{U}_{[0,1]}$, d.h. dass die X_i auf [0, 1] gleichverteilt sind. Da die Summanden von $U_{k,l}$ nicht unabhängig voneinander sind, ist der zentrale Grenzwertsatz nicht direkt anwendbar. Die entscheidende Idee des Beweises besteht darin, $U_{k,l}$ durch eine Summe unabhängiger Zufallsvariablen zu approximieren. Und zwar in der Weise, dass die zentrierten Summanden $1_{\{X_i > X_j\}} - 1/2$

von $U_{k,l}$ (die nichtlinear von den Beobachtungen abhängen) durch die (linearen) Differenzen $X_i - X_j$ approximiert werden. Wir definieren also

$$Z_{k,l} = \sum_{i=1}^{k} \sum_{j=k+1}^{k+l} (X_i - X_j) = l \sum_{i=1}^{k} X_i - k \sum_{j=k+1}^{k+l} X_j$$

und $Z_{k,l}^* = Z_{k,l}/\sqrt{v_{k,l}}$. Im zweiten Schritt wird gezeigt, dass

(11.29) $$U_{k,l}^* - Z_{k,l}^* \to 0 \quad \text{stochastisch,}$$

und im dritten Schritt wird aus dem zentralen Grenzwertsatz gefolgert, dass

(11.30) $$Z_{k,l}^* \xrightarrow{\mathscr{L}} \mathcal{N}_{0,1}.$$

Die Behauptung des Satzes ergibt sich dann aus Proposition (11.2b).

1. Schritt: Wir berechnen zuerst die Varianz von $U_{k,l}$. Zunächst einmal folgt aus (8.15) und der Permutationsinvarianz (11.26), dass $P(X_i > X_j) = 1/2$ für $i \ne j$ und daher $\mathbb{E}(U_{k,l}) = kl/2$. Weiter ergibt sich für $i \ne j$, $i' \ne j'$

$$\text{Cov}(1_{\{X_i > X_j\}}, 1_{\{X_{i'} > X_{j'}\}}) = P(X_i > X_j, X_{i'} > X_{j'}) - 1/4$$

$$= \begin{cases} 0 & \text{falls } i \ne i', j \ne j', \\ 1/4 & \text{falls } i = i', j = j', \\ 1/12 & \text{sonst,} \end{cases}$$

und daher

$$\mathbb{V}(U_{k,l}) = \sum_{1 \le i, i' \le k < j, j' \le k+l} \text{Cov}(1_{\{X_i > X_j\}}, 1_{\{X_{i'} > X_{j'}\}}) = v_{k,l}.$$

Die Zufallsgröße $U_{k,l}^*$ ist also standardisiert.

2. Schritt: Es gilt $\mathbb{V}(U_{k,l} - Z_{k,l}) = kl/12$. Dazu rechnet man zuerst nach, dass $\mathbb{V}(X_i) = 1/12$. Zusammen mit Satz (4.23) ergibt sich hieraus

$$\mathbb{V}(Z_{k,l}) = \sum_{i=1}^{k} \mathbb{V}(lX_i) + \sum_{j=k+1}^{k+l} \mathbb{V}(kX_j) = \frac{kl(k+l)}{12}.$$

Andrerseits gilt für alle $i < j$ wegen Beispiel (3.30) und Korollar (4.13)

$$\text{Cov}(1_{\{X_i > X_j\}}, X_i) = \int_0^1 dx_1 \int_0^1 dx_2 \, 1_{\{x_1 > x_2\}} x_1 - 1/4 = 1/12$$

und daher (unter Benutzung der Unkorreliertheit unabhängiger Zufallsvariabler, Satz (4.23d))

$$\text{Cov}(U_{k,l}, X_i) = \sum_{j=k+1}^{k+l} \text{Cov}(1_{\{X_i > X_j\}}, X_i) = l/12.$$

Wegen $\mathrm{Cov}(1_{\{X_i > X_j\}}, X_j) = -\mathrm{Cov}(1_{\{X_i > X_j\}}, X_i) = -1/12$ ergibt sich insgesamt

$$\mathrm{Cov}(U_{k,l}, Z_{k,l}) = l \sum_{i=1}^{k} \mathrm{Cov}(U_{k,l}, X_i) - k \sum_{j=k+1}^{k+l} \mathrm{Cov}(U_{k,l}, X_j)$$

$$= kl(k+l)/12 = \mathbb{V}(Z_{k,l})$$

und somit

$$\mathbb{V}(U_{k,l} - Z_{k,l}) = \mathbb{V}(U_{k,l}) - 2\,\mathrm{Cov}(U_{k,l}, Z_{k,l}) + \mathbb{V}(Z_{k,l})$$

$$= \mathbb{V}(U_{k,l}) - \mathbb{V}(Z_{k,l}) = kl/12 \,,$$

wie behauptet. Insbesondere gilt

$$\mathbb{V}\big(U_{k,l}^* - Z_{k,l}^*\big) = \frac{1}{k+l+1} \xrightarrow[k,l \to \infty]{} 0 \,.$$

Zusammen mit der Čebyšev-Ungleichung (5.5) ergibt dies die Aussage (11.29).

3. Schritt: Zum Beweis von (11.30) schreiben wir

$$Z_{k,l}^* = \sqrt{a_{k,l}}\, S_k^* + \sqrt{b_{k,l}}\, T_l^*$$

mit $a_{k,l} = l/(k+l+1)$, $b_{k,l} = k/(k+l+1)$, und

$$S_k^* = \sum_{i=1}^{k} \frac{X_i - 1/2}{\sqrt{k/12}} \,, \quad T_l^* = \sum_{j=k+1}^{k+l} \frac{1/2 - X_j}{\sqrt{l/12}} \,.$$

Der zentrale Grenzwertsatz liefert uns dann die Verteilungskonvergenz

$$S_k^* \xrightarrow{\mathscr{L}} S \,, \quad T_l^* \xrightarrow{\mathscr{L}} T \quad \text{für } k, l \to \infty \,;$$

dabei seien S, T unabhängige, $\mathcal{N}_{0,1}$-verteilte Zufallsvariablen. Aus einer beliebigen Folge von Paaren (k, l) mit $k, l \to \infty$ können wir nun eine Teilfolge so auswählen, dass $a_{k,l} \to a \in [0, 1]$ und also $b_{k,l} \to b = 1 - a$ entlang dieser Teilfolge. Wegen Proposition (11.2c) gilt dann (entlang der gewählten Teilfolge)

$$\sqrt{a_{k,l}}\, S_k^* \xrightarrow{\mathscr{L}} \sqrt{a}\, S \,, \quad \sqrt{b_{k,l}}\, T_l^* \xrightarrow{\mathscr{L}} \sqrt{b}\, T \,.$$

Wegen der Unabhängigkeit von S_k^* und T_l^* und Bemerkung (11.1) impliziert dies (wie im zweiten Beweisschritt von Satz (11.5)) die Verteilungskonvergenz der Zufallspaare

$$\big(\sqrt{a_{k,l}}\, S_k^*, \sqrt{b_{k,l}}\, T_l^*\big) \xrightarrow{\mathscr{L}} \big(\sqrt{a}\, S, \sqrt{b}\, T\big) \,.$$

Da die Addition stetig ist, ergibt sich hieraus mit Proposition (11.2a) die Verteilungskonvergenz

$$Z_{k,l}^* \xrightarrow{\mathscr{L}} \sqrt{a}\, S + \sqrt{b}\, T \,.$$

Nun zeigt aber Satz (9.5), dass die letzte Zufallsvariable $\mathcal{N}_{0,1}$-verteilt ist. Mit anderen Worten, es gilt

$$Z_{k,l}^* \xrightarrow{\mathscr{L}} \mathcal{N}_{0,1}$$

für eine geeignete Teilfolge einer beliebig gewählten Folge von Paaren (k,l) mit $k,l \to \infty$. Dies impliziert das gewünschte Resultat (11.30). $\diamond$

Wir haben uns bisher auf das einseitige Testproblem $H_0 : P = Q$ gegen $H_1 : P \prec Q$ konzentriert. Wenn aber etwa beim Vergleich von zwei medizinischen Behandlungsmethoden nicht von vornherein klar ist, welcher Methode die günstigeren Heilungschancen zugebilligt werden können, muss man ein zweiseitiges Testproblem betrachten. Zu einem allgemein gefassten Testproblem der Form $H_0 : P = Q$ gegen $H_1 : P \neq Q$ kann man allerdings keine Aussagen machen; dazu ist die Alternative zu umfangreich, und kein Testverfahren wird überall auf der Alternative eine große Macht haben können. Wenn man aber davon ausgeht, dass die Behandlungsmethoden in jedem Fall miteinander vergleichbar sind („eine Methode ist die bessere"), gelangt man zu dem zweiseitigen Testproblem

$$H_0 : P = Q \quad \text{gegen} \quad H_1 : P \prec Q \text{ oder } P \succ Q \,.$$

Ein effizientes Entscheidungsverfahren hierfür ist der zweiseitige U-Test mit einem Ablehnungsbereich der Gestalt $\{U_P < c\} \cup \{U_Q < c\}$. Dieser ist insbesondere geeignet zum Testen des sogenannten *Lokationsproblems*, ob P mit Q übereinstimmt oder aber aus Q durch Verschiebung um ein $\vartheta \neq 0$ hervorgeht, d. h. bei dem H_1 reduziert wird auf die kleinere Alternative $H_1' : P = Q(\cdot - \vartheta)$ für ein $\vartheta \neq 0$.

Aufgaben

11.1 *Das „Portmanteau-Theorem" über Verteilungskonvergenz.* Sei (E,d) ein metrischer Raum mit der von den offenen Mengen erzeugten σ-Algebra $\mathscr{E}$, $(Y_n)_{n \geq 1}$ eine Folge von Zufallsvariablen auf einem Wahrscheinlichkeitsraum $(\Omega, \mathscr{F}, P)$ mit Werten in $(E, \mathscr{E})$, und Q ein Wahrscheinlichkeitsmaß auf $(E, \mathscr{E})$. Beweisen Sie die Äquivalenz der Aussagen

(a) $Y_n \xrightarrow{\mathscr{L}} Q$, d. h. $\lim_{n \to \infty} P(Y_n \in A) = Q(A)$ für alle $A \in \mathscr{E}$ mit $Q(\partial A) = 0$.

(b) $\limsup_{n \to \infty} P(Y_n \in F) \leq Q(F)$ für alle abgeschlossenen Mengen $F \subset E$.

(c) $\liminf_{n \to \infty} P(Y_n \in G) \geq Q(G)$ für alle offenen Mengen $G \subset E$.

(d) $\lim_{n \to \infty} \mathbb{E}(f \circ Y_n) = \mathbb{E}_Q(f)$ für alle stetigen beschränkten Funktionen $f : E \to \mathbb{R}$.

Hinweise: (a) $\Rightarrow$ (b): Ist $G^\varepsilon = \{x \in E : d(x, F) < \varepsilon\}$ die offene ε-Umgebung von F, so ist $Q(\partial G^\varepsilon)$ nur für höchstens abzählbar viele ε von null verschieden. (b), (c) $\Rightarrow$ (d): Nehmen Sie ohne Einschränkung an, dass $0 \leq f \leq 1$, und approximieren Sie f von oben durch Funktionen der Form $\frac{1}{n} \sum_{k=0}^{n-1} 1_{\{f \geq k/n\}}$, und analog von unten.

11.2 Sei $E = \{1, 2, 3\}$ und ρ die Zähldichte der Gleichverteilung auf E. Bestimmen Sie für $c_1, c_2 \in \mathbb{R}$ und großes n eine Normalapproximation der Multinomialwahrscheinlichkeit

$$\mathcal{M}_{n,\rho}\big(\ell \in \mathbb{Z}_+^E : \ell(1) - \ell(2) \leq c_1 \sqrt{n/3}, \; \ell(1) + \ell(2) - 2\ell(3) \leq c_2 \sqrt{n/3}\big) \,.$$

11.3 Ein Algorithmus zur Erzeugung von Pseudozufallsziffern soll getestet werden. Dazu lässt man ihn etwa $n = 10\,000$ Ziffern $\in \{0, \ldots, 9\}$ erzeugen. Ein Versuch ergab die folgenden Häufigkeiten:

Ziffer	0	1	2	3	4	5	6	7	8	9
Häufigkeit	1007	987	928	986	1010	1029	987	1006	1034	1026

Führen Sie zu einem geeigneten Niveau einen χ^2-Anpassungstest auf Gleichverteilung durch.

11.4[L] In der Situation von Abschnitt 11.2 sei $c > 0$, ρ eine Zähldichte auf E, und $\{D_{n,\rho} \leq c\}$ der Annahmebereich des zugehörigen χ^2-Anpassungstests nach n Beobachtungen. Zeigen Sie: Für alle $\vartheta \neq \rho$ gilt

$$\limsup_{n \to \infty} \frac{1}{n} \log P_\vartheta(D_{n,\rho} \leq c) \leq -H(\rho; \vartheta),$$

d. h. die Macht konvergiert exponentiell schnell gegen 1. *Hinweis:* Benutzen Sie Beweisideen von Satz (10.4) und Proposition (11.10).

11.5 *Tendenz zur Mitte.* Bei der Notengebung wird Lehrern manchmal vorgeworfen, sie neigten dazu, Extremurteile zu vermeiden. In einem Kurs erzielten 17 Schüler folgende Durchschnittsnoten:

$$\begin{array}{ccccccccc}
1.58 & 2.84 & 3.52 & 4.16 & 5.36 & 2.01 & 3.03 & 3.56 \\
4.19 & 2.35 & 3.16 & 3.75 & 4.60 & 2.64 & 3.40 & 3.99 & 4.75
\end{array}$$

Nehmen Sie der Einfachheit halber an, dass sich diese Durchschnittsnoten aus so vielen Einzelnoten ergeben haben, dass sie als kontinuierlich verteilt angesehen werden können. Prüfen Sie zum Niveau $\alpha = 0.1$ mit dem χ^2-Anpassungstest die Nullhypothese, dass obige Daten $\mathcal{N}_{3.5,1}$-verteilt sind. Unterteilen Sie hierzu die relativen Häufigkeiten in die sechs Gruppen

$$]-\infty, 1.5], \quad]1.5, 2.5], \quad]2.5, 3.5], \quad]3.5, 4.5], \quad]4.5, 5.5], \quad]5.5, \infty[.$$

11.6[L] *Test gegen fallenden Trend.* Betrachten Sie das unendliche Produktmodell für den χ^2-Anpassungstest, und sei ρ die Gleichverteilung auf $E = \{1, \ldots, s\}$. Wenn die Hypothese $H_0 : \vartheta = \rho$ nicht gegen ganz $H_1 : \vartheta \neq \rho$ getestet werden soll, sondern nur gegen $H_1' : \vartheta_1 > \vartheta_2 > \cdots > \vartheta_s$ („fallender Trend"), ist der χ^2-Test nicht besonders geeignet (warum?). Besser ist die Verwendung der Teststatistik

$$T_n = \frac{\sum_{i=1}^{s} i\, h_n(i) - n(s+1)/2}{\sqrt{n(s^2-1)/12}}.$$

Berechnen Sie $\mathbb{E}_\vartheta(T_n)$ und $\mathbb{V}_\vartheta(T_n)$ und zeigen Sie: $T_n \xrightarrow{\mathcal{L}} \mathcal{N}_{0,1}$. (Stellen Sie dazu T_n als Summe unabhängiger Zufallsvariabler dar.) Entwickeln Sie hieraus ein vernünftiges Testverfahren für H_0 gegen H_1'.

11.7 Es wird vermutet, dass bei Pferderennen auf einer kreisförmigen Rennbahn die Startposition einen Einfluss auf die Gewinnchancen ausübt. Die folgende Tabelle gliedert 144 Sieger nach der Nummer ihrer Startposition auf (wobei die Startpositionen von innen nach außen nummeriert sind).

Startposition	1	2	3	4	5	6	7	8
Häufigkeit	29	19	18	25	17	10	15	11

Testen Sie die Nullhypothese „gleiche Gewinnchancen" gegen die Alternative „abnehmende Gewinnchancen" zum Niveau $\alpha = 0.01$ (a) mit dem χ^2-Anpassungstest, (b) mit dem Test aus Aufgabe 11.6.

11.8   Der Einfluss von Vitamin C auf die Erkältungshäufigkeit soll getestet werden. Dazu werden 200 Versuchspersonen zufällig in zwei Gruppen eingeteilt, von denen die eine jeweils eine bestimmte Dosis Vitamin C und die andere ein Placebo erhält. Es ergeben sich die folgenden Daten:

Erkältungshäufigkeit	geringer	größer	unverändert
Kontrollgruppe	39	21	40
Behandlungsgruppe	51	20	29

Testen Sie zum Niveau 0.05 die Nullhypothese, dass Vitamin-Einnahme und Erkrankungshäufigkeit nicht voneinander abhängen.

11.9   Betrachten Sie die Situation von Abschnitt 11.3 und zeigen Sie: Für jedes $\alpha \otimes \beta \in \Theta_0$ gilt im Limes $n \to \infty$ die stochastische Konvergenz

$$n\, H(L_n; L_n^A \otimes L_n^B) - \widetilde{D}_n/2 \xrightarrow{P_{\alpha \otimes \beta}} 0\,.$$

Hinweis: Imitieren Sie den Beweis von Proposition (11.10) unter der Annahme, dass $L_n^A \otimes L_n^B \geq \frac{1}{2}\, \alpha \otimes \beta$, und verwenden Sie am Schluss, dass diese Bedingung mit gegen 1 strebender Wahrscheinlichkeit erfüllt ist.

11.10   *Satz von Pearson für 2×2-Kontingenztafeln.* Betrachten Sie die Situation von Satz (11.18) im Fall $a = b = 2$ und zeigen Sie:

(a) Die Quadrate $(L_n(ij) - L_n^A(i)L_n^B(j))^2$ hängen nicht von der Wahl von $ij \in E$ ab. Deshalb gilt $\widetilde{D}_n = Z_n^2$ mit

$$Z_n = \sqrt{n}(L_n(11) - L_n^A(1)L_n^B(1))/\sqrt{L_n^A(1)L_n^B(1)L_n^A(2)L_n^B(2)}\,.$$

(b) Sei $X_k^A = 1$ falls die A-Koordinate von X_k gleich 1 ist, und $X_k^A = 0$ sonst, und sei X_k^B analog definiert. Dann gilt einerseits

$$L_n(11) - L_n^A(1)L_n^B(1) = \frac{1}{n}\sum_{k=1}^{n}(X_k^A - L_n^A(1))(X_k^B - L_n^B(1))$$

und andrerseits bezüglich jedem $P_{\alpha \otimes \beta}$ in der Nullhypothese

$$\sum_{k=1}^{n}(X_k^A - \alpha(1))(X_k^B - \beta(1))/\sqrt{n\, \alpha(1)\beta(1)\alpha(2)\beta(2)} \xrightarrow{\mathscr{L}} \mathcal{N}_{0,1}\,.$$

(Beachten Sie, dass die Familie $\{X_k^A, X_k^B : k \geq 1\}$ unter $P_{\alpha \otimes \beta}$ unabhängig ist.)

(c) Folgern Sie mit Hilfe von Proposition (11.2) (im eindimensionalen Fall): Bezüglich $P_{\alpha \otimes \beta}$ gilt $Z_n \xrightarrow{\mathscr{L}} \mathcal{N}_{0,1}$ und daher $\widetilde{D}_n \xrightarrow{\mathscr{L}} \chi_1^2$.

11.11 [L] *Fishers exakter Test auf Unabhängigkeit.* Betrachten Sie die Situation aus Abschnitt 11.3 mit $A = B = \{1, 2\}$. (Zum Beispiel könnte A für zwei medizinische Therapien stehen und B dafür, ob ein Heilerfolg eintritt oder nicht.) Zeigen Sie:

(a) Genau dann gilt $\vartheta = \vartheta^A \otimes \vartheta^B$, wenn $\vartheta(11) = \vartheta^A(1)\, \vartheta^B(1)$.

(b) Für alle $n \in \mathbb{N}$, $k, n_A, n_B \in \mathbb{Z}_+$ und $\vartheta \in \Theta_0$ gilt

$$P_\vartheta\big(h_n(11) = k \,\big|\, h_n^A(1) = n_A,\ h_n^B(1) = n_B\big) = \mathcal{H}_{n_B; n_A, n-n_A}(\{k\}) = \mathcal{H}_{n_A; n_B, n-n_B}(\{k\})\,.$$

(c) Wie würden Sie nun vorgehen, um zu einem vorgegebenen Niveau α einen Test der Nullhypothese $H_0 : \vartheta = \vartheta^A \otimes \vartheta^B$ gegen die Alternative $H_1 : \vartheta \neq \vartheta^A \otimes \vartheta^B$ zu entwickeln? Und wie, wenn die Alternative H_1 durch die (kleinere) Alternative $H_1' : \vartheta(11) > \vartheta^A(1)\,\vartheta^B(1)$ („Therapie 1 hat größeren Heilerfolg") ersetzt wird?

11.12 [L] *Optimalität des randomisierten einseitigen Vorzeichen-Tests.* Betrachten Sie das einseitige Testproblem $H_0 : \mu(Q) \leq 0$ gegen $H_1 : \mu(Q) > 0$ für den Median, und zwar (der Einfachheit halber) in der Klasse aller Wahrscheinlichkeitsmaße Q auf $\mathbb{R}$ mit existierender Dichtefunktion und eindeutigem Median. Betrachten Sie außerdem die auf n unabhängigen Beobachtungen X_i beruhende Teststatistik $S_n^- = \sum_{i=1}^n 1_{\{X_i \leq 0\}}$ sowie im Binomialmodell $\{\mathcal{B}_{n,\vartheta} : 0 < \vartheta < 1\}$ den gemäß Satz (10.10) gleichmäßig besten Niveau-α Test φ für das rechtsseitige Testproblem $H_0' : \vartheta \geq 1/2$ gegen $H_1' : \vartheta < 1/2$. (Es ist also $\varphi = 1_{\{0,\ldots,c-1\}} + \gamma 1_{\{c\}}$, wobei c und γ so bestimmt sind, dass $\mathbb{E}_{\mathcal{B}_{n,1/2}}(\varphi) = \alpha$.) Zeigen Sie:

(a) Zu jedem Wahrscheinlichkeitsmaß Q_1 mit $\mu(Q_1) > 0$ und mit einer Dichtefunktion ρ_1 existiert ein Wahrscheinlichkeitsmaß Q_0 mit $\mu(Q_0) = 0$, so dass $\varphi \circ S_n^-$ ein Neyman–Pearson-Test von $Q_0^{\otimes n}$ gegen $Q_1^{\otimes n}$ mit $\mathbb{E}_0(\varphi \circ S_n^-) = \alpha$ ist. Es sei nämlich

$$Q_0 = \tfrac{1}{2} Q_1(\,\cdot\,|\;]-\infty, 0]) + \tfrac{1}{2} Q_1(\,\cdot\,|\;]-0, \infty[) \,.$$

(b) $\varphi \circ S_n^-$ ist ein gleichmäßig bester Test von H_0 gegen H_1 zum Niveau α.

11.13 Betrachten Sie die Situation von Beispiel (11.21) und die dort angegebenen Daten. Führen Sie zum Niveau $\alpha = 0.06$ sowohl den einseitigen als auch den zweiseitigen Vorzeichen-Test für den Median durch und interpretieren Sie den scheinbaren Widerspruch.

11.14 [L] *Charakterisierung der stochastischen Halbordnung.* Seien Q_1, Q_2 zwei Wahrscheinlichkeitsmaße auf $(\mathbb{R}, \mathscr{B})$. Zeigen Sie die Äquivalenz der Aussagen

(a) $Q_1 \preceq Q_2$.

(b) Es existieren Zufallsvariablen X_1, X_2 auf einem geeigneten Wahrscheinlichkeitsraum $(\Omega, \mathscr{F}, P)$ mit $P \circ X_1^{-1} = Q_1$, $P \circ X_2^{-1} = Q_2$, und $X_1 \leq X_2$.

(c) Für jede beschränkte, monoton wachsende Funktion $f : \mathbb{R} \to \mathbb{R}$ gilt $\mathbb{E}_{Q_1}(f) \leq \mathbb{E}_{Q_2}(f)$.

Hinweis für (a) $\Rightarrow$ (b): Proposition (1.30).

11.15 Sei $G(P, Q) = P^{\otimes k} \otimes Q^{\otimes l}(U_{k,l} < c)$ die Gütefunktion eines einseitigen U-Tests zum Schwellenwert c. Zeigen Sie: $G(P, Q)$ ist bezüglich der stochastischen Halbordnung fallend in P und wachsend in Q, d.h. für $P \succeq P'$ und $Q \preceq Q'$ gilt $G(P, Q) \leq G(P', Q')$. *Hinweis:* Aufgabe 11.14.

11.16 Um die Verlängerung der Reaktionszeit durch ein bestimmtes Medikament zu untersuchen, wurden 20 Personen einem Reaktionstest unterzogen, von denen 10 zuvor das Medikament eingenommen hatten und die anderen 10 eine Kontrollgruppe bildeten. Es ergaben sich folgende Reaktionszeiten (in Sekunden):

behandelte Gruppe	.83	.66	.94	.78	.81	.60	.88	.90	.79	.86
Kontrollgruppe	.64	.70	.69	.80	.71	.82	.62	.91	.59	.63

Testen Sie mit einem U-Test zum Niveau $\alpha = 0.05$ die Nullhypothese, dass die Reaktionszeit durch das Medikament nicht beeinflusst wird, gegen die Alternative einer verlängerten Reaktionszeit, und zwar (a) mit der exakten U-Verteilung, (b) unter Verwendung der Normalapproximation.

11.17 *U-Test als t-Test in Rangdarstellung.* Betrachten Sie die Zweistichproben-t-Statistik T aus Aufgabe 10.24 und ersetzen Sie darin die Gesamtstichprobe $X_1, \ldots, X_k, Y_1, \ldots, Y_l$ durch die entsprechenden Ränge $R_1, \ldots, R_{k+l}$. Zeigen Sie, dass sich die entstehende Teststatistik nur durch Konstanten von der Wilcoxon-Statistik W unterscheidet.

11.18 $^\text{L}$ *Vorzeichen-Rangsummen-Test von Wilcoxon.* Seien $X_1, \ldots, X_n$ unabhängige reelle Zufallsvariablen mit identischer Verteilung Q auf $(\mathbb{R}, \mathscr{B})$. Q sei stetig und bezüglich 0 symmetrisch, d.h. es gelte $F_Q(-c) = 1 - F_Q(c)$ für alle $c \in \mathbb{R}$. Für jedes $1 \le i \le n$ sei $Z_i = 1_{\{X_i > 0\}}$ und R_i^+ der Rang von $|X_i|$ in der absolut genommenen Beobachtungsfolge $|X_1|, \ldots, |X_n|$. Sei $W^+ = \sum_{i=1}^n Z_i R_i^+$ die zugehörige Vorzeichen-Rangsumme. Zeigen Sie:

(a) Für jedes i sind Z_i und $|X_i|$ unabhängig.

(b) Der Zufallsvektor $R^+ = (R_1^+, \ldots, R_n^+)$ ist unabhängig von der zufälligen Menge $Z = \{1 \le i \le n : Z_i = 1\}$.

(c) Z ist gleichverteilt auf der Potenzmenge $\mathscr{P}_n$ von $\{1, \ldots, n\}$, und R^+ ist gleichverteilt auf der Permutationsmenge $\mathscr{S}_n$.

(d) Für jedes $0 \le l \le n(n+1)/2$ gilt $P(W^+ = l) = 2^{-n} N(l; n)$ mit

$$N(l; n) = \left| \left\{ A \subset \{1, \ldots, n\} : \sum_{i \in A} i = l \right\} \right|.$$

(Die $N(l; n)$ lassen sich kombinatorisch bestimmen, und es gilt ein Analogon zum Grenzwertsatz (11.28). W^+ eignet sich daher als Teststatistik für die Nullhypothese $H_0 : Q$ ist symmetrisch.)

11.19 Verwenden Sie den Vorzeichen-Rangsummen-Test aus Aufgabe 11.18 in der Situation von Beispiel (11.21) mit den Daten aus Tabelle 11.4. Legen Sie das Niveau $\alpha = 0.025$ zugrunde. Vergleichen Sie Ihr Ergebnis mit dem Ergebnis des Vorzeichen-Tests aus Satz (11.22). *Hinweis:* Die Zahlen $N(l; 10)$ lassen sich für kleines l durch direktes Abzählen bestimmen.

11.20 $^\text{L}$ *Kolmogorov–Smirnov-Test.* Seien $X_1, \ldots, X_n$ unabhängige reelle Zufallsvariablen mit stetiger Verteilungsfunktion $F(c) = P(X_i \le c)$,

$$F_n(c) = \frac{1}{n} \sum_{i=1}^n 1_{\{X_i \le c\}}$$

die zugehörige empirische Verteilungsfunktion, und $\Delta_n = \sup_{c \in \mathbb{R}} |F_n(c) - F(c)|$. Zeigen Sie:

(a) $\Delta_n = \max\limits_{1 \le i \le n} \max \left(\frac{i}{n} - F(X_{i:n}), \ F(X_{i:n}) - \frac{i-1}{n} \right)$.

(b) Die Verteilung von Δ_n hängt nicht von F ab. *Hinweis:* Aufgabe 1.18.

(Da sich eben diese Verteilung bestimmen lässt, kann man die Nullhypothese „F ist die wahre Verteilungsfunktion" durch einen Test mit Ablehnungsbereich $\{\Delta_n > c\}$ überprüfen; eine Tabelle findet man z.B. in [60].)

11.21 Betrachten Sie die Situation von Aufgabe 11.5 über die Tendenz zur Mitte bei der Notengebung.

(a) Zeichnen Sie die empirische Verteilungsfunktion für die dort angegebenen Daten!

(b) Testen Sie mit dem Kolmogorov–Smirnov-Test aus Aufgabe 11.20 zum Niveau $\alpha = 0.1$ die Nullhypothese, dass den Daten die Normalverteilung $\mathcal{N}_{3.5,1}$ zugrunde liegt. (Es ist $P(\Delta_{17} \le 0.286) = 0.9$.)

12 Regressions- und Varianzanalyse

Oft kann man davon ausgehen, dass die Beobachtungswerte in linearer Weise von gewissen Kontrollparametern abhängen, die beim Experiment nach Belieben eingestellt werden können. Diese lineare Abhängigkeit wird allerdings durch zufällige Beobachtungsfehler gestört, und die zugehörigen Koeffizienten sind nicht bekannt. Wie kann man sie trotzdem aus den Beobachtungen ermitteln? Dies ist der Gegenstand der linearen Regression, d. h. des Zurückschließens aus den zufällig gestörten Beobachtungen auf die zugrunde liegende lineare Abhängigkeit. Im einfachsten Fall wird dabei eine Reihe von Messpunkten in der Ebene bestmöglich durch eine Gerade angenähert. Den guten theoretischen Rahmen für solche Aufgabenstellungen bietet das sogenannte lineare Modell. Wenn die Fehlervariablen unabhängig und normalverteilt sind, lässt sich die Verteilung aller relevanten Schätz- und Testgrößen explizit angeben, und man gelangt zu geeigneten Verallgemeinerungen der im Gauß'schen Produktmodell entwickelten Konfidenzintervalle und Tests. Ein wichtiger Spezialfall hiervon ist die Varianzanalyse, bei welcher die Daten aus verschiedenen Stichprobengruppen miteinander verglichen werden.

12.1 Einfache lineare Regression

Wir beschreiben das Problem der linearen Regression anhand eines konkreten Beispiels.

(12.1) Beispiel: *Wärmeausdehnung eines Metalls.* Die Länge eines Metallstabs hängt (innerhalb eines bestimmten Bereiches) linear von der Temperatur ab. Um den Ausdehnungskoeffizienten zu bestimmen, wählt man n Temperaturen $t_1, \ldots, t_n$, von denen mindestens zwei verschieden sind, und misst die Länge des Stabs bei jeder dieser Temperaturen. Aufgrund zufälliger Messfehler ist das Messergebnis X_k bei der Temperatur t_k zufallsabhängig. Und zwar besteht X_k aus einem deterministischen Anteil, der wirklichen Stablänge, und einem zufälligen Fehleranteil. Demgemäß beschreibt man X_k durch eine *lineare Regressionsgleichung* der Form

$$(12.2) \qquad X_k = \gamma_0 + \gamma_1 t_k + \sqrt{v}\, \xi_k\,, \quad 1 \le k \le n\,;$$

dabei sind $\gamma_0, \gamma_1 \in \mathbb{R}$ zwei unbekannte Koeffizienten, die ermittelt werden sollen (γ_1 ist der zu bestimmende Wärmeausdehnungskoeffizient), $v > 0$ ist ein ebenfalls unbekannter Streuparameter für die Größe des Messfehlers, und $\xi_1, \ldots, \xi_n$ sind geeignete

Zufallsvariablen, welche die zufälligen Messfehler beschreiben. Man nimmt an, dass die ξ_k standardisiert sind, d. h. dass $\mathbb{E}(\xi_k) = 0$ und $\mathbb{V}(\xi_k) = 1$; erst dadurch werden die Parameter γ_0 und v eindeutig festgelegt. Weiter bedeutet dies, dass die Fehlerterme in (12.2) alle dieselbe Varianz haben. Die deterministische Variable „Temperatur" mit den bekannten Werten $t_1, \ldots, t_n$ heißt die *Ausgangs*- oder *Regressorvariable*, die Variable „Stablänge" mit den zufälligen Messwerten $X_1, \ldots, X_n$ heißt *abhängige* oder *Zielvariable*. $\gamma = (\gamma_0, \gamma_1)^\top$ ist der sogenannte *Verschiebungsparameter*. Dagegen ist v ein *Skalenparameter*, welcher die Streuung der Messwerte bestimmt.

Im Folgenden schreiben wir die Regressionsgleichung (12.2) in der vektoriellen Form

$$(12.3) \qquad\qquad X = \gamma_0 \mathbf{1} + \gamma_1 t + \sqrt{v}\, \xi$$

mit den (vorgegebenen) Vektoren $\mathbf{1} = (1, \ldots, 1)^\top$ und $t = (t_1, \ldots, t_n)^\top$, dem zufälligen Beobachtungsvektor $X = (X_1, \ldots, X_n)^\top$, und dem zufälligen Fehlervektor $\xi = (\xi_1, \ldots, \xi_n)^\top$. Da die t_k nicht alle gleich sein sollen, sind $\mathbf{1}$ und t linear unabhängig. Die Parameter γ_0 und γ_1 sind also beide relevant. Bezeichnen wir mit $P_{\gamma,v}$ die Verteilung des Zufallsvektors $\gamma_0 \mathbf{1} + \gamma_1 t + \sqrt{v}\, \xi$, so führen unsere Modellannahmen auf das statistische Modell

$$(\mathbb{R}^n, \mathscr{B}^n, P_{\gamma,v} : (\gamma, v) \in \mathbb{R}^2 \times]0, \infty[\,) \,.$$

In diesem Modell ist $X_k : \mathbb{R}^n \to \mathbb{R}$ einfach die k-te Projektion und $X = \mathrm{Id}_{\mathbb{R}^n}$ die Identität auf $\mathbb{R}^n$.

Wie kann man die unbekannten Parameter γ_0, γ_1 aus den Messungen $X_1, \ldots, X_n$ ermitteln? Da eine lineare Abhängigkeit der Stablänge von der Temperatur vorausgesetzt wird, besteht die Aufgabe darin, auf möglichst geschickte Weise eine Gerade „durch" die zufällig erhaltenen Messpunkte $(t_1, X_1), \ldots, (t_n, X_n)$ zu legen. Solch eine Gerade

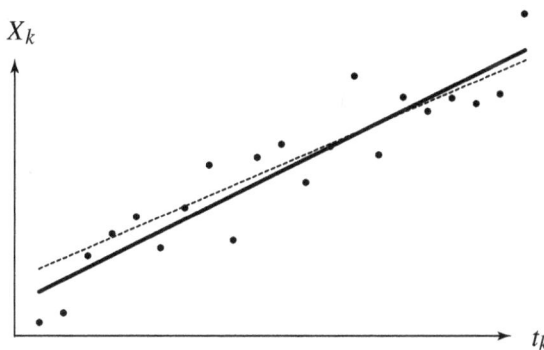

Abbildung 12.1: Streudiagramm der Messpunkte (t_k, X_k) mit äquidistanten t_k und zufälligen, durch normalverteilte Abweichungen von der gestrichelten „wahren" Geraden entstandenen X_k, sowie die zugehörige Regressionsgerade (fett).

heißt eine *Ausgleichsgerade* oder *Regressionsgerade*. Ein praktisches Verfahren hierfür liefert das auf C. F. Gauß und A. M. Legendre zurückgehende (zum Prioritätenstreit siehe z. B. [48])

Prinzip der kleinsten Quadrate: In Abhängigkeit vom Beobachtungsvektor X bestimme man $\hat{\gamma} = (\hat{\gamma}_0, \hat{\gamma}_1)^\top \in \mathbb{R}^2$ so, dass der mittlere quadratische Fehler

$$F_\gamma := \frac{1}{n} \sum_{k=1}^{n} \left(X_k - (\gamma_0 + \gamma_1 t_k) \right)^2 = |X - \gamma_0 \mathbf{1} - \gamma_1 t|^2 / n$$

für $\gamma = \hat{\gamma}$ minimal wird.

Für welches $\hat{\gamma}$ ist das der Fall? Zunächst einmal halten wir fest, dass die Funktion $\gamma \to F_\gamma$ bei einem gegebenen Wert von X ein globales Minimum besitzt. Denn es gilt $\lim_{|\gamma| \to \infty} F_\gamma = \infty$, also braucht F_γ nur auf einem hinreichend großen Kompaktum betrachtet zu werden, und auf dem wird das Minimum angenommen. An solch einer globalen Minimalstelle verschwindet der Gradient, d. h. es gilt

$$0 = \frac{\partial}{\partial \gamma_0} F_\gamma = -\frac{2}{n} \sum_{k=1}^{n} (X_k - \gamma_0 - \gamma_1 t_k) \,,$$

$$0 = \frac{\partial}{\partial \gamma_1} F_\gamma = -\frac{2}{n} \sum_{k=1}^{n} t_k \left(X_k - \gamma_0 - \gamma_1 t_k \right) .$$

Dies führt auf die *Normalgleichungen*

$$(12.4) \qquad \gamma_0 + \gamma_1 M(t) = M(X) \,, \quad \gamma_0 M(t) + \gamma_1 \frac{1}{n} \sum_{k=1}^{n} t_k^2 = \frac{1}{n} \sum_{k=1}^{n} t_k X_k \,,$$

wobei wir wieder $M(x) = \frac{1}{n} \sum_{i=1}^{n} x_i$ für den Mittelwert eines Vektors $x \in \mathbb{R}^n$ schreiben. Die zweite Gleichung lässt sich noch vereinfachen. Mit Hilfe der Varianz

$$V(t) = \frac{1}{n} \sum_{k=1}^{n} t_k^2 - M(t)^2$$

und der Kovarianz

$$c(t, X) := \frac{1}{n} \sum_{k=1}^{n} t_k X_k - M(t) M(X)$$

bekommt sie nämlich die Gestalt

$$\gamma_0 M(t) + \gamma_1 (V(t) + M(t)^2) = c(t, X) + M(t) M(X) \,.$$

Ersetzt man hierin $M(X)$ durch $\gamma_0 + \gamma_1 M(t)$ gemäß der ersten Normalgleichung, so folgt $\gamma_1 V(t) = c(t, X)$. Da nach Voraussetzung nicht alle t_k übereinstimmen, ist $V(t) > 0$, und man erhält das folgende Ergebnis.

(12.5) Satz: Regressionsgerade. *Die Statistiken*

$$\hat{\gamma}_0 = M(X) - \frac{M(t)}{V(t)}\, c(t, X)\,, \quad \hat{\gamma}_1 = \frac{c(t, X)}{V(t)}$$

sind die eindeutig bestimmten Kleinste-Quadrate-Schätzer für γ_0, γ_1. *Sie sind beide erwartungstreu.*

Beweis: Nur die Erwartungstreue ist noch zu zeigen. Für alle $\vartheta = (\gamma, v)$ gilt wegen der Linearität von $c(t, \cdot)$

$$\mathbb{E}_\vartheta(\hat{\gamma}_1) = \mathbb{E}_\vartheta(c(t, X))/V(t) = c(t, \mathbb{E}_\vartheta(X))/V(t)\,;$$

dabei ist $\mathbb{E}_\vartheta(X) := (\mathbb{E}_\vartheta(X_1), \ldots, \mathbb{E}_\vartheta(X_n))^\top$. Wegen (12.3), der Zentriertheit von ξ und der Rechenregel (4.23a) für die Kovarianz ist der letzte Ausdruck gleich

$$c(t, \gamma_0\mathbf{1} + \gamma_1 t)/V(t) = \gamma_1 c(t, t)/V(t) = \gamma_1\,.$$

Genauso folgt aus der Linearität von M

$$\mathbb{E}_\vartheta(\hat{\gamma}_0) = \mathbb{E}_\vartheta\big(M(X) - \hat{\gamma}_1\, M(t)\big) = M(\mathbb{E}_\vartheta(X)) - \gamma_1\, M(t)$$
$$= M(\gamma_0\mathbf{1} + \gamma_1 t) - \gamma_1\, M(t) = \gamma_0\,.$$

Dies beweist die behauptete Erwartungstreue. ◇

Die bisherigen Ergebnisse lassen sich so zusammenfassen: Gemäß dem Prinzip der kleinsten Quadrate hat die Regressionsgerade zur Beobachtung X die Steigung $\hat{\gamma}_1$ und den Achsen-Abschnitt $\hat{\gamma}_0$. Die erste Normalgleichung in (12.4) besagt, dass diese Gerade durch den Schwerpunkt $(M(t), M(X))$ der Messpunkte (t_k, X_k) verläuft. Sie wird offensichtlich eindeutig beschrieben durch den Regressionsvektor $\hat{\gamma}_0\mathbf{1} + \hat{\gamma}_1\, t$ ihrer Werte an den Stellen $t_1, \ldots, t_n$, und dieser kann wie folgt geometrisch interpretiert werden.

(12.6) Bemerkung: *Regressionsgerade als Projektion.* Der Regressionsvektor $\hat{\gamma}_0\mathbf{1} + \hat{\gamma}_1\, t$ ist gerade die Projektion des Beobachtungsvektors $X \in \mathbb{R}^n$ auf den von den Vektoren $\mathbf{1}$ und t aufgespannten Teilraum

$$L = L(\mathbf{1}, t) := \{\gamma_0\mathbf{1} + \gamma_1 t : \gamma_0, \gamma_1 \in \mathbb{R}\}\,,$$

d. h. mit der Projektion Π_L von $\mathbb{R}^n$ auf L gilt $\Pi_L X = \hat{\gamma}_0\mathbf{1} + \hat{\gamma}_1 t$. Das Prinzip der kleinsten Quadrate besagt nämlich nichts anderes, als dass $\hat{\gamma}_0\mathbf{1} + \hat{\gamma}_1\, t$ gerade der Vektor in L ist, welcher von X den kleinsten euklidischen Abstand hat, oder gleichbedeutend, dass der Differenzvektor $X - \hat{\gamma}_0\mathbf{1} - \hat{\gamma}_1\, t$ auf $\mathbf{1}$ und t und daher auf L senkrecht steht – dies ist gerade der Inhalt der Normalgleichungen.

Die Regressionsgerade beschreibt die aufgrund der Beobachtung X vermutete Abhängigkeit zwischen Stablänge und Temperatur. Man kann daher Vorhersagen machen über die Stablänge $\tau(\gamma) = \gamma_0 + \gamma_1 u$ bei einer Temperatur $u \notin \{t_1, \ldots, t_n\}$, für die noch keine Messung vorgenommen wurde. Dies werden wir später in einem sehr viel allgemeineren Rahmen durchführen; siehe den Satz (12.15b) von Gauß unten. Hier geben wir noch zwei ergänzende Hinweise.

(12.7) Bemerkung: *Zufällige Regressorvariable.* In Beispiel (12.1) sind wir davon ausgegangen, dass die Temperaturen t_k fest eingestellt werden können und nicht vom Zufall abhängen. Die Methode der kleinsten Quadrate kann aber genauso im Fall einer zufälligen Regressorvariablen verwendet werden. Sie ermöglicht dann die Bestimmung eines (approximativ) linearen Zusammenhangs zwischen zwei Zufallsvariablen wie z. B. Luftdruck und Luftfeuchtigkeit. Formal betrachtet man dann Paare (X_k, T_k) von reellen Zufallsvariablen (die den Beobachtungen an verschiedenen Tagen entsprechen) und ersetzt in den obigen Überlegungen den deterministischen Vektor t durch den Zufallsvektor $(T_1, \ldots, T_n)^\top$.

(12.8) Bemerkung: *Versteckte Einflussgrößen.* Ein häufige Quelle von Fehlschlüssen besteht darin, wesentliche Einflussfaktoren außer Acht zu lassen. Wenn die Zielvariable X nicht nur von der betrachteten Ausgangsvariablen t abhängt, sondern auch noch von einer weiteren Einflussgröße s, so kann z. B. der Fall eintreten, dass die Regressionsgerade für X in Abhängigkeit von t steigt, wenn die Werte von s nicht unterschieden werden, während die Regressionsgeraden bei festgehaltenen Werten von s jeweils fallen. Mit anderen Worten: Wird s ignoriert, so scheint t einen verstärkenden Einfluss auf X auszuüben, obgleich in Wirklichkeit das Gegenteil der Fall ist. Ein konkretes Beispiel für dieses sogenannte *Simpson-Paradox* folgt in Aufgabe 12.4.

12.2 Das lineare Modell

Die lineare Regressionsgleichung (12.3) besagt abstrakt gesehen nichts anderes, als dass der zufällige Beobachtungsvektor X aus dem zufälligen Fehlervektor ξ durch zwei Operationen hervorgeht: eine Skalierung mit $\sqrt{v}$ und eine anschließende Verschiebung um einen Vektor, der linear von dem unbekannten Parameter γ abhängt. Diese Modellvorstellung soll jetzt allgemein formuliert werden.

Definition: Seien $s, n \in \mathbb{N}$ mit $s < n$. Ein *lineares Modell* für n reellwertige Beobachtungen mit unbekanntem s-dimensionalen Verschiebungsparameter $\gamma = (\gamma_1, \ldots, \gamma_s)^\top \in \mathbb{R}^s$ und unbekanntem Skalenparameter $v > 0$ besteht aus

▷ einer reellen $n \times s$-Matrix A von vollem Rang s von bekannten Kontrollgrößen, der sogenannten *Designmatrix*, und

▷ einem Zufallsvektor $\xi = (\xi_1, \ldots, \xi_n)^\top$ von n standardisierten Zufallsvariablen $\xi_k \in \mathscr{L}^2$, den *Fehler-* oder *Störgrößen*.

Der n-dimensionale Beobachtungsvektor $X = (X_1, \ldots, X_n)^\top$ ergibt sich aus diesen Größen durch die lineare Gleichung

$$(12.9) \qquad\qquad X = \mathsf{A}\gamma + \sqrt{v}\,\xi\,.$$

(Insbesondere wird also angenommen, dass alle Beobachtungsfehler dieselbe Varianz haben.) Ein passendes statistisches Modell ist

$$(\mathcal{X}, \mathscr{F}, P_\vartheta : \vartheta \in \Theta) = (\mathbb{R}^n, \mathscr{B}^n, P_{\gamma, v} : \gamma \in \mathbb{R}^s, v > 0),$$

wobei wir für $\vartheta = (\gamma, v) \in \Theta := \mathbb{R}^s \times\,]0, \infty[$ mit $P_\vartheta = P_{\gamma, v}$ die Verteilung des Zufallsvektors $A\gamma + \sqrt{v}\,\xi$ bezeichnen. In diesem kanonischen Modell ist X einfach die Identität auf $\mathbb{R}^n$ und X_k die k-te Projektion. Da die ξ_k zentriert sind, gilt $\mathbb{E}_{\gamma, v}(X) = A\gamma$.

Die Aufgabe des Statistikers besteht darin, aufgrund einer Realisierung von X zurückzuschließen auf die unbekannten Parameter γ, v, d. h. diese Parameter zu schätzen oder Hypothesen über sie zu testen. Als besonders zugänglich wird sich das *lineare Gauß-Modell* erweisen. Dort hat ξ die n-dimensionale Standardnormalverteilung $\mathcal{N}_n(0, \mathsf{E})$, und somit ist nach Satz (9.2) $P_{\gamma, v} = \mathcal{N}_n(A\gamma, v\mathsf{E})$; der Gauß'sche Fall ist Gegenstand des nächsten Abschnitts. Hier diskutieren wir zunächst eine Reihe von Beispielen mit spezieller Wahl der Designmatrix A.

(12.10) Beispiel: *Gauß'sches Produktmodell.* Sei $s = 1$, $A = \mathbf{1}$, $\gamma = m \in \mathbb{R}$, und ξ habe die Standardnormalverteilung $\mathcal{N}_n(0, \mathsf{E})$. Dann ist $P_{\gamma, v} = \mathcal{N}_n(m\mathbf{1}, v\mathsf{E}) = \mathcal{N}_{m, v}^{\otimes n}$. Dies ist gerade das früher diskutierte Gauß'sche Produktmodell für n unabhängige normalverteilte Beobachtungen mit jeweils gleichem (unbekannten) Erwartungswert und gleicher (unbekannter) Varianz.

(12.11) Beispiel: *Einfache lineare Regression.* Sei $s = 2$, $A = (\mathbf{1}t)$ für einen Regressorvektor $t = (t_1, \dots, t_n)^\top \in \mathbb{R}^n$ mit mindestens zwei verschiedenen Koordinaten, und $\gamma = (\gamma_0, \gamma_1)^\top$. Dann ist die Gleichung (12.9) des linearen Modells identisch mit der linearen Regressionsgleichung (12.3).

(12.12) Beispiel: *Polynomiale Regression.* Sei $t = (t_1, \dots, t_n)^\top$ ein nicht konstanter Vektor von bekannten Regressorwerten. Wenn man im Unterschied zu Beispiel (12.1) nicht von einem linearen Zusammenhang zwischen der Ausgangsvariablen und der Zielvariablen ausgehen kann, wird man die Regressionsgleichung (12.2) zu der polynomialen Regressionsgleichung

$$X_k = \gamma_0 + \gamma_1\, t_k + \gamma_2\, t_k^2 + \dots + \gamma_d\, t_k^d + \sqrt{v}\,\xi_k, \quad 1 \leq k \leq n,$$

verallgemeinern. Dabei ist $d \in \mathbb{N}$ der maximal in Frage kommende Polynomgrad. Auch dies ist ein Spezialfall von (12.9): Man setze $s = d + 1$, $\gamma = (\gamma_0, \dots, \gamma_d)^\top$, und

$$A = \begin{pmatrix} 1 & t_1 & t_1^2 & \cdots & t_1^d \\ \vdots & \vdots & \vdots & & \vdots \\ 1 & t_n & t_n^2 & \cdots & t_n^d \end{pmatrix}.$$

(12.13) Beispiel: *Mehrfache lineare Regression.* Bei der einfachen linearen Regression und der polynomialen Regression wird angenommen, dass die Beobachtungsgröße nur von einer Variablen beeinflusst wird. In vielen Fällen wird es jedoch nötig sein, mehrere Einflussgrößen in Betracht zu ziehen. Wenn der Einfluss von jeder dieser Größen als linear angenommen werden kann, gelangt man zur multiplen linearen Regressionsgleichung

$$X_k = \gamma_0 + \gamma_1 t_{k,1} + \cdots + \gamma_d t_{k,d} + \sqrt{v}\, \xi_k\,, \quad 1 \le k \le n\,.$$

Dabei ist d die Anzahl der relevanten Einflussgrößen und $t_{k,i}$ der bei der k-ten Beobachtung verwendete Wert der i-ten Einflussgröße. Wenn man sinnvolle Schlüsse über alle unbekannten Faktoren $\gamma_0, \ldots, \gamma_d$ ziehen will, muss man natürlich die Beobachtung so einrichten, dass $n > d$ und die Matrix

$$\mathsf{A} = \begin{pmatrix} 1 & t_{1,1} & \cdots & t_{1,d} \\ \vdots & \vdots & & \vdots \\ 1 & t_{n,1} & \cdots & t_{n,d} \end{pmatrix}$$

vollen Rang $s = d + 1$ hat. Mit $\gamma = (\gamma_0, \ldots, \gamma_d)^\top$ bekommen wir dann wieder Gleichung (12.9).

Wie in Bemerkung (12.6) betrachten wir nun den linearen Teilraum

$$L = L(\mathsf{A}) := \{\mathsf{A}\gamma : \gamma \in \mathbb{R}^s\} \subset \mathbb{R}^n\,,$$

der von den s Spaltenvektoren von A aufgespannt wird. Gemäß dem Prinzip der kleinsten Quadrate sucht man zu jedem Beobachtungswert $x \in \mathbb{R}^n$ dasjenige Element von L, welches von x den kleinsten Abstand hat. Dieses erhält man aus x mit Hilfe der orthogonalen Projektion $\Pi_L : \mathbb{R}^n \to L$ auf L. Π_L wird charakterisiert durch jede der folgenden Eigenschaften:

(a) $\Pi_L x \in L$, $|x - \Pi_L x| = \min_{u \in L} |x - u|$ für alle $x \in \mathbb{R}^n$;

(b) $\Pi_L x \in L$, $x - \Pi_L x \perp L$ für alle $x \in \mathbb{R}^n$.

Die Orthogonalitätsaussage in (b) entspricht den *Normalgleichungen* (12.4) und ist gleichbedeutend damit, dass $(x - \Pi_L x) \cdot u = 0$ für alle u in einer Basis von L, also mit der Gleichung $\mathsf{A}^\top(x - \Pi_L x) = 0$ für alle $x \in \mathbb{R}^n$.

(12.14) Bemerkung: *Darstellung der Projektionsmatrix.* Die $s \times s$-Matrix $\mathsf{A}^\top\mathsf{A}$ ist invertierbar, und die Projektion Π_L von $\mathbb{R}^n$ auf $L = L(\mathsf{A})$ besitzt die Darstellung

$$\Pi_L = \mathsf{A}(\mathsf{A}^\top\mathsf{A})^{-1}\mathsf{A}^\top\,.$$

Insbesondere ist $\hat{\gamma} := (\mathsf{A}^\top\mathsf{A})^{-1}\mathsf{A}^\top X$ die einzige Lösung der Gleichung $\Pi_L X = \mathsf{A}\hat{\gamma}$.

Beweis: Wäre $\mathsf{A}^\top\mathsf{A}c = 0$ für ein $0 \ne c \in \mathbb{R}^s$, so wäre auch $|\mathsf{A}c|^2 = c^\top\mathsf{A}^\top\mathsf{A}c = 0$, also $\mathsf{A}c = 0$ im Widerspruch zur Annahme, dass A vollen Rang hat. Also ist $\mathsf{A}^\top\mathsf{A}$ invertierbar. Weiter ist für jedes $x \in \mathbb{R}^n$ offensichtlich $\mathsf{A}(\mathsf{A}^\top\mathsf{A})^{-1}\mathsf{A}^\top x \in L$ und

$$\mathsf{A}^\top(x - \mathsf{A}(\mathsf{A}^\top\mathsf{A})^{-1}\mathsf{A}^\top x) = \mathsf{A}^\top x - \mathsf{A}^\top x = 0\,.$$

Aus Eigenschaft (b) folgt daher $\Pi_L x = \mathsf{A}(\mathsf{A}^\top\mathsf{A})^{-1}\mathsf{A}^\top x$. $\diamond$

Der folgende Satz liefert natürliche Schätzer für die Parameter γ und v sowie für lineare Funktionen von γ.

(12.15) Satz: Schätzer im linearen Modell. *Im linearen Modell mit unkorrelierten Fehlergrößen $\xi_1, \ldots, \xi_n$ gelten die folgenden Aussagen.*

(a) *Der Kleinste-Quadrate-Schätzer $\hat{\gamma} := (\mathsf{A}^\top \mathsf{A})^{-1} \mathsf{A}^\top X$ ist ein erwartungstreuer Schätzer für γ.*

(b) Satz von Gauß. *Sei $\tau : \mathbb{R}^s \to \mathbb{R}$ eine lineare zu schätzende Kenngröße für γ, d.h. es gelte $\tau(\gamma) = c \cdot \gamma$ für ein $c \in \mathbb{R}^s$ und alle $\gamma \in \mathbb{R}^s$. Dann ist $T := c \cdot \hat{\gamma}$ ein erwartungstreuer Schätzer für τ, der als einziger unter allen* linearen *erwartungstreuen Schätzern für τ die kleinste Varianz hat.*

(c) *Die Stichprobenvarianz*

$$V^* := \frac{|X - \Pi_L X|^2}{n - s} = \frac{|X|^2 - |\Pi_L X|^2}{n - s} = \frac{|X - \mathsf{A}\hat{\gamma}|^2}{n - s}$$

ist ein erwartungstreuer Schätzer für v.

Ein Schätzer T wie in Aussage (b) heißt ein *bester linearer Schätzer*, mit der englischen Abkürzung BLUE für „best linear unbiased estimator". In der Literatur wird Aussage (b) meist als Satz von Gauß–Markov bezeichnet. Die Zuschreibung zu Markov beruht aber offenbar auf einem Irrtum [48].

Aussage (c) verallgemeinert Satz (7.13). Da hier der s-dimensionale Parameter γ und nicht nur der eindimensionale Parameter m geschätzt wird, gehen s Freiheitsgrade verloren. Dies erklärt die Division durch $n - s$.

Beweis: (a) Für alle $\vartheta = (\gamma, v)$ folgt aus der Linearität des Erwartungswerts

$$\mathbb{E}_\vartheta(\hat{\gamma}) = (\mathsf{A}^\top \mathsf{A})^{-1} \mathsf{A}^\top \, \mathbb{E}_\vartheta(X) = (\mathsf{A}^\top \mathsf{A})^{-1} \mathsf{A}^\top \mathsf{A}\gamma = \gamma \, .$$

Dabei ist der Erwartungswert eines Zufallsvektors wieder koordinatenweise definiert als der Vektor der Erwartungswerte der Koordinatenvariablen.

(b) Wegen Aussage (a) ist T erwartungstreu. Wir wollen zeigen, dass T unter allen linearen erwartungstreuen Schätzern für τ die kleinste Varianz hat. Dazu betrachten wir den Vektor $a = \mathsf{A}(\mathsf{A}^\top \mathsf{A})^{-1} c \in L$. Es gilt einerseits $\Pi_L a = a$ und daher auch $a^\top \Pi_L = a^\top$. Andrerseits gilt $\mathsf{A}^\top a = c$, also $c^\top = a^\top \mathsf{A}$ und somit $\tau(\gamma) = c^\top \gamma = a^\top \mathsf{A}\gamma$. Insgesamt erhalten wir daher $T = c^\top \hat{\gamma} = a^\top \Pi_L X = a^\top X$.

Sei nun $S : \mathbb{R}^n \to \mathbb{R}$ ein beliebiger linearer erwartungstreuer Schätzer für τ. Wegen der Linearität von S existiert ein $b \in \mathbb{R}^n$ mit $S = b \cdot X$. Wegen der Erwartungstreue von S gilt für alle $\vartheta = (\gamma, v)$

$$b \cdot \mathsf{A}\gamma = \mathbb{E}_\vartheta(b \cdot X) = \mathbb{E}_\vartheta(S) = \tau(\gamma) = a \cdot \mathsf{A}\gamma \, ,$$

also $b \cdot u = a \cdot u$ für alle $u \in L$. Somit steht $b - a$ senkrecht auf L, d.h. es ist $a = \Pi_L b$ und daher insbesondere $|a| \leq |b|$. Wir schreiben nun

$$\mathbb{V}_\vartheta(S) - \mathbb{V}_\vartheta(T) = \mathbb{E}_\vartheta\big([b^\top(X - A\gamma)]^2 - [a^\top(X - A\gamma)]^2\big)$$
$$= v\,\mathbb{E}\big(b^\top\xi\,\xi^\top b - a^\top\xi\,\xi^\top a\big)$$
$$= v\,\big(b^\top\mathbb{E}(\xi\,\xi^\top)b - a^\top\mathbb{E}(\xi\,\xi^\top)a\big)\,.$$

Hier verwenden wir die Vektornotation $\xi\,\xi^\top$ für die Matrix $(\xi_k\xi_l)_{1\le k,l\le n}$, und der Erwartungswert $\mathbb{E}(\xi\,\xi^\top)$ ist gliedweise definiert. Wegen der Unkorreliertheit der ξ_k gilt nun aber $\mathbb{E}(\xi\,\xi^\top) = \mathsf{E}$, die Einheitsmatrix. Es folgt

$$\mathbb{V}_\vartheta(S) - \mathbb{V}_\vartheta(T) = v\,(|b|^2 - |a|^2) \ge 0\,,$$

und dies beweist die Optimalität und Eindeutigkeit von T.

(c) Der zweite Ausdruck für V^* ergibt sich aus dem Satz von Pythagoras, siehe Abbildung 12.2, und der dritte aus Bemerkung (12.14). Sei nun $u_1, \dots, u_n$ eine Orthonormalbasis von $\mathbb{R}^n$ mit $L = \operatorname{span}(u_1, \dots, u_s)$, und O die orthogonale Matrix mit Spaltenvektoren $u_1, \dots, u_n$. Die Matrix O bildet den linearen Teilraum $H = \{x \in \mathbb{R}^n : x_{s+1} = \cdots = x_n = 0\}$ auf L ab. Die Projektion auf H wird beschrieben durch die Diagonalmatrix E_s mit Einsen auf den Diagonalplätzen $1, \dots, s$ und Nullen sonst. Definitionsgemäß gilt daher $\Pi_L = \mathsf{O}\mathsf{E}_s\mathsf{O}^\top$.

Wir setzen nun $\eta := \mathsf{O}^\top\xi$ und schreiben $\eta_k = \sum_{j=1}^n \mathsf{O}_{jk}\xi_j$ für die k-te Koordinate von η. Dann gilt

(12.16) $(n - s)\,V^* = v\,|\xi - \Pi_L\xi|^2 = v\,|\eta - \mathsf{E}_s\eta|^2 = v\,\sum_{k=s+1}^n \eta_k^2\,.$

Dabei folgt die erste Gleichung aus (12.9) und der Tatsache, dass $\Pi_L A\gamma = A\gamma \in L$, und die zweite aus der Rotationsinvarianz der euklidischen Norm. Da die ξ_j als unkorreliert und standardisiert vorausgesetzt sind, gilt schließlich

$$\mathbb{E}(\eta_k^2) = \mathbb{E}\Big(\sum_{1\le i,j\le n} \mathsf{O}_{ik}\mathsf{O}_{jk}\xi_i\xi_j\Big) = \sum_{i=1}^n \mathsf{O}_{ik}^2 = 1$$

für jedes k. Zusammen mit (12.16) liefert dies die Erwartungstreue von V^*. $\diamond$

Wenn man nicht nur schätzen, sondern auch Konfidenzbereiche angeben oder Hypothesen testen möchte, braucht man zur Berechnung der Irrtumswahrscheinlichkeiten genauere Angaben über die zugrunde liegenden Verteilungen. Deshalb betrachten wir im folgenden Abschnitt den Standardfall, dass die Fehlergrößen ξ_k unabhängig und standardnormalverteilt sind.

12.3   Das lineare Gauß-Modell

In diesem Abschnitt machen wir die Annahme, dass der Fehlervektor ξ die multivariate Standardnormalverteilung $\mathcal{N}_n(0, \mathsf{E})$ besitzt, und daher nach (12.9) und Satz (9.2) $P_\vartheta = \mathcal{N}_n(A\gamma, v\mathsf{E})$ für alle $\vartheta = (\gamma, v) \in \mathbb{R}^s \times {]0, \infty[}$. Insbesondere sind die Beobachtungen $X_1, \dots, X_n$ dann unter jedem P_ϑ unabhängig. Das zugehörige lineare Modell heißt dann das *normalverteilte lineare Modell* oder *lineare Gauß-Modell*.

(12.17) Satz: Verallgemeinerter Satz von Student. *Im linearen Gauß-Modell gelten bei beliebigem (γ, v) bezüglich $P_{\gamma,v}$ die folgenden Aussagen.*

(a) $\hat{\gamma}$ *ist* $\mathcal{N}_s(\gamma, v(\mathsf{A}^\top\mathsf{A})^{-1})$*-verteilt.*

(b) $\frac{n-s}{v} V^*$ *ist* χ^2_{n-s}*-verteilt.*

(c) $|\mathsf{A}(\hat{\gamma} - \gamma)|^2/v = |\Pi_L X - \mathbb{E}_{\gamma,v}(X)|^2/v$ *ist* χ^2_s*-verteilt und unabhängig von V^*. Somit hat $|\mathsf{A}(\hat{\gamma} - \gamma)|^2/(sV^*)$ die F-Verteilung $\mathcal{F}_{s,n-s}$.*

(d) *Ist $H \subset L$ ein linearer Teilraum mit $\dim H = r < s$ und $\mathsf{A}\gamma \in H$, so hat $|\Pi_L X - \Pi_H X|^2/v$ die Verteilung χ^2_{s-r} und ist unabhängig von V^*. Somit ist die Fisher-Statistik*

(12.18) $$F_{H,L} := \frac{n-s}{s-r} \frac{|\Pi_L X - \Pi_H X|^2}{|X - \Pi_L X|^2} = \frac{|\mathsf{A}\hat{\gamma} - \Pi_H X|^2}{(s-r)\,V^*}$$

$\mathcal{F}_{s-r,n-s}$*-verteilt.*

Aus dem Satz von Pythagoras ergeben sich die alternativen Darstellungen

$$F_{H,L} = \frac{n-s}{s-r} \frac{|\Pi_L X|^2 - |\Pi_H X|^2}{|X|^2 - |\Pi_L X|^2} = \frac{n-s}{s-r} \frac{|X - \Pi_H X|^2 - |X - \Pi_L X|^2}{|X - \Pi_L X|^2},$$

siehe Abbildung 12.2.

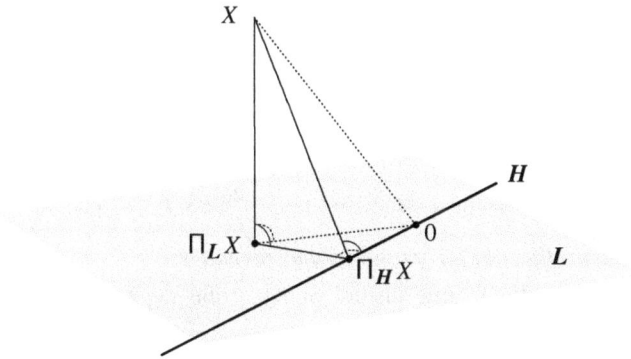

Abbildung 12.2: Die Seiten des von den Projektionsstrahlen gebildeten Tetraeders sind rechtwinklige Dreiecke.

Beweis: (a) Wegen der Sätze (9.5) und (12.15a) ist $\hat{\gamma} = (\mathsf{A}^\top\mathsf{A})^{-1}\mathsf{A}^\top X$ normalverteilt mit Erwartungswert γ und Kovarianzmatrix

$$(\mathsf{A}^\top\mathsf{A})^{-1}\mathsf{A}^\top (v\mathsf{E})\mathsf{A}(\mathsf{A}^\top\mathsf{A})^{-1} = v\,(\mathsf{A}^\top\mathsf{A})^{-1}.$$

(b)–(d) Sei $H \subset L$ und $u_1, \ldots, u_n$ eine Orthonormalbasis von $\mathbb{R}^n$ mit

$$\text{span}(u_1, \ldots, u_r) = H, \quad \text{span}(u_1, \ldots, u_s) = L.$$

Sei O die orthogonale Matrix mit Spalten $u_1, \ldots, u_n$. Wir betrachten zunächst den $\mathcal{N}_n(0, \mathsf{E})$-verteilten Fehlervektor ξ. Nach Korollar (9.4) ist der Vektor $\eta := \mathsf{O}^\top \xi$ wieder $\mathcal{N}_n(0, \mathsf{E})$-verteilt, also seine Koordinaten $\eta_1, \ldots, \eta_n$ unabhängig und $\mathcal{N}_{0,1}$-verteilt. Aussage (b) folgt daher unmittelbar aus der Gleichung (12.16) und Satz (9.10). Weiter kann man schreiben

$$|\Pi_L \xi - \Pi_H \xi|^2 = |(\mathsf{E}_s - \mathsf{E}_r)\eta|^2 = \sum_{k=r+1}^{s} \eta_k^2.$$

$|\Pi_L \xi - \Pi_H \xi|^2$ ist deshalb χ_{s-r}^2-verteilt und wegen (12.16) und Satz (3.24) auch unabhängig von V^*. Für $H = \{0\}$, $r = 0$ bedeutet dies: $|\Pi_L \xi|^2$ ist χ_s^2-verteilt und unabhängig von V^*.

Geht man nun zum Beobachtungsvektor X beim Parameter (γ, v) über, so gilt einerseits

$$\mathsf{A}(\hat{\gamma} - \gamma) = \Pi_L(X - \mathsf{A}\gamma) = \sqrt{v}\,\Pi_L \xi,$$

und im Fall $\mathsf{A}\gamma \in H$ andrerseits

$$\Pi_L X - \Pi_H X = sPi_L(X - \mathsf{A}\gamma) - \Pi_H(X - \mathsf{A}\gamma) = sqrtv\,(\Pi_L \xi - \Pi_H \xi).$$

Zusammen mit Satz (9.12) ergeben sich hieraus die Aussagen (c) und (d). $\diamond$

Satz (12.17) legt die Grundlage für die Konstruktion von Konfidenzbereichen und Tests in einer ganzen Reihe von Problemstellungen.

(12.19) Korollar: Konfidenzbereiche im linearen Gauß-Modell. *Für jedes vorgegebene Irrtumsniveau $0 < \alpha < 1$ gilt:*

(a) Konfidenzbereich für γ. *Ist $f_{s,n-s;1-\alpha}$ das α-Fraktil von $\mathcal{F}_{s,n-s}$, so ist die zufällige Menge*

$$C(\cdot) = \left\{ \gamma \in \mathbb{R}^s : |\mathsf{A}(\gamma - \hat{\gamma})|^2 < s\,f_{s,n-s;1-\alpha}\,V^* \right\}$$

ein Konfidenzellipsoid für γ zum Irrtumsniveau α.

(b) Konfidenzintervall für eine lineare Schätzgröße $\tau(\gamma) = c \cdot \gamma$. *Ist $t_{n-s;1-\alpha/2}$ das $\alpha/2$-Fraktil von t_{n-s} und $\delta = t_{n-s;1-\alpha/2}\sqrt{c^\top(\mathsf{A}^\top\mathsf{A})^{-1}c}$, so ist*

$$C(\cdot) = \,]c \cdot \hat{\gamma} - \delta\sqrt{V^*},\ c \cdot \hat{\gamma} + \delta\sqrt{V^*}\,[$$

ein Konfidenzintervall für $\tau(\gamma)$ zum Niveau α.

(c) Konfidenzintervall für die Varianz. *Sind $q_- = \chi_{n-s;\alpha/2}^2$ und $q_+ = \chi_{n-s;1-\alpha/2}^2$ das $\alpha/2$-Quantil und $\alpha/2$-Fraktil von χ_{n-s}^2, so ist*

$$C(\cdot) = \,](n-s)\,V^*/q_+,\ (n-s)\,V^*/q_-\,[$$

ein Konfidenzintervall für v zum Irrtumsniveau α.

Beweis: Aussage (a) folgt direkt aus Satz (12.17c). Zum Beweis von (b) beachte man, dass $Z := c \cdot \hat{\gamma}$ gemäß Satz (12.17a) und Satz (9.5) normalverteilt ist mit Erwartungswert $c \cdot \gamma$ und Varianz $vc^{\top}(\mathsf{A}^{\top}\mathsf{A})^{-1}c$. Somit ist

$$Z^* := \frac{Z - c \cdot \gamma}{\sqrt{vc^{\top}(\mathsf{A}^{\top}\mathsf{A})^{-1}c}}$$

$\mathcal{N}_{0,1}$-verteilt. Nach dem Beweis von Satz (12.15b) ist Z^* eine Funktion von $\mathsf{A}\hat{\gamma}$ und daher nach Satz (12.17c) unabhängig von $(n-s)V^*/v$, das seinerseits χ^2_{n-s}-verteilt ist. Die Statistik $T = Z^*\sqrt{v/V^*}$ ist daher nach Korollar (9.15) t_{n-s}-verteilt. Hieraus ergibt sich Behauptung (b) unmittelbar. Aussage (c) folgt in gleicher Weise aus Satz (12.17b). $\diamond$

(12.20) Korollar: Tests im linearen Gauß-Modell. *Für jedes vorgegebene Irrtumsniveau $0 < \alpha < 1$ gilt:*

(a) *t-Test der Hypothese $c \cdot \gamma = m_0$. Seien $c \in \mathbb{R}^s$ und $m_0 \in \mathbb{R}$ beliebig vorgegeben. Ist dann $t_{n-s;1-\alpha/2}$ das $\alpha/2$-Fraktil von t_{n-s}, so wird durch den Ablehnungsbereich*

$$\left\{ |c \cdot \hat{\gamma} - m_0| > t_{n-s;1-\alpha/2}\sqrt{c^{\top}(\mathsf{A}^{\top}\mathsf{A})^{-1}c\, V^*} \right\}$$

ein Niveau-α-Test für das zweiseitige Testproblem $H_0 : c \cdot \gamma = m_0$ gegen $H_1 : c \cdot \gamma \neq m_0$ definiert. Tests der einseitigen Hypothesen $c \cdot \gamma \leq m_0$ bzw. $c \cdot \gamma \geq m_0$ konstruiert man analog.

(b) *F-Test der linearen Hypothese $\mathsf{A}\gamma \in H$. Sei $H \subset L$ ein linearer Raum der Dimension $\dim H =: r < s$ und $f_{s-r,n-s;1-\alpha}$ das α-Fraktil von $\mathcal{F}_{s-r,n-s}$. Ist dann $F_{H,L}$ wie in (12.18) definiert, so bestimmt der Ablehnungsbereich*

$$\left\{ F_{H,L} > f_{s-r,n-s;1-\alpha} \right\}$$

einen Niveau-α-Test für das Testproblem $H_0 : \mathsf{A}\gamma \in H$ gegen $H_1 : \mathsf{A}\gamma \notin H$.

(c) *χ^2-Test für die Varianz. Für $v_0 > 0$ definiert der Ablehnungsbereich*

$$\left\{ (n-s)\, V^* > v_0\, \chi^2_{n-s;1-\alpha} \right\}$$

einen Niveau-α-Test für das linksseitige Testproblem $H_0 : v \leq v_0$ gegen $H_1 : v > v_0$. Dabei ist $\chi^2_{n-s;1-\alpha}$ das α-Fraktil der χ^2_{n-s}-Verteilung. Das rechtsseitige Testproblem ist analog, und der zweiseitige Fall lässt sich wie in Aufgabe 10.18 behandeln.

Beweis: Aussage (a) ergibt sich genauso wie die analoge Aussage in Korollar (12.19b). Behauptung (b) folgt unmittelbar aus Satz (12.17d), und (c) entsprechend aus Satz (12.17b). $\diamond$

Wenn die Gütefunktion eines F-Tests wie oben explizit berechnet werden soll, benötigt man die Verteilung der Testgröße $F_{H,L}$ auch im Fall $\mathsf{A}\gamma \notin H$. Wie der Beweis von Satz

(12.17) zeigt, ergibt sich für $|\Pi_L X - \Pi_H X|^2$ dann eine nichtzentrale χ^2_{n-s}-Verteilung mit Nichtzentralitätsparameter $|A\gamma - \Pi_H A\gamma|^2/v$, vgl. Aufgabe 9.9, und für $F_{H,L}$ (dessen Zähler und Nenner auch dann noch unabhängig voneinander sind) entsprechend eine nichtzentrale $\mathcal{F}_{s-r,n-s}$-Verteilung, vgl. Aufgabe 9.13. Ebenso hat

$$T_{m_0} := (c \cdot \hat{\gamma} - m_0)/\sqrt{V^* c^\top (A^\top A)^{-1} c}$$

für $m \neq m_0$ eine nichtzentrale t_{n-s}-Verteilung im Sinne von Aufgabe 9.14. Man kann zeigen, dass die Familie der nichtzentralen $\mathcal{F}_{s-r,n-s}$-Verteilungen mit variierendem Nichtzentralitäts-parameter wachsende Likelihood-Quotienten hat. Hieraus kann man (ähnlich wie in Satz (10.10)) schließen, dass der F-Test der beste Test ist in der Klasse aller Tests, welche invariant sind unter all den linearen Transformationen von $\mathbb{R}^n$, welche die Unterräume L und H invariant lassen. Details findet man etwa in Ferguson [21] und Witting [73].

Wir wenden die vorstehenden Korollare nun auf die in Abschnitt 12.2 diskutierten Spezialfälle des linearen Modells an.

(12.21) Beispiel: *Gauß'sches Produktmodell, siehe* (12.10). Sei $s = 1$, $A = 1$ sowie $\gamma = m \in \mathbb{R}$, also $P_{m,v} = \mathcal{N}_{m,v}^{\otimes n}$. Dann ist $A^\top A = n$. Also ist der t-Test in Korollar (12.20a) für $c = 1$ nichts anderes als der zweiseitige t-Test der Hypothese $H_0 : m = m_0$ in Satz (10.21).

(12.22) Beispiel: *Einfache lineare Regression, siehe* (12.11). Sei $s = 2$ und $A = (1\,t)$ für einen Regressorvektor $t = (t_1, \ldots, t_n)^\top \in \mathbb{R}^n$ mit $V(t) > 0$. Dann gilt

$$A^\top A = \begin{pmatrix} n & \sum_1^n t_k \\ \sum_1^n t_k & \sum_1^n t_k^2 \end{pmatrix},$$

also $\det A^\top A = n^2 V(t)$ und daher

$$(A^\top A)^{-1} = \frac{1}{nV(t)} \begin{pmatrix} \sum_1^n t_k^2/n & -M(t) \\ -M(t) & 1 \end{pmatrix}.$$

Somit erhalten wir

$$\hat{\gamma} = (A^\top A)^{-1} A^\top X = (A^\top A)^{-1} \begin{pmatrix} \sum_1^n X_k \\ \sum_1^n t_k X_k \end{pmatrix}$$

$$= \frac{1}{V(t)} \begin{pmatrix} M(X) \sum_1^n t_k^2/n - M(t) \sum_1^n t_k X_k/n \\ -M(X)M(t) + \sum_1^n t_k X_k/n \end{pmatrix}$$

$$= \begin{pmatrix} M(X) - c(t,X)\,M(t)/V(t) \\ c(t,X)/V(t) \end{pmatrix} = \begin{pmatrix} \hat{\gamma}_0 \\ \hat{\gamma}_1 \end{pmatrix}$$

in Übereinstimmung mit Satz (12.5). Insbesondere ergibt sich

$$V^* = |X - \hat{\gamma}_0 \mathbf{1} - \hat{\gamma}_1 t|^2/(n-2).$$

Wenn man diese Ergebnisse in die Korollare (12.19b) und (12.20a) einsetzt, erhält man Konfidenzintervalle und Tests für lineare Schätzgrößen wie zum Beispiel den Steigungsparameter γ_1 oder einen Interpolationswert $\gamma_0 + \gamma_1 u$, d.h. den Wert der Zielvariablen an einer Stelle u. (In Beispiel (12.1) ist γ_1 der Wärmeausdehnungskoeffizient und $\gamma_0 + \gamma_1 u$ die Länge des Metallstabs bei einer Normtemperatur u. Alternativ denke man z.B. an die Leistung eines Motors in Abhängigkeit von der Drehzahl; dann ist $\gamma_0 + \gamma_1 u$ die Leistung bei einer Normumdrehungszahl u.)

▷ *Der Steigungsparameter.* Für $c = (0, 1)^\top$ folgt aus (12.19b) und (12.20a): Das Zufallsintervall

$$\left] \hat{\gamma}_1 - t_{n-2;1-\alpha/2}\sqrt{V^*/nV(t)} \,,\; \hat{\gamma}_1 + t_{n-2;1-\alpha/2}\sqrt{V^*/nV(t)} \right[$$

ist ein Konfidenzintervall für γ_1 zum Irrtumsniveau α, und

$$\left\{ |\hat{\gamma}_1 - m_0| > t_{n-2;1-\alpha/2}\sqrt{V^*/nV(t)} \right\}$$

ist der Ablehnungsbereich eines Niveau-α-Tests der Hypothese $H_0 : \gamma_1 = m_0$.

▷ *Interpolationswerte.* Für $u \in \mathbb{R}$ ergibt sich mit $c = (1, u)^\top$

$$
\begin{aligned}
c^\top(\mathsf{A}^\top\mathsf{A})^{-1}c &= \left(\textstyle\sum_1^n t_k^2/n - 2uM(t) + u^2 \right)\big/ nV(t) \\
&= \left(V(t) + M(t)^2 - 2uM(t) + u^2 \right)\big/ nV(t) \\
&= \frac{1}{n} + \frac{(M(t) - u)^2}{nV(t)} \,.
\end{aligned}
$$

Somit ist

$$\left\{ |\hat{\gamma}_0 + \hat{\gamma}_1 u - m_0| > t_{n-2;1-\alpha/2} \sqrt{V^*} \sqrt{\frac{1}{n} + \frac{(M(t)-u)^2}{nV(t)}} \right\}$$

der Ablehnungsbereich eines Niveau-α-Tests der Hypothese $H_0 : \gamma_0 + \gamma_1 u = m_0$.

(12.23) Beispiel: *Mehrfache lineare und polynomiale Regression, siehe* (12.12) *und* (12.13). Bei polynomialer Regression ist man daran interessiert, ob der Grad ℓ des Regressionspolynoms de facto kleiner gewählt werden kann als der maximal berücksichtigte Grad d. Genauso fragt man sich im Fall mehrfacher linearer Regression, ob einige der Einflussgrößen (etwa die mit Index $i > \ell$) de facto keine Rolle spielen. Solch eine Vermutung führt auf die Nullhypothese

$$H_0 : \gamma_{\ell+1} = \gamma_{\ell+2} = \cdots = \gamma_d = 0$$

mit $\ell < d$. Diese Hypothese kann mit dem F-Test geprüft werden. Setze dazu

$$\boldsymbol{H} = \{\mathsf{A}\gamma : \gamma = (\gamma_0, \ldots, \gamma_\ell, 0, \ldots, 0)^\top, \gamma_0, \ldots, \gamma_\ell \in \mathbb{R}\} \,.$$

Dann hat die Nullhypothese die Form $H_0 : \mathsf{A}\gamma \in \boldsymbol{H}$. Für

$$\mathsf{B} = \begin{pmatrix} 1 & t_{1,1} & \cdots & t_{1,\ell} \\ \vdots & \vdots & & \vdots \\ 1 & t_{n,1} & \cdots & t_{n,\ell} \end{pmatrix}$$

ist $H = \{B\beta : \beta \in \mathbb{R}^{\ell+1}\}$, also $\Pi_H X = B(B^\top B)^{-1}B^\top X$. Diesen Ausdruck kann man in die Definition (12.18) von $F_{H.L}$ einsetzen. Alles Weitere ergibt sich aus Korollar (12.20b).

Zum Schluss des Abschnitts diskutieren wir noch eine konkrete Anwendung der polynomialen Regression.

(12.24) Beispiel: *Klimazeitreihen.* An vielen Orten der Welt werden seit langem die mittleren monatlichen Temperaturen dokumentiert. Wie kann man in diesen Daten irgendwelche Trends erkennen? Eine Möglichkeit besteht darin, die zugehörigen Regressionspolynome auf ihre Eigenschaften zu testen. Geben wir uns das Irrtumsniveau $\alpha = 0.05$ vor und betrachten z. B. die August-Mitteltemperaturen in Karlsruhe für die Jahre 1800 bis 2006, die man unter http://www.klimadiagramme.de/Europa/special01.htm findet. Da für die Jahre 1854 und 1945 keine Daten vorliegen, hat der Vektor $x = (x_1, \ldots, x_n)$ der beobachteten Temperaturen die Länge $n = 205$. Die Zeit messen wir in Jahrhunderten und beginnen im Jahr 1800; der Regressorvektor ist somit $t = (0, 0.01, \ldots, \widehat{0.54}, \ldots, \widehat{1.45}, \ldots, 2.06)^\top$, bei dem die Werte 0.54 und 1.45 ausgelassen sind. Abbildung 12.3 zeigt die Datenpunkte (t_k, x_k) für $k = 1$ bis n und die

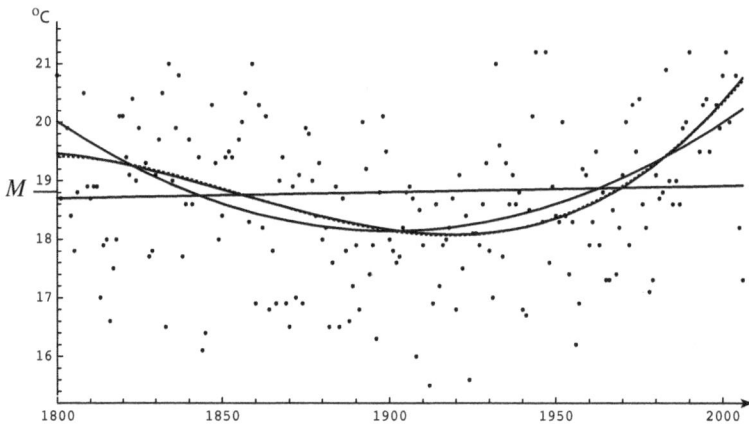

Abbildung 12.3: Streudiagramm der August-Mitteltemperaturen in Karlsruhe von 1800 bis 2006, Gesamtmittel M, und die Regressionspolynome p_d vom Grad $d = 1$ bis 4. p_4 ist gepunktet (und von p_3 kaum unterscheidbar).

zugehörigen Regressionspolynome p_d vom Grad $d = 1$ bis 4, die man mit geeigneter Software bequem errechnen kann. Unter Mathematica etwa bekommt man p_3 mit dem Befehl Fit[list,{1,t,t^2,t^3},t], wobei list für die Liste der n Punkte steht. Zum Beispiel ist $p_1(\tau) \approx 18.7 + 0.1\,\tau$ und $p_3(\tau) \approx 19.5 - 0.5\,\tau - 2.0\,\tau^2 + 1.3\,\tau^3$.

Welche Schlussfolgerungen kann man nun ziehen? Zunächst einmal ist plausibel, dass die zufälligen Schwankungen der August-Mitteltemperaturen in verschiedenen

Jahren unabhängig voneinander sind, und auch eine Normalverteilungsannahme erscheint zumindest näherungsweise als vertretbar. Wir befinden uns dann im Gauß'schen Regressionsmodell. Allerdings gibt es a priori nur wenig Anhaltspunkte dafür, welcher Grad des Regressionspolynoms geeignet ist (außer dass er möglichst klein gehalten werden sollte, wenn man langfristige Trends erkennen möchte). Betrachten wir zuerst die Regressionsgerade p_1. Kann man aus deren leichtem Anstieg schließen, dass die Temperaturen im Schnitt steigen? Bezeichnet γ_1 den Steigungsparameter, so führt uns diese Frage auf das einseitige Testproblem $H_0 : \gamma_1 \leq 0$ gegen $H_1 : \gamma_1 > 0$. Nach Korollar (12.20a) und Beispiel (12.22) eignet sich hierfür der einseitige t-Test mit Ablehnungsbereich $\{\hat{\gamma}_1 > t_{n-2,1-\alpha}\sqrt{V^*/nV(t)}\}$. Tabelle C liefert den Wert $t_{n-2,1-\alpha} = 1.65$, und man errechnet $1.65\sqrt{V^*(x)/nV(t)} = 0.29$. Das ist größer als der Schätzwert $\hat{\gamma}_1(x) = 0.1$, der sich aus der Gleichung für p_1 ergibt. Die Nullhypothese $H_0 : \gamma_1 \leq 0$ kann also *nicht* abgelehnt werden.

Das ist allerdings nicht überraschend: Die Punktwolke in Abbildung 12.3 zeigt einen Temperaturabfall im 19. Jahrhundert und einen anschließenden Anstieg, also eine Krümmung, die nicht mit einer Geraden beschrieben werden kann. Da aber p_4 von p_3 kaum unterscheidbar ist, kann man annehmen, dass ein Polynom vierten (oder sogar dritten) Grades ausreichen sollte, um die grundlegenden Eigenschaften der Punktwolke zu erfassen. Setzen wir also $d = 4$ und betrachten zuerst die Nullhypothese $H_0' : \gamma_2 = \gamma_3 = \gamma_4 = 0$, dass der Punktwolke ein linearer Anstieg zugrunde liegt. Nach Beispiel (12.23) kann H_0' mit dem F-Test geprüft werden. Bezeichnet L_ℓ den von den Vektoren $\mathbf{1}, t, (t_k^2), \ldots, (t_k^\ell)$ erzeugten Teilraum des $\mathbb{R}^n$, so ist

$$F_{L_1,L_4}(x) = \frac{n-5}{5-2} \frac{\sum_{k=1}^n \left(p_4(t_k) - p_1(t_k)\right)^2}{\sum_{k=1}^n \left(x_k - p_4(t_k)\right)^2} = 14.26 > 2.65 = f_{3,200;0.95} \,.$$

(Der letzte Wert stammt aus Tabelle D, und definitionsgemäß stimmt für jedes ℓ der Vektor $(p_\ell(t_k))_{1 \leq k \leq n}$ mit der Projektion $\Pi_{L_\ell} x$ überein.) Die Nullhypothese H_0' kann also deutlich abgelehnt werden. Dies bestätigt, dass eine Regressions*gerade* unzureichend ist. Dagegen ist $F_{L_3,L_4}(x) = 0.03 < 3.89 = f_{1,200;0.95}$, die Nullhypothese $\gamma_4 = 0$ kann also klar akzeptiert werden. Wir verzichten daher im Weiteren auf die vierte Potenz, betreiben also polynomiale Regression vom Grad $d = 3$. Dann ist $F_{L_2,L_3}(x) = 4.78 > 3.89 = f_{1,201;0.95}$, die Nullhypothese $\gamma_3 = 0$ wird also abgelehnt. Das bedeutet, dass der kubische Anteil im Regressionspolynom signifikant ist für eine angemessene Beschreibung der Punktwolke, d. h. p_3 signifikant besser ist als p_2. Bei p_3 ist nun aber der aktuelle Temperaturanstieg deutlich stärker ist als der Abfall im 19. Jahrhundert; vgl. auch Aufgabe 12.11. Abschließend sei jedoch betont, dass die vorstehende Diskussion rein phänomenologisch ist und nur auf einer einzigen Zeitreihe beruht. Dies in den Zusammenhang zu stellen und die Ursachen zu erkennen, ist Aufgabe der Klimatologen. Zur aktuellen Klimadiskussion siehe zum Beispiel http://www.ipcc.ch/.

12.4 Varianzanalyse

Ziel der Varianzanalyse ist es, den Einfluss gewisser Kausalfaktoren auf ein Zufallsgeschehen zu bestimmen. Wir erläutern dies an einem klassischen Beispiel.

(12.25) Beispiel: *Einfluss der Düngung auf den Ernteertrag.* Wie stark wirkt sich die Verwendung eines bestimmten Düngemittels auf den Ernteertrag aus, verglichen mit anderen Düngemethoden? Sei G die endliche Menge der Düngemethoden, die miteinander verglichen werden sollen, etwa $G = \{1, \dots, s\}$. Um statistisch verwertbare Aussagen zu bekommen, wird jedes Düngemittel $i \in G$ auf $n_i \geq 2$ verschiedene Flächen $F_{i1}, \dots, F_{in_i}$ Ackerboden ausgebracht. Für den (zufälligen) Ernteertrag X_{ik} auf Fläche F_{ik} macht man den Ansatz

$$X_{ik} = m_i + \sqrt{v}\,\xi_{ik}\,, \quad i \in G,\ 1 \leq k \leq n_i\,.$$

Dabei ist m_i der unbekannte mittlere Ernteertrag bei Verwendung des Düngemittels $i \in G$ und $\sqrt{v}\,\xi_{ik}$ die zufällige Störung dieses Ertrags durch Witterung und andere Einflüsse.

Abstrakt lässt sich die Vorgehensweise wie folgt beschrieben. Für den Faktor „Düngung" werden $s = |G|$ verschiedene Möglichkeiten (auch Stufen genannt) betrachtet. Auf der Stufe $i \in G$ führt der Faktor zu einem gewissen Effekt $m_i \in \mathbb{R}$, der jedoch durch zufällige Störungen überlagert ist. Zur Bestimmung dieses Effekts werden n_i Beobachtungen X_{ik} mit Erwartungswert m_i gemacht. Diese Beobachtungen bilden die i-te Beobachtungsgruppe. Schematisch lässt sich solch ein s-*Stichprobenproblem* wie folgt darstellen:

Gruppe	Beobachtungen	Erwartungswert
1	$X_{11}, \dots, X_{1n_1}$	m_1
2	$X_{21}, \dots, X_{2n_2}$	m_2
$\vdots$	$\vdots$	$\vdots$
s	$X_{s1}, \dots, X_{sn_s}$	m_s

Der gesamte Beobachtungsvektor ist somit

$$X = (X_{ik})_{ik \in B} \quad \text{mit } B = \{ik : i \in G,\ 1 \leq k \leq n_i\}\,,$$

den wir uns auch in der Form

$$X = (X_{11}, \dots, X_{1n_1}, X_{21}, \dots, X_{2n_2}, \dots)^{\top}$$

angeordnet denken, also als zufälligen Spaltenvektor im $\mathbb{R}^n$, $n = \sum_{i \in G} n_i$.

Die unbekannten Parameter sind $\gamma = (m_i)_{i \in G} \in \mathbb{R}^s$ und $v > 0$. Der Erwartungswertvektor

$$(12.26) \qquad \mathbb{E}(X) = (\underbrace{m_1, \dots, m_1}_{n_1}, \underbrace{m_2, \dots, m_2}_{n_2}, \dots, \underbrace{m_s, \dots, m_s}_{n_s})^{\top}$$

von X lässt sich kurz in der Form $\mathbb{E}(X) = A\gamma$ schreiben mit der Null-Eins-Matrix

$$A = (\delta_{ij})_{ik \in B, \, j \in G} \, ,$$

also explizit

$$
(12.27) \qquad A = \left(\begin{array}{ccccc} 1 \\ \vdots \\ 1 \\ & 1 \\ & \vdots \\ & 1 \\ & & \ddots \\ & & & 1 \\ & & & \vdots \\ & & & 1 \end{array} \right) \begin{array}{l} \left. \vphantom{\begin{array}{c}1\\ \vdots \\1\end{array}} \right\} n_1 \\ \left. \vphantom{\begin{array}{c}1\\ \vdots \\1\end{array}} \right\} n_2 \\ \vdots \\ \left. \vphantom{\begin{array}{c}1\\ \vdots \\1\end{array}} \right\} n_s \end{array}
$$

mit Nullen an allen übrigen Stellen. Unser Modell zur Untersuchung des Effekts der verschiedenen Düngemittel entpuppt sich somit als ein lineares Modell mit einer speziellen Designmatrix A.

Definition: Das *Modell der Varianzanalyse* besteht aus

▷ einer endlichen Menge G von $s := |G|$ verschiedenen Beobachtungsgruppen,

▷ einer Anzahl n_i von Beobachtungen für jede Gruppe $i \in G$ und der entsprechenden Beobachtungsmenge $B = \{ik : i \in G, 1 \leq k \leq n_i\}$ mit Mächtigkeit $n = |B| = \sum_{i \in G} n_i$,

▷ einem unbekannten Vektor $\gamma = (m_i)_{i \in G}$ von Beobachtungsmittelwerten m_i in Gruppe $i \in G$, sowie einem unbekannten Skalenparameter $v > 0$ und paarweise unkorrelierten standardisierten Störgrößen ξ_{ik}, $ik \in B$, und schließlich

▷ den Beobachtungsvariablen

$$X_{ik} = m_i + \sqrt{v}\, \xi_{ik} \, , \quad ik \in B \, .$$

Es ist gegeben durch das lineare Modell mit der $n \times s$ Designmatrix A wie in (12.27). (Verbreitet ist das Akronym ANOVA für „analysis of variance".)

Um die im linearen Modell gewonnenen allgemeinen Ergebnisse anzuwenden, müssen wir also die Matrix A aus (12.27) untersuchen. Wir beginnen mit einer Reihe von Feststellungen.

(a) Der lineare Raum $L = L(A) := \{A\gamma : \gamma \in \mathbb{R}^s\}$ ist gegeben durch

$$L = \left\{ x = (x_{ij})_{ij \in B} \in \mathbb{R}^n : x_{ij} = x_{i1} \quad \text{for all } ij \in B \right\}.$$

(b) Es gilt

$$A^\top A = \left(\begin{array}{ccc} n_1 \\ & \ddots \\ & & n_s \end{array} \right)$$

mit Nullen außerhalb der Diagonale.

(c) Für den Beobachtungsvektor $X = (X_{ik})_{ik \in B}$ gilt

$$\mathsf{A}^\top X = (n_1\, M_1, \dots, n_s\, M_s)^\top\,;$$

dabei ist

$$M_i = \frac{1}{n_i} \sum_{k=1}^{n_i} X_{ik}$$

das Beobachtungsmittel innerhalb der Gruppe i.

(d) Der erwartungstreue Schätzer $\hat{\gamma}$ für $\gamma = (m_i)_{i \in G}$ ist gegeben durch

$$\hat{\gamma} = (\mathsf{A}^\top \mathsf{A})^{-1} \mathsf{A}^\top X = \begin{pmatrix} 1/n_1 & & \\ & \ddots & \\ & & 1/n_s \end{pmatrix} \begin{pmatrix} n_1\, M_1 \\ \vdots \\ n_s\, M_s \end{pmatrix} = \begin{pmatrix} M_1 \\ \vdots \\ M_s \end{pmatrix},$$

also den Vektor der empirischen Mittelwerte innerhalb der Gruppen. (Das ist natürlich alles andere als überraschend!)

(e) Für den erwartungstreuen Varianzschätzer V^* ergibt sich

$$V^* = \frac{1}{n-s} \left| X - \Pi_L X \right|^2 = \frac{1}{n-s} \left| X - \mathsf{A}(M_1, \dots, M_s)^\top \right|^2$$

$$= \frac{1}{n-s} \left| X - (\underbrace{M_1, \dots, M_1}_{n_1}, \underbrace{M_2, \dots, M_2}_{n_2}, \dots)^\top \right|^2$$

$$= \frac{1}{n-s} \sum_{ik \in B} (X_{ik} - M_i)^2\,.$$

Mit der Bezeichnung

$$V_i^* = \frac{1}{n_i - 1} \sum_{k=1}^{n_i} (X_{ik} - M_i)^2$$

für den erwartungstreuen Schätzer der Varianz innerhalb von Gruppe i erhalten wir also

(12.28) $$V^* = V_{\mathrm{iG}}^* := \frac{1}{n-s} \sum_{i \in G} (n_i - 1)\, V_i^*\,.$$

V_{iG}^* heißt die *mittlere Stichprobenvarianz innerhalb der Gruppen*.

(f) V_{iG}^* muss unterschieden werden von der *totalen empirischen Varianz*

$$V_{\mathrm{tot}}^* = \frac{1}{n-1} \sum_{ik \in B} (X_{ik} - M)^2 = |X - M\,\mathbf{1}|^2 / (n-1)\,,$$

wobei $M = \frac{1}{n} \sum_{ik \in B} X_{ik} = \frac{1}{n} \sum_{i \in G} n_i M_i$ das *totale empirische Mittel* bezeichnet. Aus dem Satz von Pythagoras ergibt sich die Gleichung

$$|X - M\mathbf{1}|^2 = |X - \Pi_L X|^2 + |\Pi_L X - M\mathbf{1}|^2 ,$$

vgl. Abbildung 12.2. Mit anderen Worten, es gilt die *Streuungszerlegung*

$$(n - 1) V^*_{\text{tot}} = (n - s) V^*_{\text{iG}} + (s - 1) V^*_{\text{zG}} .$$

Hier ist

(12.29) $$V^*_{\text{zG}} = \frac{1}{s - 1} \sum_{i \in G} n_i (M_i - M)^2 = |\Pi_L X - M\mathbf{1}|^2 / (s - 1)$$

die *Stichprobenvarianz zwischen den Gruppen*, d. h. die empirische Varianz der Gruppenmittelwerte. (Man beachte die Gewichtung mit der Beobachtungszahl n_i in Gruppe $i \in G$.) Abbildung 12.4 veranschaulicht die Bedeutung der verschiedenen Anteile von V^*_{tot}. Wenn die wahren Gruppenmittel $m_1, \ldots, m_s$ verschieden sind (wie etwa

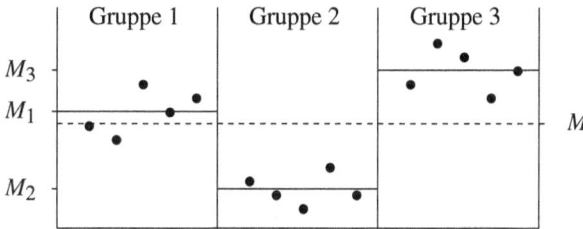

Abbildung 12.4: Vergleich der Gruppenmittel M_i und des Gesamtmittels M.

in Abbildung 12.4), kommt zu den normalen, durch die Störgrößen ξ_{ik} verursachten Schwankungen noch die zusätzliche Schwankung zwischen den Gruppen durch die unterschiedlichen Mittelwerte hinzu. Dementsprechend ist V^*_{tot} kein erwartungstreuer Schätzer für v. Es gilt nämlich

(12.30) Bemerkung: *Erwartete Stichproben-Totalvarianz.* Für alle $\vartheta = (\gamma, v)$ mit $\gamma = (m_i)_{i \in G}$ und $v > 0$ gilt

$$\mathbb{E}_\vartheta (V^*_{\text{tot}}) = v + \frac{1}{n - 1} \sum_{i \in G} n_i (m_i - \overline{m})^2 ,$$

wobei $\overline{m} = \frac{1}{n} \sum_{i \in G} n_i m_i$. Folglich gilt $\mathbb{E}_\vartheta (V^*_{\text{tot}}) = v$ genau dann, wenn alle Gruppenmittel m_i übereinstimmen.

Beweis: Sei $H = \{x \in \mathbb{R}^n : x_1 = \cdots = x_n\}$ der vom Diagonalvektor $\mathbf{1}$ erzeugte Teilraum des $\mathbb{R}^n$ und $H^\perp$ sein orthogonales Komplement. Dann gilt $M\mathbf{1} = \Pi_H X$, also nach (12.9)

$$(n-1)\, V^*_{\text{tot}} = |X - \Pi_H X|^2 = |\Pi_{H^\perp} X|^2$$
$$= |\Pi_{H^\perp} A\gamma|^2 + v\, |\Pi_{H^\perp}\xi|^2 + 2\sqrt{v}\, \gamma^\top A^\top \Pi_{H^\perp}\xi$$

und daher wegen Satz (12.15c) (für H statt L) und $\mathbb{E}(\xi) = 0$

$$(n-1)\, \mathbb{E}_\vartheta(V^*_{\text{tot}}) = |\Pi_{H^\perp} A\gamma|^2 + v(n-1)\,.$$

Da $A\gamma$ mit dem Vektor (12.26) übereinstimmt, folgt hieraus die Behauptung. $\diamond$

Die vorangehenden Feststellungen erlauben nun eine unmittelbare Anwendung unserer Ergebnisse für das lineare Modell. Wir beschränken uns auf den Fall, dass die Störgrößen ξ_{ik} unabhängig und standardnormalverteilt sind. Wir befinden uns dann im *linearen Gauß-Modell* und können die Korollare (12.19) und (12.20) anwenden. Statt einer Wiederholung aller Aussagen formulieren wir ein paar typische Spezialfälle als Beispiele.

(12.31) Beispiel: *Konfidenzellipsoid für den Mittelwertvektor.* Da $A\gamma$ durch (12.26) gegeben ist und $A\hat{\gamma}$ durch den analogen Vektor der empirischen Gruppenmittelwerte, gilt

$$|A(\hat{\gamma} - \gamma)|^2 = \sum_{i \in G} n_i\, (M_i - m_i)^2\,.$$

Gemäß Korollar (12.19a) ist daher das zufällige Ellipsoid

$$C(\cdot) = \Big\{ (m_i)_{i \in G} \in \mathbb{R}^s : \frac{1}{s} \sum_{i \in G} n_i (m_i - M_i)^2 < f_{s,n-s;1-\alpha}\, V^*_{\text{iG}} \Big\}$$

mit der gruppenintern gebildeten Stichprobenvarianz V^*_{iG} gemäß (12.28) ein Konfidenzbereich für $\gamma = (m_i)_{i \in G}$ zum Irrtumsniveau α.

(12.32) Beispiel: *t-Test im Zweistichprobenproblem.* Wenn die Gleichwertigkeit etwa von zwei Düngern verglichen werden soll, muss die Nullhypothese $H_0 : m_1 = m_2$ gegen die Alternative $H_1 : m_1 \neq m_2$ getestet werden. Es ist also $s = 2$. Setzen wir $c = (1, -1)^\top$, so ist H_0 gleichwertig mit der Nullhypothese $H_0 : c \cdot \gamma = 0$. Gemäß Korollar (12.20a) liefert uns daher der Ablehnungsbereich

$$\Big\{ |M_1 - M_2| > t_{n-2;1-\alpha/2} \sqrt{(\tfrac{1}{n_1} + \tfrac{1}{n_2})\, V^*_{\text{iG}}} \Big\}$$

einen geeigneten Niveau-α-Test.

(12.33) Beispiel: *F-Test im Mehrstichprobenproblem.* Wenn mehr als zwei (etwa s) Düngersorten miteinander verglichen werden sollen, ist es im Allgemeinen nicht ratsam, die $\binom{s}{2}$ Tests für die Hypothesen $H_0^{ii'} : m_i = m_{i'}$ mit $i \neq i'$ durchzuführen, da sich dabei die Irrtumswahrscheinlichkeiten addieren (und daher, wenn α zum Ausgleich klein gewählt wird, die Macht zu klein wird). Stattdessen betrachte man den linearen Teilraum $\boldsymbol{H} = \{m\boldsymbol{1} : m \in \mathbb{R}\}$ von $\mathbb{R}^n$. Wegen Feststellung (a) ist $\boldsymbol{H}$ ein Teilraum von $\boldsymbol{L}$, und die Nullhypothese $H_0 : m_1 = \cdots = m_s$ ist gleichwertig mit $H_0 : \mathsf{A}\gamma \in \boldsymbol{H}$. Gemäß Feststellung (f) stimmt die zugehörige Fisher-Statistik $F_{\boldsymbol{H},\boldsymbol{L}}$ aus (12.18) mit dem Quotienten V_{zG}^* / V_{iG}^* überein. Korollar (12.20b) zeigt daher, dass der Test der Hypothese $H_0 : m_1 = \cdots = m_s$ mit Ablehnungsbereich

$$\left\{ V_{zG}^* > f_{s-1,n-s;1-\alpha} \, V_{iG}^* \right\}$$

das Niveau α hat. Wenn man dies Verfahren auf konkrete Daten anwenden will, ist es bequem, alle relevanten Größen in einer sogenannten ANOVA-Tafel wie in Tabelle 12.1 zusammenzufassen.

Tabelle 12.1: ANOVA-Tafel. „Fg" steht für „Freiheitsgrade". Wegen der Streuungszerlegung gilt $S_{zG} + S_{iG} = S_{tot}$, und ebenso addieren sich die Freiheitsgrade.

	Fg	Quadratsummen	Quadratmittel	F-Quotient
zwischen	$s-1$	$S_{zG} = \sum\limits_{i \in G} n_i (M_i - M)^2$	$V_{zG}^* = S_{zG}/(s-1)$	
innerhalb	$n-s$	$S_{iG} = \sum\limits_{i \in G} (n_i - 1) V_i^*$	$V_{iG}^* = S_{iG}/(n-s)$	V_{zG}^* / V_{iG}^*
total	$n-1$	$S_{tot} = \sum\limits_{ik \in B} (X_{ik} - M)^2$	$V_{tot}^* = S_{tot}/(n-1)$	

(12.34) Beispiel: *Zweifaktorielle Varianzanalyse.* Wie hängt der Ernteertrag vom Einfluss mehrerer Faktoren ab wie etwa Düngung, Saattermin und Bodenfeuchtigkeit? Diese Frage führt zur *zwei-* bzw. *mehrfaktoriellen Varianzanalyse.* Wir beschränken uns der Einfachheit halber auf den Fall von nur zwei Faktoren. Für Faktor 1 und 2 werden jeweils endlich viele Stufen unterschieden; diese Stufen bilden zwei Mengen G_1 und G_2 mit Mächtigkeiten $|G_1| = s_1$, $|G_2| = s_2$. Zum Beispiel ist G_1 die Menge der betrachteten Düngemethoden und G_2 die Menge der Kalenderwochen, in denen jeweils ein Teil des Saatguts ausgebracht werden soll. Dann ist

$$G = G_1 \times G_2 = \{ij : i \in G_1, j \in G_2\}$$

die Menge aller verschiedenen Beobachtungsgruppen; deren Anzahl ist $s = |G| = s_1 s_2$. Mit diesem G kann man nun arbeiten wie zuvor. Allerdings müssen wir annehmen, dass für jede „Zelle" $ij \in G$ gleich viele Beobachtungen gemacht werden. (Im allgemeinen Fall gibt es Probleme, siehe z.B. [1].) Sei also $\ell \geq 2$ die Anzahl der Beobachtungen in jeder Zelle $ij \in G$. Die zugehörige Beobachtungsmenge ist dann $B = \{ijk : ij \in G, \ 1 \le k \le \ell\}$, die Anzahl aller Beobachtungen beträgt $n := |B| = \ell s$, und der gesamte Beobachtungsvektor ist $X = (X_{ijk})_{ijk \in B}$.

Der Punkt ist nun, dass sich durch die Produktstruktur von G neue Testhypothesen ergeben, welche die Einzeleffekte und Interaktion der beiden Faktoren betreffen. Um dies deutlich zu machen, setzen wir

$$\overline{m} = \frac{1}{s} \sum_{ij \in G} m_{ij} \ , \quad \overline{m}_{i\bullet} = \frac{1}{s_2} \sum_{j \in G_2} m_{ij} \ , \quad \overline{m}_{\bullet j} = \frac{1}{s_1} \sum_{i \in G_1} m_{ij} \ .$$

Die Differenz $\alpha_i := \overline{m}_{i\bullet} - \overline{m}$ ist der i-te Zeileneffekt, d.h. der Einfluss, den Faktor 1 auf den Ernteertrag ausübt, wenn er sich im Zustand $i \in G_1$ befindet. Entsprechend ist $\beta_j := \overline{m}_{\bullet j} - \overline{m}$ der j-te Spalteneffekt, also der Einfluss von Faktor 2, wenn er sich im Zustand $j \in G_2$ befindet. Schließlich ist

$$\gamma_{ij} := (m_{ij} - \overline{m}) - \alpha_i - \beta_j = m_{ij} - \overline{m}_{i\bullet} - \overline{m}_{\bullet j} + \overline{m}$$

der Wechselwirkungseffekt zwischen beiden Faktoren im gemeinsamen Zustand ij. Diese drei Effekte zusammen ergeben den Gesamteffekt der Faktoren, denn es gilt

$$m_{ij} = \overline{m} + \alpha_i + \beta_j + \gamma_{ij}$$

für alle $ij \in G$. Von Interesse sind nun die Nullhypothesen

$$H_0^1 : \ \alpha_i = 0 \quad \text{für alle } i \in G_1 \,,$$

dass der Faktor 1 de facto keinen Einfluss auf den Ernteertrag hat, die analoge Hypothese für Faktor 2, und vor allem die Hypothese

$$\widetilde{H}_0 : \ \gamma_{ij} = 0 \quad \text{für alle } ij \in G \,,$$

dass sich die Effekte der beiden Faktoren additiv überlagern und daher keine Wechselwirkung zwischen den Faktoren besteht. Wie kann man diese Hypothesen testen?

Setzt man $\vec{m} = (m_{ij})_{ij \in G}$, so ist die Hypothese H_0^1 von der Form $A\vec{m} \in H$ für einen Teilraum H von L der Dimension $\dim H = s - s_1 + 1$. (Man beachte, dass wegen $\sum_{i \in G_1} \alpha_i = 0$ eine der Gleichungen in H_0^1 redundant ist.) Wir müssen also die zugehörige F-Statistik $F_{H,L}$ bestimmen. Wie bisher ist $\Pi_L X = (M_{ij})_{ijk \in B}$ mit

$$M_{ij} = \frac{1}{\ell} \sum_{k=1}^{\ell} X_{ijk} \ .$$

Andrerseits überzeugt man sich leicht, dass $\Pi_H X = (M_{ij} - M_{i\bullet} + M)_{ijk \in B}$ mit

$$(12.35) \qquad M_{i\bullet} = \frac{1}{s_2} \sum_{j \in G_2} M_{ij} = \frac{1}{\ell s_2} \sum_{j \in G_2, \, 1 \le k \le \ell} X_{ijk} \ .$$

Folglich erhalten wir

$$|\Pi_L X - \Pi_H X|^2 = (s_1 - 1)\, V_{zG1}^* := \ell s_2 \sum_{i \in G_1} (M_{i\bullet} - M)^2\,.$$

In Analogie zu (12.29) ist V_{zG1}^* die *empirische Varianz zwischen den Gruppen von Faktor 1*. Die empirische Varianz innerhalb der Gruppen (oder Zellen) ist wie in (12.28) gegeben durch

$$V_{iG}^* = \frac{1}{n-s} \sum_{ijk \in B} (X_{ijk} - M_{ij})^2\,;$$

dabei ist $n - s = (\ell - 1)s_1 s_2$. Aus (12.18) ergibt sich nun $F_{H,L} =: V_{zG1}^*/V_{iG}^*$, und unter der Gauß-Annahme hat $F_{H,L}$ die Fisher-Verteilung $\mathcal{F}_{s_1-1,(\ell-1)s_1s_2}$. Der Ablehnungsbereich

$$\left\{ V_{zG1}^* > f_{s_1-1,(\ell-1)s_1s_2;1-\alpha}\, V_{iG}^* \right\}$$

definiert daher einen Niveau-α-Test der Nullhypothese H_0^1: „*Der Ernteertrag hängt nur von Faktor 2 ab.*"

Die Hypothese $\widetilde{H}_0$ wird ebenfalls durch einen linearen Teilraum $\widetilde{H}$ von L beschrieben. Dessen Dimension ist $\dim \widetilde{H} = s - (s_1-1)(s_2-1) = s_1 + s_2 - 1$. (Es gilt nämlich $\gamma_{i\bullet} = \gamma_{\bullet j} = 0$ für alle $ij \in G$. Die Hypothese $\widetilde{H}_0$ fordert daher de facto nur die Gültigkeit der $(s_1-1)(s_2-1)$ Gleichungen $\gamma_{ij} = 0$ mit $ij \in \{2, \dots, s_1\} \times \{2, \dots, s_2\}$.) Für die zugehörige F-Statistik (12.18) gilt $F_{\widetilde{H},L} = V_{zG1\text{-}2}^*/V_{iG}^*$ mit

$$V_{zG1\text{-}2}^* = \frac{\ell}{(s_1-1)(s_2-1)} \sum_{ij \in G} (M_{ij} - M_{i\bullet} - M_{\bullet j} + M)^2\,;$$

dabei ist $M_{\bullet j}$ in offensichtlicher Analogie zu (12.35) definiert. Unter der Gauß-Annahme für die Fehlergrößen ist daher

$$\left\{ V_{zG1\text{-}2}^* > f_{(s_1-1)(s_2-1),(\ell-1)s_1s_2;1-\alpha}\, V_{iG}^* \right\}$$

der Ablehnungsbereich eines Niveau-α-Tests der Nullhypothese $\widetilde{H}_0$: „*In Hinblick auf den Ernteertrag üben die Faktoren 1 und 2 keinen Einfluss aufeinander aus.*"

Die konkrete Anwendung der zweifaktoriellen Varianzanalyse wird durch das folgende abschließende Beispiel illustriert.

(12.36) Beispiel: *Einfluss eines Medikaments in Kombination mit Alkohol auf die Reaktionszeit.* Bei einem bestimmten Medikament soll untersucht werden, ob es allein oder in Kombination mit Alkohol die Fahrtüchtigkeit beeinträchtigt. Dafür werden 24 Personen in Vierergruppen eingeteilt, nach Tabletteneinnahme (Faktor 1) und Blutalkoholwert (Faktor 2) klassifiziert, und anschließend einem Reaktionstest unterzogen.

Tabelle 12.2: Reaktionszeiten (in Hundertstelsekunden) bei 24 Versuchspersonen, klassifiziert nach Medikamenteinnahme und Blutalkoholwert.

Tablette	Promille		
	0.0	0.5	1.0
ohne	23, 21, 20, 19	22, 25, 24, 25	24, 25, 22, 26
mit	22, 19, 18, 20	23, 22, 24, 28	26, 28, 32, 29

Tabelle 12.3: Gruppen- und Faktormittelwerte der Daten aus Tabelle 12.2.

Tablette	Promille			$M_{i\bullet}$
	0.0	0.5	1.0	
ohne	20.75	24	24.25	23
mit	19.75	24.25	28.75	24.25
$M_{\bullet j}$	20.25	24.125	26.5	$M=23.625$

Tabelle 12.4: Zweifaktorielle ANOVA-Tafel für die Daten aus Tabelle 12.2.

	Fg	Summen S	Varianzen V^*	F-Werte	5%-F-Fraktile
zG1	1	9.375	9.375	2.35	4.41
zG2	2	159.25	79.625	19.98	3.55
zG1-2	2	33.25	16.625	4.17	3.55
iG	18	71.75	3.986		

Dabei ergeben sich etwa die Werte in Tabelle 12.2. Was lässt sich daraus schließen? Um sich einen ersten Überblick zu verschaffen, berechnet man die Gruppenmittelwerte und Faktormittelwerte; diese sind in Tabelle 12.3 angegeben. Die letzte Spalte mit den über den Faktor 2 gemittelten Werten scheint einen spürbaren Einfluss des Medikaments anzudeuten, und die letzte Zeile einen deutlichen Einfluss von Alkohol. Welche dieser Unterschiede sind aber signifikant? Um dies festzustellen, berechnet man die Kenngrößen der zweifaktoriellen Varianzanalyse aus Beispiel (12.34). Für die vorliegenden Daten erhält man die zur ANOVA-Tafel 12.1 analoge Tabelle 12.4. (In der Praxis benutzt man zur Berechnung solcher Tabellen geeignete Statistik-Software wie etwa R, S-Plus, SPSS oder XPloRe.) Der Vergleich der beiden letzten Spalten zeigt: Geht man von der Annahme normalverteilter Messwerte aus (die in dieser Situation einigermaßen plausibel ist), so hat das Medikament beim Niveau 0.05 nach den vorliegenden Daten keinen signifikanten Einfluss auf die Reaktionsfähigkeit. Der Einfluss von Alkohol dagegen ist hoch signifikant, und es besteht ebenfalls eine signifikante Wechselwirkung zwischen Medikament und Alkohol. Tabelle 12.3 zeigt, dass sich beide Wirkungen gegenseitig verstärken.

Aufgaben

12.1   Zur Bestimmung der Abhängigkeit der durch maligne Melanome verursachten Mortalität von der Intensität der Sonneneinstrahlung wurden für jeden Staat der USA die Mortalität (Todesfälle pro 10 Mio der weißen Bevölkerung von 1950 bis 1969) und der Breitengrad erfasst. Folgende Tabelle enthält die Daten für 7 Staaten:

Staat	Delaware	Iowa	Michigan	New Hampshire	Oklahoma	Texas	Wyoming
Mortalität	200	128	117	129	182	229	134
Breite	39	42	44	44	35	31	43

Bestimmen Sie die zugehörige Regressionsgerade. Welche Mortalität würden Sie in Ohio (Breite $40°$) erwarten?

12.2   Betrachten Sie das Modell der einfachen linearen Regression $X_k = \gamma_0 + \gamma_1 t_k + \sqrt{v}\,\xi_k$, $k = 1, \ldots, n$; die Varianz $v > 0$ sei bekannt. Zeigen Sie:

(a) Besitzt der Fehlervektor ξ eine multivariate Standardnormalverteilung, so ist der Kleinste-Quadrate-Schätzer $\hat\gamma = (\hat\gamma_0, \hat\gamma_1)$ auch ein Maximum-Likelihood-Schätzer für $\gamma = (\gamma_0, \gamma_1)$.

(b) Mit der Residuen- bzw. Regressionsvarianz

$$V_{\text{resid}}^* = V^* = \frac{1}{n-2} \sum_{k=1}^{n} (X_k - \hat\gamma_0 - \hat\gamma_1 t_k)^2 \quad \text{und} \quad V_{\text{regr}}^* = \sum_{k=1}^{n} (\hat\gamma_0 + \hat\gamma_1 t_k - M)^2$$

gilt die *Streuungszerlegung*

$$(n-1)\,V_{\text{tot}}^* := \sum_{k=1}^{n} (X_k - M)^2 = (n-2)\,V_{\text{resid}}^* + V_{\text{regr}}^* \,.$$

(c) Die Statistik $T = \hat\gamma_1 \sqrt{n V(t)/V_{\text{resid}}^*}$ (welche sich zum Testen der Hypothese $H_0 : \gamma_1 = 0$ eignet) lässt sich in der Form $T^2 = V_{\text{regr}}^*/V_{\text{resid}}^*$ schreiben.

12.3[L]   *Autoregressives Modell.* Zur Beschreibung zeitlicher Entwicklungen mit deterministischer Wachstumstendenz und zufälligen Störungen verwendet man oft das folgende autoregressive Modell (der Ordnung 1):

$$X_k = \gamma\, X_{k-1} + \sqrt{v}\,\xi_k \,, \quad 1 \le k \le n \,.$$

Dabei sind $\gamma \in \mathbb{R}$ und $v > 0$ unbekannte Parameter, $X_0, \ldots, X_n$ die Beobachtungen und $\xi_1, \ldots, \xi_n$ unabhängige zufällige Störungen mit $\mathbb{E}(\xi_k) = 0$, $\mathbb{V}(\xi_k) = 1$.

(a) Machen Sie einen Ansatz für den quadratischen Fehler und bestimmen Sie den Kleinste-Quadrate-Schätzer $\hat\gamma$ für γ.

(b) Sei speziell $X_0 = 0$ und die Fehlervariablen ξ_k seien standardnormalverteilt. Verifizieren Sie, dass die Likelihood-Funktion des Modells gegeben ist durch

$$\rho_{\gamma, v} = (2\pi v)^{-n/2} \exp\Big[- \sum_{k=1}^{n} (X_k - \gamma X_{k-1})^2/2v \Big].$$

(c) Betrachten Sie das Testproblem $H_0 : \gamma = 0$ („keine Abhängigkeit") gegen $H_1 : \gamma \neq 0$ und zeigen Sie unter den Voraussetzungen von (b): Der Likelihood-Quotient ist eine monotone Funktion des Betrags der Stichproben-Korrelation

$$\hat{r} = \sum_{k=1}^{n} X_k X_{k-1} \Big/ \sqrt{\sum_{k=1}^{n} X_k^2} \sqrt{\sum_{k=1}^{n} X_{k-1}^2} \,.$$

12.4 *Simpson-Paradox.* Langzeitstudent Anton hat bei 8 ehemaligen Mitstudenten die Studiendauer (in Semestern) und das Anfangsgehalt (in € 1000) ermittelt:

Studiendauer	10	9	11	9	11	12	10	11
Anfangsgehalt	35	35	34	36	41	39	40	38

Er zeichnet die Regressionsgerade für das Anfangsgehalt in Abhängigkeit von der Studiendauer und verkündet triumphierend: „Längeres Studium führt zu einem höheren Anfangsgehalt!" Seine Freundin Brigitte bezweifelt dies und stellt fest, dass die ersten vier in der Tabelle ein anderes Schwerpunktgebiet gewählt haben als die restlichen vier. Sie zeichnet die Regressionsgeraden für jede dieser Vierergruppen und stellt fest: „Studiendauer und Anfangsgehalt sind negativ korreliert!" Bestimmen und zeichnen Sie die genannten Regressionsgeraden!

12.5^L Ein räumlich homogenes Kraftfeld mit bekannter Richtung und unbekannter Stärke f soll untersucht werden. Dazu wird (zur Zeit 0) ein Testkörper der Masse 1 in das Feld gebracht und zu den Zeitpunkten $0 < t_1 < t_2 < \cdots < t_n$ seine Ortskoordinate (in Richtung des Feldes) gemessen. Machen Sie einen Ansatz für den quadratischen Fehler und bestimmen Sie den Kleinste-Quadrate-Schätzer für f, wenn Anfangsort und -geschwindigkeit des Testkörpers (a) bekannt, also ohne Einschränkung $= 0$ sind, (b) beide unbekannt sind.

12.6^L *Autoregressive Fehler.* Betrachten Sie das Modell $X_k = m + \sqrt{v}\,\xi_k$, $k = 1, \ldots, n$, für n reellwertige Beobachtungen mit unbekanntem Mittelwert $m \in \mathbb{R}$ und unbekanntem $v > 0$. Für die Fehler gelte $\xi_k = \gamma \xi_{k-1} + \eta_k$; dabei seien $\gamma > 0$ bekannt, $\xi_0 = 0$, und $\eta_1, \ldots, \eta_n$ unkorrelierte und standardisierte Zufallsvariablen in $\mathscr{L}^2$. Zeigen Sie:

(a) Außer dem Stichprobenmittel M ist auch

$$S := \Big(X_1 + (1 - \gamma) \textstyle\sum_{k=2}^{n}(X_k - \gamma X_{k-1})\Big)\Big/\big(1 + (n - 1)(1 - \gamma)^2\big)$$

ein erwartungstreuer Schätzer für m.

(b) Für alle m, v gilt $\mathbb{V}_{m,v}(S) \leq \mathbb{V}_{m,v}(M)$, und für $\gamma \neq 0$ ist die Ungleichung strikt.

Hinweis: Schreiben Sie $\mathsf{B}\xi = \eta$ für eine geeignete Matrix B, und stellen Sie für $Y := \mathsf{B}X$ ein lineares Modell auf.

12.7 *F-Test als Likelihood-Quotienten-Test.* Betrachten Sie im linearen Gauß-Modell einen r-dimensionalen Hypothesenraum $\boldsymbol{H}$. Zeigen Sie, dass sich der Likelihood-Quotient

$$R = \sup_{\gamma, v:\, \mathsf{A}\gamma \notin H} \phi_{\mathsf{A}\gamma, v\mathsf{E}} \Big/ \sup_{\gamma, v:\, \mathsf{A}\gamma \in H} \phi_{\mathsf{A}\gamma, v\mathsf{E}}$$

als monotone Funktion der Fisher-Statistik $F_{\boldsymbol{H,L}}$ aus (12.18) darstellen lässt, nämlich $R = (1 + \frac{s-r}{n-s} F_{\boldsymbol{H,L}})^{n/2}$.

12.8 Aus Messwerten über den prozentualen Gehalt an Silizium in je 7 Gesteinsproben von Mond- und Pazifik-Basaltgestein ergaben sich die Mittelwerte und Streuungen

	Mond	Pazifik
M	19.6571	23.0429
$\sqrt{V^*}$	1.0861	1.4775

Führen Sie unter der Annahme normalverteilter Messwerte das folgende statistische Verfahren durch. Verwenden Sie als „Vorschalttest" einen Varianzquotienten-Test zum Niveau 0.10 zur Prüfung der Nullhypothese $v_{\text{Mond}} = v_{\text{Pazifik}}$. Testen Sie anschließend die Nullhypothese $m_{\text{Mond}} = m_{\text{Pazifik}}$ zum Niveau 0.05.

12.9 Ein Gleichstrom-Motor erbrachte bei $n = 8$ Messungen die folgenden Werte für die Leistung [kW] in Abhängigkeit vom Drehmoment [1000 U/min]:

t_k	0.8	1.5	2.5	3.5	4.2	4.7	5.0	5.5
X_k	8.8	14.7	22.8	29.4	38.2	44.1	47.8	51.5

Legen Sie das lineare Gauß-Modell zugrunde.

(a) Berechnen Sie die empirische Regressionsgerade und hieraus den Interpolationswert (Schätzwert) für den fehlenden Drehmoment-Wert 4000 U/min.

(b) Führen Sie einen Test auf $H_0 : \gamma_1 \geq 7.5$ zum Niveau $\alpha = 0.05$ durch.

(c) Bestimmen Sie ein Konfidenzintervall für γ_1 zum Irrtumsniveau $\alpha = 0.05$.

12.10 Die Wasserdurchlässigkeit von Fassadenplatten zweier verschiedener Hersteller soll getestet werden. Aus früheren Messungen sei bekannt, dass die logarithmische Wasserdurchlässigkeit ungefähr normalverteilt ist und bei beiden Herstellern gleich stark variiert. Die Messungen ergeben

Hersteller A	1.845	1.790	2.042
Hersteller B	1.583	1.627	1.282

Testen Sie zum Niveau $\alpha = 0.01$, ob die Wasserdurchlässigkeit der Fassadenplatten bei beiden Herstellern gleich groß ist.

12.11 Führen Sie für die Temperaturdaten aus Beispiel (12.24) die polynomiale Regression dritten Grades durch. Bestimmen Sie zu einem geeigneten Irrtumsniveau α ein Konfidenzintervall für den führenden Koeffizienten γ_3 des Regressionspolynoms, und testen Sie die einseitige Nullhypothese $H_0 : \gamma_3 \leq 0$ gegen $H_1 : \gamma_3 > 0$. Verwenden Sie für die Rechnungen ein geeignetes Programm.

12.12^{L} *Verallgemeinerte lineare Modelle.* Sei $(Q_\lambda)_{\lambda \in \Lambda}$ eine exponentielle Familie zur Statistik $T = \text{id}$ und einer Funktion $a : \Lambda \to \mathbb{R}$, siehe Seite 213. (Nach Voraussetzung ist a invertierbar.) Sei ferner $n \in \mathbb{N}$, $\Theta = \Lambda^n$, und $P_\vartheta = \bigotimes_{i=1}^{n} Q_{\vartheta_i}$ für $\vartheta = (\vartheta_1, \ldots, \vartheta_n)^\top \in \Theta$, sowie ρ_ϑ die Dichte von P_ϑ. Es werde angenommen, dass die in ρ_ϑ auftretenden Größen $a(\vartheta_i)$ linear von einem unbekannten Parameter $\gamma \in \mathbb{R}^s$ abhängen, d. h. es gebe eine (durch das Design des Experiments bestimmte) reelle $n \times s$-Matrix A mit $a(\vartheta_i) = A_i \gamma$; dabei sei A_i der i-te Zeilenvektor von A. Für $a(\vartheta) := \big(a(\vartheta_i)\big)_{1 \leq i \leq n}$ gilt somit $a(\vartheta) = A\gamma$, also $\vartheta \equiv \vartheta(\gamma) = a^{-1}(A\gamma) := \big(a^{-1}(A_i\gamma)\big)_{1 \leq i \leq n}$. Sei $X = (X_1, \ldots, X_n)^\top$ die Identität auf $\mathbb{R}^n$. Zeigen Sie:

(a) Mit $\tau(\lambda) := \mathbb{E}(Q_\lambda)$ und $\tau \circ a^{-1}(\mathsf{A}\gamma) := \left(\tau \circ a^{-1}(\mathsf{A}_i\gamma)\right)_{1 \le i \le n}$ gilt

$$\mathrm{grad}_\gamma \log \rho_{\vartheta(\gamma)} = \mathsf{A}^\top \left(X - \tau \circ a^{-1}(\mathsf{A}\gamma)\right).$$

Ein Maximum-Likelihood-Schätzer $\hat\gamma$ für γ ist also eine Nullstelle der rechten Seite und kann numerisch bestimmt werden, z. B. mit Hilfe der Newton-Iteration.

(b) Im Fall des linearen Gauß-Modells erhält man als Maximum-Likelihood-Schätzer den Schätzer $\hat\gamma$ aus Satz (12.15a).

12.13 [L] *Nichtlineare Regression.* (a) An n Patienten werde die Wirksamkeit eines Medikaments bei der Behandlung einer bestimmten Krankheit untersucht. Dabei interessiert man sich für die Heilungschancen innerhalb eines vorgegebenen Zeitraums in Abhängigkeit von der Art der Verabreichung und der Dosierung des Medikaments sowie einiger Kenngrößen des Patienten wie Gewicht, Alter, usw. Sei $X_i = 1$ oder 0 je nachdem, ob der i-te Patient gesund wird oder nicht, und γ_j der Parameter, der die Heilungswahrscheinlichkeit in Abhängigkeit von der j-ten Einflussgröße steuert. Spezialisieren Sie Aufgabe 12.12a auf diese Situation. (Beachten Sie, dass $f := a^{-1}$ die logistische Differentialgleichung $f' = f(1 - f)$ des gebremsten Wachstums erfüllt; man spricht daher von *logistischer Regression.*)

(b) Betrachten Sie zum Vergleich auch den Fall, dass die Beobachtungsgrößen X_i unabhängige Zählvariablen sind, die als Poisson-verteilt angenommen werden zu einem Parameter ϑ_i, dessen Logarithmus linear von einem unbekannten $\gamma \in \mathbb{R}^s$ abhängt. Denken Sie z. B. an die Untersuchung der antibakteriellen Eigenschaften eines Materials, bei der die Anzahl der nach einer Zeit noch vorhandenen Bakterien in Abhängigkeit von deren Art und einigen Materialeigenschaften bestimmt wird. Man spricht in solchen Fällen von *Poisson-Regression.*

12.14 Bauer Kurt baut Kartoffeln an. Er teilt seinen Acker in 18 (einigermaßen) gleichartige Parzellen ein und düngt sie jeweils mit einem der drei Düngemittel Elite, Elite-plus, Elite-extra. Die folgende Tabelle zeigt die logarithmierten Ernteerträge in jeder einzelnen Parzelle:

Dünger	Ertrag					
Elite	2.89	2.81	2.78	2.89	2.77	
Elite-plus	2.73	2.88	2.98	2.82	2.90	2.85
Elite-extra	2.84	2.81	2.80	2.66	2.83	2.58	2.80

Stellen Sie die zu diesen Daten gehörige ANOVA-Tafel auf und testen Sie unter der Gauß-Annahme die Nullhypothese, dass alle drei Dünger den gleichen Einfluss auf den Ertrag haben, zum Niveau 0.1.

12.15 [L] *Kuckuckseier.* Kuckucke kehren jedes Jahr in ihr Heimatterritorium zurück und legen ihre Eier in die Nester einer bestimmten Wirtsspezies. Dadurch entstehen regionale Unterarten, die sich an die Stiefeltern-Populationen anpassen können. In einer Untersuchung von O. M. Latter (1902) wurde die Größe von 120 Kuckuckseiern bei 6 verschiedenen Wirtsvogelarten gemessen. Besorgen Sie sich die Messdaten unter `http://lib.stat.cmu.edu/DASL/Datafiles/` `cuckoodat.html` und testen Sie (unter der Gauß-Annahme) zu einem geeigneten Niveau die Nullhypothese „Die Kuckuckseigröße hängt nicht von der Wirtsspezies ab" gegen die Alternative „Die Eigröße ist an die Wirtseltern-Spezies angepasst".

12.16 *Varianzanalyse mit gleich gewichteten Gruppen.* Betrachten Sie das Modell der Varianzanalyse für s Gruppen mit jeweiligen Mittelwerten m_i und Stichprobenumfängen n_i. Betrachten

Sie die Größen $\tilde{m} = \frac{1}{s} \sum_{i=1}^{s} m_i$ („mittlerer Effekt über alle Gruppen") und $\alpha_i = m_i - \tilde{m}$ („Zusatzeffekt der i-ten Gruppe"). Zeigen Sie:

(a) Der (i. Allg. von M verschiedene) Schätzer $\tilde{M} = \frac{1}{s} \sum_{i=1}^{s} M_i$ ist ein bester linearer Schätzer für $\tilde{m}$, und $\hat{\alpha}_i = M_i - \tilde{M}$ ist ein bester linearer Schätzer für α_i.

(b) Beim Parameter $(m, v) \in \mathbb{R}^s \times \,]0, \infty[$ gilt

$$\mathbb{V}_{m,v}(\tilde{M}) = \frac{v}{s^2} \sum_{i=1}^{s} \frac{1}{n_i} \quad \text{und} \quad \mathbb{V}_{m,v}(\hat{\alpha}_i) = \frac{v}{s^2} \left(\frac{(s-1)^2}{n_i} + \sum_{j \neq i} \frac{1}{n_j} \right).$$

(c) Ist $k \in \mathbb{N}$ und $n = sk$, so ist $\mathbb{V}_{m,v}(\tilde{M})$ minimal für $n_1 = \cdots = n_s = k$, und ist $n = 2(s-1)k$, so ist $\mathbb{V}_{m,v}(\hat{\alpha}_i)$ minimal im Fall $n_i = (s-1)k$, $n_j = k$ für $j \neq i$.

12.17 [L] *Zweifaktorielle Varianzanalyse bei nur einer Beobachtung pro Zelle.* Betrachten Sie die Situation von Beispiel (12.34) im Fall $\ell = 1$. Dann ist $V_{iG}^* = 0$ und die Ergebnisse aus (12.34) sind nicht anwendbar. Dieses experimentelle Design ist daher nur dann sinnvoll, wenn von vornherein klar ist, dass keine Wechselwirkung zwischen den Faktoren besteht und also das „additive Modell"

$$X_{ij} = \mu + \alpha_i + \beta_j + \sqrt{v} \, \xi_{ij}, \quad ij \in G,$$

vorliegt; μ, α_i, β_j seien unbekannte Parameter mit $\sum_{i \in G_1} \alpha_i = 0$, $\sum_{j \in G_2} \beta_j = 0$. Charakterisieren Sie den linearen Raum L aller Vektoren der Gestalt $(\mu + \alpha_i + \beta_j)_{ij \in G}$ durch ein Gleichungssystem, bestimmen Sie die Projektion des Beobachtungsvektors X auf L, und entwerfen Sie einen F-Test für die Nullhypothese H_0 : Faktor 1 hat keinen Einfluss.

12.18 *Kovarianzanalyse (ANCOVA).* Das Modell der einfaktoriellen Kovarianzanalyse mit d Beobachtungsgruppen vom Umfang $n_1, \ldots, n_d$ lautet

$$X_{ik} = m_i + \beta \, t_{ik} + \sqrt{v} \, \xi_{ik}, \quad k = 1, \ldots, n_i, \ i = 1, \ldots, d$$

mit unbekannten Gruppenmittelwerten $m_1, \ldots, m_d$ und unbekanntem Regressionskoeffizienten β, welcher die Abhängigkeit von einem Regressorvektor $t = (t_{ik})$ angibt. (Dieses Modell ist zum Beispiel geeignet zur Untersuchung der Wirkung verschiedener Behandlungsmethoden unter gleichzeitiger Berücksichtigung des jeweiligen Patientenalters.)

(a) Bestimmen Sie die Definitionsparameter des zugehörigen linearen Modells und stellen Sie durch eine (notwendige und hinreichende) Bedingung an t sicher, dass die Designmatrix A vollen Rang besitzt.

(b) Bestimmen Sie den Kleinste-Quadrate-Schätzer $\hat{\gamma} = (\hat{m}_1, \ldots, \hat{m}_d, \hat{\beta})$.

(c) Verifizieren Sie die Streuungszerlegung

$$(n-1) V_{\text{tot}}^* = \sum_{i=1}^{d} (n_i - 1) V_i^* (X - \hat{\beta} t)$$

$$+ \sum_{i=1}^{d} n_i \, (M_i(X) - M(X))^2 + \hat{\beta}^2 \sum_{i=1}^{d} (n_i - 1) V_i^*(t)$$

in eine Residuenvarianz innerhalb der Gruppen, eine Stichprobenvarianz zwischen den Gruppen, und eine Regressionsvarianz, und bestimmen Sie die Fisher-Statistik für einen Test der Hypothese $H_0 : m_1 = \cdots = m_d$.

12.19 [L] *Nichtparametrische Varianzanalyse.* Seien $G = \{1, \dots, s\}$, $B = \{ik : i \in G, 1 \le k \le n_i\}$ für gewisse $n_i \ge 2$, $n = |B|$, und $X = (X_{ik})_{ik \in B}$ ein Vektor von unabhängigen reellwertigen Beobachtungen X_{ik} mit unbekannten stetigen Verteilungen Q_i. Sei ferner R_{ik} der Rang von X_{ik} in X und $R = (R_{ik})_{ik \in B}$. Testen Sie die Hypothese $H_0 : Q_1 = \cdots = Q_s =: Q$ gegen die Alternative $H_1 : Q_i \prec Q_j$ für ein Paar $(i, j) \in G^2$, indem Sie den F-Test aus Beispiel (12.33) auf R statt X anwenden. Verifizieren Sie dazu:

(a) $M(R) = (n + 1)/2$ und $V_{\text{tot}}^*(R) = n(n + 1)/12$.

(b) Die F-Statistik $V_{zG}^*(R)/V_{iG}^*(R)$ ist eine wachsende Funktion der *Kruskal–Wallis-Teststatistik*
$$T = \frac{12}{n(n + 1)} \sum_{i \in G} n_i \big(M_i(R) - \frac{n + 1}{2}\big)^2 .$$

(c) Im Fall $s = 2$ gilt $T = \frac{12}{n_1 n_2 (n+1)} (U_{n_1, n_2} - \frac{n_1 n_2}{2})^2$ mit der U-Statistik U_{n_1, n_2} aus Lemma (11.24). Ein Kruskal–Wallis-Test mit Ablehnungsbereich $\{T > c\}$ von H_0 gegen H_1 ist dann also äquivalent zum zweiseitigen Mann–Whitney-U-Test.

(d) Unter der Hypothese H_0 gilt $\mathbb{E}(T) = s - 1$, und die Verteilung von T hängt nicht von Q ab. (Beachten Sie die Beweise der Sätze (11.25) und (11.28).)

(e) Machen Sie sich plausibel, dass unter H_0 gilt: $T \xrightarrow{\mathscr{L}} \chi_{s-1}^2$ im Limes $n_i \to \infty$ für alle $i \in G$.

Lösungsskizzen für die markierten Aufgaben

Kapitel 1

1.3 Jeder Quader $\prod_{i=1}^{n} [a_i, b_i]$ ist ein Element von $\mathscr{B}^{\otimes n}$, denn er ist der Durchschnitt der Mengen $X_i^{-1}[a_i, b_i]$, welche gemäß (1.9) zu $\mathscr{B}^{\otimes n}$ gehören. Da $\mathscr{B}^n$ die kleinste σ-Algebra ist, welche diese Quader enthält, folgt $\mathscr{B}^n \subset \mathscr{B}^{\otimes n}$. Umgekehrt sind die Mengen $X_i^{-1}[a_i, b_i]$ abgeschlossen, gehören also nach (1.8b) zu $\mathscr{B}^n$. Wegen (1.25) folgt $X_i^{-1} A_i \in \mathscr{B}^n$ für alle $A_i \in \mathscr{B}$. Somit umfasst $\mathscr{B}^n$ den Erzeuger von $\mathscr{B}^{\otimes n}$ und daher auch ganz $\mathscr{B}^{\otimes n}$.

1.6 Man prüft leicht nach, dass das System $\mathscr{A} = \{A \subset \Omega_1 \times \Omega_2 : A_{\omega_1} \in \mathscr{F}_2 \text{ für alle } \omega_1 \in \Omega_1\}$ eine σ-Algebra ist, welche alle Produktmengen der Form $A_1 \times A_2$ mit $A_i \in \mathscr{F}_i$ enthält. Weil letztere einen Erzeuger von $\mathscr{F}_1 \otimes \mathscr{F}_2$ bilden, gilt folglich $\mathscr{A} \supset \mathscr{F}_1 \otimes \mathscr{F}_2$. Dies beweist die erste Behauptung, und wegen $\{f(\omega_1, \cdot) \leq c\} = \{f \leq c\}_{\omega_1}$ ergibt sich mit (1.26) auch die zweite.

1.7 (a) Die Mengen B_J sind paarweise disjunkt, und für alle K gilt $\bigcap_{k \in K} A_k = \bigcup_{K \subset J \subset I} B_J$. Wegen der Additivität von P ergibt dies die Behauptung.

(b) Setzt man die Gleichung aus (a) in die rechte Seite der Behauptung ein, so erhält man

$$\sum_{K: K \supset J} (-1)^{|K \setminus J|} \sum_{L: L \supset K} P(B_L) = \sum_{L: L \supset J} P(B_L) \sum_{K: J \subset K \subset L} (-1)^{|K \setminus J|} = P(B_J),$$

denn die letzte Summe (über alle K zwischen J und L) hat den Wert 1 für $J = L$ und sonst den Wert 0. Im Fall $J = \varnothing$ ist $B_\varnothing$ das Komplement von $\bigcup_{j \in I} A_j$ und daher

$$P\left(\bigcup_{i \in I} A_i\right) = 1 - P(B_\varnothing) = \sum_{\varnothing \neq K \subset I} (-1)^{|K|+1} P\left(\bigcap_{k \in K} A_k\right).$$

1.11 Brigitte sollte darauf bestehen, dass der Gewinn im Verhältnis 1 : 3 geteilt wird.

1.13 Sei $N = 52$, $I = \{1, \ldots, N\}$, Ω die Menge aller Permutationen von I, und $P = \mathcal{U}_\Omega$. Jedes $\omega \in \Omega$ beschreibt die relative Permutation der Karten des zweiten Stapels gegenüber dem ersten Stapel. Für $i \in I$ sei $A_i = \{\omega \in \Omega : \omega(i) = i\}$. Dann ist $A = \bigcup_{i \in I} A_i$ das Ereignis, dass Brigitte gewinnt. Für $K \subset I$ gilt $P(\bigcap_{k \in K} A_k) = (N - |K|)!/N!$. Mit Aufgabe 1.7 folgt

$$P(A) = -\sum_{\varnothing \neq K \subset I} (-1)^{|K|} \frac{(N-|K|)!}{N!} = -\sum_{k=1}^{N} (-1)^k \binom{N}{k} \frac{(N-k)!}{N!} = 1 - \sum_{k=0}^{N} (-1)^k \frac{1}{k!},$$

also $P(A) \approx 1 - e^{-1} > 1/2$ (mit einem Approximationsfehler von höchstens $1/N!$).

1.15 (a) Man wende (1.26) an: Ist X monoton, so sind alle Mengen der Form $\{X \leq c\}$ Intervalle (egal ob offen, abgeschlossen oder halboffen) und daher Borelsch. Ist X nur stückweise monoton, so ist $\{X \leq c\}$ eine höchstens abzählbare Vereinigung von Intervallen und daher immer noch Borelsch.

(b) Man wende (1.27) und Aufgabe 1.14c an: X' ist der Limes der stetigen Differenzen-quotienten $X_n : \omega \to n\big(X(\omega + 1/n) - X(\omega)\big)$ für $n \to \infty$.

1.18   Es ist zu zeigen, dass $P \circ X^{-1} \circ F^{-1} = \mathcal{U}_{]0,1[}$. Da $P \circ X^{-1}$ durch seine Verteilungsfunkti-on F eindeutig bestimmt ist, kann man annehmen, dass $P = \mathcal{U}_{]0,1[}$ und X wie in (1.30) definiert ist. Es gilt dann $X(u) \le c \Leftrightarrow u \le F(c)$ für $u \in\;]0,1[,\, c \in \mathbb{R}$. Für $c = X(u)$ folgt $F(X(u)) \ge u$, und für $c < X(u)$ ergibt sich umgekehrt $u > F(c)$, also für $c \uparrow X(u)$ auch $F(X(u)) \le u$ wegen der Stetigkeit von F. Somit ist $F(X)$ die Identität und daher $P \circ F(X)^{-1} = \mathcal{U}_{]0,1[}$, wie behauptet. Besitzt F eine Sprungstelle $c \in \mathbb{R}$, d.h. ist $F(c-) := \lim_{x \uparrow c} F(x) < F(c)$, so ist

$$P\big(F(X) = F(c)\big) \ge P(X = c) = F(c) - F(c-) > 0 = \mathcal{U}_{]0,1[}\big(\{F(c)\}\big)$$

und also $P \circ F(X)^{-1} \ne \mathcal{U}_{]0,1[}$.

Kapitel 2

2.2   Mit $n = \sum_{a \in E} k_a$ ergibt sich wie in (2.2) und analog zu Abschnitt 2.3.2 die Wahrschein-lichkeit
$$\binom{n+N-1}{n}^{-1} \prod_{a \in E} \binom{k_a + N_a - 1}{k_a}.$$

2.3   Die Verteilungsdichte von X auf $[0, r[$ ist im Fall (a) $\rho_1(x) = 2x/r^2$, und im Fall (b) $\rho_2(x) = 2 / \big(\pi \sqrt{r^2 - x^2}\big)$.

2.7   Das Modell ist $\Omega = \{-1, 1\}^{2N}$ mit der Gleichverteilung $P = \mathcal{U}_\Omega$. X_i ist dann die Projekti-on auf die i-te Koordinate. Das Ereignis G_n hängt nur von $X_1, \dots, X_{2n}$ ab und wird beschrieben durch die Menge aller Polygonzüge von $(0, 0)$ nach $(2n, 0)$, welche die horizontale Achse nur an den Endpunkten treffen. Aus Symmetriegründen ist deren Anzahl doppelt so groß wie die Anzahl aller Polygonzüge von $(1, 1)$ nach $(2n-1, 1)$, welche die Achse nicht treffen. Insgesamt gibt es $\binom{2n-2}{n-1}$ Polygonzüge von $(1, 1)$ nach $(2n-1, 1)$, denn jeder solche ist durch die Wahl sei-ner $n-1$ „Aufwärtsschritte" festgelegt. Von dieser Gesamtzahl müssen diejenigen Polygonzüge abgezogen werden, welche die Achse treffen. Von letzteren kann man aber das Anfangsstück zwischen $(1, 1)$ und der ersten Nullstelle an der horizontalen Achse spiegeln und erhält einen Polygonzug von $(1, -1)$ nach $(2n - 1, 1)$. Diese Spiegelung ist eine Bijektion, und die Anzahl der gespiegelten Polygonzüge beträgt $\binom{2n-2}{n}$. Hieraus ergibt sich die erste Gleichung von (a), und die zweite folgt mit einer direkten Rechnung. Zum Beweis von (b) genügt es zu beachten, dass $G_{>n}^c = \bigcup_{k=1}^{n} G_k$ und $u_0 = 1$.

2.10   Statt direkt zu rechnen (was auch möglich wäre), ist es instruktiver, auf die Herleitung von $\mathcal{M}_{n,\rho}$ in (2.9) zurückzugreifen. Da die Behauptung nur von der Verteilung von X abhängt, kann man nämlich annehmen, dass X mit der Zufallsvariablen S aus (2.7) übereinstimmt, die auf E^n mit dem Wahrscheinlichkeitsmaß $P = \rho^{\otimes n}$ definiert ist. Dies entspricht einem Urnenmodell mit Zurücklegen. Man stelle sich nun vor, dass die Kugeln von einem Farbenblinden gezogen werden, der nur die vorgegebene Farbe $a \in E$ unterscheiden kann. Dieser sieht nur das Ergebnis der Zufallsvariablen $Z : E^n \to \{0, 1\}^n$ mit $Z = (Z_i)_{1 \le i \le n}$, $Z_i(\omega) := 1_{\{a\}}(\omega_i)$ für $\omega \in E^n$. Man verifiziert leicht, dass Z die Verteilung $\sigma^{\otimes n}$ mit $\sigma(1) := \rho(a)$, $\sigma(0) := 1 - \rho(a)$ hat. Nach Wahl von X ist nun aber $X_a = \sum_{i=1}^{n} Z_i$, und wegen (2.9) ist die Koordinatensumme einer $\sigma^{\otimes n}$-verteilten Zufallsvariablen $\mathcal{B}_{n, \sigma(1)}$-verteilt.

2.11 Ähnlich wie in der Lösung von Aufgabe 1.13 erhält man mit Aufgabe 1.7b

$$P(X = k) = \sum_{J \subset I:\, |J|=k} P(B_J) = \sum_{J \subset I:\, |J|=k} \sum_{L:\, L \supset J} (-1)^{|L \setminus J|} \frac{(N-|L|)!}{N!}$$

$$= \sum_{J \subset I:\, |J|=k} \sum_{l=k}^{N} \binom{N-k}{l-k} (-1)^{l-k} \frac{(N-l)!}{N!} = \frac{1}{k!} \sum_{m=0}^{N-k} \frac{(-1)^m}{m!},$$

was bei festem k für $N \to \infty$ gegen $e^{-1}\frac{1}{k!} = \mathcal{P}_1(\{k\})$ strebt. Die Anzahl der Fixpunkte einer zufälligen Permutation ist also asymptotisch Poisson-verteilt zum Parameter 1. Dieses Ergebnis erhält man auch direkt aus Aufgabe 1.13 mit Hilfe der folgenden Rekursion über N (das jeweilige N ist als Index angefügt): Ist $N \geq 2$ und $1 \leq k \leq N$, so gilt aus Symmetriegründen

$$k\, P_N(X_N = k) = \sum_{i=1}^{N} P_N \big(i \text{ ist Fixpunkt und es gibt genau } k-1 \text{ weitere Fixpunkte} \big)$$

$$= \sum_{i=1}^{N} \frac{|\{X_{N-1} = k-1)\}|}{N!} = P_{N-1}(X_{N-1} = k-1).$$

2.14 Die Behauptung folgt nach einer kurzen Rechnung aus der Formel vor (2.21). Intuitiv besagt sie das Folgende: Wirft man n Punkte rein zufällig in das Intervall $[0, s_n]$, so ist im angegebenen Limes die Position des r-kleinsten Punktes asymptotisch wie der r-te Punkt im Poisson-Modell verteilt. Der Parameter α steht dabei für die asymptotische Teilchendichte.

Kapitel 3

3.4 Wenn man in der rechten Seite der Behauptung alle Terme durch ihre Definitionen ersetzt, erhält man den Ausdruck $\binom{n}{l} B(a, b)^{-1} B(a+l, b+n-l)$. Mit Hilfe von (2.23) und der Symmetrie der Beta-Funktion lässt sich dieser umformen in

$$\binom{n}{l} \prod_{0 \leq i \leq l-1} \frac{a+i}{a+i+b+n-l} \prod_{0 \leq j \leq n-l-1} \frac{b+j}{a+b+j} = \frac{\binom{-a}{l}\binom{-b}{n-l}}{\binom{-a-b}{n}}.$$

Die letzte Gleichung folgt durch Erweitern aller Brüche mit -1.

3.8 Zum Beweis von „nur dann": Für jedes $s \in \mathbb{R}$ gilt $F_X(s) = F_X(s)^2$ und also $F_X(s) \in \{0, 1\}$. Nun setze man $c = \min\{s \in \mathbb{R} : F_X(s) = 1\}$.

3.12 (a) Sei $\rho(n) = P(X = n)$ und $c_n = P(X + Y = n)/(n+1)$. Die Bedingung besagt dann, dass $\rho(k)\,\rho(l) = c_{k+l}$ für alle $k, l \in \mathbb{Z}_+$. Ist also ein $\rho(m) > 0$, so auch $\rho(k) > 0$ für alle $k \leq 2m$. Folglich ist entweder $\rho(0) = 1$ und also $P \circ X^{-1} = \delta_0$, oder es ist $\rho(k) > 0$ für alle $k \in \mathbb{Z}_+$. Im zweiten Fall ergibt sich weiter $\rho(n)\,\rho(1) = \rho(n+1)\,\rho(0)$ für alle $n \in \mathbb{Z}_+$. Setzt man $q = \rho(1)/\rho(0)$, so folgt induktiv $\rho(n) = \rho(0)\,q^n$ für alle $n \in \mathbb{Z}_+$. Da ρ eine Zähldichte ist, gilt $\rho(0) = 1-q$. Somit ist X geometrisch verteilt zum Parameter $p = \rho(0) \in\,]0, 1[$.

(b) Man erhält auf ähnliche Weise, dass X entweder δ_0- oder Poisson-verteilt ist.

3.14 (a) Bezeichnet X_i die Augenzahl bei Würfel i, so gilt $P(X_1 > X_2) = 7/12$.

(b) Mögliche Beschriftungen für den dritten Würfel sind 4 4 4 4 1 1 oder 4 4 4 4 4 1.

3.16 Die Partialbruchzerlegung verifiziert man durch direkte Rechnung. Zum Beweis des zweiten Hinweises sei ohne Einschränkung $x \geq 0$. Dann gilt

$$\int_{x-n}^{x+n} z\, c_a(z)\, dz = \int_{x-n}^{n-x} z\, c_a(z)\, dz + \int_{n-x}^{n+x} z\, c_a(z)\, dz$$

für alle n. Das erste Integral auf der rechten Seite verschwindet aus Symmetriegründen; das zweite ist für $n > x$ kleiner als $2x\, c_a(n-x)$ und strebt somit für $n \to \infty$ gegen 0. Zum Beweis der eigentlichen Behauptung ist nach (3.31b) zu zeigen, dass

$$\int_{-n}^{n} c_a(y)\, c_b(x-y)/c_{a+b}(x)\, dy \xrightarrow[n\to\infty]{} 1\,.$$

Dazu setzt man die Partialbruchzerlegung ein und nutzt einerseits aus, dass nach dem Hinweis die Integrale $\int_{-n}^{n} y\, c_a(y)\, dy$ und $\int_{-n}^{n}(x-y)\, c_b(x-y)\, dy$ für $n \to \infty$ verschwinden. Da sich andrerseits c_a und c_b zu 1 integrieren, ergibt das Integral über die restlichen Terme gerade 1.

3.20 (a) Nach (3.21a) ist zu zeigen, dass $P(L_j = \ell_j \text{ für } 1 \leq j \leq m) = \prod_{j=1}^{m} \mathcal{G}_p(\{\ell_j\})$ für alle $m \in \mathbb{N}$ und $\ell_j \in \mathbb{Z}_+$. Sei $n_k = \sum_{j=1}^{k}(\ell_j+1)$. Das betrachtete Ereignis bedeutet dann, dass $X_{n_k} = 1$ für alle $1 \leq k \leq m$ und $X_n = 0$ für alle anderen $n \leq n_m$, und dies hat nach der Bernoulli-Annahme die Wahrscheinlichkeit $p^m (1-p)^{\sum_{j=1}^{m} \ell_j} = \prod_{j=1}^{m} \mathcal{G}_p(\{\ell_j\})$. (b) ergibt sich ganz ähnlich.

3.23 (a) Sei $k \in \mathbb{Z}_+$. Nach Abschnitt 2.5.2 (oder Aufgabe 3.15a) ist T_k nach $\Gamma_{\alpha,k}$ verteilt, $\tilde{T}_1$ ist $\mathcal{E}_{\tilde{\alpha}}$-verteilt, und T_k und $\tilde{T}_1$ sind unabhängig. Aus (3.30) folgt daher mit $q := \alpha/(\alpha+\tilde{\alpha})$

$$P(N_{\tilde{T}_1} \geq k) = P(T_k < \tilde{T}_1) = \int_0^\infty ds\, \gamma_{\alpha,k}(s) \int_s^\infty dt\, \tilde{\alpha} e^{-\tilde{\alpha} t} = q^k\,,$$

denn es ist $\gamma_{\alpha,k}(s)\, e^{-\tilde{\alpha} s} = q^k\, \gamma_{\alpha+\tilde{\alpha},k}(s)$. Also ist $N_{\tilde{T}_1}$ geometrisch verteilt zu $p := \tilde{\alpha}/(\alpha+\tilde{\alpha})$.

(b) Seien $l \in \mathbb{N}$ und $n_1, \ldots, n_l \in \mathbb{Z}_+$. Das Ereignis $\{N_{\tilde{T}_k} - N_{\tilde{T}_{k-1}} = n_k \text{ für } 1 \leq k \leq l\}$ lässt sich wie in (3.34) durch die unabhängigen, exponentialverteilten Zufallsvariablen $\tilde{L}_i$ und L_j ausdrücken, nach (3.30) also durch ein $(l + \sum_{k=1}^{l} n_k + 1)$-faches Lebesgue-Integral. Mit Hilfe des Satzes von Fubini erhält man so die Gleichung

$$P\big(N_{\tilde{T}_k} - N_{\tilde{T}_{k-1}} = n_k \text{ für } 1 \leq k \leq l\big)$$
$$= \int_0^\infty \cdots \int_0^\infty ds_1 \ldots ds_l\, \tilde{\alpha}^l\, e^{-\tilde{\alpha}(s_1+\cdots+s_l)}\, P\big(N_{t_k} - N_{t_{k-1}} = n_k \text{ für } 1 \leq k \leq l\big)\,,$$

wobei $t_k := s_1 + \cdots + s_k$. Nach (3.34) stimmt dies überein mit $\prod_{k=1}^{l} a(n_k)$, wobei

$$a(n) = \int_0^\infty ds\, \tilde{\alpha} e^{-\tilde{\alpha} s}\, \mathcal{P}_{\alpha s}(\{n\})\,.$$

Dies impliziert die Behauptung. (Nach (a) ist $a(n) = p q^n$.)

(c) Die Unabhängigkeit der X_n folgt (nach Vertauschung der beiden Poisson-Prozesse) unmittelbar aus (b) und (3.24). $N_{\tilde{T}_1}$ ist gerade das erste n mit $X_{n+1} = 1$ und daher nach Abschnitt 2.5.1 geometrisch verteilt.

3.25 Wir schreiben kurz λ statt λ^d. Für $1 \leq j \leq n$ sei $\rho(j) = \lambda(B_j)/\lambda(E)$. Nach (2.9) hat für jedes N der Zufallsvektor $\left(\sum_{i=1}^{N} 1_{B_j}(X_i)\right)_{1 \leq j \leq n}$ die Multinomialverteilung $\mathcal{M}_{N,\rho}$. Für beliebige $k_1, \ldots, k_n \in \mathbb{Z}_+$ und $N = \sum_{j=1}^{n} k_j$ gilt daher wegen der Unabhängigkeit von N_E und der X_i

$$P(N_{B_j} = k_j \text{ für } 1 \leq j \leq n) = P(N_E = N)\, P\left(\sum_{i=1}^{N} 1_{B_j}(X_i) = k_j \text{ für } 1 \leq j \leq n\right)$$

$$= e^{-\alpha\lambda(E)}\, \frac{(\alpha\lambda(E))^k}{k!}\, \frac{k!}{k_1! \cdot \ldots \cdot k_n!}\, \prod_{j=1}^{n} \rho(j)^{k_j} = \prod_{j=1}^{n} \mathcal{P}_{\alpha\lambda(B_j)}(\{k_j\})\,.$$

Also sind die N_{B_j} unabhängig und poissonverteilt zum Parameter $\alpha\,\lambda(B_j)$.

3.27 Die gesuchte Differentialgleichung für F lautet $F' = r(1 - F)$, also $(\log(1 - F))' = -r$. Es ist dann $\rho = F'$.

3.29 A_1 und A_4 sind asymptotische Ereignisse; dies sieht man ganz ähnlich wie in (3.48), denn die Konvergenz einer Reihe und der Limes superior hängen für jedes k nur von $Y_{k+1}, Y_{k+2}, \ldots$ ab. A_2 und A_3 sind i. Allg. keine asymptotischen Ereignisse (sofern nicht z. B. alle Y_k konstant sind). Denn sei etwa $\Omega = [0, \infty[^{\mathbb{N}}$ und Y_k die k-te Projektion. Wäre dann $A_2 \in \mathscr{A}(Y_k : k \geq 1)$, so gäbe es ein $B \neq \varnothing$ mit $A_2 = [0, \infty[\times B$. Dies ist unmöglich, denn es gilt $A_2 \cap \{Y_1 = 2\} = \varnothing$, aber $([0, \infty[\times B) \cap \{Y_1 = 2\} = \{2\} \times B \neq \varnothing$.

3.31 Bei festem $k \in \mathbb{N}$ sind die Ereignisse $A_n = \{|S_{nk+k} - S_{nk}| \geq k\}$ nach (3.24) unabhängig und haben alle dieselbe Wahrscheinlichkeit $2 \cdot 2^{-k} > 0$. Mit (3.50b) ergibt dies die erste Behauptung. Es folgt $P(|S_n| \leq m \text{ für alle } n) \leq P(|S_{n+2m+1} - S_n| \leq 2m \text{ für alle } n) = 0$ für alle m. Im Limes $m \to \infty$ erhält man $P(\sup_n |S_n| < \infty) = 0$ und daher

$$P\left(\{\sup_n S_n = \infty\} \cup \{\inf_n S_n = -\infty\}\right) = 1\,.$$

Die Ereignisse $\{\sup S_n = \infty\}$ und $\{\inf S_n = -\infty\}$ gehören jedoch beide zu $\mathscr{A}(X_i : i \geq 1)$ und haben aus Symmetriegründen dieselbe Wahrscheinlichkeit. Zusammen mit (3.49) ergibt dies die letzte Behauptung. Die Folge S_n muss daher zwischen beliebig weit rechts und beliebig weit links liegenden Punkten in $\mathbb{Z}$ hin und her pendeln; in (6.31) wird dies auf andere Weise gezeigt.

Kapitel 4

4.5 (a) Bei der Doppelsumme $\sum_{k,l \geq 1: l \geq k} P(X = l)$ spielt die Summationsreihenfolge wegen der Positivität der Summanden keine Rolle. Je nachdem, ob man zuerst über k oder l summiert, erhält man die linke oder rechte Seite der behaupteten Gleichung. (b) Für jedes n gilt

$$\int_{1/n}^{\infty} P(X \geq s)\, ds \leq \mathbb{E}(X_{(n)}) = \frac{1}{n} \sum_{k \geq 1} P(X \geq k/n) \leq \int_{0}^{\infty} P(X \geq s)\, ds\,.$$

Hier erhält man die Gleichung in der Mitte, indem man (a) auf die Zufallsvariable $n X_{(n)}$ anwendet. Zum Beweis der beiden Ungleichungen beachte man zuerst, dass die Funktion $s \to P(X \geq s)$ monoton fallend ist. Wegen Aufgabe 1.15 impliziert dies die Messbarkeit und somit die Existenz der Integrale in $[0, \infty]$, und durch Vergleich jedes Reihenterms mit dem rechts oder links „benachbarten" Integralstück erhält man die Ungleichungen. Im Limes $n \to \infty$ folgt die Behauptung.

4.8 Für $f = 1_{A_1 \times A_2}$ ist die Behauptung leicht nachzuprüfen. Weiter beachte man, dass die Produktmengen $A_1 \times A_2$ einen $\cap$-stabilen Erzeuger von $\mathscr{E}_1 \otimes \mathscr{E}_2$ bilden. Sei $\mathscr{D}$ das System aller $A \in \mathscr{E}_1 \otimes \mathscr{E}_2$, für welche $(1_A)_1$ eine Zufallsvariable ist. Mit Hilfe von Satz (4.11c) und Aufgabe 1.14c sieht man dann, dass $\mathscr{D}$ ein Dynkin-System ist, und also wegen (1.13) $\mathscr{D} = \mathscr{E}_1 \otimes \mathscr{E}_2$. Satz (4.11c) zeigt ferner, dass sowohl $\mathbb{E}(1_A(X_1, X_2))$ als auch $\mathbb{E}((1_A)_1(X_1))$ σ-additiv von A abhängen. Wegen Satz (1.12) stimmen beide also überein. Ist schließlich f irgendeine beschränkte Zufallsvariable, so nimmt ihre $1/n$-Approximation $f_{(n)}$ nur endlich viele Werte an, ist also eine Linearkombination von endlich vielen Indikatorfunktionen. Somit gilt die Behauptung auch für $f_{(n)}$, und im Limes $n \to \infty$ erhält man mit Aufgabe 4.7b das gewünschte Resultat.

4.10 Seien zunächst alle $X_j \geq 0$. Dann folgt aus Satz (4.11c) und Aufgabe 4.5 durch Summationsvertauschung

$$\mathbb{E}(S_\tau) = \sum_{n,i \geq 1: i \leq n} \mathbb{E}(1_{\{\tau = n\}} X_i) = \sum_{i \geq 1} P(\tau \geq i)\,\mathbb{E}(X_i) = \mathbb{E}(\tau)\,\mathbb{E}(X_1).$$

Im allgemeinen Fall erhält man hieraus $\mathbb{E}(|S_\tau|) \leq \mathbb{E}\big(\sum_{i=1}^\tau |X_i|\big) = \mathbb{E}(\tau)\,\mathbb{E}(|X_1|) < \infty$. Folglich sind die obigen Reihen absolut konvergent, so dass das Vertauschungsargument auch im allgemeinen Fall durchgeführt werden kann.

4.12 Sei $\varphi(s) = (s - K)_+$ und $Y_{N+1} = e^{2\sigma Z_{N+1} - \mu}$. Nach Wahl von p^* ist $\mathbb{E}^*(Y_{N+1}) = 1$, es gilt $X_{N+1} = X_N Y_{N+1}$, und X_N und Y_{N+1} sind unabhängig. Aus Aufgabe 4.8 folgt daher $\Pi(N{+}1) = \mathbb{E}^*(\varphi(X_N Y_{N+1})) = \mathbb{E}^*(f_1(X_N))$, wobei $f_1(x) = \mathbb{E}^*(\varphi(x Y_{N+1}))$. Für $x > 0$ ist die Funktion $y \to \varphi(xy)$ konvex, so dass $f_1(x) \geq \varphi(x\,\mathbb{E}^*(Y_{N+1})) = \varphi(x)$ nach Aufgabe 4.4. Somit gilt $\Pi(N{+}1) \geq \mathbb{E}^*(\varphi(X_N)) = \Pi(N)$.

Ganz ähnlich kann man auch zeigen, dass die optimale Hedge-Strategie $\alpha\beta$ zur Laufzeit $N{+}1$ auch eine Hedge-Strategie zur Laufzeit N ist. Für jedes $\omega \in \Omega$ gilt nämlich

$$W_N^{\alpha\beta}(\omega_{\leq N}) = \mathbb{E}^*\big(\varphi(X_N(\omega_{\leq N}) Y_{N+1})\big) \geq \varphi\big(X_N(\omega_{\leq N})\,\mathbb{E}^*(Y_{N+1})\big) = \big(X_N(\omega_{\leq N}) - K\big)_+.$$

Mit der Definition des Black–Scholes-Preises liefert dies ebenfalls die Behauptung.

4.15 (a) Durch Ausquadrieren ergibt sich die Gleichung $\mathbb{E}((X{-}a)^2) = \mathbb{V}(X) + (a{-}m)^2$.

(b) Es genügt, den Fall $a < \mu$ zu betrachten; andernfalls ersetze man X durch $-X$. Die Gleichung im Hinweis ergibt sich dann durch Unterscheidung der Fälle $X \leq a$, $a < X < \mu$ und $X \geq \mu$. Bildet man von dieser Gleichung den Erwartungswert, so folgt

$$\mathbb{E}(|X - a|) - \mathbb{E}(|X - \mu|) = (\mu - a)\big(2\,P(X \geq \mu) - 1\big) + 2\,\mathbb{E}\big((X - a)\,1_{\{a < X < \mu\}}\big).$$

Da μ ein Median ist und $(X{-}a)\,1_{\{a < X < \mu\}} \geq 0$, ist die rechte Seite ≥ 0. Sie ist $= 0$ genau dann, wenn $P(X \geq \mu) = 1/2$ und $\mathbb{E}((X{-}a)\,1_{\{a < X < \mu\}}) = 0$. Letzteres impliziert nach Aufgabe 4.1b, dass $P(a < X < \mu) = 0$. Folglich gilt $P(X \leq a) = P(X < \mu) = 1 - P(X \geq \mu) = 1/2$ und $P(X \geq a) \geq P(X \geq \mu) \geq 1/2$, d.h. a ist ein Median. Ist umgekehrt a ein Median, so kann man die Rollen von a und μ vertauschen und erhält die gewünschte Gleichheit.

4.18 Sei $A_i = \{\omega \in \Omega : \omega(i) = i\}$ die Menge aller Permutationen mit Fixpunkt i. Dann gilt $X = \sum_{1 \leq i \leq n} 1_{A_i}$, $P(A_i) = 1/n$, $\mathbb{V}(1_{A_i}) = 1/n - (1/n)^2$, sowie

$$\mathrm{Cov}(1_{A_i}, 1_{A_j}) = P(A_i \cap A_j) - \left(\tfrac{1}{n}\right)^2 = \frac{1}{n(n-1)} - \frac{1}{n^2} = \frac{1}{n^2(n-1)} \qquad \text{für } i \neq j.$$

Somit ergibt sich $\mathbb{E}(X) = \sum_{1 \le i \le n} 1/n = 1$ und

$$\mathbb{V}(X) = \sum_{1 \le i \le n} \mathbb{V}(1_{A_i}) + \sum_{i \neq j} \mathrm{Cov}(1_{A_i}, 1_{A_j}) = 1.$$

Da die Gleichheit von Erwartungswert und Varianz ein Merkmal der Poisson-Verteilung ist, fügt sich dies Ergebnis nahtlos mit dem von Aufgabe 2.11 zusammen.

4.20 (a) Sei $A = \{T_{r+1} = n+d, X_{n+d} = i\}$ und $B = \{D_j = d_j \text{ für } 1 \le j \le r, \Xi_n = I\}$. Für $i \in I$ ist $A \cap B = \emptyset$ und also $P(A|B) = 0$. Im Fall $i \notin I$ sei

$$A' = \{X_{n+k} \in I \text{ für } 1 \le k < d, X_{n+d} = i\}.$$

Dann gilt $A \cap B = A' \cap B$, und die Ereignisse A' und B sind nach (3.24) unabhängig. Folglich gilt $P(A|B) = P(A'|B) = P(A') = (r/N)^{d-1}/N$.
    (b) Summiert man in (a) über $i \in I^c$ und wendet (3.3a) an, so erhält man

$$P\big(D_{r+1} = d \,\big|\, D_j = d_j \text{ für } 1 \le j \le r\big) = \big(\tfrac{r}{N}\big)^{d-1} \tfrac{N-r}{N}.$$

Außerdem ist $D_1 \equiv 1$, also hat $D_1 - 1$ die degenerierte geometrische Verteilung zum Parameter 1. Mit (3.7) und (3.21) folgt hieraus die Behauptung.
    (c) Wegen (4.6) bzw. (4.35) gilt $\mathbb{E}(D_r) = N/(N-r+1)$ und $\mathbb{V}(D_r) = N(r-1)/(N-r+1)^2$, also nach (4.23cd)

$$\mathbb{E}(T_N) = N \sum_{k=1}^{N} 1/k \underset{N \to \infty}{\sim} N \log N \quad \text{und} \quad \mathbb{V}(T_N) = N \sum_{k=1}^{N-1} (N-k)/k^2 \underset{N \to \infty}{\sim} N^2 \pi^2/6.$$

Für $N = 20$ ergibt sich $\mathbb{E}(T_{20}) \approx 72$ und $\mathbb{V}(T_{20}) \approx 567$.

4.26 Gemäß Aufgabe 2.7 ist $\varphi_\tau(s) = \sum_{n \ge 1} s^{2n}(u_{n-1} - u_n)$. Weiter gilt $u_n = (-1)^n \binom{-1/2}{n}$, wie man durch Kürzen der geradzahligen Faktoren von $(2n)!$ einsieht. Mit dem allgemeinen binomischen Satz führt dies zum Resultat $\varphi_\tau(s) = 1 - \sqrt{1-s^2}$. Es ist $\mathbb{E}(\tau) = \varphi_\tau'(1) = \infty$. Man vergleiche dazu auch (6.36).

Kapitel 5

5.3 (a) Es gilt $D_n^2 = \big(\sum_{i=1}^{n} \cos \Psi_i\big)^2 + \big(\sum_{i=1}^{n} \sin \Psi_i\big)^2$ und daher

$$D_n^2 = n + 2 \sum_{1 \le i < j \le n} (\cos \Psi_i \, \cos \Psi_j + \sin \Psi_i \, \sin \Psi_j).$$

Wegen der vorausgesetzten Unabhängigkeit der Ψ_i folgt

$$\mathbb{E}(D_n^2) = n + 2 \sum_{1 \le i < j \le n} \big(\mathbb{E}(\cos \Psi_i) \, \mathbb{E}(\cos \Psi_j) + \mathbb{E}(\sin \Psi_i) \, \mathbb{E}(\sin \Psi_j)\big).$$

Nun ist aber $\mathbb{E}(\cos \Psi_i) = \frac{1}{2\pi} \int_0^{2\pi} \cos x \, dx = 0$ und analog für den Sinus. Somit gilt $\mathbb{E}(D_n^2) = n$.
    (b) Zunächst zum Hinweis: Nach (5.22) ist

$$P\Big(\sum_{i=1}^{30} Z_i > 15\Big) = \mathcal{B}_{30,p}(\{16, \ldots, 30\}) \approx 1 - \Phi\Big(\frac{15.5 - 30p}{\sqrt{30p(1-p)}}\Big) = \Phi\Big(\frac{30p - 15.5}{\sqrt{30p(1-p)}}\Big),$$

und Letzteres ist genau dann mindestens 0.9, wenn $p \gtrsim p_0 := 0.63$; denn es ist $\Phi(1.28) \approx 0.9$.
Bezeichnet nun $D_{n,i}$ der Abstand des i-ten Tierchens zum Ursprung nach n Schritten, so bilden
die Zufallsvariablen $Z_i := 1_{\{D_{n,i} \leq r_n\}}$ eine Bernoulli-Folge zum Parameter $p := P(D_n \leq r_n)$.
Nach (5.4) und (a) ist $1-p \leq n/r_n^2$. Die gewünschte Beziehung $p \geq p_0$ gilt folglich für
$r_n = 1.65\sqrt{n}$.

5.5   Seien $0 < p_1 < p_3 < 1$, $0 < \alpha < 1$ und $p_2 = \alpha p_1 + (1-\alpha)p_3$, also $\alpha = (p_3 - p_2)/(p_3 - p_1)$.
Außerdem sei $\alpha_Z = (Z_3 - Z_2)/(Z_3 - Z_1)$ falls $Z_3 > Z_1$ und $\alpha_Z = \alpha$ sonst. Dann gilt $Z_2 = \alpha_Z Z_1 + (1-\alpha_Z)Z_3$ und daher wegen der Konvexität von f

$$f_n(p_2) = \mathbb{E}\big(f(Z_2/n)\big) \leq \mathbb{E}\big(\alpha_Z f(Z_1/n) + (1-\alpha_Z)f(Z_3/n)\big)$$
$$= \sum_{0 \leq k \leq l \leq n} P(B_{k,l})\Big[\mathbb{E}(\alpha_Z | B_{k,l})f(k/n) + \big(1 - \mathbb{E}(\alpha_Z | B_{k,l})\big)f(l/n)\Big].$$

Hier ist $B_{k,l} := \{Z_1 = k, Z_3 = l\}$, und $\mathbb{E}(\cdot | B_{k,l})$ bezeichnet den Erwartungswert bezüglich der bedingten Wahrscheinlichkeit $P(\cdot | B_{k,l})$. Nun hat der Zufallsvektor $(Z_1, Z_2 - Z_1, Z_3 - Z_2, n - Z_3)$
nach (2.9) die Multinomialverteilung $\mathcal{M}_{n; p_1, p_2 - p_1, p_3 - p_2, 1 - p_3}$. Für $k < l$ und $m \leq k - l$ ergibt
sich hieraus nach kurzer Rechnung die Beziehung $P(Z_3 - Z_2 = m | B_{k,l}) = \mathcal{B}_{l-k,\alpha}(\{m\})$ und
also $\mathbb{E}(\alpha_Z | B_{k,l}) = \alpha$. Letzteres gilt definitionsgemäß auch für $k = l$. Setzt man dies oben ein,
so erhält man die Konvexitätsungleichung $f_n(p_2) \leq \alpha f_n(p_1) + (1-\alpha)f_n(p_3)$.

5.7   Für $k \in \mathbb{N}$ sei $T_k = \sum_{i=1}^{k} L_i$. Im Fall $\mathbb{E}(L_1) = 0$ gilt fast sicher $T_k = 0$ für alle k, also
$N_t = \infty$ für alle $t > 0$; die Behauptung ist dann trivialerweise richtig. Sei also $\mathbb{E}(L_1) > 0$, evtl.
$= \infty$. Dann hat das Ereignis $A := \{\lim_{k \to \infty} T_k/k = \mathbb{E}(L_1)\}$ nach (5.16) bzw. Aufgabe 5.6c die
Wahrscheinlichkeit 1. Auf A gilt insbesondere $T_k \to \infty$, also auch $N_t < \infty$ für alle $t > 0$ sowie
$N_t \to \infty$ für $t \to \infty$. Ferner gilt $T_{N_t} \leq t < T_{N_t+1}$, also $T_{N_t}/N_t \leq t/N_t < T_{N_t+1}/N_t$ für alle
$t > 0$. Auf A gilt daher auch $t/N_t \to \mathbb{E}(L_1)$ für $t \to \infty$, und das impliziert die Behauptung. Im
Fall des Poisson-Prozesses zu α ist nach (4.14) $\mathbb{E}(L_1) = 1/\alpha$, also gilt $N_t/t \to \alpha$ fast sicher.

5.8   Sei T_k wie in der Lösung zu 5.7 definiert. Da die Funktion $s \to f(L_{(s)})$ nichtnegativ und
auf jedem Intervall $]T_{k-1}, T_k[$ konstant ist, gilt für jedes $t > 0$ die Sandwich-Ungleichung

$$\frac{N_t - 1}{t}\frac{1}{N_t - 1}\sum_{i=1}^{N_t - 1} L_i f(L_i) \leq \frac{1}{t}\int_0^t f(L_{(s)})\,ds \leq \frac{N_t}{t}\frac{1}{N_t}\sum_{i=1}^{N_t} L_i f(L_i).$$

Nach Aufgabe 5.7 strebt N_t/t für $t \to \infty$ fast sicher gegen $1/\mathbb{E}(L_1)$. Insbesondere gilt $N_t \to \infty$
fast sicher. Zusammen mit (5.16) zeigt dies, dass beide Seiten der Sandwich-Ungleichung fast
sicher gegen $\mathbb{E}\big(L_1 f(L_1)\big)/\mathbb{E}(L_1)$ streben. Dies liefert das gewünschte Resultat. Sind die L_i
exponentialverteilt zu α, so ergibt sich für den Erwartungswert der größenverzerrten Verteilung
$\mathbb{E}(L_1^2)/\mathbb{E}(L_1) = 2/\alpha$, in Übereinstimmung mit (4.16). Zum Beweis der fast sicheren Verteilungskonvergenz des zufälligen Wahrscheinlichkeitsmaßes $\frac{1}{t}\int_0^t \delta_{L_{(s)}}\,ds$ gegen Q überlege man
sich, dass diese aus Monotoniegründen bereits dann gilt, wenn $\frac{1}{t}\int_0^t 1_{[0,c]}(L_{(s)})\,ds \to F_Q(c)$
fast sicher für alle c in einer geeigneten abzählbaren dichten Teilmenge von $\mathbb{R}$.

5.11   (a) Sei P_p das Bernoulli-Maß zum Parameter p, siehe (3.29). Dann gilt nach Aufgabe 3.4
für alle $0 < c < 1$

$$P(S_n/n \leq c) = \int_0^1 dp\, \beta_{a,b}(p)\, P_p(S_n/n \leq c),$$

und wegen (5.6) konvergiert $P_p(S_n/n \le c)$ im Limes $n \to \infty$ für $c < p$ gegen 0 und für $c > p$ gegen 1. Folglich gilt $P(S_n/n \le c) \to \beta_{a,b}([0, c])$ nach dem Satz von der dominierten Konvergenz.

(b) Wie Abbildung 2.7 veranschaulicht, ist der Anteil der „schwarzen" Population bei großem n im Fall (i) typischerweise nahe bei $a/(a+b)$ („Koexistenz"), im Fall (ii) typischerweise nahe bei 1 („Verdrängung der Minorität"), im Fall (iii) nahe bei 0 oder bei 1 („eine Art setzt sich durch, aber beide Arten haben positive Chancen"), und im Fall (iv) gleichverteilt („völlige Unbestimmtheit").

5.14 Sei $c > 0$ fest gewählt. Für $\lambda \to \infty$ und beliebige $k \in \mathbb{Z}_+$ mit $|x_\lambda(k)| \le c$ gilt $k \sim \lambda$ und daher wegen (5.1) $\mathcal{P}_\lambda(\{k\}) \sim \exp[-\lambda \, g(k/\lambda)]/\sqrt{2\pi\lambda}$ mit $g(s) = 1 - s + s \log s$. Ferner gilt $g(1) = g'(1) = 0$ und $g''(1) = 1$. Also folgt nach Taylor

$$g(k/\lambda) = g\big(1 + x_\lambda(k)/\sqrt{\lambda}\big) = x_\lambda(k)^2/2\lambda + O(\lambda^{-3/2})$$

und damit die Behauptung.

5.17 Gemäß der Aufgabenstellung gilt $G_N = a \min(S_N, S) - b \max(S_N - S, 0)$. Gesucht ist ein N, für das $\mathbb{E}(G_N)$ maximal wird. Durch Unterscheiden der Fälle $S_N < S$ und $S_N \ge S$ erhält man die Gleichung im Hinweis. Da S_N und X_{N+1} unabhängig sind, ergibt sich hieraus die Gleichung

$$\mathbb{E}(G_{N+1}) - \mathbb{E}(G_N) = \big((a+b)P(S_N < S) - b\big)\, p$$

und daher die Schlussfolgerung im Hinweis. $\mathbb{E}(G_N)$ ist also maximal für das kleinste N mit $P(S_N < S) < r := b/(a+b)$. Mit der Normalapproximation (5.22) lautet diese Bedingung $(S-0.5-Np)/\sqrt{Np(1-p)} \lesssim \Phi^{-1}(r)$. Für die konkreten Zahlenwerte bekommt man im Fall (a) $N = 130$ und im Fall (b) $N = 576$.

5.22 Nach (5.24) oder (5.29) strebt $\sqrt{\varepsilon/(vt)}\, X_{t/\varepsilon}$ für $\varepsilon \to 0$ in Verteilung gegen $\mathcal{N}_{0,1}$. Wegen Aufgabe 2.15 strebt also $B_t^{(\varepsilon)}$ gegen $\mathcal{N}_{0,vt}$, d.h. es ist $\rho_t = \phi_{0,vt}$. Die Wärmeleitungsgleichung (mit $D = v$) folgt durch direktes Differenzieren.

5.25 (a) Das Ereignis $\{L_{2N} = 2n\}$ tritt genau dann ein, wenn einerseits $S_{2n} = 0$ und andrerseits $S_{2j} - S_{2n} \ne 0$ für alle $n < j \le N$. Diese beiden Ereignisse sind unabhängig. Die Wahrscheinlichkeit des ersten ist $\mathcal{B}_{2n,1/2}(\{n\}) = u_n$, die des zweiten nach Aufgabe 2.7b u_{N-n}.

(b) Gleichmäßig für alle n mit $a \le n/N < b$ gilt nach (a) und (5.2)

$$P(L_{2N} = 2n) \underset{N \to \infty}{\sim} \frac{1}{N\pi\sqrt{(n/N)(N-n)/N}} \ .$$

Summiert man über diese n, so steht auf der rechten Seite die Riemann-Summe für das Integral in der Aufgabenstellung. Der Name Arcussinus-Gesetz kommt daher, dass der Integrand die Stammfunktion $(2/\pi) \arcsin\sqrt{x}$ hat.

Kapitel 6

6.2 (a) Sei etwa X_n die deterministische Markov-Kette, welche $E = \{1, 2, 3\}$ zyklisch durchläuft und mit Gleichverteilung startet, also $\alpha = \mathcal{U}_E$ und $\Pi(1, 2) = \Pi(2, 3) = \Pi(3, 1) = 1$. Sei weiter $F = \{a, b\}$, $f(1) = f(2) = a$, $f(3) = b$, und $Y_n = f \circ X_n$. Dann gilt

$$P(Y_2 = a \mid Y_1 = a, Y_0 = a) = 0 \ne 1 = P(Y_2 = a \mid Y_1 = a, Y_0 = b)\,.$$

(b) $Y_n := f \circ X_n$ ist genau dann eine Markov-Kette, wenn es eine geeignete Startverteilung $\hat{\alpha}$ und eine stochastische Matrix $\hat{\Pi}$ auf F gibt mit

$$P(Y_0 = a_0, \ldots, Y_n = a_n) = \hat{\alpha}(a_0) \prod_{1 \le i \le n} \hat{\Pi}(a_{i-1}, a_i)$$

für alle $n \ge 0$ und $a_i \in F$. Nach Voraussetzung stimmt die linke Seite überein mit

$$P\big(X_0 \in f^{-1}\{a_0\}, \ldots, X_n \in f^{-1}\{a_n\}\big) = \sum_{x_0 \in f^{-1}\{a_0\}} \alpha(x_0) \prod_{1 \le i \le n} \sum_{x_i \in f^{-1}\{a_i\}} \Pi(x_{i-1}, x_i).$$

Dies hat genau dann die gewünschte Gestalt, wenn für alle $b \in F$ und $x \in E$ der Ausdruck $\sum_{y \in f^{-1}\{b\}} \Pi(x, y)$ außer von b nur von $f(x)$ statt von x selbst abhängt, man also

$$\sum_{y \in f^{-1}\{b\}} \Pi(x, y) = \hat{\Pi}\big(f(x), b\big)$$

schreiben kann. Man setze in dem Fall $\hat{\alpha}(a) = \sum_{x \in f^{-1}\{a\}} \alpha(x)$.

6.5 (a) Für den Induktionsschritt ist zu zeigen, dass $\rho_{n,\vartheta} \Pi = \rho_{n+1,\vartheta}$ für alle n. Für $x, y \in E$ mit $N(x) = n$, $N(y) = n+1$ und $\Pi(x, y) > 0$ gilt nun aber

$$\frac{\rho_{n,\vartheta}(x)}{\rho_{n+1,\vartheta}(y)} = \begin{cases} \dfrac{\vartheta+n}{n+1} \dfrac{y_1}{\vartheta} & \text{falls } y_1 = x_1+1, \\[2mm] \dfrac{\vartheta+n}{n+1} \dfrac{j+1}{j} \dfrac{y_{j+1}}{y_j+1} & \text{falls } y_j = x_j-1,\ y_{j+1} = x_{j+1}+1,\ 1 \le j \le n, \end{cases}$$

und daher

$$\sum_{x \in E: N(x)=n} \rho_{n,\vartheta}(x)\, \Pi(x, y) = \rho_{n+1,\vartheta}(y)\left[\frac{y_1}{n+1} + \sum_{j=1}^{n} \frac{(j+1)y_{j+1}}{n+1} \right] = \rho_{n+1,\vartheta}(y).$$

(b) Wegen $\rho_{0,\vartheta} = \delta_0$ folgt aus (a), dass alle $\rho_{n,\vartheta}$ Zähldichten sind. Nach Definition von Y gibt es außerdem eine Konstante $c_{n,\vartheta}$ mit $\rho_{n,\vartheta}(x) = c_{n,\vartheta}\, P(Y = x)$ für alle x mit $N(x) = n$. Durch Summation über diese x erhält man $P(N(Y) = n) = 1/c_{n,\vartheta}$ und damit die Behauptung.

6.7 (a) Sei $I := \{1, \ldots, N\}$ die Menge der Individuen in jeder Generation und $(\psi_n)_{n \ge 1}$ die Folge der zufälligen Abbildungen, welche die Elternwahl der Nachkommen beschreiben. Laut Aufgabenstellung sind die ψ_n unabhängig und auf I^I gleichverteilt. Die Entwicklung der Menge Ξ_n der A-Individuen zur Zeit n wird durch die Umkehrabbildungen $\varphi_n := \psi_n^{-1}$ beschrieben. Dies sind unabhängige, identisch verteilte zufällige Abbildungen von $\mathscr{P}(I)$ auf sich, und für jede beliebige Startmenge $\Xi_0 \subset I$ gilt die Rekursion $\Xi_n := \varphi_n(\Xi_{n-1})$, $n \ge 1$. Gemäß (6.2d) ist daher $(\Xi_n)_{n \ge 1}$ eine Markov-Kette auf $\mathscr{P}(I)$ zur Übergangsmatrix

$$\Pi(\xi, \eta) = P\big(\varphi_1(\xi) = \eta\big) = P\big(\psi_1(i) \in \xi \Leftrightarrow i \in \eta\big) = \left(\frac{|\xi|}{N}\right)^{|\eta|} \left(\frac{N-|\xi|}{N}\right)^{N-|\eta|},$$

$\xi, \eta \in \mathscr{P}(I)$.

(b) Für die Abbildung $f : \xi \to |\xi|$ und alle $\xi \in \mathscr{P}(I)$, $y \in \{0, \ldots, N\}$ gilt

$$\sum_{\eta \in f^{-1}\{y\}} \Pi(\xi, \eta) = \binom{N}{y} \left(\frac{|\xi|}{N}\right)^y \left(\frac{N-|\xi|}{N}\right)^{N-y} = \mathcal{B}_{N, f(\xi)/N}(\{y\}).$$

Nach Aufgabe 6.2b ist daher die Folge $(X_n)_{n\geq 0}$ Markovsch zur Übergangsmatrix

$$\hat{\Pi}(x,y) = \mathcal{B}_{N,x/N}(\{y\}), \quad x,y \in \{0,\ldots,N\}.$$

(c) Die Zustände 0 und N sind absorbierend für $\hat{\Pi}$. Gemäß (6.9) existiert daher der Limes $h_N(x) := \lim_{N\to\infty} P^x(X_n = N)$ und es gilt $h_N(N) = 1$, $h_N(0) = 0$ und $\hat{\Pi}h_N = h_N$. Dasselbe gilt auch für die Funktion $h(x) := x/N$; die Gleichung $\hat{\Pi}h = h$ folgt aus (4.5). Sei $g := h_N - h$ und $m = \max_{0\leq y\leq N} g(y)$. Wäre $m > 0$, so gäbe es ein $0 < x < N$ mit $g(x) = m$. Es folgt

$$0 = g(x) - (\hat{\Pi}g)(x) = \sum_{y=0}^{N} \hat{\Pi}(x,y)\,(m - g(y))$$

und somit $g(y) = m$ für alle y, was aber für $y = 0$ nicht stimmt. Also ist $m = 0$. Dasselbe Argument für das Minimum liefert die Behauptung $g \equiv 0$.

6.9 Nur der Fall $p \neq 1/2$ muss betrachtet werden. Wie in (6.10) erhält man dann die Gewinnwahrscheinlichkeit $h_0(m) = p^m\,(p^{N-m} - q^{N-m})/(p^N - q^N)$, wobei $q = 1-p$.

6.12 (a) Sei $E = \mathbb{Z}_+^N$ der Zustandsraum; ein Zustand $x = (x_n)_{1\leq n\leq N} \in E$ bedeutet, dass sich x_n Tierchen auf Platz n befinden. Für $1 \leq n \leq N$ sei $e_n = (\delta_{n,m})_{1\leq m\leq N} \in E$ der Zustand bei dem genau ein Tierchen existiert und auf Platz n sitzt. Sei ferner $\mathbf{0} = (0,\ldots,0) \in E$ der Nullzustand und $e_0 = e_{N+1} = \mathbf{0}$. Nach Aufgabenstellung soll dann gelten

$$\Pi(e_n,\cdot) = \frac{1}{2}\sum_{k\in\mathbb{Z}_+} \rho(k)\left[\delta_{ke_{n-1}} + \delta_{ke_{n+1}}\right].$$

Im allgemeinen Fall von beliebig vielen Tierchen, die sich unabhängig voneinander verhalten, verwendet man am elegantesten den Begriff der Faltung. Dieser kann für Zähldichten auf E genau wie im eindimensionalen Fall definiert werden, wenn man E mit der koordinatenweisen Addition versieht. Für $x \in E$ setze man nämlich

$$\Pi(x,\cdot) = \underset{n=1}{\overset{N}{\bigstar}}\, \Pi(e_n,\cdot)^{\star x_n},$$

d.h. explizit mit der Abkürzung $J(x) = \{(n,j) : 1 \leq j \leq x_n,\ 1 \leq n \leq N\}$

$$\Pi(x,y) = \sum_{y_{n,j}\in E:\,(n,j)\in J(x)}^{y} \prod_{(n,j)\in J(x)} \Pi(e_n, y_{n,j}).$$

Dabei erstreckt sich die Summe über alle Familien $(y_{n,j})$ mit $\sum_{(n,j)\in J(x)} y_{n,j} = y$.

(b) Nach Definition ist $q(n) = h_{\mathbf{0}}(e_n)$. Gemäß (6.9) gilt also

$$q(n) = \Pi h_{\mathbf{0}}(e_n) = \frac{1}{2}\sum_{k\in\mathbb{Z}_+} \rho(k)\left[h_{\mathbf{0}}(ke_{n-1}) + h_{\mathbf{0}}(ke_{n+1})\right].$$

Wie in (6.11) erhält man $P^{ke_n}(X_l = \mathbf{0}) = P^{e_n}(X_l = \mathbf{0})^k$ für alle n, k, l und also $h_{\mathbf{0}}(ke_n) = q(n)^k$. Dies liefert die behauptete Gleichung.

(c) Sei $q := \min_{1\leq n\leq N} q(n)$. Aus (b) und der Monotonie von φ folgt dann $q \geq \varphi(q)$. Ist $\rho(0) > 0$, so ergibt sich wie in (6.11) aus der Annahme $\varphi'(1) \leq 1$, dass notwendigerweise $q = 1$ gelten muss. Ist $\rho(0) = 0$, so kann die Bedingung $\varphi'(1) \leq 1$ nur erfüllt sein, wenn $\rho(1) = 1$

und also $\varphi(s) = s$ für alle s. Wegen (b) ist dann $q(\cdot)$ eine lineare Funktion, also wegen der Randwerte konstant gleich 1.

(d) Im Fall $N = 2$ gilt aus Symmetriegründen $q(1) = q(2)$ und also $q(1) = f(q(1))$ mit $f = (1 + \varphi)/2$. Wegen $f'(1) = 3/4 < 1$ folgt $q(1) = 1$. Im Fall $N = 3$ ist $q(1) = q(3)$, also $q(2) = \varphi(q(1))$. Nochmalige Anwendung von (b) zeigt, dass $q(1)$ ein Fixpunkt von $g = (1 + \varphi \circ \varphi)/2$ ist, und zwar wie in (6.11) der kleinste. Wegen $g'(1) = 9/8 > 1$ ist also $q(1) < 1$. Ferner gilt $q(2) = \varphi(q(1)) < q(1)$, denn sonst wäre $g(q(1)) > q(1)$.

6.18 (a) Es ist $\tilde{\Pi}(x, y) = P(L_1 = y+1)$ für $x = 0$ und $\tilde{\Pi}(x, x-1) = 1$ für $x > 0$. Für alle $x, y \in E$ ist $\tilde{\Pi}^N(x, y) > 0$, denn man kann in x Schritten zur 0 wandern, dort $N-1-x$ Schritte verharren und abschließend nach y springen. Der Ergodensatz ist deshalb anwendbar und liefert wie in (6.29) den Erneuerungssatz.

(b) Die Gleichung $\alpha\Pi = \alpha$ sagt explizit, dass $\alpha(y)/\alpha(y-1) = P(L_1 > y)/P(L_1 > y-1)$ für alle $y > 0$ und also $\alpha(y) = \alpha(0)P(L_1 > y)$. Zusammen mit Aufgabe 4.5 folgt $\alpha(y) = P(L_1 > y)/\mathbb{E}(L_1)$. Man verifiziert leicht, dass auch $\alpha\tilde{\Pi} = \alpha$.

(c) Für alle $x, y \in E$ gilt $\alpha(x)\Pi(x, y) = \alpha(y)\tilde{\Pi}(y, x)$. Bei der Startverteilung α ist daher für jedes T der Altersprozess $(X_n)_{0 \leq n \leq T}$ genauso verteilt wie der zeitlich rückwärts verlaufende Restlebensdauerprozess $(Y_{T-n})_{0 \leq n \leq T}$.

6.21 (a) Seien $x, y \in E_{\text{rek}}$ und $\Pi^k(x, y) > 0$. Wegen $F_\infty(x, x) = 1$ und (6.7) gilt dann

$$0 < \Pi^k(x, y) = P^x(X_k = y, \; X_n = x \text{ für unendlich viele } n > k) \leq \Pi^k(x, y) \sum_{n \geq 1} \Pi^n(y, x).$$

Folglich gibt es ein n mit $\Pi^n(y, x) > 0$. Dies beweist die Symmetrie der Relation „$\rightarrow$". Die Reflexivität und Transitivität sind evident.

(b) Sei $C \subset E_{\text{rek}}$ eine irreduzible Klasse. Weiter sei $x \in C$ positiv rekurrent und $x \rightarrow y$, also $y \in C$. Gemäß dem Beweis von (6.34) ist dann $\alpha(z) = \mathbb{E}^x\big(\sum_{n=1}^{\tau_x} 1_{\{X_n=z\}}\big)/\mathbb{E}^x(\tau_x)$ eine stationäre Verteilung, und es gilt $\alpha(C^c) = 0$, also $\alpha(C) = 1$. Die Einschränkung $\Pi^C = (\Pi(x, y))_{x, y \in C}$ von Π auf C ist irreduzibel. Satz (6.27) zeigt daher, dass α das einzige solche Wahrscheinlichkeitsmaß ist, und dass $\alpha(y) = 1/\mathbb{E}^y(\tau_y) > 0$. Folglich ist auch y positiv rekurrent, und es gilt die behauptete Gleichung.

6.23 Wenn ein α mit $\alpha\Pi = \alpha$ existiert, so ergibt sich durch Induktion über $n \in \mathbb{Z}_+$, dass $\alpha(n)\Pi(n, n+1) = \alpha(n+1)\Pi(n+1, n)$ und daher $\alpha(n) = \alpha(0) \prod_{k=1}^{n} \Pi(k-1, k)/\Pi(k, k-1)$. Summation über n liefert die notwendige Bedingung

$$z := \sum_{n \in \mathbb{Z}_+} \prod_{k=1}^{n} \frac{\Pi(k-1, k)}{\Pi(k, k-1)} < \infty.$$

Diese Bedingung $z < \infty$ ist aber auch hinreichend, denn definiert man α wie oben mit $\alpha(0) := 1/z$, so erhält man eine Zähldichte, welche reversibel und daher stationär ist.

6.28 (a) Durch vollständige Induktion erhält man die Ungleichung $|G^n(x, y)| \leq (2a)^n$; die Reihe, welche die Matrix e^{tG} definiert, ist daher absolut konvergent. Insbesondere kann man gliedweise differenzieren und erhält so die letzte Behauptung. Für $x, y \in E$ und $t \geq 0$ gilt

$$P^x(X_t = y) = \sum_{k \geq 0} P^x(N_t = k, \; Z_k = y) = e^{-at} \sum_{k \geq 0} \frac{(at)^k}{k!} \Pi^k(x, y).$$

Mit der Einheitsmatrix E ist $a\Pi = a\mathsf{E} + G$, also $a^k \Pi^k = \sum_{l=0}^{k} \binom{k}{l} a^l G^{k-l}$. Setzt man dies oben ein und vertauscht die Summen, so folgt die erste Behauptung.

(b) Hierfür zerlege man das Ereignis wie in (a) nach der Anzahl der Poisson-Punkte in jedem Teilintervall und benutze (3.34), (6.7) und (a).

(c) Sei (Z_k^*) die in Aufgabe 6.3 zu (Z_k) definierte Sprungkette mit Übergangsmatrix $\Pi^*(x, y) = \Pi(x, y)/(1-\Pi(x, x)) = G(x, y)/a(x)$ für $y \neq x$, $\Pi^*(x, x) = 0$. Sei (τ_k) die Folge der Sprungzeitpunkte von (Z_k) und $\delta_k = \tau_k - \tau_{k-1}$ die k-te Verweildauer von (Z_k). Gemäß Aufgabe 6.3 sind die δ_k bedingt auf die Folge (Z_k^*) unabhängig, und die bedingte Verteilung von $\delta_{k+1}-1$ ist die geometrische Verteilung zum Parameter $1-\Pi(Z_k^*, Z_k^*) = a(Z_k^*)/a$. Sei weiter (T_k) die Folge der Sprungzeitpunkte des Poisson-Prozesses (N_t). Die Differenzen $L_k = T_k - T_{k-1}$ sind dann unabhängig $\mathcal{E}_a$-verteilt und nach Annahme auch unabhängig von (Z_k^*). Es gilt dann $T_k^* = T_{\tau_k}$. Man beachte nun das Folgende: Ist $L-1$ geometrisch verteilt zu p, so ist $\sum_{i=1}^{L} L_i$ exponentialverteilt zum Parameter pa. Dies folgt aus der Kombination der Aufgaben 3.20b und 3.18 (und kann auch leicht direkt verifiziert werden). Also erhält man für beliebige $K \in \mathbb{N}$, $c_k > 0$ und $x_k \in E$ mit $x = x_0$ durch Unterscheidung aller möglichen Werte der δ_k

$$P^x(T_{k+1}^* - T_k^* \leq c_k \text{ für } 0 \leq k \leq K \mid Z_k^* = x_k \text{ für } 0 \leq k \leq K)$$

$$= \prod_{k=0}^{K} \sum_{l_k \geq 1} \frac{a(x_k)}{a} \left(1 - \frac{a(x_k)}{a}\right)^{l_k - 1} P\left(\sum_{i=1}^{l_k} L_i \leq c_k\right) = \prod_{k=0}^{K} \mathcal{E}_{a(x_k)}([0, c_k]).$$

6.30 (a) Zu $x, y \in E$ wähle man ein kleinstes k, für das die Irreduzibilitätsbedingung erfüllt ist. Dann ist $G^k(x, y) > 0$, $G^l(x, y) = 0$ für $l < k$, und also $\lim_{t \to 0} \Pi_t(x, y)/t^k = G^k(x, y)/k!$ > 0. Da E endlich ist, ergibt sich insbesondere, dass Π_t für hinreichend kleines t lauter positive Einträge hat. Mit der Gleichung $\Pi_s \Pi_t = \Pi_{s+t}$ überträgt sich dies auf alle $t > 0$.

(b) Nach (a) und (6.13) existiert für alle $x \in E$ der Limes $\alpha = \lim_{n \to \infty} \Pi_n(x, \cdot) > 0$ und hängt nicht von x ab. Ist $t = n+\delta$ mit $n \in \mathbb{Z}_+$ und $\delta > 0$, so gilt

$$\|\Pi_t(x, \cdot) - \alpha\| \leq \sum_{z \in E} \Pi_\delta(x, z) \|\Pi_n(z, \cdot) - \alpha\| \leq |E| \max_{z \in E} \|\Pi_n(z, \cdot) - \alpha\|.$$

Folglich gilt sogar $\alpha = \lim_{t \to \infty} \Pi_t(x, \cdot)$. Insbesondere erhält man die Invarianzeigenschaft $\alpha \Pi_s = \lim_{t \to \infty} \Pi_{t+s}(x, \cdot) = \alpha$ für alle $s > 0$. Diese impliziert, dass $\alpha G = \frac{d}{ds} \alpha \Pi_s|_{s=0} = 0$, und hieraus ergibt sich umgekehrt, dass $\alpha \Pi_s = \alpha e^{sG} = \alpha G^0 + 0 = \alpha$ für beliebiges $s > 0$.

Kapitel 7

7.3 (a) Das statistische Modell ist $(\mathcal{X}, \mathcal{F}, P_\vartheta : \vartheta \in \Theta)$ mit $\mathcal{X} = \mathbb{N}^n$, $\mathcal{F} = \mathcal{P}(\mathcal{X})$, $\Theta = \mathbb{N}$ und P_ϑ die Gleichverteilung auf $\{1, \ldots, \vartheta\}^n$. Die Likelihood-Funktion zur Beobachtung $x \in \mathcal{X}$ ist $\rho_x(\vartheta) = \vartheta^{-n} 1_{\{x_1, \ldots, x_n \leq \vartheta\}}$ und wird maximal bei $\vartheta = \max\{x_1, \ldots, x_n\}$. Der eindeutige Maximum-Likelihood-Schätzer ist daher $T(x) = \max\{x_1, \ldots, x_n\}$. Wegen $P_\vartheta(T \leq \vartheta) = 1$ und $P_\vartheta(T < \vartheta) > 0$ sowie Aufgabe 4.1b ist $\mathbb{E}_\vartheta(\vartheta - T) > 0$; T ist also nicht erwartungstreu.

(b) Nach Aufgabe 4.5a gilt

$$\mathbb{E}_N(T)/N = \frac{1}{N} \sum_{k=1}^{N} P_N(T \geq k) = 1 - \frac{1}{N} \sum_{k=1}^{N} \left(\frac{k-1}{N}\right)^n \xrightarrow[N \to \infty]{} 1 - \int_0^1 x^n \, dx = \frac{n}{n+1}.$$

(Man beachte die Analogie zu (7.8) und (7.3).)

7.6 Aus der Aufgabenstellung ergibt sich das statistische Modell $(\mathbb{Z}_+, \mathscr{P}(\mathbb{Z}_+), P_\vartheta : \vartheta > 0)$ mit $P_\vartheta = \mathcal{P}_{\mu\vartheta} \star \mathcal{P}_{\mu\vartheta} = \mathcal{P}_{2\mu\vartheta}$; dabei steht ϑ für das unbekannte Alter von V, und $\mu\vartheta$ ist die erwartete Anzahl der Mutationen entlang jeder der beiden Stammbaumlinien. Die Likelihood-Funktion ist $\rho_x(\vartheta) = e^{-2\mu\vartheta}(2\mu\vartheta)^x/x!$. Differenzieren des Logarithmus liefert die eindeutige Maximalstelle $\vartheta = T(x) := x/(2\mu)$.

7.8 Das Modell ist gegeben durch $\mathcal{X} = \{0, \dots, K\}$, $\Theta = \{0, \dots, N\}$ und $P_\vartheta = \mathcal{H}_{\vartheta;K,N-K}$. Als Maximum-Likelihood-Schätzer erhält man ähnlich wie in (7.4) $T(x) = \lfloor (N+1)x/K \rfloor$; im Fall $(N+1)x/K \in \mathbb{N}$ kann man auch $T(x) = (N+1)(x/K) - 1$ setzen.

7.14 Sind S, T beste erwartungstreue Schätzer, so gilt $\mathbb{V}_\vartheta(S) = \mathbb{V}_\vartheta(T) \leq \mathbb{V}_\vartheta\big((S+T)/2\big)$, also nach (4.23c) $\mathrm{Cov}_\vartheta(S, T) \geq \mathbb{V}_\vartheta(S)$ und daher $\mathbb{V}_\vartheta(T-S) \leq 0$. Mit Aufgabe 4.1b oder (5.5) folgt die Behauptung.

7.17 Sei $0 < \vartheta < 1$ die unbekannte Wahrscheinlichkeit, mit der Frage A bejaht wird. Dann ist $p_\vartheta = \vartheta/2 + p_B/2$ die Wahrscheinlichkeit, mit der ein Befragter mit „Ja" antwortet, und bei n befragten Personen ist das statistische Modell gegeben durch $\mathcal{B}_{n,p_\vartheta}$, $\vartheta \in {]0, 1[}$. Wie in (7.25) überprüft man leicht, dass dies ein exponentielles Modell ist, wobei man die Statistik $T(x) = (2x/n) - p_B$ zugrunde legen kann. Es gilt dann $\mathbb{E}_\vartheta(T) = \vartheta$, und mit (7.24) folgt, dass T ein bester Schätzer für ϑ ist. Man erhält $\mathbb{V}_\vartheta(T) = 4p_\vartheta(1-p_\vartheta)/n$.

7.18 Für $0 < s < t < 1$ ist $P_{1/2}(\min_i X_i \geq s, \max_i X_i \leq t) = (t-s)^n$. Mit Differentiation nach s und t folgt, dass $\min_i X_i$ und $\max_i X_i$ unter $P_{1/2}$ die gemeinsame Verteilungsdichte $\rho(s, t) = n(n-1)(t-s)^{n-2} 1_{\{0<s<t<1\}}$ haben. Für $0 < c < 1/2$ folgt weiter, dass

$$P_{1/2}(T \leq c) = \int_0^1 ds \int_0^1 dt \, \rho(s, t) \, 1_{\{s+t\leq 2c\}} = 2^{n-1}c^n.$$

Folglich hat T unter $P_{1/2}$ auf $[0, 1/2]$ die Verteilungsdichte $\tau(x) = n\,2^{n-1}x^{n-1}$; die Verteilungsdichte auf $[1/2, 1]$ ergibt sich hieraus durch Spiegelung im Punkt $1/2$. Zusammen mit (2.21) und (2.23) erhält man daher

$$\mathbb{V}_\vartheta(T) = \mathbb{V}_{1/2}(T) = 2\int_0^{1/2} dx\, \tau(x) \left(\tfrac{1}{2}-x\right)^2 = \frac{nB(3,n)}{4} = \frac{1}{2(n+1)(n+2)}.$$

Dagegen gilt $\mathbb{V}_\vartheta(M) = \mathbb{V}_{1/2}(X_1)/n = 1/(12n)$, denn nach (4.29) hat die Gleichverteilung auf $[0, 1]$ die Varianz $1/12$. Für $n = 2$ ist $T = M$; die Varianzen stimmen deshalb überein. Schon für $n = 3$ ist $\mathbb{V}_\vartheta(T) < \mathbb{V}_\vartheta(M)$, und bei großem n ist der Vorteil von T offensichtlich.

7.19 (a) Für jedes $\vartheta \in \Theta$ folgt aus der Suffizienz von T

$$\mathbb{E}_\vartheta(g_S \circ T) = \sum_{s\in\Sigma} P_\vartheta(T = s)\, g_S(s) = \sum_{s\in\Sigma} P_\vartheta(T = s)\, \mathbb{E}_{Q_s}(S) = \mathbb{E}_\vartheta(S) = \tau(\vartheta),$$

d.h. $g_S \circ T$ ist erwartungstreu. Sei weiter $U = S - g_S \circ T$. Dann gilt $\mathbb{E}_\vartheta(U) = 0$ und sogar $\mathbb{E}_{Q_s}(U) = 0$ für alle $s \in \Sigma$, also auch

$$\mathbb{E}_\vartheta(U\, g_S \circ T) = \sum_{s\in\Sigma} P_\vartheta(T = s)\, g_S(s)\, \mathbb{E}_{Q_s}(U) = 0.$$

Folglich ist $\mathrm{Cov}_\vartheta(U, g_S \circ T) = 0$, und mit (4.23c) folgt $\mathbb{V}_\vartheta(S) = \mathbb{V}_\vartheta(U) + \mathbb{V}_\vartheta(g_S \circ T)$ und damit die Behauptung.

(b) Sei S ein beliebiger erwartungstreuer Schätzer und g_S wie in (a). Dann gilt $\mathbb{E}_\vartheta(g_S \circ T) = \mathbb{E}_\vartheta(g \circ T)$ für alle ϑ. Wegen der Vollständigkeit von T ist daher $g = g_S$ und daher nach (a) $\mathbb{V}_\vartheta(g \circ T) = \mathbb{V}_\vartheta(g_S \circ T) \leq \mathbb{V}_\vartheta(S)$ für alle ϑ, wie gewünscht.

7.23 (a) Die $\rho_{n,\vartheta}$ erfüllen (7.21) mit $T = K_n$, $a(\vartheta) = \log \vartheta$ und $b(\vartheta) = \log \vartheta^{(n)}$. Gemäß (7.23a) gilt daher $\mathbb{E}_{n,\vartheta}(K_n) = b'(\vartheta)/a'(\vartheta) = \tau_n(\vartheta)$, und (7.24) zeigt, dass K_n ein bester Schätzer für τ_n ist.

(b) Differentiation nach ϑ zeigt, dass die Funktion $\vartheta \to \rho_{n,\vartheta}(x)$ für $\tau_n(\vartheta) \leq K_n(x)$ wachsend ist und danach fallend. Dies impliziert die Behauptung.

(c) Für $\tau_n(\vartheta)$ gilt die Sandwich-Abschätzung

$$\vartheta \log \tfrac{n+\vartheta}{\vartheta} = \vartheta \int_\vartheta^{n+\vartheta} \tfrac{1}{x}\, dx \leq \tau_n(\vartheta) \leq 1 + \vartheta \int_\vartheta^{n+\vartheta-1} \tfrac{1}{x}\, dx \leq 1 + \vartheta \log \tfrac{n+\vartheta}{\vartheta}\,.$$

Folglich ist $\tau_n(\vartheta) = \vartheta \log n + O(1)$ für $n \to \infty$. Weiter ergibt sich, dass der Schätzer $K_n^* := K_n/\log n$ für ϑ einen Bias von der Größenordnung $\mathbb{E}_{n,\vartheta}(K_n^*) - \vartheta = O(1/\log n)$ hat. Insbesondere ist K_n^* asymptotisch erwartungstreu. Gemäß (7.23b) hat K_n die Varianz

$$\mathbb{V}_{n,\vartheta}(K_n) = \tau_n'(\vartheta)/a'(\vartheta) = \sum_{i=1}^{n-1} \frac{\vartheta i}{(\vartheta+i)^2} =: v_n(\vartheta)\,,$$

und wegen $1 \geq i/(\vartheta+i) \geq 1-\varepsilon$ für $i \geq \vartheta/\varepsilon$ gilt $v_n(\vartheta) \sim \tau_n(\vartheta) \sim \vartheta \log n$ für $n \to \infty$. Folglich hat K_n^* den quadratischen Fehler $\mathbb{E}_{n,\vartheta}((K_n^* - \vartheta)^2) = \mathbb{V}_{n,\vartheta}(K_n^*) + O(1/\log^2 n) \sim \vartheta/\log n$, und mit (5.4) folgt die Konsistenz der Folge (K_n^*).

7.25 Da die Log-Likelihood-Funktion konkav ist, kann man (7.30) anwenden. Zusammen mit Aufgabe 7.10 ergibt dies einen Spezialfall von Aufgabe 8.19.

7.28 Nach (7.39) ist $\theta_{n,x}$ normalverteilt mit Erwartungswert $T_n(x) = \frac{vm+nuM_n(x)}{v+nu}$ und Varianz $u_n = \frac{uv}{v+nu}$. Gemäß Aufgabe 2.15 ist daher $\sqrt{n/v}\,(\theta_{n,x} - M_n(x))$ normalverteilt zu den Parametern

$$T_n^*(x) = \sqrt{\frac{n}{v}}\left(\frac{vm+nuM_n(x)}{v+nu} - M_n(x)\right) = \frac{\sqrt{nv}}{v+nu}\,(m - M_n(x))$$

und $u_n^* = nu_n/v = \frac{nu}{v+nu}$. Im Limes $n \to \infty$ gilt $u_n^* \to 1$ und, da die Folge $M_n(x)$ nach Voraussetzung beschränkt bleibt, auch $T_n^*(x) \to 0$. Dies impliziert die Behauptung.

Kapitel 8

8.4 (a) Das gesuchte Q hat die Dichte $\rho(x) = 1_{]1,2[}(x)\, n(x-1)^{n-1}$; vgl. Abschnitt 2.5.3.

(b) Wegen der Monotonie von ρ hat das kürzeste Intervall I mit $Q(I) = 1-\alpha$ die Gestalt $I =]c, 2[$ mit $c = 1+\alpha^{1/n}$. Somit ergibt sich $C(\cdot) =]\max_{1 \leq i \leq n} X_i/2,\ \max_{1 \leq i \leq n} X_i/c[$.

8.9 (a) Für festes $x \in \mathbb{R}^n$ und beliebiges $\vartheta \in \mathbb{Z}$ erhält man mit (7.10)

$$\log \rho(x, \vartheta) = -\tfrac{n}{2} \log(2\pi v) - \tfrac{n}{2v} V(x) - \tfrac{n}{2v}(\vartheta - M(x))^2\,.$$

Die Likelihood-Funktion ist daher maximal, wenn $|\vartheta - M(x)|$ minimal ist, also wenn $\vartheta = \widetilde{M}(x)$.

(b) Wegen (3.32) hat M unter $P_\vartheta = \mathcal{N}_{\vartheta,v}^{\otimes n}$ die Verteilung $\mathcal{N}_{\vartheta,v/n}$. Die Verteilung von $\widetilde{M} - \vartheta = ni\,(M-\vartheta)$ unter P_ϑ hängt daher nicht von ϑ ab, d.h. es ist ohne Einschränkung $\vartheta = 0$. Außerdem gilt $P_0(\widetilde{M} = l) = \mathcal{N}_{0,v/n}([l-1/2, l+1/2[)$. Dies liefert die erste Behauptung und zeigt außerdem, dass $\mathbb{E}_0(|\widetilde{M}|) < \infty$. Mit der Symmetrie $P_0(\widetilde{M} = l) = P_0(\widetilde{M} = -l)$ folgt $\mathbb{E}_0(\widetilde{M}) = 0$ und damit die Erwartungstreue von $\widetilde{M}$.

(c) Es ist $P_0(\widetilde{M} = 0) = 2\Phi(0.5\sqrt{n/v}) - 1$, also ist die Bedingung $P_0(\widetilde{M} = 0) \geq 1-\alpha$ für $n \geq 4v\,\Phi^{-1}(1-\frac{\alpha}{2})^2$ erfüllt.

8.11 Mit der 1. Methode aus Abschnitt 8.2 erhält man die Bedingung $n \geq 1/(4\alpha\varepsilon^2) = 2000$, und mit der 2. Methode $2\varepsilon\sqrt{n} \geq \Phi^{-1}(1-\frac{\alpha}{2})$, also $n \geq 385$.

8.14 Ist auch q' ein α-Quantil, so gilt $\alpha \leq Q(]-\infty, q]) \leq Q(]-\infty, q'[) \leq \alpha$ und also $Q(]-\infty, q]) = \alpha$ und $Q(]q, q'[) = 0$. Umgekehrt implizieren die letzten beiden Bedingungen, dass $Q(]-\infty, q'[) = Q(]-\infty, q]) = \alpha$ und $Q(]-\infty, q']) \geq Q(]-\infty, q]) = \alpha$, also dass q' ein α-Quantil ist.

8.15 (a) Es genügt zu zeigen: Für jedes Wahrscheinlichkeitsmaß P auf $\mathbb{R}$ und jeden Median μ von P ist $f(\mu)$ ein Median von $P \circ f^{-1}$. Sei f etwa wachsend. Dann gilt $\{f \leq f(\mu)\} \supset \;]-\infty, \mu]$ und daher $P(f \leq f(\mu)) \geq 1/2$. Zusammen mit der analogen Ungleichung $P(f \geq f(\mu)) \geq 1/2$ ergibt dies die Behauptung. Die entsprechende Erhaltungseigenschaft für den Erwartungswert gilt nur, wenn f affin ist, d.h. wenn $f(x) = ax + b$ für geeignete Konstanten $a, b \in \mathbb{R}$.

(b) Sei etwa $n = 2k+1$, also $T = X_{k+1:n}$. Gemäß Abschnitt 2.5.3 hat T unter $\mathcal{U}_{]0,1[}^{\otimes n}$ die Beta-Verteilung $\beta_{k+1,k+1}$, die aus Symmetriegründen den Median $1/2$ hat. Die Symmetrie der Verteilung von T kann man auch direkt wie folgt einsehen: Die Gleichverteilung $\mathcal{U}_{]0,1[}^{\otimes n}$ ist invariant unter der Spiegelungsabbildung $\tau : (x_i)_{1 \leq i \leq n} \to (1-x_i)_{1 \leq i \leq n}$ auf $]0, 1[^n$, und der Stichprobenmedian T erfüllt die Beziehung $T \circ \tau = 1 - T$. Folglich gilt

$$\mathcal{U}_{]0,1[}^{\otimes n} \circ T^{-1} = \mathcal{U}_{]0,1[}^{\otimes n} \circ \tau^{-1} \circ T^{-1} = \mathcal{U}_{]0,1[}^{\otimes n} \circ (1-T)^{-1}\,,$$

d.h. die Verteilung von T unter $\mathcal{U}_{]0,1[}^{\otimes n}$ ist symmetrisch bezüglich $1/2$.

(c) Sei Q stetig und $f = f_Q$ die zugehörige Quantiltransformation gemäß (1.30). f ist wachsend und erhält daher die Reihenfolge der Ordnungsstatistiken. Ferner ist $f(1/2)$ ein Median von Q; siehe (b) und den Beweis von (a). Hat Q mehrere Mediane, kann man $f(1/2)$ so umdefinieren, dass es mit einem vorgegebenen Median übereinstimmt und f immer noch wachsend ist; wegen $\mathcal{U}_{]0,1[}(\{1/2\}) = 0$ gilt dann immer noch $\mathcal{U}_{]0,1[} \circ f^{-1} = Q$. Die Behauptung folgt nun unmittelbar aus Aussage (a). *Anmerkung:* Im Fall $n = 2k$ steht man vor dem Problem, dass die lineare Definition des Stichprobenmedians in (8.22) zwar gut ist für das Symmetrieargument im Beweis von (b), aber bei Anwendung von f verloren geht. Eine geeignete, aber unpraktische Definition des Stichprobenmedians wäre dann $f([F(X_{k:n}) + F(X_{k+1:n})]/2)$, wobei $F = F_Q$.

8.18 Die Verteilungsfunktion F der X_i ist nach Voraussetzung stetig und strikt wachsend auf $\mathcal{X}$. Nach (3.24) und Aufgabe 1.18 sind daher die Zufallsvariablen $U_i = F(X_i)$ unabhängig und $\mathcal{U}_{]0,1[}$-verteilt. Die zugehörigen Ordnungsstatistiken $U_{i:n}$ sind nach Abschnitt 2.5.3 $\beta_{i,n-i+1}$-verteilt, und es gilt $U_{i:n} = F(X_{i:n})$. Folglich erhält man für jedes $c \in \mathcal{X}$ mit der Substitution $x = F^{-1}(u)$

$$P(X_{i:n} \leq c) = P(U_{i:n} \leq F(c)) = \int_0^{F(c)} \beta_{i,n-i+1}(u)\,du = \int_{-\infty}^c \beta_{i,n-i+1}(F(x))\,\rho(x)\,dx\,.$$

$X_{i:n}$ hat also die Verteilungsdichte $\rho_{i:n}(x) = \beta_{i,n-i+1}(F(x))\,\rho(x)$ auf $\mathcal{X}$. Alternativ bekommt man die Schlüsselbeziehung $P(X_{i:n} \leq c) = \beta_{i,n-i+1}([0, F(c)])$ direkt aus (8.17) und (8.8b).

8.19 Sei q das α-Quantil von Q, $\varepsilon > 0$, und $0 < \delta < F(q+\varepsilon)-\alpha$. Für hinreichend großes n gilt dann $j_n/n < F(q+\varepsilon) - \delta$ und also wegen (8.17)

$$P\big(X_{j_n:n} > q+\varepsilon\big) \leq P\Big(\frac{1}{n}\sum_{i=1}^n 1_{\{X_i \leq q+\varepsilon\}} < F(q+\varepsilon) - \delta\Big).$$

Nach (5.6) strebt die rechte Wahrscheinlichkeit für $n \to \infty$ gegen 0. Analog sieht man, dass auch $P\big(X_{j_n:n} \leq q-\varepsilon\big) \to 0$.

8.20 Seien α und q wie in der Aufgabenstellung und $c \in \mathbb{R}$ beliebig. Aus (8.17) folgt dann

$$P\big(\sqrt{n}\,(X_{j_n:n} - q) \leq c\big) = P\big(S_{c,n} \geq j_n\big),$$

wobei $S_{c,n} = \sum_{i=1}^n 1_{\{X_i \leq q_{c,n}\}}$ und $q_{c,n} = q + c/\sqrt{n}$. Setzt man weiter $\alpha_{c,n} = F(q_{c,n})$, $v_{c,n} = n\,\alpha_{c,n}(1-\alpha_{c,n})$, $\gamma_{c,n} = (n\alpha_{c,n} - j_n)/\sqrt{v_{c,n}}$, und $S_{c,n}^* = (S_{c,n} - n\alpha_{c,n})/\sqrt{v_{c,n}}$, so erhält die letzte Wahrscheinlichkeit die Gestalt $P(S_{c,n}^* \geq -\gamma_{c,n})$. Mit dem Mittelwertsatz ergibt sich $\alpha_{c,n} = \alpha + \rho(q_{c,n}^*)\,c/\sqrt{n}$ für ein $q_{c,n}^*$ zwischen q und $q_{c,n}$, also

$$\gamma_{c,n} \sim \sqrt{n}\,\rho(q_{c,n}^*)\,c/\sqrt{v_{c,n}} \to c/\sqrt{v}.$$

Mit dem Hinweis erhält man daher die Behauptung

$$P\big(\sqrt{n}\,(X_{j_n:n} - q) \leq c\big) = P\big(S_{c,n}^* \geq -\gamma_{c,n}\big) \to 1 - \Phi(-c/\sqrt{v}) = \Phi(c/\sqrt{v}).$$

Den Hinweis sieht man ein, indem man die Beweise in Abschnitt 5.2 überprüft.

Kapitel 9

9.2 (a) Seien $X_1, \ldots, X_n$ unkorreliert. Ihre Kovarianzmatrix C ist dann eine Diagonalmatrix. Folglich ist ihre gemeinsame Verteilungsdichte (9.3) eine Produktdichte. Gemäß (3.28) und (3.30) sind daher $X_1, \ldots, X_n$ unabhängig. Die Umkehrung ist nach (4.23d) allgemein gültig.

(b) Ohne Einschränkung sind alle X_i zentriert und daher $a = 0$. Für $\mathbf{a} = (a_1, \ldots, a_{n-1})$ sei $X_{\mathbf{a}} = \sum_{j=1}^{n-1} a_j X_j$. Gesucht ist ein $\mathbf{a}$, für welches $X_{\mathbf{a}}-X_n$ von $X_1, \ldots, X_{n-1}$ unabhängig ist. Der Zufallsvektor $(X_1, \ldots, X_{n-1}, X_{\mathbf{a}}-X_n)^\top$ ist das Bild von $X_1, \ldots, X_n$ unter einer linearen Abbildung und daher gemäß (9.5) multivariat normalverteilt. Wegen (a) genügt es daher, $\mathbf{a}$ so zu bestimmen, dass dieser Vektor aus unkorrelierten Zufallsvariablen besteht, also dass $X_{\mathbf{a}}-X_n$ auf dem von $X_1, \ldots, X_{n-1}$ aufgespannten Unterraum von $\mathscr{L}^2$ senkrecht steht und somit $X_{\mathbf{a}}$ gerade die Projektion von X_n auf diesen Unterraum ist. Die Existenz solch einer Projektion $X_{\mathbf{a}}$ ist aus der Hilbertraum-Theorie bekannt. Für einen direkten Beweis betrachte man die Funktion $d(\mathbf{a}) = \mathbb{E}((X_{\mathbf{a}}-X_n)^2)$. Ausquadrieren zeigt, dass $d(\cdot)$ stetig differenzierbar ist mit $d(\mathbf{a}) \to \infty$ für $|\mathbf{a}| \to \infty$. Folglich besitzt $d(\cdot)$ eine Minimalstelle $\mathbf{a}$. Dort verschwindet der Gradient, d. h. es gilt $0 = \frac{\partial}{\partial a_j} d(\mathbf{a}) = 2\,\mathrm{Cov}(X_{\mathbf{a}}-X_n, X_j)$ für $1 \leq j < n$.

9.5 Sei $P \in \mathscr{W}_\mathsf{C}$. Dann gilt $H(P) + \mathbb{E}_P(\log\phi_{0,\mathsf{C}}) = -H(P; \mathcal{N}_n(0, \mathsf{C})) \leq 0$ mit Gleichheit genau für $P = \mathcal{N}_n(0, \mathsf{C})$. Ferner gilt mit $X = (X_1, \ldots, X_n)^\top$

$$\mathbb{E}_P(\log\phi_{0,\mathsf{C}}) = -\frac{n}{2}\log(2\pi) - \frac{1}{2}\log\det\mathsf{C} - \frac{1}{2}\mathbb{E}_P(X^\top\mathsf{C}^{-1}X)$$

sowie wegen der Zentriertheit der X_i und der Symmetrie von C

$$\mathbb{E}_P(X^\top\mathsf{C}^{-1}X) = \sum_{i,j=1}^n (\mathsf{C}^{-1})_{ij}\,\mathbb{E}_P(X_iX_j) = \sum_{i,j=1}^n (\mathsf{C}^{-1})_{ij}\,\mathsf{C}_{ji} = \mathrm{Tr}(\mathsf{C}^{-1}\mathsf{C}) = \mathrm{Tr}(\mathsf{E}) = n.$$

Hieraus ergibt sich die Behauptung.

9.6 Für $n \in \mathbb{N}$, $m \in \mathbb{R}^n$ und $r > 0$ sei $p_n(m, r) = \mathcal{N}_n(0, \mathrm{E})\big(|X - m| < r\big)$. Es ist zu zeigen, dass $p_n(m, r) \leq p_n(0, r)$. Ein möglicher Beweis verläuft durch Induktion über n: Im Fall $n = 1$ ist $\frac{d}{dm} p_1(m, r) = \phi_{0,1}(m+r) - \phi_{0,1}(m-r)$, und dies ist negativ für $m > 0$ und positiv für $m < 0$. Folglich erreicht $p_1(\cdot, r)$ sein Maximum für $m = 0$. Im Fall $n > 1$ wähle man $k, l \in \mathbb{N}$ mit $k+l = n$. Sei $X_\flat$ die Projektion von $\mathbb{R}^n$ auf die ersten k Koordinaten und $X_\sharp$ die Projektion auf die restlichen l Koordinaten. Für $m \in \mathbb{R}^n$ seien ferner $m_\flat = X_\flat(m)$ und $m_\sharp = X_\sharp(m)$. Die Zufallsvariablen $X_\flat$ und $X_\sharp$ sind unabhängig bezüglich $\mathcal{N}_n(0, \mathrm{E})$. Gemäß Aufgabe 4.8 gilt daher mit $r_\flat(X) = \sqrt{r^2 - |X_\flat - m_\flat|^2}$

$$p_n(m, r) = \mathcal{N}_n(0, \mathrm{E})\big(|X_\sharp - m_\sharp|^2 < r_\flat(X)^2\big) = \mathbb{E}\big(1_{\{|X_\flat - m_\flat| < r\}}\, p_l(m_\sharp, r_\flat(X))\big).$$

Die Induktionsannahme $p_l(m_\sharp, r_\flat(X)) \leq p_l(0_\sharp, r_\flat(X))$ liefert daher $p_n(m, r) \leq p_n(m_\flat 0_\sharp, r)$. Vertauscht man die Rollen von $X_\flat$ und $X_\sharp$, so folgt weiter $p_n(m_\flat 0_\sharp, r) \leq p_n(0, r)$ und damit die Behauptung. *Anmerkung:* Wegen (9.4) hängt $p_n(m, r)$ nur von $|m|$ ab. Man kann daher annehmen, dass $m = \delta 1$ für ein $\delta \in \mathbb{R}$, und dann Aufgabe 9.9c anwenden.

9.9 (a) Durch Differentiation der Verteilungsfunktion $P(Y \leq c) = \Phi(\sqrt{c}-\delta) - \Phi(-\sqrt{c}-\delta)$ für $c > 0$ erhält man gemäß (1.31) die Verteilungsdichte

$$\rho(y) = \big(\phi_{0,1}(\sqrt{y} - \delta) + \phi_{0,1}(-\sqrt{y} - \delta)\big)\big/\big(2\sqrt{y}\big), \quad y > 0.$$

Der Rest ergibt sich durch elementare Umformung.

(b) Mit Hilfe der Beziehung $(2k)!\, 2^{-2k} = k!\, \Gamma(k+\frac{1}{2})/\Gamma(\frac{1}{2})$ und der Reihenentwicklung des $\cosh$ ergibt sich für $y > 0$ die Gleichung

$$\rho(y) = \sum_{k \geq 0} \mathcal{P}_{\delta^2/2}(\{k\})\, \chi^2_{2k+1}(y),$$

aus der die Behauptung unmittelbar folgt.

(c) Die Behauptung ist gleichbedeutend mit der Formel $\rho^{\star n} = \sum_{k \geq 0} \mathcal{P}_{n\delta^2/2}(\{k\})\, \chi^2_{2k+n}$ für die n-fache Faltung von ρ. Mit Hilfe von (b) ergibt sich

$$\rho^{\star n} = \underset{j=1}{\overset{n}{\bigstar}} \Big(\sum_{k_j \geq 0} \mathcal{P}_{\delta^2/2}(\{k_j\})\, \chi^2_{2k_j+1}\Big) = \sum_{k_1, \ldots, k_n \geq 0} \Big(\prod_{j=1}^{n} \mathcal{P}_{\delta^2/2}(\{k_j\})\Big)\Big(\underset{j=1}{\overset{n}{\bigstar}} \chi^2_{2k_j+1}\Big);$$

dabei folgt die zweite Gleichung direkt aus (3.31b). Zusammen mit (9.9) und (3.36) ergibt sich hieraus das gewünschte Resultat.

9.11 Seien $(X_i)_{i \geq 1}$ unabhängige $\mathcal{N}_{0,1}$-verteilte Zufallsvariablen und $S_n = \sum_{i=1}^{n} X_i^2$. Nach (9.10) ist S_n χ^2_n-verteilt, und die X_i^2 haben den Erwartungswert $m = 1$ und wegen (7.27b) die Varianz $v = 2$. Mit $f(x) = \sqrt{x}$ folgt daher aus Aufgabe 5.21

$$S_n^\sharp := \sqrt{2S_n} - \sqrt{2n} = \frac{\sqrt{n/v}}{f'(m)}\Big(f\big(\tfrac{1}{n}\sum_{i=1}^{n} X_i^2\big) - f(m)\Big) \overset{\mathscr{L}}{\longrightarrow} \mathcal{N}_{0,1}.$$

Sei weiter $0 < \alpha < 1$ und $0 < \varepsilon < \min(\alpha, 1-\alpha)$. Wegen $P\big(S_n^\sharp \leq \Phi^{-1}(\alpha \pm \varepsilon)\big) \to \alpha \pm \varepsilon$ gilt dann für alle hinreichend großen n

$$P\big(S_n^\sharp \leq \Phi^{-1}(\alpha-\varepsilon)\big) < \alpha = P\big(S_n^\sharp \leq \sqrt{2\chi^2_{n;\alpha}} - \sqrt{2n}\big) < P\big(S_n^\sharp \leq \Phi^{-1}(\alpha+\varepsilon)\big)$$

und daher $\Phi^{-1}(\alpha-\varepsilon) < \sqrt{2\chi^2_{n;\alpha}} - \sqrt{2n} < \Phi^{-1}(\alpha+\varepsilon)$. Wegen der Stetigkeit von Φ^{-1} beweist dies die zweite Behauptung. Beim Vergleich der numerischen Werte zeigt sich, dass die Fisher-Approximation für $\chi^2_{n;\alpha}$ der Approximation aus Aufgabe 9.10 für α nahe bei 0 oder 1 überlegen, für α nahe bei $1/2$ gleichwertig, und ansonsten unterlegen ist.

9.16 Setze $M = \frac{1}{n}\sum_{i=1}^n X_i$ und $M' = \frac{1}{n}\sum_{j=1}^n Y_j$. Gemäß (3.24) und (9.17b) sind dann $(M-m)\sqrt{n/v}$ und $(M'-m')\sqrt{n/v}$ unabhängig und standardnormalverteilt. Folglich ist ihre Quadratsumme χ^2_2-verteilt. Der gesuchte Konfidenzkreis ist daher

$$C(\cdot) = \left\{ (m,m') \in \mathbb{R}^2 : (m-M)^2 + (m'-M')^2 < \chi_{2;1-\alpha}\, v/n \right\}.$$

9.18 (a) Wegen (9.17) ist M_n unabhängig von V_n^*. Deshalb ist für alle $k > n$ auch $M_k = \frac{n}{k}M_n + \frac{1}{k}\sum_{i=n+1}^k X_i$ unabhängig von V_n^* und somit auch von N. Weiter sind nach (9.17) alle $(M_k-m)\sqrt{k/v}$ unter $P_{m,v}$ standardnormalverteilt. Folglich gilt für alle $a, b \in \mathbb{R}$

$$P_{m,v}\big((M_N-m)\sqrt{N/v} \le a,\ V_n^* \le b\big) = \sum_{k\ge n} P_{m,v}\big((M_k-m)\sqrt{k/v} \le a,\ V_n^* \le b,\ N = k\big)$$

$$= \Phi(a) \sum_{k\ge n} P_{m,v}\big(V_n^* \le b,\ N = k\big) = \Phi(a)\, P_{m,v}(V_n^* \le b).$$

(b) folgt nun direkt aus (9.15).

Kapitel 10

10.4 (a) Der gesuchte beste Test zum Niveau α ist $\varphi = 1_{[2,3[} + 2\alpha 1_{]1,2[}$.

(b) $\varphi = 1_{]1-2\alpha,1]}$ falls $\alpha \in\ ]0, 1/4]$, $\varphi = 1_{]1/2,1[} + (2\alpha-\frac{1}{2})\,1_{]1,2[}$ falls $\alpha \in [1/4, 1/2[$.

10.7 (a) Die Monotonie ist klar. Zum Beweis der Konkavität seien $0 < \alpha < \alpha' < 1$, $0 < s < 1$ und ψ, ψ' beliebige Test zum Niveau α bzw. α'. Dann ist $\psi_s = s\psi + (1-s)\psi'$ ein Test zum Niveau $\alpha_s = s\alpha + (1-s)\alpha'$, also $G^*(\alpha_s) \ge \mathbb{E}_1(\psi_s) = s\mathbb{E}_1(\psi) + (1-s)\mathbb{E}_1(\psi')$. Bildet man das Supremum über alle ψ, ψ', so folgt $G^*(\alpha_s) \ge sG^*(\alpha) + (1-s)G^*(\alpha')$, wie gewünscht.

(b) Sei φ ein Neyman–Pearson-Test zum Schwellenwert $c > 0$ und $\alpha = \mathbb{E}_0(\varphi)$. Da φ ein bester Test zum Niveau α ist, gilt $G^*(\alpha) = \mathbb{E}_1(\varphi)$. Sei ferner $\alpha' \in\ ]0, 1[$ beliebig gewählt und ψ gemäß (10.3a) ein Neyman–Pearson mit $\mathbb{E}_0(\psi) = \alpha'$ und folglich $G^*(\alpha') = \mathbb{E}_1(\psi)$. Wie im Beweis von (10.3b) folgt dann $\mathbb{E}_1(\varphi) - \mathbb{E}_1(\psi) \ge c\,(\alpha - \alpha')$. Es gilt also

$$G^*(\alpha') \le G^*(\alpha) + c\,(\alpha' - \alpha) \quad \text{für alle } \alpha' \in\ ]0, 1[.$$

Also ist c die Steigung einer Tangente an G^* im Punkt α.

10.9 Im Fall $P_1(\rho_0 = 0) = 1$ ist $\varphi = 1_{\{\rho_1>0\}}$ ein Test mit $\mathbb{E}_0(\varphi) = \mathbb{E}_1(1-\varphi) = 0$ und somit auch ein Minimax-Test. Sei also $P_1(\rho_0 = 0) < 1$. Dann betrachte man den wie in Abschnitt 10.2 definierten Likelihood-Quotienten R sowie das Wahrscheinlichkeitsmaß $P = (P_0 + P_1)/2$. Gesucht ist ein Neyman–Pearson φ mit $\mathbb{E}_P(\varphi) = 1/2$. Anders als im Beweis von (10.3a) kann aber $P(R = \infty) > 0$ sein. Jedoch gilt $P(R = \infty) = P(\rho_0 = 0) = P_1(\rho_0 = 0)/2 < 1/2$, d.h. $P \circ R^{-1}$ besitzt einen endlichen Median. Folglich kann man φ genau wie im Beweis von (10.3a) konstruieren. Für dieses φ sind die Irrtumswahrscheinlichkeiten erster und zweiter Art beide gleich $\alpha := \mathbb{E}_0(\varphi) = \mathbb{E}_1(1-\varphi)$. Ist ψ ein beliebiger anderer Test, so ist entweder $\mathbb{E}_0(\psi) > \alpha$ oder nach (10.3b) $\mathbb{E}_1(1-\psi) \ge \alpha$, d.h. das Maximum der Irrtumswahrscheinlichkeiten von ψ ist mindestens so groß wie das von φ.

10.12 Sei c_n der Schwellenwert des Neyman–Pearson-Tests φ_n zum Umfang $\mathbb{E}_0(\varphi_n) = \alpha$ nach n Beobachtungen, und für $|\eta| < \min(\alpha, 1-\alpha)$ sei

$$a_{n,\eta} = -n\,H(Q_0; Q_1) + \sqrt{n v_0}\,\Phi^{-1}(1-\alpha+\eta)\,.$$

Wie in (10.4) ist $\log R_n = -\sum_{i=1}^n h(X_i)$ und $\mathbb{E}_0(h) = H(Q_0; Q_1)$. Mit der standardisierten Summenvariablen $S_n^* = \sum_{i=1}^n (h(X_i) - \mathbb{E}_0(h))/\sqrt{n v_0}$ gilt daher gemäß (5.29)

$$P_0\big(\log R_n \ge a_{n,\eta}\big) = P_0\big(S_n^* \le \Phi^{-1}(\alpha-\eta)\big) \xrightarrow[n\to\infty]{} \alpha - \eta\,.$$

Andrerseits ist

$$P_0\big(\log R_n > \log c_n\big) \le P_0\big(\varphi_n = 1\big) \le \alpha \le P_0\big(\varphi_n > 0\big) \le P_0\big(\log R_n \ge \log c_n\big)\,.$$

Für alle $\delta > 0$ gilt daher schließlich $\log c_n \in [a_{n,-\delta}, a_{n,\delta}]$, und das ist gerade die Behauptung.

10.14 Gemäß (10.10) hat φ die Gestalt $\varphi = 1_{\{T>c\}} + \gamma\,1_{\{T=c\}}$, wobei c und γ so bestimmt sind, dass $\mathbb{E}_{\vartheta_0}(\varphi) = \alpha$. Man betrachte nun das umparametrisierte Modell $(\mathcal{X}, \mathscr{F}, P'_{\vartheta'} : \vartheta' \in \Theta')$ mit $\Theta' = -\Theta$ und $P'_{\vartheta'} = P_{-\vartheta'}$ für $\vartheta' \in \Theta'$. Dieses Modell hat wachsende Likelihood-Quotienten bezüglich $-T$. Der Test $\varphi' = 1-\varphi$ hat die Gestalt $\varphi' = 1_{\{-T>-c\}} + (1-\gamma)\,1_{\{-T=-c\}}$ und erfüllt $\mathbb{E}_{-\vartheta_0}(\varphi') = 1-\alpha =: \alpha'$. Nach dem Beweis von (10.10) hat φ' daher eine größere Macht als jeder andere Test ψ' mit $\mathbb{E}_{-\vartheta_0}(\psi') \le \alpha'$, d.h. es gilt $\mathbb{E}_{\vartheta'}(\varphi') \ge \mathbb{E}_{\vartheta'}(\psi')$ für alle $\vartheta' > -\vartheta_0$. Angewandt auf $\psi' = 1-\psi$ und rückübersetzt in das ursprüngliche Modell liefert dies die Behauptung.

10.18 Ohne Einschränkung der Allgemeinheit sei $v_0 = 1$; sonst ersetze man v durch v/v_0.

(a) Nach (9.17b) ist die Gütefunktion des beschriebenen Tests gegeben durch

$$G(v) = \mathcal{N}_{m,v}^{\otimes n}\big((n-1)V^*/v \notin [c_1/v, c_2/v]\big) = 1 - \int_{c_1/v}^{c_2/v} \chi_{n-1}^2(x)\,dx$$

und hängt nicht von m ab. Insbesondere gilt $G'(v) = -\chi_{n-1}^2(c_1/v)\,c_1/v^2 + \chi_{n-1}^2(c_2/v)\,c_2/v^2$. Mit Hilfe von (9.11) folgt hieraus die Behauptung.

(b) Der naive Ansatz liefert $c_1 = \chi_{n-1;\alpha/2}^2$ und $c_2 = \chi_{n-1;1-\alpha/2}^2$. Nach Tabelle B gilt $G'(1) > 0$ für die angegebenen Werte. Also ist $G(v) < G(1) = \alpha$ für $v \lessgtr 1$.

(c) Wegen (a) besitzt G genau ein lokales Extremum, und dieses ist ein globales Minimum. Folglich ist der Test genau dann unverfälscht zum Niveau α, wenn dieses Minimum sich an der Stelle $v_0 = 1$ befindet und $G(1) = \alpha$ ist. Setzt man $f(c) = c^{n-1}e^{-c}$, so liefert dies die Bedingungen $f(c_1) = f(c_2)$ und $\chi_{n-1}^2([c_1, c_2]) = 1-\alpha$ an die Konstanten c_1 und c_2. Die Funktion f ist unimodal mit Maximalstelle $n-1$, also gibt es für jedes $s \in\,]0, f(n-1)[$ genau zwei Lösungen $c_1(s) < c_2(s)$ der Gleichung $f(c) = s$. Außerdem wächst $c_1(\cdot)$ von 0 nach $n-1$, und $c_2(\cdot)$ fällt von ∞ nach $n-1$. Also fällt $\chi_{n-1}^2([c_1(\cdot), c_2(\cdot)])$ von 1 nach 0, und nach dem Zwischenwertsatz existiert genau ein s mit $\chi_{n-1}^2([c_1(s), c_2(s)]) = 1-\alpha$.

(d) Genau wie vor (10.16) errechnet man $R = a\,g\big((n-1)V^*\big)^{-1/2}$ mit der Konstanten $a = (n/e)^{n/2}$ und der Funktion $g(c) = c^n e^{-c} = c\,f(c)$. Ein Likelihood-Quotienten-Test hat somit einen Annahmebereich der Gestalt $\{g((n-1)V^*) \ge s\}$ und ist also ganz ähnlich zum unverfälschten Test in (c), nur dass die Bedingung $f(c_1) = f(c_2)$ durch $g(c_1) = g(c_2)$ zu ersetzen ist.

10.20 Da nach Konstruktion $G_\varphi(m_0, v) = \alpha$ für alle $v > 0$, folgt die Unverfälschtheit direkt aus der Monotonie der Gütefunktion. Um Letzteres zu zeigen, sei $t = t_{n-1;1-\alpha}$ und $P_{m,v} = \mathcal{N}_{m,v}^{\otimes n}$. Mit dem Koordinaten-Shift $S_m : (x_i)_{1 \le i \le n} \to (x_i + m)_{1 \le i \le n}$ auf $\mathbb{R}^n$ gilt dann nach Aufgabe 2.15 $P_{m,v} = P_{0,v} \circ S_m^{-1}$. Es folgt

$$G_\varphi(m, v) := P_{0,v}\left(M \circ S_m > m_0 + t\sqrt{V^* \circ S_m/n}\right) = P_{0,v}\left(M + m > m_0 + t\sqrt{V^*/n}\right),$$

und wegen (1.11c) ist der letzte Ausdruck wachsend in m. Man beachte auch Abbildung 10.5.

10.22 Seien M_n und V_n^* wie in (7.29), und für $\vartheta = (m, v)$ sei $P_\vartheta = \mathcal{N}_{m,v}^{\otimes \mathbb{N}}$. Der t-Test φ_n hat den Ablehnungsbereich $\{M_n > -u_n\sqrt{V_n^*/n}\}$ mit $u_n = t_{n-1;\alpha} = -t_{n-1;1-\alpha}$. Sei nun $\vartheta = (m, v)$ fest gewählt und $M_n^* = (M_n - m)\sqrt{n/v}$ das standardisierte Mittel. Wegen (9.17b) ist M_n^* standardnormalverteilt. Mit der Abkürzung $b_n = m\sqrt{n/v}$ erhält man dann für die Gütefunktion

$$G_\varphi(\vartheta) = P_\vartheta\left(M_n^* > -u_n\sqrt{V^*/v} - b_n\right).$$

Wegen (7.29) gilt $V_n^* \xrightarrow{P_\vartheta} v$, und Aufgabe 9.12 zeigt, dass $u_n \to u := \Phi^{-1}(\alpha)$. Bei beliebigem $\varepsilon > 0$ ist also $P_\vartheta\left(|u_n\sqrt{V^*/v} - u| \ge \varepsilon\right) \le \varepsilon$ für alle genügend großen n. Für diese n folgt

$$G_\varphi(\vartheta) \le P_\vartheta\left(M_n^* > -u - \varepsilon - b_n\right) + \varepsilon = \Phi(u + \varepsilon + b_n) + \varepsilon \le \Phi(u + b_n) + 2\varepsilon$$

und analog $G_\varphi(\vartheta) \ge \Phi(u + b_n) - 2\varepsilon$; am Schluss wurde benutzt, dass $\Phi' \le 1$.

10.24 Man kann ähnlich vorgehen wie vor (10.18). Sei $n = k + l$, $X = (X_1, \dots, X_k)^\top$, X' der analoge l-Vektor, und

$$\tilde{V}_{m,m'} = |X - m\mathbf{1}|^2/n + |X' - m'\mathbf{1}|^2/n = \frac{n-2}{n}V^* + \frac{k}{n}(m - M)^2 + \frac{l}{n}(m' - M')^2;$$

hier folgt die zweite Gleichung aus (7.10). Die Likelihood-Funktion hat nach Voraussetzung die Gestalt $\rho_{m,m';v} = (2\pi v)^{-n/2}\exp\left[-\frac{n}{2v}\tilde{V}_{m,m'}\right]$, und deren Maximum über v wird erreicht für $v = \tilde{V}_{m,m'}$. Folglich ist $\sup_{v>0}\rho_{m,m';v} = (2\pi e\tilde{V}_{m,m'})^{-n/2}$, und man erhält für den in (10.14) eingeführten Likelihood-Quotienten R die Gleichung

$$R^{2/n} = \inf_{m,m':m \le m'}\tilde{V}_{m,m'} \Big/ \inf_{m,m':m > m'}\tilde{V}_{m,m'}.$$

Das Infimum im Zähler wird im Fall $M \le M'$ für $m = M$ und $m' = M'$ erreicht; der Zähler hat dann also den Wert $\tilde{V}_{M,M'} = \frac{n-2}{n}V^*$. Im Fall $M > M'$ kann das Infimum im Zähler nur für $m = m'$ erreicht werden; die Gleichung $\frac{d}{dm}\tilde{V}_{m,m} = 0$ liefert dann den Minimalstelle $m = m' = \frac{k}{n}M + \frac{l}{n}M'$ und den minimalen Wert $\frac{n-2}{n}V^* + \frac{kl}{n^2}(M - M')^2$. Zusammen mit dem analogen Resultat für das Infimum im Nenner erhält man schließlich

$$R^{2/n} = \begin{cases} 1 + T^2 & \text{für } T \ge 0, \\ 1/(1 + T^2) & \text{für } T \le 0. \end{cases}$$

Folglich ist R eine wachsende Funktion von T, und dies beweist die Behauptung. (In (12.20) zeigt sich, dass T die t_{n-2}-Verteilung hat.)

10.25 (a) Nach Aufgabe 1.18 ist $F \circ T$ unter P_ϑ mit $\vartheta \in \Theta_0$ auf $]0, 1[$ gleichverteilt. Wegen der Symmetrie der Gleichverteilung ist daher auch $p(\cdot)$ gleichverteilt.

(b) Hat der Test mit Ablehnungsbereich $\{T > c\}$ den Umfang α, so ist $\alpha = P_\vartheta (T > c)$ für alle $\vartheta \in \Theta_0$, also $c = F^{-1}(1-\alpha)$. Es folgt $\{T > c\} = \{F \circ T > 1-\alpha\} = \{p(\cdot) < \alpha\}$.

(c) Sei $\vartheta \in \Theta_0$. Bezüglich P_ϑ sind die Zufallsvariablen $-2\log p_i(\cdot)$ unabhängig und nach (a) und (3.40) gemäß $\mathcal{E}_{1/2}$ verteilt. Nach (3.36) oder (9.7) hat daher S die Verteilung $\Gamma_{1/2,n} = \chi^2_{2n}$. Der Rest ist evident.

Kapitel 11

11.4 Sei

$$R_{\vartheta,n} = \prod_{k=1}^{n} \frac{\vartheta(X_k)}{\rho(X_k)} = \prod_{i \in E} \left(\frac{\vartheta(i)}{\rho(i)} \right)^{h_n(i)} = \exp\left(n\, H(L_n; \rho) - n\, H(L_n; \vartheta) \right)$$

der Likelihood-Quotient von P_ϑ bezüglich P_ρ nach n Versuchen. Ein Maßwechsel wie im Beweis von Satz (10.4) liefert dann die Gleichung

$$P_\vartheta (D_{n,\rho} \le c) = \mathbb{E}_\rho \left(R_{\vartheta,n} 1_{\{D_{n,\rho} \le c\}} \right).$$

Sei $\varepsilon > 0$ beliebig vorgegeben. Aus dem Beweis von Proposition (11.10) ergibt sich dann für hinreichend großes n das Folgende: Auf der Menge $\{D_{n,\rho} \le c\}$ gilt einerseits $n\, H(L_n; \rho) \le c$; andrerseits liegt L_n so nahe bei ρ, dass $H(L_n; \vartheta) \ge H(\rho; \vartheta) - \varepsilon$, denn $H(\cdot; \vartheta)$ ist stetig. Beides zusammen liefert eine obere Abschätzung für $R_{\vartheta,n}$ auf $\{D_{n,\rho} \le c\}$, und also auch für $P_\vartheta (D_{n,\rho} \le c)$, aus der die Behauptung sofort folgt.

11.6 Wegen $h_n(i) = \sum_{k=1}^{n} 1_{\{X_k=i\}}$ gilt

$$T_n = \frac{1}{\sqrt{n}} \sum_{k=1}^{n} X_k^* \quad \text{mit} \quad X_k^* = \frac{X_k - (s+1)/2}{\sqrt{(s^2-1)/12}}.$$

Unter der Nullhypothese der Gleichverteilung gilt weiter $\mathbb{E}_\rho(X_k) = \frac{1}{s} \sum_{i=1}^{s} i = (s+1)/2$ und $\mathbb{E}_\rho(X_k^2) = \frac{1}{s} \sum_{i=1}^{s} i^2 = (s+1)(2s+1)/6$, also $\mathbb{V}_\rho(X_k) = (s^2-1)/12$, d. h. X_k^* ist standardisiert. Mit (5.29) ergibt sich die erste Behauptung. Als Test von H_0 gegen H_1' vom asymptotischen Umfang α bietet sich daher der Test mit Ablehnungsbereich $\{T_n < \Phi^{-1}(\alpha)\}$ an. Dagegen berücksichtigt die χ^2-Statistik $D_{n,\rho}$ nicht die Struktur der eingeschränkten Alternative H_0' und reagiert daher nicht so empfindlich wie T_n auf Abweichungen von ρ in Richtung auf H_0'.

11.11 (a) ist elementar; man beachte, dass z. B. $\vartheta(12) = \vartheta^A(1) - \vartheta(11)$. (b) Für alle n_A und n_B in $\{0, \ldots, n\}$ und alle $0 \le k \le \min(n_A, n_B)$ gilt

$$P_\vartheta \left(h_n(11) = k,\ h_n^A(1) = n_A,\ h_n^B(1) = n_B \right) = \mathcal{M}_{n,\vartheta} \left(\{(k, n_A-k, n_B-k, n-n_A-n_B+k)\} \right)$$

$$= \binom{n}{k,\ n_A-k,\ n_B-k,\ n-n_A-n_B+k} \vartheta(11)^k \vartheta(12)^{n_A-k} \vartheta(21)^{n_B-k} \vartheta(22)^{n-n_A-n_B+k}.$$

Der Multinomialkoeffizient unterscheidet sich von $\mathcal{H}_{n_B; n_A, n-n_A}(\{k\})$ nur um einen Faktor, der zwar von n, n_A und n_B, aber nicht von k abhängt. Weiter stimmt der von ϑ abhängige Term für $\vartheta \in \Theta_0$ überein mit $\vartheta^A(1)^{n_A} \vartheta^B(1)^{n_B} \vartheta^A(2)^{n-n_A} \vartheta^B(2)^{n-n_B}$, was ebenfalls nicht von k abhängt. Hieraus ergibt sich die erste Gleichung, und die zweite folgt aus Symmetriegründen.

(c) Für einen nichtrandomisierten Test zum Niveau α wähle man zu beliebigen Häufigkeiten $n_A, n_B \in \{0, \dots, n\}$ zwei Zahlen $c_\pm = c_\pm(n_A, n_B) \in \{0, \dots, n\}$ mit $c_- \leq n_A n_B / n \leq c_+$ und $\mathcal{H}_{n_B; n_A, n-n_A}(\{c_-, \dots, c_+\}) \geq 1 - \alpha$. Dann hat der Test mit dem Annahmebereich

$$\left\{ c_-\big(h_n^A(1), h_n^B(1)\big) \leq h_n(11) \leq c_+\big(h_n^A(1), h_n^B(1)\big) \right\}$$

das Niveau α. Für den einseitigen Fall setze man einfach $c_- = 0$.

11.12 (a) Sei $p_\pm = Q_1(\mathbb{R}_\pm)$. Wegen $\mu(Q_1) > 0$ ist $p_- < p_+$, und Q_0 hat die Dichte

$$\rho_0 = 1_{]-\infty, 0]} \frac{\rho_1}{2 p_-} + 1_{]0, \infty[} \frac{\rho_1}{2 p_+}.$$

Folglich gilt $\rho_1 / \rho_0 = 2 p_- 1_{]-\infty, 0]} + 2 p_+ 1_{]0, \infty[} = 2 p_+ \, r^{1_{]-\infty, 0]}}$, wobei $r = p_- / p_+$. Für den Likelihood-Quotienten nach n Beobachtungen erhält man daher $R = \rho_1^{\otimes n} / \rho_0^{\otimes n} = (2 p_+)^n \, r^{S_n^-}$. Also ist R eine strikt fallende Funktion von S_n^-. Folglich ist $\varphi \circ S_n^-$ ein Neyman–Pearson-Test von $Q_0^{\otimes n}$ gegen $Q_1^{\otimes n}$. Außerdem gilt $\mathbb{E}_0(\varphi \circ S_n^-) = \alpha$, denn S_n^- ist unter $Q_0^{\otimes n}$ binomialverteilt zum Parameter $Q_0(]-\infty, 0]) = 1/2$.

(b) Für jedes Q in der Nullhypothese H_0 ist $\vartheta(Q) := Q(]-\infty, 0]) \geq 1/2$. Nach Wahl von φ gilt daher $\mathbb{E}_Q(\varphi \circ S_n^-) = \mathbb{E}_{\mathcal{B}_{n, \vartheta(Q)}}(\varphi) \leq \alpha$. Der Test $\varphi \circ S_n^-$ hat daher das Niveau α. Sind Q_1 und Q_0 wie in (a), so zeigt (10.3), dass $\varphi \circ S_n^-$ an der Stelle Q_1 mächtiger ist als jeder andere Test zum Niveau α. Da dies für jedes Q_1 in der Alternative gilt, folgt die Behauptung.

11.14 (a) $\Rightarrow$ (b): Für $i = 1, 2$ sei F_i die Verteilungsfunktion von Q_i und X_i die zugehörige Quantiltransformation gemäß (1.30). Nach Annahme gilt $F_1 \geq F_2$ auf $\mathbb{R}$ und daher $X_1 \leq X_2$ auf $]0, 1[$. Es gilt also (b) mit $P = \mathcal{U}_{]0, 1[}$. (b) $\Rightarrow$ (c): Es ist $\mathbb{E}_{Q_i}(f) = \mathbb{E}_P(f \circ X_i)$. Man kann also (4.11a) anwenden. (c) $\Rightarrow$ (a): Setze $f = 1_{]c, \infty[}$.

11.18 (a) Es gilt $P(Z_i = 1, |X_i| \leq c) = P(0 < X_i \leq c) = P(|X_i| \leq c)/2$ für alle $c > 0$; die zweite Gleichung folgt aus der Symmetrievoraussetzung. Nun wende man (3.19) an.

(b) Wegen (a) und der Unabhängigkeit der X_i ist die Familie $Z_1, |X_1|, \dots, Z_n, |X_n|$ unabhängig. Mit (3.24) folgt die Behauptung.

(c) Nach (a) ist $\vec{Z} = (Z_1, \dots, Z_n)$ Bernoulli-verteilt zum Parameter $1/2$, also gleichverteilt auf $\{0, 1\}^n$. Z entsteht aus $\vec{Z}$ durch die natürliche Identifizierung von $\{0, 1\}^n$ und $\mathscr{P}_n$. Die Gleichverteilung von R^+ ergibt sich aus dem ersten Schritt des Beweises von (11.25).

(d) Für $A \in \mathscr{P}_n$ sei $R^+(A) = \{R_i^+ : i \in A\}$. Die zufällige Permutation R^+ wird so zu einer Bijektion von $\mathscr{P}_n$ auf sich. Setze $\mathscr{A}_{l,n} = \{A \in \mathscr{P}_n : \sum_{i \in A} i = l\}$. Dann folgt aus (b) und (c)

$$P(W^+ = l) = \sum_{A \in \mathscr{P}_n} P(Z = A) \, P\Big(\sum_{i \in A} R_i^+ = l\Big) = 2^{-n} \sum_{A \in \mathscr{P}_n} P\big(R^+(A) \in \mathscr{A}_{l,n}\big)$$

$$= 2^{-n} \, \mathbb{E}\big(|(R^+)^{-1} \mathscr{A}_{l,n}|\big) = 2^{-n} \, \mathbb{E}\big(|\mathscr{A}_{l,n}|\big) = 2^{-n} \, |\mathscr{A}_{l,n}| = 2^{-n} N(l; n).$$

11.20 (a) Die empirische Verteilungsfunktion F_n ist stückweise konstant mit Sprüngen der Größe $1/n$ an den Stellen $X_{i:n}$, und F ist monoton wachsend. Die maximale Abweichung zwischen F_n und F tritt daher an einer der Stellen $X_{i:n}$ auf.

(b) Wegen Aufgabe 1.18 sind die Zufallsvariablen $U_i = F(X_i)$ auf $]0, 1[$ gleichverteilt. Aufgrund der Monotonie von F gilt $U_{i:n} = F(X_{i:n})$. Wegen (a) hängt die Verteilung von Δ_n aber nur von der gemeinsamen Verteilung der U_i ab, also von $\mathcal{U}_{]0, 1[}^n$.

Kapitel 12

12.3 (a) Der mittlere quadratische Fehler und der zugehörige Kleinste-Quadrate-Schätzer sind

$$F_\gamma = \frac{1}{n} \sum_{k=1}^n \left(X_k - \gamma X_{k-1} \right)^2 \quad \text{und} \quad \hat{\gamma} = \sum_{k=1}^n X_k X_{k-1} \Big/ \sum_{k=1}^n X_{k-1}^2 \,.$$

(b) Bei gegebenen Parametern γ, v sei B die Matrix mit Einträgen $B_{ij} = \delta_{ij} - \gamma \delta_{i-1,j}$; offenbar ist $\det B = 1$. Für den Beobachtungsvektor $X = (X_1, \ldots, X_n)^\top$ und den Fehlervektor $\xi = (\xi_1, \ldots, \xi_n)^\top$ gilt dann $BX = \sqrt{v}\,\xi$, also $X = \sqrt{v}\,B^{-1}\xi$. Nach Annahme ist ξ multivariat standardnormalverteilt, wegen (9.2) hat daher X die Verteilung $\mathcal{N}_n(0, v(B^\top B)^{-1})$. Nun ist aber $\phi_{0,v(B^\top B)^{-1}}(x) = (2\pi v)^{-n/2} \exp[-|Bx|^2/2v] = \rho_{\gamma,v}(x)$ für $x \in \mathbb{R}^n$.

(c) Aus Stetigkeitsgründen stimmt das Supremum von $\rho_{\gamma,v}$ über die Alternative mit dem Maximum über *sämtliche* γ, v überein, also nach (a) und (b) mit $\sup_{\gamma,v} \rho_{\gamma,v} = \sup_{v>0} \rho_{\hat{\gamma},v} = (2\pi e F_{\hat{\gamma}})^{-n/2}$. Analog ist $\sup_{v>0} \rho_{0,v} = (2\pi e F_0)^{-n/2}$. Nach kurzer Rechnung ergibt sich daher der Likelihood-Quotient zu $R = (1 - \hat{r}^2)^{-n/2}$.

12.5 Da die Masse des Testkörpers 1 beträgt, ist f gerade die Beschleunigung des Körpers. Der Fall (a) wird somit durch das lineare Modell $X_k = f\,t_k^2 + \sqrt{v}\,\xi_k$ beschrieben. Die Normalgleichung für f liefert den Kleinste-Quadrate-Schätzer $\hat{f} = \sum_{k=1}^n t_k^2 X_k / \sum_{k=1}^n t_k^4$. Im Fall (b) liegt das quadratische Regressionsmodell $X_k = a + v\,t_k + f\,t_k^2 + \sqrt{v}\,\xi_k$ vor. Genau wie in Abschnitt 12.1 erhält man drei Normalgleichungen für die Unbekannten $a.v$, f, und mit den dortigen Bezeichnungen bekommt man den Schätzer

$$\hat{f} = \frac{c(t^2, X) - c(t, t^2)\,c(t, X)}{V(t)\,V(t^2) - c(t, t^2)^2} \; ;$$

hier ist $t = (t_1, \ldots, t_n)^\top$ und $t^2 = (t_1^2, \ldots, t_n^2)^\top$, und wegen der linearen Unabhängigkeit dieser beiden Vektoren und der Cauchy–Schwarz-Ungleichung ist der Nenner stets strikt positiv.

12.6 Sei $\gamma > 0$ fest gegeben und B wie in der Lösung zu 12.3. Dann gilt $B\xi = \eta$. Bezeichnet $b = B1$ den Vektor mit Koordinaten $b_i = 1 - \gamma(1 - \delta_{i1})$, so erfüllt $Y = BX$ die Beziehung $Y = bm + \sqrt{v}\,\eta$. Nach Satz (12.15a) ist daher $\hat{m} = (b^\top b)^{-1} b^\top BX$ ein erwartungstreuer Schätzer für m, und man prüft leicht nach, dass $\hat{m} = S$. Nach (12.15b) ist S aber auch echt besser als jeder andere lineare Schätzer für m im Modell $Y = bm + \sqrt{v}\,\eta$, insbesondere also echt besser als der lineare Schätzer $M(X) = M(B^{-1}Y)$, der für $\gamma \neq 0$ von S verschieden ist.

12.12 (a) Nach Voraussetzung hat $\rho(X, \vartheta(\gamma))$ die Gestalt

$$\rho(X, \vartheta(\gamma)) = \exp\left[(A\gamma)^\top X - \sum_{i=1}^n b \circ a^{-1}(A_i \gamma) \right] \prod_{i=1}^n h(X_i)$$

mit b und h wie in (7.21). Weiter gilt nach (7.23a) $(b \circ a^{-1})' = b' \circ a^{-1}/a' \circ a^{-1} = \tau \circ a^{-1}$, also $(\partial/\partial\gamma_j)\, b \circ a^{-1}(A_i \gamma) = \tau \circ a^{-1}(A_i \gamma)\, A_{ij}$. Die Behauptung folgt nun unmittelbar.

(b) Das lineare Gauß-Modell zur Designmatrix A und mit beliebig fixierter Varianz $v > 0$ hat definitionsgemäß den Erwartungswertvektor $\vartheta = A\gamma \in \mathbb{R}^n$. Nach (7.27a) gilt $a(\lambda) = \lambda/v$ für $\lambda \in \mathbb{R}$, also $a(\vartheta) = A_v \gamma$ mit $A_v = A/v$. Ferner ist $\tau(\lambda) = \mathbb{E}(\mathcal{N}_{\lambda,v}) = \lambda$. Die Gleichung in (a) für den Maximum-Likelihood-Schätzer ist daher äquivalent zur Gleichung $A^\top(X - A\gamma) = 0$, die durch den Kleinste-Quadrate-Schätzer $\hat{\gamma}$ aus Satz (12.15a) gelöst wird.

12.13 (a) In diesem Fall ist $\Lambda =]0,1[$, $Q_\lambda = \mathcal{B}_{1,\lambda}$, und nach (7.25) $a(\lambda) = \log \frac{\lambda}{1-\lambda}$ mit der Umkehrfunktion $f(t) = a^{-1}(t) = (1+e^{-t})^{-1}$, sowie $\tau(\lambda) = \lambda$. Die Matrix A kann wie in (12.13) gewählt werden.

(b) Hier ist $\Lambda =]0,\infty[$, $Q_\lambda = \mathcal{P}_\lambda$, und nach (7.26) $a(\lambda) = \log \lambda$ sowie $\tau(\lambda) = \lambda$. Die Maximum-Likelihood-Gleichung aus Aufgabe 12.12a hat daher die Form $\mathsf{A}^\top(X - \exp(\mathsf{A}\gamma)) = 0$, wobei die Exponentialfunktion koordinatenweise anzuwenden ist.

12.15 Die Daten betreffen die Länge (in mm) von insgesamt $n = 120$ Kuckuckseiern in den Nestern von $s = 6$ verschiedenen Wirtsvogelarten. Die für die Varianzanalyse benötigten Werte sind:

Wirtsspezies i	n_i	M_i	V_i^*	
Wiesenpieper	45	22.30	0.85	$M = 22.46$
Waldpieper	15	23.09	0.81	$V_{zG}^* = 8.59$
Heckenbraunelle	14	23.12	1.14	
Rotkehlchen	16	22.57	0.47	$V_{iG}^* = 0.83$
Trauerbachstelze	15	22.90	1.14	$F = 10.39$
Zaunkönig	15	21.13	0.55	

Der F-Quotient ist deutlich größer als $f_{5,114;0.99} = 3.18$, also kann die Nullhypothese zum Niveau 0.01 klar abgelehnt werden. Tatsächlich hat man sogar den extrem winzigen p-Wert von $\approx 3 \cdot 10^{-8}$. Die Eigröße ist also an die Stiefelternpopulation angepasst.

12.17 Im Unterschied zu (12.34) ist jetzt $\ell = 1$, also $B = G = G_1 \times G_2$ und $n = s_1 s_2$. Eine Vektor $x \in \mathbb{R}^G$ liegt genau dann in L, wenn $x_{ij} = \overline{x}_{i\bullet} + \overline{x}_{\bullet j} - \overline{x}$ für alle $ij \in G$ (in der Notation von (12.34)). Dementsprechend ist $\Pi_L X = (\overline{X}_{i\bullet} + \overline{X}_{\bullet j} - \overline{X})_{ij \in G}$, wie man durch eine kurze Rechnung verifiziert. Die Nullhypothese H_0 wird beschrieben durch den Raum H aller $x \in L$ mit $\overline{x}_{i\bullet} = \overline{x}$ für alle $i \in G_1$, oder gleichbedeutend aller $x \in \mathbb{R}^G$ mit $x_{ij} = \overline{x}_{\bullet j}$ für alle $ij \in G$, und es ist $\Pi_H X = (\overline{X}_{\bullet j})_{ij \in G}$. Ferner gilt $\dim L = s_1 + s_2 - 1$ und $\dim H = s_2$. Die zugehörige Fisher-Statistik hat daher die Gestalt

$$F_{H,L} := \frac{(s_1-1)(s_2-1)}{s_1-1} \frac{|\Pi_L X - \Pi_H X|^2}{|X - \Pi_L X|^2} = \frac{s_2(s_2-1)\sum_{i\in G_1}(\overline{X}_{i\bullet} - \overline{X})^2}{\sum_{ij\in G}(X_{ij} - \overline{X}_{i\bullet} - \overline{X}_{\bullet j} + \overline{X})}$$

und ist nach (12.17) unter der Normalverteilungsannahme $F_{s_1-1,(s_1-1)(s_2-1)}$-verteilt. Hieraus ergibt sich ein F-Test gemäß (12.20b).

12.19 (a) R ist eine zufällige Permutation von $\{1, \ldots, n\}$. Folglich ist $\sum_{ik\in B} R_{ik} = \sum_{j=1}^n j = n(n+1)/2$. Ebenso ist $(n-1) V_{tot}^*(R) = \sum_{j=1}^n (j - (n+1)/2)^2$. Der Rest ist Routine.

(b) Nach (a) und Definition von T ist $T = (s-1) V_{zG}^*(R)/V_{tot}^*(R)$. Ferner gilt nach der Streuungszerlegung $(n-s) V_{iG}^* = (n-1) V_{tot}^* - (s-1) V_{zG}^*$. Es folgt

$$\frac{V_{zG}^*(R)}{V_{iG}^*(R)} = \frac{n-s}{s-1} \frac{T}{n-1-T}.$$

Insbesondere ist der Nenner stets nichtnegativ.

(c) Gemäß Lemma (11.24) ist $M_1(R) - (n+1)/2 = (U_{n_1,n_2} - n_1 n_2/2)/n_1$ und ebenso auch $M_2(R) - (n+1)/2 = (n_1 n_2/2 - U_{n_1,n_2})/n_2$. Hieraus folgt die Behauptung unmittelbar.

(d) Sei $B_i = \{ik : 1 \le k \le n_i\}$ und $U_i = \sum_{ik \in B_i} \sum_{jl \in B_i^c} 1_{\{X_{ik} > X_{jl}\}}$. Nach (11.24) gilt dann $n_i M_i(R) = U_i + n_i(n_i+1)/2$ und also unter der Nullhypothese $\mathbb{E}_Q(M_i(R)) = (n+1)/2$. Zusammen mit dem 1. Schritt im Beweis von (11.28) erhält man daher

$$\mathbb{E}_Q\Big((M_i(R) - (n+1)/2)^2\Big) = \mathbb{V}_Q(U_i)/n_i^2 = (n-n_i)(n+1)/(12n_i)$$

und somit $\mathbb{E}_Q(T) = s - 1$. Weiter ist R wegen (11.26) gleichverteilt auf $\mathscr{S}_n$. Setzt man $R_i = \{R_{ik} : ik \in B_i\}$, so ist folglich $[R] := (R_i)_{1 \le i \le s}$ gleichverteilt auf der Menge aller geordneten Zerlegungen von $\{1, \ldots, n\}$ in Mengen der Mächtigkeiten $n_1, \ldots, n_s$. Ferner gilt mit der Notation aus dem Beweis von (11.25) $U_i = \sum_{k=1}^{n_i} m_k(R_i)$. Die gemeinsame Verteilung der U_i hängt daher nur von der Verteilung von $[R]$ ab und nicht von Q. Diese Tatsache überträgt sich auf die gemeinsame Verteilung der $M_i(R)$ und damit auf die Verteilung von T.

(e) Sei $v_i = n_i n(n+1)/12$, $U_i^* = (U_i - n_i(n-n_i)/2)/\sqrt{v_i}$ und $U^* = (U_1^*, \ldots, U_s^*)^\top$. Nach (d) gilt dann $T = |U^*|^2$. Weiter kann man nach (d) annehmen, dass die X_{ik} auf $]0, 1[$ gleichverteilt sind, und dann wie im Beweis von (11.28) die Indikatorfunktionen $1_{\{X_{ik} > X_{jl}\}}$ durch die Differenzen $X_{ik} - X_{jl}$ ersetzen. Man betrachte also den Zufallsvektor Z mit Koordinaten $Z_i = n S_i - n_i \sum_j S_j$, wobei $S_i = \sum_{ik \in B_i}(X_{ik} - \frac{1}{2})$. Seien weiter $S_i^* = S_i/\sqrt{n_i/12}$, $Z_i^* = Z_i/\sqrt{v_i}$ sowie $S^* = (S_1^*, \ldots, S_s^*)^\top$ und $Z^* = (Z_1^*, \ldots, Z_s^*)^\top$. Bezeichnet A die Matrix mit Einträgen $\mathsf{A}_{ij} = \sqrt{n/(n+1)}\delta_{ij} - \sqrt{n_i n_j/n(n+1)}$, so gilt dann $Z^* = \mathsf{A} S^*$.

Jetzt führe man den Grenzübergang $\min_i n_i \to \infty$ durch: Wie im 2. Beweisschritt von (11.28) folgt $U^* - Z^* \to 0$ stochastisch, und aus (5.29) und der Unabhängigkeit der S_i^* ergibt sich $S^* \xrightarrow{\mathscr{L}} \mathcal{N}_s(0, \mathsf{E})$. Ein Teilfolgentrick wie im 3. Beweisschritt von (11.28) erlaubt ferner anzunehmen, dass $n_i/n \to a_i$ für gewisse $a_i \in [0, 1]$. Sei u der Spaltenvektor mit Koordinaten $u_i = \sqrt{a_i}$. Es gilt dann $|u| = 1$ und $\mathsf{A} \to \mathsf{E} - uu^\top$. Sei schließlich O eine orthogonale Matrix mit letzter Zeile $u^\top$. Dann ist $\mathsf{O}(\mathsf{E} - uu^\top) = \mathsf{E}_{s-1}\mathsf{O}$. Mit (11.2c) folgt $\mathsf{O}Z^* \xrightarrow{\mathscr{L}} \mathcal{N}_s(0, \mathsf{E}_{s-1})$, (11.2a) und (9.10) ergeben $|Z^*|^2 = |\mathsf{O}Z^*|^2 \xrightarrow{\mathscr{L}} \chi_{s-1}^2$, und (11.2b) liefert die Behauptung $T = |U^*|^2 \xrightarrow{\mathscr{L}} \chi_{s-1}^2$.

Verteilungstabellen

A Normalverteilung

Verteilungsfunktion $\Phi(c) = \mathcal{N}_{0,1}(]-\infty, c]) = 1 - \Phi(-c)$ der Standardnormalverteilung. Den Wert etwa für $c = 1.16$ findet man in der Zeile 1.1 und Spalte .06: $\Phi(1.16) = 0.8770$. Das α-Quantil von $\mathcal{N}_{0,1}$ findet man, indem man den Wert α in der Tabelle lokalisiert und Zeilen- und Spaltenwert addiert: $\Phi^{-1}(0.975) = 1.96$; einige Quantile stehen auch in Tabelle C. Für große Werte von c siehe Aufgabe 5.15.

c	.00	.01	.02	.03	.04	.05	.06	.07	.08	.09
0.0	.5000	.5040	.5080	.5120	.5160	.5199	.5239	.5279	.5319	.5359
0.1	.5398	.5438	.5478	.5517	.5557	.5596	.5636	.5675	.5714	.5753
0.2	.5793	.5832	.5871	.5910	.5948	.5987	.6026	.6064	.6103	.6141
0.3	.6179	.6217	.6255	.6293	.6331	.6368	.6406	.6443	.6480	.6517
0.4	.6554	.6591	.6628	.6664	.6700	.6736	.6772	.6808	.6844	.6879
0.5	.6915	.6950	.6985	.7019	.7054	.7088	.7123	.7157	.7190	.7224
0.6	.7257	.7291	.7324	.7357	.7389	.7422	.7454	.7486	.7517	.7549
0.7	.7580	.7611	.7642	.7673	.7704	.7734	.7764	.7794	.7823	.7852
0.8	.7881	.7910	.7939	.7967	.7995	.8023	.8051	.8078	.8106	.8133
0.9	.8159	.8186	.8212	.8238	.8264	.8289	.8315	.8340	.8365	.8389
1.0	.8413	.8438	.8461	.8485	.8508	.8531	.8554	.8577	.8599	.8621
1.1	.8643	.8665	.8686	.8708	.8729	.8749	.8770	.8790	.8810	.8830
1.2	.8849	.8869	.8888	.8907	.8925	.8944	.8962	.8980	.8997	.9015
1.3	.9032	.9049	.9066	.9082	.9099	.9115	.9131	.9147	.9162	.9177
1.4	.9192	.9207	.9222	.9236	.9251	.9265	.9279	.9292	.9306	.9319
1.5	.9332	.9345	.9357	.9370	.9382	.9394	.9406	.9418	.9429	.9441
1.6	.9452	.9463	.9474	.9484	.9495	.9505	.9515	.9525	.9535	.9545
1.7	.9554	.9564	.9573	.9582	.9591	.9599	.9608	.9616	.9625	.9633
1.8	.9641	.9649	.9656	.9664	.9671	.9678	.9686	.9693	.9699	.9706
1.9	.9713	.9719	.9726	.9732	.9738	.9744	.9750	.9756	.9761	.9767
2.0	.9772	.9778	.9783	.9788	.9793	.9798	.9803	.9808	.9812	.9817
2.1	.9821	.9826	.9830	.9834	.9838	.9842	.9846	.9850	.9854	.9857
2.2	.9861	.9864	.9868	.9871	.9875	.9878	.9881	.9884	.9887	.9890
2.3	.9893	.9896	.9898	.9901	.9904	.9906	.9909	.9911	.9913	.9916
2.4	.9918	.9920	.9922	.9925	.9927	.9929	.9931	.9932	.9934	.9936
2.5	.9938	.9940	.9941	.9943	.9945	.9946	.9948	.9949	.9951	.9952
2.6	.9953	.9955	.9956	.9957	.9959	.9960	.9961	.9962	.9963	.9964
2.7	.9965	.9966	.9967	.9968	.9969	.9970	.9971	.9972	.9973	.9974
2.8	.9974	.9975	.9976	.9977	.9977	.9978	.9979	.9979	.9980	.9981
2.9	.9981	.9982	.9982	.9983	.9984	.9984	.9985	.9985	.9986	.9986
3.0	.9987	.9987	.9987	.9988	.9988	.9989	.9989	.9989	.9990	.9990

B Chiquadrat- und Gamma-Verteilungen

α-Quantile $\chi^2_{n;\alpha}$ der Chiquadrat-Verteilungen $\chi^2_n = \Gamma_{1/2,n/2}$ mit n Freiheitsgraden. $\chi^2_{n;\alpha}$ ist der Wert $c > 0$ mit $\chi^2_n([0,c]) = \alpha$. Durch Skalierung erhält man die Quantile der Gamma-Verteilungen $\Gamma_{\lambda,r}$ mit $\lambda > 0$ und $2r \in \mathbb{N}$. Für große n verwende man die Approximationen aus den Aufgaben 9.10 und 9.11. Notation: $^{-5}3.9 = 3.9 \cdot 10^{-5}$.

$\alpha =$	0.005	0.01	0.02	0.05	0.1	0.9	0.95	0.98	0.99	0.995
$n=1$	$^{-5}3.9$	$^{-4}1.6$	$^{-4}6.3$	$^{-3}3.9$	.0158	2.706	3.841	5.412	6.635	7.879
2	.0100	.0201	.0404	.1026	.2107	4.605	5.991	7.824	9.210	10.60
3	.0717	.1148	.1848	.3518	.5844	6.251	7.815	9.837	11.34	12.84
4	.2070	.2971	.4294	.7107	1.064	7.779	9.488	11.67	13.28	14.86
5	.4117	.5543	.7519	1.145	1.610	9.236	11.07	13.39	15.09	16.75
6	.6757	.8721	1.134	1.635	2.204	10.64	12.59	15.03	16.81	18.55
7	.9893	1.239	1.564	2.167	2.833	12.02	14.07	16.62	18.48	20.28
8	1.344	1.646	2.032	2.733	3.490	13.36	15.51	18.17	20.09	21.95
9	1.735	2.088	2.532	3.325	4.168	14.68	16.92	19.68	21.67	23.59
10	2.156	2.558	3.059	3.940	4.865	15.99	18.31	21.16	23.21	25.19
11	2.603	3.053	3.609	4.575	5.578	17.28	19.68	22.62	24.72	26.76
12	3.074	3.571	4.178	5.226	6.304	18.55	21.03	24.05	26.22	28.30
13	3.565	4.107	4.765	5.892	7.042	19.81	22.36	25.47	27.69	29.82
14	4.075	4.660	5.368	6.571	7.790	21.06	23.68	26.87	29.14	31.32
15	4.601	5.229	5.985	7.261	8.547	22.31	25.00	28.26	30.58	32.80
16	5.142	5.812	6.614	7.962	9.312	23.54	26.30	29.63	32.00	34.27
17	5.697	6.408	7.255	8.672	10.09	24.77	27.59	31.00	33.41	35.72
18	6.265	7.015	7.906	9.390	10.86	25.99	28.87	32.35	34.81	37.16
19	6.844	7.633	8.567	10.12	11.65	27.20	30.14	33.69	36.19	38.58
20	7.434	8.260	9.237	10.85	12.44	28.41	31.41	35.02	37.57	40.00
21	8.034	8.897	9.915	11.59	13.24	29.62	32.67	36.34	38.93	41.40
22	8.643	9.542	10.60	12.34	14.04	30.81	33.92	37.66	40.29	42.80
23	9.260	10.20	11.29	13.09	14.85	32.01	35.17	38.97	41.64	44.18
24	9.886	10.86	11.99	13.85	15.66	33.20	36.42	40.27	42.98	45.56
25	10.52	11.52	12.70	14.61	16.47	34.38	37.65	41.57	44.31	46.93
26	11.16	12.20	13.41	15.38	17.29	35.56	38.89	42.86	45.64	48.29
27	11.81	12.88	14.13	16.15	18.11	36.74	40.11	44.14	46.96	49.64
28	12.46	13.56	14.85	16.93	18.94	37.92	41.34	45.42	48.28	50.99
29	13.12	14.26	15.57	17.71	19.77	39.09	42.56	46.69	49.59	52.34
30	13.79	14.95	16.31	18.49	20.60	40.26	43.77	47.96	50.89	53.67
35	17.19	18.51	20.03	22.47	24.80	46.06	49.80	54.24	57.34	60.27
40	20.71	22.16	23.84	26.51	29.05	51.81	55.76	60.44	63.69	66.77
45	24.31	25.90	27.72	30.61	33.35	57.51	61.66	66.56	69.96	73.17
50	27.99	29.71	31.66	34.76	37.69	63.17	67.50	72.61	76.15	79.49
55	31.73	33.57	35.66	38.96	42.06	68.80	73.31	78.62	82.29	85.75
60	35.53	37.48	39.70	43.19	46.46	74.40	79.08	84.58	88.38	91.95
70	43.28	45.44	47.89	51.74	55.33	85.53	90.53	96.39	100.4	104.2
80	51.17	53.54	56.21	60.39	64.28	96.58	101.9	108.1	112.3	116.3
90	59.20	61.75	64.63	69.13	73.29	107.6	113.1	119.6	124.1	128.3
100	67.33	70.06	73.14	77.93	82.36	118.5	124.3	131.1	135.8	140.2

C Student-Verteilungen

α-Quantile $t_{n;\alpha}$ der t-Verteilungen t_n mit n Freiheitsgraden. $t_{n;\alpha}$ ist der Wert $c > 0$ mit $t_n(]-\infty, c]) = \alpha$. Für $n = \infty$ sind die Quantile $\lim_{n\to\infty} t_{n;\alpha} = \Phi^{-1}(\alpha)$ der Standardnormalverteilung angegeben, siehe Aufgabe 9.12.

$\alpha =$	0.9	0.95	0.96	0.975	0.98	0.99	0.995
$n = 1$	3.078	6.314	7.916	12.71	15.89	31.82	63.66
2	1.886	2.920	3.320	4.303	4.849	6.965	9.925
3	1.638	2.353	2.605	3.182	3.482	4.541	5.841
4	1.533	2.132	2.333	2.776	2.999	3.747	4.604
5	1.476	2.015	2.191	2.571	2.757	3.365	4.032
6	1.440	1.943	2.104	2.447	2.612	3.143	3.707
7	1.415	1.895	2.046	2.365	2.517	2.998	3.499
8	1.397	1.860	2.004	2.306	2.449	2.896	3.355
9	1.383	1.833	1.973	2.262	2.398	2.821	3.250
10	1.372	1.812	1.948	2.228	2.359	2.764	3.169
11	1.363	1.796	1.928	2.201	2.328	2.718	3.106
12	1.356	1.782	1.912	2.179	2.303	2.681	3.055
13	1.350	1.771	1.899	2.160	2.282	2.650	3.012
14	1.345	1.761	1.887	2.145	2.264	2.624	2.977
15	1.341	1.753	1.878	2.131	2.249	2.602	2.947
16	1.337	1.746	1.869	2.120	2.235	2.583	2.921
17	1.333	1.740	1.862	2.110	2.224	2.567	2.898
18	1.330	1.734	1.855	2.101	2.214	2.552	2.878
19	1.328	1.729	1.850	2.093	2.205	2.539	2.861
20	1.325	1.725	1.844	2.086	2.197	2.528	2.845
21	1.323	1.721	1.840	2.080	2.189	2.518	2.831
22	1.321	1.717	1.835	2.074	2.183	2.508	2.819
23	1.319	1.714	1.832	2.069	2.177	2.500	2.807
24	1.318	1.711	1.828	2.064	2.172	2.492	2.797
25	1.316	1.708	1.825	2.060	2.167	2.485	2.787
29	1.311	1.699	1.814	2.045	2.150	2.462	2.756
34	1.307	1.691	1.805	2.032	2.136	2.441	2.728
39	1.304	1.685	1.798	2.023	2.125	2.426	2.708
49	1.299	1.677	1.788	2.010	2.110	2.405	2.680
59	1.296	1.671	1.781	2.001	2.100	2.391	2.662
69	1.294	1.667	1.777	1.995	2.093	2.382	2.649
79	1.292	1.664	1.773	1.990	2.088	2.374	2.640
89	1.291	1.662	1.771	1.987	2.084	2.369	2.632
99	1.290	1.660	1.769	1.984	2.081	2.365	2.626
149	1.287	1.655	1.763	1.976	2.072	2.352	2.609
199	1.286	1.653	1.760	1.972	2.067	2.345	2.601
299	1.284	1.650	1.757	1.968	2.063	2.339	2.592
∞	1.282	1.645	1.751	1.960	2.054	2.326	2.576

D Fisher- und Beta-Verteilungen

α-Quantile $f_{m,n;\alpha}$ der $\mathcal{F}_{m,n}$-Verteilungen mit m Freiheitsgraden im Zähler und n Freiheitsgraden im Nenner. $f_{m,n;\alpha}$ ist der Wert $c > 0$ mit $\mathcal{F}_{m,n}([0, c]) = \alpha$. Mit Hilfe von Bemerkung (9.14) bekommt man die entsprechenden Quantile der Beta-Verteilungen. Der Wert für $n = \infty$ ist der Grenzwert $\lim_{n \to \infty} f_{m,n;\alpha} = \chi^2_{m;\alpha}/m$, vgl. Aufgabe 9.12.

95%-Quantile $f_{m,n;0.95}$

$m =$	1	2	3	4	5	6	7	8	9	10
$n = 1$	161.	199.	216.	225.	230.	234.	237.	239.	241.	242.
2	18.5	19.0	19.2	19.2	19.3	19.3	19.4	19.4	19.4	19.4
3	10.1	9.55	9.28	9.12	9.01	8.94	8.89	8.85	8.81	8.79
4	7.71	6.94	6.59	6.39	6.26	6.16	6.09	6.04	6.00	5.96
5	6.61	5.79	5.41	5.19	5.05	4.95	4.88	4.82	4.77	4.74
6	5.99	5.14	4.76	4.53	4.39	4.28	4.21	4.15	4.10	4.06
7	5.59	4.74	4.35	4.12	3.97	3.87	3.79	3.73	3.68	3.64
8	5.32	4.46	4.07	3.84	3.69	3.58	3.50	3.44	3.39	3.35
9	5.12	4.26	3.86	3.63	3.48	3.37	3.29	3.23	3.18	3.14
10	4.96	4.10	3.71	3.48	3.33	3.22	3.14	3.07	3.02	2.98
11	4.84	3.98	3.59	3.36	3.20	3.09	3.01	2.95	2.90	2.85
12	4.75	3.89	3.49	3.26	3.11	3.00	2.91	2.85	2.80	2.75
13	4.67	3.81	3.41	3.18	3.03	2.92	2.83	2.77	2.71	2.67
14	4.60	3.74	3.34	3.11	2.96	2.85	2.76	2.70	2.65	2.60
15	4.54	3.68	3.29	3.06	2.90	2.79	2.71	2.64	2.59	2.54
16	4.49	3.63	3.24	3.01	2.85	2.74	2.66	2.59	2.54	2.49
17	4.45	3.59	3.20	2.96	2.81	2.70	2.61	2.55	2.49	2.45
18	4.41	3.55	3.16	2.93	2.77	2.66	2.58	2.51	2.46	2.41
19	4.38	3.52	3.13	2.90	2.74	2.63	2.54	2.48	2.42	2.38
20	4.35	3.49	3.10	2.87	2.71	2.60	2.51	2.45	2.39	2.35
21	4.32	3.47	3.07	2.84	2.68	2.57	2.49	2.42	2.37	2.32
22	4.30	3.44	3.05	2.82	2.66	2.55	2.46	2.40	2.34	2.30
23	4.28	3.42	3.03	2.80	2.64	2.53	2.44	2.37	2.32	2.27
24	4.26	3.40	3.01	2.78	2.62	2.51	2.42	2.36	2.30	2.25
25	4.24	3.39	2.99	2.76	2.60	2.49	2.40	2.34	2.28	2.24
26	4.23	3.37	2.98	2.74	2.59	2.47	2.39	2.32	2.27	2.22
27	4.21	3.35	2.96	2.73	2.57	2.46	2.37	2.31	2.25	2.20
28	4.20	3.34	2.95	2.71	2.56	2.45	2.36	2.29	2.24	2.19
29	4.18	3.33	2.93	2.70	2.55	2.43	2.35	2.28	2.22	2.18
30	4.17	3.32	2.92	2.69	2.53	2.42	2.33	2.27	2.21	2.16
35	4.12	3.27	2.87	2.64	2.49	2.37	2.29	2.22	2.16	2.11
40	4.08	3.23	2.84	2.61	2.45	2.34	2.25	2.18	2.12	2.08
45	4.06	3.20	2.81	2.58	2.42	2.31	2.22	2.15	2.10	2.05
50	4.03	3.18	2.79	2.56	2.40	2.29	2.20	2.13	2.07	2.03
60	4.00	3.15	2.76	2.53	2.37	2.25	2.17	2.10	2.04	1.99
70	3.98	3.13	2.74	2.50	2.35	2.23	2.14	2.07	2.02	1.97
80	3.96	3.11	2.72	2.49	2.33	2.21	2.13	2.06	2.00	1.95
90	3.95	3.10	2.71	2.47	2.32	2.20	2.11	2.04	1.99	1.94
100	3.94	3.09	2.70	2.46	2.31	2.19	2.10	2.03	1.97	1.93
150	3.90	3.06	2.66	2.43	2.27	2.16	2.07	2.00	1.94	1.89
200	3.89	3.04	2.65	2.42	2.26	2.14	2.06	1.98	1.93	1.88
∞	3.84	3.00	2.60	2.37	2.21	2.10	2.01	1.94	1.88	1.83

99%-Quantile $f_{m,n;0.99}$

$m =$	1	2	3	4	5	6	7	8	9	10
$n=6$	13.7	10.9	9.78	9.15	8.75	8.47	8.26	8.10	7.98	7.87
7	12.2	9.55	8.45	7.85	7.46	7.19	6.99	6.84	6.72	6.62
8	11.3	8.65	7.59	7.01	6.63	6.37	6.18	6.03	5.91	5.81
9	10.6	8.02	6.99	6.42	6.06	5.80	5.61	5.47	5.35	5.26
10	10.0	7.56	6.55	5.99	5.64	5.39	5.20	5.06	4.94	4.85
11	9.65	7.21	6.22	5.67	5.32	5.07	4.89	4.74	4.63	4.54
12	9.33	6.93	5.95	5.41	5.06	4.82	4.64	4.50	4.39	4.30
13	9.07	6.70	5.74	5.21	4.86	4.62	4.44	4.30	4.19	4.10
14	8.86	6.51	5.56	5.04	4.69	4.46	4.28	4.14	4.03	3.94
15	8.68	6.36	5.42	4.89	4.56	4.32	4.14	4.00	3.89	3.80
16	8.53	6.23	5.29	4.77	4.44	4.20	4.03	3.89	3.78	3.69
17	8.40	6.11	5.18	4.67	4.34	4.10	3.93	3.79	3.68	3.59
18	8.29	6.01	5.09	4.58	4.25	4.01	3.84	3.71	3.60	3.51
19	8.18	5.93	5.01	4.50	4.17	3.94	3.77	3.63	3.52	3.43
20	8.10	5.85	4.94	4.43	4.10	3.87	3.70	3.56	3.46	3.37
21	8.02	5.78	4.87	4.37	4.04	3.81	3.64	3.51	3.40	3.31
22	7.95	5.72	4.82	4.31	3.99	3.76	3.59	3.45	3.35	3.26
23	7.88	5.66	4.76	4.26	3.94	3.71	3.54	3.41	3.30	3.21
24	7.82	5.61	4.72	4.22	3.90	3.67	3.50	3.36	3.26	3.17
25	7.77	5.57	4.68	4.18	3.85	3.63	3.46	3.32	3.22	3.13
26	7.72	5.53	4.64	4.14	3.82	3.59	3.42	3.29	3.18	3.09
27	7.68	5.49	4.06	4.11	3.78	3.56	3.39	3.26	3.15	3.06
28	7.64	5.45	4.57	4.07	3.75	3.53	3.36	3.23	3.12	3.03
29	7.60	5.42	4.54	4.04	3.73	3.50	3.33	3.20	3.09	3.00
30	7.56	5.39	4.51	4.02	3.70	3.47	3.30	3.17	3.07	2.98
31	7.53	5.36	4.48	3.99	3.67	3.45	3.28	3.15	3.04	2.96
32	7.50	5.34	4.46	3.97	3.65	3.43	3.26	3.13	3.02	2.93
33	7.47	5.31	4.44	3.95	3.63	3.41	3.24	3.11	3.00	2.91
34	7.44	5.29	4.42	3.93	3.61	3.39	3.22	3.09	2.98	2.89
35	7.42	5.27	4.40	3.91	3.59	3.37	3.20	3.07	2.96	2.88
40	7.42	5.27	4.40	3.91	3.59	3.37	3.20	3.07	2.96	2.88
45	7.31	5.18	4.31	3.83	3.51	3.29	3.12	2.99	2.89	2.80
50	7.23	5.11	4.25	3.77	3.45	3.23	3.07	2.94	2.83	2.74
55	7.17	5.06	4.20	3.72	3.41	3.19	3.02	2.89	2.78	2.70
60	7.08	4.98	4.13	3.65	3.34	3.12	2.95	2.82	2.72	2.63
70	7.01	4.92	4.07	3.60	3.29	3.07	2.91	2.78	2.67	2.59
80	6.96	4.88	4.04	3.56	3.26	3.04	2.87	2.74	2.64	2.55
90	6.93	4.85	4.01	3.53	3.23	3.01	2.84	2.72	2.61	2.52
100	6.90	4.82	3.98	3.51	3.21	2.99	2.82	2.69	2.59	2.50
120	6.85	4.79	3.95	3.48	3.17	2.96	2.79	2.66	2.56	2.47
150	6.81	4.75	3.91	3.45	3.14	2.92	2.76	2.63	2.53	2.44
200	6.76	4.71	3.88	3.41	3.11	2.89	2.73	2.60	2.50	2.41
300	6.72	4.68	3.85	3.38	3.08	2.86	2.70	2.57	2.47	2.38
400	6.70	4.66	3.83	3.37	3.06	2.85	2.68	2.56	2.45	2.37
500	6.69	4.65	3.82	3.36	3.05	2.84	2.68	2.55	2.44	2.36
∞	6.63	4.61	3.78	3.32	3.02	2.80	2.64	2.51	2.41	2.32

E   Wilcoxon–Mann–Whitney-U-Verteilungen

α-Quantile $u_{k;\alpha}$ der Verteilungen der U-Statistik $U_{k,k}$ unter der Nullhypothese. $u_{k;\alpha}$ ist die größte ganze Zahl c mit $P^{\otimes 2k}(U_{k,k} < c) \leq \alpha$. Die tatsächlichen Wahrscheinlichkeiten $p_{k-;\alpha} = P^{\otimes 2k}(U_{k,k} < u_{k;\alpha})$ und $p_{k+;\alpha} = P^{\otimes 2k}(U_{k,k} \leq u_{k;\alpha})$ sind zum Vergleich angegeben. Wegen der Symmetrie $P^{\otimes 2k}(U_{k,k} < c) = P^{\otimes 2k}(U_{k,k} > k^2 - c)$ ist $k^2 - u_{k;\alpha}$ das α-Fraktil der $U_{k,k}$-Verteilung. Für große k siehe Satz (11.28).

5%-Quantile

k	4	5	6	7	8	9	10	11	12
$u_{k;0.05}$	2	5	8	12	16	21	28	35	43
$p_{k-;0.05}$	.0286	.0476	.0465	.0487	.0415	.0470	.0446	.0440	.0444
$p_{k+;0.05}$	.0571	.0754	.0660	.0641	.0525	.0568	.0526	.0507	.0567

2.5%-Quantile

k	4	5	6	7	8	9	10	11	12
$u_{k;0.025}$	1	3	6	9	14	18	24	31	38
$p_{k-;0.025}$	.0143	.0159	.0206	.0189	.0249	.0200	.0216	.0236	.0224
$p_{k+;0.025}$	.0286	.0278	.0325	.0265	.0325	.0252	.0262	.0278	.0259

1%-Quantile

k	5	6	7	8	9	10	11	12	13
$u_{k;0.01}$	2	4	7	10	15	20	26	32	40
$p_{k-;0.01}$	.0079	.0076	.0087	.0074	.0094	.0093	.0096	.0086	.0095
$p_{k+;0.01}$	.0159	.0130	.0131	.0103	.0122	.0116	.0117	.0102	.0111

Literatur

Neben der im Text zitierten Literatur ist hier eine Auswahl von Lehrbüchern aufgeführt, die zur Ergänzung oder für das vertiefende Studium der Stochastik geeignet sind.

1. S. F. Arnold. *The theory of linear models and multivariate analysis.* J. Wiley & Sons, New York etc., 1981.
2. R. B. Ash. *Basic probability theory.* J. Wiley & Sons, Chichester, 1970.
3. F. Barth und R. Haller. *Stochastik, Leistungskurs.* Oldenbourg, München, 12. Auflage, 1998.
4. H. Bauer. *Wahrscheinlichkeitstheorie.* Walter de Gruyter, Berlin – New York, 5. Auflage, 2002.
5. H. Bauer. *Maß- und Integrationstheorie.* Walter de Gruyter, Berlin – New York, 2. Auflage, 1992.
6. K. Behnen und G. Neuhaus. *Grundkurs Stochastik.* PD-Verlag, Heidenau, 4. Auflage, 2003.
7. P. J. Bickel and K. J. Doksum. *Mathematical Statistics, Basic Ideas and Selected Topics.* Prentice Hall, 2. edition, 2000.
8. P. Billingsley. *Probability and measure.* Wiley–Interscience, New York, 3. edition, 1995.
9. P. Brémaud. *An introduction to probabilistic modeling.* Springer, Berlin etc., 2. printing, 1994.
10. K. L. Chung. *Elementare Wahrscheinlichkeitstheorie und stochastische Prozesse.* Springer, Berlin etc., 1978.
11. I. Csiszár and J. Körner. *Information Theory. Coding Theorems for Discrete Memoryless Systems.* Akadémiai Kiadó, Budapest, and Academic Press, New York, 1981.
12. H. Dehling und B. Haupt. *Einführung in die Wahrscheinlichkeitstheorie und Statistik.* Springer, Berlin etc., 2. Auflage, 2004.
13. O. Deiser. *Reelle Zahlen.* Springer, Berlin etc., 2007.
14. F. M. Dekking, C. Kraaikamp, H. P. Lopuhaä, and L. E. Meester. *A Modern Introduction to Probability and Statistics.* Springer, London, 2005.
15. H. Dinges und H. Rost. *Prinzipien der Stochastik.* B. G. Teubner, Stuttgart, 1982.
16. R. M. Dudley. *Real Analysis and Probability.* Wadsworth & Brooks/Cole, Pacific Grove, 1989.
17. R. Durrett. *Probability: Theory and Examples.* Duxbury Press, Bolmont etc., 2. edition, 1996.
18. J. Elstrodt. *Maß- und Integrationstheorie.* Springer, Berlin etc., 3. Auflage, 2002.
19. W. Feller. *An introduction to probability theory and its applications, Vol. I.* J. Wiley & Sons, Chichester, 3. edition, 1968.

20. W. Feller. *An introduction to probability theory and its applications, Vol. II.* J. Wiley & Sons, Chichester, 2. edition, 1971.

21. T. S. Ferguson. *Mathematical Statistics.* Academic Press, New York – London, 1967.

22. G. Fischer. *Lineare Algebra.* Vieweg, Wiesbaden, 14. Auflage, 2003.

23. D. Foata und A. Fuchs. *Wahrscheinlichkeitsrechnung.* Birkhäuser, Basel, 1999.

24. O. Forster. *Analysis 3, Integralrechnung im $\mathbb{R}^n$ mit Anwendungen.* Vieweg, Braunschweig, 3. Auflage, 1999.

25. G. Gallavotti. Ergodicity, ensembles, irreversibility in Boltzmann and beyond. *J. Statist. Phys.* **78** (1995), 1571–1589.

26. P. Gänßler und W. Stute. *Wahrscheinlichkeitstheorie.* Springer, Berlin etc., 1977.

27. G. Gigerenzer. *Das Einmaleins der Skepsis, Über den richtigen Umgang mit Zahlen und Risiken.* Berlin Verlag, Berlin, 2002.

28. G. Gigerenzer, Z. Swijtink, Th. Porter, L. Daston, J. Beatty und L. Krüger. *Das Reich des Zufalls, Wissen zwischen Wahrscheinlichkeiten, Häufigkeiten und Unschärfen.* Spektrum Akad. Verlag, Heidelberg, 1999.

29. G. R. Grimmett and D. R. Stirzaker. *Probability and random processes.* Oxford University Press, 3. edition, 2001.

30. C. M. Grinstead and J. L. Snell. *Introduction to Probability.* American Mathematical Society, Providence, 2. edition, 1997.

31. O. Häggström. *Finite Markov Chains and Algorithmic Applications.* Cambridge University Press, 2002.

32. O. Häggström. *Streifzüge durch die Wahrscheinlichkeitstheorie.* Springer, Berlin etc., 2005.

33. N. Henze. *Stochastik für Einsteiger.* Vieweg, Wiesbaden, 6. Auflage, 2006.

34. C. Hesse. *Angewandte Wahrscheinlichkeitstheorie.* Vieweg, Wiesbaden, 2003.

35. A. Irle. *Wahrscheinlichkeitstheorie und Statistik.* B. G. Teubner, Stuttgart etc., 2. Auflage, 2005.

36. R. Isaac. *The pleasures of probability.* Springer, Berlin etc., 1995.

37. K. Jacobs. *Discrete stochastics.* Birkhäuser, Basel, 1992.

38. K. Jänich. *Lineare Algebra.* Springer, Berlin etc., 10. Auflage, 2003.

39. G. Kersting und A. Wakolbinger. *Elementare Stochastik.* Birkhäuser, Basel etc., 2008.

40. N. Keyfitz. *Introduction to the Mathematics of Population.* Addison-Wesley, Reading, rev. printing, 1977.

41. A. Klenke. *Wahrscheinlichkeitstheorie.* Springer, Berlin etc., 2. Auflage, 2008.

42. H. Knöpfel und M. Löwe. *Stochastik – Struktur im Zufall.* Oldenbourg, München und Wien, 2007.

43. D. E. Knuth. *The art of computer programming, Vol. 2 / Seminumerical algorithms.* Addison Wesley, Reading, 3. edition, 1997.

44. K. Königsberger. *Analysis 1.* Springer, Berlin etc., 6. Auflage, 2004.

45. K. Königsberger. *Analysis 2.* Springer, Berlin etc., 5. Auflage, 2004.

46. W. Krämer. *So lügt man mit Statistik.* Campus Verlag, Frankfurt, 7. Auflage, 1997. Taschenbuchausgabe: Piper Verlag, München, 3. Auflage, 2002.

47. U. Krengel. *Einführung in die Wahrscheinlichkeitstheorie und Statistik.* Vieweg, Wiesbaden, 7. Auflage, 2003.

48. U. Krengel. Von der Bestimmung von Planetenbahnen zur modernen Statistik, *Math. Semesterber.* **53** (2006), 1–16.

49. K. Krickeberg und H. Ziezold. *Stochastische Methoden.* Springer, Berlin etc., 4. Auflage, 1995.

50. J. Lehn und H. Wegmann. *Einführung in die Statistik.* B. G. Teubner, Stuttgart etc., 5. Auflage, 2006.

51. J. Lehn, H. Wegmann und S. Rettig. *Aufgabensammlung zur Einführung in die Statistik.* B. G. Teubner, Stuttgart etc., 3. Auflage, 2001.

52. R. Meester and R. Roy. *Continuum Percolation.* Cambridge University Press, 1996.

53. J. D. Miller, E. C. Scott, and S. Okamoto. Public Acceptance of Evolution, *Science* **313** (2006), 765–766.

54. J. P. Morgan, N. R. Chaganty, R. C. Dahiya, and M. J. Doviak. Let's Make a Deal: The Player's Dilemma. *Amer. Statist.* **45** (1991), 284–287.

55. M. Overbeck-Larisch und W. Dolejsky. *Stochastik mit Mathematica.* Vieweg, Braunschweig, 1998.

56. W. R. Pestman. *Mathematical Statistics.* Walter de Gruyter, Berlin – New York, 2. edition, 2009.

57. J. Pfanzagl. *Elementare Wahrscheinlichkeitsrechnung.* Walter de Gruyter, Berlin – New York, 2. Auflage, 1991.

58. J. Pitman. *Probability.* Springer, Berlin etc., 7. printing, 1999.

59. H. Pruscha. *Vorlesungen über Mathematische Statistik.* B. G. Teubner, Stuttgart etc., 2000.

60. L. Rade und B. Westergren. *Springers Mathematische Formeln.* Springer, Berlin etc., 3. Auflage, 2000.

61. G. von Randow. *Das Ziegenproblem, Denken in Wahrscheinlichkeiten.* Rowohlt, Reinbek, 1992.

62. I. Schneider (Hrsg.). *Die Entwicklung der Wahrscheinlichkeitstheorie von den Anfängen bis 1933.* Wiss. Buchgesellschaft, Darmstadt, 1988.

63. K. Schürger. *Wahrscheinlichkeitstheorie.* Oldenbourg, München, 1998.

64. A. N. Shiryayev. *Probability.* Springer, New York etc., 1984.

65. Y. G. Sinai. *Probability theory, an introductory course.* Springer, Berlin etc., 1992.

66. W. A. Stahel. *Statistische Datenanalyse, Eine Einführung für Naturwissenschaftler.* Vieweg, Braunschweig, 5. Auflage, 2007.

67. M. C. Steinbach. Autos, Ziegen und Streithähne. *Math. Semesterber.* **47** (2000), 107–117.

68. D. Stoyan, W. S. Kendall, and J. Mecke. *Stochastic geometry and its applications.* J. Wiley & Sons, Chichester, 1995.

69. J. M. Stoyanov. *Counterexamples in probability.* J. Wiley & Sons, Chichester, 1987.

70. F. Topsoe. *Spontane Phänomene.* Vieweg, Braunschweig, 1990.

71. R. Viertl. *Einführung in die Stochastik, Mit Elementen der Bayes-Statistik und der Analyse unscharfer Information.* Springer, Wien, 3. Auflage, 2003.

72. E. Warmuth und W. Warmuth. *Elementare Wahrscheinlichkeitsrechnung, Vom Umgang mit dem Zufall.* B. G. Teubner, Stuttgart etc., 1998.

73. H. Witting. *Mathematische Statistik I.* B. G. Teubner, Stuttgart etc., 1985.

74. H. Witting und U. Müller-Funk. *Mathematische Statistik II.* B. G. Teubner, Stuttgart etc., 1995.

Symbolverzeichnis

Allgemeine Bezeichnungen

$:=$	definierende Gleichung
$\mathbb{N} := \{1, 2, \ldots\}$	Menge der natürlichen Zahlen
$\mathbb{Z} := \{\ldots, -1, 0, 1, \ldots\}$	Menge der ganzen Zahlen
$\mathbb{Z}_+ := \{0, 1, 2, \ldots\}$	Menge der nichtnegativen ganzen Zahlen
$\mathbb{Q}$	Menge der rationalen Zahlen
$\mathbb{R}$	Menge der reellen Zahlen
$[a, b]$	abgeschlossenes Intervall
$]a, b[$	offenes Intervall
$[a, b[, \,]a, b]$	halboffene Intervalle
$\mathscr{P}(\Omega) := \{A : A \subset \Omega\}$	Potenzmenge von Ω
$\varnothing$	leere Menge
$A \subset B$	A ist (nicht notwendig echte!) Teilmenge von B
A^c	Komplement einer Menge A
$\bar{A}, A^o, \partial A$	Abschluss, Inneres, Rand einer Menge $A \subset \mathbb{R}^n$
$|A|$	Mächtigkeit einer Menge A
$TA = \{T(\omega) : \omega \in A\}$	Bildmenge unter einer Punktabbildung T
$\{X \in A\} = X^{-1}A$	Urbild von A bei der Abbildung X
$A \times B, \prod_{i \in I} A_i$	kartesisches Produkt von Mengen
$A_n \uparrow A$	$A_1 \subset A_2 \subset \cdots$ und $A = \bigcup_{n=1}^{\infty} A_n$
$A_n \downarrow A$	$A_1 \supset A_2 \supset \cdots$ und $A = \bigcap_{n=1}^{\infty} A_n$
$\lfloor x \rfloor$ für $x \in \mathbb{R}$	größte ganze Zahl $\leq x$
$\lceil x \rceil$ für $x \in \mathbb{R}$	kleinste ganze Zahl $\geq x$
$|x|$	Betrag von $x \in \mathbb{R}$, euklidische Norm von $x \in \mathbb{R}^n$
x_i	i-te Koordinate eines n-Tupels $x \in E^n$
$x \cdot y = \sum_{i=1}^{n} x_i y_i$	euklidisches Skalarprodukt von $x, y \in \mathbb{R}^n$
$x \perp y$	$x \cdot y = 0$, d. h. $x, y \in \mathbb{R}^n$ sind orthogonal
$\|f\|$	Supremumsnorm einer reellwertigen Funktion f
$\log$	natürlicher Logarithmus
δ_{ij}	Kronecker-Delta, $\delta_{ij} = 1$ wenn $i = j$, sonst 0

$\mathsf{E} = (\delta_{ij})_{1 \leq i, j \leq n}$ Einheitsmatrix (mit der jeweils passenden Dimension n)

$\mathsf{M}^\top$ Transponierte einer Matrix (oder eines Vektors) M

$\mathbf{1} = (1, \ldots, 1)^\top$ Diagonalvektor in $\mathbb{R}^n$ (für das jeweils passende n)

$\mathrm{span}(u_1, \ldots, u_s)$ von $u_1, \ldots, u_s \in \mathbb{R}^n$ aufgespannter linearer Raum

$a(k) \sim b(k)$ asymptotische Äquivalenz: $a(k)/b(k) \to 1$ für $k \to \infty$

$O(\cdot)$ Landau-Symbol, 134

σ-Algebren, Wahrscheinlichkeitsmaße, Zufallsvariablen, Statistiken

$\mathscr{B}, \mathscr{B}^n$	Borel'sche σ-Algebra auf $\mathbb{R}$ bzw. $\mathbb{R}^n$, 11
$\mathscr{B}_\Omega, \mathscr{B}^n_\Omega$	Einschränkung von $\mathscr{B}$ bzw. $\mathscr{B}^n$ auf Ω, 12
$\bigotimes_{i \in I} \mathscr{E}_i, \mathscr{E}^{\otimes I}$	Produkt-σ-Algebra, 12
$P \otimes Q$	Produkt von zwei W'maßen, 73
$\rho^{\otimes n}, P^{\otimes n}$	n-faches Produkt von W'maßen, 32, 73
$P \star Q, P^{\star n}$	Faltung, n-fache Faltung von W'maßen, 75
$P \prec Q$	stochastische Halbordnung, 313
$P \circ X^{-1}$	Verteilung einer Zufallsvariablen X, 22
P^α, P^x	kanonische Markov Verteilungen, 154
F_X, F_P	Verteilungsfunktion von X bzw. P, 22
$\mathbb{E}(X)$	Erwartungswert einer reellen Zufallsvariablen X, 93, 99
$\mathbb{E}^\alpha, \mathbb{E}^x, \mathbb{E}_\vartheta$	Erwartungswert bezüglich P^α, P^x, bzw. P_ϑ, 171, 196
$\mathbb{E}(P)$	Erwartungswert eines Wahrscheinlichkeitsmaßes P auf $\mathbb{R}$, 110
$\mathbb{V}(X), \mathbb{V}(P)$	Varianz, 108, 110
$\mathrm{Cov}(X, Y)$	Kovarianz, 108
$\mathscr{L}^m, \mathscr{L}^m(P)$	Raum der reellen Zufallsvariablen mit m-tem Moment, 108
$Y_n \uparrow Y$	$Y_1 \leq Y_2 \leq \cdots$ und $Y_n \to Y$
$Y_n \overset{P}{\longrightarrow} Y$	stochastische Konvergenz bezüglich P, 121
$Y_n \overset{\mathscr{L}}{\longrightarrow} Y$ bzw. Q	Verteilungskonvergenz, 140, 291
1_A	Indikatorfunktion einer Menge A, 17
Id_E	die Identitätsabbildung $x \to x$ auf E
L	empirische Verteilung, 243
M	Stichprobenmittelwert, 207
V	Stichprobenvarianz, 207
V^*	korrigierte Stichprobenvarianz, 208, 333
$X_{k:n}$	k-te Ordnungsstatistik, 44, 242
$G_\varphi(\vartheta) = \mathbb{E}_\vartheta(\varphi)$	Gütefunktion eines Tests φ, 266

Spezielle Verteilungen und ihre Dichten

$\mathcal{B}_{n,p}$	Binomialverteilung, 33
$\overline{\mathcal{B}}_{r,p}$	negative Binomialverteilung, 41
$\boldsymbol{\beta}_{a,b}$	Beta-Verteilung mit Dichte $\beta_{a,b}$, 45
$\boldsymbol{\chi}_n^2$	Chiquadrat-Verteilung mit Dichte χ_n^2, 254
δ_ξ	Dirac-Verteilung im Punkt ξ, 14
$\mathcal{D}_\rho$	Dirichlet-Verteilung, 228
$\mathcal{E}_\alpha$	Exponential-Verteilung, 43
$\mathcal{F}_{m,n}$	Fisher-Verteilung mit Dichte $f_{m,n}$, 255
$\Gamma_{\alpha,r}$	Gamma-Verteilung mit Dichte $\gamma_{\alpha,r}$, 43
$\mathcal{G}_p$	geometrische Verteilung, 41
$\mathcal{H}_{n,\vec{N}}, \mathcal{H}_{n;N_1,N_0}$	hypergeometrische Verteilung, 36
$\mathcal{M}_{n,\rho}$	Multinomialverteilung, 33
$\mathcal{N}_{m,v}$	Normalverteilung mit Dichte $\phi_{m,v}$, 48
$\phi,\ \Phi$	Dichte und Verteilungsfunktion von $\mathcal{N}_{0,1}$, 135
$\mathcal{N}_n(m,\mathsf{C})$	multivariate Normalverteilung mit Dichte $\phi_{m,\mathsf{C}}$, 251
$\mathcal{P}_\alpha$	Poisson-Verteilung, 40
$\boldsymbol{t}_n$	Student-Verteilung mit Dichte t_n, 256
$\mathcal{U}_\Omega$	(diskrete oder stetige) Gleichverteilung auf Ω, 27, 29

Das griechische Alphabet

α	A	alpha	ι	I	iōta	ρ	P	rhō
β	B	bēta	κ	K	kappa	σ, ς	Σ	sigma
γ	Γ	gamma	λ	Λ	lambda	τ	T	tau
δ	Δ	delta	μ	M	my	υ	Υ	ypsilon
ε	E	epsilon	ν	N	ny	φ, ϕ	Φ	phi
ζ	Z	zēta	ξ	Ξ	xi	χ	X	chi
η	H	ēta	o	O	ȯmikron	ψ	Ψ	psi
ϑ	Θ	thēta	π	Π	pi	ω	Ω	ōmega

Index

www.ingramcontent.com/pod-product-compliance
Lightning Source LLC
Chambersburg PA
CBHW081040220326
41598CB00038B/6936